普通高等教育“十二五”规划教材
普通高等院校数学精品教材

线性代数教程同步辅导

（第2版）

主编　梅家斌　朱祥和
编委　林升旭　叶牡才　阎国辉
　　　贺丽娟　杨　戟

华中科技大学出版社
中国·武汉

内 容 提 要

本书是《线性代数教程》(林升旭、梅家斌编,华中科技大学出版社出版)的配套辅导书.全书共分五章,分别为行列式、矩阵运算、初等变换与线性方程组、向量组的线性相关性、相似矩阵与二次型.每章按节编排,分内容提要、释疑解惑、典型例题解析;各章还编有综合范例、自测题、答案与提示等,内容循序渐进、通俗易懂.

本书对于理工类在校本科生加深理解线性代数课程中的基本概念,提高逻辑推理及运算能力,定会大有裨益,对于希望进一步深造、报考研究生的同学也会有很大帮助.

图书在版编目(CIP)数据

线性代数教程同步辅导/梅家斌,朱祥和主编. —2版. —武汉:华中科技大学出版社,2012.10
ISBN 978-7-5609-7543-6

Ⅰ.①线… Ⅱ.①梅… ②朱… Ⅲ.①线性代数-高等学校-教学参考资料 Ⅳ.①O151.2

中国版本图书馆 CIP 数据核字(2011)第 254876 号

线性代数教程同步辅导(第 2 版)	梅家斌 朱祥和 主编

策划编辑:周芬娜
责任编辑:王汉江
封面设计:李 嫚
责任校对:朱 玢
责任监印:周治超

出版发行:华中科技大学出版社(中国·武汉)　　电话:(027)81321913
　　　　　武汉市东湖新技术开发区华工科技园　　邮编:430223
录　　排:武汉市洪山区佳年华文印部
印　　刷:武汉洪林印务有限公司
开　　本:710mm×1000mm　1/16
印　　张:16
字　　数:350 千字
版　　次:2019 年 1 月第 2 版第 10 次印刷
定　　价:37.00 元

本书若有印装质量问题,请向出版社营销中心调换
全国免费服务热线:400-6679-118　竭诚为您服务
版权所有　侵权必究

前　言

凡是学过"线性代数"这门课程的读者都会有这样的感受：概念多而抽象，定理严谨难懂，方法灵活，技巧性强，尤其是一些论证问题更是不知从何下手. 这的确是学习该门课程中普遍存在的问题. 究其原因，作者认为主要有以下两点：其一是该课程的教学课时数偏少，几乎没有充足的教学指导和习题演练时间，导致学生对该课程基础知识掌握不牢固，知识点不能融会贯通；其二是因本课程内在特征所致. 线性代数主要是以矩阵为工具，研究线性空间的结构与特征，并通过线性变换来进一步揭示其内在的联系及规律性，其内容与中学所学的代数（中学代数主要是数的运算）相比，虽然具有某些相似之处，但有较大反差，其符号抽象，运算和变换灵活多变，特别是许多概念和定理不仅抽象难懂，而且具有相当多的等价形式. 因此，如果没有经过一定系统的演练和反复揣摩，是很难谈得上对该课程内容的理解和掌握的，更难达到运用自如的效果.

为了尽快地学好线性代数这门课程，准确深入地理解其中的理论，释解心中的疑惑，透彻理解各种知识点及内在联系，选择最佳方案解答各种习题，是每一位读者都面临并亟待解决的难题.

作者根据目前工科高等学校线性代数课程教学的基本要求，结合多年从事该课程教学实践的经验和资料积累，博采众长，编写了这本教学辅导书，以期能指导读者学习和复习考试，帮助读者拓宽思路，掌握知识结构、内在联系及解题技巧，提高解题速度和运算能力.

本书以节为单位进行编排，其结构体系大致如下.

【内容提要】 概述了每一节的基本概念、基本方法及基本定理.

【释疑解惑】 解答读者在学习过程中常出现的疑惑问题、容易混淆的错误概念及解题过程中常出现的错误运算.

【典型例题解析】 结合每节的具体内容，精选同步题型，将其归类、解析，并进行点评、总结，指出解题思路以期对读者起到画龙点睛、触类旁通的功效. 在解题中尽量做到一题多解，指出最佳解法，以提高读者发散思维. 对于这一部分内容，读者尤其是在校学生可顺着教学内容同步学习.

【综合范例】 这一部分配有历年全国考研代表性试题，还选有相当数量的几何与代数相关联的例题及应用题，综合性强，方法更具技巧性. 这部分内容应放在整个课程结束后学习，主要以复习提高为目的，以期提高读者的综合分析能力和实际应用知识的能力.

【自测题、答案与提示】 这部分题型有填空题、选择题、计算题和证明题，这里也配有部分历年教学考试试题、考研试题，各试题给出了答案，部分试题给出了简单解析以供读者自测用.

本书题目覆盖面广，典型丰富. 在编排上由浅入深、循序渐进地展开，解题力求简明清晰，易学易懂. 本书是读者在学习线性代数课程及考研复习过程中的良师益友，也是年轻教师教学辅导的重要参考书.

本书共分五章. 第 1、2 章由朱祥和老师编写，第 3～5 章由梅家斌老师编写，林升旭老师提供了全部自测题、答案及提示.

本书在编写过程中得到了林益教授及刘国钧教授等人的大力帮助及悉心指导，在此表示衷心的感谢.

限于作者水平，书中错漏之处在所难免，敬请广大读者指正.

编　者

2012 年 8 月

目　　录

第1章 行列式

1.1 行列式的概念

一、内容提要

1. 排列的逆序数

定义 由 $1,2,\cdots,n$ 组成的一个有序实数组称为一个 n 元排列. n 元排列的总个数有 $n!$ 个. 在一个 n 元排列 $i_1i_2\cdots i_t\cdots i_s\cdots i_n$ 中,若 $i_t>i_s$,则称这两个数 i_t,i_s 构成一个逆序,一个排列 $i_1i_2\cdots i_n$ 中逆序的总数称为这个排列的逆序数,记作 $\tau(i_1i_2\cdots i_n)$.

2. 排列的奇偶性及对换性质

定义 一个排列的逆序数为奇(偶)数,称此排列为奇(偶)排列.

在一个排列中,交换两个数字的位置,其余数字不动,称对排列作一次对换,相邻两数字的对换称为邻换.

(i) 一次对换改变排列的奇偶性.

(ii) 任一个 n 元排列都可经过有限次数的对换变为自然排列,且所作对换的次数的奇偶性与该排列的奇偶性相同.

(iii) 全体 n 元排列的个数为 $n!$ 个,奇排列数与偶排列数各一半.

3. n 阶行列式的定义

定义 n^2 个数 $a_{ij}(i,j=1,2,\cdots,n)$ 排成如下的 n 行 n 列,定义

$$D=\begin{vmatrix} a_{11} & a_{12} & \cdots & a_{1n} \\ a_{21} & a_{22} & \cdots & a_{2n} \\ \vdots & \vdots & & \vdots \\ a_{n1} & a_{n2} & \cdots & a_{nn} \end{vmatrix}=\sum_{(j_1j_2\cdots j_n)}(-1)^{\tau(j_1j_2\cdots j_n)}a_{1j_1}a_{2j_2}\cdots a_{nj_n},$$

称 D 为 n 阶行列式,也记为 $D=\det\boldsymbol{A}$($\boldsymbol{A}$ 为行列式 D 的矩阵). 这里 $\sum\limits_{(j_1j_2\cdots j_n)}$ 表示对所有 n 元排列求和,故 n 阶行列式等于所有取自不同行不同列的 n 个元素的乘积的代数和,共有 $n!$ 项,每一项所置的符号取决于组成该项的 n 个元素的列下标排列 $j_1j_2\cdots j_n$ 的逆序数(行下标按自然顺序排列),即当 $j_1j_2\cdots j_n$ 是偶排列时置以正号,当 $j_1j_2\cdots j_n$ 是奇排列时置以负号.

对角行列式、上(下)三角行列式的值为

$$\begin{vmatrix} a_{11} & a_{12} & \cdots & a_{1n} \\ & a_{22} & \cdots & a_{2n} \\ & & \ddots & \vdots \\ & & & a_{nn} \end{vmatrix}=\begin{vmatrix} a_{11} & & & \\ a_{21} & a_{22} & & \\ \vdots & \vdots & \ddots & \\ a_{n1} & a_{n2} & \cdots & a_{nn} \end{vmatrix}=\begin{vmatrix} a_{11} & & & \\ & a_{22} & & \\ & & \ddots & \\ & & & a_{nn} \end{vmatrix}=a_{11}a_{22}\cdots a_{nn}.$$

二、释 疑 解 惑

问题 1 确定下列五阶行列式中项 $a_{34}a_{25}a_{41}a_{12}a_{53}$ 的符号.

答 $a_{34}a_{25}a_{41}a_{12}a_{53}=a_{12}a_{25}a_{34}a_{41}a_{53}$，其列下标排列为 25413，因 $\tau(25413)=6$，故为偶排列，此项的符号为正号.

问题 2 写出四阶行列式中所有包含有 a_{12}，a_{23} 的项.

答 由 n 阶行列式的定义，每项均取自于不同行不同列元素的乘积，这里要求包含有 a_{12}，a_{23}，将其行下标按自然排列后有两种情况，即 $a_{12}a_{23}a_{31}a_{44}$，$a_{12}a_{23}a_{34}a_{41}$，并且需考虑项的符号，$\tau(2314)=2$，$\tau(2341)=3$，故为 $a_{12}a_{23}a_{31}a_{44}$，$-a_{12}a_{23}a_{34}a_{41}$.

问题 3 用定义计算：

$$\begin{vmatrix} 0 & 1 & 0 & \cdots & 0 \\ 0 & 0 & 2 & \cdots & 0 \\ \vdots & \vdots & \vdots & & \vdots \\ 0 & 0 & 0 & \cdots & n-1 \\ n & 0 & 0 & \cdots & 0 \end{vmatrix}$$

答 原式$=(-1)^{\tau(23\cdots n1)}1\cdot 2\cdot\cdots\cdot(n-1)\cdot n=(-1)^{n-1}n!$.

问题 4 计算 n 元排列的逆序数通常有哪些方法？

答 常用下面两种方法.

(1) 分别算出排在 $1,2,\cdots,n$ 前面比它大的数码个数之和，即逐一算出 $1,2,\cdots,n$ 这 n 个元素的逆序数，这 n 个元素的逆序数之总和即为所求 n 元排列的逆序数.

(2) 从左边起，分别算出排列中每个元素前面比它大的数码之和，即算出排列中每个元素的逆序数，这每个元素的逆序数之总和即为所求排列的逆序数.

问题 5 怎样确定排列的奇偶性？

答 (1) 首先求出所给排列的逆序数，若逆序数为偶数，则此排列是一个偶排列；若逆序数为奇数，则此排列为奇排列.

(2) 将所给排列进行对换，如果该排列进行了 k 次对换后变成了自然顺序排列，则该排列的奇偶性与对换次数 k 的奇偶性相同，这是因为每对换一次就改变一次排列的奇偶性，而自然顺序排列的逆序数为零，所以原来排列的奇偶性与对换次数 k 的奇偶性相同.

问题 6 为什么 $n(n\geqslant 4)$ 阶行列式不能按对角线展开？

答 二阶、三阶行列式可以按对角线展开，而四阶及四阶以上的行列式不能按对角线展开，因为它不符合 $n(n\geqslant 4)$ 阶行列式的定义. 例如，对于四阶行列式. 如果按对角线法则，则只能写出 8 项，这显然是错误的，按照行列式的定义可知，四阶行列式一共有 4! 项；另外，按对角线作出的项的符号也不一定正确，比如，乘积项 $a_{14}a_{21}a_{32}a_{43}$，其列排列 4123 的逆序数为 3，应取负号. 所以，在计算 $n(n\geqslant 4)$ 阶行列式时，对角线法则失效.

三、典型例题解析

例 1 行列式

$$D_1=\begin{vmatrix}1&3&1\\2&2&3\\3&1&5\end{vmatrix},\quad D_2=\begin{vmatrix}\lambda&0&1\\0&\lambda-1&0\\1&0&\lambda\end{vmatrix}.$$

若 $D_1=D_2$，则 λ 的取值为(　　).

(A) 0,1　　(B) 0,2　　(C) 1,−1　　(D) 2,−1

解 按三阶行列式的对角线法则，有

$$D_1=10+2+27-6-30-3=0,\quad D_2=\lambda^2(\lambda-1)-(\lambda-1)=(\lambda+1)(\lambda-1)^2.$$

若 $D_1=D_2$，则 $(\lambda+1)(\lambda-1)^2=0$，解得 $\lambda_1=-1$ 或 $\lambda_2=1$. 选(C).

例 2 排列 134782695 的逆序数是(　　).

(A) 9　　(B) 10　　(C) 11　　(D) 12

解 $\tau(134782695)=4+0+2+4+0+0+0+0+0+0=10$. 选(B).

例 3 下列排列中(　　)是偶排列.

(A) 4312　　(B) 51432　　(C) 45312　　(D) 654321

解 $\tau(4312)=5$，$\tau(51432)=7$，$\tau(45312)=8$，$\tau(654321)=15$，选(C).

例 4 问 i,j 取何值时，排列 $42i6j3$ 为奇排列.

解 排列 $42i6j3$ 中，i,j 可取数字有两种情况.

(1) $i=1,j=5$；

(2) $i=5,j=1$.

当 $i=1,j=5$ 时，$\tau(421653)=7$ 为奇排列；

而当 $i=5,j=1$ 时，$\tau(425613)=8$ 为偶排列.

例 5 在六阶行列式中，对应项

$$a_{23}a_{31}a_{42}a_{56}a_{14}a_{65},\ a_{32}a_{43}a_{14}a_{51}a_{66}a_{25}$$

各应带什么符号？

解一 对换项中的元素，使每项所对应的行标为标准次序，即把所给的两项调成

$$a_{14}a_{23}a_{31}a_{42}a_{56}a_{65} \text{ 及 } a_{14}a_{25}a_{32}a_{43}a_{51}a_{66}.$$

这两项列标所组成的排列分别为

$$431265 \text{ 及 } 452316.$$

它们的逆序数分别为 6 与 8，均为偶排列，故所给的两项在六阶行列式中均应带正号.

解二 分别算出两项行标及列标排列的逆序数，即算出排列

$$234516,312645 \qquad ①$$

$$341562,234165 \qquad ②$$

的逆序数.

由于①中两个排列的逆序数都是 4，且这两个排列的逆序数之和为偶数，故所给的前一项应带正号.

由于②中两个排列的逆序数依次为 6,4,这两个排列的逆序数之和为偶数,故所给的后一项也应带正号.

解二是将所给项的行标和列标按已给的排列,求其行标排列与列标排列的逆序数之和.此和为奇数则该项带负号,此和为偶数则该项带正号.

例 6 写出五阶行列式 $D_5=|a_{ij}|$ 中包含 a_{13},a_{25},并带正号的项.

解 D_5 中包含 a_{13} 及 a_{25} 的所有项数为五元排列 $35j_3j_4j_5$ 的个数,因 j_3,j_4,j_5 所取的排列是 1,2,4 这三个数码所取的 6 个全排列,因而 $35j_3j_4j_5$ 能组成的五元排列共有 6 个,即

$$35124;35142;35214;$$
$$35241;35412;35421.$$

相应的项分别为

$$(-1)^{\tau(35124)}a_{13}a_{25}a_{31}a_{42}a_{54}=-a_{13}a_{25}a_{31}a_{42}a_{54},$$
$$(-1)^{\tau(35142)}a_{13}a_{25}a_{31}a_{44}a_{52}=a_{13}a_{25}a_{31}a_{44}a_{52},$$
$$(-1)^{\tau(35214)}a_{13}a_{25}a_{32}a_{41}a_{54}=a_{13}a_{25}a_{32}a_{41}a_{54},$$
$$(-1)^{\tau(35241)}a_{13}a_{25}a_{32}a_{44}a_{51}=-a_{13}a_{25}a_{32}a_{44}a_{51},$$
$$(-1)^{\tau(35412)}a_{13}a_{25}a_{34}a_{41}a_{52}=-a_{13}a_{25}a_{34}a_{41}a_{52},$$
$$(-1)^{\tau(35421)}a_{13}a_{25}a_{34}a_{42}a_{51}=a_{13}a_{25}a_{34}a_{42}a_{51}.$$

故包含 a_{13},a_{25},并带正号的所有项为

$$a_{13}a_{25}a_{31}a_{44}a_{52},\quad a_{13}a_{25}a_{32}a_{41}a_{54},\quad a_{13}a_{25}a_{34}a_{42}a_{51}.$$

例 7 计算下列排列的逆序数,并讨论奇偶性.

(1) $n(n-1)\cdots21$; (2) $135\cdots(2n-1)2n(2n-2)\cdots42$.

解 (1) $\tau(n(n-1)\cdots21)=(n-1)+(n-2)+\cdots+2+1+0=\dfrac{n(n-1)}{2}$,该排列当 $n=4k$,$n=4k+1$ 时为偶排列,当 $n=4k+2$,$n=4k+3$ 时为奇排列.

(2) 对于排列 $135\cdots(2n-1)2n(2n-2)\cdots42$ 中,前面 n 个数字 $13\cdots(2n-1)$ 为顺序排法,只考虑后 n 个偶数的逆序数就行了,故 $\tau(13\cdots(2n-1)2n(2n-2)\cdots42)=0+2+4+\cdots+(2n-2)=2(1+2+\cdots+n-1)=n(n-1)$,无论 n 为奇数或偶数,$n(n-1)$ 为偶数,故该排列为偶排列.

例 8 试判断 $a_{14}a_{23}a_{31}a_{42}a_{56}a_{65}$ 和 $-a_{32}a_{43}a_{14}a_{51}a_{25}a_{66}$ 是否都是六阶行列式 $D_6=|a_{ij}|$ 中的项.

分析 题中所给两个数都是 D_6 中不同行不同列的 6 个元素的乘积,因此要判断它们是不是 D_6 中的项,其关键是看它们是否满足符号规律.

解 第一个数 $a_{14}a_{23}a_{31}a_{42}a_{56}a_{65}$ 的 6 个因子的第一个下标为标准排列,第二个下标排列 431265 的逆序数为 6,所以 $a_{14}a_{23}a_{31}a_{42}a_{56}a_{65}$ 是 D_6 中的项.

第二个数可重新排序成 $-a_{14}a_{25}a_{32}a_{43}a_{51}a_{66}$,此时,第二个下标排列 452316 的逆序数为 8,所以 $-a_{32}a_{43}a_{14}a_{51}a_{25}a_{66}$ 不是 D_6 中的项.

例 9 用定义计算五阶行列式:

$$D_5=\begin{vmatrix} 0 & a_{12} & a_{13} & 0 & 0 \\ a_{21} & a_{22} & a_{23} & a_{24} & a_{25} \\ a_{31} & a_{32} & a_{33} & a_{34} & a_{35} \\ 0 & a_{42} & a_{43} & 0 & 0 \\ 0 & a_{52} & a_{53} & 0 & 0 \end{vmatrix}$$

其中第 2,3 行及第 2,3 列上的元素都不等于零.

解 D_5 中各行非零元素的列标分别可取以下各值：

$$p_1=2,3;\quad p_2=1,2,3,4,5;\quad p_3=1,2,3,4,5;\quad p_4=2,3;\quad p_5=2,3.$$

在上述可能取的数值中，不能组成任何一个五元排列 $p_1p_2p_3p_4p_5$，即 D_5 的每项 5 个元素中，必至少含有一个零元素，由行列式的定义可知，$D_5=0$.

例 10 计算 n 阶行列式：

$$D_n=\begin{vmatrix} 0 & 0 & \cdots & 0 & a_1 & 0 \\ 0 & 0 & \cdots & a_2 & 0 & 0 \\ \vdots & \vdots & & \vdots & \vdots & \vdots \\ 0 & a_{n-2} & \cdots & 0 & 0 & 0 \\ a_{n-1} & 0 & \cdots & 0 & 0 & 0 \\ 0 & 0 & \cdots & 0 & 0 & a_n \end{vmatrix},$$

其中 $a_i\neq 0(i=1,2,\cdots,n)$.

解 因为该行列式中每一行及每一列只有一个非零元素，由 n 阶行列式定义知，D_n 只含一项 $a_1a_2\cdots a_{n-2}a_{n-1}a_n$，其中元素的下标正好是它们所在行的下标，已是一个标准排列. 而它们所在列的下标构成的排列为 $(n-1)(n-2)\cdots 2\cdot 1\cdot n$，这个排列的逆序数

$$\tau[(n-1)(n-2)\cdots 2\cdot 1\cdot n]=\frac{(n-1)(n-2)}{2}.$$

故
$$D_n=(-1)^{\frac{(n-1)(n-2)}{2}}\cdot a_1a_2\cdots a_{n-2}\cdot a_{n-1}\cdot a_n.$$

例 11 试求 $f(x)$ 中 x^4 的系数，已知

$$f(x)=\begin{vmatrix} -x & 3 & 1 & 3 & 0 \\ x & 3 & 2x & 11 & 4 \\ -1 & x & 0 & 4 & 3x \\ 2 & 21 & 4 & x & 5 \\ 1 & -7x & 3 & -1 & 2 \end{vmatrix}.$$

解一 $f(x)$ 中含 x 为因子的元素，有

$$a_{11}=-x,\quad a_{21}=x,\quad a_{23}=2x,\quad a_{32}=x,\quad a_{35}=3x,\quad a_{44}=x,\quad a_{52}=-7x.$$

因而，含有 x 为因子的元素 a_{ij_i} 的列下标取

$$j_1=1;j_2=1,3;j_3=2,5;j_4=4;j_5=2.$$

于是，含 x^4 的项中元素 a_{ij_i} 的列下标只能取

$$j_1=1,j_2=3,j_3=2,j_4=4 \text{ 与 } j_2=1,j_3=5,j_4=4,j_5=2.$$

相应的五元排列只有 13245，31542. 含 x^4 的相应项为

$$(-1)^{\tau(13245)}a_{11}a_{23}a_{32}a_{44}a_{55}=4x^4,$$
$$(-1)^{\tau(31542)}a_{13}a_{21}a_{35}a_{44}a_{52}=21x^4,$$

故 $f(x)$ 中 x^4 的系数为 $21+4=25$.

解二 将 $f(x)$ 化成含 x 的元素位于不同行、不同列的行列式，于是将这些元素相乘，即可求出 x^4 的系数. 为此将 $a_{21}=x$ 及 $a_{32}=x$ 变成零元素，得到

$$f(x)=\begin{vmatrix} -x & 3 & 1 & 3 & 0 \\ 0 & 6 & 2x+1 & 14 & 4 \\ -6/7 & 0 & 3/7 & 27/7 & 3x+2/7 \\ 2 & 21 & 4 & x & 5 \\ 1 & -7x & 3 & -1 & 2 \end{vmatrix}.$$

x^4 的系数是下列两项系数的和：

$$(-1)^{\tau(13542)}(-x)\cdot 1\cdot(3x)\cdot x\cdot(-7x)=21x^4,$$
$$(-1)^{\tau(13542)}(-x)\cdot(2x)\cdot(2/7)\cdot x\cdot(-7x)=4x^4,$$

故所求系数为 $21+4=25$.

解三 将 $f(x)$ 化成 x 只位于主对角线上的行列式. 为此，将 $f(x)$ 的第 1 行加到第 2 行、第 5 行加上第 3 行的 7 倍，再将所得行列式的第 5 列减去第 2 列的 3 倍，最后将新行列式的第 2,3 行对调，得到

$$f(x)=-\begin{vmatrix} -x & 3 & 1 & 3 & -9 \\ -1 & x & 0 & 4 & 0 \\ 0 & 6 & 2x+1 & 14 & -14 \\ 2 & 21 & 4 & x & -58 \\ -6 & 0 & 3 & 27 & 21x+2 \end{vmatrix}.$$

含 x^4 的两项分别为

$$(-1)\cdot(-x)\cdot x\cdot(2x)\cdot x\cdot 2,$$
$$(-1)\cdot(-x)\cdot x\cdot 1\cdot x\cdot(21x),$$

故 $f(x)$ 中含 x^4 的系数为 $4+21=25$.

1.2 行列式的性质

一、内 容 提 要

行列式有六条性质及其相关推论，掌握好这六条性质是熟练计算行列式的关键.

性质 1 行列式与它的转置行列式相等.

性质 2 互换行列式的两行(列)，行列式变号.

推论 1 如果行列式有两行(列)完全相同，则此行列式为零.

性质 3 行列式的某一行(列)中所有的元素都乘以同一数 k，等于用数 k 乘此行列式.

推论 2 行列式中某一行(列)的所有元素的公因子可以提到行列式符号的外面.

性质 4 行列式中如果有两行(列)元素成比例,则此行列式为零.

性质 5 若行列式 D 的某一列(行)的元素都是两数之和(例如第 i 列的元素都是两数之和),

$$D=\begin{vmatrix} a_{11} & a_{12} & \cdots & a_{1i}+a'_{1i} & \cdots & a_{1n} \\ a_{21} & a_{22} & \cdots & a_{2i}+a'_{2i} & \cdots & a_{2n} \\ \vdots & \vdots & & \vdots & & \vdots \\ a_{n1} & a_{n2} & \cdots & a_{ni}+a'_{ni} & \cdots & a_{nn} \end{vmatrix},$$

则 D 等于下列两个行列式之和,即

$$D=\begin{vmatrix} a_{11} & a_{12} & \cdots & a_{1i} & \cdots & a_{1n} \\ a_{21} & a_{22} & \cdots & a_{2i} & \cdots & a_{2n} \\ \vdots & \vdots & & \vdots & & \vdots \\ a_{n1} & a_{n2} & \cdots & a_{ni} & \cdots & a_{nn} \end{vmatrix}+\begin{vmatrix} a_{11} & a_{12} & \cdots & a'_{1i} & \cdots & a_{1n} \\ a_{21} & a_{22} & \cdots & a'_{2i} & \cdots & a_{2n} \\ \vdots & \vdots & & \vdots & & \vdots \\ a_{n1} & a_{n2} & \cdots & a'_{ni} & \cdots & a_{nn} \end{vmatrix}.$$

性质 6 把行列式的某一列(行)的各元素乘以同一数,然后加到另一列(行)对应的元素上去,行列式不变.

由定义知,行列式是一个代数和.所谓计算行列式就是计算行列式的值,利用行列式性质可以简化行列式的计算.

二、释疑解惑

问题 1 计算下列行列式.

(1) $\begin{vmatrix} a_1+b_1 & a_1+b_2 & a_1+b_3 \\ a_2+b_1 & a_2+b_2 & a_2+b_3 \\ a_3+b_1 & a_3+b_2 & a_3+b_3 \end{vmatrix}$;　　(2) $\begin{vmatrix} 0 & 1 & 1 & 1 \\ 1 & 0 & 1 & 1 \\ 1 & 1 & 0 & 1 \\ 1 & 1 & 1 & 0 \end{vmatrix}$.

解 (1) $$\begin{vmatrix} a_1+b_1 & a_1+b_2 & a_1+b_3 \\ a_2+b_1 & a_2+b_2 & a_2+b_3 \\ a_3+b_1 & a_3+b_2 & a_3+b_3 \end{vmatrix}=\begin{vmatrix} a_1 & a_1+b_2 & a_1+b_3 \\ a_2 & a_2+b_2 & a_2+b_3 \\ a_3 & a_3+b_2 & a_3+b_3 \end{vmatrix}+\begin{vmatrix} b_1 & a_1+b_2 & a_1+b_3 \\ b_1 & a_2+b_2 & a_2+b_3 \\ b_1 & a_3+b_2 & a_3+b_3 \end{vmatrix}$$

$$=\begin{vmatrix} a_1 & b_2 & b_3 \\ a_2 & b_2 & b_3 \\ a_3 & b_2 & b_3 \end{vmatrix}+\begin{vmatrix} b_1 & a_1 & a_1 \\ b_1 & a_2 & a_2 \\ b_1 & a_3 & a_3 \end{vmatrix}=0.$$

(2) $$\begin{vmatrix} 0 & 1 & 1 & 1 \\ 1 & 0 & 1 & 1 \\ 1 & 1 & 0 & 1 \\ 1 & 1 & 1 & 0 \end{vmatrix}=\begin{vmatrix} 3 & 1 & 1 & 1 \\ 3 & 0 & 1 & 1 \\ 3 & 1 & 0 & 1 \\ 3 & 1 & 1 & 0 \end{vmatrix}=3\begin{vmatrix} 1 & 1 & 1 & 1 \\ 1 & 0 & 1 & 1 \\ 1 & 1 & 0 & 1 \\ 1 & 1 & 1 & 0 \end{vmatrix}=3\begin{vmatrix} 1 & 1 & 1 & 1 \\ 0 & -1 & 0 & 0 \\ 0 & 0 & -1 & 0 \\ 0 & 0 & 0 & -1 \end{vmatrix}$$

$$=-3.$$

问题 2 求方程 $\begin{vmatrix} 1+\lambda & 1 & 1 & 1 \\ 1 & 1+\lambda & 1 & 1 \\ 1 & 1 & 1+\lambda & 1 \\ 1 & 1 & 1 & 1+\lambda \end{vmatrix}=0$ 的根.

解 $\begin{vmatrix}1+\lambda & 1 & 1 & 1\\ 1 & 1+\lambda & 1 & 1\\ 1 & 1 & 1+\lambda & 1\\ 1 & 1 & 1 & 1+\lambda\end{vmatrix}=\begin{vmatrix}4+\lambda & 1 & 1 & 1\\ 4+\lambda & 1+\lambda & 1 & 1\\ 4+\lambda & 1 & 1+\lambda & 1\\ 4+\lambda & 1 & 1 & 1+\lambda\end{vmatrix}$

$$=(4+\lambda)\begin{vmatrix}1 & 1 & 1 & 1\\ 1 & 1+\lambda & 1 & 1\\ 1 & 1 & 1+\lambda & 1\\ 1 & 1 & 1 & 1+\lambda\end{vmatrix}=(4+\lambda)\begin{vmatrix}1 & 1 & 1 & 1\\ 0 & \lambda & 0 & 0\\ 0 & 0 & \lambda & 0\\ 0 & 0 & 0 & \lambda\end{vmatrix}=(4+\lambda)\lambda^3=0,$$

故方程的根为 $\lambda_1=-4,\lambda_2=\lambda_3=\lambda_4=0$.

三、典型例题解析

例 1 计算下列行列式：

(1) $D_1=\begin{vmatrix}1 & 1 & 1 & 1\\ 1 & 2 & 3 & 4\\ 1 & 3 & 5 & 7\\ 1 & 4 & 10 & 20\end{vmatrix}$；　(2) $D_2=\begin{vmatrix}1 & 1 & 1 & 0\\ 1 & 1 & 0 & 1\\ 1 & 0 & 1 & 1\\ 0 & 1 & 1 & 1\end{vmatrix}$.

解 (1) 利用消元性质，将第 1 行的 -1 倍加到第 2,3,4 行上，再由第 2,3 行成比例，得

$$D_1=\begin{vmatrix}1 & 1 & 1 & 1\\ 0 & 1 & 2 & 3\\ 0 & 2 & 4 & 6\\ 0 & 3 & 9 & 19\end{vmatrix}=0.$$

(2) **分析** 此题属低阶行列式的计算. 由于行列式除次对角线上的元素全为 0 外，其余元素均为 1，可据此特点化为上(或下)三角行列式，或利用各行(列)和都是 3 来化为三角行列式.

解一 $\begin{vmatrix}1 & 1 & 1 & 0\\ 1 & 1 & 0 & 1\\ 1 & 0 & 1 & 1\\ 0 & 1 & 1 & 1\end{vmatrix}\xlongequal[i=2,3]{r_i-r_1}\begin{vmatrix}1 & 1 & 1 & 0\\ 0 & 0 & -1 & 1\\ 0 & -1 & 0 & 1\\ 0 & 1 & 1 & 1\end{vmatrix}\xlongequal{r_2\leftrightarrow r_3}-\begin{vmatrix}1 & 1 & 1 & 0\\ 0 & -1 & 0 & 1\\ 0 & 0 & -1 & 1\\ 0 & 1 & 1 & 1\end{vmatrix}$

$$\xlongequal{r_4+r_2+r_3}-\begin{vmatrix}1 & 1 & 1 & 0\\ 0 & -1 & 0 & 1\\ 0 & 0 & -1 & 1\\ 0 & 0 & 0 & 3\end{vmatrix}=-3.$$

解二 $\begin{vmatrix}1 & 1 & 1 & 0\\ 1 & 1 & 0 & 1\\ 1 & 0 & 1 & 1\\ 0 & 1 & 1 & 1\end{vmatrix}\xlongequal{c_1+c_2+c_3+c_4}\begin{vmatrix}3 & 1 & 1 & 0\\ 3 & 1 & 0 & 1\\ 3 & 0 & 1 & 1\\ 3 & 1 & 1 & 1\end{vmatrix}=3\begin{vmatrix}1 & 1 & 1 & 0\\ 1 & 1 & 0 & 1\\ 1 & 0 & 1 & 1\\ 1 & 1 & 1 & 1\end{vmatrix}$

$$
=3\begin{vmatrix}1&1&1&0\\0&0&-1&1\\0&-1&0&1\\0&0&0&1\end{vmatrix}\xlongequal{r_2\leftrightarrow r_3}-3\begin{vmatrix}1&1&1&0\\0&-1&0&1\\0&0&-1&1\\0&0&0&1\end{vmatrix}
$$

$$
=-3.
$$

例 2 设 $abcd=1$，计算行列式 $D=\begin{vmatrix}a^2+\frac{1}{a^2}&a&\frac{1}{a}&1\\b^2+\frac{1}{b^2}&b&\frac{1}{b}&1\\c^2+\frac{1}{c^2}&c&\frac{1}{c}&1\\d^2+\frac{1}{d^2}&d&\frac{1}{d}&1\end{vmatrix}$.

解 $D=\begin{vmatrix}a^2&a&\frac{1}{a}&1\\b^2&b&\frac{1}{b}&1\\c^2&c&\frac{1}{c}&1\\d^2&d&\frac{1}{d}&1\end{vmatrix}+\begin{vmatrix}\frac{1}{a^2}&a&\frac{1}{a}&1\\\frac{1}{b^2}&b&\frac{1}{b}&1\\\frac{1}{c^2}&c&\frac{1}{c}&1\\\frac{1}{d^2}&d&\frac{1}{d}&1\end{vmatrix}$

$$
=abcd\begin{vmatrix}a&1&\frac{1}{a^2}&\frac{1}{a}\\b&1&\frac{1}{b^2}&\frac{1}{b}\\c&1&\frac{1}{c^2}&\frac{1}{c}\\d&1&\frac{1}{d^2}&\frac{1}{d}\end{vmatrix}+(-1)^3\begin{vmatrix}a&1&\frac{1}{a^2}&\frac{1}{a}\\b&1&\frac{1}{b^2}&\frac{1}{b}\\c&1&\frac{1}{c^2}&\frac{1}{c}\\d&1&\frac{1}{d^2}&\frac{1}{d}\end{vmatrix}=0.
$$

例 3 计算行列式：

$$
D=\begin{vmatrix}1&-1&1&x-1\\1&-1&1+x&-1\\1&x-1&1&-1\\1+x&-1&1&-1\end{vmatrix}.
$$

解 行列式每行元素之和都为 x，故把第 2,3,4 列都加到第 1 列上，提取因子.

$$
D=\begin{vmatrix}x&-1&1&x-1\\x&-1&1+x&-1\\x&x-1&1&-1\\x&-1&1&-1\end{vmatrix}=x\begin{vmatrix}1&-1&1&x-1\\1&-1&1+x&-1\\1&x-1&1&-1\\1&-1&1&-1\end{vmatrix},
$$

将第 1 行的 -1 倍加到各行上，得

$$D=x\begin{vmatrix}1&-1&1&x-1\\0&0&x&-x\\0&x&0&-x\\0&0&0&-x\end{vmatrix}=x^4\begin{vmatrix}1&-1&1&x-1\\0&0&1&-1\\0&1&0&-1\\0&0&0&-1\end{vmatrix}=-x^4\begin{vmatrix}1&1&-1&x-1\\0&1&0&-1\\0&0&1&-1\\0&0&0&-1\end{vmatrix}=x^4.$$

例 4 计算 n 阶行列式

$$D_n=\begin{vmatrix}2&1&1&\cdots&1\\1&2&1&\cdots&1\\1&1&2&\cdots&1\\\vdots&\vdots&\vdots&&\vdots\\1&1&1&\cdots&2\end{vmatrix}.$$

解一 因为这个 n 阶行列式中每一列中的 n 个元素之和都为 $n+1$，所以将第 2，3，…，n 行元素都加到第 1 行上，得

$$D_n=\begin{vmatrix}n+1&n+1&n+1&\cdots&n+1\\1&2&1&\cdots&1\\1&1&2&\cdots&1\\\vdots&\vdots&\vdots&&\vdots\\1&1&1&\cdots&2\end{vmatrix}=(n+1)\begin{vmatrix}1&1&1&\cdots&1\\1&2&1&\cdots&1\\1&1&2&\cdots&1\\\vdots&\vdots&\vdots&&\vdots\\1&1&1&\cdots&2\end{vmatrix}$$

$$\xlongequal[i=2,3,\cdots,n]{r_i-r_1}(n+1)\begin{vmatrix}1&1&1&\cdots&1\\0&1&0&\cdots&0\\0&0&1&\cdots&0\\\vdots&\vdots&\vdots&&\vdots\\0&0&0&\cdots&1\end{vmatrix}=n+1.$$

解二 利用 n 阶行列式的性质化简.

$$D_n\xlongequal[i=2,3,\cdots,n]{r_i-r_1}\begin{vmatrix}2&1&1&\cdots&1\\-1&1&0&\cdots&0\\-1&0&1&\cdots&0\\\vdots&\vdots&\vdots&&\vdots\\-1&0&0&\cdots&1\end{vmatrix}\xlongequal{c_1+c_2+\cdots+c_n}\begin{vmatrix}n+1&1&1&\cdots&1\\0&1&0&\cdots&0\\0&0&1&\cdots&0\\\vdots&\vdots&\vdots&&\vdots\\0&0&0&\cdots&1\end{vmatrix}$$

$$=n+1.$$

例 5 用行列式性质证明：

(1) $\begin{vmatrix}a_1+kb_1&b_1+c_1&c_1\\a_2+kb_2&b_2+c_2&c_2\\a_3+kb_3&b_3+c_3&c_3\end{vmatrix}=\begin{vmatrix}a_1&b_1&c_1\\a_2&b_2&c_2\\a_3&b_3&c_3\end{vmatrix}$；

(2) $\begin{vmatrix}b_1+c_1&c_1+a_1&a_1+b_1\\b_2+c_2&c_2+a_2&a_2+b_2\\b_3+c_3&c_3+a_3&a_3+b_3\end{vmatrix}=2\begin{vmatrix}a_1&b_1&c_1\\a_2&b_2&c_2\\a_3&b_3&c_3\end{vmatrix}$.

证 (1) **证一** 直接利用行列式性质从右边化到左边，即

$$\begin{vmatrix} a_1 & b_1 & c_1 \\ a_2 & b_2 & c_2 \\ a_3 & b_3 & c_3 \end{vmatrix} = \begin{vmatrix} a_1+kb_1 & b_1 & c_1 \\ a_2+kb_2 & b_2 & c_2 \\ a_3+kb_3 & b_3 & c_3 \end{vmatrix} = \begin{vmatrix} a_1+kb_1 & b_1+c_1 & c_1 \\ a_2+kb_2 & b_2+c_2 & c_2 \\ a_3+kb_3 & b_3+c_3 & c_3 \end{vmatrix}.$$

证二 在等式左端的行列式中去掉与第 3 列成比例的分列，再在新行列式中去掉与第 2 列成比例的分列，得到

$$\begin{vmatrix} a_1+kb_1 & b_1+c_1 & c_1 \\ a_2+kb_2 & b_2+c_2 & c_2 \\ a_3+kb_3 & b_3+c_3 & c_3 \end{vmatrix} = \begin{vmatrix} a_1+kb_1 & b_1 & c_1 \\ a_2+kb_2 & b_2 & c_2 \\ a_3+kb_3 & b_3 & c_3 \end{vmatrix} = \begin{vmatrix} a_1 & b_1 & c_1 \\ a_2 & b_2 & c_2 \\ a_3 & b_3 & c_3 \end{vmatrix}.$$

(2) 因左端行列式的各列均为两数的和，故可将它拆成两行列式之和，再利用去掉成比例的分列证之.

$$\begin{aligned}\begin{vmatrix} b_1+c_1 & c_1+a_1 & a_1+b_1 \\ b_2+c_2 & c_2+a_2 & a_2+b_2 \\ b_3+c_3 & c_3+a_3 & a_3+b_3 \end{vmatrix} &= \begin{vmatrix} b_1 & c_1+a_1 & a_1+b_1 \\ b_2 & c_2+a_2 & a_2+b_2 \\ b_3 & c_3+a_3 & a_3+b_3 \end{vmatrix} + \begin{vmatrix} c_1 & c_1+a_1 & a_1+b_1 \\ c_2 & c_2+a_2 & a_2+b_2 \\ c_3 & c_3+a_3 & a_3+b_3 \end{vmatrix} \\ &= \begin{vmatrix} b_1 & c_1+a_1 & a_1 \\ b_2 & c_2+a_2 & a_2 \\ b_3 & c_3+a_3 & a_3 \end{vmatrix} + \begin{vmatrix} c_1 & a_1 & a_1+b_1 \\ c_2 & a_2 & a_2+b_2 \\ c_3 & a_3 & a_3+b_3 \end{vmatrix} \\ &= \begin{vmatrix} b_1 & c_1 & a_1 \\ b_2 & c_2 & a_2 \\ b_3 & c_3 & a_3 \end{vmatrix} + \begin{vmatrix} c_1 & a_1 & b_1 \\ c_2 & a_2 & b_2 \\ c_3 & a_3 & b_3 \end{vmatrix} \\ &= (-1)^2\begin{vmatrix} a_1 & b_1 & c_1 \\ a_2 & b_2 & c_2 \\ a_3 & b_3 & c_3 \end{vmatrix} + (-1)^2\begin{vmatrix} a_1 & b_1 & c_1 \\ a_2 & b_2 & c_2 \\ a_3 & b_3 & c_3 \end{vmatrix} = 2\begin{vmatrix} a_1 & b_1 & c_1 \\ a_2 & b_2 & c_2 \\ a_3 & b_3 & c_3 \end{vmatrix}.\end{aligned}$$

例 6 不计算行列式的值，证明行列式 $D_4 = \begin{vmatrix} 1 & 2 & 2 & 1 \\ 9 & 1 & 3 & 8 \\ 9 & 9 & 9 & 0 \\ 8 & 6 & 4 & 0 \end{vmatrix}$ 能被 18 整除.

证一 因 $18=9\times 2$ 为合数，且 D_4 的第 3，4 两行分别可被 9，2 所整除，故由行列式的性质知，D_4 可被 18 整除.

证二 将 D_4 的第 1，2，3 行分别乘以 10^3，10^2，10，并加到第 4 行，得到

$$D_4 = \begin{vmatrix} 1 & 2 & 2 & 1 \\ 9 & 1 & 3 & 8 \\ 9 & 9 & 9 & 0 \\ 1998 & 2196 & 2394 & 1800 \end{vmatrix}.$$

因上述行列式的第 4 行能被 18 整除（1998，2196，2394，1800 均能被 18 整除），故 D_4 能被 18 整除.

例 7 用行列式性质，证明下列行列式能被 13 整除：

$$D_3=\begin{vmatrix}1&0&4\\3&2&5\\4&1&6\end{vmatrix}.$$

证 本例虽未给出能被 13 整除的 3 个数,但将 D_3 的 3 个行分别看成 3 个 3 位数 104,325,416,不难验证它们都能被 13 整除. 为将第 3 列的各元素分别化成上述 3 个数,将 D_3 的第 1,2 列分别乘上 10^2,10,且都加到第 3 列上,得到

$$D_3=\begin{vmatrix}1&0&104\\3&2&325\\4&1&416\end{vmatrix}.$$

因第 3 列能被 13 整除,故 D_3 也能被 13 整除. 此法特别适用被除数 m 为素(质)数的情况. 如果 m 为合数,且其各因数分别能整除一行列式某行(列)或某些行(列),由行列式性质即知该行列式能被合数 m 整除.

例 8 用行列式性质证明:

$$D=\begin{vmatrix}0&a&b\\-a&0&c\\-b&-c&0\end{vmatrix}=0.$$

证 所给行列式为三阶反对称行列式. 从 D 的各行提出公因子 -1,得到

$$D=(-1)^3\begin{vmatrix}0&-a&-b\\a&0&-c\\b&c&0\end{vmatrix}=(-1)^3D^{\mathrm T}=-D^{\mathrm T}.$$

又因 $D=D^{\mathrm T}$,故 $D+D^{\mathrm T}=2D=0$,即 $D=0$.

一般设 $a_{ij}=-a_{ji}$,则

$$D=\begin{vmatrix}0&a_{12}&\cdots&a_{1n}\\a_{21}&0&\cdots&a_{2n}\\\vdots&\vdots&&\vdots\\a_{n1}&a_{n2}&\cdots&0\end{vmatrix}=\begin{vmatrix}0&-a_{21}&\cdots&-a_{n1}\\-a_{12}&0&\cdots&-a_{n2}\\\vdots&\vdots&&\vdots\\-a_{1n}&-a_{2n}&\cdots&0\end{vmatrix}$$

$$=(-1)^n\begin{vmatrix}0&a_{21}&\cdots&a_{n1}\\a_{12}&0&\cdots&a_{n2}\\\vdots&\vdots&&\vdots\\a_{1n}&a_{2n}&\cdots&0\end{vmatrix}=(-1)^nD^{\mathrm T}=(-1)^nD.$$

因 n 为奇数,故 $D=-D$,即 $D=0$.

此题可概括为结论:奇数阶反对称行列式等于零.

值得注意的是,对称行列式和偶数阶反对称行列式不一定等于零. 例如,四阶反对称行列式

$$D=\begin{vmatrix}0&b&c&d\\-b&0&-d&c\\-c&d&0&-b\\-d&-c&b&0\end{vmatrix}=(b^2+c^2+d^2)^2.$$

事实上，由两个同阶行列式的乘法规则（与矩阵乘法规则相同）得

$$D^2=D\cdot D^{\mathrm{T}}=\begin{vmatrix}0&b&c&d\\-b&0&-d&c\\-c&d&0&-b\\-d&-c&b&0\end{vmatrix}\begin{vmatrix}0&-b&-c&-d\\b&0&d&-c\\c&-d&0&b\\d&c&-b&0\end{vmatrix}$$

$$=\begin{vmatrix}b^2+c^2+d^2&0&0&0\\0&b^2+c^2+d^2&0&0\\0&0&b^2+c^2+d^2&0\\0&0&0&b^2+c^2+d^2\end{vmatrix}$$

$$=(b^2+c^2+d^2)^4,$$

即
$$D=\pm(b^2+c^2+d^2)^2.$$

因 D 中 b^4 一项为 $(-1)^{\tau(2143)}a_{12}a_{21}a_{34}a_{43}=(-1)^2b^4=b^4$，故 b^4 的系数为 1，所以必取正号，即 $D=(b^2+c^2+d^2)^2$.

1.3 行列式的展开计算

一、内容提要

1. 展开定理

（Ⅰ）行列式按行（列）展开定理反应行列式的另一种重要属性：n 阶行列式可以表示成 n 个 $n-1$ 阶行列式之和.

定理 行列式等于它的任何一行（列）的所有元素分别与其对应的代数余子式乘积之和，即

$$D=a_{i1}A_{i1}+a_{i2}A_{i2}+\cdots+a_{in}A_{in}\quad(i=1,2,\cdots,n),$$

或
$$D=a_{1j}A_{1j}+a_{2j}A_{2j}+\cdots+a_{nj}A_{nj}\quad(j=1,2,\cdots,n).$$

其中，A_{ij} 为元素 a_{ij} 的代数余子式.

推论 行列式任一行（列）的元素与另一行（列）的对应元素的代数余子式乘积之和等于零.

2. n 个有用的公式

（1）范德蒙行列式：

$$\begin{vmatrix}1&1&1&\cdots&1\\a_1&a_2&a_3&\cdots&a_n\\a_1^2&a_2^2&a_3^2&\cdots&a_n^2\\\vdots&\vdots&\vdots&&\vdots\\a_1^{n-1}&a_2^{n-1}&a_3^{n-1}&\cdots&a_n^{n-1}\end{vmatrix}=\prod_{1\leqslant i<j\leqslant n}(a_j-a_i).\qquad(1.3.1)$$

（2）公式（Ⅰ）：

$$\begin{vmatrix} a_{11} & \cdots & a_{1r} & 0 & \cdots & 0 \\ \vdots & & \vdots & \vdots & & \vdots \\ a_{r1} & \cdots & a_{rr} & 0 & \cdots & 0 \\ c_{11} & \cdots & c_{1r} & b_{11} & \cdots & b_{1s} \\ \vdots & & \vdots & \vdots & & \vdots \\ c_{s1} & \cdots & c_{sr} & b_{s1} & \cdots & b_{ss} \end{vmatrix} = \begin{vmatrix} a_{11} & \cdots & a_{1r} & 0 & \cdots & 0 \\ \vdots & & \vdots & \vdots & & \vdots \\ a_{r1} & \cdots & a_{rr} & 0 & \cdots & 0 \\ 0 & \cdots & 0 & b_{11} & \cdots & b_{1s} \\ \vdots & & \vdots & \vdots & & \vdots \\ 0 & \cdots & 0 & b_{s1} & \cdots & b_{ss} \end{vmatrix}$$

$$= \begin{vmatrix} a_{11} & \cdots & a_{1r} \\ \vdots & & \vdots \\ a_{r1} & \cdots & a_{rr} \end{vmatrix} \cdot \begin{vmatrix} b_{11} & \cdots & b_{1s} \\ \vdots & & \vdots \\ b_{s1} & \cdots & b_{ss} \end{vmatrix}. \quad (1.3.2)$$

公式(Ⅱ)：

$$\begin{vmatrix} 0 & \cdots & 0 & a_{11} & \cdots & a_{1r} \\ \vdots & & \vdots & \vdots & & \vdots \\ 0 & \cdots & 0 & a_{r1} & \cdots & a_{rr} \\ b_{11} & \cdots & b_{1s} & c_{11} & \cdots & c_{1r} \\ \vdots & & \vdots & \vdots & & \vdots \\ b_{s1} & \cdots & b_{ss} & c_{s1} & \cdots & c_{sr} \end{vmatrix} = \begin{vmatrix} 0 & \cdots & 0 & a_{11} & \cdots & a_{1r} \\ \vdots & & \vdots & \vdots & & \vdots \\ 0 & \cdots & 0 & a_{r1} & \cdots & a_{rr} \\ b_{11} & \cdots & b_{1s} & 0 & \cdots & 0 \\ \vdots & & \vdots & \vdots & & \vdots \\ b_{s1} & \cdots & b_{ss} & 0 & \cdots & 0 \end{vmatrix}$$

$$= (-1)^{rs} \begin{vmatrix} a_{11} & \cdots & a_{1r} \\ \vdots & & \vdots \\ a_{r1} & \cdots & a_{rr} \end{vmatrix} \cdot \begin{vmatrix} b_{11} & \cdots & b_{1s} \\ \vdots & & \vdots \\ b_{s1} & \cdots & b_{ss} \end{vmatrix}. \quad (1.3.3)$$

二、释疑解惑

问题 1 计算下列 n 阶行列式：

(1) $\begin{vmatrix} x & y & 0 & \cdots & 0 & 0 \\ 0 & x & y & \cdots & 0 & 0 \\ 0 & 0 & x & \cdots & 0 & 0 \\ \vdots & \vdots & \vdots & & \vdots & \vdots \\ 0 & 0 & 0 & \cdots & x & y \\ y & 0 & 0 & \cdots & 0 & x \end{vmatrix}$；　(2) $\begin{vmatrix} a & 0 & \cdots & 0 & b \\ 0 & a & \cdots & 0 & 0 \\ \vdots & \vdots & & \vdots & \vdots \\ 0 & 0 & \cdots & a & 0 \\ b & 0 & \cdots & 0 & a \end{vmatrix}$；

(3) $\begin{vmatrix} 2 & 2 & 2 & \cdots & 2 \\ 1 & 3 & 3 & \cdots & 3 \\ 1 & 1 & 4 & \cdots & 4 \\ \vdots & \vdots & \vdots & & \vdots \\ 1 & 1 & 1 & \cdots & n+1 \end{vmatrix}$；　(4) $\begin{vmatrix} 1 & 1 & 1 & \cdots & 1 & 1 \\ 1 & 2 & 1 & \cdots & 1 & 1 \\ 1 & 2 & 3 & \cdots & 1 & 1 \\ \vdots & \vdots & \vdots & & \vdots & \vdots \\ 1 & 2 & 3 & \cdots & n-1 & 1 \\ 1 & 2 & 3 & \cdots & n-1 & n \end{vmatrix}$.

解 (1) 行列式每列(行)只有 2 个元素，可以从第 1 列(行)展开，得

$$D=x\cdot(-1)^{1+1}\begin{vmatrix} x & y & & & \\ & x & y & & \\ & & \ddots & \ddots & \\ & & & x & y \\ & & & & x \end{vmatrix}+y\cdot(-1)^{n+1}\begin{vmatrix} y & & & & \\ x & y & & & \\ & x & \ddots & & \\ & & \ddots & y & \\ & & & x & y \end{vmatrix}$$

$$=x\cdot x^{n-1}+y\cdot(-1)^{n+1}\cdot y^{n-1}=x^n+(-1)^{n+1}\cdot y^n.$$

(2) 先按第 1 列(行)展开,得

$$D=a\cdot(-1)^{1+1}\begin{vmatrix} a & & & \\ & \ddots & & \\ & & a & \\ & & & a \end{vmatrix}+b\cdot(-1)^{n+1}\begin{vmatrix} 0 & \cdots & 0 & b \\ a & \cdots & 0 & 0 \\ \vdots & & \vdots & \vdots \\ 0 & \cdots & a & 0 \end{vmatrix}.$$

此时对第二个行列式,可继续按第 1 行展开,但要注意行列式展开后阶数的变化,得

$$D=a\cdot(-1)^{1+1}\cdot a^{n-1}+b\cdot(-1)^{n+1}\cdot b\cdot(-1)^{1+n-1}\cdot a^{n-2}$$
$$=a^n+(-1)^{2n+1}\cdot b^2\cdot a^{n-2}=a^{n-2}(a^2-b^2).$$

(3) 思路:观察相邻两列间的差异,发现只在主对角线上的元素有所不同,故可从第 n 列开始,依次用 $c_i+(-1)c_{i-1}(2\leqslant i\leqslant n)$,得

$$D=\begin{vmatrix} 2 & 0 & 0 & \cdots & 0 \\ 1 & 2 & 0 & \cdots & 0 \\ 1 & 0 & 3 & \cdots & 0 \\ \vdots & \vdots & \vdots & & \vdots \\ 1 & 0 & 0 & \cdots & n \end{vmatrix}=2\cdot n!.$$

(4) 观察到主对角线上方元素全为 1,第 1 列元素全为 1,可依次用第 j 列减第 1 列,即 $c_j+(-1)c_1(j=2,3,\cdots,n)$,得

$$D=\begin{vmatrix} 1 & 0 & 0 & \cdots & 0 & 0 \\ 1 & 1 & 0 & \cdots & 0 & 0 \\ 1 & 1 & 2 & \cdots & 0 & 0 \\ \vdots & \vdots & \vdots & & \vdots & \vdots \\ 1 & 1 & 2 & \cdots & n-2 & 0 \\ 1 & 1 & 2 & \cdots & n-2 & n-1 \end{vmatrix}=(n-1)!.$$

问题 2 计算行列式的常用方法有哪些?

答 计算行列式的方法通常可归纳如下.

(1) 用对角线法则计算行列式,它只适用于二、三阶行列式.

(2) 用 n 阶行列式定义计算行列式.

(3) 利用行列式的性质计算行列式.

(4) 利用行列式按某一行(列)展开定理计算 n 阶行列式(降阶法).

(5) 利用数学归纳法计算行列式(归纳法).

(6) 利用递推公式计算 n 阶行列式(递推法).

(7) 利用范德蒙行列式的结论计算特殊的行列式.

(8) 利用加边法计算 n 阶行列式(升阶法).

(9) 化三角形法计算 n 阶行列式.

(10) 综合运用上述各法来计算行列式.

三、典型例题解析

行列式的基本计算方法如下.

(1) 利用行列式性质将行列式化成较简单且易于计算的行列式.

(2) 由行列式展开定理,按一行(列)展开,将高阶行列式化为低阶行列式来计算.

实际计算时,往往是将以上两种方法交替使用.对于以数字为元的行列式,总可以通过这个方法进行计算;对于在元中出现字母或元之间有某些规律的行列式,则需分析它的特点,采用适当方法来计算.常用的方法有三角化法、爪形法、加边法、递推法及数学归纳法等.

1. 降阶法

若行列式的某行(列)有较多的零元,可用降阶法由此行(列)展开.

例 1 按第 3 列展开下列行列式,计算其值:

(1) $\begin{vmatrix} 1 & 0 & a & 1 \\ 0 & -1 & b & -1 \\ -1 & -1 & c & -1 \\ -1 & 1 & d & 0 \end{vmatrix}$; (2) $\begin{vmatrix} a_{11} & a_{12} & a_{13} & a_{14} & a_{15} \\ a_{21} & a_{22} & a_{23} & a_{24} & a_{25} \\ a_{31} & a_{32} & 0 & 0 & 0 \\ a_{41} & a_{42} & 0 & 0 & 0 \\ a_{51} & a_{52} & 0 & 0 & 0 \end{vmatrix}$.

解 (1) 按第 3 列展开,得到

$$原式=a\begin{vmatrix} 0 & -1 & -1 \\ -1 & -1 & -1 \\ -1 & 1 & 0 \end{vmatrix}-b\begin{vmatrix} 1 & 0 & 1 \\ -1 & -1 & -1 \\ -1 & 1 & 0 \end{vmatrix}+c\begin{vmatrix} 1 & 0 & 1 \\ 0 & -1 & -1 \\ -1 & 1 & 0 \end{vmatrix}-d\begin{vmatrix} 1 & 0 & 1 \\ 0 & -1 & -1 \\ -1 & -1 & -1 \end{vmatrix},$$

再将上式右端的 4 个行列式按只有一个非零元素的列展开,得到

$$原式=a\begin{vmatrix} -1 & -1 \\ 1 & 0 \end{vmatrix}+b\begin{vmatrix} 1 & 1 \\ -1 & 0 \end{vmatrix}+c\begin{vmatrix} 1 & -1 \\ -1 & 1 \end{vmatrix}+d\begin{vmatrix} 0 & 1 \\ -1 & -1 \end{vmatrix}=a+b+d.$$

(2) 按第 3 列展开,得到

$$原式=a_{13}\begin{vmatrix} a_{21} & a_{22} & a_{24} & a_{25} \\ a_{31} & a_{32} & 0 & 0 \\ a_{41} & a_{42} & 0 & 0 \\ a_{51} & a_{52} & 0 & 0 \end{vmatrix}-a_{23}\begin{vmatrix} a_{11} & a_{12} & a_{14} & a_{15} \\ a_{31} & a_{32} & 0 & 0 \\ a_{41} & a_{42} & 0 & 0 \\ a_{51} & a_{52} & 0 & 0 \end{vmatrix}$$

$$=-a_{13}a_{25}\begin{vmatrix} a_{31} & a_{32} & 0 \\ a_{41} & a_{42} & 0 \\ a_{51} & a_{52} & 0 \end{vmatrix}+a_{23}a_{15}\begin{vmatrix} a_{31} & a_{32} & 0 \\ a_{41} & a_{42} & 0 \\ a_{51} & a_{52} & 0 \end{vmatrix}=0.$$

对于每行(列)元素之和为常数的行列式,把各列(行)都加到第 1 列(行)上,提取公因式,用消元法把第 1 列(行)的 $n-1$ 个元消为零,再用降阶法展开.

例 2 计算下列行列式：

(1) $D=\begin{vmatrix} a_1-b & a_1 & a_1 & a_1 \\ a_2 & a_2-b & a_2 & a_2 \\ a_3 & a_3 & a_3-b & a_3 \\ a_4 & a_4 & a_4 & a_4-b \end{vmatrix}$；

(2) $D=\begin{vmatrix} 0 & 1 & 1 & \cdots & 1 & 1 \\ 1 & 0 & 1 & \cdots & 1 & 1 \\ 1 & 1 & 0 & \cdots & 1 & 1 \\ \vdots & \vdots & \vdots & & \vdots & \vdots \\ 1 & 1 & 1 & \cdots & 1 & 0 \end{vmatrix}$.

解 (1) D 为列和相等的四阶行列式，将各行加到第 1 行，提取公因式，去掉与第 1 行成比例的分行，化成上三角行列式，即得其值为

$$D=\begin{vmatrix} \sum_{i=1}^{4}a_i-b & \sum_{i=1}^{4}a_i-b & \sum_{i=1}^{4}a_i-b & \sum_{i=1}^{4}a_i-b \\ a_2 & a_2-b & a_2 & a_2 \\ a_3 & a_3 & a_3-b & a_3 \\ a_4 & a_4 & a_4 & a_4-b \end{vmatrix}$$

$$=\left(\sum_{i=1}^{4}a_i-b\right)\begin{vmatrix} 1 & 1 & 1 & 1 \\ a_2 & a_2-b & a_2 & a_2 \\ a_3 & a_3 & a_3-b & a_3 \\ a_4 & a_4 & a_4 & a_4-b \end{vmatrix}$$

$$\xrightarrow[i=2,3,4]{r_i+(-a_i)r_1}\left(\sum_{i=1}^{4}a_i-b\right)\begin{vmatrix} 1 & 1 & 1 & 1 \\ 0 & -b & 0 & 0 \\ 0 & 0 & -b & 0 \\ 0 & 0 & 0 & -b \end{vmatrix}$$

$$=\left(\sum_{i=1}^{4}a_i-b\right)(-1)^3b^3=-\left(\sum_{i=1}^{4}a_i-b\right)b^3.$$

(2) **解** D 是行和与列和都相等的行列式. 将各列加到第 1 列，提取公因式，去掉与第 1 列成比例的分列，化为三角行列式，得

$$D=(n-1)\begin{vmatrix} 1 & 1 & 1 & \cdots & 1 \\ 1 & 0 & 1 & \cdots & 1 \\ 1 & 1 & 0 & \cdots & 1 \\ \vdots & \vdots & \vdots & & \vdots \\ 1 & 1 & 1 & \cdots & 0 \end{vmatrix}=(n-1)\begin{vmatrix} 1 & 0 & 0 & \cdots & 0 \\ 1 & -1 & 0 & \cdots & 0 \\ 1 & 0 & -1 & \cdots & 0 \\ \vdots & \vdots & \vdots & & \vdots \\ 1 & 0 & 0 & \cdots & -1 \end{vmatrix}=(-1)^{n-1}(n-1).$$

例 3 计算：

$$D_4=\begin{vmatrix} a & b & c & d \\ b & a & d & c \\ c & d & a & b \\ d & c & b & a \end{vmatrix}.$$

解 将 D_4 的第 2,3,4 行都加到第 1 行,并从第 1 行中提取公因子 $a+b+c+d$,得

$$D_4=(a+b+c+d)\begin{vmatrix}1&1&1&1\\b&a&d&c\\c&d&a&b\\d&c&b&a\end{vmatrix},$$

再将第 2,3,4 列都减去第 1 列,得

$$D_4=(a+b+c+d)\begin{vmatrix}1&0&0&0\\b&a-b&d-b&c-b\\c&d-c&a-c&b-c\\d&c-d&b-d&a-d\end{vmatrix},$$

按第 1 行展开,得

$$D_4=(a+b+c+d)\begin{vmatrix}a-b&d-b&c-b\\d-c&a-c&b-c\\c-d&b-d&a-d\end{vmatrix}.$$

把上面右端行列式第 2 行加到第 1 行,再从第 1 行中提取公因子 $a-b-c+d$,得

$$D_4=(a+b+c+d)(a-b-c+d)\begin{vmatrix}1&1&0\\d-c&a-c&b-c\\c-d&b-d&a-d\end{vmatrix},$$

再将第 2 列减去第 1 列,得

$$D_4=(a+b+c+d)(a-b-c+d)\begin{vmatrix}1&0&0\\d-c&a-d&b-c\\c-d&b-c&a-d\end{vmatrix},$$

按第 1 行展开,得

$$\begin{aligned}D_4&=(a+b+c+d)(a-b-c+d)\begin{vmatrix}a-d&b-c\\b-c&a-d\end{vmatrix}\\&=(a+b+c+d)(a-b-c+d)[(a-d)^2-(b-c)^2]\\&=(a+b+c+d)(a-b-c+d)(a+b-c-d)(a-b+c-d).\end{aligned}$$

2. 爪形行列式

形如"◸"、"◹"、"◺"、"◿"的行列式常称为爪形行列式.其常用算法是利用行列式性质及展开化为三角行列式,然后计算.

例 4 计算下列行列式:

(1) $D_n=\begin{vmatrix}a_1&e_2&e_3&\cdots&e_n\\b_2&a_2&0&\cdots&0\\b_3&0&a_3&\cdots&0\\\vdots&\vdots&\vdots&&\vdots\\b_n&0&0&\cdots&a_n\end{vmatrix}\ (a_i\neq0;i=2,3,\cdots,n)$;

(2) $D=\begin{vmatrix}1+x & 1 & 1 & 1\\ 1 & 1-x & 1 & 1\\ 1 & 1 & 1+y & 1\\ 1 & 1 & 1 & 1-y\end{vmatrix}$.

解 (1) 将第 j 列乘以 $-b_j/a_j$($j=2,3,\cdots,n$)加到第 1 列上,化为上三角行列式:

$$D_n \xlongequal{-\sum\limits_{j=2}^{n}\frac{b_j}{a_j}c_j} \begin{vmatrix} a_1-\sum\limits_{j=2}^{n}(b_je_j/a_j) & e_2 & e_3 & \cdots & e_n\\ 0 & a_2 & 0 & \cdots & 0\\ 0 & 0 & a_3 & \cdots & 0\\ \vdots & \vdots & \vdots & & \vdots\\ 0 & 0 & 0 & \cdots & a_n\end{vmatrix}$$

$$=\left[a_1-\sum_{j=2}^{n}(b_je_j/a_j)\right]\prod_{i=2}^{n}a_i=k_1a_2a_3\cdots a_n,$$

其中,$k_1=a_1-\sum\limits_{j=2}^{n}(b_je_j/a_j)$.

一般除主对角线上的元素外,其余元素全部相同的行列式都可化为爪形行列式,利用(1)的结果计算其值.

(2) **解** $D\xlongequal[i=2,3,4]{c_i+(-1)c_1}\begin{vmatrix}1+x & -x & -x & -x\\ 1 & -x & 0 & 0\\ 1 & 0 & y & 0\\ 1 & 0 & 0 & -y\end{vmatrix}$.

右端为爪形行列式,利用(1)的结论即得

$$D=\{(1+x)-[1\cdot(-x)/(-x)+1\cdot(-x)/y+1\cdot(-x)/(-y)]\}$$
$$\cdot(-x)\cdot y\cdot(-y)=(1+x-1)\cdot xy^2=x^2y^2.$$

例 5 计算 n 阶行列式:

$$D_n=\begin{vmatrix}x_1 & a_2 & a_3 & \cdots & a_n\\ a_1 & x_2 & a_3 & \cdots & a_n\\ a_1 & a_2 & x_3 & \cdots & a_n\\ \vdots & \vdots & \vdots & & \vdots\\ a_1 & a_2 & a_3 & \cdots & x_n\end{vmatrix},x_i\neq a_i,i=1,2,\cdots,n.$$

解 $D_n\xlongequal[i=2,3,\cdots,n]{r_i-r_1}\begin{vmatrix}x_1 & a_2 & a_3 & \cdots & a_n\\ a_1-x_1 & x_2-a_2 & 0 & \cdots & 0\\ a_1-x_1 & 0 & x_3-a_3 & \cdots & 0\\ \vdots & \vdots & \vdots & & \vdots\\ a_1-x_1 & 0 & 0 & \cdots & x_n-a_n\end{vmatrix}$

(爪形行列式)

$$
=\prod_{i=1}^{n}(x_i-a_i)\begin{vmatrix} \frac{x_1}{x_1-a_1} & \frac{a_2}{x_2-a_2} & \frac{a_3}{x_3-a_3} & \cdots & \frac{a_n}{x_n-a_n} \\ -1 & 1 & 0 & \cdots & 0 \\ -1 & 0 & 1 & \cdots & 0 \\ \vdots & \vdots & \vdots & & \vdots \\ -1 & 0 & 0 & \cdots & 1 \end{vmatrix}
$$

$$
\xlongequal{c_1+\sum_{j=2}^{n}c_j}\prod_{i=1}^{n}(x_i-a_i)\begin{vmatrix} 1+\sum_{k=1}^{n}\frac{a_k}{x_k-a_k} & \frac{a_2}{x_2-a_2} & \cdots & \frac{a_n}{x_n-a_n} \\ 0 & 1 & \cdots & 0 \\ \vdots & \vdots & & \vdots \\ 0 & 0 & \cdots & 1 \end{vmatrix}
$$

$$
=\left(1+\sum_{k=1}^{n}\frac{a_k}{x_k-a_k}\right)\prod_{i=1}^{n}(x_i-a_i).
$$

例 6 计算下列行列式：

$$
D_n=\begin{vmatrix} a_1+m_1 & a_2 & \cdots & a_n \\ a_1 & a_2+m_2 & \cdots & a_n \\ \vdots & \vdots & & \vdots \\ a_1 & a_2 & \cdots & a_n+m_n \end{vmatrix}.
$$

解 加边法.将 D_n 添加一行一列,其值不变,得

$$
D_n=D_{n+1}=\begin{vmatrix} 1 & a_1 & a_2 & \cdots & a_n \\ 0 & a_1+m_1 & a_2 & \cdots & a_n \\ 0 & a_1 & a_2+m_2 & \cdots & a_n \\ \vdots & \vdots & \vdots & & \vdots \\ 0 & a_1 & a_2 & \cdots & a_n+m_n \end{vmatrix},
$$

然后将其化为爪形行列式,得

$$
D_n\xlongequal[i=2,3,\cdots,n]{r_i+(-1)r_1}\begin{vmatrix} 1 & a_1 & a_2 & \cdots & a_n \\ -1 & m_1 & 0 & \cdots & 0 \\ -1 & 0 & m_2 & \cdots & 0 \\ \vdots & \vdots & \vdots & & \vdots \\ -1 & 0 & 0 & \cdots & m_n \end{vmatrix}.
$$

由例 4(1)题结论,作如下讨论.

当 $m_i=0$ 时,即得 $D_n=0$;

当 $\prod_{i=1}^{n}m_i\neq 0$ 时,得到 $C_1=1+\sum_{i=1}^{n}\frac{a_i}{m_i}$.

$$
D_n=\left(1+\sum_{i=1}^{n}\frac{a_i}{m_i}\right)m_1m_2\cdots m_n.
$$

3. 三线形行列式

三线形行列式形如“\\\”、“⋖”、“⋭”,也称为三对角线行列式.一般采用递推

法、降阶法、数学归纳法等方法计算.

例 7 计算行列式：

(1) $$D_n=\begin{vmatrix} x & -1 & 0 & \cdots & 0 & 0 \\ 0 & x & -1 & \cdots & 0 & 0 \\ \vdots & \vdots & \vdots & & \vdots & \vdots \\ 0 & 0 & 0 & \cdots & x & -1 \\ a_n & a_{n-1} & a_{n-2} & \cdots & a_2 & a_1 \end{vmatrix};$$

(2) $$D_5=\begin{vmatrix} 1-a & a & 0 & 0 & 0 \\ -1 & 1-a & a & 0 & 0 \\ 0 & -1 & 1-a & a & 0 \\ 0 & 0 & -1 & 1-a & a \\ 0 & 0 & 0 & -1 & 1-a \end{vmatrix}.$$

解 (1) 按第 1 列展开后可得递推公式.

$$D_n=x\begin{vmatrix} x & -1 & & & \\ & x & -1 & & \\ & & \ddots & \ddots & \\ & & & x & -1 \\ a_{n-1} & a_{n-2} & \cdots & a_2 & a_1 \end{vmatrix}_{(n-1)\times(n-1)}$$

$$+(-1)^{n+1}a_n\begin{vmatrix} -1 & & & \\ x & -1 & & \\ & \ddots & \ddots & \\ & & x & -1 \end{vmatrix}_{(n-1)\times(n-1)}$$

$$=xD_{n-1}+(-1)^{2n}a_n=xD_{n-1}+a_n.$$

继续用此公式递推下去,最后可得

$$D_n=xD_{n-1}+a_n=x(xD_{n-2}+a_{n-1})+a_n=x^2D_{n-2}+xa_{n-1}+a_n=\cdots$$
$$=x^{n-1}a_1+x^{n-2}a_2+\cdots+x^2a_{n-2}+xa_{n-1}+a_n.$$

(2) 因划去 D_5 的第 1 行与第 1 列之后能得到与原行列式结构相同的低一阶(四阶)行列式,因而可用递推法计算.

$$D_5=\begin{vmatrix} 1-a & a & 0 & 0 & 0 \\ -1 & 1-a & a & 0 & 0 \\ 0 & -1 & 1-a & a & 0 \\ 0 & 0 & -1 & 1-a & a \\ 0 & 0 & 0 & -1 & -a \end{vmatrix}+\begin{vmatrix} 1-a & a & 0 & 0 & 0 \\ -1 & 1-a & a & 0 & 0 \\ 0 & -1 & 1-a & a & 0 \\ 0 & 0 & -1 & 1-a & 0 \\ 0 & 0 & 0 & -1 & 1 \end{vmatrix}.$$

将上式右端第一个行列式的最后一行开始往上一行相加,得到其值等于 $(-1)^5a^5$,将第二个行列式按最后一列展开得到 D_4,于是有

$$D_5=(-1)^5a^5+D_4.$$

同理,有 $$D_4=(-1)^4a^4+D_3,\quad D_3=(-1)^3a^3+D_2,$$
$$D_2=(-1)^2a^2+D_1=a^2+(1-a),$$

故 $$D_5=1-a+a^2-a^3+a^4-a^5.$$

形如"\\\"的行列式常称为三对角线行列式，除利用行列式性质(r_j+kr_i 或 c_j+kc_i)及展开化为三角行列式计算外，若划去其第 1 行与第 1 列之后能得到与原行列式结构相同的低一阶行列式，则还可利用递推法求其值.

例 8 $$D_n=\begin{vmatrix} 1 & 2 & 3 & \cdots & n-1 & n \\ 1 & -1 & 0 & \cdots & 0 & 0 \\ 0 & 2 & -2 & \cdots & 0 & 0 \\ \vdots & \vdots & \vdots & & \vdots & \vdots \\ 0 & 0 & 0 & \cdots & -(n-2) & 0 \\ 0 & 0 & 0 & \cdots & n-1 & -(n-1) \end{vmatrix}.$$

解 将第 2,3,…,n 列都加到第 1 列上去，有

$$D_n=\begin{vmatrix} \frac{n(n+1)}{2} & 2 & 3 & \cdots & n-1 & n \\ 0 & -1 & 0 & \cdots & 0 & 0 \\ 0 & 2 & -2 & \cdots & 0 & 0 \\ \vdots & \vdots & \vdots & & \vdots & \vdots \\ 0 & 0 & 0 & \cdots & -(n-2) & 0 \\ 0 & 0 & 0 & \cdots & n-1 & -(n-1) \end{vmatrix}$$

$$\xlongequal{\text{按 } c_1 \text{ 展开}} \frac{n(n+1)}{2}\begin{vmatrix} -1 & 0 & \cdots & 0 & 0 \\ 2 & -2 & \cdots & 0 & 0 \\ \vdots & \vdots & & \vdots & \vdots \\ 0 & 0 & \cdots & -(n-2) & 0 \\ 0 & 0 & \cdots & n-1 & -(n-1) \end{vmatrix}$$

$$=\frac{1}{2}(-1)^{n-1}(n+1)!$$

例 9 (1) 证明：当 $\alpha\neq m\pi$ 时，

$$D_n=\begin{vmatrix} 2\cos\alpha & 1 & 0 & \cdots & 0 & 0 \\ 1 & 2\cos\alpha & 1 & \cdots & 0 & 0 \\ 0 & 1 & 2\cos\alpha & \cdots & 0 & 0 \\ \vdots & \vdots & \vdots & & \vdots & \vdots \\ 0 & 0 & 0 & \cdots & 2\cos\alpha & 1 \\ 0 & 0 & 0 & \cdots & 1 & 2\cos\alpha \end{vmatrix}=\frac{\sin(n+1)\alpha}{\sin\alpha};$$

(2) 证明：$$\begin{vmatrix} a_0 & -1 & 0 & \cdots & 0 & 0 \\ a_1 & x & -1 & \cdots & 0 & 0 \\ a_2 & 0 & x & \cdots & 0 & 0 \\ \vdots & \vdots & \vdots & & \vdots & \vdots \\ a_{n-2} & 0 & 0 & \cdots & x & -1 \\ a_{n-1} & 0 & 0 & \cdots & 0 & x \end{vmatrix}=\sum_{i=0}^{n-1}a_ix^{n-i-1}.$$

证 (1) 用数学归纳法.

当 $n=1,2$ 时,结论显然成立.

假设对阶数小于 n 的行列式结论成立,下面证对于阶数等于 n 的行列式结论也成立. 现将 D_n 按第 1 行展开,得

$$D_n=2\cos\alpha D_{n-1}-D_{n-2},$$

由归纳假设,$D_{n-1}=\dfrac{\sin n\alpha}{\sin\alpha}$,$D_{n-2}=\dfrac{\sin(n-1)\alpha}{\sin\alpha}$,得

$$\begin{aligned}D_n&=2\cos\alpha\frac{\sin n\alpha}{\sin\alpha}-\frac{\sin(n-1)\alpha}{\sin\alpha}=\frac{1}{\sin\alpha}[2\cos\alpha\sin n\alpha-\sin(n-1)\alpha]\\&=\frac{1}{\sin\alpha}[\sin(n+1)\alpha+\sin(n-1)\alpha-\sin(n-1)\alpha]=\frac{\sin(n+1)\alpha}{\sin\alpha}.\end{aligned}$$

所以,对一切自然数 n 结论成立.

(2) 设等式左端行列式为 D_n,如将 D_n 中与主对角线平行的 $n-1$ 个元素 (-1) 化为 0,则 D_n 就变为三角行列式,但这样做会出现分式,计算比较麻烦. 如将 -1 下边的 $n-1$ 个主对角线上的元素 x 化为 0,D_n 也变为三角行列式,且计算较简. 事实上,有

$$D_n=\begin{vmatrix}a_0&-1&0&\cdots&0&0\\a_0x+a_1&0&-1&\cdots&0&0\\a_2&0&x&\cdots&0&0\\\vdots&\vdots&\vdots&&\vdots&\vdots\\a_{n-2}&0&0&\cdots&x&-1\\a_{n-1}&0&0&\cdots&0&x\end{vmatrix}$$

$$=\begin{vmatrix}a_0&-1&0&\cdots&0&0\\a_0x+a_1&0&-1&\cdots&0&0\\a_0x^2+a_1x+a_2&0&0&\cdots&0&0\\\vdots&\vdots&\vdots&&\vdots&\vdots\\a_{n-2}&0&0&\cdots&x&-1\\a_{n-1}&0&0&\cdots&0&x\end{vmatrix}=\cdots$$

$$=\begin{vmatrix}a_0&-1&0&\cdots&0&0\\a_0x+a_1&0&-1&\cdots&0&0\\a_0x^2+a_1x+a_2&0&0&\cdots&0&0\\\vdots&\vdots&\vdots&&\vdots&\vdots\\a_0x^{n-2}+a_1x^{n-3}+\cdots+a_{n-2}&0&0&\cdots&0&-1\\a_0x^{n-1}+a_1x^{n-2}+\cdots+a_{n-2}x+a_{n-1}&0&0&\cdots&0&0\end{vmatrix}$$

$$=(-1)^{n-1}\begin{vmatrix}\sum\limits_{i=0}^{n-1}a_ix^{n-i-1}&0&0&\cdots&0\\a_0&-1&0&\cdots&0\\a_0x+a_1&0&-1&\cdots&0\\\vdots&\vdots&\vdots&&\vdots\\\sum\limits_{i=0}^{n-2}a_ix^{n-2-i}&0&0&\cdots&-1\end{vmatrix}=\sum_{i=0}^{n-1}a_ix^{n-i-1}.$$

例 10 计算下列 n 阶行列式：

$$D_n=\begin{vmatrix} x_1 & a & a & \cdots & a & a \\ b & x_2 & a & \cdots & a & a \\ b & b & x_3 & \cdots & a & a \\ \vdots & \vdots & \vdots & & \vdots & \vdots \\ b & b & b & \cdots & x_{n-1} & a \\ b & b & b & \cdots & b & x_n \end{vmatrix} \quad (b\neq a).$$

分析 此行列式的特点是主对角线上方和下方元素分别相同，求解此类行列式的思路是：将 D_n 拆成两个行列式之和，找出用 D_{n-1} 表示 D_n 的表达式，然后利用行列式性质 $D_n^{\mathrm{T}}=D_n$，找出另一个用 D_{n-1} 表示 D_n 的式子，将两式联立，消去 D_{n-1}，即可求出 D_n.

解 将 D_n 的第 n 列中的元素 a 写成 $a+0$，x_n 写成 $a+(x_n-a)$，依第 n 列将行列式拆成两个行列式之和，于是有

$$D_n=\begin{vmatrix} x_1 & a & a & \cdots & a & a \\ b & x_2 & a & \cdots & a & a \\ b & b & x_3 & \cdots & a & a \\ \vdots & \vdots & \vdots & & \vdots & \vdots \\ b & b & b & \cdots & b & a \end{vmatrix}+\begin{vmatrix} x_1 & a & a & \cdots & a & 0 \\ b & x_2 & a & \cdots & a & 0 \\ b & b & x_3 & \cdots & a & 0 \\ \vdots & \vdots & \vdots & & \vdots & \vdots \\ b & b & b & \cdots & b & x_n-a \end{vmatrix}$$

$$=a\begin{vmatrix} x_1-b & a-b & a-b & \cdots & a-b & 1 \\ 0 & x_2-b & a-b & \cdots & a-b & 1 \\ 0 & 0 & x_3-b & \cdots & a-b & 1 \\ \vdots & \vdots & \vdots & & \vdots & \vdots \\ 0 & 0 & 0 & \cdots & x_{n-1}-b & 1 \\ 0 & 0 & 0 & \cdots & 0 & 1 \end{vmatrix}+(x_n-a)D_{n-1}$$

$$=a(x_1-b)(x_2-b)\cdots(x_{n-1}-b)+(x_n-a)D_{n-1},$$

即

$$D_n=a\prod_{i=1}^{n-1}(x_i-b)+(x_n-a)D_{n-1}. \qquad ①$$

因 $D_n^{\mathrm{T}}=D_n$，将式①中 a 与 b 互换，得

$$D_n=b\prod_{i=1}^{n-1}(x_i-a)+(x_n-b)D_{n-1}. \qquad ②$$

当 $a\neq b$ 时，由式①$\times(x_n-b)-$式②$\times(x_n-a)$，得

$$D_n=\frac{a\prod_{i=1}^{n}(x_i-b)-b\prod_{i=1}^{n}(x_i-a)}{a-b}.$$

注 若 $a=b$，可利用行列式性质将 D_n 化为"$\nwarrow$"形行列式，则有

$$D_n=\left(1+a\sum_{i=1}^{n}\frac{1}{x_i-a}\right)\prod_{i=1}^{n}(x_i-a).$$

4. 范德蒙行列式的形式

如何利用范德蒙行列式计算行列式？应先根据范德蒙行列式的特点，将所给行

列式化为范德蒙行列式，然后计算结果.

常见的化法有以下几种.

法一 所给行列式各列(或各行)都是某元素的不同方幂，但其方幂次数或其排列与范德蒙行列式不完全相同，需利用行列式性质(如提取公因式，调换各行(或列)的次序等)将行列式化为范德蒙行列式.

法二 利用行列式性质，改变原行列式的元素，产生以新元素为行(列)元素的范德蒙行列式.

例 11 (1) 计算 $D_n=\begin{vmatrix} 1 & 1 & \cdots & 1 \\ 2 & 2^2 & \cdots & 2^n \\ 3 & 3^2 & \cdots & 3^n \\ \vdots & \vdots & & \vdots \\ n & n^2 & \cdots & n^n \end{vmatrix}$;

(2) 计算 $n+1$ 阶行列式：

$$D_{n+1}=\begin{vmatrix} a_1^n & a_1^{n-1}b_1 & a_1^{n-2}b_1^2 & \cdots & a_1b_1^{n-1} & b_1^n \\ a_2^n & a_2^{n-1}b_2 & a_2^{n-2}b_2^2 & \cdots & a_2b_2^{n-1} & b_2^n \\ \vdots & \vdots & \vdots & & \vdots & \vdots \\ a_{n+1}^n & a_{n+1}^{n-1}b_{n+1} & a_{n+1}^{n-2}b_{n+1}^2 & \cdots & a_{n+1}b_{n+1}^{n-1} & b_{n+1}^n \end{vmatrix},$$

其中 $b_i\neq 0,a_i\neq 0(i=1,2,\cdots,n+1)$.

解 (1) D_n 中各行元素都分别是一个数的不同方幂，且方幂次数自左至右按递升次序排列，但不是从 0 变到 $n-1$，而是由 1 递升至 n. 如提取各行的公因数，则方幂次数便从 0 增至 $n-1$，于是得到

$$D_n=n!\begin{vmatrix} 1 & 1 & 1 & \cdots & 1 \\ 1 & 2 & 2^2 & \cdots & 2^{n-1} \\ 1 & 3 & 3^2 & \cdots & 3^{n-1} \\ \vdots & \vdots & \vdots & & \vdots \\ 1 & n & n^2 & \cdots & n^{n-1} \end{vmatrix}.$$

上述等式右端行列式为 n 阶范德蒙行列式，于是

$$\begin{aligned} D_n &=n!\ (2-1)(3-1)\cdots(n-1)\cdot(3-2)(4-2)\cdots(n-2)\cdots[n-(n-1)] \\ &=n!\ (n-1)!\ (n-2)!\ \cdots 2!\ \cdot 1!. \end{aligned}$$

(2) 提取 D_{n+1} 各行的公因式，得到

$$D_{n+1}=a_1^na_2^n\cdots a_{n+1}^n\times\begin{vmatrix} 1 & b_1/a_1 & (b_1/a_1)^2 & \cdots & (b_1/a_1)^n \\ 1 & b_2/a_2 & (b_2/a_2)^2 & \cdots & (b_2/a_2)^n \\ \vdots & \vdots & \vdots & & \vdots \\ 1 & b_{n+1}/a_{n+1} & (b_{n+1}/a_{n+1})^2 & \cdots & (b_{n+1}/a_{n+1})^n \end{vmatrix}.$$

上式右端行列式是以新元素 $b_1/a_1,b_2/a_2,\cdots,b_{n+1}/a_{n+1}$ 为列元素的 $n+1$ 阶范德蒙行列式. 由式(1.3.1)得到

$$D_{n+1}=\prod_{i=1}^{n+1}a_i^n\prod_{n+1\geqslant i>j\geqslant 1}(b_i/a_i-b_j/a_j).$$

5. 行列式计算方法的综合应用

例 12 计算 $\begin{vmatrix} a_1+\lambda_1 & a_2 & \cdots & a_n \\ a_1 & a_2+\lambda_2 & \cdots & a_n \\ \vdots & \vdots & & \vdots \\ a_1 & a_2 & \cdots & a_n+\lambda_n \end{vmatrix}$ $(\lambda_i\neq 0)$.

解一 设题设行列式为 D_n，显然 D_n 中除主对角线上的元素外，其他各列元素都分别相同，可用加边法计算. 又各列元素除主对角线上的元素外分别为 1,1,…,1 的倍元，故可按如下加边计算：

$$D_{n+1}=\begin{vmatrix} 1 & 0 & 0 & \cdots & 0 \\ 1 & a_1+\lambda_1 & a_2 & \cdots & a_n \\ 1 & a_1 & a_2+\lambda_2 & \cdots & a_n \\ \vdots & \vdots & \vdots & & \vdots \\ 1 & a_1 & a_2 & \cdots & a_n+\lambda_n \end{vmatrix}$$

$$=\begin{vmatrix} 1 & -a_1 & -a_2 & \cdots & -a_n \\ 1 & \lambda_1 & 0 & \cdots & 0 \\ 1 & 0 & \lambda_2 & \cdots & 0 \\ \vdots & \vdots & \vdots & & \vdots \\ 1 & 0 & 0 & \cdots & \lambda_n \end{vmatrix}=\prod_{i=1}^{n}\lambda_i\left(1+\sum_{j=1}^{n}a_j\lambda_j^{-1}\right).$$

解二 D_n 可看成除主对角线上的元素外，各行的对应元素分别都相同的行列式，因而各行分别为 $a_1,\cdots,a_{i-1},a_{i+1},\cdots,a_n$ 的倍元(1 倍)，于是也可按如下加边法计算：

$$D_{n+1}=\begin{vmatrix} 1 & a_1 & a_2 & \cdots & a_n \\ 0 & a_1+\lambda_1 & a_2 & \cdots & a_n \\ 0 & a_1 & a_2+\lambda_2 & \cdots & a_n \\ \vdots & \vdots & \vdots & & \vdots \\ 0 & a_1 & a_2 & \cdots & a_n+\lambda_n \end{vmatrix}=\begin{vmatrix} 1 & a_1 & a_2 & \cdots & a_n \\ -1 & \lambda_1 & 0 & \cdots & 0 \\ -1 & 0 & \lambda_2 & \cdots & 0 \\ \vdots & \vdots & \vdots & & \vdots \\ -1 & 0 & 0 & \cdots & \lambda_n \end{vmatrix}$$

$$=\prod_{i=1}^{n}\lambda_i\left(1+\sum_{j=1}^{n}a_j\lambda_j^{-1}\right).$$

例 13 求

$$D_{2n}=\begin{vmatrix} n & & & & & & n+2 \\ & n-1 & & & & n+1 & \\ & & \ddots & & \iddots & & \\ & & & 1 \quad 3 & & & \\ & & & 2 \quad 4 & & & \\ & & \iddots & & \ddots & & \\ & n & & & & n+2 & \\ n+1 & & & & & & n+3 \end{vmatrix}.$$

解 $D_{2n} \xlongequal{\text{按 } r_1 \text{ 展开 } n} \begin{vmatrix} n-1 & & & & & & n+1 & 0 \\ & \ddots & & & & \iddots & & \\ & & 1 & 3 & & & & \\ & & 2 & 4 & & & & \\ & \iddots & & & \ddots & & & \\ n & & & & & & n+2 & \\ 0 & & & & & & & n+3 \end{vmatrix}$

$$+(-1)^{2n+1}(n+2)\begin{vmatrix} 0 & n-1 & & & & & n+1 \\ & & \ddots & & & \iddots & \\ & & & 1 & 3 & & \\ & & & 2 & 4 & & \\ & & \iddots & & & \ddots & \\ & n & & & & & n+2 \\ n+1 & & & & & & 0 \end{vmatrix}$$

$$=n(n+3)D_{2(n-1)}-(n+1)(n+2)D_{2(n-1)}=-2D_{2(n-1)},$$

所以

$$D_{2n}=-2D_{2(n-1)}=(-2)^2D_{2(n-2)}=\cdots=(-2)^{n-1}D_2=(-2)^{n-1}\begin{vmatrix} 1 & 3 \\ 2 & 4 \end{vmatrix}=(-2)^n.$$

6. 代数余子式及展开定理推论举例

例 14 已知四阶行列式 D 中第 1 行元素分别为 $1,2,0,-4$；第 3 行元素的余子式依次为 $6,x,19,2$. 试求 x 的值.

解 由题设知，$a_{11},a_{12},a_{13},a_{14}$ 分别为 $1,2,0,-4$，$M_{31},M_{32},M_{33},M_{34}$ 分别为 $6,x,19,2$，从而得到 $A_{31},A_{32},A_{33},A_{34}$ 分别为 $6,-x,19,-2$. 由行列式的展开定理，有

$$a_{11}A_{31}+a_{12}A_{32}+a_{13}A_{33}+a_{14}A_{34}=0,$$

于是 $$1\times6+2\times(-x)+0\times19+(-4)\times(-2)=0,$$

得 $$x=7.$$

例 15 设 $D=\begin{vmatrix} 2 & 1 & 4 & 1 \\ 3 & -4 & 2 & 1 \\ 1 & 2 & -3 & 2 \\ 5 & 0 & 6 & 2 \end{vmatrix}$，求 $4A_{12}+2A_{22}-3A_{32}+6A_{42}$，其中 A_{i2} 为 D 中元素 $a_{i2}(i=1,2,3,4)$ 的代数余子式.

解一 因 $4,2,-3,6$ 恰好为 D 中第 3 列元素，而 $A_{12},A_{22},A_{32},A_{42}$ 为 D 中第 2 列元素的代数余子式，故 $4A_{12}+2A_{22}-3A_{32}+6A_{42}=0$.

解二 因 A_{i2} 为 D 中元素 $a_{i2}(i=1,2,3,4)$ 的代数余子式，故将 D 中第 2 列元素依次换为 $4,2,-3,6$，即得

$$4A_{12}+2A_{22}-3A_{32}+6A_{42}=\begin{vmatrix} 2 & 4 & 4 & 1 \\ 3 & 2 & 2 & 1 \\ 1 & -3 & -3 & 2 \\ 5 & 6 & 6 & 2 \end{vmatrix}=0.$$

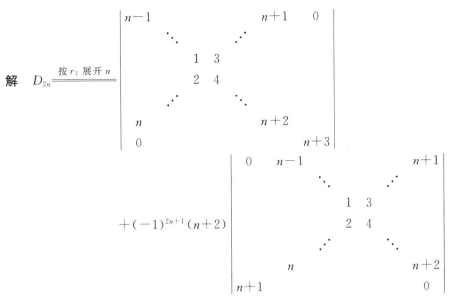

例 16 已知五阶行列式

$$D=\begin{vmatrix} 4 & 4 & 4 & 1 & 1 \\ 3 & 2 & 1 & 4 & 5 \\ 3 & 3 & 3 & 2 & 2 \\ 2 & 3 & 5 & 4 & 2 \\ 4 & 5 & 6 & 1 & 3 \end{vmatrix},$$

试求:(1) $A_{21}+A_{22}+A_{23}$;(2) $A_{24}+A_{25}$,其中,$A_{2j}(j=1,2,3,4,5)$是 D 中元素 a_{2j} 的代数余子式.

解 将行列式按行展开,有

$$a_{i1}A_{21}+a_{i2}A_{22}+a_{i3}A_{23}+a_{i4}A_{24}+a_{i5}A_{25}=0 \quad (i=1,2,3,4,5),$$

取 $i=1,3$,有

$$\begin{cases} a_{11}A_{21}+a_{12}A_{22}+a_{13}A_{23}+a_{14}A_{24}+a_{15}A_{25}=0, \\ a_{31}A_{21}+a_{32}A_{22}+a_{33}A_{23}+a_{34}A_{24}+a_{35}A_{25}=0, \end{cases}$$

即

$$\begin{cases} 4(A_{21}+A_{22}+A_{23})+(A_{24}+A_{25})=0, \\ 3(A_{21}+A_{22}+A_{23})+2(A_{24}+A_{25})=0, \end{cases}$$

解方程组,得

$$\begin{cases} A_{21}+A_{22}+A_{23}=0, \\ A_{24}+A_{25}=0. \end{cases}$$

1.4 Cramer 法则

一、内容提要

(1) 克莱姆(Cramer)法则 如果线性方程组

$$\begin{cases} a_{11}x_1+a_{12}x_2+\cdots+a_{1n}x_n=b_1, \\ a_{21}x_1+a_{22}x_2+\cdots+a_{2n}x_n=b_2, \\ \qquad\qquad\vdots \\ a_{n1}x_1+a_{n2}x_2+\cdots+a_{nn}x_n=b_n \end{cases}$$

的系数行列式 $D\neq0$,那么它有唯一解

$$x_i=\frac{D_i}{D} \quad (i=1,2,\cdots,n),$$

其中 $D_i(i=1,2,\cdots,n)$是把系数行列式 D 中第 i 列换成常数项 $b_1,b_2,\cdots,b_n$ 所得的行列式.

(2) n 元 n 个方程的齐次方程组有非零解,则 $D=0$.

二、释疑解惑

问题 k 为何值时,下面齐次方程组有非零解.

$$\begin{cases} kx_1+x_2-x_3=0, \\ x_1+kx_2-x_3=0, \\ 2x_1-x_2+x_3=0. \end{cases}$$

解 齐次线性方程组有非零解$\Leftrightarrow D=0$.即

$$D=\begin{vmatrix} k & 1 & -1 \\ 1 & k & -1 \\ 2 & -1 & 1 \end{vmatrix}=0 \Rightarrow (k+2)(k-1)=0,$$

解得 $k=-2$ 或 $k=1$.

三、典型例题解析

例 1 用克莱姆法则解下列线性方程组:

$$\begin{cases} 2x_1+x_2-5x_3+x_4=8, \\ x_1-3x_2-6x_4=9, \\ 2x_2-x_3+2x_4=-5, \\ x_1+4x_2-7x_3+6x_4=0. \end{cases}$$

解 所给方程组为方程个数与未知数个数相等的非齐次线性方程组,因方程组的系数行列式 $D=27\neq 0$,故所给方程组有唯一解.又将 D 中第 $j(j=1,2,3,4)$ 列元素分别换为方程组的常数项 8,9,-5,0 后得到的行列式记为 D_j,易求得

$$D_1=\begin{vmatrix} 8 & 1 & -5 & 1 \\ 9 & -3 & 0 & -6 \\ -5 & 2 & -1 & 2 \\ 0 & 4 & -7 & 6 \end{vmatrix}=81, \quad D_2=\begin{vmatrix} 2 & 8 & -5 & 1 \\ 1 & 9 & 0 & -6 \\ 0 & -5 & -1 & 2 \\ 1 & 0 & -7 & 6 \end{vmatrix}=-108,$$

$$D_3=\begin{vmatrix} 2 & 1 & 8 & 1 \\ 1 & -3 & 9 & -6 \\ 0 & 2 & -5 & 2 \\ 1 & 4 & 0 & 6 \end{vmatrix}=-27, \quad D_4=\begin{vmatrix} 2 & 1 & -5 & 8 \\ 1 & -3 & 0 & 9 \\ 0 & 2 & 1 & -5 \\ 1 & 4 & -7 & 0 \end{vmatrix}=27,$$

从而方程组的唯一解为

$$x_1=D_1/D=3, \qquad x_2=D_2/D=-4,$$
$$x_3=D_3/D=-1, \quad x_4=D_4/D=1.$$

例 2 若齐次线性方程组

$$\begin{cases} \lambda x_1+x_2+x_3=0, \\ x_1+\lambda x_2+x_3=0, \\ x_1+x_2+x_3=0 \end{cases}$$

只有零解,则 λ 应满足的条件是什么?

解 因齐次线性方程组只有零解,故

$$D=\begin{vmatrix} \lambda & 1 & 1 \\ 1 & \lambda & 1 \\ 1 & 1 & 1 \end{vmatrix}=(1-\lambda)^2\neq 0,\text{即 } \lambda\neq 1.$$

例 3 问 λ 取何值时,下列齐次线性方程组有非零解?

$$\begin{cases} (1-\lambda)x_1-2x_2+4x_3=0, \\ 2x_1+(3-\lambda)x_2+x_3=0, \\ x_1+x_2+(1-\lambda)x_3=0. \end{cases}$$

解 令方程组的系数行列式

$$D=\begin{vmatrix}1-\lambda & -2 & 4\\ 2 & 3-\lambda & 1\\ 1 & 1 & 1-\lambda\end{vmatrix}=0.$$

为简化计算,先将 D 中一个常数元素消成零,提取 λ 的一次因式,得到

$$D\xlongequal{r_1+2r_3}\begin{vmatrix}-(\lambda-3) & 0 & -2(\lambda-3)\\ 2 & 3-\lambda & 1\\ 1 & 1 & 1-\lambda\end{vmatrix}=(\lambda-3)\begin{vmatrix}-1 & 0 & 0\\ 2 & 3-\lambda & -3\\ 1 & 1 & -(\lambda+1)\end{vmatrix}$$

$$=-(\lambda-3)(\lambda-2)\cdot\lambda=0.$$

故当 $\lambda=0,2,3$ 时,方程组有非零解.

例 4 求一个二次多项式 $f(x)$,使

$$f(1)=0,\quad f(2)=3,\quad f(-3)=28.$$

解 设所求的二次多项式为

$$f(x)=ax^2+bx+c,$$

由题意得

$$\begin{cases}f(1)=a+b+c=0,\\ f(2)=4a+2b+c=3,\\ f(-3)=9a-3b+c=28.\end{cases}$$

这是一个关于三个未知数 a,b,c 的线性方程组,而

$$D=-20\neq 0,\quad D_1=-40,\quad D_2=60,\quad D_3=-20.$$

由克莱姆法则,得

$$a=\frac{D_1}{D}=2,\quad b=\frac{D_2}{D}=-3,\quad c=\frac{D_3}{D}=1.$$

于是,所求的多项式为

$$f(x)=2x^2-3x+1.$$

例 5 求过三点(1,1,1),(2,3,−1),(3,−1,−1)的平面方程.

解 设所求平面方程为 $Ax+By+Cz+D=0$,其中 A,B,C 不全为 0.将已知三点的坐标代入方程,得到

$$A+B+C+D=0,\quad 2A+3B-C+D=0,\quad 3A-B-C+D=0.$$

又设该平面上动点为(x,y,z),则关于 A,B,C,D 的齐次方程组为

$$\begin{cases}xA+yB+zC+D=0,\\ A+B+C+D=0,\\ 2A+3B-C+D=0,\\ 3A-B-C+D=0.\end{cases}$$

由于此方程组有非零解(A,B,C 不全为 0,因而 A,B,C,D 也不全为 0),其系数行列式 $D=0$,即

$$\begin{vmatrix} x & y & z & 1 \\ 1 & 1 & 1 & 1 \\ 2 & 3 & -1 & 1 \\ 3 & -1 & -1 & 1 \end{vmatrix}=0.$$

亦即所求的平面方程为 $4x+y+3z-8=0$.

1.5 综合范例

例 1 如果 $D=\begin{vmatrix} a_{11} & a_{12} & a_{13} \\ a_{21} & a_{22} & a_{23} \\ a_{31} & a_{32} & a_{33} \end{vmatrix}=1, D_1=\begin{vmatrix} 4a_{11} & 2a_{11}-3a_{12} & a_{13} \\ 4a_{21} & 2a_{21}-3a_{22} & a_{23} \\ 4a_{31} & 2a_{31}-3a_{32} & a_{33} \end{vmatrix}$, 那么 $D_1=($ $)$.

(A) 8 (B) -12 (C) 24 (D) -24

解 $D_1=4\begin{vmatrix} a_{11} & 2a_{11}-3a_{12} & a_{13} \\ a_{21} & 2a_{21}-3a_{22} & a_{23} \\ a_{31} & 2a_{31}-3a_{32} & a_{33} \end{vmatrix}=4\begin{vmatrix} a_{11} & 2a_{11} & a_{13} \\ a_{21} & 2a_{21} & a_{23} \\ a_{31} & 2a_{31} & a_{33} \end{vmatrix}+4\begin{vmatrix} a_{11} & -3a_{12} & a_{13} \\ a_{21} & -3a_{22} & a_{23} \\ a_{31} & -3a_{32} & a_{33} \end{vmatrix}$

$$=0+4\times(-3)\begin{vmatrix} a_{11} & a_{12} & a_{13} \\ a_{21} & a_{22} & a_{23} \\ a_{31} & a_{32} & a_{33} \end{vmatrix}=4\times(-3)\times 1=-12.$$

故(B)入选.

例 2 计算 n 阶行列式

$$D_n=\begin{vmatrix} y-b & b & b & \cdots & b \\ b & y-b & b & \cdots & b \\ b & b & y-b & \cdots & b \\ \vdots & \vdots & \vdots & & \vdots \\ b & b & b & \cdots & y-b \end{vmatrix}.$$

解一 将第 2,3,…,n 列都加到第 1 列,并从第 1 列中提取公因子 $y+(n-2)b$,得

$$D_n=[y+(n-2)b]\begin{vmatrix} 1 & b & b & \cdots & b \\ 1 & y-b & b & \cdots & b \\ 1 & b & y-b & \cdots & b \\ \vdots & \vdots & \vdots & & \vdots \\ 1 & b & b & \cdots & y-b \end{vmatrix}.$$

将第 1 行的 -1 倍分别加到第 2,3,…,n 行,得

$$D_n=[y+(n-2)b]\begin{vmatrix} 1 & b & b & \cdots & b \\ 0 & y-2b & 0 & \cdots & 0 \\ 0 & 0 & y-2b & \cdots & 0 \\ \vdots & \vdots & \vdots & & \vdots \\ 0 & 0 & 0 & \cdots & y-2b \end{vmatrix}=[y+(n-2)b](y-2b)^{n-1}.$$

解二 加边法.

将 D_n 加上一行一列构成 $n+1$ 阶行列式,即

$$D_{n+1}=\begin{vmatrix} 1 & b & b & \cdots & b \\ 0 & y-b & b & \cdots & b \\ 0 & b & y-b & \cdots & b \\ \vdots & \vdots & \vdots & & \vdots \\ 0 & b & b & \cdots & y-b \end{vmatrix},$$

将第 1 行的 -1 倍加到第 $2,3,\cdots,n$ 行,得

$$D_{n+1}=\begin{vmatrix} 1 & b & b & \cdots & b \\ -1 & y-2b & 0 & \cdots & 0 \\ -1 & 0 & y-2b & \cdots & 0 \\ \vdots & \vdots & \vdots & & \vdots \\ -1 & 0 & 0 & \cdots & y-2b \end{vmatrix}.$$

当 $y\neq 2b$ 时,将第 $2,3,\cdots,n+1$ 列除以 $y-2b$ 后,都加到第 1 列,得

$$\begin{aligned} D_{n+1}&=(y-2b)^n\begin{vmatrix} 1+\dfrac{nb}{y-2b} & \dfrac{b}{y-2b} & \dfrac{b}{y-2b} & \cdots & \dfrac{b}{y-2b} \\ 0 & 1 & 0 & \cdots & 0 \\ 0 & 0 & 1 & \cdots & 0 \\ \vdots & \vdots & \vdots & & \vdots \\ 0 & 0 & 0 & \cdots & 1 \end{vmatrix} \\ &=(y-2b)^n\left(1+\frac{nb}{y-2b}\right)=[y+(n-2)b](y-2b)^{n-1}. \end{aligned}$$

当 $y=2b$ 时,显然上式成立,且 $D_n=0$.

解三 递推法.

将第 1 行的 $y-b$ 写成 $(y-2b)+b$,b 写成 $b+0$,依第 1 行将 D_n 拆成两个行列式之和,于是有

$$D_n=\begin{vmatrix} y-2b & 0 & 0 & \cdots & 0 \\ b & y-b & b & \cdots & b \\ b & b & y-b & \cdots & b \\ \vdots & \vdots & \vdots & & \vdots \\ b & b & b & \cdots & y-b \end{vmatrix}+\begin{vmatrix} b & b & b & \cdots & b \\ b & y-b & b & \cdots & b \\ b & b & y-b & \cdots & b \\ \vdots & \vdots & \vdots & & \vdots \\ b & b & b & \cdots & y-b \end{vmatrix}.$$

等式右端第一个行列式按第 1 行展开,第二个行列式第 1 行的 -1 倍分别加到第 $2,3,\cdots,n$ 行,然后按第 1 列展开,得

$$D_n=(y-2b)D_{n-1}+b\begin{vmatrix} y-2b & 0 & \cdots & 0 \\ 0 & y-2b & \cdots & 0 \\ \vdots & \vdots & & \vdots \\ 0 & 0 & \cdots & y-2b \end{vmatrix}=(y-2b)D_{n-1}+b(y-2b)^{n-1}.$$

由此递推,得

$$D_{n-1}=(y-2b)D_{n-2}+b(y-2b)^{n-2},$$
$$D_{n-2}=(y-2b)D_{n-3}+b(y-2b)^{n-3},$$
$$\vdots$$
$$D_2=(y-2b)D_1+b(y-2b),$$
$$D_1=y-b.$$

由此得

$$\begin{aligned}D_n&=(y-2b)^2D_{n-2}+2b(y-2b)^{n-1}=\cdots=(y-2b)^{n-1}D_1+(n-1)b\cdot(y-2b)^{n-1}\\&=[y+(n-2)b](y-2b)^{n-1}.\end{aligned}$$

例 3 证明：n 阶行列式

$$D_n=\begin{vmatrix}x+y & xy & 0 & \cdots & 0 & 0\\ 1 & x+y & xy & \cdots & 0 & 0\\ 0 & 1 & x+y & \cdots & 0 & 0\\ \vdots & \vdots & \vdots & & \vdots & \vdots\\ 0 & 0 & 0 & \cdots & 1 & x+y\end{vmatrix}=x^n+x^{n-1}y+\cdots+xy^{n-1}+y^n.$$

证一 依第 1 列将 D_n 拆成两个行列式之和，得

$$D_n=\begin{vmatrix}x & xy & 0 & \cdots & 0 & 0\\ 1 & x+y & xy & \cdots & 0 & 0\\ 0 & 1 & x+y & \cdots & 0 & 0\\ \vdots & \vdots & \vdots & & \vdots & \vdots\\ 0 & 0 & 0 & \cdots & 1 & x+y\end{vmatrix}+\begin{vmatrix}y & xy & 0 & \cdots & 0 & 0\\ 0 & x+y & xy & \cdots & 0 & 0\\ 0 & 1 & x+y & \cdots & 0 & 0\\ \vdots & \vdots & \vdots & & \vdots & \vdots\\ 0 & 0 & 0 & \cdots & 1 & x+y\end{vmatrix}.$$

等式右端的第一个行列式从第 1 列开始，每列乘以 $-y$ 后加到下一列，第二个行列式按第 1 列展开，即得

$$D_n=\begin{vmatrix}x & 0 & 0 & \cdots & 0 & 0\\ 1 & x & 0 & \cdots & 0 & 0\\ 0 & 1 & x & \cdots & 0 & 0\\ \vdots & \vdots & \vdots & & \vdots & \vdots\\ 0 & 0 & 0 & \cdots & 1 & x\end{vmatrix}+yD_{n-1}=x^n+yD_{n-1}. \qquad ①$$

当 $x=y$ 时，即 $D_n=x^n+xD_{n-1}$，由此递推，得

$$\begin{aligned}D_n&=x^n+x(x^{n-1}+xD_{n-2})=2x^n+x^2D_{n-2}=\cdots=(n-2)x^n+x^{n-2}D_2\\&=(n-2)x^n+x^{n-2}\cdot 3x^2=(n+1)x^n,\end{aligned}$$

即结论是正确的.

当 $x\neq y$ 时，依 D_n 的第 1 列，将 D_n 用下述方法拆成两个行列式之和，并且用类似上面的方法，可得

$$D_n=\begin{vmatrix}y & xy & 0 & \cdots & 0 & 0\\ 1 & x+y & xy & \cdots & 0 & 0\\ 0 & 1 & x+y & \cdots & 0 & 0\\ \vdots & \vdots & \vdots & & \vdots & \vdots\\ 0 & 0 & 0 & \cdots & 1 & x+y\end{vmatrix}+\begin{vmatrix}x & xy & 0 & \cdots & 0 & 0\\ 0 & x+y & xy & \cdots & 0 & 0\\ 0 & 1 & x+y & \cdots & 0 & 0\\ \vdots & \vdots & \vdots & & \vdots & \vdots\\ 0 & 0 & 0 & \cdots & 1 & x+y\end{vmatrix}$$

$$=y^n+xD_{n-1}.\qquad ②$$

由 x · 式①$-y$ · 式②，得

$$(x-y)D_n=x^{n+1}-y^{n+1},$$

$$D_n=\frac{x^{n+1}-y^{n+1}}{x-y}=x^n+x^{n-1}y+\cdots+xy^{n-1}+y^n.$$

证二 对阶数 n 用数学归纳法.

当 $n=1$ 时，$D_1=x+y$，结论成立.

假设对阶数小于 n 的行列式结论成立，下面证对阶数等于 n 的行列式结论也成立.

由上面的式①知，$D_n=x^n+yD_{n-1}$.

由归纳假设，$D_{n-1}=x^{n-1}+x^{n-2}y+\cdots+xy^{n-2}+y^{n-1}$，得到

$$D_n=x^n+x^{n-1}y+\cdots+xy^{n-1}+y^n.$$

综上所述，对一切自然数 n 结论成立.

例 4 解关于 x 的方程

$$\begin{vmatrix} 1 & 1 & 1 & \cdots & 1 \\ x & a_1 & a_2 & \cdots & a_{n-1} \\ x^2 & a_1^2 & a_2^2 & \cdots & a_{n-1}^2 \\ \vdots & \vdots & \vdots & & \vdots \\ x^{n-1} & a_1^{n-1} & a_2^{n-1} & \cdots & a_{n-1}^{n-1} \end{vmatrix}=0,$$

其中，$a_1,a_2,\cdots,a_{n-1}$ 互异.

解一 方程左端为 n 阶范德蒙行列式，令它为 D，则由式(1.3.1)得到

$$D=(a_1-x)(a_2-x)\cdots(a_{n-1}-x)\cdots(a_2-a_1)(a_3-a_1)\cdots(a_{n-1}-a_1)\cdots(a_{n-1}-a_{n-2})=0.$$

因 $i\neq j$ 时，$a_i\neq a_j$，故 $(a_2-a_1)(a_3-a_1)\cdots(a_{n-1}-a_1)\cdots(a_{n-1}-a_{n-2})\neq 0$，所以 $(a_1-x)(a_2-x)\cdots(a_{n-1}-x)=0$，因而所求的解为

$$x_1=a_1,x_2=a_2,\cdots,x_{n-1}=a_{n-1}.$$

解二 显然以上方程为 x 的 $n-1$ 次方程. 当 $x=a_1$ 时，因左端行列式第 1 列与第 2 列相同，其值为 0，于是 $x_1=a_1$ 为其一解. 同理，可求得 $x_2=a_2,x_3=a_3,\cdots,x_{n-1}=a_{n-1}$ 均为以上方程的解.

例 5 计算下列行列式：

(1) $$D_{n+1}=\begin{vmatrix} 1 & a_1 & a_2 & \cdots & a_n \\ 1 & a_1+b_1 & a_2 & \cdots & a_n \\ 1 & a_1 & a_2+b_2 & \cdots & a_n \\ \vdots & \vdots & \vdots & & \vdots \\ 1 & a_1 & a_2 & \cdots & a_n+b_n \end{vmatrix};$$

(2) $$\Delta_{n+1}=\begin{vmatrix} x & a_1 & a_2 & \cdots & a_{n-1} & 1 \\ a_1 & x & a_2 & \cdots & a_{n-1} & 1 \\ \vdots & \vdots & \vdots & & \vdots & \vdots \\ a_1 & a_2 & a_3 & \cdots & x & 1 \\ a_1 & a_2 & a_3 & \cdots & a_n & 1 \end{vmatrix}.$$

解 （1）**解一**

$$D_{n+1}=\begin{vmatrix} 1 & a_1+0 & a_2+0 & \cdots & a_n+0 \\ 1 & a_1+b_1 & a_2+0 & \cdots & a_n+0 \\ 1 & a_1+0 & a_2+b_2 & \cdots & a_n+0 \\ \vdots & \vdots & \vdots & & \vdots \\ 1 & a_1+0 & a_2+0 & \cdots & a_n+b_n \end{vmatrix},$$

显然各列都有与第1列成比例的分列，利用行列式性质去掉这些分列，得

$$D_{n+1}\xlongequal[i=2,3,\cdots,n+1]{c_i-a_{i-1}c_1}\begin{vmatrix} 1 & 0 & 0 & \cdots & 0 \\ 1 & b_1 & 0 & \cdots & 0 \\ 1 & 0 & b_2 & \cdots & 0 \\ \vdots & \vdots & \vdots & & \vdots \\ 1 & 0 & 0 & \cdots & b_n \end{vmatrix}=b_1b_2\cdots b_n.$$

解二 $$D_{n+1}\xlongequal[i=2,3,\cdots,n]{r_i-r_1}\begin{vmatrix} 1 & a_1 & a_2 & \cdots & a_n \\ 0 & b_1 & 0 & \cdots & 0 \\ 0 & 0 & b_2 & \cdots & 0 \\ \vdots & \vdots & \vdots & & \vdots \\ 0 & 0 & 0 & \cdots & b_n \end{vmatrix}=b_1b_2\cdots b_n.$$

（2）**解一** 去掉Δ_{n+1}中与第$n+1$列成比例的分列，即得

$$\Delta_{n+1}=\begin{vmatrix} x-a_1 & a_1-a_2 & a_2-a_3 & \cdots & a_{n-1}-a_n & 1 \\ 0 & x-a_2 & a_2-a_3 & \cdots & a_{n-1}-a_n & 1 \\ 0 & 0 & x-a_3 & \cdots & a_{n-1}-a_n & 1 \\ \vdots & \vdots & \vdots & & \vdots & \vdots \\ 0 & 0 & 0 & \cdots & x-a_n & 1 \\ 0 & 0 & 0 & \cdots & 0 & 1 \end{vmatrix}=\prod_{i=1}^{n}(x-a_i).$$

解二 $$\Delta_{n+1}\xlongequal[\substack{r_2-r_3\\ \cdots \\ r_{n-1}-r_n}]{r_1-r_2}\begin{vmatrix} x-a_1 & a_1-x & 0 & \cdots & 0 & 0 \\ 0 & x-a_2 & a_2-x & \cdots & 0 & 0 \\ 0 & 0 & x-a_3 & \cdots & 0 & 0 \\ \vdots & \vdots & \vdots & & \vdots & \vdots \\ 0 & 0 & 0 & \cdots & x-a_n & 0 \\ a_1 & a_2 & a_3 & \cdots & a_n & 1 \end{vmatrix}$$

$$\xlongequal[\text{展开}]{\text{按第 } n+1 \text{ 列}}\begin{vmatrix} x-a_1 & a_1-x & 0 & \cdots & 0 & 0 \\ 0 & x-a_2 & a_2-x & \cdots & 0 & 0 \\ 0 & 0 & x-a_3 & \cdots & 0 & 0 \\ \vdots & \vdots & \vdots & & \vdots & \vdots \\ 0 & 0 & 0 & \cdots & x-a_{n-1} & a_{n-1}-x \\ 0 & 0 & 0 & \cdots & 0 & x-a_n \end{vmatrix}$$

$$=(x-a_1)(x-a_2)\cdots(x-a_n).$$

例 6 用行列式性质证明

$$\begin{vmatrix} a_{11} & a_{12} & 0 & 0 \\ a_{21} & a_{22} & 0 & 0 \\ * & * & b_{11} & b_{12} \\ * & * & b_{21} & b_{22} \end{vmatrix} = \begin{vmatrix} a_{11} & a_{12} \\ a_{21} & a_{22} \end{vmatrix} \begin{vmatrix} b_{11} & b_{12} \\ b_{21} & b_{22} \end{vmatrix}$$ （注：其中"$*$"为任意数）.

解 令上式左端的行列式为 D_4. 按其第 1 行展开，得

$$D_4 = a_{11} \begin{vmatrix} a_{22} & 0 & 0 \\ * & b_{11} & b_{12} \\ * & b_{21} & b_{22} \end{vmatrix} - a_{12} \begin{vmatrix} a_{21} & 0 & 0 \\ * & b_{11} & b_{12} \\ * & b_{21} & b_{22} \end{vmatrix} = a_{11} a_{22} \begin{vmatrix} b_{11} & b_{12} \\ b_{21} & b_{22} \end{vmatrix} - a_{12} a_{21} \begin{vmatrix} b_{11} & b_{12} \\ b_{21} & b_{22} \end{vmatrix}$$

$$= (a_{11} a_{22} - a_{21} a_{12}) \begin{vmatrix} b_{11} & b_{12} \\ b_{21} & b_{22} \end{vmatrix} = \begin{vmatrix} a_{11} & a_{12} \\ a_{21} & a_{22} \end{vmatrix} \begin{vmatrix} b_{11} & b_{12} \\ b_{21} & b_{22} \end{vmatrix}.$$

注意 一般有

$$\begin{vmatrix} a_{11} & \cdots & a_{1m} & 0 & \cdots & 0 \\ \vdots & & \vdots & \vdots & & \vdots \\ a_{m1} & \cdots & a_{mm} & 0 & \cdots & 0 \\ & & & b_{11} & \cdots & b_{1n} \\ & * & & \vdots & & \vdots \\ & & & b_{n1} & \cdots & b_{nn} \end{vmatrix} = \begin{vmatrix} a_{11} & \cdots & a_{1m} & & & \\ \vdots & & \vdots & & * & \\ a_{m1} & \cdots & a_{mm} & & & \\ 0 & \cdots & 0 & b_{11} & \cdots & b_{1n} \\ \vdots & & \vdots & \vdots & & \vdots \\ 0 & \cdots & 0 & b_{n1} & \cdots & b_{nn} \end{vmatrix}$$

$$= \begin{vmatrix} a_{11} & \cdots & a_{1m} & 0 & \cdots & 0 \\ \vdots & & \vdots & \vdots & & \vdots \\ a_{m1} & \cdots & a_{mm} & 0 & \cdots & 0 \\ 0 & \cdots & 0 & b_{11} & \cdots & b_{1n} \\ \vdots & & \vdots & \vdots & & \vdots \\ 0 & \cdots & 0 & b_{n1} & \cdots & b_{nn} \end{vmatrix} = \begin{vmatrix} a_{11} & \cdots & a_{1m} \\ \vdots & & \vdots \\ a_{m1} & \cdots & a_{mm} \end{vmatrix} \begin{vmatrix} b_{11} & \cdots & b_{1n} \\ \vdots & & \vdots \\ b_{n1} & \cdots & b_{nn} \end{vmatrix},$$

但 $$\begin{vmatrix} & & & b_{11} & \cdots & b_{1n} \\ & * & & \vdots & & \vdots \\ & & & b_{n1} & \cdots & b_{nn} \\ a_{11} & \cdots & a_{1m} & 0 & \cdots & 0 \\ \vdots & & \vdots & \vdots & & \vdots \\ a_{m1} & \cdots & a_{mm} & 0 & \cdots & 0 \end{vmatrix} = \begin{vmatrix} 0 & \cdots & 0 & a_{11} & \cdots & a_{1m} \\ \vdots & & \vdots & \vdots & & \vdots \\ 0 & \cdots & 0 & a_{m1} & \cdots & a_{mm} \\ b_{11} & \cdots & b_{1n} & & & \\ \vdots & & \vdots & & * & \\ b_{n1} & \cdots & b_{nn} & & & \end{vmatrix}$$

$$= \begin{vmatrix} 0 & \cdots & 0 & a_{11} & \cdots & a_{1m} \\ \vdots & & \vdots & \vdots & & \vdots \\ 0 & \cdots & 0 & a_{m1} & \cdots & a_{mm} \\ b_{11} & \cdots & b_{1n} & 0 & \cdots & 0 \\ \vdots & & \vdots & \vdots & & \vdots \\ b_{n1} & \cdots & b_{nn} & 0 & \cdots & 0 \end{vmatrix} = (-1)^{mn} \begin{vmatrix} a_{11} & \cdots & a_{1m} \\ \vdots & & \vdots \\ a_{m1} & \cdots & a_{mm} \end{vmatrix} \begin{vmatrix} b_{11} & \cdots & b_{1n} \\ \vdots & & \vdots \\ b_{n1} & \cdots & b_{nn} \end{vmatrix}$$

$= (-1)^{mn} |a_{ij}| |b_{ij}|$,

其中，m 和 n 分别是行列式 $|a_{ij}|$ 和 $|b_{ij}|$ 的阶.

考研经典试题剖析

例 7 设 n 阶矩阵

$$\boldsymbol{A}=\begin{pmatrix} 0 & 1 & 1 & \cdots & 1 & 1 \\ 1 & 0 & 1 & \cdots & 1 & 1 \\ 1 & 1 & 0 & \cdots & 1 & 1 \\ \vdots & \vdots & \vdots & & \vdots & \vdots \\ 1 & 1 & 1 & \cdots & 0 & 1 \\ 1 & 1 & 1 & \cdots & 1 & 0 \end{pmatrix},$$

则 $|\boldsymbol{A}|=$______.

分析 这种类型的行列式可以运用行列式的性质，选定第 1 行(列)，把其余的 $n-1$行(列)都加到第 1 行(列)，提出公因子，把它化为三角形行列式.

解 把 $|\boldsymbol{A}|$ 的第 2 行，第 3 行，…，第 n 行都加于第 1 行，并提出公因子 $n-1$，得

$$|\boldsymbol{A}|=(n-1)\begin{vmatrix} 1 & 1 & 1 & \cdots & 1 & 1 \\ 1 & 0 & 1 & \cdots & 1 & 1 \\ 1 & 1 & 0 & \cdots & 1 & 1 \\ \vdots & \vdots & \vdots & & \vdots & \vdots \\ 1 & 1 & 1 & \cdots & 0 & 1 \\ 1 & 1 & 1 & \cdots & 1 & 0 \end{vmatrix}$$

$$\xlongequal[i=2,3,\cdots,n]{r_i-r_1}(n-1)\begin{vmatrix} 1 & 1 & 1 & \cdots & 1 & 1 \\ 0 & -1 & 0 & \cdots & 0 & 0 \\ \vdots & \vdots & \vdots & & \vdots & \vdots \\ 0 & 0 & 0 & \cdots & -1 & 0 \\ 0 & 0 & 0 & \cdots & 0 & -1 \end{vmatrix}=(-1)^{n-1}(n-1).$$

例 8 计算 n 阶行列式 $D_n=|a_{ij}|$，其中 $a_{ij}=\max\{i,n-j+1\}$.

解 由题意有

$$D_n=\begin{vmatrix} n & n-1 & \cdots & 3 & 2 & 1 \\ n & n-1 & \cdots & 3 & 2 & 2 \\ n & n-1 & \cdots & 3 & 3 & 3 \\ \vdots & \vdots & & \vdots & \vdots & \vdots \\ n & n-1 & \cdots & n-1 & n-1 & n-1 \\ n & n & \cdots & n & n & n \end{vmatrix}\xlongequal[j=n,\cdots,3,2]{c_j-c_{j-1}}\begin{vmatrix} n & -1 & -1 & \cdots & -1 & -1 \\ n & -1 & -1 & \cdots & -1 & 0 \\ n & -1 & -1 & \cdots & 0 & 0 \\ \vdots & \vdots & \vdots & & \vdots & \vdots \\ n & -1 & 0 & \cdots & 0 & 0 \\ n & 0 & 0 & \cdots & 0 & 0 \end{vmatrix}$$

$$=(-1)^{\frac{n(n-1)}{2}}(-1)^{n-1}n=(-1)^{\frac{(n-1)(n+2)}{2}}n.$$

例 9 设行列式 $D=\begin{vmatrix} 3 & 0 & 4 & 0 \\ 2 & 2 & 2 & 2 \\ 0 & -7 & 0 & 0 \\ 5 & 3 & -2 & 2 \end{vmatrix}$，则第 4 行各元素余子式之和的值

为______.

解 $M_{41}+M_{42}+M_{43}+M_{44}=-28$,所以第4行各元素余子式之和的值为$-28$.

例 10 计算 n 阶行列式:

$$D_n=\begin{vmatrix} x & y & y & \cdots & y \\ z & x & y & \cdots & y \\ z & z & x & \cdots & y \\ \vdots & \vdots & \vdots & & \vdots \\ z & z & z & \cdots & x \end{vmatrix}.$$

解 (1) 当 $y=z$ 时,容易得出

$$D_n=(x-y)^{n-1}[x+(n-1)y].$$

(2) 当 $y\neq z$ 时,将第1列拆开,可得

$$D_n=\begin{vmatrix} x-y & y & y & \cdots & y \\ 0 & x & y & \cdots & y \\ 0 & z & x & \cdots & y \\ \vdots & \vdots & \vdots & & \vdots \\ 0 & z & z & \cdots & x \end{vmatrix}+\begin{vmatrix} y & y & y & \cdots & y \\ z & x & y & \cdots & y \\ z & z & x & \cdots & y \\ \vdots & \vdots & \vdots & & \vdots \\ z & z & z & \cdots & x \end{vmatrix}$$

$$=(x-y)D_{n-1}+y\begin{vmatrix} 1 & 1 & 1 & \cdots & 1 \\ z & x & y & \cdots & y \\ z & z & x & \cdots & y \\ \vdots & \vdots & \vdots & & \vdots \\ z & z & z & \cdots & x \end{vmatrix}$$

$$\xlongequal[i=2,3,\cdots,n]{r_i-zr_1}(x-y)D_{n-1}+y\begin{vmatrix} 1 & 1 & 1 & \cdots & 1 \\ 0 & x-z & y-z & \cdots & y-z \\ 0 & 0 & x-z & \cdots & y-z \\ \vdots & \vdots & \vdots & & \vdots \\ 0 & 0 & 0 & \cdots & x-z \end{vmatrix}$$

$$=(x-y)D_{n-1}+y(x-z)^{n-1}. \qquad ①$$

又 $$D_n^{\mathrm{T}}=\begin{vmatrix} x & z & z & \cdots & z \\ y & x & z & \cdots & z \\ y & y & x & \cdots & z \\ \vdots & \vdots & \vdots & & \vdots \\ y & y & y & \cdots & x \end{vmatrix}\xlongequal{\text{由式①得}}(x-z)D_{n-1}^{\mathrm{T}}+z(x-y)^{n-1}.$$

而由行列式性质 $D_n^{\mathrm{T}}=D_n$,$D_{n-1}^{\mathrm{T}}=D_{n-1}$,所以有

$$D_n=(x-z)D_{n-1}+z(x-y)^{n-1}. \qquad ②$$

联立式①、式②解得

$$D_n=\frac{y(x-z)^n-z(x-y)^n}{y-z}.$$

注 该方法称为间接递推法.当然,不通过解方程组,而直接由递推公式①或②

也可求得 D_n.

例 11 已知 n 阶行列式 $D=\begin{vmatrix}1&3&5&\cdots&2n-1\\1&2&&&\\1&&3&&\\\vdots&&&\ddots&\\1&&&&n\end{vmatrix}$，求其代数余子式 $A_{11}+A_{12}+\cdots+A_{1n}$之和.

分析 解这种类型的题有两种方法：一种方法是按照代数余子式的定义，直接求出每个代数余子式的值后再求和，这种方法直观但非常烦琐；另一种方法是利用代数余子式的性质，改变 a_{ij} 后 A_{ij} 的值不变，因而可构造行列式 D'，使 D 与 D' 的 A_{ij}（$i=1,2,\cdots,n$）一样，通过 D' 计算 $A_{11}+A_{12}+\cdots+A_{1n}$.

解 构造行列式

$$D'=\begin{vmatrix}1&1&1&\cdots&1\\1&2&&&\\1&&3&&\\\vdots&&&\ddots&\\1&&&&n\end{vmatrix}\xlongequal[i=1,2,\cdots,n]{\text{第 } i \text{ 行提出因子 } i}n!\begin{vmatrix}1&1&1&\cdots&1\\1/2&1&&&\\1/3&&1&&\\\vdots&&&\ddots&\\1/n&&&&1\end{vmatrix}$$

$$\xlongequal{r_1-\sum\limits_{i=2}^{n}r_i}n!\begin{vmatrix}1-\sum\limits_{i=2}^{n}\dfrac{1}{i}&&&&\\1/2&1&&&\\1/3&&1&&\\\vdots&&&\ddots&\\1/n&&&&1\end{vmatrix}=n!\left(1-\sum_{i=2}^{n}\frac{1}{i}\right).$$

由于 D,D' 的代数余子式 $A_{11},A_{12},\cdots,A_{1n}$是一样的，对 D'按第 1 行展开，有

$$D'=1\cdot A_{11}+1\cdot A_{12}+\cdots+1\cdot A_{1n}=A_{11}+A_{12}+\cdots+A_{1n},$$

所以

$$A_{11}+A_{12}+\cdots+A_{1n}=n!\left(1-\sum_{i=2}^{n}\frac{1}{i}\right).$$

例 12 设 $f(x)=\begin{vmatrix}2x&-1&x&2\\4&x&1&-1\\3&2&x&5\\1&-2&3&x\end{vmatrix}$，求 $\dfrac{\mathrm{d}^3f(x)}{\mathrm{d}x^3}$.

分析 因为 $f(x)$是 x 的多项式（其次数不超过 4），因此对 $f(x)$求三阶导数，关键是要搞清 $f(x)$中 x^4 与 x^3 的系数.

解 由于已知行列式中只有 $a_{11},a_{13},a_{22},a_{33},a_{44}$ 含有 x 的一次幂，其余元素全是常数，所以上述 5 个元素中取 4 个乘积才会出现 x^4，根据行列式的定义，行列式中每一项的元素要取自不同的行与不同的列，这样只有 $a_{11}a_{22}a_{33}a_{44}$ 符合要求，即只有这一项含有 x^4，容易算出这一项为 $2x^4$. 同理可知，从上述 5 个元素中取 3 个及一个相

应的常数项的乘积才有 x^3，按照行列式的定义，符合要求的只有 $a_{13}a_{22}a_{31}a_{44}$ 这一项，而 $(-1)^{\tau(3214)}a_{13}a_{22}a_{31}a_{44}=-3x^3$，所以

$$\frac{d^3 f(x)}{dx^3}=(2x^4-3x^3)'''=48x-18.$$

1.6 自 测 题

1. 填空题

(1) 排列 3 1 2 5 4 6 7 的逆序数为______.

(2) 排列 7 5 2 8 4 6 3 1 的逆序数为______.

(3) 六阶行列式的项是 $a_{12}a_{4i}a_{21}a_{65}a_{3j}a_{54}$，带正号的 i,j 值为______.

(4) 四阶行列式中含 a_{23}，a_{42}，且带正号的项为______.

(5) $f(x)=\begin{vmatrix}1&1&1&1\\1&2&-2&x\\1&4&4&x^2\\1&8&-8&x^3\end{vmatrix}$ 的根为______.

(6) $|\boldsymbol{A}|=\begin{vmatrix}a_{11}&\cdots&a_{1n}\\\vdots&&\vdots\\a_{n1}&\cdots&a_{nn}\end{vmatrix}$，$|\boldsymbol{B}|=\begin{vmatrix}b_{11}&\cdots&b_{1m}\\\vdots&&\vdots\\b_{m1}&\cdots&b_{mm}\end{vmatrix}$，分块行列式 $\begin{vmatrix}\boldsymbol{O}&\boldsymbol{A}\\\boldsymbol{B}&\boldsymbol{O}\end{vmatrix}=$______.

(7) 四阶行列式的第 3 行的元素为 $-1,0,2,4$，第 4 行对应的代数余子式为 5，10，a，4，求 $a=$______.

(8) $\begin{vmatrix}5&-5&1&9\\7&8&2&9\\4&8&0&6\\3&1&3&4\end{vmatrix}$，则 $A_{11}+2A_{21}+3A_{41}=$______，其中 A_{ij} 为行列式元素 a_{ij} 的代数余子式.

2. 选择题

(1) 四阶行列式 $\begin{vmatrix}a_1&0&0&b_1\\0&a_2&b_2&0\\0&b_3&a_3&0\\b_4&0&0&a_4\end{vmatrix}$ 的值等于(　　).

(A) $a_1a_2a_3a_4-b_1b_2b_3b_4$　　(B) $a_1a_2a_3a_4+b_1b_2b_3b_4$

(C) $(a_1a_2-b_1b_2)(a_3a_4-b_3b_4)$　　(D) $(a_2a_3-b_2b_3)(a_1a_4-b_1b_4)$

(2) n 阶行列式 $\begin{vmatrix}1&1&\cdots&1&1\\1&1&\cdots&2&0\\\vdots&\vdots&&\vdots&\vdots\\1&n-1&\cdots&0&0\\n&0&\cdots&0&0\end{vmatrix}$ 的值为(　　).

(A) $(-1)^n n!$　(B) $(-1)^{n^2} n!$　(C) $(-1)^{\frac{n(n-1)}{2}} n!$　(D) $(-1)^{\frac{n(n+1)}{2}} n!$

3. 计算下列行列式：

(1) $\begin{vmatrix} 3 & -4 & 6 & 0 \\ 3 & -4 & 6 & 1 \\ 2 & -1 & 4 & -2 \\ 0 & 1 & 1 & 2 \end{vmatrix}$；　(2) $\begin{vmatrix} 5 & 1 & 1 & 1 \\ 1 & 5 & 1 & 1 \\ 1 & 1 & 5 & 1 \\ 1 & 1 & 1 & 5 \end{vmatrix}$；

(3) $\begin{vmatrix} 1+x & 1 & 1 & 1 \\ 1 & 1-x & 1 & 1 \\ 1 & 1 & 1+y & 1 \\ 1 & 1 & 1 & 1-y \end{vmatrix}$；　(4) $\begin{vmatrix} a & b & c & d \\ a & d & c & b \\ c & d & a & b \\ c & b & a & d \end{vmatrix}$；

(5) $\begin{vmatrix} a^2 & (a+1)^2 & (a+2)^2 \\ b^2 & (b+1)^2 & (b+2)^2 \\ c^2 & (c+1)^2 & (c+2)^2 \end{vmatrix}$；　(6) $\begin{vmatrix} a_1-b & a_1 & a_1 & a_1 \\ a_2 & a_2-b & a_2 & a_2 \\ a_3 & a_3 & a_3-b & a_3 \\ a_4 & a_4 & a_4 & a_4-b \end{vmatrix}$；

(7) $\begin{vmatrix} a & 0 & \cdots & 0 & 1 \\ 0 & a & \cdots & 0 & 0 \\ \vdots & \vdots & & \vdots & \vdots \\ 0 & 0 & \cdots & a & 0 \\ 1 & 0 & \cdots & 0 & a \end{vmatrix}$；　(8) $\begin{vmatrix} a_1 & a_2 & \cdots & a_{n-1} & a_n \\ b_1 & 0 & \cdots & 0 & 0 \\ 0 & b_2 & \cdots & 0 & 0 \\ \vdots & \vdots & & \vdots & \vdots \\ 0 & \cdots & 0 & b_{n-1} & 0 \end{vmatrix}$；

(9) $\begin{vmatrix} x_1+1 & x_1+2 & \cdots & x_1+n \\ x_2+1 & x_2+2 & \cdots & x_2+n \\ \vdots & \vdots & & \vdots \\ x_n+1 & x_n+2 & \cdots & x_n+n \end{vmatrix}$；

(10) $\begin{vmatrix} 1 & a_1 & 0 & \cdots & 0 & 0 \\ -1 & 1-a_1 & a_2 & \cdots & 0 & 0 \\ 0 & -1 & 1-a_2 & \cdots & 0 & 0 \\ \vdots & \vdots & \vdots & & \vdots & \vdots \\ 0 & 0 & 0 & \cdots & 1-a_{n-1} & a_n \\ 0 & 0 & 0 & \cdots & -1 & 1-a_n \end{vmatrix}$；

(11) $\begin{vmatrix} 1 & 2 & 3 & \cdots & n-2 & n-1 & n \\ 2 & 3 & 4 & \cdots & n-1 & n & n \\ 3 & 4 & 5 & \cdots & n & n & n \\ \vdots & \vdots & \vdots & & \vdots & \vdots & \vdots \\ n-1 & n & n & \cdots & n & n & n \\ n & n & n & \cdots & n & n & n \end{vmatrix}$；

(12) $\begin{vmatrix} 1 & 2 & 3 & \cdots & n-1 & n \\ x & 1 & 2 & \cdots & n-2 & n-1 \\ x & x & 1 & \cdots & n-3 & n-2 \\ \vdots & \vdots & \vdots & & \vdots & \vdots \\ x & x & x & \cdots & 1 & 2 \\ x & x & x & \cdots & x & 1 \end{vmatrix}$;

(13) $\begin{vmatrix} 0 & 0 & 0 & 1 & 2 \\ 0 & 0 & 0 & 4 & 5 \\ 1 & 3 & -2 & 0 & 0 \\ 2 & 4 & 1 & 0 & 0 \\ 0 & 1 & 2 & 0 & 0 \end{vmatrix}$; (14) $\begin{vmatrix} a & 0 & a & 0 & a \\ b & 0 & c & 0 & d \\ b^2 & 0 & c^2 & 0 & d^2 \\ 0 & ab & 0 & bc & 0 \\ 0 & cd & 0 & ad & 0 \end{vmatrix}$.

4. (1) 设 $a>b>c>0$,证明 $\begin{vmatrix} a & b & c \\ a^2 & b^2 & c^2 \\ b+c & a+c & a+b \end{vmatrix}<0$;

(2) a,b,c,d 为相异的数,证明

$$\begin{vmatrix} 1 & 1 & 1 & 1 \\ a & b & c & d \\ a^2 & b^2 & c^2 & d^2 \\ a^4 & b^4 & c^4 & d^4 \end{vmatrix}=(a+b+c+d)(d-a)(d-b)(d-c)(c-a)(c-b)(b-a).$$

5. 求解线性方程组

$$\begin{cases} x_1+a_1x_2+\cdots+a_1^{n-1}x_n=1, \\ x_1+a_2x_2+\cdots+a_2^{n-1}x_n=1, \\ \qquad\qquad\vdots \\ x_1+a_nx_2+\cdots+a_n^{n-1}x_n=1, \end{cases}$$

其中,$a_1,a_2,\cdots,a_n$ 互异.

6. 齐次线性方程组

$$\begin{cases} x_1+x_2=0, \\ x_1+kx_2=0, \\ x_1+x_2+kx_3+2x_4=0, \\ 6x_1+3x_2+2x_3+kx_4=0 \end{cases}$$

有非零解,求 k 的值.

7. 证明:几何空间中,不在同一直线上三点(x_1,y_1,z_1),(x_2,y_2,z_2),(x_3,y_3,z_3)所确定的平面方程为

$$\begin{vmatrix} x & y & z & 1 \\ x_1 & y_1 & z_1 & 1 \\ x_2 & y_2 & z_2 & 1 \\ x_3 & y_3 & z_3 & 1 \end{vmatrix}=0.$$

8. 证明:若 n 次多项式 $f(x)=a_0+a_1x+\cdots+a_nx^n$ 有 $n+1$ 个不同的根,则 $f(x)=0$.

9. 用行列式的性质证明行列式

$$D_n=\begin{vmatrix} 1 & 2 & 3 & \cdots & n-1 & n \\ 2 & 3 & 4 & \cdots & n & 1 \\ 3 & 4 & 5 & \cdots & 1 & 2 \\ \vdots & \vdots & \vdots & & \vdots & \vdots \\ n-1 & n & 1 & \cdots & n-3 & n-2 \\ n & 1 & 2 & \cdots & n-2 & n-1 \end{vmatrix}$$

被 D_n 中所有元素之和整除.

答案与提示

1. (1) 3; (2) 20; (3) $i=3,j=6$; (4) $a_{11}a_{23}a_{34}a_{42}$; (5) $1,2,-2$;

(6) $\begin{vmatrix} \boldsymbol{O} & \boldsymbol{A} \\ \boldsymbol{B} & \boldsymbol{O} \end{vmatrix}=(-1)^{mn}\begin{vmatrix} \boldsymbol{A} & \boldsymbol{O} \\ \boldsymbol{O} & \boldsymbol{B} \end{vmatrix}=(-1)^{mn}|\boldsymbol{A}||\boldsymbol{B}|$; (7) $a=-\dfrac{11}{2}$; (8) 0.

2. (1) (D); (2) (C).

3. (1) 5; (2) 512; (3) x^2y^2; (4) 0; (5) $4(b-c)(c-a)(b-a)$;

(6) $b^3\left(b-\sum\limits_{i=1}^{4}a_i\right)$; (7) $a^{n-2}(a^2-1)$; (8) $(-1)^{n+1}a_nb_1b_2\cdots b_{n-1}$;

(9) 0; (10) 1; (11) $(-1)^{\frac{n(n-1)}{2}}n$;

(12) 从第 2 行开始,逐行乘 -1 后加到上一行,得

$$D_n=\begin{vmatrix} 1-x & 1 & 1 & \cdots & 1 & 1 \\ 0 & 1-x & 1 & \cdots & 1 & 1 \\ 0 & 0 & 1-x & \cdots & 1 & 1 \\ \vdots & \vdots & \vdots & & \vdots & \vdots \\ 0 & 0 & 0 & \cdots & 1-x & 1 \\ x & x & x & \cdots & x & 1 \end{vmatrix},$$

从第 $n-1$ 列开始,依次把前一列乘 -1 后加到后一列,得

$$D_n=\begin{vmatrix} 1-x & x & 0 & \cdots & 0 & 0 \\ 0 & 1-x & x & \cdots & 0 & 0 \\ 0 & 0 & 1-x & \cdots & 0 & 0 \\ \vdots & \vdots & \vdots & & \vdots & \vdots \\ 0 & 0 & 0 & \cdots & 1-x & x \\ x & 0 & 0 & \cdots & 0 & 1-x \end{vmatrix}\text{(将第 1 列展开)}$$

$$=(1-x)^n+(-1)^{n+1}x^n=(-1)^n[(x-1)^n-x^n];$$

(13) 27; (14) 将 D 的第 2 列和第 4 列对换得分块对角行列式,计算得

$$D=abd(c^2-a^2)(d-c)(d-b)(c-b).$$

4. (1) $D_n=\begin{vmatrix} a & b & c \\ a^2 & b^2 & c^2 \\ a+b+c & a+b+c & a+b+c \end{vmatrix}=(a+b+c)\begin{vmatrix} 1 & 1 & 1 \\ a & b & c \\ a^2 & b^2 & c^2 \end{vmatrix}$

$=-(a+b+c)(a-c)(b-c)(a-b)<0$;

(2) 证略.

5. $x_1=1, x_2=x_3=\cdots=x_n=0$.

6. $k=1$ 或 $k=2$ 或 $k=-2$.

7. 证略.

8. 化为齐次方程组,其系数行列式是范德蒙行列式,方程组仅有零解.

9. D_n 的所有元素之和为$\dfrac{n^2(n+1)}{2}$. 将 D_n 所有列加到第 1 列上,提出因子$\dfrac{n(n+1)}{2}$,再把所有行加到第 1 行上,提取第 1 行因子 n,故有

$$D_n=\frac{n^2(n+1)}{2}D.$$

第 2 章 矩阵运算

2.1 矩阵的概念

一、内容提要

1. 矩阵的概念

$m\times n$ 矩阵是指下列数表：

$$A=\begin{pmatrix} a_{11} & a_{12} & \cdots & a_{1n} \\ a_{21} & a_{22} & \cdots & a_{2n} \\ \vdots & \vdots & & \vdots \\ a_{m1} & a_{m2} & \cdots & a_{mn} \end{pmatrix},$$

其中，数 $a_{ij}(1\leqslant i\leqslant m,1\leqslant j\leqslant n)$ 称为矩阵 $\boldsymbol{A}$ 中的第 i 行第 j 列元素.

当 $m=n$ 时，称 $\boldsymbol{A}$ 为 n 阶方阵或 n 阶矩阵.

元素全为零的矩阵称为零矩阵，记作 $\boldsymbol{O}$ 或 $\boldsymbol{0}$.

两个矩阵 $\boldsymbol{A}=(a_{ij})_{m\times n}$，$\boldsymbol{B}=(b_{ij})_{s\times t}$，如果 $m=s,n=t$，则称 $\boldsymbol{A}$ 与 $\boldsymbol{B}$ 是同型矩阵.

两个同型矩阵 $\boldsymbol{A}$ 与 $\boldsymbol{B}$，如果它们的元素对应相等，则称矩阵 $\boldsymbol{A}$ 与 $\boldsymbol{B}$ 相等，记作 $\boldsymbol{A}=\boldsymbol{B}$.

2. 几种特殊的矩阵

1）对角矩阵

形如
$$\begin{pmatrix} a_{11} & 0 & \cdots & 0 \\ 0 & a_{22} & \cdots & 0 \\ \vdots & \vdots & & \vdots \\ 0 & 0 & \cdots & a_{nn} \end{pmatrix} \xlongequal{\text{记作}} \mathrm{diag}(a_{11},a_{22},\cdots,a_{nn})$$
的 n 阶矩阵，称为对角矩阵.

2）单位矩阵

形如 $\begin{pmatrix} 1 & & & \\ & 1 & & \\ & & \ddots & \\ & & & 1 \end{pmatrix}=\boldsymbol{I}$，主对角线上元素都为 1，其余元素都为零的方阵，记作 $\boldsymbol{I}_n$ 或 $\boldsymbol{I}$($\boldsymbol{E}_n$ 或 $\boldsymbol{E}$).

3）上(下)三角矩阵

上(下)三角矩阵即主对角线下(上)方元素都为零的方阵，如

$$A=\begin{pmatrix} a_{11} & a_{12} & \cdots & a_{1n} \\ & a_{22} & \cdots & a_{2n} \\ & & \ddots & \vdots \\ & & & a_{nn} \end{pmatrix},\quad B=\begin{pmatrix} b_{11} & & & \\ b_{21} & b_{22} & & \\ \vdots & \vdots & \ddots & \\ b_{n1} & b_{n2} & \cdots & b_{nn} \end{pmatrix}.$$

4）行矩阵(或称行向量)

$m=1$,即只有一行的矩阵,如

$$\boldsymbol{A}=(a_1,a_2,\cdots,a_n).$$

5）列矩阵(或称列向量)

$n=1$,即只有一列的矩阵,如

$$\boldsymbol{B}=\begin{pmatrix} a_1 \\ a_2 \\ \vdots \\ a_n \end{pmatrix},\quad 或记为 \boldsymbol{B}=(a_1,a_2,\cdots,a_n)^{\mathrm{T}}.$$

2.2 矩阵的线性运算与乘法运算

一、内容提要

1. 矩阵的线性运算

1）加法

设有两个同型矩阵 $\boldsymbol{A}=(a_{ij})$,$\boldsymbol{B}=(b_{ij})$,那么 $\boldsymbol{A}$ 与 $\boldsymbol{B}$ 的和记作 $\boldsymbol{A}+\boldsymbol{B}$,规定为 $\boldsymbol{A}+\boldsymbol{B}=(a_{ij}+b_{ij})$.

加法的运算规律如下：

(1) 交换律 $\boldsymbol{A}+\boldsymbol{B}=\boldsymbol{B}+\boldsymbol{A}$;

(2) 结合律 $(\boldsymbol{A}+\boldsymbol{B})+\boldsymbol{C}=\boldsymbol{A}+(\boldsymbol{B}+\boldsymbol{C})$.

2）数与矩阵相乘

数 λ 与矩阵 $\boldsymbol{A}=(a_{ij})$ 的乘积记作 $\lambda\boldsymbol{A}$,规定为 $\lambda\boldsymbol{A}=(\lambda a_{ij})$.

数与矩阵相乘的运算规律如下：

(1) 结合律 $(\lambda\mu)\boldsymbol{A}=\lambda(\mu\boldsymbol{A})$;

(2) 分配律 $(\lambda+\mu)\boldsymbol{A}=\lambda\boldsymbol{A}+\mu\boldsymbol{A}$,$\lambda(\boldsymbol{A}+\boldsymbol{B})=\lambda\boldsymbol{A}+\lambda\boldsymbol{B}$.

2. 矩阵与矩阵相乘

设 $\boldsymbol{A}=(a_{ij})_{m\times s}$,$\boldsymbol{B}=(b_{ij})_{s\times n}$,那么矩阵 $\boldsymbol{A}$ 与 $\boldsymbol{B}$ 的乘积记作 $\boldsymbol{AB}$,规定 $\boldsymbol{AB}=(c_{ij})_{m\times n}$,其中

$$c_{ij}=\sum_{t=1}^{s}a_{it}b_{tj}\,(i=1,2,\cdots,m;j=1,2,\cdots,n).$$

矩阵相乘的运算规律如下：

(1) 结合律 $(\boldsymbol{AB})\boldsymbol{C}=\boldsymbol{A}(\boldsymbol{BC})$, $\lambda(\boldsymbol{AB})=(\lambda\boldsymbol{A})\boldsymbol{B}=\boldsymbol{A}(\lambda\boldsymbol{B})$ （λ 为数）;

(2) 分配律 $\boldsymbol{A}(\boldsymbol{B}+\boldsymbol{C})=\boldsymbol{AB}+\boldsymbol{AC}$, $(\boldsymbol{B}+\boldsymbol{C})\boldsymbol{A}=\boldsymbol{BA}+\boldsymbol{CA}$.

矩阵与矩阵相乘应注意以下三点.

(1) 不满足交换律,即 $\boldsymbol{AB}\neq\boldsymbol{BA}$. 例如,若 $\boldsymbol{A}$ 是 $m\times s$ 矩阵,$\boldsymbol{B}$ 是 $s\times n$ 矩阵,这时 $\boldsymbol{AB}$ 有意义,但 $\boldsymbol{BA}$ 是无意义的,不可能相等. 又例如,$\boldsymbol{A}$ 是 $m\times s$ 矩阵,$\boldsymbol{B}$ 是 $s\times m$ 矩阵,虽然 $\boldsymbol{AB}$ 与 $\boldsymbol{BA}$ 均有意义,但 $\boldsymbol{AB}$ 是 m 阶方阵,$\boldsymbol{BA}$ 是 s 阶方阵,也不可能相等. 最后一种情况是,即使是 $\boldsymbol{A},\boldsymbol{B}$ 均为 n 阶方阵,$\boldsymbol{AB}$ 与 $\boldsymbol{BA}$ 虽都是 n 阶方阵,但一般而言也不一定相等. 例如,

$$\boldsymbol{A}=\begin{pmatrix}1 & 1\\0 & 2\end{pmatrix},\quad \boldsymbol{B}=\begin{pmatrix}1 & 0\\1 & 1\end{pmatrix},$$

则

$$\boldsymbol{AB}=\begin{pmatrix}2 & 1\\2 & 2\end{pmatrix},\quad \boldsymbol{BA}=\begin{pmatrix}1 & 1\\1 & 3\end{pmatrix}.$$

对于两个 n 阶方阵 $\boldsymbol{A},\boldsymbol{B}$,如果 $\boldsymbol{AB}=\boldsymbol{BA}$,则称 $\boldsymbol{A}$ 与 $\boldsymbol{B}$ 是可交换的;如果 $\boldsymbol{AB}\neq\boldsymbol{BA}$,则称 $\boldsymbol{A}$ 与 $\boldsymbol{B}$ 是不可交换的.

(2) 两个非零矩阵的乘积可能是零矩阵. 例如,

$$\begin{pmatrix}1 & -1\\0 & 0\end{pmatrix}\begin{pmatrix}1 & 1\\1 & 1\end{pmatrix}=\begin{pmatrix}0 & 0\\0 & 0\end{pmatrix}.$$

(3) 不满足消去律,即由 $\boldsymbol{AB}=\boldsymbol{AC}$,不能得到 $\boldsymbol{B}=\boldsymbol{C}$.

利用矩阵与矩阵的乘法可以规定方阵的幂,即规定 $\boldsymbol{A}^1=\boldsymbol{A},\boldsymbol{A}^2=\boldsymbol{AA},\cdots,\boldsymbol{A}^{k+l}=\boldsymbol{A}^k\boldsymbol{A}^l$. 幂的运算规律有 $\boldsymbol{A}^k\boldsymbol{A}^l=\boldsymbol{A}^{k+l},(\boldsymbol{A}^k)^l=\boldsymbol{A}^{kl}$,其中 k,l 均为正整数.

初等数学中的乘法公式对于矩阵乘法而言一般是不成立的. 例如,$(\boldsymbol{A}+\boldsymbol{B})^2\neq\boldsymbol{A}^2+2\boldsymbol{AB}+\boldsymbol{B}^2$,$(\boldsymbol{A}+\boldsymbol{B})(\boldsymbol{A}-\boldsymbol{B})\neq\boldsymbol{A}^2-\boldsymbol{B}^2$,$(\boldsymbol{AB})^k\neq\boldsymbol{A}^k\boldsymbol{B}^k$,其原因是 $\boldsymbol{AB}\neq\boldsymbol{BA}$.

二、释 疑 解 惑

问题 1 为什么要研究矩阵?

答 矩阵是线性代数中最重要的部分,是线性代数的有力工具. 它是根据实际需要提出的,大量的问题借助它可以得到解决. 例如:一般线性方程组有解的充要条件是用矩阵的秩表示的;作为解线性方程组基础的克莱姆定理也可以用矩阵运算导出;二次型的研究可以转化为对称矩阵的研究;化二次型为标准形,实际上就是化对称矩阵为合同对角形与合同标准形. 线性变换可以用矩阵来表示,从而把线性变换的研究转化为矩阵的研究.

矩阵运算的实质,是把它当做一个"量"来进行运算,从而使得运算得到大大简化.

问题 2 判断题.

(1) $\boldsymbol{C}=\boldsymbol{AB}$ 中,$\boldsymbol{A}$ 的第 1 行元素为零,则 $\boldsymbol{C}$ 中的第 1 行元素为零. (对)

(2) $(\boldsymbol{AB})^2=\boldsymbol{A}^2\boldsymbol{B}^2$. (错)

分析 因 $(\boldsymbol{AB})^2=(\boldsymbol{AB})(\boldsymbol{AB})=\boldsymbol{A}(\boldsymbol{BA})\boldsymbol{B}$,其中 $\boldsymbol{BA}$ 不一定等于 $\boldsymbol{AB}$,仅在 $\boldsymbol{A},\boldsymbol{B}$ 可交换时才有 $\boldsymbol{BA}=\boldsymbol{AB}$.

(3) 若 $\boldsymbol{A}^2=\boldsymbol{O}$,则 $\boldsymbol{A}=\boldsymbol{O}$. (错)

例如，$\boldsymbol{A}=\begin{pmatrix}0&0\\1&0\end{pmatrix}$，但 $\boldsymbol{A}^2=\begin{pmatrix}0&0\\1&0\end{pmatrix}\begin{pmatrix}0&0\\1&0\end{pmatrix}=\begin{pmatrix}0&0\\0&0\end{pmatrix}$.

(4) 若 $\boldsymbol{A}^2=\boldsymbol{A}$，则 $\boldsymbol{A}=\boldsymbol{I}$ 或 $\boldsymbol{A}=\boldsymbol{O}$. （错）

例如，$\boldsymbol{A}=\begin{pmatrix}0&0\\1&1\end{pmatrix}$，但 $\boldsymbol{A}^2=\boldsymbol{A}$.

问题 3 任何两个矩阵 $\boldsymbol{A},\boldsymbol{B}$ 都能进行加(减)、相乘运算吗？

答 不一定.(1) 只有当 $\boldsymbol{A},\boldsymbol{B}$ 为同型矩阵时，才能进行加(减)运算；(2) 只有当第一个矩阵 $\boldsymbol{A}$ 的列数与第二个矩阵 $\boldsymbol{B}$ 的行数相同时，$\boldsymbol{A},\boldsymbol{B}$ 才能相乘，这时 $\boldsymbol{AB}$ 才存在.

问题 4 两个矩阵 $\boldsymbol{A},\boldsymbol{B}$ 相乘时，$\boldsymbol{AB}=\boldsymbol{BA}$ 吗？$|\boldsymbol{AB}|=|\boldsymbol{BA}|$ 吗？

答 $\boldsymbol{AB}$ 不一定等于 $\boldsymbol{BA}$. 若要使 $\boldsymbol{AB}=\boldsymbol{BA}$，首先要使 $\boldsymbol{AB}$ 和 $\boldsymbol{BA}$ 都存在，此时 $\boldsymbol{A},\boldsymbol{B}$ 应为同阶方阵；其次，矩阵的乘法不满足交换律. 在一般情况下，$\boldsymbol{AB}\neq\boldsymbol{BA}$. 但对同阶方阵 $\boldsymbol{A},\boldsymbol{B}$，$|\boldsymbol{AB}|=|\boldsymbol{BA}|$ 是一定成立的，因为对于数的运算，交换律是成立的，即

$$|\boldsymbol{AB}|=|\boldsymbol{A}||\boldsymbol{B}|=|\boldsymbol{B}||\boldsymbol{A}|=|\boldsymbol{BA}|.$$

问题 5 若 $\boldsymbol{AB}=\boldsymbol{AC}$，能推出 $\boldsymbol{B}=\boldsymbol{C}$ 吗？

答 不能. 因为矩阵的乘法不满足消去律，例如，

$$\boldsymbol{A}=\begin{pmatrix}1&0\\0&0\end{pmatrix},\quad \boldsymbol{B}=\begin{pmatrix}0&0\\0&1\end{pmatrix},\quad \boldsymbol{C}=\begin{pmatrix}0&0\\0&0\end{pmatrix},$$

则 $\boldsymbol{AB}=\boldsymbol{AC}$，但 $\boldsymbol{B}\neq\boldsymbol{C}$.

问题 6 非零矩阵相乘时，结果一定不是零矩阵吗？

答 非零矩阵相乘的结果可能是零矩阵. 例如，

$$\boldsymbol{A}=\begin{pmatrix}1&0\\0&0\end{pmatrix}\neq\boldsymbol{O},\quad \boldsymbol{B}=\begin{pmatrix}0&0\\0&1\end{pmatrix}\neq\boldsymbol{O}，但\ \boldsymbol{AB}=\begin{pmatrix}0&0\\0&0\end{pmatrix},$$

又如

$$\boldsymbol{A}=\begin{pmatrix}0&1\\0&0\end{pmatrix}\neq\boldsymbol{O}，但\ \boldsymbol{A}^2=\boldsymbol{A}\cdot\boldsymbol{A}=\begin{pmatrix}0&0\\0&0\end{pmatrix}.$$

问题 7 设 $\boldsymbol{A}$ 与 $\boldsymbol{B}$ 为 n 阶方阵，问等式 $\boldsymbol{A}^2-\boldsymbol{B}^2=(\boldsymbol{A}+\boldsymbol{B})(\boldsymbol{A}-\boldsymbol{B})$ 成立的充要条件是什么？

答 $\boldsymbol{A}^2-\boldsymbol{B}^2=(\boldsymbol{A}+\boldsymbol{B})(\boldsymbol{A}-\boldsymbol{B})$ 成立的充要条件是 $\boldsymbol{AB}=\boldsymbol{BA}$. 事实上，由于

$$(\boldsymbol{A}+\boldsymbol{B})(\boldsymbol{A}-\boldsymbol{B})=\boldsymbol{A}^2+\boldsymbol{BA}-\boldsymbol{AB}-\boldsymbol{B}^2,$$

故 $\boldsymbol{A}^2-\boldsymbol{B}^2=(\boldsymbol{A}+\boldsymbol{B})(\boldsymbol{A}-\boldsymbol{B})$ 当且仅当 $\boldsymbol{BA}-\boldsymbol{AB}=\boldsymbol{O}$，即 $\boldsymbol{AB}=\boldsymbol{BA}$.

注 关于数的一些运算性质，在矩阵中在没有证明成立之前是不能引用的.

问题 8 计算下列矩阵的乘积：

(1) $(a_1,a_2,\cdots,a_n)\begin{pmatrix}b_1\\b_2\\\vdots\\b_n\end{pmatrix}$；　(2) $\begin{pmatrix}b_1\\b_2\\\vdots\\b_n\end{pmatrix}(a_1,a_2,\cdots,a_n)$.

答 (1) $1\times n$ 矩阵与 $n\times 1$ 矩阵的乘积为 1×1 矩阵，即为一个数：

$$(a_1,a_2,\cdots,a_n)\begin{pmatrix}b_1\\b_2\\\vdots\\b_n\end{pmatrix}=a_1b_1+a_2b_2+\cdots+a_nb_n=\sum_{i=1}^{n}a_ib_i.$$

(2) $n\times1$ 矩阵与 $1\times n$ 矩阵的乘积为 $n\times n$ 矩阵，即为 n 阶矩阵：

$$\begin{pmatrix}b_1\\b_2\\\vdots\\b_n\end{pmatrix}(a_1,a_2,\cdots,a_n)=\begin{pmatrix}b_1a_1 & b_1a_2 & \cdots & b_1a_n\\ b_2a_1 & b_2a_2 & \cdots & b_2a_n\\ \vdots & \vdots & & \vdots\\ b_na_1 & b_na_2 & \cdots & b_na_n\end{pmatrix}.$$

注 作矩阵乘积时，首先要考察被乘矩阵的行数、列数与相乘矩阵的行数、列数，决定它们是否能相乘，如能相乘，确定乘积矩阵是一个几行几列的矩阵.

问题 9 一个数 $k(k\neq1)$ 乘 n 阶矩阵 $\boldsymbol{A}$ 后取行列式，其值为多少？

答 一个数 $k(k\neq1)$ 乘 n 阶矩阵 $\boldsymbol{A}$ 后取行列式，其值等于 k 的 n 次方乘 $\boldsymbol{A}$ 的行列式，不等于 k 乘 $\boldsymbol{A}$ 的行列式，即

$$|k\boldsymbol{A}|=k^n|\boldsymbol{A}|\neq k|\boldsymbol{A}|\quad(k\neq1).$$

数 k 乘矩阵是将 k 遍乘矩阵的所有元素，因此，$k\boldsymbol{A}$ 中每个元素都有公因数. 如设 $\boldsymbol{A}=(a_{ij})_{n\times n}$，则有

$$k\boldsymbol{A}=\begin{pmatrix}ka_{11} & ka_{12} & \cdots & ka_{1n}\\ ka_{21} & ka_{22} & \cdots & ka_{2n}\\ \vdots & \vdots & & \vdots\\ ka_{n1} & ka_{n2} & \cdots & ka_{nn}\end{pmatrix},$$

其行列式 $|k\boldsymbol{A}|$，由于每行(列)都有一个公因数 k 可以提出，行列式 $|k\boldsymbol{A}|$ 共有 n 行，因而共可提取 n 个公因数 k，于是得到

$$|k\boldsymbol{A}|=k^n|\boldsymbol{A}|\quad(n\text{ 为 }\boldsymbol{A}\text{ 的阶数}).$$

一般来说，$|k\boldsymbol{A}|\neq k|\boldsymbol{A}|$，$|-\boldsymbol{A}|\neq-|\boldsymbol{A}|$. 特别情况是，只有当 $n=2k+1$ 为奇数时，才有 $|-\boldsymbol{A}|=-|\boldsymbol{A}|$.

$|k\boldsymbol{A}|=k|\boldsymbol{A}|$ 是常犯错误.

三、典型例题解析

例 1 设 $\boldsymbol{A}=\begin{pmatrix}x & 0\\7 & y\end{pmatrix}$，$\boldsymbol{B}=\begin{pmatrix}u & v\\y & 2\end{pmatrix}$，$\boldsymbol{C}=\begin{pmatrix}3 & -4\\x & v\end{pmatrix}$，且 $\boldsymbol{A}+2\boldsymbol{B}-\boldsymbol{C}=\boldsymbol{O}$，求 x,y,u,v 的值.

解 因 $\boldsymbol{A},\boldsymbol{B},\boldsymbol{C}$ 为同型矩阵，由 $\boldsymbol{A}+2\boldsymbol{B}-\boldsymbol{C}=\boldsymbol{O}$，即

$$\begin{pmatrix}x & 0\\7 & y\end{pmatrix}+2\begin{pmatrix}u & v\\y & 2\end{pmatrix}-\begin{pmatrix}3 & -4\\x & v\end{pmatrix}=\begin{pmatrix}0 & 0\\0 & 0\end{pmatrix},$$

得到

$$\begin{pmatrix}x+2u-3 & 0+2v+4\\7+2y-x & y+4-v\end{pmatrix}=\begin{pmatrix}0 & 0\\0 & 0\end{pmatrix}.$$

再由矩阵相等的定义，得到

$$x+2u-3=0,\quad 2v+4=0,\quad 7+2y-x=0,\quad y+4-v=0,$$

解上述方程组即得 $x=-5, y=-6, u=4, v=-2$.

例 2 设有二阶方阵 $\boldsymbol{A}=\begin{pmatrix} a & b \\ c & d \end{pmatrix}$.(1) 求满足 $\boldsymbol{A}^2=\boldsymbol{O}$ 的所有矩阵;(2) 求满足 $\boldsymbol{A}^2=\boldsymbol{A}$的所有矩阵.

解 (1) 由 $\boldsymbol{A}^2=\boldsymbol{O}$ 得

$$\begin{pmatrix} a & b \\ c & d \end{pmatrix}\begin{pmatrix} a & b \\ c & d \end{pmatrix}=\begin{pmatrix} a^2+bc & ab+bd \\ ca+dc & cb+d^2 \end{pmatrix}=\begin{pmatrix} 0 & 0 \\ 0 & 0 \end{pmatrix},$$

所以
$$a^2+bc=(a+d)b=c(a+d)=cb+d^2=0.$$

若 $a+d\neq 0$,则 $b=c=0$;由 $a^2+bc=cb+d^2=0$ 得 $a=d=0$,这与 $a+d\neq 0$ 矛盾,故必有 $a+d=0$,即 $d=-a$,这时 b,c 满足 $a^2+bc=0$. 于是满足 $\boldsymbol{A}^2=\boldsymbol{O}$ 的所有矩阵为 $\boldsymbol{A}=\begin{pmatrix} a & b \\ c & -a \end{pmatrix}$,其中 $a^2+bc=0$.

(2) 由 $\boldsymbol{A}^2=\boldsymbol{A}$ 得 $\begin{pmatrix} a^2+bc & ab+bd \\ ac+cd & bc+d^2 \end{pmatrix}=\begin{pmatrix} a & b \\ c & d \end{pmatrix}$,于是有

$$\begin{cases} a^2+bc=a, & ①\\ ab+bd=b, & ②\\ ac+cd=c, & ③\\ bc+d^2=d. & ④ \end{cases}$$

由式②、式③有 $(a+d-1)b=0, (a+d-1)c=0$.

a. 若 $a+d-1=0$,由式①得 $a=\dfrac{1\pm\sqrt{1-4bc}}{2}$,由式④得 $d=\dfrac{1\mp\sqrt{1-4bc}}{2}$,此时矩阵 $\boldsymbol{A}$ 为如下形式:

$$\begin{pmatrix} \dfrac{1+\sqrt{1-4bc}}{2} & b \\ c & \dfrac{1-\sqrt{1-4bc}}{2} \end{pmatrix} \text{ 或 } \begin{pmatrix} \dfrac{1-\sqrt{1-4bc}}{2} & b \\ c & \dfrac{1+\sqrt{1-4bc}}{2} \end{pmatrix}, \qquad (*)$$

其中 b,c 为任意数.

b. 若 $a+d-1\neq 0$,则 $b=c=0$,由式①、式④得 $a=0$ 或 1,$d=0$ 或 1,但 $a+d-1\neq 0$,所以 $a=d=0$ 或 $a=d=1$,此时有 $\boldsymbol{A}=\boldsymbol{O}$ 或 $\boldsymbol{A}=\boldsymbol{I}$.

由上述讨论知,满足 $\boldsymbol{A}^2=\boldsymbol{A}$ 的所有二阶方阵 $\boldsymbol{A}$ 为 $\boldsymbol{O}$ 或 $\boldsymbol{I}$ 或由(*)式表示的矩阵.

例 3 已知矩阵 $\boldsymbol{A}=\begin{pmatrix} 1 & 1 & 0 \\ 0 & 1 & 0 \\ 0 & 0 & 1 \end{pmatrix}$,求与 $\boldsymbol{A}$ 可交换的矩阵 $\boldsymbol{B}$.

解 设 $\boldsymbol{B}=\begin{pmatrix} a_1 & a_2 & a_3 \\ b_1 & b_2 & b_3 \\ c_1 & c_2 & c_3 \end{pmatrix}$,则

$$\boldsymbol{AB}=\begin{pmatrix} a_1+b_1 & a_2+b_2 & a_3+b_3 \\ b_1 & b_2 & b_3 \\ c_1 & c_2 & c_3 \end{pmatrix}, \quad \boldsymbol{BA}=\begin{pmatrix} a_1 & a_1+a_2 & a_3 \\ b_1 & b_1+b_2 & b_3 \\ c_1 & c_1+c_2 & c_3 \end{pmatrix}.$$

由 $\boldsymbol{AB}=\boldsymbol{BA}$,得

$$a_1+b_1=a_1, \quad a_2+b_2=a_1+a_2, \quad a_3+b_3=a_3, \quad b_1=b_1,$$
$$b_2=b_1+b_2, \quad b_3=b_3, \quad c_1=c_1, \quad c_2=c_1+c_2, \quad c_3=c_3,$$

故有
$$b_1=b_3=c_1=0, \quad b_2=a_1.$$

所以,与 $\boldsymbol{A}$ 可交换的矩阵为

$$\boldsymbol{B}=\begin{pmatrix} a_1 & a_2 & a_3 \\ 0 & a_1 & 0 \\ 0 & c_2 & c_3 \end{pmatrix},$$

其中 a_1,a_2,a_3,c_2,c_3 可取任意实数.

例 4 设有三阶矩阵 $\boldsymbol{A}=\begin{pmatrix} \boldsymbol{\alpha} \\ 3\boldsymbol{\gamma}_2 \\ 2\boldsymbol{\gamma}_3 \end{pmatrix}$,$\boldsymbol{B}=\begin{pmatrix} \boldsymbol{\beta} \\ \boldsymbol{\gamma}_2 \\ \boldsymbol{\gamma}_3 \end{pmatrix}$,其中 $\boldsymbol{\alpha},\boldsymbol{\beta},\boldsymbol{\gamma}_2,\boldsymbol{\gamma}_3$ 均为三维行向量,且已知行列式 $|\boldsymbol{A}|=24$,$|\boldsymbol{B}|=3$,求 $|\boldsymbol{A}-\boldsymbol{B}|$.

解 $$|\boldsymbol{A}-\boldsymbol{B}|=\begin{vmatrix} \boldsymbol{\alpha}-\boldsymbol{\beta} \\ 3\boldsymbol{\gamma}_2-\boldsymbol{\gamma}_2 \\ 2\boldsymbol{\gamma}_3-\boldsymbol{\gamma}_3 \end{vmatrix}=\begin{vmatrix} \boldsymbol{\alpha}-\boldsymbol{\beta} \\ 2\boldsymbol{\gamma}_2 \\ \boldsymbol{\gamma}_3 \end{vmatrix}=2\begin{vmatrix} \boldsymbol{\alpha}-\boldsymbol{\beta} \\ \boldsymbol{\gamma}_2 \\ \boldsymbol{\gamma}_3 \end{vmatrix}=2\begin{vmatrix} \boldsymbol{\alpha} \\ \boldsymbol{\gamma}_2 \\ \boldsymbol{\gamma}_3 \end{vmatrix}-2\begin{vmatrix} \boldsymbol{\beta} \\ \boldsymbol{\gamma}_2 \\ \boldsymbol{\gamma}_3 \end{vmatrix}$$
$$=\begin{vmatrix} \boldsymbol{\alpha} \\ \boldsymbol{\gamma}_2 \\ 2\boldsymbol{\gamma}_3 \end{vmatrix}-2\begin{vmatrix} \boldsymbol{\beta} \\ \boldsymbol{\gamma}_2 \\ \boldsymbol{\gamma}_3 \end{vmatrix}=\frac{1}{3}\begin{vmatrix} \boldsymbol{\alpha} \\ 3\boldsymbol{\gamma}_2 \\ 2\boldsymbol{\gamma}_3 \end{vmatrix}-2\begin{vmatrix} \boldsymbol{\beta} \\ \boldsymbol{\gamma}_2 \\ \boldsymbol{\gamma}_3 \end{vmatrix}=\frac{1}{3}\times 24-2\times 3=2.$$

例 5 如果 $f(x)=x^2-x+1$,已知 $\boldsymbol{A}=\begin{pmatrix} 2 & 1 & 1 \\ 3 & 1 & 2 \\ 1 & -1 & 0 \end{pmatrix}$,求 $f(\boldsymbol{A})$.

解 $$f(\boldsymbol{A})=\boldsymbol{A}^2-\boldsymbol{A}+\boldsymbol{I}=\begin{pmatrix} 2 & 1 & 1 \\ 3 & 1 & 2 \\ 1 & -1 & 0 \end{pmatrix}\begin{pmatrix} 2 & 1 & 1 \\ 3 & 1 & 2 \\ 1 & -1 & 0 \end{pmatrix}-\begin{pmatrix} 2 & 1 & 1 \\ 3 & 1 & 2 \\ 1 & -1 & 0 \end{pmatrix}+\begin{pmatrix} 1 & 0 & 0 \\ 0 & 1 & 0 \\ 0 & 0 & 1 \end{pmatrix}$$
$$=\begin{pmatrix} 7 & 1 & 3 \\ 8 & 2 & 3 \\ -2 & 1 & 0 \end{pmatrix}.$$

例 6 设 $\boldsymbol{A},\boldsymbol{B}$ 为同阶方阵,且满足 $\boldsymbol{A}=\frac{1}{2}(\boldsymbol{B}+\boldsymbol{I})$,求证 $\boldsymbol{A}^2=\boldsymbol{A}$ 的充要条件是 $\boldsymbol{B}^2=\boldsymbol{I}$.

证 $$\boldsymbol{A}^2=\boldsymbol{A}\Leftrightarrow\left[\frac{1}{2}(\boldsymbol{B}+\boldsymbol{I})\right]^2=\frac{1}{2}(\boldsymbol{B}+\boldsymbol{I})$$
$$\Leftrightarrow\frac{1}{4}(\boldsymbol{B}+\boldsymbol{I})^2=\frac{1}{2}(\boldsymbol{B}+\boldsymbol{I})$$

$$\Leftrightarrow \frac{1}{2}(\boldsymbol{B}^2+2\boldsymbol{B}+\boldsymbol{I})=\boldsymbol{B}+\boldsymbol{I}$$

$$\Leftrightarrow \boldsymbol{B}^2+2\boldsymbol{B}+\boldsymbol{I}=2\boldsymbol{B}+2\boldsymbol{I}$$

$$\Leftrightarrow \boldsymbol{B}^2=\boldsymbol{I}\ .$$

例 7 设 $\boldsymbol{A}$ 与 $\boldsymbol{B}$ 都是幂等矩阵，证明 $\boldsymbol{A}+\boldsymbol{B}$ 是幂等矩阵的充分必要条件是 $\boldsymbol{AB}=\boldsymbol{BA}=\boldsymbol{O}$.

证 充分性. 因 $\boldsymbol{A}^2=\boldsymbol{A},\boldsymbol{B}^2=\boldsymbol{B}$，所以有

$$(\boldsymbol{A}+\boldsymbol{B})^2=\boldsymbol{A}^2+\boldsymbol{AB}+\boldsymbol{BA}+\boldsymbol{B}^2=\boldsymbol{A}+\boldsymbol{AB}+\boldsymbol{BA}+\boldsymbol{B}. \qquad ①$$

又因 $\boldsymbol{AB}+\boldsymbol{BA}=\boldsymbol{O}$，由式①知 $(\boldsymbol{A}+\boldsymbol{B})^2=\boldsymbol{A}+\boldsymbol{B}$，即 $\boldsymbol{A}+\boldsymbol{B}$ 是幂等阵.

必要性. 设 $(\boldsymbol{A}+\boldsymbol{B})^2=\boldsymbol{A}+\boldsymbol{B}$，则由式①有

$$\boldsymbol{AB}+\boldsymbol{BA}=\boldsymbol{O} \quad 或 \quad \boldsymbol{AB}=-\boldsymbol{BA}, \qquad ②$$

这时

$$\boldsymbol{AB}=\boldsymbol{A}^2\boldsymbol{B}=\boldsymbol{A}(\boldsymbol{AB})=\boldsymbol{A}(-\boldsymbol{BA})=-(\boldsymbol{ABA})=-(-\boldsymbol{BA})\boldsymbol{A}=\boldsymbol{BA}^2=\boldsymbol{BA},$$

与式②比较，得 $-\boldsymbol{BA}=\boldsymbol{BA}$，所以 $\boldsymbol{BA}=\boldsymbol{AB}=\boldsymbol{O}$.

例 8 设 n 阶矩阵 $\boldsymbol{A},\boldsymbol{B}$ 满足 $\boldsymbol{A}^2=\boldsymbol{A},\boldsymbol{B}^2=\boldsymbol{B},(\boldsymbol{A}+\boldsymbol{B})^2=\boldsymbol{A}+\boldsymbol{B}$，证明 $\boldsymbol{AB}=\boldsymbol{O}$.

证 由题设条件 $(\boldsymbol{A}+\boldsymbol{B})^2=\boldsymbol{A}+\boldsymbol{B}$，得

$$\boldsymbol{A}^2+\boldsymbol{AB}+\boldsymbol{BA}+\boldsymbol{B}^2=\boldsymbol{A}+\boldsymbol{B}.$$

又已知 $\boldsymbol{A}^2=\boldsymbol{A},\boldsymbol{B}^2=\boldsymbol{B}$，故得

$$\boldsymbol{AB}+\boldsymbol{BA}=\boldsymbol{O}. \qquad ①$$

用 $\boldsymbol{A}$ 左乘式①两端，并利用 $\boldsymbol{A}^2=\boldsymbol{A}$，得

$$\boldsymbol{AB}+\boldsymbol{ABA}=\boldsymbol{O}. \qquad ②$$

用 $\boldsymbol{A}$ 右乘式①两端，并利用 $\boldsymbol{A}^2=\boldsymbol{A}$，得

$$\boldsymbol{ABA}+\boldsymbol{BA}=\boldsymbol{O}. \qquad ③$$

式②与式③相减，得

$$\boldsymbol{AB}=\boldsymbol{BA}. \qquad ④$$

将式④代入式①，便得

$$\boldsymbol{AB}=\boldsymbol{O}.$$

注 对于本题，在还不知道 $\boldsymbol{AB}=\boldsymbol{BA}$ 时，不能把 $(\boldsymbol{A}+\boldsymbol{B})^2$ 写成 $\boldsymbol{A}^2+2\boldsymbol{AB}+\boldsymbol{B}^2$.

例 9 计算矩阵 $\begin{pmatrix} a & 0 & 0 \\ 0 & b & 0 \\ 0 & 0 & c \end{pmatrix}^n$ （n 为正整数）.

解 易求得，当 $n=2$ 时，$\begin{pmatrix} a & 0 & 0 \\ 0 & b & 0 \\ 0 & 0 & c \end{pmatrix}^2=\begin{pmatrix} a^2 & 0 & 0 \\ 0 & b^2 & 0 \\ 0 & 0 & c^2 \end{pmatrix}$.

当 $n=3$ 时，$\begin{pmatrix} a & 0 & 0 \\ 0 & b & 0 \\ 0 & 0 & c \end{pmatrix}^3=\begin{pmatrix} a & 0 & 0 \\ 0 & b & 0 \\ 0 & 0 & c \end{pmatrix}^2\begin{pmatrix} a & 0 & 0 \\ 0 & b & 0 \\ 0 & 0 & c \end{pmatrix}=\begin{pmatrix} a^3 & 0 & 0 \\ 0 & b^3 & 0 \\ 0 & 0 & c^3 \end{pmatrix}$.

假设当 $n=k$ 时，有 $\begin{pmatrix} a & 0 & 0 \\ 0 & b & 0 \\ 0 & 0 & c \end{pmatrix}^k = \begin{pmatrix} a^k & 0 & 0 \\ 0 & b^k & 0 \\ 0 & 0 & c^k \end{pmatrix}$. 下面证 $n=k+1$ 时，有

$$\begin{pmatrix} a & 0 & 0 \\ 0 & b & 0 \\ 0 & 0 & c \end{pmatrix}^{k+1} = \begin{pmatrix} a^{k+1} & 0 & 0 \\ 0 & b^{k+1} & 0 \\ 0 & 0 & c^{k+1} \end{pmatrix}.$$

事实上，

$$\begin{aligned}\begin{pmatrix} a & 0 & 0 \\ 0 & b & 0 \\ 0 & 0 & c \end{pmatrix}^{k+1} &= \begin{pmatrix} a & 0 & 0 \\ 0 & b & 0 \\ 0 & 0 & c \end{pmatrix}^{k}\begin{pmatrix} a & 0 & 0 \\ 0 & b & 0 \\ 0 & 0 & c \end{pmatrix} = \begin{pmatrix} a^k & 0 & 0 \\ 0 & b^k & 0 \\ 0 & 0 & c^k \end{pmatrix}\begin{pmatrix} a & 0 & 0 \\ 0 & b & 0 \\ 0 & 0 & c \end{pmatrix} \\ &= \begin{pmatrix} a^{k+1} & 0 & 0 \\ 0 & b^{k+1} & 0 \\ 0 & 0 & c^{k+1} \end{pmatrix}.\end{aligned}$$

故对于任意自然数 n，有 $\begin{pmatrix} a & 0 & 0 \\ 0 & b & 0 \\ 0 & 0 & c \end{pmatrix}^n = \begin{pmatrix} a^n & 0 & 0 \\ 0 & b^n & 0 \\ 0 & 0 & c^n \end{pmatrix}$.

2.3 转置矩阵及方阵的行列式

一、内容提要

1. 矩阵的转置

设 $m\times n$ 矩阵

$$\boldsymbol{A}=\begin{pmatrix} a_{11} & a_{12} & \cdots & a_{1n} \\ a_{21} & a_{22} & \cdots & a_{2n} \\ \vdots & \vdots & & \vdots \\ a_{m1} & a_{m2} & \cdots & a_{mn} \end{pmatrix},$$

称 $n\times m$ 矩阵

$$\begin{pmatrix} a_{11} & a_{21} & \cdots & a_{m1} \\ a_{12} & a_{22} & \cdots & a_{m2} \\ \vdots & \vdots & & \vdots \\ a_{1n} & a_{2n} & \cdots & a_{mn} \end{pmatrix}$$

为矩阵 $\boldsymbol{A}$ 的转置矩阵，记为 $\boldsymbol{A}'$ 或 $\boldsymbol{A}^{\mathrm{T}}$.

矩阵的转置运算规律有：

(1) $(\boldsymbol{A}^{\mathrm{T}})^{\mathrm{T}}=\boldsymbol{A}$;

(2) $(\boldsymbol{A}+\boldsymbol{B})^{\mathrm{T}}=\boldsymbol{A}^{\mathrm{T}}+\boldsymbol{B}^{\mathrm{T}}$;

(3) $(\lambda\boldsymbol{A})^{\mathrm{T}}=\lambda\cdot\boldsymbol{A}^{\mathrm{T}}$($\lambda$ 为数);

(4) $(\boldsymbol{AB})^{\mathrm{T}}=\boldsymbol{B}^{\mathrm{T}}\boldsymbol{A}^{\mathrm{T}}$.

2. 方阵的行列式

由 n 阶方阵 $\boldsymbol{A}$ 的元素所构成的行列式叫做方阵 $\boldsymbol{A}$ 的行列式，记作 $|\boldsymbol{A}|$ 或 $\det\boldsymbol{A}$. 称 $|\boldsymbol{A}|=0$ 的方阵 $\boldsymbol{A}$ 为奇异方阵，称 $|\boldsymbol{A}|\neq 0$ 的方阵 $\boldsymbol{A}$ 为非奇异方阵.

行列式的运算规律有：

(1) $|\boldsymbol{A}^{\mathrm{T}}|=|\boldsymbol{A}|$；

(2) $|\lambda\boldsymbol{A}|=\lambda^n|\boldsymbol{A}|$ （n 为 $\boldsymbol{A}$ 的阶数）；

(3) $|\boldsymbol{AB}|=|\boldsymbol{A}||\boldsymbol{B}|$，仅当 $\boldsymbol{A},\boldsymbol{B}$ 为同阶方阵时成立.

3. 对称矩阵

满足 $\boldsymbol{A}^{\mathrm{T}}=\boldsymbol{A}$ 的 n 阶方阵为对称矩阵.

由 $\boldsymbol{A}^{\mathrm{T}}=\boldsymbol{A}$ 知，$a_{ij}=a_{ji}(i,j=1,2,\cdots,n)$. 因此，对称矩阵的特点是：它的元素以主对角线为对称轴对应相等.

对称矩阵的性质有：

(1) 两个对称矩阵的和、差仍为对称矩阵；

(2) 数 k 与对称矩阵的乘积仍为对称矩阵；

(3) 两个可交换的对称矩阵的乘积仍是对称矩阵，但两个不可交换的对称矩阵的乘积不是对称矩阵.

二、释疑解惑

问题 1 $\boldsymbol{\alpha}=\begin{pmatrix}1\\0\\1\end{pmatrix}$，$\boldsymbol{A}=\boldsymbol{\alpha}\cdot\boldsymbol{\alpha}^{\mathrm{T}}$，求 $\boldsymbol{A}^n$ 及 $|2\boldsymbol{I}+\boldsymbol{A}|$.

解 $$\boldsymbol{A}^n=\underbrace{\boldsymbol{A}\cdot\boldsymbol{A}\cdot\cdots\cdot\boldsymbol{A}}_{n个}=(\boldsymbol{\alpha}\cdot\boldsymbol{\alpha}^{\mathrm{T}})\cdot(\boldsymbol{\alpha}\cdot\boldsymbol{\alpha}^{\mathrm{T}})\cdot\cdots\cdot(\boldsymbol{\alpha}\cdot\boldsymbol{\alpha}^{\mathrm{T}})$$

$$=\boldsymbol{\alpha}\cdot\underbrace{(\boldsymbol{\alpha}^{\mathrm{T}}\cdot\boldsymbol{\alpha})\cdot(\boldsymbol{\alpha}^{\mathrm{T}}\cdot\boldsymbol{\alpha})\cdot\cdots\cdot(\boldsymbol{\alpha}^{\mathrm{T}}\cdot\boldsymbol{\alpha})}_{n-1个}\cdot\boldsymbol{\alpha}^{\mathrm{T}}.$$

因 $$\boldsymbol{A}=\boldsymbol{\alpha}\cdot\boldsymbol{\alpha}^{\mathrm{T}}=\begin{pmatrix}1\\0\\1\end{pmatrix}(1,0,1)=\begin{pmatrix}1&0&1\\0&0&0\\1&0&1\end{pmatrix},\quad \boldsymbol{\alpha}^{\mathrm{T}}\cdot\boldsymbol{\alpha}=(1,0,1)\begin{pmatrix}1\\0\\1\end{pmatrix}=2,$$

故 $$\boldsymbol{A}^n=2^{n-1}\cdot\boldsymbol{\alpha}\cdot\boldsymbol{\alpha}^{\mathrm{T}}=2^{n-1}\begin{pmatrix}1&0&1\\0&0&0\\1&0&1\end{pmatrix},$$

$$|2\boldsymbol{I}+\boldsymbol{A}|=\left|\begin{pmatrix}2&0&0\\0&2&0\\0&0&2\end{pmatrix}+\begin{pmatrix}1&0&1\\0&0&0\\1&0&1\end{pmatrix}\right|=\begin{vmatrix}3&0&1\\0&2&0\\1&0&3\end{vmatrix}=2\begin{vmatrix}3&1\\1&3\end{vmatrix}=16.$$

问题 2 $\boldsymbol{A}$ 为 n 阶对称矩阵，$\boldsymbol{B}$ 为 n 阶反对称矩阵，证明：

(1) $\boldsymbol{B}^2$ 是对称矩阵，$k\boldsymbol{A}$ 是对称矩阵；

(2) $\boldsymbol{AB}-\boldsymbol{BA}$ 是对称矩阵，$\boldsymbol{AB}+\boldsymbol{BA}$ 是反对称矩阵.

证 $\boldsymbol{A}$ 为 n 阶对称矩阵，即 $\boldsymbol{A}^{\mathrm{T}}=\boldsymbol{A}$. $\boldsymbol{B}$ 为 n 阶反对称矩阵，即 $\boldsymbol{B}^{\mathrm{T}}=-\boldsymbol{B}$.

(1) 因 $(\boldsymbol{B}^2)^{\mathrm{T}}=(\boldsymbol{B}\cdot\boldsymbol{B})^{\mathrm{T}}=\boldsymbol{B}^{\mathrm{T}}\cdot\boldsymbol{B}^{\mathrm{T}}=(-\boldsymbol{B})\cdot(-\boldsymbol{B})=\boldsymbol{B}^2$，故 $\boldsymbol{B}^2$ 为对称矩阵.

又因 $(k\boldsymbol{A})^{\mathrm{T}}=k\boldsymbol{A}^{\mathrm{T}}=k\boldsymbol{A}$，故 $k\boldsymbol{A}$ 为对称矩阵.

(2) 因
$$\begin{aligned}(\boldsymbol{AB}-\boldsymbol{BA})^{\mathrm{T}}&=(\boldsymbol{AB})^{\mathrm{T}}-(\boldsymbol{BA})^{\mathrm{T}}=\boldsymbol{B}^{\mathrm{T}}\boldsymbol{A}^{\mathrm{T}}-\boldsymbol{A}^{\mathrm{T}}\boldsymbol{B}^{\mathrm{T}}=(-\boldsymbol{B})\boldsymbol{A}-\boldsymbol{A}(-\boldsymbol{B})\\&=-\boldsymbol{BA}+\boldsymbol{AB}=\boldsymbol{AB}-\boldsymbol{BA},\end{aligned}$$
故 $\boldsymbol{AB}-\boldsymbol{BA}$ 是对称矩阵.

又因
$$\begin{aligned}(\boldsymbol{AB}+\boldsymbol{BA})^{\mathrm{T}}&=(\boldsymbol{AB})^{\mathrm{T}}+(\boldsymbol{BA})^{\mathrm{T}}=\boldsymbol{B}^{\mathrm{T}}\boldsymbol{A}^{\mathrm{T}}+\boldsymbol{A}^{\mathrm{T}}\boldsymbol{B}^{\mathrm{T}}\\&=(-\boldsymbol{B})\boldsymbol{A}+\boldsymbol{A}(-\boldsymbol{B})=-(\boldsymbol{AB}+\boldsymbol{BA}),\end{aligned}$$
故 $\boldsymbol{AB}+\boldsymbol{BA}$ 是反对称矩阵.

问题 3 判断题.

(1) $\boldsymbol{A}$ 为 n 阶矩阵，则 $|-\boldsymbol{A}|=-|\boldsymbol{A}|$. （错）

分析 由方阵的行列式的性质知，$|k\boldsymbol{A}|=k^n|\boldsymbol{A}|$，故 $|-\boldsymbol{A}|=(-1)^n|\boldsymbol{A}|$. 其结果由 n 取奇数还是偶数确定，仅当 n 为奇数时，$|-\boldsymbol{A}|=-|\boldsymbol{A}|$.

(2) $\boldsymbol{A},\boldsymbol{B}$ 为 n 阶方阵，则 $|\boldsymbol{A}^{\mathrm{T}}+\boldsymbol{B}^{\mathrm{T}}|=|\boldsymbol{A}|+|\boldsymbol{B}|$. （错）

分析 $|\boldsymbol{A}^{\mathrm{T}}+\boldsymbol{B}^{\mathrm{T}}|=|(\boldsymbol{A}+\boldsymbol{B})^{\mathrm{T}}|=|\boldsymbol{A}+\boldsymbol{B}|\neq|\boldsymbol{A}|+|\boldsymbol{B}|$.

问题 4 为什么一些关于数的代数恒等式或命题在矩阵中不一定成立？

答 这是因为矩阵的运算有它特有的规则和特殊的运算性质，如矩阵乘法一般不满足交换律、消去律等运算规律，所以不能把数的有关运算性质“平行”推到矩阵上来. 例如，$\boldsymbol{A},\boldsymbol{B},\boldsymbol{C}$ 均为 n 阶方阵，则
$$(\boldsymbol{A}\pm\boldsymbol{B})^2\neq\boldsymbol{A}^2\pm2\boldsymbol{AB}+\boldsymbol{B}^2,\quad(\boldsymbol{AB})^2\neq\boldsymbol{A}^2\boldsymbol{B}^2,$$
$$(\boldsymbol{AB})^k\neq\boldsymbol{A}^k\boldsymbol{B}^k,\quad(\boldsymbol{A}+\boldsymbol{B})(\boldsymbol{A}-\boldsymbol{B})\neq\boldsymbol{A}^2-\boldsymbol{B}^2.$$

当且仅当 $\boldsymbol{A}$ 与 $\boldsymbol{B}$ 可交换，即 $\boldsymbol{AB}=\boldsymbol{BA}$ 时，它们才成立.

$\boldsymbol{AB}=\boldsymbol{O}\not\Rightarrow\boldsymbol{A}=\boldsymbol{O}$ 或 $\boldsymbol{B}=\boldsymbol{O}$，当且仅当 $\boldsymbol{B}$ 可逆或 $\boldsymbol{A}$ 可逆时，命题成立.

$\boldsymbol{A}^2=\boldsymbol{O}\not\Rightarrow\boldsymbol{A}=\boldsymbol{O}$，当且仅当 $\boldsymbol{A}$ 为对称矩阵，即 $\boldsymbol{A}=\boldsymbol{A}^{\mathrm{T}}$ 时，命题成立.

$\boldsymbol{A}^2=\boldsymbol{A}\not\Rightarrow\boldsymbol{A}=\boldsymbol{I}$ 或 $\boldsymbol{A}=\boldsymbol{O}$，当且仅当 $\boldsymbol{A}$ 可逆时，有 $\boldsymbol{A}=\boldsymbol{I}$；当且仅当 $\boldsymbol{A}-\boldsymbol{I}$ 可逆时，有 $\boldsymbol{A}=\boldsymbol{O}$. $\boldsymbol{A}\neq\boldsymbol{B}\not\Rightarrow|\boldsymbol{A}|\neq|\boldsymbol{B}|$.

初学者要特别留心，注意总结矩阵运算的特殊性，否则易出错.

例如，$\boldsymbol{AB}-2\boldsymbol{B}=(\boldsymbol{A}-2)\boldsymbol{B}$ 是错误的，正确的写法应是 $\boldsymbol{AB}-2\boldsymbol{B}=(\boldsymbol{A}-2\boldsymbol{I})\boldsymbol{B}$.

为帮助大家更好地理解矩阵运算的特殊性，特列表 2.1 如下.

表 2.1 矩阵与数之间的运算性质对照表

	数 量	矩 阵	说 明
加法	$a+b=b+a$	$\boldsymbol{A}+\boldsymbol{B}=\boldsymbol{B}+\boldsymbol{A}$	$\boldsymbol{A},\boldsymbol{B}$ 必须为同型矩阵
	$(a+b)+c=a+(b+c)$	$(\boldsymbol{A}+\boldsymbol{B})+\boldsymbol{C}=\boldsymbol{A}+(\boldsymbol{B}+\boldsymbol{C})$	$\boldsymbol{A},\boldsymbol{B},\boldsymbol{C}$ 必须为同型矩阵
	$a+0=a$	$\boldsymbol{A}+\boldsymbol{O}=\boldsymbol{A}$	零矩阵 $\boldsymbol{O}$ 与 $\boldsymbol{A}$ 是同型矩阵
	$a+(-a)=0$	$\boldsymbol{A}+(-\boldsymbol{A})=\boldsymbol{O}$	用负矩阵定义矩阵减法：$\boldsymbol{B}-\boldsymbol{A}=\boldsymbol{B}+(-\boldsymbol{A})$

	数量	矩阵	说明
乘法	$ab=ba$	一般 $\boldsymbol{AB}\neq\boldsymbol{BA}$	例如，$\begin{pmatrix}1&0\\0&1\end{pmatrix}\begin{pmatrix}1\\2\end{pmatrix}=\begin{pmatrix}1\\2\end{pmatrix}$，但 $\begin{pmatrix}1\\2\end{pmatrix}$ 与 $\begin{pmatrix}1&0\\0&1\end{pmatrix}$ 不能相乘
	$(ab)c=a(bc)$	$(\boldsymbol{AB})\boldsymbol{C}=\boldsymbol{A}(\boldsymbol{BC})$	$\boldsymbol{A}$ 的列数必须等于 $\boldsymbol{B}$ 的行数，$\boldsymbol{B}$ 的列数必须等于 $\boldsymbol{C}$ 的行数
	$a\times1=a$ $1\times a=a$	$\boldsymbol{A}_{m\times n}\boldsymbol{I}_{n\times n}=\boldsymbol{A}_{m\times n}$ $\boldsymbol{I}_{m\times m}\boldsymbol{A}_{m\times n}=\boldsymbol{A}_{m\times n}$	从矩阵乘法规则中注意单位矩阵的级数
	若 $a\neq0$，则有 a^{-1} 且 $aa^{-1}=a^{-1}a=1$	若 $\|\boldsymbol{A}\|\neq0$，则有 $\boldsymbol{AA}^{-1}=\boldsymbol{A}^{-1}\boldsymbol{A}=\boldsymbol{I}$	$\boldsymbol{A}$ 必须为非奇异矩阵，即 $\|\boldsymbol{A}\|\neq0$
	若 $k\neq0$ 且 $ka=kb(ak=bk)$ 则 $a=b$	当 $k\boldsymbol{A}=k\boldsymbol{B}(\boldsymbol{A}l=\boldsymbol{B}l)$ 且 $k\neq0,l\neq0$ 时，$\boldsymbol{A}\neq\boldsymbol{B}$	矩阵乘法一般不满足消去律
	$a(b+c)=ab+ac$ $(b+c)d=bd+cd$	$\boldsymbol{A}(\boldsymbol{B}+\boldsymbol{C})=\boldsymbol{AB}+\boldsymbol{AC}$ $(\boldsymbol{B}+\boldsymbol{C})\boldsymbol{D}=\boldsymbol{BD}+\boldsymbol{CD}$	$\boldsymbol{B},\boldsymbol{C}$ 为同型矩阵，且 $\boldsymbol{A}$ 的列数等于 $\boldsymbol{B},\boldsymbol{C}$ 的行数，而 $\boldsymbol{B},\boldsymbol{C}$ 的列数等于 $\boldsymbol{D}$ 的行数
	$a^k\times a^l=a^{k+l}$	$\boldsymbol{A}^k\times\boldsymbol{A}^l=\boldsymbol{A}^{k+l}$	$\boldsymbol{A}$ 必须为方阵，且 k,l 是非负整数
	$(ab)^k=a^kb^k$	一般 $(\boldsymbol{AB})^k\neq\boldsymbol{A}^k\boldsymbol{B}^k$	当 $\boldsymbol{AB}=\boldsymbol{BA}$ 时，有 $(\boldsymbol{AB})^k=\boldsymbol{A}^k\boldsymbol{B}^k$，且 $\boldsymbol{A},\boldsymbol{B}$ 是同型方阵，k 为非负整数
数乘矩阵	无	$1\times\boldsymbol{A}=\boldsymbol{A}$	
		$(ab)\boldsymbol{A}=a(b\boldsymbol{A})=b(a\boldsymbol{A})$	a,b 为常数
		$(a+b)\boldsymbol{A}=a\boldsymbol{A}+b\boldsymbol{A}$	a,b 为常数
		$a(\boldsymbol{A}+\boldsymbol{B})=a\boldsymbol{A}+a\boldsymbol{B}$	a 为常数，$\boldsymbol{A}$ 与 $\boldsymbol{B}$ 是同型矩阵
转置	无	$(\boldsymbol{A}+\boldsymbol{B})^{\mathrm{T}}=\boldsymbol{A}^{\mathrm{T}}+\boldsymbol{B}^{\mathrm{T}}$	$\boldsymbol{A},\boldsymbol{B}$ 必须是同型矩阵
		$(\boldsymbol{AB})^{\mathrm{T}}=\boldsymbol{B}^{\mathrm{T}}\boldsymbol{A}^{\mathrm{T}}$	$\boldsymbol{A}$ 的列数等于 $\boldsymbol{B}$ 的行数
		$(k\boldsymbol{A})^{\mathrm{T}}=k\boldsymbol{A}^{\mathrm{T}}$	k 为常数
		$(\boldsymbol{A}^{\mathrm{T}})^{\mathrm{T}}=\boldsymbol{A}$	
		$(\boldsymbol{A}^{-1})^{\mathrm{T}}=(\boldsymbol{A}^{\mathrm{T}})^{-1}$	

三、典型例题解析

1. 矩阵的转置运算

例 1 设 n 维行向量 $\boldsymbol{\alpha}=(1/2,0,\cdots,0,1/2)$，矩阵 $\boldsymbol{A}=\boldsymbol{I}-\boldsymbol{\alpha}^{\mathrm{T}}\boldsymbol{\alpha}$，$\boldsymbol{B}=\boldsymbol{I}+2\boldsymbol{\alpha}^{\mathrm{T}}\boldsymbol{\alpha}$，其中，$\boldsymbol{I}$ 为 n 阶单位矩阵，则 $\boldsymbol{AB}$ 等于(　　).

(A) 0　　(B) $-\boldsymbol{I}$　　(C) $\boldsymbol{I}$　　(D) $\boldsymbol{I}+\boldsymbol{\alpha}^{\mathrm{T}}\boldsymbol{\alpha}$

解
$$\begin{aligned}\boldsymbol{AB}&=(\boldsymbol{I}-\boldsymbol{\alpha}^{\mathrm{T}}\boldsymbol{\alpha})(\boldsymbol{I}+2\boldsymbol{\alpha}^{\mathrm{T}}\boldsymbol{\alpha})=\boldsymbol{I}-\boldsymbol{\alpha}^{\mathrm{T}}\boldsymbol{\alpha}+2\boldsymbol{\alpha}^{\mathrm{T}}\boldsymbol{\alpha}-2\boldsymbol{\alpha}^{\mathrm{T}}\boldsymbol{\alpha}\cdot\boldsymbol{\alpha}^{\mathrm{T}}\boldsymbol{\alpha}\\&=\boldsymbol{I}-\boldsymbol{\alpha}^{\mathrm{T}}\boldsymbol{\alpha}+2\boldsymbol{\alpha}^{\mathrm{T}}\boldsymbol{\alpha}-2\boldsymbol{\alpha}^{\mathrm{T}}(\boldsymbol{\alpha}\boldsymbol{\alpha}^{\mathrm{T}})\boldsymbol{\alpha}.\end{aligned}$$

因 $\boldsymbol{\alpha}$ 为行向量，$\boldsymbol{\alpha}\boldsymbol{\alpha}^{\mathrm{T}}$ 为一个数，且

$$\boldsymbol{\alpha}\boldsymbol{\alpha}^{\mathrm{T}}=(1/2,0,\cdots,0,1/2)\begin{pmatrix}1/2\\0\\\vdots\\0\\1/2\end{pmatrix}=\frac{1}{4}+\frac{1}{4}=\frac{1}{2},$$

故 $$\boldsymbol{AB}=\boldsymbol{I}-\boldsymbol{\alpha}^{\mathrm{T}}\boldsymbol{\alpha}+2\boldsymbol{\alpha}^{\mathrm{T}}\boldsymbol{\alpha}-2(\boldsymbol{\alpha}\boldsymbol{\alpha}^{\mathrm{T}})(\boldsymbol{\alpha}^{\mathrm{T}}\boldsymbol{\alpha})=\boldsymbol{I}-\boldsymbol{\alpha}^{\mathrm{T}}\boldsymbol{\alpha}+2\boldsymbol{\alpha}^{\mathrm{T}}\boldsymbol{\alpha}-\boldsymbol{\alpha}^{\mathrm{T}}\boldsymbol{\alpha}=\boldsymbol{I},$$

因而(C)对，其余的都不对.

例 2 (1) 设 $\boldsymbol{A}_{m\times n}$，$\boldsymbol{B}_{n\times m}(m\neq n)$，则下列运算结果不为 n 阶方阵的是(　　).

(A) $\boldsymbol{BA}$　　(B) $\boldsymbol{AB}$　　(C) $(\boldsymbol{BA})^{\mathrm{T}}$　　(D) $\boldsymbol{A}^{\mathrm{T}}\boldsymbol{B}^{\mathrm{T}}$

解 (A)因 $\boldsymbol{B}_{n\times m}\boldsymbol{A}_{m\times n}=(\boldsymbol{BA})_{n\times n}$，故 $\boldsymbol{BA}$ 为 n 阶方阵.

(B)因 $\boldsymbol{A}_{m\times n}\boldsymbol{B}_{n\times m}=(\boldsymbol{AB})_{m\times m}$，故 $\boldsymbol{AB}$ 为 m 阶方阵.

(C)因 $\boldsymbol{BA}$ 为 n 阶方阵，故$(\boldsymbol{BA})^{\mathrm{T}}$ 也为 n 阶方阵.

(D) 因 $\boldsymbol{A}^{\mathrm{T}}\boldsymbol{B}^{\mathrm{T}}=(\boldsymbol{BA})^{\mathrm{T}}$，故 $\boldsymbol{A}^{\mathrm{T}}\boldsymbol{B}^{\mathrm{T}}$ 为 n 阶方阵.

故正确选择为(B).

(2) 在下列命题中，正确的是(　　).

(A) $(\boldsymbol{AB})^{\mathrm{T}}=\boldsymbol{A}^{\mathrm{T}}\boldsymbol{B}^{\mathrm{T}}$　　(B) 若 $\boldsymbol{A}\neq\boldsymbol{B}$，则 $|\boldsymbol{A}|\neq|\boldsymbol{B}|$

(C) 设 $\boldsymbol{A}$，$\boldsymbol{B}$ 是三角矩阵，则 $\boldsymbol{A}+\boldsymbol{B}$ 也是三角矩阵

(D) $\boldsymbol{A}^2-\boldsymbol{I}^2=(\boldsymbol{A}+\boldsymbol{I})(\boldsymbol{A}-\boldsymbol{I})$

解 因 $\boldsymbol{AI}=\boldsymbol{IA}$，即 $\boldsymbol{A}$ 与 $\boldsymbol{I}$ 是可交换矩阵，所以

$$(\boldsymbol{A}+\boldsymbol{I})(\boldsymbol{A}-\boldsymbol{I})=\boldsymbol{A}^2-\boldsymbol{AI}+\boldsymbol{IA}-\boldsymbol{I}^2=\boldsymbol{A}^2-\boldsymbol{I}^2.$$

故正确选择为(D).

2. 方阵行列式的运算

例 3 设 4×4 矩阵 $\boldsymbol{A}=(\boldsymbol{\alpha},\boldsymbol{\gamma}_2,\boldsymbol{\gamma}_3,\boldsymbol{\gamma}_4)$，$\boldsymbol{B}=(\boldsymbol{\beta},\boldsymbol{\gamma}_2,\boldsymbol{\gamma}_3,\boldsymbol{\gamma}_4)$，其中 $\boldsymbol{\alpha},\boldsymbol{\beta},\boldsymbol{\gamma}_2,\boldsymbol{\gamma}_3,\boldsymbol{\gamma}_4$ 均为四维列向量，且已知行列式 $|\boldsymbol{A}|=4$，$|\boldsymbol{B}|=1$，求 $|\boldsymbol{A}+\boldsymbol{B}|$.

解 $\boldsymbol{A}+\boldsymbol{B}=(\boldsymbol{\alpha}+\boldsymbol{\beta},2\boldsymbol{\gamma}_2,2\boldsymbol{\gamma}_3,2\boldsymbol{\gamma}_4)$，由行列式的性质，有

$$\begin{aligned}|\boldsymbol{A}+\boldsymbol{B}|&=|\boldsymbol{\alpha}+\boldsymbol{\beta},2\boldsymbol{\gamma}_2,2\boldsymbol{\gamma}_3,2\boldsymbol{\gamma}_4|=8|\boldsymbol{\alpha}+\boldsymbol{\beta},\boldsymbol{\gamma}_2,\boldsymbol{\gamma}_3,\boldsymbol{\gamma}_4|\\&=8(|\boldsymbol{\alpha},\boldsymbol{\gamma}_2,\boldsymbol{\gamma}_3,\boldsymbol{\gamma}_4|+|\boldsymbol{\beta},\boldsymbol{\gamma}_2,\boldsymbol{\gamma}_3,\boldsymbol{\gamma}_4|)=8(4+1)=40.\end{aligned}$$

例 4 设 $\boldsymbol{A}$ 是 n 阶矩阵，满足 $\boldsymbol{AA}^{\mathrm{T}}=\boldsymbol{I}$，$|\boldsymbol{A}|<0$，求 $|\boldsymbol{A}+\boldsymbol{I}|$.

解 由 $\boldsymbol{AA}^{\mathrm{T}}=\boldsymbol{I}$，得 $|\boldsymbol{A}|^2=1$，而 $|\boldsymbol{A}|<0$，故 $|\boldsymbol{A}|=-1$. 因为

$$\begin{aligned}|\boldsymbol{A}+\boldsymbol{I}|&=|\boldsymbol{A}+\boldsymbol{AA}^{\mathrm{T}}|=|\boldsymbol{A}(\boldsymbol{I}+\boldsymbol{A}^{\mathrm{T}})|=|\boldsymbol{A}||(\boldsymbol{I}+\boldsymbol{A})^{\mathrm{T}}|\\&=|\boldsymbol{A}||\boldsymbol{I}+\boldsymbol{A}|=|\boldsymbol{A}||\boldsymbol{A}+\boldsymbol{I}|=-|\boldsymbol{A}+\boldsymbol{I}|,\end{aligned}$$

所以 $2|\boldsymbol{A}+\boldsymbol{I}|=0$，从而有 $|\boldsymbol{A}+\boldsymbol{I}|=0$.

例 5 设 $\boldsymbol{A}$ 是 $m\times n$ 实矩阵. 证明：若 $\boldsymbol{AA}^{\mathrm{T}}=\boldsymbol{O}$，则 $\boldsymbol{A}=\boldsymbol{O}$.

证 设 $\boldsymbol{A}=(a_{ij})_{m\times n}$，$\boldsymbol{C}=(c_{ij})_{m\times m}=\boldsymbol{AA}^{\mathrm{T}}$，则有

$$c_{ij}=a_{i1}a_{j1}+a_{i2}a_{j2}+\cdots+a_{in}a_{jn}\quad(i,j=1,2,\cdots,m).$$

由 $\boldsymbol{C}=\boldsymbol{AA}^{\mathrm{T}}=\boldsymbol{O}$，得

$$c_{ii}=a_{i1}^2+a_{i2}^2+\cdots+a_{in}^2=0\quad(i=1,2,\cdots,m).$$

于是 $a_{ij}=0\ (i=1,2,\cdots,m;j=1,2,\cdots,n)$，故 $\boldsymbol{A}=\boldsymbol{O}$.

例 6 证明：如果 $\boldsymbol{A}$ 为奇数阶的反对称矩阵，则 $|\boldsymbol{A}|=0$.

证 由于 $\boldsymbol{A}$ 为反对称矩阵 $\Leftrightarrow \boldsymbol{A}^{\mathrm{T}}=-\boldsymbol{A}$，则

$$|\boldsymbol{A}|=|\boldsymbol{A}^{\mathrm{T}}|=|-\boldsymbol{A}|=(-1)^n|\boldsymbol{A}|.$$

这里，设 $\boldsymbol{A}$ 为 n 阶矩阵，且 n 为奇数，因而

$$|\boldsymbol{A}|=-|\boldsymbol{A}|,\quad \text{即}\quad |\boldsymbol{A}|=0.$$

2.4 方阵的逆矩阵

一、内容提要

若对于一个 n 阶方阵 $\boldsymbol{A}$ 存在一个 n 阶方阵 $\boldsymbol{B}$，满足 $\boldsymbol{AB}=\boldsymbol{I}$ 或 $\boldsymbol{BA}=\boldsymbol{I}$，便说 $\boldsymbol{A}$ 是可逆的，$\boldsymbol{B}$ 是 $\boldsymbol{A}$ 的逆矩阵，记作 $\boldsymbol{A}^{-1}$.

由 n 阶矩阵 $\boldsymbol{A}$ 的行列式 $|\boldsymbol{A}|$ 中的各个元素的代数余子式 A_{ij} 所构成的 n 阶矩阵

$$\boldsymbol{A}^*=\begin{pmatrix} A_{11} & A_{21} & \cdots & A_{n1} \\ A_{12} & A_{22} & \cdots & A_{n2} \\ \vdots & \vdots & & \vdots \\ A_{1n} & A_{2n} & \cdots & A_{nn} \end{pmatrix}$$

称为 $\boldsymbol{A}$ 的伴随矩阵.

根据行列式的展开定理，易证 $\boldsymbol{AA}^*=\boldsymbol{A}^*\boldsymbol{A}=|\boldsymbol{A}|\boldsymbol{I}$.

定理 n 阶方阵 $\boldsymbol{A}$ 可逆的充分必要条件是 $|\boldsymbol{A}|\neq 0$，且

$$\boldsymbol{A}^{-1}=\frac{1}{|\boldsymbol{A}|}\boldsymbol{A}^*,$$

其中，$\boldsymbol{A}^*$ 为方阵 $\boldsymbol{A}$ 的伴随矩阵.

当 $\boldsymbol{A}$ 可逆时，规定 $\boldsymbol{A}^0=\boldsymbol{I}$，$\boldsymbol{A}^{-k}=(\boldsymbol{A}^{-1})^k$.

逆矩阵满足下述运算规律：

(1) 若 $\boldsymbol{A}$ 可逆，则 $\boldsymbol{A}^{-1}$ 亦可逆，且 $(\boldsymbol{A}^{-1})^{-1}=\boldsymbol{A}$；

(2) 若 $\boldsymbol{A}$ 可逆，数 $\lambda\neq 0$，则 $\lambda\boldsymbol{A}$ 可逆，且 $(\lambda\boldsymbol{A})^{-1}=\frac{1}{\lambda}\boldsymbol{A}^{-1}$；

(3) 若 $\boldsymbol{A},\boldsymbol{B}$ 均为可逆的 n 阶方阵，则 $\boldsymbol{AB}$ 亦可逆，且 $(\boldsymbol{AB})^{-1}=\boldsymbol{B}^{-1}\boldsymbol{A}^{-1}$；

(4) 若 $\boldsymbol{A}$ 可逆，则 $\boldsymbol{A}^{\mathrm{T}}$ 亦可逆，且 $(\boldsymbol{A}^{\mathrm{T}})^{-1}=(\boldsymbol{A}^{-1})^{\mathrm{T}}$.

二、释疑解惑

问题 1 已知 $\boldsymbol{A}=\begin{pmatrix} 1/3 & & \\ & 1/4 & \\ & & 1/7 \end{pmatrix}$，求 $\boldsymbol{B}$，使 $\boldsymbol{A}^{-1}\boldsymbol{BA}=6\boldsymbol{A}+\boldsymbol{BA}$.

解 由于 $|\boldsymbol{A}|=\frac{1}{3}\times\frac{1}{4}\times\frac{1}{7}\neq 0$，故 $\boldsymbol{A}$ 可逆.

由 $\boldsymbol{A}^{-1}\boldsymbol{BA}=6\boldsymbol{A}+\boldsymbol{BA}\Rightarrow\boldsymbol{A}^{-1}\boldsymbol{BA}-\boldsymbol{BA}=6\boldsymbol{A}\Rightarrow(\boldsymbol{A}^{-1}-\boldsymbol{I})\boldsymbol{BA}=6\boldsymbol{A}$.

在上面最后一等式两边左乘$(\boldsymbol{A}^{-1}-\boldsymbol{I})^{-1}$，右乘$\boldsymbol{A}^{-1}$，得

$$\boldsymbol{B}=6(\boldsymbol{A}^{-1}-\boldsymbol{I})^{-1}=6\left(\begin{pmatrix}3&&\\&4&\\&&7\end{pmatrix}-\begin{pmatrix}1&&\\&1&\\&&1\end{pmatrix}\right)^{-1}$$

$$=6\begin{pmatrix}2&&\\&3&\\&&6\end{pmatrix}^{-1}=6\begin{pmatrix}1/2&&\\&1/3&\\&&1/6\end{pmatrix}=\begin{pmatrix}3&&\\&2&\\&&1\end{pmatrix}.$$

问题 2 (1) 若$\boldsymbol{A}^3+2\boldsymbol{A}^2+\boldsymbol{A}-\boldsymbol{I}=\boldsymbol{O}$，证明$\boldsymbol{A}$可逆，并求$\boldsymbol{A}^{-1}$；

(2) 若$\boldsymbol{A}^2-\boldsymbol{A}=4\boldsymbol{I}=\boldsymbol{O}$，证明$\boldsymbol{A}+\boldsymbol{I}$可逆，并求$(\boldsymbol{I}+\boldsymbol{A})^{-1}$.

解 (1) 由题意得$\boldsymbol{A}^3+2\boldsymbol{A}^2+\boldsymbol{A}=\boldsymbol{I}$，则$\boldsymbol{A}(\boldsymbol{A}^2+2\boldsymbol{A}+\boldsymbol{I})=\boldsymbol{I}$，故$\boldsymbol{A}$可逆，且$\boldsymbol{A}^{-1}=\boldsymbol{A}^2+2\boldsymbol{A}+\boldsymbol{I}=(\boldsymbol{A}+\boldsymbol{I})^2$.

(2) 由$\boldsymbol{A}^2-\boldsymbol{A}-4\boldsymbol{I}=\boldsymbol{O}\Rightarrow(\boldsymbol{A}+\boldsymbol{I})(\boldsymbol{A}-2\boldsymbol{I})=2\boldsymbol{I}$，故$\boldsymbol{A}+\boldsymbol{I}$可逆，且

$$(\boldsymbol{I}+\boldsymbol{A})^{-1}=\frac{\boldsymbol{A}-2\boldsymbol{I}}{2}.$$

问题 3 判断题.

(1) 若$\boldsymbol{A}\neq\boldsymbol{O}$，$\boldsymbol{AB}=\boldsymbol{AC}$，则$\boldsymbol{B}=\boldsymbol{C}$. (错)

分析 若$|\boldsymbol{A}|\neq 0$，即$\boldsymbol{A}$可逆，在等式$\boldsymbol{AB}=\boldsymbol{AC}$两边左乘$\boldsymbol{A}^{-1}$，有$\boldsymbol{B}=\boldsymbol{C}$，但$\boldsymbol{A}\neq\boldsymbol{O}\nRightarrow|\boldsymbol{A}|\neq 0$.

(2) n阶方阵$\boldsymbol{A}$可逆，$\boldsymbol{B}$不可逆，则$\boldsymbol{A}+\boldsymbol{B}$必不可逆. (错)

例如，$\boldsymbol{A}=\begin{pmatrix}1&&\\&1&\\&&1\end{pmatrix}$，$\boldsymbol{B}=\begin{pmatrix}1&&\\&0&\\&&0\end{pmatrix}$，$|\boldsymbol{A}|\neq 0$，$|\boldsymbol{B}|=0$，则$\boldsymbol{A}$可逆，$\boldsymbol{B}$不可逆，故$\boldsymbol{A}+\boldsymbol{B}=\begin{pmatrix}2&&\\&1&\\&&1\end{pmatrix}$，$|\boldsymbol{A}+\boldsymbol{B}|=2\neq 0$，$\boldsymbol{A}+\boldsymbol{B}$可逆.

问题 4 设$\boldsymbol{A},\boldsymbol{B},\boldsymbol{C}$是与$\boldsymbol{I}$同阶的方阵，其中$\boldsymbol{I}$是单位方阵. 若$\boldsymbol{ABC}=\boldsymbol{I}$. 问$\boldsymbol{BCA}=\boldsymbol{I}$，$\boldsymbol{ACB}=\boldsymbol{I}$，$\boldsymbol{CAB}=\boldsymbol{I}$，$\boldsymbol{BAC}=\boldsymbol{I}$，$\boldsymbol{CBA}=\boldsymbol{I}$中哪些总是成立？哪些却不一定成立？

答 由于$\boldsymbol{ABC}=\boldsymbol{I}$，说明$\boldsymbol{BC}$是$\boldsymbol{A}$的逆方阵，$\boldsymbol{AB}$是$\boldsymbol{C}$的逆方阵. 由于任何可逆方阵与其逆方阵相乘可交换，故总有

$$\boldsymbol{BCA}=\boldsymbol{I},\quad \boldsymbol{CAB}=\boldsymbol{I}$$

成立. 而其他的等式不一定成立.

问题 5 设方阵$\boldsymbol{A}$满足$ax^2+bx+c=0(c\neq 0)$，即有$a\boldsymbol{A}^2+b\boldsymbol{A}+c\boldsymbol{I}=\boldsymbol{O}$. 问：$\boldsymbol{A}$可逆吗？其逆矩阵等于什么？

答 由$a\boldsymbol{A}^2+b\boldsymbol{A}+c\boldsymbol{I}=\boldsymbol{O}$及$c\neq 0$，可得

$$\boldsymbol{A}\left(-\frac{a}{c}\boldsymbol{A}-\frac{b}{c}\boldsymbol{I}\right)=\boldsymbol{I},$$

从而$\boldsymbol{A}$为可逆方阵，而且

$$\boldsymbol{A}^{-1}=-\frac{a}{c}\boldsymbol{A}-\frac{b}{c}\boldsymbol{I}.$$

问题 6 如果一个方阵的逆矩阵存在,求它的逆矩阵都有些什么办法?

答 可以利用伴随矩阵求逆,即 $\boldsymbol{A}^{-1}=\boldsymbol{A}^{*}/|\boldsymbol{A}|$. 还可以利用分块求逆;利用解方程组的办法求逆;利用初等变换求逆;…等等.

用初等变换求逆的方法简便,容易操作. 若求 $\boldsymbol{A}$ 的逆,相当于对矩阵$(\boldsymbol{A},\boldsymbol{I})$进行初等行变换,当把左边的矩阵 $\boldsymbol{A}$ 变成了单位矩阵 $\boldsymbol{I}$ 时,右边的单位矩阵 $\boldsymbol{I}$ 就变成了 $\boldsymbol{A}^{-1}$,即

$$(\boldsymbol{A},\boldsymbol{I})\xrightarrow{\text{初等行变换}}(\boldsymbol{I},\boldsymbol{A}^{-1}).$$

问题 7 有没有不是方阵的矩阵 $\boldsymbol{A},\boldsymbol{B}$,满足 $\boldsymbol{AB}=\boldsymbol{I}$?

答 有. 例如:

$$\boldsymbol{A}=\begin{pmatrix}1&0&0\\0&1&0\end{pmatrix},\quad \boldsymbol{B}=\begin{pmatrix}1&0\\0&1\\0&0\end{pmatrix},\quad \boldsymbol{AB}=\begin{pmatrix}1&0\\0&1\end{pmatrix}=\boldsymbol{I}.$$

问题 8 是否有 n 阶方阵 $\boldsymbol{A}$ 和 $\boldsymbol{B}$ 存在,能使 $\boldsymbol{AB}-\boldsymbol{BA}=\boldsymbol{I}$ 成立?

答 没有. 设 $\boldsymbol{A}=(a_{ij})_{n\times n},\boldsymbol{B}=(b_{ij})_{n\times n}$为任意两个 n 阶方阵,则 $\boldsymbol{AB}$ 主对角线上的元素为

$$\sum_{i=1}^{n}a_{1i}b_{i1},\sum_{i=1}^{n}a_{2i}b_{i2},\cdots,\sum_{i=1}^{n}a_{ni}b_{in}.$$

它们的和为

$$\sum_{i=1}^{n}\sum_{j=1}^{n}a_{ji}b_{ij}.$$

同理,$\boldsymbol{BA}$ 的主对角线上的元素之和为

$$\sum_{j=1}^{n}b_{1j}a_{j1}+\sum_{j=1}^{n}b_{2j}a_{j2}+\cdots+\sum_{j=1}^{n}b_{nj}a_{jn}=\sum_{i=1}^{n}\sum_{j=1}^{n}b_{ij}a_{ji}=\sum_{i=1}^{n}\sum_{j=1}^{n}a_{ji}b_{ij}.$$

这说明 $\boldsymbol{AB}$ 与 $\boldsymbol{BA}$ 的主对角线上的元素之和相等,从而 $\boldsymbol{AB}-\boldsymbol{BA}$ 的主对角线上的元素之和为零. 但是,单位方阵 $\boldsymbol{I}$ 的主对角线上元素不为零,故对任意 $\boldsymbol{A},\boldsymbol{B}$,都有 $\boldsymbol{AB}-\boldsymbol{BA}\neq\boldsymbol{I}$.

问题 9 $\boldsymbol{A}$ 为 n 阶方阵,$\boldsymbol{A}^{*}$ 为 $\boldsymbol{A}$ 的伴随矩阵,k 为常数,是否有$(k\boldsymbol{A})^{*}=k\boldsymbol{A}^{*}$?

答 否. 正确式为$(k\boldsymbol{A})^{*}=k^{n-1}\boldsymbol{A}^{*}$.

问题 10 若 $\boldsymbol{A}$ 可逆,那么矩阵方程 $\boldsymbol{AX}=\boldsymbol{B}$ 是否有唯一解 $\boldsymbol{X}=\boldsymbol{A}^{-1}\boldsymbol{B}$? 矩阵方程 $\boldsymbol{YA}=\boldsymbol{B}$ 是否有唯一解 $\boldsymbol{Y}=\boldsymbol{BA}^{-1}$?

答 是的. 这是由 $\boldsymbol{A}^{-1}$的唯一性决定的.

问题 11 矩阵 $\boldsymbol{A}$ 的伴随矩阵 $\boldsymbol{A}^{*}$ 有什么特点?

答 有两个特点:一是元素是由 a_{ij} 的代数余子式 A_{ij} 所构成的;二是 $\boldsymbol{A}$ 的第 i 行第 j 列的元素 a_{ij} 的代数余子式 A_{ij} 写在 $\boldsymbol{A}^{*}$ 的第 i 列第 j 行.

三、典型例题解析

1. 逆矩阵的求法

求逆的方法有三种:公式法、初等行变换法和定义法. 通常对具体矩阵求逆是用初等行变换法或公式法,对抽象矩阵求逆常采用定义法.

1）具体矩阵求逆

例 1 设 $\boldsymbol{A}=\begin{pmatrix}1&2&3\\4&5&8\\3&4&6\end{pmatrix}$，判断 $\boldsymbol{A}$ 是否可逆，若可逆，求出其逆阵.

解 因为 $\det\boldsymbol{A}=\begin{vmatrix}1&2&3\\4&5&8\\3&4&6\end{vmatrix}=1$，所以 $\boldsymbol{A}$ 可逆. 而

$$A_{11}=\begin{vmatrix}5&8\\4&6\end{vmatrix}=-2,\quad A_{12}=-\begin{vmatrix}4&8\\3&6\end{vmatrix}=0,$$

$$A_{13}=\begin{vmatrix}4&5\\3&4\end{vmatrix}=1,\quad A_{21}=0,\quad A_{22}=-3,$$

$$A_{23}=2,\quad A_{31}=1,\quad A_{32}=4,\quad A_{33}=-3,$$

所以

$$\boldsymbol{A}^{-1}=\frac{1}{\det|\boldsymbol{A}|}\boldsymbol{A}^{*}=\begin{pmatrix}-2&0&1\\0&-3&4\\1&2&-3\end{pmatrix}.$$

注 从理论上讲，用伴随矩阵求逆的公式对任何阶可逆矩阵都成立. 但当阶数较高时计算量很大，因而该方法只适用于较低阶的方阵求逆. 一般情况下，公式法常用于二、三阶方阵的求逆，尤其以二阶方阵更为方便.

对于二阶方阵 $\boldsymbol{A}=\begin{pmatrix}a&b\\c&d\end{pmatrix}$，可求得 $\boldsymbol{A}^{*}=\begin{pmatrix}d&-b\\-c&a\end{pmatrix}$. 显然，只要把 $\boldsymbol{A}$ 的主对角线上元素 a,b 对调，次对角线上元素 b,c 变号，就得到 $\boldsymbol{A}^{*}$.

例 2 设 $\boldsymbol{A}=\begin{pmatrix}1&1&-1\\2&1&0\\1&-1&0\end{pmatrix}$，求 $\boldsymbol{A}^{-1}$.

解 利用公式 $\boldsymbol{A}^{-1}=\frac{1}{|\boldsymbol{A}|}\boldsymbol{A}^{*}$ 计算.

因 $|\boldsymbol{A}|=\begin{vmatrix}1&1&-1\\2&1&0\\1&-1&0\end{vmatrix}=3\neq0$，故 $\boldsymbol{A}^{-1}$ 存在. 又

$$A_{11}=(-1)^{2}\begin{vmatrix}1&0\\-1&0\end{vmatrix}=0,\qquad A_{21}=(-1)^{3}\begin{vmatrix}1&-1\\-1&0\end{vmatrix}=1,$$

$$A_{31}=(-1)^{4}\begin{vmatrix}1&-1\\1&0\end{vmatrix}=1,\qquad A_{12}=(-1)^{3}\begin{vmatrix}2&0\\1&0\end{vmatrix}=0,$$

$$A_{22}=(-1)^{4}\begin{vmatrix}1&-1\\1&0\end{vmatrix}=1,\qquad A_{32}=(-1)^{5}\begin{vmatrix}1&-1\\2&0\end{vmatrix}=-2,$$

$$A_{13}=(-1)^{4}\begin{vmatrix}2&1\\1&-1\end{vmatrix}=-3,\quad A_{23}=(-1)^{5}\begin{vmatrix}1&1\\1&-1\end{vmatrix}=2,$$

$$A_{33}=(-1)^{6}\begin{vmatrix}1&1\\2&1\end{vmatrix}=-1.$$

于是 $$A^{-1}=\frac{1}{|A|}\begin{pmatrix}A_{11}&A_{21}&A_{31}\\A_{12}&A_{22}&A_{32}\\A_{13}&A_{23}&A_{33}\end{pmatrix}=\frac{1}{3}\begin{pmatrix}0&1&1\\0&1&-2\\-3&2&-1\end{pmatrix}.$$

2）抽象矩阵求逆

例 3 设方阵 $\boldsymbol{A}$ 满足 $\boldsymbol{A}^3-\boldsymbol{A}^2+2\boldsymbol{A}-\boldsymbol{I}=\boldsymbol{O}$，证明 $\boldsymbol{A}$ 及 $\boldsymbol{I}-\boldsymbol{A}$ 均可逆，并求 $\boldsymbol{A}^{-1}$ 和 $(\boldsymbol{I}-\boldsymbol{A})^{-1}$.

证 由 $\boldsymbol{A}^3-\boldsymbol{A}^2+2\boldsymbol{A}-\boldsymbol{I}=\boldsymbol{O}$ 得
$$\boldsymbol{A}(\boldsymbol{A}^2-\boldsymbol{A}+2\boldsymbol{I})=\boldsymbol{I},$$
又根据逆矩阵的定义知 $\boldsymbol{A}$ 可逆，于是
$$\boldsymbol{A}^{-1}=\boldsymbol{A}^2-\boldsymbol{A}+2\boldsymbol{I}.$$
又因 $(\boldsymbol{I}-\boldsymbol{A})(\boldsymbol{A}^2+2\boldsymbol{I})=\boldsymbol{I}$，所以 $\boldsymbol{I}-\boldsymbol{A}$ 可逆，且
$$(\boldsymbol{I}-\boldsymbol{A})^{-1}=\boldsymbol{A}^2+2\boldsymbol{I}.$$

例 4 设 $\boldsymbol{A},\boldsymbol{B}$ 为 n 阶方阵，$\boldsymbol{B}$ 是可逆矩阵，且满足 $\boldsymbol{A}^2+\boldsymbol{AB}+\boldsymbol{B}^2=\boldsymbol{O}$. 证明：$\boldsymbol{A}$ 和 $\boldsymbol{A}+\boldsymbol{B}$ 均可逆，并求出它们的逆矩阵.

证 已知 $\boldsymbol{B}$ 可逆，则 $|\boldsymbol{B}|\neq 0$.

由 $$\boldsymbol{A}^2+\boldsymbol{AB}+\boldsymbol{B}^2=\boldsymbol{O}$$
得 $$\boldsymbol{A}(\boldsymbol{A}+\boldsymbol{B})=-\boldsymbol{B}^2, \quad ①$$
两边取行列式得 $$|\boldsymbol{A}||\boldsymbol{A}+\boldsymbol{B}|=(-1)^n|\boldsymbol{B}|^2\neq 0,$$
所以 $|\boldsymbol{A}|\neq 0$，$|\boldsymbol{A}+\boldsymbol{B}|\neq 0$，即 $\boldsymbol{A}$ 和 $\boldsymbol{A}+\boldsymbol{B}$ 均可逆.

对式①两边右乘 $-(\boldsymbol{B}^2)^{-1}$，得
$$\boldsymbol{A}(\boldsymbol{A}+\boldsymbol{B})(-\boldsymbol{B}^2)^{-1}=\boldsymbol{I},$$
所以 $$\boldsymbol{A}^{-1}=-(\boldsymbol{A}+\boldsymbol{B})(\boldsymbol{B}^2)^{-1}=-\boldsymbol{A}(\boldsymbol{B}^{-1})^2-\boldsymbol{B}^{-1}.$$
对式①两边左乘 $-(\boldsymbol{B}^2)^{-1}$，得
$$-(\boldsymbol{B}^2)^{-1}\boldsymbol{A}(\boldsymbol{A}+\boldsymbol{B})=\boldsymbol{I},$$
于是 $$(\boldsymbol{A}+\boldsymbol{B})^{-1}=-(\boldsymbol{B}^2)^{-1}\boldsymbol{A}=-(\boldsymbol{B}^{-1})^2\boldsymbol{A}.$$

例 5 设 $\boldsymbol{A},\boldsymbol{B},\boldsymbol{A}+\boldsymbol{B}$ 均为 n 阶可逆方阵，证明：

(1) $\boldsymbol{A}^{-1}+\boldsymbol{B}^{-1}$ 可逆，且 $(\boldsymbol{A}^{-1}+\boldsymbol{B}^{-1})^{-1}=\boldsymbol{A}(\boldsymbol{A}+\boldsymbol{B})^{-1}\boldsymbol{B}$；

(2) $\boldsymbol{A}(\boldsymbol{A}+\boldsymbol{B})^{-1}\boldsymbol{B}=\boldsymbol{B}(\boldsymbol{A}+\boldsymbol{B})^{-1}\boldsymbol{A}$.

证 (1) 因为
$$\begin{aligned}(\boldsymbol{A}^{-1}+\boldsymbol{B}^{-1})[\boldsymbol{A}(\boldsymbol{A}+\boldsymbol{B})^{-1}\boldsymbol{B}]&=(\boldsymbol{I}+\boldsymbol{B}^{-1}\boldsymbol{A})(\boldsymbol{A}+\boldsymbol{B})^{-1}\boldsymbol{B}\\&=(\boldsymbol{B}^{-1}\boldsymbol{B}+\boldsymbol{B}^{-1}\boldsymbol{A})(\boldsymbol{A}+\boldsymbol{B})^{-1}\boldsymbol{B}\\&=\boldsymbol{B}^{-1}(\boldsymbol{B}+\boldsymbol{A})(\boldsymbol{A}+\boldsymbol{B})^{-1}\boldsymbol{B}=\boldsymbol{B}^{-1}\boldsymbol{B}=\boldsymbol{I},\end{aligned}$$
所以 $\boldsymbol{A}^{-1}+\boldsymbol{B}^{-1}$ 可逆，且 $(\boldsymbol{A}^{-1}+\boldsymbol{B}^{-1})^{-1}=\boldsymbol{A}(\boldsymbol{A}+\boldsymbol{B})^{-1}\boldsymbol{B}$.

(2) 因为
$$\begin{aligned}&(\boldsymbol{A}^{-1}+\boldsymbol{B}^{-1})\boldsymbol{B}(\boldsymbol{A}+\boldsymbol{B})^{-1}\boldsymbol{A}=(\boldsymbol{A}^{-1}\boldsymbol{B}+\boldsymbol{I})(\boldsymbol{A}+\boldsymbol{B})^{-1}\boldsymbol{A}\\&=(\boldsymbol{A}^{-1}\boldsymbol{B}+\boldsymbol{A}^{-1}\boldsymbol{A})(\boldsymbol{A}+\boldsymbol{B})^{-1}\boldsymbol{A}=\boldsymbol{A}^{-1}(\boldsymbol{B}+\boldsymbol{A})(\boldsymbol{A}+\boldsymbol{B})^{-1}\boldsymbol{A}=\boldsymbol{I}\end{aligned}$$
所以又有 $$(\boldsymbol{A}^{-1}+\boldsymbol{B}^{-1})^{-1}=\boldsymbol{B}(\boldsymbol{A}+\boldsymbol{B})^{-1}\boldsymbol{A}.$$
而由逆阵的唯一性，有

$$\boldsymbol{A}(\boldsymbol{A}+\boldsymbol{B})^{-1}\boldsymbol{B}=\boldsymbol{B}(\boldsymbol{A}+\boldsymbol{B})^{-1}\boldsymbol{A}.$$

例 6　已知 n 阶方阵 $\boldsymbol{A}$ 可逆，$\boldsymbol{x},\boldsymbol{y}$ 均为 $n\times 1$ 矩阵，且 $1+\boldsymbol{y}^{\mathrm{T}}\boldsymbol{A}\boldsymbol{x}\neq 0$，证明 $\boldsymbol{A}+\boldsymbol{x}\boldsymbol{y}^{\mathrm{T}}$ 可逆，且

$$(\boldsymbol{A}+\boldsymbol{x}\boldsymbol{y}^{\mathrm{T}})^{-1}=\boldsymbol{A}^{-1}-\frac{\boldsymbol{A}^{-1}\boldsymbol{x}\boldsymbol{y}^{\mathrm{T}}\boldsymbol{A}^{-1}}{1+\boldsymbol{y}^{\mathrm{T}}\boldsymbol{A}^{-1}\boldsymbol{x}}.$$

证　因为

$$\begin{aligned}(\boldsymbol{A}+\boldsymbol{x}\boldsymbol{y}^{\mathrm{T}})\left(\boldsymbol{A}^{-1}-\frac{\boldsymbol{A}^{-1}\boldsymbol{x}\boldsymbol{y}^{\mathrm{T}}\boldsymbol{A}^{-1}}{1+\boldsymbol{y}^{\mathrm{T}}\boldsymbol{A}^{-1}\boldsymbol{x}}\right)&=\boldsymbol{I}+\boldsymbol{x}\boldsymbol{y}^{\mathrm{T}}\boldsymbol{A}^{-1}-\frac{\boldsymbol{x}\boldsymbol{y}^{\mathrm{T}}\boldsymbol{A}^{-1}+\boldsymbol{x}\boldsymbol{y}^{\mathrm{T}}\boldsymbol{A}^{-1}\boldsymbol{x}\boldsymbol{y}^{\mathrm{T}}\boldsymbol{A}^{-1}}{1+\boldsymbol{y}^{\mathrm{T}}\boldsymbol{A}^{-1}\boldsymbol{x}}\\&=\boldsymbol{I}+\boldsymbol{x}\boldsymbol{y}^{\mathrm{T}}\boldsymbol{A}^{-1}-\frac{\boldsymbol{x}(1+\boldsymbol{y}^{\mathrm{T}}\boldsymbol{A}^{-1}\boldsymbol{x})\boldsymbol{y}^{\mathrm{T}}\boldsymbol{A}^{-1}}{1+\boldsymbol{y}^{\mathrm{T}}\boldsymbol{A}^{-1}\boldsymbol{x}}\\&=\boldsymbol{I}+\boldsymbol{x}\boldsymbol{y}^{\mathrm{T}}\boldsymbol{A}^{-1}-\boldsymbol{x}\boldsymbol{y}^{\mathrm{T}}\boldsymbol{A}^{-1}=\boldsymbol{I}\end{aligned}$$

所以 $\boldsymbol{A}+\boldsymbol{x}\boldsymbol{y}^{\mathrm{T}}$ 可逆，且 $(\boldsymbol{A}+\boldsymbol{x}\boldsymbol{y}^{\mathrm{T}})^{-1}=\boldsymbol{A}^{-1}-\dfrac{\boldsymbol{A}^{-1}\boldsymbol{x}\boldsymbol{y}^{\mathrm{T}}\boldsymbol{A}^{-1}}{1+\boldsymbol{y}^{\mathrm{T}}\boldsymbol{A}^{-1}\boldsymbol{x}}$.

例 7　已知 $\boldsymbol{A}=(a_{ij})_{n\times n}$，$\boldsymbol{B}=(b_{ij})_{n\times n}$，且 $\boldsymbol{A},\boldsymbol{B}$ 均可逆，又 $2b_{ij}=a_{ij}-\sum\limits_{k=1}^{n}b_{ik}a_{kj}$ $(i,j=1,2,\cdots,n)$，证明 $\boldsymbol{B}=\boldsymbol{I}-2(2\boldsymbol{I}+\boldsymbol{A})^{-1}$，其中 $\boldsymbol{I}$ 为 n 阶单位矩阵.

证　由 $2b_{ij}=a_{ij}-\sum\limits_{k=1}^{n}b_{ik}a_{kj}(i,j=1,2,\cdots,n)$，有 $2\boldsymbol{B}=\boldsymbol{A}-\boldsymbol{B}\boldsymbol{A}$，即

$$\boldsymbol{B}(2\boldsymbol{I}+\boldsymbol{A})-\boldsymbol{A}=\boldsymbol{O}.$$

两端同加 $-2\boldsymbol{I}$，有

$$\boldsymbol{B}(2\boldsymbol{I}+\boldsymbol{A})-2\boldsymbol{I}-\boldsymbol{A}=-2\boldsymbol{I},$$

即
$$(\boldsymbol{B}-\boldsymbol{I})(2\boldsymbol{I}+\boldsymbol{A})=-2\boldsymbol{I},$$

所以
$$\boldsymbol{B}-\boldsymbol{I}=-2(2\boldsymbol{I}+\boldsymbol{A})^{-1},\quad \boldsymbol{B}=\boldsymbol{I}-2(2\boldsymbol{I}+\boldsymbol{A})^{-1}.$$

例 8　设 $\boldsymbol{A},\boldsymbol{B}$ 都是对称矩阵，$\boldsymbol{B}$ 和 $\boldsymbol{I}+\boldsymbol{A}\boldsymbol{B}$ 都可逆，求证 $\boldsymbol{B}(\boldsymbol{I}+\boldsymbol{A}\boldsymbol{B})^{-1}$ 是对称矩阵.

证　因 $\boldsymbol{B}$ 和 $\boldsymbol{I}+\boldsymbol{A}\boldsymbol{B}$ 都可逆，故

$$\begin{aligned}\boldsymbol{B}(\boldsymbol{I}+\boldsymbol{A}\boldsymbol{B})^{-1}&=\boldsymbol{B}(\boldsymbol{B}^{-1}\boldsymbol{B}+\boldsymbol{A}\boldsymbol{B})^{-1}=\boldsymbol{B}((\boldsymbol{B}^{-1}+\boldsymbol{A})\boldsymbol{B})^{-1}\\&=\boldsymbol{B}\boldsymbol{B}^{-1}(\boldsymbol{B}^{-1}+\boldsymbol{A})^{-1}=(\boldsymbol{B}^{-1}+\boldsymbol{A})^{-1}.\end{aligned}$$

又因 $\boldsymbol{A},\boldsymbol{B}$ 都是对称矩阵，即

$$\boldsymbol{A}^{\mathrm{T}}=\boldsymbol{A},\quad \boldsymbol{B}^{\mathrm{T}}=\boldsymbol{B},$$

故
$$\begin{aligned}(\boldsymbol{B}(\boldsymbol{I}+\boldsymbol{A}\boldsymbol{B})^{-1})^{\mathrm{T}}&=((\boldsymbol{B}^{-1}+\boldsymbol{A})^{-1})^{\mathrm{T}}=((\boldsymbol{B}^{-1}+\boldsymbol{A})^{\mathrm{T}})^{-1}=((\boldsymbol{B}^{\mathrm{T}})^{-1}+\boldsymbol{A}^{\mathrm{T}})^{-1}\\&=(\boldsymbol{B}^{-1}+\boldsymbol{A})^{-1}=\boldsymbol{B}(\boldsymbol{I}+\boldsymbol{A}\boldsymbol{B})^{-1},\end{aligned}$$

于是 $\boldsymbol{B}(\boldsymbol{I}+\boldsymbol{A}\boldsymbol{B})^{-1}$ 是对称矩阵.

2. 简单矩阵方程的求解

主要讨论如下三种简单矩阵方程的解法：

$$\boldsymbol{A}\boldsymbol{X}=\boldsymbol{B},\quad \boldsymbol{X}\boldsymbol{A}=\boldsymbol{B},\quad \boldsymbol{A}\boldsymbol{X}\boldsymbol{B}=\boldsymbol{C}.$$

方法：求逆法. 若 $\boldsymbol{A},\boldsymbol{B}$ 皆可逆.

(1) 用 $\boldsymbol{A}^{-1}$ 左乘，解得　$\boldsymbol{X}=\boldsymbol{A}^{-1}\boldsymbol{B}$.

(2) 用 $\boldsymbol{A}^{-1}$ 右乘，解得　$\boldsymbol{X}=\boldsymbol{B}\boldsymbol{A}^{-1}$.

(3) 用 $\boldsymbol{A}^{-1}$ 左乘，用 $\boldsymbol{B}^{-1}$ 右乘方程两端，解得 $\boldsymbol{X}=\boldsymbol{A}^{-1}\boldsymbol{C}\boldsymbol{B}^{-1}$.

解矩阵方程与解普通的代数方程在形式上类似，先利用矩阵的运算性质对方程进行化简，通过移项，将待求的矩阵与已知矩阵分离. 但在求解的过程中随时注意矩阵的乘法的不可交换性和矩阵的可逆性.

例 9 解矩阵方程

$$\begin{pmatrix} 0 & 1 & 0 \\ -1 & 0 & 0 \\ 0 & 0 & 1 \end{pmatrix}\boldsymbol{X}\begin{pmatrix} 1 & 0 & 0 \\ 0 & 0 & 1 \\ 0 & -1 & 0 \end{pmatrix}=\begin{pmatrix} 1 & -4 & 3 \\ 2 & 0 & -1 \\ 1 & -2 & 0 \end{pmatrix}.$$

解 令 $\boldsymbol{A}=\begin{pmatrix} 0 & 1 & 0 \\ -1 & 0 & 0 \\ 0 & 0 & 1 \end{pmatrix}$， $\boldsymbol{B}=\begin{pmatrix} 1 & 0 & 0 \\ 0 & 0 & 1 \\ 0 & -1 & 0 \end{pmatrix}$， $\boldsymbol{C}=\begin{pmatrix} 1 & -4 & 3 \\ 2 & 0 & -1 \\ 1 & -2 & 0 \end{pmatrix}$，

求 $\boldsymbol{A}^{-1}$ 和 $\boldsymbol{B}^{-1}$，得

$$\boldsymbol{A}^{-1}=\begin{pmatrix} 0 & -1 & 0 \\ 1 & 0 & 0 \\ 0 & 0 & 1 \end{pmatrix},\quad \boldsymbol{B}^{-1}=\begin{pmatrix} 1 & 0 & 0 \\ 0 & 0 & -1 \\ 0 & 1 & 0 \end{pmatrix}.$$

用 $\boldsymbol{A}^{-1}$ 左乘，用 $\boldsymbol{B}^{-1}$ 右乘原方程两端，得到

$$\boldsymbol{X}=\boldsymbol{A}^{-1}\boldsymbol{C}\boldsymbol{B}^{-1}=\begin{pmatrix} -2 & 1 & 0 \\ 1 & 3 & 4 \\ 1 & 0 & 2 \end{pmatrix}.$$

例 10 已知 $\boldsymbol{A}$ 是元素都为 1 的三阶矩阵，证明

$$(\boldsymbol{I}-\boldsymbol{A})^{-1}=\boldsymbol{I}-\frac{1}{2}\boldsymbol{A}.$$

分析 从矩阵 $\boldsymbol{A}$ 中元素的特点，证明

$$(\boldsymbol{I}-\boldsymbol{A})\left(\boldsymbol{I}-\frac{1}{2}\boldsymbol{A}\right)=\boldsymbol{I}.$$

证 由于

$$(\boldsymbol{I}-\boldsymbol{A})\left(\boldsymbol{I}-\frac{1}{2}\boldsymbol{A}\right)=\boldsymbol{I}-\frac{3}{2}\boldsymbol{A}+\frac{1}{2}\boldsymbol{A}^2,$$

而

$$\boldsymbol{A}=\begin{pmatrix} 1 & 1 & 1 \\ 1 & 1 & 1 \\ 1 & 1 & 1 \end{pmatrix},\quad \boldsymbol{A}^2=\begin{pmatrix} 3 & 3 & 3 \\ 3 & 3 & 3 \\ 3 & 3 & 3 \end{pmatrix}=3\boldsymbol{A},$$

于是

$$(\boldsymbol{I}-\boldsymbol{A})\left(\boldsymbol{I}-\frac{1}{2}\boldsymbol{A}\right)=\boldsymbol{I}-\frac{3}{2}\boldsymbol{A}+\frac{3}{2}\boldsymbol{A}=\boldsymbol{I},$$

所以

$$(\boldsymbol{I}-\boldsymbol{A})^{-1}=\boldsymbol{I}-\frac{1}{2}\boldsymbol{A}.$$

例 11 设三阶矩阵 $\boldsymbol{A},\boldsymbol{B}$ 满足关系式：$\boldsymbol{A}^{-1}\boldsymbol{B}\boldsymbol{A}=6\boldsymbol{A}+\boldsymbol{B}\boldsymbol{A}$，其中，

$$\boldsymbol{A}=\begin{pmatrix} 1/3 & 0 & 0 \\ 0 & 1/4 & 0 \\ 0 & 0 & 1/7 \end{pmatrix}，求 \boldsymbol{B}.$$

解 在关系式 $\boldsymbol{A}^{-1}\boldsymbol{B}\boldsymbol{A}=6\boldsymbol{A}+\boldsymbol{B}\boldsymbol{A}$ 两端左乘 $\boldsymbol{A}$，右乘 $\boldsymbol{A}^{-1}$，得

$$B=6A+AB,$$

于是
$$B-AB=(I-A)B=6A.$$

又因 $I-A=\begin{pmatrix}2/3&0&0\\0&3/4&0\\0&0&6/7\end{pmatrix}$ 可逆,且 $(I-A)^{-1}=\begin{pmatrix}3/2&0&0\\0&4/3&0\\0&0&7/6\end{pmatrix}$,所以

$$B=6(I-A)^{-1}A=\begin{pmatrix}3&0&0\\0&2&0\\0&0&1\end{pmatrix}.$$

例 12 已知矩阵 $A=\begin{pmatrix}1&0&0\\1&1&0\\1&1&1\end{pmatrix}$,$B=\begin{pmatrix}0&1&1\\1&0&1\\1&1&0\end{pmatrix}$,且矩阵 X 满足

$$AXA+BXB=AXB+BXA+I,$$

其中 I 是三阶单位矩阵. 求 X.

解 原矩阵方程 $\Rightarrow(AXA-AXB)-(BXA-BXB)=I\Rightarrow AX(A-B)-BX(A-B)=I\Rightarrow(A-B)X(A-B)=I$.

由此可知 $A-B$ 可逆,且 $X=[(A-B)^{-1}]^2$,而易知

$$(A-B)^{-1}=\begin{pmatrix}1&-1&-1\\0&1&-1\\0&0&1\end{pmatrix}^{-1}=\begin{pmatrix}1&1&2\\0&1&1\\0&0&1\end{pmatrix},$$

故

$$X=[(A-B)^{-1}]^2=\begin{pmatrix}1&1&2\\0&1&1\\0&0&1\end{pmatrix}^2=\begin{pmatrix}1&2&5\\0&1&2\\0&0&1\end{pmatrix}.$$

注 此题 $A-B$ 是上三角矩阵且主对角线元素全为 1,故它的逆矩阵仍是上三角矩阵,且主对角线元素也全为 1.

例 13 解下列矩阵方程组 $\begin{cases}AX+BY=M,\\CX+DY=N,\end{cases}$ 其中

$$A=\begin{pmatrix}2&1\\1&2\end{pmatrix},\quad B=\begin{pmatrix}3&2\\1&1\end{pmatrix},\quad C=\begin{pmatrix}0&-1\\2&-3\end{pmatrix},$$

$$D=\begin{pmatrix}2&3\\-6&-13\end{pmatrix},\quad M=\begin{pmatrix}9&4\\4&3\end{pmatrix},\quad N=\begin{pmatrix}1&-2\\6&4\end{pmatrix}.$$

分析 矩阵方程组的解法与代数方程组的解法相似,但值得注意的是,矩阵没有除法,只有逆矩阵,要消去一个矩阵,可通过左乘或右乘其逆矩阵.

解 易知矩阵 A,C 可逆,于是有

$$X+A^{-1}BY=A^{-1}M,\quad X+C^{-1}DY=C^{-1}N,$$

以上两式相减,得

$$(A^{-1}B-C^{-1}D)Y=A^{-1}M-C^{-1}N,$$

故
$$Y=(A^{-1}B-C^{-1}D)^{-1}(A^{-1}M-C^{-1}N).$$

又 $$A^{-1}B-C^{-1}D=\frac{1}{3}\begin{pmatrix}23&36\\5&9\end{pmatrix},\quad A^{-1}M-C^{-1}N=\frac{1}{6}\begin{pmatrix}19&-20\\4&-8\end{pmatrix},$$

于是 $$Y=\frac{1}{9}\begin{pmatrix}9&-36\\-5&23\end{pmatrix}\left(\frac{1}{6}\begin{pmatrix}19&-20\\4&-8\end{pmatrix}\right)=\frac{1}{18}\begin{pmatrix}9&36\\-1&-28\end{pmatrix},$$

则 $$X=A^{-1}(M-BY)=\frac{1}{18}\begin{pmatrix}70&-2\\-3&24\end{pmatrix}.$$

例 14 设三阶方阵 A,B 满足 $A^2B-A-B=I$，若 $A=\begin{pmatrix}1&0&1\\0&2&0\\-2&0&1\end{pmatrix}$，求 $|B|$.

分析 本题矩阵 A 是具体给出的，欲求 $|B|$，就需从 A 与 B 满足的关系式中求出 B.

解 由题设关系式 $A^2B-A-B=I$，得

$$(A^2-I)B-A=I,\quad 即\quad (A^2-I)B=A+I,$$

亦即 $$(A+I)(A-I)B=A+I.$$

由矩阵 A 可知 $A+I$ 可逆，上式两端左乘 $(A+I)^{-1}$，得

$$(A-I)B=I,$$

故 $$B=(A-I)^{-1},$$

所以 $$|B|=|(A-I)^{-1}|=|A-I|^{-1}.$$

而 $$|A-I|=\begin{vmatrix}0&0&1\\0&1&0\\-2&0&0\end{vmatrix}=2,$$

所以 $$|B|=\frac{1}{2}.$$

例 15 设矩阵

$$A=\begin{pmatrix}1&-1&-1&-1\\-1&1&-1&-1\\-1&-1&1&-1\\-1&-1&-1&1\end{pmatrix}.$$

(1) 求 A^n；(2) 若方阵 B 满足 $A^2+AB-A=I$，求 B.

解 (1) 由于

$$A^2=\begin{pmatrix}1&-1&-1&1\\-1&1&-1&-1\\-1&-1&1&-1\\-1&-1&-1&1\end{pmatrix}\begin{pmatrix}1&-1&-1&-1\\-1&1&-1&-1\\-1&-1&1&-1\\-1&-1&-1&1\end{pmatrix}=\begin{pmatrix}4&0&0&0\\0&4&0&0\\0&0&4&0\\0&0&0&4\end{pmatrix}=4I,$$

所以 $$A^{2k}=(A^2)^k=(4I)^k=4^kI,$$

$$A^{2k+1}=A^{2k}A=4^kA\quad(k=1,2,3,\cdots).$$

(2) 由 $A^2=4I$ 可知，A 可逆，且 $A^{-1}=\frac{1}{4}A$. 由 $A^2+AB-A=I$ 得

$$\boldsymbol{AB}-\boldsymbol{A}=-3\boldsymbol{I},\quad 即\quad \boldsymbol{AB}=\boldsymbol{A}-3\boldsymbol{I}.$$

两端左乘 $\boldsymbol{A}^{-1}$,得 $$\boldsymbol{B}=\boldsymbol{I}-3\boldsymbol{A}^{-1}=\boldsymbol{I}-\frac{3}{4}\boldsymbol{A}=\frac{1}{4}\begin{pmatrix}1&3&3&3\\3&1&3&3\\3&3&1&3\\3&3&3&1\end{pmatrix}.$$

3. 关于矩阵逆及伴随矩阵的论证

例 16 证明下列命题:

(1) 若 $\boldsymbol{A},\boldsymbol{B}$ 为同阶可逆矩阵,则 $(\boldsymbol{AB})^*=\boldsymbol{B}^*\boldsymbol{A}^*$;

(2) 若 $\boldsymbol{A}$ 可逆,则 $\boldsymbol{A}^*$ 可逆且 $(\boldsymbol{A}^*)^{-1}=(\boldsymbol{A}^{-1})^*=|\boldsymbol{A}|^{-1}\boldsymbol{A}$;

(3) 若 $\boldsymbol{AA}^{\mathrm{T}}=\boldsymbol{I}$,则 $(\boldsymbol{A}^*)^{\mathrm{T}}=(\boldsymbol{A}^*)^{-1}$.

证 (1) 因矩阵 $\boldsymbol{A},\boldsymbol{B}$ 可逆,故 $\boldsymbol{AB}$ 可逆,则有

$$(\boldsymbol{AB})^{-1}=\frac{1}{|\boldsymbol{AB}|}(\boldsymbol{AB})^*,$$

即 $$(\boldsymbol{AB})^*=|\boldsymbol{AB}|(\boldsymbol{AB})^{-1}=|\boldsymbol{A}||\boldsymbol{B}|(\boldsymbol{B}^{-1}\boldsymbol{A}^{-1})=(|\boldsymbol{B}|\boldsymbol{B}^{-1})(|\boldsymbol{A}|\boldsymbol{A}^{-1})=\boldsymbol{B}^*\boldsymbol{A}^*.$$

(2) 因 $\boldsymbol{A}$ 可逆,由(1)可得

$$\boldsymbol{A}^*(\boldsymbol{A}^{-1})^*=(\boldsymbol{A}^{-1}\boldsymbol{A})^*=\boldsymbol{I}^*=\boldsymbol{I},$$

所以,$\boldsymbol{A}^*$ 可逆,且 $(\boldsymbol{A}^*)^{-1}=(\boldsymbol{A}^{-1})^*=|\boldsymbol{A}|^{-1}\boldsymbol{A}$.

(3) 由 $\boldsymbol{AA}^{\mathrm{T}}=\boldsymbol{I}$,故 $\boldsymbol{A}$ 可逆,且 $\boldsymbol{A}^{-1}=\boldsymbol{A}^{\mathrm{T}}$. 由(2)得

$$(\boldsymbol{A}^*)^{-1}=(\boldsymbol{A}^{-1})^*=(\boldsymbol{A}^{\mathrm{T}})^*=|\boldsymbol{A}^{\mathrm{T}}|(\boldsymbol{A}^{\mathrm{T}})^{-1}=|\boldsymbol{A}|(\boldsymbol{A}^{-1})^{\mathrm{T}}=|\boldsymbol{A}|\left(\frac{1}{|\boldsymbol{A}|}\boldsymbol{A}^*\right)^{\mathrm{T}}=(\boldsymbol{A}^*)^{\mathrm{T}}.$$

注 把满足 $\boldsymbol{AA}^{\mathrm{T}}=\boldsymbol{I}$ 的实矩阵称为正交矩阵. 由(3)说明:当 $\boldsymbol{A}$ 是正交矩阵时,$\boldsymbol{A}$ 的伴随矩阵 $\boldsymbol{A}^*$ 也是正交矩阵.

例 17 设矩阵 $\boldsymbol{A}$ 的伴随矩阵 $\boldsymbol{A}^*=\begin{pmatrix}1&0&0&0\\0&1&0&0\\1&0&1&0\\0&-3&0&8\end{pmatrix}$,且

$$\boldsymbol{AXA}^{-1}=\boldsymbol{XA}^{-1}+3\boldsymbol{I},$$

其中,$\boldsymbol{I}$ 为四阶单位矩阵,求矩阵 $\boldsymbol{X}$.

解 由 $\boldsymbol{AA}^*=(\det\boldsymbol{A})\boldsymbol{I}$ 得,$\det\boldsymbol{A}\cdot\det\boldsymbol{A}^*=(\det\boldsymbol{A})^4$,即 $(\det\boldsymbol{A})^3=\det\boldsymbol{A}^*=8$,于是 $\det\boldsymbol{A}=2$. 可求得

$$\boldsymbol{A}=(\det\boldsymbol{A})(\boldsymbol{A}^*)^{-1}=2(\boldsymbol{A}^*)^{-1}=\begin{pmatrix}2&0&0&0\\0&2&0&0\\-2&0&2&0\\0&3/4&0&1/4\end{pmatrix}$$

又 $(\boldsymbol{A}-\boldsymbol{I})\boldsymbol{XA}^{-1}=3\boldsymbol{I}$,有 $(\boldsymbol{A}-\boldsymbol{I})\boldsymbol{X}=3\boldsymbol{A}$,且 $\boldsymbol{A}-\boldsymbol{I}$ 可逆,从而

$$\boldsymbol{X}=3(\boldsymbol{A}-\boldsymbol{I})^{-1}\boldsymbol{A}=3\begin{pmatrix}1&0&0&0\\0&1&0&0\\2&0&1&0\\0&1&0&-4/3\end{pmatrix}\begin{pmatrix}2&0&0&0\\0&2&0&0\\-2&0&2&0\\0&3/4&0&1/4\end{pmatrix}=\begin{pmatrix}6&0&0&0\\0&6&0&0\\6&0&6&0\\0&3&0&-1\end{pmatrix}.$$

例 18 设 $\boldsymbol{A}^*$ 为 n 阶方阵 $\boldsymbol{A}$ 的伴随矩阵，证明：

(1) $|\boldsymbol{A}^*|=|\boldsymbol{A}|^{n-1}$；　　(2) $(k\boldsymbol{A})^*=k^{n-1}\boldsymbol{A}^*$；

(3) $(\boldsymbol{A}^*)^{\mathrm{T}}=(\boldsymbol{A}^{\mathrm{T}})^*$；　　(4) $(\boldsymbol{A}^*)^*=|\boldsymbol{A}|^{n-2}\boldsymbol{A}$(设 $\boldsymbol{A}$ 为 n 阶可逆矩阵).

证 (1) 若 $\boldsymbol{A}$ 可逆，$|\boldsymbol{A}|\neq 0$，由 $\boldsymbol{A}\boldsymbol{A}^*=|\boldsymbol{A}|\boldsymbol{I}$，取行列式，得

$$|\boldsymbol{A}||\boldsymbol{A}^*|=||\boldsymbol{A}|\boldsymbol{I}|=|\boldsymbol{A}|^n|\boldsymbol{I}|=|\boldsymbol{A}|^n,$$

故有 $|\boldsymbol{A}^*|=|\boldsymbol{A}|^{n-1}$.

若 $\boldsymbol{A}$ 不可逆，当 $\boldsymbol{A}=\boldsymbol{O}$ 时，等式成立. 当 $\boldsymbol{A}\neq\boldsymbol{O}$ 时，$|\boldsymbol{A}|=0$ 及 $\boldsymbol{A}\boldsymbol{A}^*=|\boldsymbol{A}|\boldsymbol{I}$，有 $\boldsymbol{A}\boldsymbol{A}^*=\boldsymbol{O}$，则必有 $|\boldsymbol{A}^*|=0$. 否则，若 $\boldsymbol{A}^*$ 可逆，$\boldsymbol{A}\boldsymbol{A}^*(\boldsymbol{A}^*)^{-1}=\boldsymbol{O}(\boldsymbol{A}^*)^{-1}$，得 $\boldsymbol{A}=\boldsymbol{O}$，这与假定 $\boldsymbol{A}\neq\boldsymbol{O}$ 矛盾.

故不论 $\boldsymbol{A}$ 是否可逆，有 $|\boldsymbol{A}^*|=|\boldsymbol{A}|^{n-1}$.

(2) 因为

$$k\boldsymbol{A}=\begin{pmatrix} ka_{11} & ka_{12} & \cdots & ka_{1n} \\ ka_{21} & ka_{22} & \cdots & ka_{2n} \\ \vdots & \vdots & & \vdots \\ ka_{n1} & ka_{n2} & \cdots & ka_{nn} \end{pmatrix},\quad \boldsymbol{A}^*=\begin{pmatrix} A_{11} & A_{21} & \cdots & A_{n1} \\ A_{12} & A_{22} & \cdots & A_{n2} \\ \vdots & \vdots & & \vdots \\ A_{1n} & A_{2n} & \cdots & A_{nn} \end{pmatrix}.$$

由于 $k\boldsymbol{A}$ 的 $n-1$ 阶子行列式中的每一个元素都是 $\boldsymbol{A}$ 的对应元素的 k 倍，由此 $n-1$阶子行列式每行提公因子 k，则矩阵 $k\boldsymbol{A}$ 的元素 ka_{ij} 的代数余子式就是 $k^{n-1}A_{ij}$，故

$$(k\boldsymbol{A})^*=\begin{pmatrix} k^{n-1}A_{11} & k^{n-1}A_{21} & \cdots & k^{n-1}A_{n1} \\ k^{n-1}A_{12} & k^{n-1}A_{22} & \cdots & k^{n-1}A_{n2} \\ \vdots & \vdots & & \vdots \\ k^{n-1}A_{1n} & k^{n-1}A_{2n} & \cdots & k^{n-1}A_{nn} \end{pmatrix}=k^{n-1}\boldsymbol{A}^*;$$

(3) 要证 $(\boldsymbol{A}^*)^{\mathrm{T}}=(\boldsymbol{A}^{\mathrm{T}})^*$，设 $\boldsymbol{A}=(a_{ij})_{n\times n}$，则

$$\boldsymbol{A}^*=\begin{pmatrix} A_{11} & A_{21} & \cdots & A_{n1} \\ A_{12} & A_{22} & \cdots & A_{n2} \\ \vdots & \vdots & & \vdots \\ A_{1n} & A_{2n} & \cdots & A_{nn} \end{pmatrix}.$$

因 $\boldsymbol{A}^{\mathrm{T}}=\begin{pmatrix} a_{11} & a_{21} & \cdots & a_{n1} \\ a_{12} & a_{22} & \cdots & a_{n2} \\ \vdots & \vdots & & \vdots \\ a_{1n} & a_{2n} & \cdots & a_{nn} \end{pmatrix}$，所以

$$(\boldsymbol{A}^{\mathrm{T}})^*=\begin{pmatrix} A_{11} & A_{12} & \cdots & A_{1n} \\ A_{21} & A_{22} & \cdots & A_{2n} \\ \vdots & \vdots & & \vdots \\ A_{n1} & A_{n2} & \cdots & A_{nn} \end{pmatrix},\quad \text{即}\quad (\boldsymbol{A}^*)^{\mathrm{T}}=(\boldsymbol{A}^{\mathrm{T}})^*.$$

(4) 因 $|\boldsymbol{A}^*|=|\boldsymbol{A}|^{n-1}$，$\boldsymbol{A}^*=|\boldsymbol{A}|\boldsymbol{A}^{-1}$，于是

$$(\boldsymbol{A}^*)^*=|\boldsymbol{A}^*|(\boldsymbol{A}^*)^{-1}=|\boldsymbol{A}|^{n-1}(|\boldsymbol{A}|\boldsymbol{A}^{-1})^{-1}=|\boldsymbol{A}|^{n-1}|\boldsymbol{A}|^{-1}\boldsymbol{A}=|\boldsymbol{A}|^{n-2}\boldsymbol{A}.$$

例 19 已知 $\boldsymbol{A}$ 的伴随矩阵如下,求 $\boldsymbol{A}^{-1}$.

$$\boldsymbol{A}^{*}=\begin{pmatrix}1&0&0&0\\0&-2&0&0\\-2&-4&2&0\\0&-2&0&2\end{pmatrix}.$$

分析 由于 $\boldsymbol{A}$ 可逆时,$\boldsymbol{A}^{-1}=\dfrac{1}{|\boldsymbol{A}|}\boldsymbol{A}^{*}$,求 $|\boldsymbol{A}|$ 即可.

解 由于 $|\boldsymbol{A}^{*}|=-8$,所以 $|\boldsymbol{A}|\neq 0$,即 $\boldsymbol{A}$ 可逆.

因为 $\boldsymbol{A}\boldsymbol{A}^{*}=|\boldsymbol{A}|\boldsymbol{I}$,两边取行列式,得

$$|\boldsymbol{A}||\boldsymbol{A}^{*}|=|\boldsymbol{A}|^{4},$$

于是

$$|\boldsymbol{A}|^{3}=-8,\quad 即\quad |\boldsymbol{A}|=-2.$$

故

$$\boldsymbol{A}^{-1}=-\frac{1}{2}\boldsymbol{A}^{*}=\begin{pmatrix}-1/2&0&0&0\\0&1&0&0\\1&2&-1&0\\0&1&0&-1\end{pmatrix}.$$

例 20 设 $\boldsymbol{A}=\begin{pmatrix}1&0&0\\3&2&0\\3&4&5\end{pmatrix}$,求 $(\boldsymbol{A}^{*})^{-1}$.

解 因 $\boldsymbol{A}^{*}$ 的逆矩阵 $(\boldsymbol{A}^{*})^{-1}$ 可用 $\boldsymbol{A}$ 来表示,由例 16(2)知,求出 $\boldsymbol{A}$ 的行列式 $|\boldsymbol{A}|=10$,即可得到

$$(\boldsymbol{A}^{*})^{-1}=\boldsymbol{A}/|\boldsymbol{A}|=\begin{pmatrix}1/10&0&0\\2/10&2/10&0\\3/10&4/10&5/10\end{pmatrix}.$$

例 21 设 $\boldsymbol{A}=(a_{ij})$ 为 n 阶矩阵,满足 $\boldsymbol{A}\boldsymbol{A}^{\mathrm{T}}=\boldsymbol{I}$,$|\boldsymbol{A}|=1$,证明 $a_{ij}=A_{ij}$.

证一 因 $|\boldsymbol{A}|=1$,故 $\boldsymbol{A}\boldsymbol{A}^{*}=|\boldsymbol{A}|\boldsymbol{I}=\boldsymbol{I}$. 又 $\boldsymbol{A}\boldsymbol{A}^{\mathrm{T}}=\boldsymbol{I}$,所以

$$\boldsymbol{A}\boldsymbol{A}^{\mathrm{T}}=\boldsymbol{A}\boldsymbol{A}^{*},\quad 即\quad \boldsymbol{A}(\boldsymbol{A}^{\mathrm{T}}-\boldsymbol{A}^{*})=\boldsymbol{O}.$$

又因 $\boldsymbol{A}$ 可逆,$\boldsymbol{A}^{-1}$ 存在,于是

$$\boldsymbol{A}^{-1}\boldsymbol{A}(\boldsymbol{A}^{\mathrm{T}}-\boldsymbol{A}^{*})=\boldsymbol{A}^{-1}\boldsymbol{O}=\boldsymbol{O},\quad 即\quad \boldsymbol{A}^{\mathrm{T}}=\boldsymbol{A}^{*}.$$

亦即 $(a_{ij})^{\mathrm{T}}=(A_{ji})$,故 $(a_{ji})=(A_{ji})$,即 $a_{ij}=A_{ij}\ (i,j=1,2,\cdots,n)$.

证二 $\boldsymbol{A}\boldsymbol{A}^{\mathrm{T}}=\boldsymbol{I}$,得到 $\boldsymbol{A}^{-1}=\boldsymbol{A}^{\mathrm{T}}$,因而

$$\boldsymbol{A}^{\mathrm{T}}=\boldsymbol{A}^{-1}=\boldsymbol{A}^{*}/|\boldsymbol{A}|=\boldsymbol{A}^{*},\quad 即\quad (a_{ij})^{\mathrm{T}}=(A_{ji}),$$

故 $(a_{ji})=(A_{ji})$,即 $(a_{ij})=(A_{ij})\ (i,j=1,2,\cdots,n)$.

例 22 设 $\boldsymbol{A}$ 为三阶方阵,$\boldsymbol{A}^{*}$ 为其伴随矩阵,且 $|\boldsymbol{A}|=\dfrac{1}{2}$,求 $\left|\left(\dfrac{1}{3}\boldsymbol{A}\right)^{-1}-10\boldsymbol{A}^{*}\right|$.

解

$$\left|\left(\frac{1}{3}\boldsymbol{A}\right)^{-1}-10\boldsymbol{A}^{*}\right|=|3\boldsymbol{A}^{-1}-10|\boldsymbol{A}|\boldsymbol{A}^{-1}|=|3\boldsymbol{A}^{-1}-5\boldsymbol{A}^{-1}|$$

$$=|-2\boldsymbol{A}^{-1}|=(-2)^{3}|\boldsymbol{A}^{-1}|=-16.$$

例 23 设 $\boldsymbol{A}=(a_{ij})$ 是 n 阶矩阵,A_{ij} 是 a_{ij} 的代数余子式. 若 $\boldsymbol{A}$ 是可逆矩阵,试证明:

$$|\boldsymbol{D}|=\begin{vmatrix} A_{22} & A_{23} & \cdots & A_{2n} \\ A_{32} & A_{33} & \cdots & A_{3n} \\ \vdots & \vdots & & \vdots \\ A_{n2} & A_{n3} & \cdots & A_{nn} \end{vmatrix}=a_{11}|\boldsymbol{A}|^{n-2}.$$

证 因为 $$|\boldsymbol{A}||\boldsymbol{D}|=\begin{vmatrix} a_{11} & a_{12} & \cdots & a_{1n} \\ a_{21} & a_{22} & \cdots & a_{2n} \\ \vdots & \vdots & & \vdots \\ a_{n1} & a_{n2} & \cdots & a_{nn} \end{vmatrix}\begin{vmatrix} A_{22} & A_{23} & \cdots & A_{2n} \\ A_{32} & A_{33} & \cdots & A_{3n} \\ \vdots & \vdots & & \vdots \\ A_{n2} & A_{n3} & \cdots & A_{nn} \end{vmatrix}$$

$$=\begin{vmatrix} a_{11} & a_{12} & \cdots & a_{1n} \\ a_{21} & a_{22} & \cdots & a_{2n} \\ \vdots & \vdots & & \vdots \\ a_{n1} & a_{n2} & \cdots & a_{nn} \end{vmatrix}\begin{vmatrix} 1 & A_{21} & A_{31} & \cdots & A_{n1} \\ 0 & A_{22} & A_{32} & \cdots & A_{n2} \\ \vdots & \vdots & \vdots & & \vdots \\ 0 & A_{2n} & A_{3n} & \cdots & A_{nn} \end{vmatrix}$$

$$=\begin{vmatrix} a_{11} & 0 & \cdots & 0 \\ a_{21} & |\boldsymbol{A}| & \cdots & 0 \\ \vdots & \vdots & & \vdots \\ a_{n1} & 0 & \cdots & |\boldsymbol{A}| \end{vmatrix}=a_{11}|\boldsymbol{A}|^{n-1},$$

由题设条件知,$\boldsymbol{A}$ 可逆,即 $|\boldsymbol{A}|\neq 0$,把上述等式两边消去 $|\boldsymbol{A}|$,即得

$$|\boldsymbol{D}|=a_{11}|\boldsymbol{A}|^{n-2}.$$

2.5 分块矩阵

一、内容提要

1. 分块矩阵的加法、数乘、转置与乘法

对于行数和列数较高的矩阵 $\boldsymbol{A}$,为了计算方便,常把矩阵分成一些小矩阵,或者在作理论研究时,也需把 $m\times n$ 矩阵分成若干个小矩阵,此即分块矩阵. 换言之,将矩阵 $\boldsymbol{A}$ 用若干条纵线和横线分成许多个小矩阵,每一个小矩阵称为 $\boldsymbol{A}$ 的子块,在对分块矩阵进行运算时把每一个小矩阵形式上作为一个元素处理.

2. 特殊分块矩阵的求逆

1) 分块对角矩阵

若 n 阶方阵的分块矩阵中除主对角线上的子块可能非零外,其余均为零矩阵,即

$$\boldsymbol{A}=\begin{pmatrix} \boldsymbol{A}_1 & & & \\ & \boldsymbol{A}_2 & & \\ & & \ddots & \\ & & & \boldsymbol{A}_t \end{pmatrix}$$

称为分块对角矩阵. 简记为 $\boldsymbol{A}=\operatorname{diag}\{\boldsymbol{A}_1,\boldsymbol{A}_2,\cdots,\boldsymbol{A}_t\}$.

由于分块对角矩阵的行列式 $|\boldsymbol{A}|=|\boldsymbol{A}_1||\boldsymbol{A}_2|\cdots|\boldsymbol{A}_t|$,因此,若 $|\boldsymbol{A}_i|\neq 0$,即 $\boldsymbol{A}_i(i=$

$1,2,\cdots,t)$可逆，则$|\boldsymbol{A}|\neq 0$，即$\boldsymbol{A}$可逆，且

$$\boldsymbol{A}^{-1}=\begin{pmatrix}\boldsymbol{A}_1^{-1} & & & \\ & \boldsymbol{A}_2^{-1} & & \\ & & \ddots & \\ & & & \boldsymbol{A}_t^{-1}\end{pmatrix}.$$

2）其他特殊分块矩阵的逆矩阵

若下列分块矩阵$\boldsymbol{A}$中的子块$\boldsymbol{B}$为m阶可逆矩阵，$\boldsymbol{C}$为n阶可逆矩阵，$\boldsymbol{D}$为适当的子块，不难证明下列结论.

（1）如果$\boldsymbol{A}=\begin{pmatrix}\boldsymbol{B} & \boldsymbol{D}\\ \boldsymbol{O} & \boldsymbol{C}\end{pmatrix}$，则$\boldsymbol{A}^{-1}=\begin{pmatrix}\boldsymbol{B}^{-1} & -\boldsymbol{B}^{-1}\boldsymbol{D}\boldsymbol{C}^{-1}\\ \boldsymbol{O} & \boldsymbol{C}^{-1}\end{pmatrix}$.

（2）如果$\boldsymbol{A}=\begin{pmatrix}\boldsymbol{B} & \boldsymbol{O}\\ \boldsymbol{D} & \boldsymbol{C}\end{pmatrix}$，则$\boldsymbol{A}^{-1}=\begin{pmatrix}\boldsymbol{B}^{-1} & \boldsymbol{O}\\ -\boldsymbol{C}^{-1}\boldsymbol{D}\boldsymbol{B}^{-1} & \boldsymbol{C}^{-1}\end{pmatrix}$.

（3）如果$\boldsymbol{A}=\begin{pmatrix}\boldsymbol{D} & \boldsymbol{B}\\ \boldsymbol{C} & \boldsymbol{O}\end{pmatrix}$，则$\boldsymbol{A}^{-1}=\begin{pmatrix}\boldsymbol{O} & \boldsymbol{C}^{-1}\\ \boldsymbol{B}^{-1} & -\boldsymbol{B}^{-1}\boldsymbol{D}\boldsymbol{C}^{-1}\end{pmatrix}$.

（4）如果$\boldsymbol{A}=\begin{pmatrix}\boldsymbol{O} & \boldsymbol{B}\\ \boldsymbol{C} & \boldsymbol{D}\end{pmatrix}$，则$\boldsymbol{A}^{-1}=\begin{pmatrix}-\boldsymbol{C}^{-1}\boldsymbol{D}\boldsymbol{B}^{-1} & \boldsymbol{C}^{-1}\\ \boldsymbol{B}^{-1} & \boldsymbol{O}\end{pmatrix}$.

特别地，在后两个结论中，当$\boldsymbol{D}=\boldsymbol{O}$时，有

$$\begin{pmatrix}\boldsymbol{O} & \boldsymbol{B}\\ \boldsymbol{C} & \boldsymbol{O}\end{pmatrix}^{-1}=\begin{pmatrix}\boldsymbol{O} & \boldsymbol{C}^{-1}\\ \boldsymbol{B}^{-1} & \boldsymbol{O}\end{pmatrix}.$$

这一结论还可推广到一般情形. 即若下列子方块$\boldsymbol{A}_i(i=1,2,\cdots,t)$都可逆，则有

$$\begin{pmatrix} & & & & \boldsymbol{A}_1\\ & & & \boldsymbol{A}_2 & \\ & & \iddots & & \\ & \boldsymbol{A}_{t-1} & & & \\ \boldsymbol{A}_t & & & & \end{pmatrix}^{-1}=\begin{pmatrix} & & & & \boldsymbol{A}_t^{-1}\\ & & & \boldsymbol{A}_{t-1}^{-1} & \\ & & \iddots & & \\ & \boldsymbol{A}_2^{-1} & & & \\ \boldsymbol{A}_1^{-1} & & & & \end{pmatrix}.$$

二、释 疑 解 惑

问题 1　矩阵的分块相乘应满足的条件？

答　必须满足两个条件.

（1）前一（左）矩阵的列块数与后一（右）矩阵的行块数相等；

（2）前一（左）矩阵的每个列块所含的列数等于后一（右）矩阵对应行块所含的行数.

问题 2　分块矩阵的转置应注意什么？

答　转置一个分块矩阵时，不仅整个分块矩阵按块转置，而且每一块都要做转置.

问题 3　设有矩阵$\boldsymbol{A}_{m\times s}$，$\boldsymbol{B}_{s\times n}$，把$\boldsymbol{B}$按列分块，则$\boldsymbol{AB}$等于什么？

答　矩阵$\boldsymbol{B}$按列分块，即$\boldsymbol{B}=(\boldsymbol{\beta}_1,\boldsymbol{\beta}_2,\cdots,\boldsymbol{\beta}_n)$，其中$\boldsymbol{\beta}_j(j=1,2,\cdots,n)$为矩阵$\boldsymbol{B}$中

的第 j 列，则

$$\boldsymbol{AB}=\boldsymbol{A}(\boldsymbol{\beta}_1,\boldsymbol{\beta}_2,\cdots,\boldsymbol{\beta}_n)=(\boldsymbol{A\beta}_1,\boldsymbol{A\beta}_2,\cdots,\boldsymbol{A\beta}_n).$$

这说明矩阵 $\boldsymbol{AB}$ 中的第 j 列等于用 $\boldsymbol{A}$ 左乘 $\boldsymbol{B}$ 中的第 j 列，从而

$$\boldsymbol{AB}=\boldsymbol{O}\Leftrightarrow\boldsymbol{A\beta}_j=\boldsymbol{0}\quad(j=1,2,\cdots,n)$$

$\Leftrightarrow$每个 $\boldsymbol{\beta}_j$ 均为齐次线性方程组 $\boldsymbol{AX}=\boldsymbol{0}$ 的解.

三、典型例题解析

例 1 设

$$\boldsymbol{A}=\begin{pmatrix}a&1&0&0\\0&a&0&0\\0&0&b&1\\0&0&1&b\end{pmatrix},\quad\boldsymbol{B}=\begin{pmatrix}a&0&0&0\\1&a&0&0\\0&0&b&0\\0&0&1&b\end{pmatrix},$$

求 $\boldsymbol{A}+\boldsymbol{B},\boldsymbol{A}^2,\boldsymbol{ABA}$.

解 将 $\boldsymbol{A},\boldsymbol{B}$ 分块，即

$$\boldsymbol{A}=\left(\begin{array}{cc:cc}a&1&0&0\\0&a&0&0\\\hdashline0&0&b&1\\0&0&1&b\end{array}\right)=\begin{pmatrix}\boldsymbol{A}_1&\boldsymbol{O}\\\boldsymbol{O}&\boldsymbol{A}_2\end{pmatrix},\quad\boldsymbol{B}=\left(\begin{array}{cc:cc}a&0&0&0\\1&a&0&0\\\hdashline0&0&b&0\\0&0&1&b\end{array}\right)=\begin{pmatrix}\boldsymbol{B}_1&\boldsymbol{O}\\\boldsymbol{O}&\boldsymbol{B}_2\end{pmatrix},$$

于是 $$\boldsymbol{A}+\boldsymbol{B}=\begin{pmatrix}\boldsymbol{A}_1&\boldsymbol{O}\\\boldsymbol{O}&\boldsymbol{A}_2\end{pmatrix}+\begin{pmatrix}\boldsymbol{B}_1&\boldsymbol{O}\\\boldsymbol{O}&\boldsymbol{B}_2\end{pmatrix}=\begin{pmatrix}\boldsymbol{A}_1+\boldsymbol{B}_1&\boldsymbol{O}\\\boldsymbol{O}&\boldsymbol{A}_2+\boldsymbol{B}_2\end{pmatrix}=\begin{pmatrix}2a&1&&\\1&2a&&\boldsymbol{O}\\&&2b&1\\\boldsymbol{O}&&2&2b\end{pmatrix},$$

$$\boldsymbol{A}^2=\begin{pmatrix}\boldsymbol{A}_1&\boldsymbol{O}\\\boldsymbol{O}&\boldsymbol{A}_2\end{pmatrix}^2=\begin{pmatrix}\boldsymbol{A}_1^2&\boldsymbol{O}\\\boldsymbol{O}&\boldsymbol{A}_2^2\end{pmatrix}=\begin{pmatrix}a^2&2a&&\\0&a^2&&\boldsymbol{O}\\&&b^2+1&2b\\\boldsymbol{O}&&2b&b^2+1\end{pmatrix},$$

$$\boldsymbol{ABA}=\begin{pmatrix}\boldsymbol{A}_1&\boldsymbol{O}\\\boldsymbol{O}&\boldsymbol{A}_2\end{pmatrix}\begin{pmatrix}\boldsymbol{B}_1&\boldsymbol{O}\\\boldsymbol{O}&\boldsymbol{B}_2\end{pmatrix}\begin{pmatrix}\boldsymbol{A}_1&\boldsymbol{O}\\\boldsymbol{O}&\boldsymbol{A}_2\end{pmatrix}=\begin{pmatrix}\boldsymbol{A}_1\boldsymbol{B}_1\boldsymbol{A}_1&\boldsymbol{O}\\\boldsymbol{O}&\boldsymbol{A}_2\boldsymbol{B}_2\boldsymbol{A}_2\end{pmatrix}$$

$$=\begin{pmatrix}a^3+a&2a^2+1&&\\a^2&a^3+a&&\boldsymbol{O}\\&&b^3+2b&2b^2+1\\\boldsymbol{O}&&3b^2&b^3+2b\end{pmatrix}.$$

例 2 按指定分块的方法，用分块矩阵乘法求下列矩阵的乘积.

(1) $\left(\begin{array}{cc:c}1&-2&0\\-1&1&1\\\hdashline0&3&2\end{array}\right)\left(\begin{array}{c:c}0&1\\1&0\\\hdashline0&-1\end{array}\right)$；　　(2) $\left(\begin{array}{ccc}2&1&-1\\\hdashline3&0&-2\\\hdashline1&-1&1\end{array}\right)\left(\begin{array}{c:c:c}1&1&0\\0&0&-1\\-1&2&1\end{array}\right)$.

解 (1) 设题中相乘的两矩阵依次为 $\boldsymbol{A},\boldsymbol{B}$，且

$$\boldsymbol{A}_{11}=\begin{pmatrix}1 & -2\\ -1 & 1\end{pmatrix},\quad \boldsymbol{A}_{12}=\begin{pmatrix}0\\1\end{pmatrix},\quad \boldsymbol{A}_{21}=(0,3),\quad \boldsymbol{A}_{22}=(2);$$

$$\boldsymbol{B}_{11}=\begin{pmatrix}0\\1\end{pmatrix},\quad \boldsymbol{B}_{12}=\begin{pmatrix}1\\0\end{pmatrix},\quad \boldsymbol{B}_{21}=(0),\quad \boldsymbol{B}_{22}=(-1),$$

则
$$\boldsymbol{AB}=\left(\begin{array}{cc:c}1 & -2 & 0\\ -1 & 1 & 1\\ \hdashline 0 & 3 & 2\end{array}\right)\left(\begin{array}{c:c}0 & 1\\ 1 & 0\\ \hdashline 0 & -1\end{array}\right)=\begin{pmatrix}\boldsymbol{A}_{11} & \boldsymbol{A}_{12}\\ \boldsymbol{A}_{21} & \boldsymbol{A}_{22}\end{pmatrix}\begin{pmatrix}\boldsymbol{B}_{11} & \boldsymbol{B}_{12}\\ \boldsymbol{B}_{21} & \boldsymbol{B}_{22}\end{pmatrix}.$$

显然 $\boldsymbol{A}$ 的列分块方法是两个列块，其所含列数分别为 2，1；而 $\boldsymbol{B}$ 的行分块方法也是两个行块，其所含行数分别为 2，1，因而 $\boldsymbol{A}$ 的列分块方法与 $\boldsymbol{B}$ 的行分块方法一致，符合分块相乘的条件. 视子矩阵（子块）$\boldsymbol{A}_{ij}$，$\boldsymbol{B}_{ij}$（$i,j=1,2$）为一个“数”，按照通常的矩阵乘法法则相乘，得到

$$\boldsymbol{AB}=\begin{pmatrix}\boldsymbol{A}_{11}\boldsymbol{B}_{11}+\boldsymbol{A}_{12}\boldsymbol{B}_{21} & \boldsymbol{A}_{11}\boldsymbol{B}_{12}+\boldsymbol{A}_{12}\boldsymbol{B}_{22}\\ \boldsymbol{A}_{21}\boldsymbol{B}_{11}+\boldsymbol{A}_{22}\boldsymbol{B}_{21} & \boldsymbol{A}_{21}\boldsymbol{B}_{12}+\boldsymbol{A}_{22}\boldsymbol{B}_{22}\end{pmatrix},$$

其中
$$\boldsymbol{A}_{11}\boldsymbol{B}_{11}+\boldsymbol{A}_{12}\boldsymbol{B}_{21}=\begin{pmatrix}1 & -2\\ -1 & 1\end{pmatrix}\begin{pmatrix}0\\1\end{pmatrix}+\begin{pmatrix}0\\1\end{pmatrix}(0)=\begin{pmatrix}-2\\1\end{pmatrix}+\begin{pmatrix}0\\0\end{pmatrix}=\begin{pmatrix}-2\\1\end{pmatrix},$$

$$\boldsymbol{A}_{21}\boldsymbol{B}_{11}+\boldsymbol{A}_{22}\boldsymbol{B}_{21}=(0,3)\begin{pmatrix}0\\1\end{pmatrix}+(2)(0)=(3),$$

$$\boldsymbol{A}_{11}\boldsymbol{B}_{12}+\boldsymbol{A}_{12}\boldsymbol{B}_{22}=\begin{pmatrix}1 & -2\\ -1 & 1\end{pmatrix}\begin{pmatrix}1\\0\end{pmatrix}+\begin{pmatrix}0\\1\end{pmatrix}(-1)=\begin{pmatrix}1\\-1\end{pmatrix}+\begin{pmatrix}0\\-1\end{pmatrix}=\begin{pmatrix}1\\-2\end{pmatrix},$$

$$\boldsymbol{A}_{21}\boldsymbol{B}_{12}+\boldsymbol{A}_{22}\boldsymbol{B}_{22}=(0,3)\begin{pmatrix}1\\0\end{pmatrix}+(2)(-1)=(0)+(-2)=(-2),$$

故
$$\boldsymbol{AB}=\left(\begin{array}{c:c}-2 & 1\\ 1 & -2\\ \hdashline 3 & -2\end{array}\right).$$

（2）令
$$\boldsymbol{A}=(2,1,-1),\quad \boldsymbol{B}=(3,0,-2),\quad \boldsymbol{C}=(1,-1,1),$$

$$\boldsymbol{D}=\begin{pmatrix}1\\0\\-1\end{pmatrix},\quad \boldsymbol{E}=\begin{pmatrix}1\\0\\2\end{pmatrix},\quad \boldsymbol{F}=\begin{pmatrix}0\\-1\\1\end{pmatrix},$$

则
$$\text{原式}=\begin{pmatrix}\boldsymbol{A}\\ \boldsymbol{B}\\ \boldsymbol{C}\end{pmatrix}(\boldsymbol{D},\boldsymbol{E},\boldsymbol{F})=\begin{pmatrix}\boldsymbol{AD} & \boldsymbol{AE} & \boldsymbol{AF}\\ \boldsymbol{BD} & \boldsymbol{BE} & \boldsymbol{BF}\\ \boldsymbol{CD} & \boldsymbol{CE} & \boldsymbol{CF}\end{pmatrix}=\begin{pmatrix}3 & 0 & -2\\ 5 & -1 & -2\\ 0 & 3 & 2\end{pmatrix}.$$

例 3 $\boldsymbol{A}=\begin{pmatrix}1 & 2 & 0 & 0\\ 0 & 1 & 0 & 0\\ 0 & 0 & 3 & 4\\ 0 & 0 & 4 & -3\end{pmatrix}$，求 $|\boldsymbol{A}|^n$ 及 $\boldsymbol{A}^{2n}$.

解 $\boldsymbol{A}$ 是分块对角矩阵，设

$$\boldsymbol{A}_1=\begin{pmatrix}1 & 2\\ 0 & 1\end{pmatrix},\quad \boldsymbol{A}_2=\begin{pmatrix}3 & 4\\ 4 & -3\end{pmatrix},\quad \boldsymbol{A}=\left(\begin{array}{c:c}\boldsymbol{A}_1 & \boldsymbol{O}\\ \hdashline \boldsymbol{O} & \boldsymbol{A}_2\end{array}\right),$$

则 $$|\boldsymbol{A}|^n=|\boldsymbol{A}_1|^n|\boldsymbol{A}_2|^n=\begin{vmatrix}1&2\\0&1\end{vmatrix}^n\begin{vmatrix}3&4\\4&-3\end{vmatrix}^n=(-25)^n.$$

又 $$\boldsymbol{A}_1^2=\boldsymbol{A}_1\boldsymbol{A}_1=\begin{pmatrix}1&2\\0&1\end{pmatrix}^2=\begin{pmatrix}1&4\\0&1\end{pmatrix},\quad \boldsymbol{A}_1^3=\begin{pmatrix}1&6\\0&1\end{pmatrix},$$

故有 $$\boldsymbol{A}_1^k=\begin{pmatrix}1&2k\\0&1\end{pmatrix},$$

$$\boldsymbol{A}_2^2=\begin{pmatrix}3&4\\4&-3\end{pmatrix}\begin{pmatrix}3&4\\4&-3\end{pmatrix}=\begin{pmatrix}25&0\\0&25\end{pmatrix}=5^2\begin{pmatrix}1&0\\0&1\end{pmatrix}=5^2\boldsymbol{I},$$

$$\boldsymbol{A}_2^3=\boldsymbol{A}_2^2\cdot\boldsymbol{A}_2=5^2\boldsymbol{I}\boldsymbol{A}_2=5^2\boldsymbol{A}_2,\quad \boldsymbol{A}_2^4=\boldsymbol{A}_2^2\boldsymbol{A}_2^2=5^4\boldsymbol{I},\quad \boldsymbol{A}_2^5=5^4\boldsymbol{A}_2,\cdots,$$

综上所述,有 $$\boldsymbol{A}_2^k=\begin{cases}5^k\boldsymbol{I}, & k\text{ 为偶数},\\ 5^{k-1}\boldsymbol{A}_2, & k\text{ 为奇数}.\end{cases}$$

于是 $$\boldsymbol{A}^{2n}=\left(\begin{array}{c:c}\boldsymbol{A}_1&\boldsymbol{O}\\ \hdashline \boldsymbol{O}&\boldsymbol{A}_2\end{array}\right)^{2n}=\left(\begin{array}{c:c}\boldsymbol{A}_1^{2n}&\boldsymbol{O}\\ \hdashline \boldsymbol{O}&\boldsymbol{A}_2^{2n}\end{array}\right)=\left(\begin{array}{cc:cc}1&4n&0&0\\0&1&0&0\\ \hdashline 0&0&5^{2n}&0\\0&0&0&5^{2n}\end{array}\right).$$

例 4 用分块求逆的方法,求下列方阵的逆方阵.

(1) $\boldsymbol{D}=\begin{pmatrix}2&1&0&0\\1&1&0&0\\0&0&2&5\\0&0&1&3\end{pmatrix}$; (2) $\boldsymbol{D}=\begin{pmatrix}2&1&0&0\\1&1&0&0\\-1&2&2&5\\1&-1&1&3\end{pmatrix}$.

解 (1) 对 $\boldsymbol{D}$ 进行如下分块:

$$\boldsymbol{D}=\left(\begin{array}{cc:cc}2&1&0&0\\1&1&0&0\\ \hdashline 0&0&2&5\\0&0&1&3\end{array}\right).$$

令 $\boldsymbol{A}=\begin{pmatrix}2&1\\1&1\end{pmatrix}$,$\boldsymbol{B}=\begin{pmatrix}2&5\\1&3\end{pmatrix}$,则 $\boldsymbol{D}=\begin{pmatrix}\boldsymbol{A}&\boldsymbol{O}\\\boldsymbol{O}&\boldsymbol{B}\end{pmatrix}$,于是 $\boldsymbol{D}^{-1}=\begin{bmatrix}\boldsymbol{A}^{-1}&\boldsymbol{O}\\\boldsymbol{O}&\boldsymbol{B}^{-1}\end{bmatrix}$. 而

$$\boldsymbol{A}^{-1}=\begin{pmatrix}1&-1\\-1&2\end{pmatrix},\quad \boldsymbol{B}^{-1}=\begin{pmatrix}3&-5\\-1&2\end{pmatrix},$$

故 $$\boldsymbol{D}^{-1}=\begin{pmatrix}1&-1&0&0\\-1&2&0&0\\0&0&3&-5\\0&0&-1&2\end{pmatrix}.$$

(2) 令 $$\boldsymbol{A}=\begin{pmatrix}2&1\\1&1\end{pmatrix},\quad \boldsymbol{C}=\begin{pmatrix}-1&2\\1&-1\end{pmatrix},\quad \boldsymbol{B}=\begin{pmatrix}2&5\\1&3\end{pmatrix},$$

则 $\boldsymbol{D}=\begin{pmatrix}\boldsymbol{A}&\boldsymbol{O}\\\boldsymbol{C}&\boldsymbol{B}\end{pmatrix}$,于是 $\boldsymbol{D}^{-1}=\begin{bmatrix}\boldsymbol{A}^{-1}&\boldsymbol{O}\\-\boldsymbol{B}^{-1}\boldsymbol{C}\boldsymbol{A}^{-1}&\boldsymbol{B}^{-1}\end{bmatrix}$. 而

$$A^{-1}=\begin{pmatrix}1&-1\\-1&2\end{pmatrix},\quad B^{-1}=\begin{pmatrix}3&-5\\-1&2\end{pmatrix},$$

则 $$-B^{-1}CA^{-1}=-\begin{pmatrix}3&-5\\-1&2\end{pmatrix}\begin{pmatrix}-1&2\\1&-1\end{pmatrix}\begin{pmatrix}1&-1\\-1&2\end{pmatrix}=\begin{pmatrix}19&-30\\-7&11\end{pmatrix},$$

故 $$D^{-1}=\begin{bmatrix}1&-1&0&0\\-1&2&0&0\\19&-30&3&-5\\-7&11&-1&2\end{bmatrix}.$$

例 5 设 $\boldsymbol{A},\boldsymbol{B}$ 皆为 n 阶矩阵,令

$$\boldsymbol{M}=\begin{pmatrix}\boldsymbol{A}&\boldsymbol{A}\\\boldsymbol{C}-\boldsymbol{B}&\boldsymbol{C}\end{pmatrix}.$$

如果 $\boldsymbol{AB}$ 可逆,则 $\boldsymbol{M}$ 可逆,并求 $\boldsymbol{M}^{-1}$.

证 右乘分块初等矩阵,零化 $\boldsymbol{M}$ 的子块,得

$$\begin{pmatrix}\boldsymbol{A}&\boldsymbol{A}\\\boldsymbol{C}-\boldsymbol{B}&\boldsymbol{C}\end{pmatrix}\begin{bmatrix}\boldsymbol{I}_n&\boldsymbol{Y}\\\boldsymbol{O}&\boldsymbol{I}_n\end{bmatrix}=\begin{pmatrix}\boldsymbol{A}&\boldsymbol{AY}+\boldsymbol{A}\\\boldsymbol{C}-\boldsymbol{B}&(\boldsymbol{C}-\boldsymbol{B})\boldsymbol{Y}+\boldsymbol{C}\end{pmatrix}.$$

令 $\boldsymbol{AY}+\boldsymbol{A}=\boldsymbol{O}$,显然 $\boldsymbol{Y}=-\boldsymbol{I}_n$ 满足此式,于是

$$\begin{pmatrix}\boldsymbol{A}&\boldsymbol{A}\\\boldsymbol{C}-\boldsymbol{B}&\boldsymbol{C}\end{pmatrix}=\begin{pmatrix}\boldsymbol{A}&\boldsymbol{O}\\\boldsymbol{C}-\boldsymbol{B}&\boldsymbol{B}\end{pmatrix}\begin{bmatrix}\boldsymbol{I}_n&-\boldsymbol{I}_n\\\boldsymbol{O}&\boldsymbol{I}_n\end{bmatrix}^{-1}.$$

因 $\boldsymbol{AB}$ 可逆,故 $\boldsymbol{A},\boldsymbol{B}$ 可逆,从而$\begin{pmatrix}\boldsymbol{A}&\boldsymbol{O}\\\boldsymbol{C}-\boldsymbol{B}&\boldsymbol{B}\end{pmatrix}$可逆,于是由上式知,$\boldsymbol{M}$ 可逆. 又因

$$\begin{pmatrix}\boldsymbol{A}&\boldsymbol{O}\\\boldsymbol{C}-\boldsymbol{B}&\boldsymbol{B}\end{pmatrix}^{-1}=\begin{bmatrix}\boldsymbol{A}^{-1}&\boldsymbol{O}\\-\boldsymbol{B}^{-1}(\boldsymbol{C}-\boldsymbol{B})\boldsymbol{A}^{-1}&\boldsymbol{B}^{-1}\end{bmatrix},$$

于是

$$\begin{pmatrix}\boldsymbol{A}&\boldsymbol{A}\\\boldsymbol{C}-\boldsymbol{B}&\boldsymbol{C}\end{pmatrix}^{-1}=\begin{bmatrix}\boldsymbol{I}_n&-\boldsymbol{I}_n\\\boldsymbol{O}&\boldsymbol{I}_n\end{bmatrix}\begin{pmatrix}\boldsymbol{A}&\boldsymbol{O}\\\boldsymbol{C}-\boldsymbol{B}&\boldsymbol{B}\end{pmatrix}^{-1}=\begin{bmatrix}\boldsymbol{A}^{-1}+\boldsymbol{B}^{-1}\boldsymbol{C}(-\boldsymbol{B})\boldsymbol{A}^{-1}&-\boldsymbol{B}^{-1}\\-\boldsymbol{B}^{-1}(\boldsymbol{C}-\boldsymbol{B})\boldsymbol{A}^{-1}&\boldsymbol{B}^{-1}\end{bmatrix}.$$

例 6 设 $\boldsymbol{A}$ 为 n 阶非奇异矩阵,$\boldsymbol{\alpha}$ 为 n 维列向量,b 为常数,记分块矩阵

$$\boldsymbol{P}=\begin{pmatrix}\boldsymbol{I}&\boldsymbol{O}\\-\boldsymbol{\alpha}^{\mathrm{T}}\boldsymbol{A}^*&|\boldsymbol{A}|\end{pmatrix},\quad \boldsymbol{Q}=\begin{pmatrix}\boldsymbol{A}&\boldsymbol{\alpha}\\\boldsymbol{\alpha}^{\mathrm{T}}&b\end{pmatrix},$$

其中,$\boldsymbol{A}^*$ 为矩阵 $\boldsymbol{A}$ 的伴随矩阵,$\boldsymbol{I}$ 为 n 阶单位矩阵.

(1) 计算并化简 $\boldsymbol{PQ}$;

(2) 证明:矩阵 $\boldsymbol{Q}$ 可逆的充要条件是 $\boldsymbol{\alpha}^{\mathrm{T}}\boldsymbol{A}^{-1}\boldsymbol{\alpha}\neq b$.

证 (1) 显然 $\boldsymbol{P}$ 与 $\boldsymbol{Q}$ 的分块方法符合可相乘条件,因此可将 $\boldsymbol{P},\boldsymbol{Q}$ 中子矩阵(子块)视为一个数相乘. 又由 $\boldsymbol{A}^*\boldsymbol{A}=|\boldsymbol{A}|\boldsymbol{I},\boldsymbol{A}^*=|\boldsymbol{A}|\boldsymbol{A}^{-1}$,得到

$$\begin{aligned}\boldsymbol{PQ}&=\begin{pmatrix}\boldsymbol{I}&\boldsymbol{O}\\-\boldsymbol{\alpha}^{\mathrm{T}}\boldsymbol{A}^*&|\boldsymbol{A}|\end{pmatrix}\begin{pmatrix}\boldsymbol{A}&\boldsymbol{\alpha}\\\boldsymbol{\alpha}^{\mathrm{T}}&b\end{pmatrix}=\begin{pmatrix}\boldsymbol{A}&\boldsymbol{\alpha}\\-\boldsymbol{\alpha}^{\mathrm{T}}\boldsymbol{A}^*\boldsymbol{A}+|\boldsymbol{A}|\boldsymbol{\alpha}^{\mathrm{T}}&-\boldsymbol{\alpha}^{\mathrm{T}}\boldsymbol{A}^*\boldsymbol{\alpha}+b|\boldsymbol{A}|\end{pmatrix}\\&=\begin{pmatrix}\boldsymbol{A}&\boldsymbol{\alpha}\\\boldsymbol{O}&|\boldsymbol{A}|(b-\boldsymbol{\alpha}^{\mathrm{T}}\boldsymbol{A}^{-1}\boldsymbol{\alpha})\end{pmatrix}.\end{aligned}$$

(2) 由(1) $$|\boldsymbol{PQ}|=|\boldsymbol{A}|^2(b-\boldsymbol{\alpha}^{\mathrm{T}}\boldsymbol{A}^{-1}\boldsymbol{\alpha}).$$

而$|\boldsymbol{PQ}|=|\boldsymbol{P}||\boldsymbol{Q}|$,因$|\boldsymbol{P}|=|\boldsymbol{A}|\neq 0$,故由式即得

$$|\boldsymbol{Q}|=|\boldsymbol{A}|(b-\boldsymbol{\alpha}^{\mathrm{T}}\boldsymbol{A}^{-1}\boldsymbol{\alpha}).$$

由此可知,$|\boldsymbol{Q}|\neq 0$ 的充要条件为 $\boldsymbol{\alpha}^{\mathrm{T}}\boldsymbol{A}^{-1}\boldsymbol{\alpha}\neq b$,即矩阵 $\boldsymbol{Q}$ 可逆的充要条件为 $\boldsymbol{\alpha}^{\mathrm{T}}\boldsymbol{A}^{-1}\boldsymbol{\alpha}\neq b$.

例 7 设 $\boldsymbol{A},\boldsymbol{B},\boldsymbol{C},\boldsymbol{D}$ 都是 n 阶方阵,$\boldsymbol{A}$ 是非奇异的,$\boldsymbol{I}$ 是 n 阶单位方阵,并且

$$\boldsymbol{X}=\begin{pmatrix}\boldsymbol{I} & \boldsymbol{O}\\ -\boldsymbol{CA}^{-1} & \boldsymbol{I}\end{pmatrix},\quad \boldsymbol{Y}=\begin{pmatrix}\boldsymbol{A} & \boldsymbol{B}\\ \boldsymbol{C} & \boldsymbol{D}\end{pmatrix},\quad \boldsymbol{Z}=\begin{pmatrix}\boldsymbol{I} & -\boldsymbol{A}^{-1}\boldsymbol{B}\\ \boldsymbol{O} & \boldsymbol{I}\end{pmatrix}.$$

(1) 求乘积 $\boldsymbol{XYZ}$;

(2) 证明:$\begin{vmatrix}\boldsymbol{A} & \boldsymbol{B}\\ \boldsymbol{C} & \boldsymbol{D}\end{vmatrix}=|\boldsymbol{A}|\cdot|\boldsymbol{D}-\boldsymbol{CA}^{-1}\boldsymbol{B}|$.

解 (1) 根据分块矩阵的乘法,得

$$\begin{aligned}\boldsymbol{XYZ}&=\begin{pmatrix}\boldsymbol{I} & \boldsymbol{O}\\ -\boldsymbol{CA}^{-1} & \boldsymbol{I}\end{pmatrix}\begin{pmatrix}\boldsymbol{A} & \boldsymbol{B}\\ \boldsymbol{C} & \boldsymbol{D}\end{pmatrix}\begin{pmatrix}\boldsymbol{I} & -\boldsymbol{A}^{-1}\boldsymbol{B}\\ \boldsymbol{O} & \boldsymbol{I}\end{pmatrix}=\begin{pmatrix}\boldsymbol{A} & \boldsymbol{B}\\ \boldsymbol{O} & \boldsymbol{D}-\boldsymbol{CA}^{-1}\boldsymbol{B}\end{pmatrix}\begin{pmatrix}\boldsymbol{I} & -\boldsymbol{A}^{-1}\boldsymbol{B}\\ \boldsymbol{O} & \boldsymbol{I}\end{pmatrix}\\&=\begin{pmatrix}\boldsymbol{A} & \boldsymbol{O}\\ \boldsymbol{O} & \boldsymbol{D}-\boldsymbol{CA}^{-1}\boldsymbol{B}\end{pmatrix}.\end{aligned}$$

(2) 由(1)可得

$$|\boldsymbol{XYZ}|=\begin{vmatrix}\boldsymbol{A} & \boldsymbol{O}\\ \boldsymbol{O} & \boldsymbol{D}-\boldsymbol{CA}^{-1}\boldsymbol{B}\end{vmatrix}=|\boldsymbol{A}|\cdot|\boldsymbol{D}-\boldsymbol{CA}^{-1}\boldsymbol{B}|,$$

又因$|\boldsymbol{XYZ}|=|\boldsymbol{X}||\boldsymbol{Y}||\boldsymbol{Z}|$,且$|\boldsymbol{X}|=1$,$|\boldsymbol{Z}|=1$,故

$$|\boldsymbol{Y}|=\begin{vmatrix}\boldsymbol{A} & \boldsymbol{B}\\ \boldsymbol{C} & \boldsymbol{D}\end{vmatrix}=|\boldsymbol{A}|\cdot|\boldsymbol{D}-\boldsymbol{CA}^{-1}\boldsymbol{B}|.$$

例 8 设分块矩阵 $\boldsymbol{M}=\begin{pmatrix}\boldsymbol{A} & \boldsymbol{\alpha}\\ \boldsymbol{\alpha}^{\mathrm{T}} & c\end{pmatrix}$,其中 $\boldsymbol{A}$ 是 n 阶可逆矩阵,$\boldsymbol{\alpha}$ 是 n 维列向量,c 是常数,且 $c-\boldsymbol{\alpha}^{\mathrm{T}}\boldsymbol{A}^{-1}\boldsymbol{\alpha}\neq 0$,求 $\boldsymbol{M}^{-1}$.

解 因 $\boldsymbol{A}$ 是可逆矩阵,则

$$\begin{pmatrix}\boldsymbol{I}_n & \boldsymbol{O}\\ -\boldsymbol{\alpha}^{\mathrm{T}}\boldsymbol{A}^{-1} & 1\end{pmatrix}\begin{pmatrix}\boldsymbol{A} & \boldsymbol{\alpha}\\ \boldsymbol{\alpha}^{\mathrm{T}} & c\end{pmatrix}\begin{pmatrix}\boldsymbol{I}_n & -\boldsymbol{A}^{-1}\boldsymbol{\alpha}\\ \boldsymbol{O} & 1\end{pmatrix}=\begin{pmatrix}\boldsymbol{A} & \boldsymbol{O}\\ \boldsymbol{O} & c-\boldsymbol{\alpha}^{\mathrm{T}}\boldsymbol{A}^{-1}\boldsymbol{\alpha}\end{pmatrix},$$

即

$$\begin{pmatrix}\boldsymbol{A} & \boldsymbol{\alpha}\\ \boldsymbol{\alpha}^{\mathrm{T}} & c\end{pmatrix}=\begin{pmatrix}\boldsymbol{I}_n & \boldsymbol{O}\\ -\boldsymbol{\alpha}^{\mathrm{T}}\boldsymbol{A}^{-1} & 1\end{pmatrix}^{-1}\begin{pmatrix}\boldsymbol{A} & \boldsymbol{O}\\ \boldsymbol{O} & c-\boldsymbol{\alpha}^{\mathrm{T}}\boldsymbol{A}^{-1}\boldsymbol{\alpha}\end{pmatrix}\begin{pmatrix}\boldsymbol{I}_n & -\boldsymbol{A}^{-1}\boldsymbol{\alpha}\\ \boldsymbol{O} & 1\end{pmatrix}^{-1}.$$

上式两端求逆,得到

$$\begin{aligned}\begin{pmatrix}\boldsymbol{A} & \boldsymbol{\alpha}\\ \boldsymbol{\alpha}^{\mathrm{T}} & c\end{pmatrix}^{-1}&=\begin{pmatrix}\boldsymbol{I}_n & -\boldsymbol{A}^{-1}\boldsymbol{\alpha}\\ \boldsymbol{O} & 1\end{pmatrix}\begin{pmatrix}\boldsymbol{A} & \boldsymbol{O}\\ \boldsymbol{O} & c-\boldsymbol{\alpha}^{\mathrm{T}}\boldsymbol{A}^{-1}\boldsymbol{\alpha}\end{pmatrix}^{-1}\begin{pmatrix}\boldsymbol{I}_n & O\\ -\boldsymbol{\alpha}^{\mathrm{T}}\boldsymbol{A}^{-1} & 1\end{pmatrix}\\&=\begin{pmatrix}\boldsymbol{I}_n & -\boldsymbol{A}^{-1}\boldsymbol{\alpha}\\ \boldsymbol{O} & 1\end{pmatrix}\begin{pmatrix}\boldsymbol{A}^{-1} & \boldsymbol{O}\\ \boldsymbol{O} & (c-\boldsymbol{\alpha}^{\mathrm{T}}\boldsymbol{A}^{-1}\boldsymbol{\alpha})^{-1}\end{pmatrix}\begin{pmatrix}\boldsymbol{I}_n & O\\ -\boldsymbol{\alpha}^{\mathrm{T}}\boldsymbol{A}^{-1} & 1\end{pmatrix}\\&=\frac{1}{c-\boldsymbol{\alpha}^{\mathrm{T}}\boldsymbol{A}^{-1}\boldsymbol{\alpha}}\begin{pmatrix}(c-\boldsymbol{\alpha}^{\mathrm{T}}\boldsymbol{A}^{-1}\boldsymbol{\alpha})\boldsymbol{A}+\boldsymbol{A}^{-1}\cdot\boldsymbol{\alpha}\boldsymbol{\alpha}^{\mathrm{T}}\cdot\boldsymbol{A}^{-1} & -\boldsymbol{A}^{-1}\boldsymbol{\alpha}\\ -\boldsymbol{\alpha}^{\mathrm{T}}\boldsymbol{A}^{-1} & 1\end{pmatrix}.\end{aligned}$$

例 9 设 $\boldsymbol{A},\boldsymbol{B},\boldsymbol{C},\boldsymbol{D}$ 都是 n 阶矩阵,且$|\boldsymbol{A}|\neq 0$,$\boldsymbol{AC}=\boldsymbol{CA}$,求$\begin{vmatrix}\boldsymbol{A} & \boldsymbol{B}\\ \boldsymbol{C} & \boldsymbol{D}\end{vmatrix}$.

解 因$|\boldsymbol{A}|\neq 0$,故 $\boldsymbol{A}^{-1}$存在,得到

$$\begin{vmatrix} \boldsymbol{A} & \boldsymbol{B} \\ \boldsymbol{C} & \boldsymbol{D} \end{vmatrix} = \begin{vmatrix} \boldsymbol{A} & \boldsymbol{B} \\ \boldsymbol{O} & \boldsymbol{D}-\boldsymbol{C}\boldsymbol{A}^{-1}\boldsymbol{B} \end{vmatrix} = |\boldsymbol{A}|\,|\boldsymbol{D}-\boldsymbol{C}\boldsymbol{A}^{-1}\boldsymbol{B}| = |\boldsymbol{A}\boldsymbol{D}-\boldsymbol{A}\boldsymbol{C}\boldsymbol{A}^{-1}\boldsymbol{B}|$$
$$= |\boldsymbol{A}\boldsymbol{D}-\boldsymbol{C}\boldsymbol{A}\boldsymbol{A}^{-1}\boldsymbol{B}| = |\boldsymbol{A}\boldsymbol{D}-\boldsymbol{C}\boldsymbol{B}|.$$

注 由上例可知，分块矩阵 $\boldsymbol{M}=\begin{pmatrix} \boldsymbol{A} & \boldsymbol{B} \\ \boldsymbol{C} & \boldsymbol{D} \end{pmatrix}$ 中子块 $\boldsymbol{A},\boldsymbol{B},\boldsymbol{C},\boldsymbol{D}$ 的阶数大于 1 时，其行列式

$$|\boldsymbol{M}| = \begin{vmatrix} \boldsymbol{A} & \boldsymbol{B} \\ \boldsymbol{C} & \boldsymbol{D} \end{vmatrix} \neq |\boldsymbol{A}|\,|\boldsymbol{D}| - |\boldsymbol{C}|\,|\boldsymbol{B}| = |\boldsymbol{A}\boldsymbol{D}| - |\boldsymbol{C}\boldsymbol{B}|.$$

读者可取 $\boldsymbol{A}=\boldsymbol{B}=-\boldsymbol{C}=\boldsymbol{D}=\begin{pmatrix} 1 & 0 \\ 0 & 1 \end{pmatrix}$，验证上述事实. 切不可与二阶数字矩阵 $\begin{vmatrix} a & b \\ c & d \end{vmatrix}=ad-bc$ 的算法混淆.

例 10 求下列矩阵的逆矩阵：

$$\boldsymbol{A}=\begin{pmatrix} n & 0 & 0 & \cdots & 0 & 0 & 0 \\ 0 & n-1 & 0 & \cdots & 0 & 0 & 0 \\ 0 & 0 & 0 & \cdots & 0 & 0 & 1 \\ 0 & 0 & 0 & \cdots & 0 & 2 & 0 \\ \vdots & \vdots & \vdots & & \vdots & \vdots & \vdots \\ 0 & 0 & n-2 & \cdots & 0 & 0 & 0 \end{pmatrix}.$$

解 设 $\boldsymbol{A}=\begin{pmatrix} \boldsymbol{A}_1 & \boldsymbol{O} \\ \boldsymbol{O} & \boldsymbol{A}_2 \end{pmatrix}$，其中 $\boldsymbol{A}_1=\begin{pmatrix} n & 0 \\ 0 & n-1 \end{pmatrix}$，$\boldsymbol{A}_2$ 为 $n-2$ 阶矩阵. 先求 $\boldsymbol{A}_2^{-1}$，得到

$$\boldsymbol{A}_2^{-1}=\begin{pmatrix} 0 & 0 & \cdots & 0 & 1/(n-2) \\ 0 & 0 & \cdots & 1/(n-3) & 0 \\ \vdots & \vdots & & \vdots & \vdots \\ 0 & 1/2 & \cdots & 0 & 0 \\ 1 & 0 & \cdots & 0 & 0 \end{pmatrix}.$$

又 $\boldsymbol{A}_1^{-1}=\begin{pmatrix} 1/n & 0 \\ 0 & 1/(n-1) \end{pmatrix}$，易求得

$$\boldsymbol{A}=\begin{pmatrix} \boldsymbol{A}_1^{-1} & \boldsymbol{O} \\ \boldsymbol{O} & \boldsymbol{A}_2^{-1} \end{pmatrix}=\begin{pmatrix} 1/n & 0 & 0 & 0 & \cdots & 0 & 0 \\ 0 & 1/(n-1) & 0 & 0 & \cdots & 0 & 0 \\ 0 & 0 & 0 & 0 & \cdots & 0 & 1/(n-2) \\ \vdots & \vdots & \vdots & \vdots & & \vdots & \vdots \\ 0 & 0 & 0 & 1/2 & \cdots & 0 & 0 \\ 0 & 0 & 1 & 0 & \cdots & 0 & 0 \end{pmatrix}.$$

2.6 综合范例

例 1 填空题.

(1) 已知 $\boldsymbol{\alpha}=(1,2,3)$，$\boldsymbol{\beta}=\left(1,\frac{1}{2},\frac{1}{3}\right)$，设 $\boldsymbol{A}=\boldsymbol{\alpha}^{\mathrm{T}}\boldsymbol{\beta}$，其中 $\boldsymbol{\alpha}^{\mathrm{T}}$ 是 $\boldsymbol{\alpha}$ 的转置，则 $\boldsymbol{A}^n$

$=$______.

(2) 设 $\boldsymbol{A}$ 为 m 阶方阵，$\boldsymbol{B}$ 为 n 阶方阵，且 $|\boldsymbol{A}|=a$，$|\boldsymbol{B}|=b$，$\boldsymbol{C}=\begin{pmatrix}\boldsymbol{O} & \boldsymbol{A}\\ \boldsymbol{B} & \boldsymbol{O}\end{pmatrix}$，则 $|\boldsymbol{C}|$ $=$______.

(3) 设 $\boldsymbol{A},\boldsymbol{B}$ 均为三阶矩阵，$\boldsymbol{I}$ 是三阶单位矩阵，已知 $\boldsymbol{AB}=2\boldsymbol{A}+\boldsymbol{B}$，$\boldsymbol{B}=\begin{pmatrix}2 & 0 & 2\\ 0 & 4 & 0\\ 2 & 0 & 2\end{pmatrix}$，则 $(\boldsymbol{A}-\boldsymbol{I})^{-1}=$______.

(4) 设 n 维向量 $\boldsymbol{\alpha}=(a,0,\cdots,0,a)^{\mathrm{T}}$，$a<0$，$\boldsymbol{I}$ 为 n 阶单位矩阵，矩阵 $\boldsymbol{A}=\boldsymbol{I}-\boldsymbol{\alpha\alpha}^{\mathrm{T}}$，$\boldsymbol{B}=\boldsymbol{I}+\dfrac{1}{a}\boldsymbol{\alpha\alpha}^{\mathrm{T}}$，其中 $\boldsymbol{A}$ 的逆矩阵为 $\boldsymbol{B}$，则 $a=$______.

(5) 设三阶矩阵 $\boldsymbol{A}=(\boldsymbol{\alpha}_1,\boldsymbol{\alpha}_2,\boldsymbol{\beta}_1)$，$\boldsymbol{B}=(\boldsymbol{\alpha}_1,\boldsymbol{\alpha}_2,\boldsymbol{\beta}_2)$，$\boldsymbol{C}=(\boldsymbol{\alpha}_1,\boldsymbol{\alpha}_2,\boldsymbol{\beta}_3)$，$\boldsymbol{\alpha}_1,\boldsymbol{\alpha}_2,\boldsymbol{\beta}_1,\boldsymbol{\beta}_2,\boldsymbol{\beta}_3$ 为三维列向量，$|\boldsymbol{A}|=p$，$|\boldsymbol{B}|=q$，$|\boldsymbol{C}|=r$，求 $|\boldsymbol{A}+2\boldsymbol{B}+\boldsymbol{C}|=$______.

解 (1)
$$\boldsymbol{A}^n=(\boldsymbol{\alpha}^{\mathrm{T}}\boldsymbol{\beta})(\boldsymbol{\alpha}^{\mathrm{T}}\boldsymbol{\beta})\cdots(\boldsymbol{\alpha}^{\mathrm{T}}\boldsymbol{\beta})=\boldsymbol{\alpha}^{\mathrm{T}}\cdot\overbrace{(\boldsymbol{\beta\alpha}^{\mathrm{T}})\cdot(\boldsymbol{\beta\alpha}^{\mathrm{T}})\cdots(\boldsymbol{\beta\alpha}^{\mathrm{T}})}^{n-1\text{个}}\cdot\boldsymbol{\beta}$$
$$=3^{n-1}\boldsymbol{\alpha}^{\mathrm{T}}\boldsymbol{\beta}=3^{n-1}\boldsymbol{A}=3^{n-1}\begin{pmatrix}1 & \frac{1}{2} & \frac{1}{3}\\ 2 & 1 & \frac{2}{3}\\ 3 & \frac{3}{2} & 1\end{pmatrix}.$$

(2) 将矩阵 $\boldsymbol{B}$ 中所在列的列向量依次记为 $\boldsymbol{\beta}_1,\boldsymbol{\beta}_2,\cdots,\boldsymbol{\beta}_n$，$\boldsymbol{A}$ 所在列的列向量依次记为 $\boldsymbol{\alpha}_1,\boldsymbol{\alpha}_2,\cdots,\boldsymbol{\alpha}_m$，利用行列式"交换两行或列时行列式值反号"这一性质，将行列式
$$|\boldsymbol{C}|=|(\boldsymbol{\beta}_1,\boldsymbol{\beta}_2,\cdots,\boldsymbol{\beta}_n,\boldsymbol{\alpha}_1,\boldsymbol{\alpha}_2,\cdots,\boldsymbol{\alpha}_m)|$$
经过 mn 次交换其两列，有
$$|\boldsymbol{C}|=(-1)^{mn}|(\boldsymbol{\alpha}_1,\boldsymbol{\alpha}_2,\cdots,\boldsymbol{\alpha}_m,\boldsymbol{\beta}_1,\boldsymbol{\beta}_2,\cdots,\boldsymbol{\beta}_n)|$$
$$=(-1)^{mn}\begin{vmatrix}\boldsymbol{A} & \boldsymbol{O}\\ \boldsymbol{O} & \boldsymbol{B}\end{vmatrix}=(-1)^{mn}|\boldsymbol{A}||\boldsymbol{B}|=(-1)^{mn}ab.$$

(3) 由 $\boldsymbol{AB}=2\boldsymbol{A}+\boldsymbol{B}$ 知，$\boldsymbol{AB}-\boldsymbol{B}=2\boldsymbol{A}-2\boldsymbol{I}+2\boldsymbol{I}$，即有
$$(\boldsymbol{A}-\boldsymbol{I})\boldsymbol{B}-2(\boldsymbol{A}-\boldsymbol{I})=2\boldsymbol{I},$$
亦易
$$(\boldsymbol{A}-\boldsymbol{I})(\boldsymbol{B}-2\boldsymbol{I})=2\boldsymbol{I},\quad(\boldsymbol{A}-\boldsymbol{I})\cdot\frac{1}{2}(\boldsymbol{B}-2\boldsymbol{I})=\boldsymbol{I},$$
可见
$$(\boldsymbol{A}-\boldsymbol{I})^{-1}=\frac{1}{2}(\boldsymbol{B}-2\boldsymbol{I})=\begin{pmatrix}0 & 0 & 1\\ 0 & 1 & 0\\ 1 & 0 & 0\end{pmatrix}.$$

(4) 由题设，有
$$\boldsymbol{AB}=(\boldsymbol{I}-\boldsymbol{\alpha\alpha}^{\mathrm{T}})\left(\boldsymbol{I}+\frac{1}{a}\boldsymbol{\alpha\alpha}^{\mathrm{T}}\right)=\boldsymbol{I}-\boldsymbol{\alpha\alpha}^{\mathrm{T}}+\frac{1}{a}\boldsymbol{\alpha\alpha}^{\mathrm{T}}-\frac{1}{a}\cdot\boldsymbol{\alpha\alpha}^{\mathrm{T}}\cdot\boldsymbol{\alpha\alpha}^{\mathrm{T}}$$
$$=\boldsymbol{I}-\boldsymbol{\alpha\alpha}^{\mathrm{T}}+\frac{1}{a}\boldsymbol{\alpha\alpha}^{\mathrm{T}}-\frac{1}{a}\cdot\boldsymbol{\alpha}(\boldsymbol{\alpha}^{\mathrm{T}}\cdot\boldsymbol{\alpha})\cdot\boldsymbol{\alpha}^{\mathrm{T}}=\boldsymbol{I}-\boldsymbol{\alpha\alpha}^{\mathrm{T}}+\frac{1}{a}\cdot\boldsymbol{\alpha}\cdot\boldsymbol{\alpha}^{\mathrm{T}}-2a\cdot\boldsymbol{\alpha}\cdot\boldsymbol{\alpha}^{\mathrm{T}}$$

$$=\boldsymbol{I}+\left(-1-2a+\frac{1}{a}\right)\cdot\boldsymbol{\alpha}\cdot\boldsymbol{\alpha}^{\mathrm{T}}=\boldsymbol{I},$$

于是 $$-1-2a+\frac{1}{a}=0,\quad 即\quad 2a^2+a-1=0,$$

解得 $a=\frac{1}{2}$，$a=-1$. 由于 $a<0$，故 $a=-1$.

(5) $2\boldsymbol{B}=(2\boldsymbol{\alpha}_1,2\boldsymbol{\alpha}_2,2\boldsymbol{\beta}_2)$，$\boldsymbol{A}+2\boldsymbol{B}+\boldsymbol{C}=(4\boldsymbol{\alpha}_1,4\boldsymbol{\alpha}_2,\boldsymbol{\beta}_1+2\boldsymbol{\beta}_2+\boldsymbol{\beta}_3)$，

$$\begin{aligned}|\boldsymbol{A}+2\boldsymbol{B}+\boldsymbol{C}|&=|4\boldsymbol{\alpha}_1,4\boldsymbol{\alpha}_2,\boldsymbol{\beta}_1+2\boldsymbol{\beta}_2+\boldsymbol{\beta}_3|=4^2|\boldsymbol{\alpha}_1,\boldsymbol{\alpha}_2,\boldsymbol{\beta}_1+2\boldsymbol{\beta}_2+\boldsymbol{\beta}_3|\\&=16(|\boldsymbol{\alpha}_1,\boldsymbol{\alpha}_2,\boldsymbol{\beta}_1|+|\boldsymbol{\alpha}_1,\boldsymbol{\alpha}_2,2\boldsymbol{\beta}_2|+|\boldsymbol{\alpha}_1,\boldsymbol{\alpha}_2,\boldsymbol{\beta}_3|)\\&=16(|\boldsymbol{A}|+2|\boldsymbol{B}|+|\boldsymbol{C}|)=16(p+2q+r).\end{aligned}$$

例 2 (1) 设 $\boldsymbol{A}$ 为 n 阶方阵，且 $\boldsymbol{A}$ 的行列式 $|\boldsymbol{A}|=a\neq0$，而 $\boldsymbol{A}^*$ 是 $\boldsymbol{A}$ 的伴随矩阵，则 $|\boldsymbol{A}^*|$ 等于(　　).

(A) a　　(B) $\frac{1}{a}$　　(C) a^{n-1}　　(D) a^n

思路 对 $\boldsymbol{A}\boldsymbol{A}^*=|\boldsymbol{A}|\boldsymbol{I}$ 两边取行列式.

解 选(C). $|\boldsymbol{A}|\cdot|\boldsymbol{A}^*|=||\boldsymbol{A}|\cdot\boldsymbol{I}|=|\boldsymbol{A}|^n$，而已知 $|\boldsymbol{A}|=a\neq0$，故 $|\boldsymbol{A}^*|=|\boldsymbol{A}|^{n-1}=a^{n-1}$.

(2) 设 $\boldsymbol{A}^*$ 为 n 阶可逆方阵 $\boldsymbol{A}$ 的伴随矩阵，下列式子正确的是(　　).

(A) $(-\boldsymbol{A})^*=-\boldsymbol{A}^*$　　(B) $(-\boldsymbol{A})^{-1}=-\boldsymbol{A}^{-1}$

(C) $|-\boldsymbol{A}|=-|\boldsymbol{A}|$　　(D) $|\boldsymbol{A}^*|=|\boldsymbol{A}|$

解 选(B). 因 $(k\boldsymbol{A})^{-1}=k^{-1}\boldsymbol{A}^{-1}$，故 $k=-1$，即 $(-\boldsymbol{A})^{-1}=-\boldsymbol{A}^{-1}$. 而 $(-\boldsymbol{A})^*=(-1)^{n-1}\boldsymbol{A}^*$，$|-\boldsymbol{A}|=(-1)^n|\boldsymbol{A}|$，$|\boldsymbol{A}^*|=|\boldsymbol{A}|^{n-1}$，故(A)，(C)，(D)皆不成立.

(3) $$\boldsymbol{A}=\begin{pmatrix}a_{11}&a_{12}&a_{13}&a_{14}\\a_{21}&a_{22}&a_{23}&a_{24}\\a_{31}&a_{32}&a_{33}&a_{34}\\a_{41}&a_{42}&a_{43}&a_{44}\end{pmatrix},\quad \boldsymbol{B}=\begin{pmatrix}a_{14}&a_{13}&a_{12}&a_{11}\\a_{24}&a_{23}&a_{22}&a_{21}\\a_{34}&a_{33}&a_{32}&a_{31}\\a_{44}&a_{43}&a_{42}&a_{41}\end{pmatrix},$$

$$\boldsymbol{P}_1=\begin{pmatrix}0&0&0&1\\0&1&0&0\\0&0&1&0\\1&0&0&0\end{pmatrix},\quad \boldsymbol{P}_2=\begin{pmatrix}1&0&0&0\\0&0&1&0\\0&1&0&0\\0&0&0&1\end{pmatrix},$$

其中 $\boldsymbol{A}$ 可逆，则 $\boldsymbol{B}^{-1}$ 等于(　　).

(A) $\boldsymbol{A}^{-1}\boldsymbol{P}_1\boldsymbol{P}_2$　　(B) $\boldsymbol{P}_1\boldsymbol{A}^{-1}\boldsymbol{P}_2$　　(C) $\boldsymbol{P}_1\boldsymbol{P}_2\boldsymbol{A}^{-1}$　　(D) $\boldsymbol{P}_2\boldsymbol{A}^{-1}\boldsymbol{P}_1$

解 选(C). 因为 $\boldsymbol{B}$ 是由矩阵 $\boldsymbol{A}$ 的第 1 列与第 4 列对换且第 2 列与第 3 列对换得到的，即相当于用两个初等对换矩阵 $\boldsymbol{P}_2$，$\boldsymbol{P}_1$ 右乘 $\boldsymbol{A}$ 等于矩阵 $\boldsymbol{B}$，即 $\boldsymbol{B}=\boldsymbol{A}\boldsymbol{P}_2\boldsymbol{P}_1$，因而

$$\boldsymbol{B}^{-1}=\boldsymbol{P}_1^{-1}\boldsymbol{P}_2^{-1}\boldsymbol{A}^{-1}.$$

而 $\boldsymbol{P}_1^{-1}=\boldsymbol{P}_1$，$\boldsymbol{P}_2^{-1}=\boldsymbol{P}_2$，就有 $\boldsymbol{B}^{-1}=\boldsymbol{P}_1\boldsymbol{P}_2\boldsymbol{A}^{-1}$.

(4) 设 $\boldsymbol{A}$ 为 n 阶方阵，$\boldsymbol{B}$ 为 m 阶方阵，下面行列式正确的是(　　).

(A) $\begin{vmatrix}\boldsymbol{O}&\boldsymbol{A}\\\boldsymbol{A}&\boldsymbol{O}\end{vmatrix}=|\boldsymbol{A}|^2$　　(B) $\begin{vmatrix}\boldsymbol{O}&\boldsymbol{A}\\\boldsymbol{B}&\boldsymbol{O}\end{vmatrix}=(-1)^{m\times n}|\boldsymbol{A}||\boldsymbol{B}|$

(C) $\begin{vmatrix} A & B \\ B & A \end{vmatrix} = |A^2 - B^2|$　　　(D) $\begin{vmatrix} A & A \\ -A & A \end{vmatrix} = 2|A|^2$

解　选(B).因把行列式的第 $m+i$ 行经 m 次邻换到第 i 行上,$i=1,2,\cdots,n$,则共经 $m\times n$ 次邻换,得

$$\begin{vmatrix} O & A \\ B & O \end{vmatrix} = (-1)^{m\times n}\begin{vmatrix} A & O \\ O & B \end{vmatrix} = (-1)^{m\times n}|A||B|.$$

(A)项显然是错误的,(C)项中 A,B 的阶数大于 2 时,对于分块对角行列式,行列式的对角线计算法不成立.对于(D)项,将行列式的第 i 行加到 $n+i$ 行上,$i=1,2,\cdots,n$,则

$$\begin{vmatrix} A & A \\ -A & A \end{vmatrix} = \begin{vmatrix} A & A \\ O & 2A \end{vmatrix} = |2A||A| = 2^n|A|^2,$$

故也不能选(D)项.

例 3　设 A 是任一 $n(n\geqslant 3)$ 阶方阵,A^* 是其伴随矩阵.又 k 为常数,且 $k\neq 0, k\neq \pm 1$,求 $(kA)^*$.

解一　(按定义)设 $A=(a_{ij})_{n\times n}$,a_{ij} 的代数余子式为 A_{ij},则由伴随矩阵的定义有 $A^*=(A_{ji})_{n\times n}$.因为 A_{ij} 是 $n-1$ 阶行列式,所以矩阵 $kA=(ka_{ij})_{n\times n}$ 的伴随矩阵为

$$(kA)^* = (k^{n-1}A_{ji})_{n\times n} = k^{n-1}(A_{ji})_{n\times n} = k^{n-1}A^*.$$

解二　加强条件法.设 A 是可逆矩阵,因 $A^*=|A|\cdot A^{-1}$,$k\neq 0,\pm 1$,则

$$(kA)^* = |kA|\cdot(kA)^{-1} = k^n|A|\cdot A^{-1}\cdot k^{-1} = k^{n-1}\cdot|A|\cdot A^{-1} = k^{n-1}A^*.$$

注　若不限制 $k\neq 0,\pm 1$,显然解不唯一,题目失去意义.

例 4　设 $A=\begin{pmatrix} 1 & 0 & 1 \\ 0 & 2 & 0 \\ 1 & 0 & 1 \end{pmatrix}$,而 $n\geqslant 2$ 为正整数,则 $A^n - 2A^{n-1} =$ ______.

分析　题目要求对 $n\geqslant 2$ 计算 A^n-2A^{n-1},由于当 $n=2$ 时所求为 A^2-2A,而当 $n>2$ 时所求为 $A^n-2A^{n-1}=A^{n-2}(A^2-2A)$,所以可先看 $n=2$ 时的结果.

解一　当 $n=2$ 时,有

$$A^2-2A = A(A-2I) = \begin{pmatrix} 1 & 0 & 1 \\ 0 & 2 & 0 \\ 1 & 0 & 1 \end{pmatrix}\begin{pmatrix} -1 & 0 & 1 \\ 0 & 0 & 0 \\ 1 & 0 & -1 \end{pmatrix} = \begin{pmatrix} 0 & 0 & 0 \\ 0 & 0 & 0 \\ 0 & 0 & 0 \end{pmatrix}.$$

当 $n\geqslant 3$ 时,有

$$A^n - 2A^{n-1} = A^{n-2}(A^2-2A) = A^{n-2}O = O.$$

故当 $n\geqslant 2$ 为正整数时,有 $A^n-2A^{n-1}=O$.

注　这里用的方法实际上是数学归纳法的思想.

解二　由于 A 是实对称矩阵,故还可用矩阵相似对角化的方法求解,因为利用矩阵相似对角化是处理求方阵幂的较好方法.

因 $A^{\mathrm{T}}=A$ 及

$$|\lambda I - A| = \begin{vmatrix} \lambda-1 & 0 & -1 \\ 0 & \lambda-2 & 0 \\ -1 & 0 & \lambda-1 \end{vmatrix} = (\lambda-1)^2(\lambda-2)-(\lambda-2) = \lambda(\lambda-2)^2,$$

故存在可逆矩阵 $\boldsymbol{P}$，使 $\boldsymbol{P}^{-1}\boldsymbol{A}\boldsymbol{P}=\begin{pmatrix}2 & & \\ & 2 & \\ & & 0\end{pmatrix}=\boldsymbol{\Lambda}$，于是有

$$\boldsymbol{A}^n=\boldsymbol{P}\boldsymbol{\Lambda}^n\boldsymbol{P}^{-1},\quad 2\boldsymbol{A}^{n-1}=2\boldsymbol{P}\boldsymbol{\Lambda}^{n-1}\boldsymbol{P}^{-1}=\boldsymbol{P}(2\boldsymbol{\Lambda}^{n-1})\boldsymbol{P}^{-1}=\boldsymbol{P}\boldsymbol{\Lambda}^n\boldsymbol{P}^{-1},$$

从而得 $\boldsymbol{A}^n-2\boldsymbol{A}^{n-1}=\boldsymbol{O}$.

例 5 设矩阵 $\boldsymbol{A},\boldsymbol{B}$ 满足 $\boldsymbol{A}^*\boldsymbol{B}\boldsymbol{A}=2\boldsymbol{B}\boldsymbol{A}-8\boldsymbol{I}$，其中 $\boldsymbol{A}=\begin{pmatrix}1 & 0 & 0\\ 0 & -2 & 0\\ 0 & 0 & 1\end{pmatrix}$，$\boldsymbol{I}$ 为单位矩阵，$\boldsymbol{A}^*$ 为 $\boldsymbol{A}$ 的伴随矩阵，则 $\boldsymbol{B}=$______.

分析 为化简含有 $\boldsymbol{A}^*$ 的关系式，经常利用公式 $\boldsymbol{A}\boldsymbol{A}^*=\boldsymbol{A}^*\boldsymbol{A}=|\boldsymbol{A}|\boldsymbol{I}$（如果 $\boldsymbol{A}$ 可逆，则也常利用 $\boldsymbol{A}^*=|\boldsymbol{A}|\boldsymbol{A}^{-1}$），本题利用它对 $\boldsymbol{A}^*\boldsymbol{B}\boldsymbol{A}=2\boldsymbol{B}\boldsymbol{A}-8\boldsymbol{I}$ 作变形，便得到含未知矩阵因子 $\boldsymbol{B}$ 与已知矩阵因子乘积等于单位矩阵的表达式，这样再用求逆运算而得 $\boldsymbol{B}$.

解 对 $\boldsymbol{A}^*\boldsymbol{B}\boldsymbol{A}=2\boldsymbol{B}\boldsymbol{A}-8\boldsymbol{I}$ 两边左乘 $\boldsymbol{A}$，右乘 $\boldsymbol{A}^{-1}$，利用 $\boldsymbol{A}\boldsymbol{A}^*=|\boldsymbol{A}|\boldsymbol{I}$ 及 $|\boldsymbol{A}|=-2$，得 $\boldsymbol{A}\boldsymbol{A}^*\boldsymbol{B}\boldsymbol{A}\boldsymbol{A}^{-1}=\boldsymbol{A}(2\boldsymbol{B}\boldsymbol{A}-8\boldsymbol{I})\boldsymbol{A}^{-1}\Rightarrow|\boldsymbol{A}|\boldsymbol{B}=2\boldsymbol{A}\boldsymbol{B}-8\boldsymbol{I}\Rightarrow 2\boldsymbol{B}+2\boldsymbol{A}\boldsymbol{B}=8\boldsymbol{I}\Rightarrow\boldsymbol{B}(\boldsymbol{I}+\boldsymbol{A})=4\boldsymbol{I}$，从而得

$$\boldsymbol{B}=4(\boldsymbol{I}+\boldsymbol{A})^{-1}=4\begin{pmatrix}2 & 0 & 0\\ 0 & -1 & 0\\ 0 & 0 & 2\end{pmatrix}^{-1}=\begin{pmatrix}2 & 0 & 0\\ 0 & -4 & 0\\ 0 & 0 & 2\end{pmatrix}.$$

例 6 设矩阵的伴随矩阵 $\boldsymbol{A}^*=\begin{pmatrix}1 & 0 & 0 & 0\\ 0 & 1 & 0 & 0\\ 1 & 0 & 1 & 0\\ 0 & -3 & 0 & 8\end{pmatrix}$，且 $\boldsymbol{A}\boldsymbol{B}\boldsymbol{A}^{-1}=\boldsymbol{B}\boldsymbol{A}^{-1}+3\boldsymbol{I}$，其中 $\boldsymbol{I}$ 为四阶单位矩阵，求矩阵 $\boldsymbol{B}$.

解 利用 $\boldsymbol{A}^*$，先求矩阵 $\boldsymbol{A}$.

由 $|\boldsymbol{A}^*|=|\boldsymbol{A}|^{n-1}$，得 $|\boldsymbol{A}|^3=8$，即 $|\boldsymbol{A}|=2$.

又 $\boldsymbol{A}\boldsymbol{A}^*=|\boldsymbol{A}|\boldsymbol{I}$，得

$$\boldsymbol{A}=|\boldsymbol{A}|\cdot(\boldsymbol{A}^*)^{-1}=2(\boldsymbol{A}^*)^{-1}=2\begin{pmatrix}1 & 0 & 0 & 0\\ 0 & 1 & 0 & 0\\ -1 & 0 & 1 & 0\\ 0 & 3/8 & 0 & 1/8\end{pmatrix}=\begin{pmatrix}2 & 0 & 0 & 0\\ 0 & 2 & 0 & 0\\ -2 & 0 & 2 & 0\\ 0 & 3/4 & 0 & 1/4\end{pmatrix}.$$

由 $\boldsymbol{A}\boldsymbol{B}=\boldsymbol{B}+3\boldsymbol{A}$，即 $\boldsymbol{A}\boldsymbol{B}-\boldsymbol{B}-3\boldsymbol{A}+3\boldsymbol{I}=3\boldsymbol{I}$，得

$$(\boldsymbol{A}-\boldsymbol{I})(\boldsymbol{B}-3\boldsymbol{I})=3\boldsymbol{I},\quad \boldsymbol{B}=3\boldsymbol{I}+3(\boldsymbol{A}-\boldsymbol{I})^{-1}.$$

于是

$$\boldsymbol{B}=3\boldsymbol{I}+3\begin{pmatrix}1 & 0 & 0 & 0\\ 0 & 1 & 0 & 0\\ -2 & 0 & 1 & 0\\ 0 & \frac{3}{4} & 0 & -\frac{3}{4}\end{pmatrix}^{-1}=3\boldsymbol{I}+3\begin{pmatrix}1 & 0 & 0 & 0\\ 0 & 1 & 0 & 0\\ -2 & 0 & 1 & 0\\ 0 & 1 & 0 & -\frac{4}{3}\end{pmatrix}=\begin{pmatrix}6 & 0 & 0 & 0\\ 0 & 6 & 0 & 0\\ 6 & 0 & 6 & 0\\ 0 & 3 & 0 & -1\end{pmatrix}.$$

例 7 已知

$$P=\begin{pmatrix}-1&-2&0\\1&1&0\\1&0&1\end{pmatrix},\quad A=\begin{pmatrix}4&6&0\\-3&-5&0\\-3&-6&1\end{pmatrix}.$$

(1) 验证 $P^{-1}AP$ 是对角矩阵;

(2) 计算 A^5,A^n.

分析 (1) 求出 P^{-1},再验证 $P^{-1}AP$ 为对角矩阵;(2) 记 $P^{-1}AP=\Lambda$,有 $A=P\Lambda P^{-1},A^2=P\Lambda P^{-1}\cdot P\Lambda P^{-1}=P\Lambda^2P^{-1},\cdots,A^n=P\Lambda^nP^{-1}$.

解 (1) 不难求得

$$P^{-1}=\begin{pmatrix}1&2&0\\-1&-1&0\\-1&-2&1\end{pmatrix},$$

于是有

$$P^{-1}AP=\begin{pmatrix}1&2&0\\-1&-1&0\\-1&-2&1\end{pmatrix}\begin{pmatrix}4&6&0\\-3&-5&0\\-3&-6&1\end{pmatrix}\begin{pmatrix}-1&-2&0\\1&1&0\\1&0&1\end{pmatrix}=\begin{pmatrix}-2&&\\&1&\\&&1\end{pmatrix},$$

所以 $P^{-1}AP$ 为对角矩阵.

(2) $A=P\begin{pmatrix}-2&&\\&1&\\&&1\end{pmatrix}P^{-1},\quad A^2=P\begin{pmatrix}(-2)^2&&\\&1&\\&&1\end{pmatrix}P^{-1},\cdots,$

$$A^5=P\begin{pmatrix}(-2)^5&&\\&1&\\&&1\end{pmatrix}P^{-1}=\begin{pmatrix}-1&-2&0\\1&1&0\\1&0&1\end{pmatrix}\begin{pmatrix}-32&&\\&1&\\&&1\end{pmatrix}\begin{pmatrix}1&2&0\\-1&-1&0\\-1&-2&1\end{pmatrix}$$

$$=\begin{pmatrix}34&66&0\\-33&-65&0\\-33&-66&1\end{pmatrix},$$

$$A^n=\begin{pmatrix}-1&-2&0\\1&1&0\\1&0&1\end{pmatrix}\begin{pmatrix}(-2)^n&&\\&1&\\&&1\end{pmatrix}\begin{pmatrix}1&2&0\\-1&-1&0\\-1&-2&1\end{pmatrix}$$

$$=\begin{pmatrix}2-(-2)^n&2+(-2)^{n+1}&0\\(-2)^n-1&2(-2)^n-1&0\\(-2)^n-1&2(-2)^n-2&1\end{pmatrix}.$$

例 8 若 n 阶方阵 A 满足 $A^2-A-2I=O$,证明 A 与 $A-I$ 都是可逆的,并求 A^{-1}.

分析 根据逆矩阵定义,欲证 A 是可逆的,仅需寻找 B,使得 $AB=I$.

证 根据 $A^2-A-2I=O$,可得 $A(A-I)=2I$,即

$$A\cdot\frac{A-I}{2}=I,$$

于是 $\boldsymbol{A}$ 与 $\boldsymbol{A}-\boldsymbol{I}$ 均是可逆的，且 $\boldsymbol{A}^{-1}=\dfrac{\boldsymbol{A}-\boldsymbol{I}}{2}$.

例 9 已知 n 阶矩阵 $\boldsymbol{A}$ 不是单位矩阵，且 $\boldsymbol{A}^2=\boldsymbol{A}$. 试证：(1) $\boldsymbol{A}$ 是不可逆矩阵；(2) $\boldsymbol{A}+\boldsymbol{I}$ 与 $\boldsymbol{A}-2\boldsymbol{I}$ 均是可逆矩阵.

证 (1) 用反证法. 若 $\boldsymbol{A}$ 可逆，则可用 $\boldsymbol{A}^{-1}$ 左（或右）乘 $\boldsymbol{A}^2=\boldsymbol{A}$ 两端得 $\boldsymbol{A}=\boldsymbol{I}$，矛盾. 故 $\boldsymbol{A}$ 不可逆.

(2) 因为 $(\boldsymbol{A}+\boldsymbol{I})(\boldsymbol{A}-2\boldsymbol{I})=-2\boldsymbol{I}$，所以 $\boldsymbol{A}+\boldsymbol{I}$ 与 $\boldsymbol{A}-2\boldsymbol{I}$ 均可逆，且

$$(\boldsymbol{A}+\boldsymbol{I})^{-1}=-\frac{\boldsymbol{A}-2\boldsymbol{I}}{2},\quad (\boldsymbol{A}-2\boldsymbol{I})^{-1}=-\frac{\boldsymbol{A}+\boldsymbol{I}}{2}.$$

例 10 设 $\boldsymbol{A}=\begin{pmatrix}1&0&1\\0&2&0\\1&0&1\end{pmatrix}$，且 $\boldsymbol{X}=\boldsymbol{A}\boldsymbol{X}-\boldsymbol{A}^2+\boldsymbol{I}$，求 $\boldsymbol{X}$.

解 将题中所给方程变形为

$$(\boldsymbol{A}-\boldsymbol{I})\boldsymbol{X}=\boldsymbol{A}^2-\boldsymbol{I},$$

即
$$(\boldsymbol{A}-\boldsymbol{I})\boldsymbol{X}=(\boldsymbol{A}-\boldsymbol{I})(\boldsymbol{A}+\boldsymbol{I}).$$

由于 $\boldsymbol{A}-\boldsymbol{I}=\begin{pmatrix}0&0&1\\0&1&0\\1&0&0\end{pmatrix}$ 可逆，所以

$$\boldsymbol{X}=(\boldsymbol{A}-\boldsymbol{I})^{-1}(\boldsymbol{A}-\boldsymbol{I})(\boldsymbol{A}+\boldsymbol{I})=\boldsymbol{A}+\boldsymbol{I}=\begin{pmatrix}2&0&1\\0&3&0\\1&0&2\end{pmatrix}.$$

例 11 已知 $\boldsymbol{A}=\begin{pmatrix}1&1&-1\\0&1&1\\0&0&-1\end{pmatrix}$，$\boldsymbol{B}=\begin{pmatrix}2&0&1\\0&2&0\\0&0&2\end{pmatrix}$，且 $\boldsymbol{A}\boldsymbol{X}\boldsymbol{B}=\boldsymbol{A}\boldsymbol{X}+\boldsymbol{A}^2\boldsymbol{B}-\boldsymbol{A}^2+\boldsymbol{B}$，求 $\boldsymbol{X}$.

解 对已知方程重新整理，得

$$\boldsymbol{A}(\boldsymbol{X}-\boldsymbol{A})(\boldsymbol{B}-\boldsymbol{I})=\boldsymbol{B}.$$

显然 $\boldsymbol{A}$，$\boldsymbol{B}-\boldsymbol{I}$ 均可逆，且易求得

$$\boldsymbol{A}^{-1}=\begin{pmatrix}1&-1&-2\\0&1&1\\0&0&-1\end{pmatrix},\quad (\boldsymbol{B}-\boldsymbol{I})^{-1}=\begin{pmatrix}1&0&-1\\0&1&0\\0&0&1\end{pmatrix},$$

所以
$$\begin{aligned}\boldsymbol{X}-\boldsymbol{A}&=\boldsymbol{A}^{-1}\boldsymbol{B}(\boldsymbol{B}-\boldsymbol{I})^{-1}\\&=\begin{pmatrix}1&-1&-2\\0&1&1\\0&0&-1\end{pmatrix}\begin{pmatrix}2&0&1\\0&2&0\\0&0&2\end{pmatrix}\begin{pmatrix}1&0&-1\\0&1&0\\0&0&1\end{pmatrix}=\begin{pmatrix}2&-2&-5\\0&2&2\\0&0&-2\end{pmatrix}.\end{aligned}$$

于是
$$\boldsymbol{X}=\begin{pmatrix}2&-2&-5\\0&2&2\\0&0&-2\end{pmatrix}+\begin{pmatrix}1&1&-1\\0&1&1\\0&0&-1\end{pmatrix}=\begin{pmatrix}3&-1&-6\\0&3&3\\0&0&-3\end{pmatrix}.$$

例 12 设 $\boldsymbol{A}=\begin{pmatrix}0&1&2\\-1&0&-3\\-2&3&0\end{pmatrix}$，$\boldsymbol{I}$ 是三阶单位矩阵，且 $\boldsymbol{B}=(\boldsymbol{I}-\boldsymbol{A})(\boldsymbol{I}+\boldsymbol{A})^{-1}$，化简 $\boldsymbol{B}^{\mathrm{T}}(\boldsymbol{I}-\boldsymbol{A})$，并求 $\boldsymbol{B}^{\mathrm{T}}(\boldsymbol{I}-\boldsymbol{A})$.

解 首先应注意，$\boldsymbol{A}$ 是三阶反对称矩阵，有 $\boldsymbol{A}^{\mathrm{T}}=-\boldsymbol{A}$，则

$$\begin{aligned}\boldsymbol{B}^{\mathrm{T}}(\boldsymbol{I}-\boldsymbol{A})&=[(\boldsymbol{I}-\boldsymbol{A})(\boldsymbol{I}+\boldsymbol{A})^{-1}]^{\mathrm{T}}(\boldsymbol{I}-\boldsymbol{A})=[(\boldsymbol{I}+\boldsymbol{A})^{-1}]^{\mathrm{T}}(\boldsymbol{I}-\boldsymbol{A})^{\mathrm{T}}(\boldsymbol{I}-\boldsymbol{A})\\&=[(\boldsymbol{I}+\boldsymbol{A})^{\mathrm{T}}]^{-1}(\boldsymbol{I}-\boldsymbol{A}^{\mathrm{T}})(\boldsymbol{I}-\boldsymbol{A})=(\boldsymbol{I}-\boldsymbol{A})^{-1}(\boldsymbol{I}+\boldsymbol{A})(\boldsymbol{I}-\boldsymbol{A})\\&=(\boldsymbol{I}-\boldsymbol{A})^{-1}(\boldsymbol{I}-\boldsymbol{A})(\boldsymbol{I}+\boldsymbol{A})=\boldsymbol{I}+\boldsymbol{A}.\end{aligned}$$

故
$$\boldsymbol{B}^{\mathrm{T}}(\boldsymbol{I}-\boldsymbol{A})=\boldsymbol{I}+\boldsymbol{A}=\begin{pmatrix}1&1&2\\-1&1&-3\\-2&3&1\end{pmatrix}.$$

例 13 已知对于 n 阶方阵 $\boldsymbol{A}$，存在自然数 k，使得 $\boldsymbol{A}^k=\boldsymbol{O}$，试证明矩阵 $\boldsymbol{I}-\boldsymbol{A}$ 可逆，并写出其逆矩阵的表达式.

证 由 $\boldsymbol{A}^k=\boldsymbol{O}$ 及 $\boldsymbol{I}-\boldsymbol{A}^k=(\boldsymbol{I}-\boldsymbol{A})(\boldsymbol{I}+\boldsymbol{A}+\cdots+\boldsymbol{A}^{k-1})$ 知，

$$(\boldsymbol{I}-\boldsymbol{A})(\boldsymbol{I}+\boldsymbol{A}+\cdots+\boldsymbol{A}^{k-1})=\boldsymbol{I}.$$

于是 $\boldsymbol{I}-\boldsymbol{A}$ 可逆，且有 $(\boldsymbol{I}-\boldsymbol{A})^{-1}=\boldsymbol{I}+\boldsymbol{A}+\cdots+\boldsymbol{A}^{k-1}$.

例 14 设 $\boldsymbol{I}$ 为 n 阶单位矩阵，n 阶矩阵 $\boldsymbol{A}$ 和 $\boldsymbol{B}$ 满足 $\boldsymbol{A}+\boldsymbol{B}=\boldsymbol{AB}$.

(1) 证明 $\boldsymbol{A}-\boldsymbol{I}$ 为可逆矩阵；

(2) 已知 $\boldsymbol{B}=\begin{pmatrix}1&-3&0\\2&1&0\\0&0&2\end{pmatrix}$，求矩阵 $\boldsymbol{A}$.

证 (1) 由 $\boldsymbol{A}+\boldsymbol{B}=\boldsymbol{AB}$ 知，

$$\boldsymbol{AB}-\boldsymbol{A}-\boldsymbol{B}+\boldsymbol{I}=(\boldsymbol{A}-\boldsymbol{I})(\boldsymbol{B}-\boldsymbol{I})=\boldsymbol{I}. \quad ①$$

于是 $\boldsymbol{A}-\boldsymbol{I}$ 及 $\boldsymbol{B}-\boldsymbol{I}$ 均为可逆矩阵.

(2) 由式①得 $\quad \boldsymbol{A}-\boldsymbol{I}=(\boldsymbol{B}-\boldsymbol{I})^{-1}$， $\boldsymbol{A}=\boldsymbol{I}+(\boldsymbol{B}-\boldsymbol{I})^{-1}$.

而
$$\boldsymbol{B}-\boldsymbol{I}=\begin{pmatrix}0&-3&0\\2&0&0\\0&0&1\end{pmatrix},\quad (\boldsymbol{B}-\boldsymbol{I})^{-1}=\begin{pmatrix}0&\frac{1}{2}&0\\-\frac{1}{3}&0&0\\0&0&1\end{pmatrix},$$

故
$$\boldsymbol{A}=\boldsymbol{I}+(\boldsymbol{B}-\boldsymbol{I})^{-1}=\begin{pmatrix}1&0&0\\0&1&0\\0&0&1\end{pmatrix}+\begin{pmatrix}0&\frac{1}{2}&0\\-\frac{1}{3}&0&0\\0&0&1\end{pmatrix}=\begin{pmatrix}1&\frac{1}{2}&0\\-\frac{1}{3}&1&0\\0&0&2\end{pmatrix}.$$

例 15 设 $\boldsymbol{A}=\boldsymbol{I}-\boldsymbol{\xi}\cdot\boldsymbol{\xi}^{\mathrm{T}}$，其中 $\boldsymbol{I}$ 为 n 阶单位矩阵，$\boldsymbol{\xi}$ 是 n 维非零列向量，$\boldsymbol{\xi}^{\mathrm{T}}$ 是 $\boldsymbol{\xi}$ 的转置. 证明：

(1) $\boldsymbol{A}^2=\boldsymbol{A}$ 的充要条件是 $\boldsymbol{\xi}^{\mathrm{T}}\cdot\boldsymbol{\xi}=1$；

(2) 当 $\boldsymbol{\xi}^{\mathrm{T}}\cdot\boldsymbol{\xi}=1$ 时，$\boldsymbol{A}$ 是不可逆矩阵.

分析　由于 $\boldsymbol{\xi}^{\mathrm{T}}\cdot\boldsymbol{\xi}$ 为一个数，应用矩阵乘法的运算性质和矩阵数乘的结合律，可以证明(1)；再在(1)的基础上，用反证法证明(2).

证　注意 $\boldsymbol{\xi}\cdot\boldsymbol{\xi}^{\mathrm{T}}$ 为矩阵，$\boldsymbol{\xi}^{\mathrm{T}}\cdot\boldsymbol{\xi}$ 为一个数.

(1) $$\begin{aligned}\boldsymbol{A}^2&=(\boldsymbol{I}-\boldsymbol{\xi}\cdot\boldsymbol{\xi}^{\mathrm{T}})(\boldsymbol{I}-\boldsymbol{\xi}\cdot\boldsymbol{\xi}^{\mathrm{T}})=\boldsymbol{I}-2\boldsymbol{\xi}\cdot\boldsymbol{\xi}^{\mathrm{T}}+\boldsymbol{\xi}\cdot\boldsymbol{\xi}^{\mathrm{T}}\cdot\boldsymbol{\xi}\cdot\boldsymbol{\xi}^{\mathrm{T}}\\&=\boldsymbol{I}-2\boldsymbol{\xi}\cdot\boldsymbol{\xi}^{\mathrm{T}}+(\boldsymbol{\xi}^{\mathrm{T}}\cdot\boldsymbol{\xi})\boldsymbol{\xi}\cdot\boldsymbol{\xi}^{\mathrm{T}},\end{aligned}$$

$$\boldsymbol{A}^2=\boldsymbol{A}\Leftrightarrow\boldsymbol{I}-2\boldsymbol{\xi}\cdot\boldsymbol{\xi}^{\mathrm{T}}+(\boldsymbol{\xi}^{\mathrm{T}}\cdot\boldsymbol{\xi})\cdot\boldsymbol{\xi}\cdot\boldsymbol{\xi}^{\mathrm{T}}=\boldsymbol{I}-\boldsymbol{\xi}\cdot\boldsymbol{\xi}^{\mathrm{T}}\Leftrightarrow(\boldsymbol{\xi}^{\mathrm{T}}\cdot\boldsymbol{\xi}-1)\boldsymbol{\xi}\cdot\boldsymbol{\xi}^{\mathrm{T}}=\boldsymbol{O}.$$

因 $\boldsymbol{\xi}$ 是非零列向量，所以 $\boldsymbol{\xi}\cdot\boldsymbol{\xi}^{\mathrm{T}}\neq\boldsymbol{O}$，从而得证 $\boldsymbol{A}^2=\boldsymbol{A}$ 的充要条件是 $\boldsymbol{\xi}^{\mathrm{T}}\cdot\boldsymbol{\xi}-1=0$，即 $\boldsymbol{\xi}\cdot\boldsymbol{\xi}^{\mathrm{T}}=1$.

(2) 反证法. 当 $\boldsymbol{\xi}^{\mathrm{T}}\cdot\boldsymbol{\xi}=1$ 时 $\boldsymbol{A}^2=\boldsymbol{A}$，若 $\boldsymbol{A}$ 可逆，则有 $\boldsymbol{A}^{-1}\boldsymbol{A}^2=\boldsymbol{A}^{-1}\boldsymbol{A}$，从而 $\boldsymbol{A}=\boldsymbol{I}$. 这与 $\boldsymbol{A}=\boldsymbol{I}-\boldsymbol{\xi}\cdot\boldsymbol{\xi}^{\mathrm{T}}\neq\boldsymbol{I}$ 相矛盾，故 $\boldsymbol{A}$ 是不可逆矩阵.

例 16　设四阶矩阵

$$\boldsymbol{B}=\begin{pmatrix}1&-1&0&0\\0&1&-1&0\\0&0&1&-1\\0&0&0&1\end{pmatrix},\quad \boldsymbol{C}=\begin{pmatrix}2&1&3&4\\0&2&1&3\\0&0&2&1\\0&0&0&2\end{pmatrix},$$

且矩阵 $\boldsymbol{A}$ 满足关系式 $\boldsymbol{A}(\boldsymbol{I}-\boldsymbol{C}^{-1}\boldsymbol{B})^{\mathrm{T}}\boldsymbol{C}^{\mathrm{T}}=\boldsymbol{I}$，将上述关系式化简，并求 $\boldsymbol{A}$.

解　因为

$$\boldsymbol{A}(\boldsymbol{I}-\boldsymbol{C}^{-1}\boldsymbol{B})^{\mathrm{T}}\boldsymbol{C}^{\mathrm{T}}=\boldsymbol{A}[\boldsymbol{C}(\boldsymbol{I}-\boldsymbol{C}^{-1}\boldsymbol{B})]^{\mathrm{T}}=\boldsymbol{A}(\boldsymbol{C}-\boldsymbol{B})^{\mathrm{T}},$$

于是由 $\boldsymbol{A}(\boldsymbol{C}-\boldsymbol{B})^{\mathrm{T}}=\boldsymbol{I}$ 推出

$$\boldsymbol{A}=((\boldsymbol{C}-\boldsymbol{B})^{\mathrm{T}})^{-1}=\begin{pmatrix}1&0&0&0\\2&1&0&0\\3&2&1&0\\4&3&2&1\end{pmatrix}^{-1}=\begin{pmatrix}1&0&0&0\\-2&1&0&0\\1&-2&1&0\\0&1&-2&1\end{pmatrix}.$$

例 17　设 $(2\boldsymbol{I}-\boldsymbol{C}^{-1}\boldsymbol{B})\boldsymbol{A}^{\mathrm{T}}=\boldsymbol{C}^{-1}$，其中 $\boldsymbol{I}$ 是四阶单位矩阵，$\boldsymbol{A}^{\mathrm{T}}$ 是四阶矩阵 $\boldsymbol{A}$ 的转置矩阵，求矩阵 $\boldsymbol{A}$.

$$\boldsymbol{B}=\begin{pmatrix}1&2&-3&-2\\0&1&2&-3\\0&0&1&2\\0&0&0&1\end{pmatrix},\quad \boldsymbol{C}=\begin{pmatrix}1&2&0&1\\0&1&2&0\\0&0&1&2\\0&0&0&1\end{pmatrix}.$$

解　由题设得 $\boldsymbol{C}(2\boldsymbol{I}-\boldsymbol{C}^{-1}\boldsymbol{B})\boldsymbol{A}^{\mathrm{T}}=\boldsymbol{I}$，即 $(2\boldsymbol{C}-\boldsymbol{B})\boldsymbol{A}^{\mathrm{T}}=\boldsymbol{I}$.

因为 $$2\boldsymbol{C}-\boldsymbol{B}=2\begin{pmatrix}1&2&0&1\\0&1&2&0\\0&0&1&2\\0&0&0&1\end{pmatrix}-\begin{pmatrix}1&2&-3&-2\\0&1&2&-3\\0&0&1&2\\0&0&0&1\end{pmatrix}=\begin{pmatrix}1&2&3&4\\0&1&2&3\\0&0&1&2\\0&0&0&1\end{pmatrix},$$

故 $|2\boldsymbol{C}-\boldsymbol{B}|=1\neq0$，因此 $2\boldsymbol{C}-\boldsymbol{B}$ 可逆，于是

$$\boldsymbol{A}=((2\boldsymbol{C}-\boldsymbol{B})^{-1})^{\mathrm{T}}=((2\boldsymbol{C}-\boldsymbol{B})^{\mathrm{T}})^{-1}=\begin{pmatrix}1&0&0&0\\2&1&0&0\\3&2&1&0\\4&3&2&1\end{pmatrix}^{-1}=\begin{pmatrix}1&0&0&0\\-2&1&0&0\\1&-2&1&0\\0&1&-2&1\end{pmatrix}.$$

例 18 设矩阵 $\boldsymbol{A}=\begin{pmatrix}1&1&-1\\-1&1&1\\1&-1&1\end{pmatrix}$，矩阵 $\boldsymbol{X}$ 满足 $\boldsymbol{A}^*\boldsymbol{X}=\boldsymbol{A}^{-1}+2\boldsymbol{X}$，其中 $\boldsymbol{A}^*$ 是 $\boldsymbol{A}$ 的伴随矩阵，求矩阵 $\boldsymbol{X}$.

解 应用 $\boldsymbol{A}^*=|\boldsymbol{A}|\boldsymbol{A}^{-1}$，把原方程改写为

$$(|\boldsymbol{A}|\boldsymbol{A}^{-1}-2\boldsymbol{I})\boldsymbol{X}=\boldsymbol{A}^{-1}.$$

用 $\boldsymbol{A}$ 左乘上式两端，有

$$(|\boldsymbol{A}|\boldsymbol{I}-2\boldsymbol{A})\boldsymbol{X}=\boldsymbol{I}. \qquad ①$$

而 $$|\boldsymbol{A}|=\begin{vmatrix}1&1&-1\\-1&1&1\\1&-1&1\end{vmatrix}\xlongequal[r_3-r_1]{r_2+r_1}\begin{vmatrix}1&1&-1\\0&2&0\\0&-2&2\end{vmatrix}=2\begin{vmatrix}1&-1\\0&2\end{vmatrix}=4,$$

所以式①为

$$\begin{pmatrix}4-2&-2&2\\2&4-2&-2\\-2&2&4-2\end{pmatrix}\boldsymbol{X}=\boldsymbol{I},\quad 即\quad \begin{pmatrix}2&-2&2\\2&2&-2\\-2&2&2\end{pmatrix}\boldsymbol{X}=\boldsymbol{I}.$$

于是 $$\boldsymbol{X}=\frac{1}{2}\begin{pmatrix}1&-1&1\\1&1&-1\\-1&1&1\end{pmatrix}^{-1}=\frac{1}{2}\begin{pmatrix}\frac{1}{2}&\frac{1}{2}&0\\0&\frac{1}{2}&\frac{1}{2}\\\frac{1}{2}&0&\frac{1}{2}\end{pmatrix}=\frac{1}{4}\begin{pmatrix}1&1&0\\0&1&1\\1&0&1\end{pmatrix},$$

其中，$\begin{vmatrix}1&-1&1\\1&1&-1\\-1&1&1\end{vmatrix}^{-1}$ 由 $\boldsymbol{A}^{-1}=\frac{1}{|\boldsymbol{A}|}\boldsymbol{A}^*$ 计算，计算过程略.

例 19 设矩阵 $\boldsymbol{A}$ 满足 $\boldsymbol{A}^2+\boldsymbol{A}-4\boldsymbol{I}=\boldsymbol{O}$，其中 $\boldsymbol{I}$ 为单位矩阵，则 $(\boldsymbol{A}-\boldsymbol{I})^{-1}$ = ______.

解 由 $\boldsymbol{A}^2+\boldsymbol{A}-4\boldsymbol{I}=\boldsymbol{O}$ 得 $(\boldsymbol{A}-\boldsymbol{I})(\boldsymbol{A}+2\boldsymbol{I})=2\boldsymbol{I}$，即 $(\boldsymbol{A}-\boldsymbol{I})\cdot\frac{1}{2}(\boldsymbol{A}+2\boldsymbol{I})=\boldsymbol{I}$，故

$$(\boldsymbol{A}-\boldsymbol{I})^{-1}=\frac{1}{2}(\boldsymbol{A}+2\boldsymbol{I}).$$

2.7 自 测 题

1. 填空题

(1) $\boldsymbol{A}$ 为 n 阶方阵，$\boldsymbol{A}=\frac{1}{2}(\boldsymbol{B}+\boldsymbol{I})$，且 $\boldsymbol{A}^2=\boldsymbol{A}$，则 $\boldsymbol{B}^2=$ ______.

(2) $\boldsymbol{\alpha}=(1,2,1)^{\mathrm{T}}$，$\boldsymbol{\beta}=(2,-1,2)^{\mathrm{T}}$，$\boldsymbol{A}=\boldsymbol{\alpha}\boldsymbol{\beta}^{\mathrm{T}}$，则 $\boldsymbol{A}^n=$ ______.

(3) $\boldsymbol{\alpha}=(1,0,2)^{\mathrm{T}}$，行列式 $|\boldsymbol{\alpha}^{\mathrm{T}}\boldsymbol{\alpha}\boldsymbol{I}+\boldsymbol{\alpha}\boldsymbol{\alpha}^{\mathrm{T}}|=$ ______.

(4) $\boldsymbol{A}=\begin{pmatrix}a_1&a_2\\b_1&b_2\end{pmatrix}$，$\boldsymbol{B}=\begin{pmatrix}2a_1&2a_2\\b_1&b_2\end{pmatrix}$，$|\boldsymbol{A}|=2$，则 $|2\boldsymbol{A}+\boldsymbol{B}|=$ ______.

(5) $\boldsymbol{A}$ 为 n 阶方阵，$|\boldsymbol{A}|=2$，$\boldsymbol{A}+\boldsymbol{B}$ 可逆，则 $|(\boldsymbol{I}+\boldsymbol{B}\boldsymbol{A}^{-1})^{-1}(\boldsymbol{A}+\boldsymbol{B})|=$______.

(6) $\boldsymbol{A}=\begin{pmatrix}1&2&0\\3&1&2\\0&1&1\end{pmatrix}$，$\boldsymbol{B}$ 为秩等于 2 的三阶方阵，则秩 $\boldsymbol{AB}=$______.

(7) $\boldsymbol{A}^2=\boldsymbol{A}$，则 $(\boldsymbol{A}+\boldsymbol{I})^{-1}=$______.

(8) $\boldsymbol{A}=\begin{pmatrix}\boldsymbol{I}_n&\boldsymbol{O}\\\boldsymbol{I}_n&\boldsymbol{I}_n\end{pmatrix}$，$\boldsymbol{I}_n$ 为 n 阶单位矩阵，则 $\boldsymbol{A}^{-1}=$______.

(9) $\boldsymbol{A}$ 为 n 阶方阵，$|\boldsymbol{A}|=\dfrac{1}{2}$，则 $|(3\boldsymbol{A})^{-1}-\boldsymbol{A}^*|=$______.

2. 选择题

(1) $\boldsymbol{A},\boldsymbol{B}$ 为 n 阶对称矩阵，下面命题不正确的是(　　).

(A) $\boldsymbol{A}+\boldsymbol{B}$ 对称　(B) $\boldsymbol{AB}$ 对称　(C) $\boldsymbol{A}^m+\boldsymbol{B}^m$ 对称　(D) $\boldsymbol{BA}+\boldsymbol{AB}$ 对称

(2) $\boldsymbol{A},\boldsymbol{B}$ 为 n 阶方阵，下面命题正确的是(　　).

(A) $\boldsymbol{A}$ 或 $\boldsymbol{B}$ 可逆，$\boldsymbol{AB}$ 必可逆　(B) $\boldsymbol{A}$ 或 $\boldsymbol{B}$ 不可逆，$\boldsymbol{AB}$ 必不可逆

(C) $\boldsymbol{A}$ 且 $\boldsymbol{B}$ 可逆，$\boldsymbol{A}+\boldsymbol{B}$ 必可逆　(D) $\boldsymbol{A},\boldsymbol{B}$ 不可逆，$\boldsymbol{A}+\boldsymbol{B}$ 必不可逆

(3) $\boldsymbol{A},\boldsymbol{B}$ 为三阶方阵，$\boldsymbol{A}=(\boldsymbol{\alpha},2\boldsymbol{\gamma}_2,3\boldsymbol{\gamma}_3)$，$\boldsymbol{B}=(\boldsymbol{\beta},\boldsymbol{\gamma}_2,\boldsymbol{\gamma}_3)$，$\boldsymbol{\alpha},\boldsymbol{\beta},\boldsymbol{\gamma}_2,\boldsymbol{\gamma}_3$ 是三维列向量，$|\boldsymbol{A}|=18$，$|\boldsymbol{B}|=2$，则 $|\boldsymbol{A}-\boldsymbol{B}|=$(　　).

(A) 2　(B) 3　(C) 4　(D) 5

(4) $\boldsymbol{A},\boldsymbol{B},\boldsymbol{C}$ 为 n 阶方阵，$\boldsymbol{AB}=\boldsymbol{BC}=\boldsymbol{CA}=\boldsymbol{I}$，则 $\boldsymbol{A}^2+\boldsymbol{B}^2+\boldsymbol{C}^2$ 为(　　).

(A) $3\boldsymbol{I}$　(B) $2\boldsymbol{I}$　(C) $\boldsymbol{I}$　(D) 零矩阵

(5) 设 $\boldsymbol{A}$ 是 $m\times n$ 矩阵，$\boldsymbol{B}$ 为 $n\times m$ 矩阵，则(　　).

(A) 当 $m>n$ 时，必有行列式 $|\boldsymbol{AB}|\neq 0$　(B) 当 $m>n$ 时，必有行列式 $|\boldsymbol{AB}|=0$

(C) 当 $n>m$ 时，必有行列式 $|\boldsymbol{AB}|\neq 0$　(D) 当 $n>m$ 时，必有行列式 $|\boldsymbol{AB}|=0$

(6) $\boldsymbol{A},\boldsymbol{B}$ 为 n 阶方阵，下面式子正确的为(　　).

(A) $|\boldsymbol{A}+\boldsymbol{B}|=|\boldsymbol{A}|+|\boldsymbol{B}|$　(B) $(\boldsymbol{A}+\boldsymbol{B})^{-1}=\boldsymbol{A}^{-1}+\boldsymbol{B}^{-1}$

(C) $\boldsymbol{AB}=\boldsymbol{BA}$　(D) 若 $\boldsymbol{AB}=\boldsymbol{B}+\boldsymbol{I}$，则 $\boldsymbol{BA}=\boldsymbol{B}+\boldsymbol{I}$

3. 求下列矩阵的逆.

(1) $\begin{pmatrix}1&2&3\\2&1&2\\1&3&4\end{pmatrix}$；　(2) $\begin{pmatrix}5&0&0&0\\0&1&1&0\\0&0&1&1\\0&1&0&1\end{pmatrix}$；　(3) $\begin{pmatrix}0&0&1&1\\0&0&1&3\\0&2&0&0\\1&3&0&0\end{pmatrix}$；　(4) $\begin{pmatrix}1&0&0&0\\2&1&0&0\\3&2&1&0\\4&3&2&1\end{pmatrix}$.

4. (1) 已知 $\boldsymbol{AB}=\boldsymbol{A}^2+4\boldsymbol{B}-2\boldsymbol{A}$，$\boldsymbol{A}=\begin{pmatrix}1&2&3\\0&1&2\\0&0&1\end{pmatrix}$，求 $\boldsymbol{B}$.

(2) 设矩阵 $\boldsymbol{A},\boldsymbol{B}$ 满足 $\boldsymbol{A}^*\boldsymbol{BA}=2\boldsymbol{BA}-8\boldsymbol{I}$，其中 $\boldsymbol{A}=\begin{pmatrix}1&0&0\\0&-2&0\\0&0&1\end{pmatrix}$，$\boldsymbol{I}$ 为单位矩阵，$\boldsymbol{A}^*$ 为 $\boldsymbol{A}$ 的伴随矩阵，求 $\boldsymbol{B}$.

5. 设 $\boldsymbol{B}=\begin{pmatrix}5&0\\0&-1\end{pmatrix}$，$\boldsymbol{P}=\begin{pmatrix}1&2\\1&-1\end{pmatrix}$，且 $\boldsymbol{AP}=\boldsymbol{PB}$，求 $\boldsymbol{A},\boldsymbol{A}^k$.

6. 设 n 阶方阵 $\boldsymbol{A}$ 满足 $\boldsymbol{A}^2+5\boldsymbol{A}+\boldsymbol{I}=\boldsymbol{O}$，证明 $\boldsymbol{A}-\boldsymbol{I}$ 可逆，求 $(\boldsymbol{A}-\boldsymbol{I})^{-1}$.

7. $\boldsymbol{A}=\begin{pmatrix}1&2&1\\0&1&4\\5&1&5\end{pmatrix}$，求 $(\boldsymbol{A}^*)^{-1}$，$(\boldsymbol{A}^{-1})^*$.

8. (1) 设 n 阶方阵 $\boldsymbol{B},\boldsymbol{C}$ 有 $\boldsymbol{BC}^{\mathrm{T}}=\boldsymbol{O}$，$\boldsymbol{A}=\begin{pmatrix}\boldsymbol{B}\\\boldsymbol{C}\end{pmatrix}$，证明 $|\boldsymbol{AA}^{\mathrm{T}}|=|\boldsymbol{B}|^2|\boldsymbol{C}|^2$；

(2) $\boldsymbol{A},\boldsymbol{B}$ 为 n 阶方阵，证明 $\begin{vmatrix}\boldsymbol{A}&-\boldsymbol{A}\\\boldsymbol{B}&\boldsymbol{B}\end{vmatrix}=2^n|\boldsymbol{A}||\boldsymbol{B}|$；

(3) 设 $\boldsymbol{A},\boldsymbol{B}$ 为 n 阶方阵，若 $\boldsymbol{D}=\begin{pmatrix}\boldsymbol{A}&\boldsymbol{B}\\\boldsymbol{B}&\boldsymbol{A}\end{pmatrix}$ 可逆，证明 $\boldsymbol{A}+\boldsymbol{B},\boldsymbol{A}-\boldsymbol{B}$ 皆可逆.

9. $\boldsymbol{A}$ 是 n 阶反对称矩阵，证明：当 n 为偶数时，$\boldsymbol{A}^*$ 是反对称矩阵；n 为奇数时，$\boldsymbol{A}^*$ 为对称矩阵.

10. $\boldsymbol{A}$ 是 n 阶可逆矩阵，若 $\boldsymbol{B}$ 是 $\boldsymbol{A}$ 对换第 i 行与第 j 行得到的矩阵，证明 $\boldsymbol{B}^{-1}$ 是对换 $\boldsymbol{A}^{-1}$ 的第 i 列与第 j 列得到的矩阵.

11. 设 $\boldsymbol{A}$ 为 n 阶方阵，$\boldsymbol{A}^{\mathrm{T}}\boldsymbol{A}=\boldsymbol{I}$，且 $|\boldsymbol{A}|=-1$，证明 $a_{ij}=-A_{ij}$，其中 A_{ij} 是矩阵元素 a_{ij} 的代数余子式.

12. $\boldsymbol{A}$ 为 n 阶反对称矩阵(即 $\boldsymbol{A}^{\mathrm{T}}=-\boldsymbol{A}$)，$\boldsymbol{I}-\boldsymbol{A},\boldsymbol{I}+\boldsymbol{A}$ 皆可逆，$\boldsymbol{B}=(\boldsymbol{I}-\boldsymbol{A})(\boldsymbol{I}+\boldsymbol{A})^{-1}$，证明 $\boldsymbol{B}^{\mathrm{T}}\boldsymbol{B}=\boldsymbol{I}$.

13. $\boldsymbol{A}$ 为 n 阶方阵，$\boldsymbol{A}\neq\boldsymbol{O}$，且 $\boldsymbol{A}^m=\boldsymbol{O}$，$\boldsymbol{B}$ 为 n 阶可逆矩阵，证明：当 $\boldsymbol{AX}=\boldsymbol{XB}$ 成立时，必有 $\boldsymbol{X}=\boldsymbol{O}$.

答案与提示

1. (1) $\boldsymbol{B}^2=\boldsymbol{I}$； (2) $\boldsymbol{A}^n=2^{n-1}\boldsymbol{A}$； (3) 250； (4) $|2\boldsymbol{A}+\boldsymbol{B}|=12|\boldsymbol{A}|=24$；
(5) 2； (6) $\mathrm{r}(\boldsymbol{AB})=2$； (7) $\dfrac{2\boldsymbol{I}-\boldsymbol{A}}{2}$； (8) $\boldsymbol{A}^{-1}=\begin{pmatrix}\boldsymbol{I}_n&\boldsymbol{O}\\-\boldsymbol{I}_n&\boldsymbol{I}_n\end{pmatrix}$； (9) $\dfrac{2(-1)^n}{6^n}$.

2. (1) (B)； (2) (B)； (3) (A)； (4) (A)； (5) (B)； (6) (D).

3. (1) $\begin{pmatrix}-2&1&1\\-6&1&4\\5&-1&-3\end{pmatrix}$； (2) $\dfrac{1}{10}\begin{pmatrix}2&0&0&0\\0&5&-5&5\\0&5&5&-5\\0&-5&5&5\end{pmatrix}$；

(3) $\dfrac{1}{2}\begin{pmatrix}0&0&-3&2\\0&0&1&0\\3&-1&0&0\\-1&1&0&0\end{pmatrix}$； (4) $\begin{pmatrix}1&0&0&0\\-2&1&0&0\\1&-2&1&0\\0&1&-2&1\end{pmatrix}$.

4. (1) $\boldsymbol{B}=(\boldsymbol{A}-4\boldsymbol{I})^{-1}(\boldsymbol{A}^2-2\boldsymbol{A})=\dfrac{1}{27}\begin{pmatrix}9&6&-23\\0&9&6\\0&0&9\end{pmatrix}$；

(2) $\boldsymbol{A}^*=|\boldsymbol{A}|\boldsymbol{A}^{-1}=\begin{pmatrix}-2&0&0\\0&1&0\\0&0&-2\end{pmatrix}$, $\boldsymbol{B}=8(2\boldsymbol{I}-\boldsymbol{A}^*)^{-1}\boldsymbol{A}^{-1}=\begin{pmatrix}2&&\\&-4&\\&&2\end{pmatrix}$.

5. $\boldsymbol{A}=\begin{pmatrix}1&4\\2&3\end{pmatrix}$, $\boldsymbol{A}^n=\dfrac{1}{3}\begin{pmatrix}2(-1)^k+5^k & 2(-1)^{k+1}+2\times5^k\\(-1)^{k+1}+5^k & (-1)^{k+2}+2\times5^k\end{pmatrix}$.

6. $-\dfrac{1}{7}(\boldsymbol{A}+6\boldsymbol{I})$.

7. 因$(\boldsymbol{A}^*)^{-1}=(\boldsymbol{A}^{-1})^*=\dfrac{\boldsymbol{A}}{|\boldsymbol{A}|}=\dfrac{1}{36}\boldsymbol{A}$.

8. (1) $|\boldsymbol{A}\boldsymbol{A}^{\mathrm{T}}|=\left|\begin{pmatrix}\boldsymbol{B}\\\boldsymbol{C}\end{pmatrix}(\boldsymbol{B}^{\mathrm{T}},\boldsymbol{C}^{\mathrm{T}})\right|=\begin{vmatrix}\boldsymbol{B}\boldsymbol{B}^{\mathrm{T}}&\boldsymbol{B}\boldsymbol{C}^{\mathrm{T}}\\\boldsymbol{C}\boldsymbol{B}^{\mathrm{T}}&\boldsymbol{C}\boldsymbol{C}^{\mathrm{T}}\end{vmatrix}=\begin{vmatrix}\boldsymbol{B}\boldsymbol{B}^{\mathrm{T}}&\boldsymbol{O}\\\boldsymbol{O}&\boldsymbol{C}\boldsymbol{C}^{\mathrm{T}}\end{vmatrix}=|\boldsymbol{B}|^2|\boldsymbol{C}|^2$;

(2) $\begin{vmatrix}\boldsymbol{A}&-\boldsymbol{A}\\\boldsymbol{B}&\boldsymbol{B}\end{vmatrix}=\begin{vmatrix}\boldsymbol{A}&\boldsymbol{O}\\\boldsymbol{B}&2\boldsymbol{B}\end{vmatrix}=2^n|\boldsymbol{A}||\boldsymbol{B}|$;

(3) 因$\begin{pmatrix}\boldsymbol{I}&\boldsymbol{O}\\\boldsymbol{I}&\boldsymbol{I}\end{pmatrix}\begin{pmatrix}\boldsymbol{A}&\boldsymbol{B}\\\boldsymbol{B}&\boldsymbol{A}\end{pmatrix}\begin{pmatrix}\boldsymbol{I}&\boldsymbol{O}\\-\boldsymbol{I}&\boldsymbol{I}\end{pmatrix}=\begin{pmatrix}\boldsymbol{A}-\boldsymbol{B}&\boldsymbol{B}\\\boldsymbol{O}&\boldsymbol{A}+\boldsymbol{B}\end{pmatrix}$,故

$$\begin{vmatrix}\boldsymbol{A}&\boldsymbol{B}\\\boldsymbol{B}&\boldsymbol{A}\end{vmatrix}=|\boldsymbol{A}-\boldsymbol{B}||\boldsymbol{A}+\boldsymbol{B}|\neq0.$$

9. 因$(\boldsymbol{A}^*)^{\mathrm{T}}=(\boldsymbol{A}^{\mathrm{T}})^*$,又$\boldsymbol{A}^{\mathrm{T}}=-\boldsymbol{A}$,故由$(\boldsymbol{A}^*)^{\mathrm{T}}=(\boldsymbol{A}^{\mathrm{T}})^*=(-\boldsymbol{A})^*=(-1)^{n-1}\boldsymbol{A}^*$,即可得证.

10. 设$\boldsymbol{R}_{ij}$是将单位矩阵的第i行与第j行对换的初等矩阵,则

$$\boldsymbol{B}=\boldsymbol{R}_{ij}\boldsymbol{A},\quad \boldsymbol{B}^{-1}=(\boldsymbol{R}_{ij}\boldsymbol{A})^{-1}=\boldsymbol{A}^{-1}\boldsymbol{R}_{ij}^{-1}=\boldsymbol{A}^{-1}\boldsymbol{R}_{ij}.$$

11. $\boldsymbol{A}^{\mathrm{T}}\boldsymbol{A}=\boldsymbol{I}$,有$|\boldsymbol{A}|=-1$.又$\boldsymbol{A}\boldsymbol{A}^*=|\boldsymbol{A}|\boldsymbol{I}=-\boldsymbol{I}$,故有$\boldsymbol{A}^*=-\boldsymbol{A}^{\mathrm{T}}$,$A_{ij}=-a_{ij}$.

12. $\boldsymbol{B}^{\mathrm{T}}=(\boldsymbol{I}-\boldsymbol{A})^{-1}(\boldsymbol{I}+\boldsymbol{A})$,

$$\begin{aligned}\boldsymbol{B}^{\mathrm{T}}\boldsymbol{B}&=(\boldsymbol{I}-\boldsymbol{A})^{-1}(\boldsymbol{I}+\boldsymbol{A})(\boldsymbol{I}-\boldsymbol{A})(\boldsymbol{I}+\boldsymbol{A})^{-1}\\&=(\boldsymbol{I}-\boldsymbol{A})^{-1}(\boldsymbol{I}-\boldsymbol{A})(\boldsymbol{I}+\boldsymbol{A})(\boldsymbol{I}+\boldsymbol{A})^{-1}=\boldsymbol{I}.\end{aligned}$$

13. 由$\boldsymbol{A}\boldsymbol{X}=\boldsymbol{X}\boldsymbol{B}$得$\boldsymbol{A}^m\boldsymbol{X}=\boldsymbol{X}\boldsymbol{B}^m$,$\boldsymbol{X}\boldsymbol{B}^m=\boldsymbol{O}$,由$\boldsymbol{B}$可逆,得$\boldsymbol{X}=\boldsymbol{O}$.

第 3 章　初等变换与线性方程组

3.1　初等变换化简矩阵

一、内容提要

1. 线性方程组的初等变换

线性方程组的以下三种变换称初等变换：

(1) 交换两个方程(交换 i,j 两个方程，记为ⓘ↔ⓙ)；

(2) 将某方程乘非零元(将第 i 个方程乘非零元 k，记为 kⓘ)；

(3) 将某个方程乘数加到另一个方程(将第 j 个方程乘数 k 加到第 i 个方程，记为ⓘ$+k$ⓙ).

注　线性方程组经初等变换后是同解的.

2. 线性方程组与矩阵的对应

给定线性方程组

$$\begin{cases} a_{11}x_1+a_{12}x_2+\cdots+a_{1n}x_n=b_1, \\ a_{21}x_1+a_{22}x_2+\cdots+a_{2n}x_n=b_2, \\ \qquad\qquad\qquad\qquad\vdots \\ a_{m1}x_1+a_{m2}x_2+\cdots+a_{mn}x_n=b_m, \end{cases}$$

其系数对应矩阵

$$\boldsymbol{A}=\begin{pmatrix} a_{11} & a_{12} & \cdots & a_{1n} \\ a_{21} & a_{22} & \cdots & a_{2n} \\ \vdots & \vdots & & \vdots \\ a_{m1} & a_{m2} & \cdots & a_{mn} \end{pmatrix}_{m\times n}$$

称为线性方程组的**系数矩阵**.

其系数及常数项对应的矩阵

$$\boldsymbol{B}=\left(\begin{array}{cccc:c} a_{11} & a_{12} & \cdots & a_{1n} & b_1 \\ a_{21} & a_{22} & \cdots & a_{2n} & b_2 \\ \vdots & \vdots & & \vdots & \vdots \\ a_{m1} & a_{m2} & \cdots & a_{mn} & b_m \end{array}\right)$$

称为线性方程组的**增广矩阵**.

系数矩阵与增广矩阵的关系为 $\boldsymbol{B}=(\boldsymbol{A} \; \vdots \; \boldsymbol{b})$，其中 $\boldsymbol{b}$ 为常数项矩阵，即 $\boldsymbol{b}=\begin{pmatrix} b_1 \\ b_2 \\ \vdots \\ b_m \end{pmatrix}$.

3. 矩阵的初等变换

矩阵的下列三种行变换称为矩阵的行初等变换：

(1) 交换两行(交换 i,j 两行，记为 $r_i \leftrightarrow r_j$)；

(2) 某行乘非零元(第 i 行乘非零元 k，记为 kr_i)；

(3) 某行乘某元加到另一行(第 j 行乘数 k 加到第 i 行，记为 $r_i + kr_j$).

将上述三种初等变换施加到矩阵的列，则得到矩阵的列初等变换(交换 i,j 两列，记为 $c_i \leftrightarrow c_j$；第 i 列乘非零元 k，记为 kc_i；第 j 列乘数 k 加到第 i 列，记为 $c_i + kc_j$).

矩阵的行、列初等变换统称**矩阵的初等变换**.

矩阵的三种行(列)初等变换分别称为交换变换、数乘变换、倍加(消元)变换.

4. 矩阵的三种简要形式及特点

1) 行阶梯形矩阵

其特点如下：

(1) 若从第一行算起，每行第一个非零元前面零的个数逐行增加；

(2) 每个阶梯仅占一行；

(3) 阶梯以下元素全为 0，其矩阵形如

$$\left(\begin{array}{ccccccccccc}
b_1 & * & * & * & * & \cdots & * & * & \cdots & \cdots & * \\
 & & b_2 & * & * & \cdots & * & * & \cdots & \cdots & * \\
 & & & & b_3 & \cdots & \cdots & \cdots & \cdots & \cdots & \cdots \\
 & & & & & \cdots & \cdots & \cdots & \cdots & \cdots & \cdots \\
 & & \boldsymbol{O} & & & & & b_r & * & \cdots & * \\
 & & & & & & & 0 & 0 & \cdots & 0 \\
 & & & & & & & \vdots & \vdots & & \vdots \\
 & & & & & & & 0 & 0 & \cdots & 0
\end{array}\right)
\begin{array}{l} \left.\begin{array}{l} \\ \\ \\ \\ \\ \end{array}\right\} r\text{ 行} \\ \\ \\ \\ \end{array}.$$

2) 简化行阶梯形(行最简形)矩阵

其特点除具有行阶梯形特点外，还有以下两个特点：

(1) 非零行第一个非零元为 1；

(2) 其所在列的其他元素皆为 0，其矩阵形如

$$\left(\begin{array}{cccccccccccccc}
1 & * & 0 & * & \cdots & * & 0 & * & \cdots & * & 0 & * & \cdots & * \\
 & & 1 & * & \cdots & * & 0 & * & \cdots & * & 0 & * & \cdots & * \\
 & & & & & & 1 & * & \cdots & * & \vdots & * & \cdots & * \\
 & & & & & & & & & & 0 & * & \cdots & * \\
 & & & & & & & & & & 0 & * & \cdots & * \\
 & & & & & & & & & & 1 & * & \cdots & * \\
 & & & \boldsymbol{O} & & & & & & & 0 & 0 & \cdots & 0 \\
 & & & & & & & & & & \vdots & \vdots & & \vdots \\
 & & & & & & & & & & 0 & 0 & \cdots & 0
\end{array}\right)
\begin{array}{l} \left.\begin{array}{l} \\ \\ \\ \\ \\ \\ \end{array}\right\} r\text{ 行} \\ \\ \\ \\ \end{array}.$$

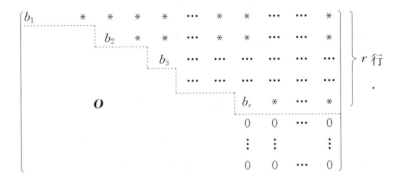

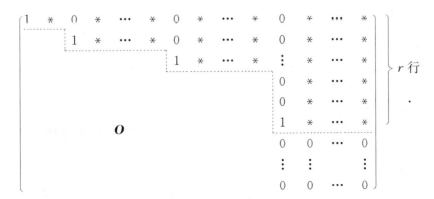

3）标准形

其特点除具有行最简形外，还具有以下特点：其左上角是一个单位子矩阵，其他元素全为0，其矩阵形如

$$\begin{pmatrix} 1 & & & & & \\ & \ddots & & & & \\ & & 1 & & & \\ & & & 0 & & \\ & & & & \ddots & \\ & & & & & 0 \end{pmatrix} = \begin{pmatrix} \boldsymbol{I}_r & \boldsymbol{O} \\ \boldsymbol{O} & \boldsymbol{O} \end{pmatrix}.$$

（r 个 1；未写出元素皆为0）

定理1 任何矩阵均可经过行初等变换化成行阶梯形、行最简形，且行最简形唯一.

定理2 矩阵经过行或列初等变换均可化为标准形，且标准形唯一.

注 （1）一般，矩阵仅用行初等变换只能化成行阶梯形及行最简形，不能化成标准形. 只有既经过行初等变换又经过列初等变换，矩阵才可化成标准形.

（2）可逆矩阵的行最简形与标准形是一致的，即单位矩阵 $\boldsymbol{I}$（或 $\boldsymbol{E}$），故可逆矩阵仅用行初等变换即可化成标准形.

5. 用矩阵的行初等变换解线性方程组的步骤

求解步骤如下：

（1）写出线性方程组的增广矩阵$(\boldsymbol{A} \vdots \boldsymbol{b})$；

（2）用矩阵的行初等变换将其化为行最简形为止；

（3）写出行最简形对应的线性方程组；

（4）确定非自由未知数（各非零行中第一个非零元1对应的未知数）及自由未知数（除非自由未知数外的未知数），并将其移至方程右端即可得通解.

注 因矩阵的行初等变换与线性方程组的初等变换是相互对应的，故只能用矩阵的行初等变换解线性方程组，千万不可用矩阵的列初等变换解线性方程组.

6. 矩阵等价

若矩阵 $\boldsymbol{A}$ 经初等变换化为矩阵 $\boldsymbol{B}$，则称两矩阵 $\boldsymbol{A}$ 与 $\boldsymbol{B}$ 等价.

二、释 疑 解 惑

问题1 判断下列命题是否正确.

（1）初等变换不改变矩阵的可逆性.

（2）初等变换不改变行列式的值.

（3）初等行变换必可把矩阵化为标准形.

答 （1）因初等变换不改变矩阵的秩，因而不改变矩阵的可逆性，故（1）是正确的.

（2）初等变换包括“交换”、“数乘”、“消元”三种. 前两种变换，如果实施到相应行列式上，其值要改变，而后一种变换，其值不变，因此，一般初等变换会改变行列式的

值，故(2)不正确.

(3) 初等行变换一般只能将矩阵化成行阶梯形、行最简形. 要化成标准形，一般要同时施以行列初等变换，故(3)不正确.

问题 2　两矩阵 $\boldsymbol{A}$ 与 $\boldsymbol{B}$ 等价，其对应的线性方程组同解吗？

答　不一定同解. 如矩阵 $\boldsymbol{A}$ 仅用行初等变换化成等价矩阵 $\boldsymbol{B}$，则它们对应的线性方程组同解. 如果 $\boldsymbol{A}$ 既用行初等变换，又用列初等变换化为矩阵 $\boldsymbol{B}$，则其对应的线性方程组不同解.

问题 3　矩阵的初等变换有哪些应用？

答　主要有以下应用.

(1) 用行初等变换解线性方程组.

(2) 求逆矩阵.

初等变换求逆法以下图示之：

$$(\boldsymbol{A} \mid \boldsymbol{I}) \xrightarrow{\text{初等行变换}} (\boldsymbol{I} \mid \boldsymbol{A}^{-1})$$

(3) 解矩阵方程.

初等变换解矩阵方程以下图示之：

$$\boldsymbol{AX}=\boldsymbol{B} \xRightarrow{\boldsymbol{A}\text{可逆}} \boldsymbol{X}=\boldsymbol{A}^{-1}\boldsymbol{B},$$

$$(\boldsymbol{A} \mid \boldsymbol{B}) \xrightarrow{\text{初等行变换}} (\boldsymbol{I} \mid \boldsymbol{A}^{-1}\boldsymbol{B})$$

如解 $\boldsymbol{XA}=\boldsymbol{B}$，可先转置解 $\boldsymbol{A}^{\mathrm{T}}\boldsymbol{X}^{\mathrm{T}}=\boldsymbol{B}^{\mathrm{T}}$，按上述求出 $\boldsymbol{X}^{\mathrm{T}}$，再转置即得解.

此外利用矩阵的初等变换还可求矩阵的秩，将二次型化标准形等，这些在以后章节中将逐步介绍.

三、典型例题解析

例 1　求解线性方程组

$$\begin{cases} 2x_1-x_2+3x_3=1, \\ 2x_1+x_2+x_3=5, \\ 4x_1+x_2+2x_3=5. \end{cases}$$

解

$$\boldsymbol{B}=\left(\begin{array}{ccc:c} 2 & -1 & 3 & 1 \\ 2 & 1 & 1 & 5 \\ 4 & 1 & 2 & 5 \end{array}\right) \xrightarrow[r_3-2r_1]{r_2-r_1} \left(\begin{array}{ccc:c} 2 & -1 & 3 & 1 \\ 0 & 2 & -2 & 4 \\ 0 & 3 & -4 & 3 \end{array}\right) \xrightarrow[r_2\div 2]{r_3-\frac{3}{2}r_2} \left(\begin{array}{ccc:c} 2 & -1 & 3 & 1 \\ 0 & 1 & -1 & 2 \\ 0 & 0 & -1 & -3 \end{array}\right)$$

$$\xrightarrow[\substack{r_1+3r_3 \\ r_3\div(-1)}]{r_2-r_3} \left(\begin{array}{ccc:c} 2 & -1 & 0 & -8 \\ 0 & 1 & 0 & 5 \\ 0 & 0 & 1 & 3 \end{array}\right) \xrightarrow[r_1\div 2]{r_1+r_2} \left(\begin{array}{ccc:c} 1 & 0 & 0 & -3/2 \\ 0 & 1 & 0 & 5 \\ 0 & 0 & 1 & 3 \end{array}\right),$$

对应方程组的解为

$$\begin{cases} x_1=-3/2, \\ x_2=5, \\ x_3=3, \end{cases}$$ 且为唯一解.

例 2 求解线性方程组

$$\begin{cases} x_1+x_2-3x_3=-1, \\ 2x_1+x_2-2x_3=1, \\ x_1+x_2+x_3=3, \\ x_1+2x_2-3x_3=3. \end{cases}$$

解 $$\boldsymbol{B}=\left(\begin{array}{ccc:c} 1 & 1 & -3 & -1 \\ 2 & 1 & -2 & 1 \\ 1 & 1 & 1 & 3 \\ 1 & 2 & -3 & 3 \end{array}\right) \xrightarrow[\substack{r_3-r_1 \\ r_4-r_1}]{r_2-2r_1} \left(\begin{array}{ccc:c} 1 & 1 & -3 & -1 \\ 0 & -1 & 4 & 3 \\ 0 & 0 & 4 & 4 \\ 0 & 1 & 0 & 4 \end{array}\right)$$

$$\xrightarrow[r_3\div 4]{r_4+r_2} \left(\begin{array}{ccc:c} 1 & 1 & -3 & -1 \\ 0 & -1 & 4 & 3 \\ 0 & 0 & 1 & 1 \\ 0 & 0 & 4 & 7 \end{array}\right) \xrightarrow{r_4-4r_3} \left(\begin{array}{ccc:c} 1 & 1 & -3 & -1 \\ 0 & -1 & 4 & 3 \\ 0 & 0 & 1 & 1 \\ 0 & 0 & 0 & 3 \end{array}\right),$$

其对应线性方程组为

$$\begin{cases} x_1+x_2-3x_3=-1, \\ \qquad x_2-4x_3=-3, \\ \qquad\qquad x_3=1, \\ \qquad\qquad 0=3. \end{cases}$$

这是一个矛盾方程组,无解.故原方程组无解.

例 3 求解线性方程组

$$\begin{cases} x_1-2x_2+3x_3-4x_4=4, \\ x_2-x_3+x_4=-3, \\ x_1+3x_2-3x_4=1, \\ -7x_2+3x_3+x_4=-3. \end{cases}$$

解 $$\boldsymbol{B}=\left(\begin{array}{cccc:c} 1 & -2 & 3 & -4 & 4 \\ 0 & 1 & -1 & 1 & -3 \\ 1 & 3 & 0 & -3 & 1 \\ 0 & -7 & 3 & 1 & -3 \end{array}\right) \xrightarrow{r_3-r_1} \left(\begin{array}{cccc:c} 1 & -2 & 3 & -4 & 4 \\ 0 & 1 & -1 & 1 & -3 \\ 0 & 5 & -3 & 1 & -3 \\ 0 & -7 & 3 & 1 & -3 \end{array}\right)$$

$$\xrightarrow[r_4+7r_2]{r_3-5r_2} \left[\begin{array}{cccc:c} 1 & -2 & 3 & -4 & 4 \\ 0 & 1 & -1 & 1 & -3 \\ 0 & 0 & 2 & -4 & 12 \\ 0 & 0 & -4 & 8 & -24 \end{array}\right] \xrightarrow[r_4\div(-4)]{r_3\div 2} \left(\begin{array}{cccc:c} 1 & -2 & 3 & -4 & 4 \\ 0 & 1 & -1 & 1 & -3 \\ 0 & 0 & 1 & -2 & 6 \\ 0 & 0 & 1 & -2 & 6 \end{array}\right)$$

$$\xrightarrow{r_4-r_3} \left(\begin{array}{cccc:c} 1 & -2 & 3 & -4 & 4 \\ 0 & 1 & -1 & 1 & -3 \\ 0 & 0 & 1 & -2 & 6 \\ 0 & 0 & 0 & 0 & 0 \end{array}\right),$$

其对应线性方程组为

$$\begin{cases} x_1-2x_2+3x_3-4x_4=4, \\ \qquad\quad x_2-x_3+x_4=-3, \\ \qquad\qquad\quad x_3-2x_4=6, \\ \qquad\qquad\qquad\qquad 0=0. \end{cases}$$

方程组有 4 个变量,但仅有 3 个有效方程,可取其中一个变量为自由变量,并将之移项至右边.保留未知量应满足其系数行列式不为 0,这里选 x_3 或 x_4 作自由变量均可,得

$$\begin{cases} x_1-2x_2+3x_3=4+4x_4, \\ \qquad\quad x_2-x_3=-3-x_4, \\ \qquad\qquad\quad x_3=6+2x_4. \end{cases}$$

令 $x_4=k$,得原方程组的解为

$$x_1=-8, \quad x_2=3+k, \quad x_3=6+2k, \quad x_4=k.$$

其中 k 为任意实数.方程组有无穷多组解.

如果用向量形式表示,则有

$$\boldsymbol{X}=\begin{pmatrix}-8\\3\\6\\0\end{pmatrix}+k\begin{pmatrix}0\\1\\2\\1\end{pmatrix}.$$

3.2 初等矩阵

一、内容提要

1. 初等矩阵的定义及变换

定义 单位矩阵 $\boldsymbol{I}$ 经过一次初等变换所得到的矩阵称为**初等矩阵**.

三种初等变换对应的三种初等矩阵如下.

1）交换矩阵

由单位矩阵 $\boldsymbol{I}$ 交换 i 行(列)与 j 行(列)得到,记为

$$\begin{array}{c@{}l} & \begin{array}{ccccccc} & & i & & j & & \end{array} \\ \boldsymbol{I}_{ij}= & \left(\begin{array}{ccccccc} 1 & & & & & & \\ & \ddots & & & & & \\ & & 0 & \cdots & 1 & & \\ & & \vdots & \ddots & \vdots & & \\ & & 1 & \cdots & 0 & & \\ & & & & & \ddots & \\ & & & & & & 1 \end{array}\right)\begin{array}{l} \\ \\ i \\ \\ j \\ \\ \\ \end{array}. \end{array} \tag{3.2.1}$$

2）数乘矩阵

由单位矩阵 $\boldsymbol{I}$ 的第 i 行(列)乘以非零数 k 得到,记为

$$I_{i(k)} = \begin{pmatrix} 1 & & & & & \\ & \ddots & & & & \\ & & k & & & \\ & & & \ddots & & \\ & & & & 1 \end{pmatrix} i. \qquad (3.2.2)$$

3）倍加矩阵

由单位矩阵 I 的第 j 行的 k 倍加到第 i 行上得到，记为

$$I_{(i+j(k))} = \begin{pmatrix} 1 & & & & & \\ & \ddots & & & & \\ & & 1 & & k & \\ & & & \ddots & & \\ & & 0 & & 1 & \\ & & & & & \ddots \\ & & & & & & 1 \end{pmatrix} \begin{matrix} i \\ j \end{matrix}. \qquad (3.2.3)$$

由单位矩阵 I 的第 j 列的 k 倍加到第 i 列上得到的矩阵为 $I_{(i+j(k))}^{\mathrm{T}}$，即为行倍加矩阵的转置.

注 由三种行(列)初等变换，对应三种行(列)初等矩阵.但因列初等矩阵是对应行初等矩阵的转置(前两种的转置与自身相同)，因此通常初等矩阵为上述三种形式.注意第三种初等矩阵，在行与列变换下是不同的.

2. 初等矩阵的性质

1）可逆性

因为

$$I_{ij}I_{ij} = I, \quad I_{i(k)}I_{i\left(\frac{1}{k}\right)} = I, \quad I_{(i+j(k))}I_{(i+j(-k))} = I,$$

所以初等矩阵都是可逆矩阵，初等矩阵的逆矩阵是与之同类的初等矩阵，即

$$I_{ij}^{-1} = I_{ij}, \quad I_{i(k)}^{-1} = I_{i\left(\frac{1}{k}\right)}, \quad I_{(i+j(k))}^{-1} = I_{(i+j(-k))}.$$

2）初等矩阵与初等变换之间的关系

定理 1 对 $m \times n$ 矩阵 A 实施一次初等行变换，相当于用相应的 m 阶初等矩阵左乘 A；对矩阵 A 实施一次初等列变换，相当于用相应的 n 阶初等矩阵右乘矩阵 A.

定理 1 可以简单叙述为：用初等矩阵左乘矩阵 A，则对 A 作相应行变换；右乘矩阵 A，则对 A 作相应列变换. 具体如下所述：

(1) $I_{ij}A$——将 A 的第 i 行与第 j 行互换；

(2) $I_{i(k)}A$——将 A 的第 i 行乘非零数 k；

(3) $I_{(i+j(k))}A$——将 A 的第 j 行的 k 倍加到第 i 行上；

(4) AI_{ij}——将 A 的第 i 列与第 j 列互换；

(5) $AI_{i(k)}$——将 A 的第 i 列乘非零数 k；

(6) $AI_{(i+j(k))}^{\mathrm{T}}$——将 A 的第 j 列的 k 倍加到第 i 列上.

3）几个结论

利用初等矩阵与初等变换之间的关系可得到以下几个结论.

定理 2　设 $\boldsymbol{A}_{m\times n}$ 的标准形为 $\begin{pmatrix}\boldsymbol{I}_r & \boldsymbol{O}\\ \boldsymbol{O} & \boldsymbol{O}\end{pmatrix}$，则必存在 m 阶及 n 阶可逆方阵 $\boldsymbol{P},\boldsymbol{Q}$，使

$$\boldsymbol{PAQ}=\begin{pmatrix}\boldsymbol{I}_r & \boldsymbol{O}\\ \boldsymbol{O} & \boldsymbol{O}\end{pmatrix}.$$

推论　$\boldsymbol{A}$ 可逆的充要条件是 $\boldsymbol{A}$ 可表示为有限个初等方阵的乘积，即 $\boldsymbol{A}=\boldsymbol{I}_1\boldsymbol{I}_2\cdots\boldsymbol{I}_m$.

定理 3　$\boldsymbol{A}_{m\times n}$ 与 $\boldsymbol{B}_{m\times n}$ 等价的充要条件是存在可逆的 m 阶及 n 阶方阵 $\boldsymbol{P},\boldsymbol{Q}$，使 $\boldsymbol{PAQ}=\boldsymbol{B}$.

二、释疑解惑

问题 1　初等矩阵有什么作用？初等变换与初等矩阵的关系如何？

答　矩阵的初等变换不是恒等变换，而是等价变换，初等矩阵实现了将一次初等变换的结果用等式表达，并在此基础上，进一步将两个等价的矩阵用等式连接，从而拓宽了初等变换的应用范围. 例如，矩阵等价，其秩相等（反之不对）.

三、典型例题解析

例 1　用初等变换将下列矩阵化成标准形，并求出相应的初等矩阵.

$$\boldsymbol{A}=\begin{pmatrix}1&2&3\\0&1&2\\7&8&9\end{pmatrix}.$$

解　$$\boldsymbol{A}\xrightarrow{r_3-7r_1}\begin{pmatrix}1&2&3\\0&1&2\\0&-6&-12\end{pmatrix}\xrightarrow{r_3+6r_2}\begin{pmatrix}1&2&3\\0&1&2\\0&0&0\end{pmatrix}\xrightarrow{c_2-2c_1}\begin{pmatrix}1&0&3\\0&1&2\\0&0&0\end{pmatrix}$$

$$\xrightarrow{c_3-3c_1}\begin{pmatrix}1&0&0\\0&1&2\\0&0&0\end{pmatrix}\xrightarrow{c_3-2c_2}\begin{pmatrix}1&0&0\\0&1&0\\0&0&0\end{pmatrix},$$

所有初等矩阵依次为

$$\boldsymbol{P}_1=\begin{pmatrix}1&0&0\\0&1&0\\-7&0&1\end{pmatrix},\quad \boldsymbol{P}_2=\begin{pmatrix}1&0&0\\0&1&0\\0&6&1\end{pmatrix},\quad \boldsymbol{P}_3=\begin{pmatrix}1&-2&0\\0&1&0\\0&0&1\end{pmatrix},$$

$$\boldsymbol{P}_4=\begin{pmatrix}1&0&-3\\0&1&0\\0&0&1\end{pmatrix},\quad \boldsymbol{P}_5=\begin{pmatrix}1&0&0\\0&1&-2\\0&0&1\end{pmatrix},$$

有 $$\boldsymbol{P}_2\boldsymbol{P}_1\boldsymbol{A}\boldsymbol{P}_3\boldsymbol{P}_4\boldsymbol{P}_5=\begin{pmatrix}1&0&0\\0&1&0\\0&0&0\end{pmatrix}.$$

例 2　求矩阵 $\boldsymbol{A}=\begin{pmatrix}1&0&1\\-1&1&1\\2&-1&1\end{pmatrix}$ 的逆矩阵.

解 $(\boldsymbol{A} \vdots \boldsymbol{I})=\left(\begin{array}{ccc:ccc}1 & 0 & 1 & 1 & 0 & 0\\-1 & 1 & 1 & 0 & 1 & 0\\2 & -1 & 1 & 0 & 0 & 1\end{array}\right)\xrightarrow[r_3-2r_1]{r_2+r_1}\left(\begin{array}{ccc:ccc}1 & 0 & 1 & 1 & 0 & 0\\0 & 1 & 2 & 1 & 1 & 0\\0 & -1 & -1 & -2 & 0 & 1\end{array}\right)$

$$\xrightarrow{r_3+r_2}\left(\begin{array}{ccc:ccc}1 & 0 & 1 & 1 & 0 & 0\\0 & 1 & 2 & 1 & 1 & 0\\0 & 0 & 1 & -1 & 1 & 1\end{array}\right)\xrightarrow[r_2-2r_3]{r_1-r_3}\left(\begin{array}{ccc:ccc}1 & 0 & 0 & 2 & -1 & -1\\0 & 1 & 0 & 3 & -1 & -2\\0 & 0 & 1 & -1 & 1 & 1\end{array}\right),$$

故
$$\boldsymbol{A}^{-1}=\begin{pmatrix}2 & -1 & -1\\3 & -1 & -2\\-1 & 1 & 1\end{pmatrix}.$$

例 3 用矩阵的初等变换解下列矩阵方程.

(1) $\boldsymbol{AX}=\boldsymbol{B}$,其中 $\boldsymbol{A}=\begin{pmatrix}1 & -1 & 2\\2 & 0 & 1\\-1 & 1 & 0\end{pmatrix}$, $\boldsymbol{B}=\begin{pmatrix}1 & 0 & 0\\2 & 2 & -3\\-1 & 0 & 2\end{pmatrix}$;

(2) $\boldsymbol{XA}=\boldsymbol{B}$,其中 $\boldsymbol{A}=\begin{pmatrix}1 & 1 & -1\\2 & 0 & 1\\1 & -1 & 1\end{pmatrix}$, $\boldsymbol{B}=\begin{pmatrix}1 & -1 & 0\\0 & 1 & 1\end{pmatrix}$.

解 (1) $(\boldsymbol{A} \vdots \boldsymbol{B})=\left(\begin{array}{ccc:ccc}1 & -1 & 2 & 1 & 0 & 0\\2 & 0 & 1 & 2 & 2 & -3\\-1 & 1 & 0 & -1 & 0 & 2\end{array}\right)\xrightarrow[r_3+r_1]{r_2-2r_1}\left(\begin{array}{ccc:ccc}1 & -1 & 2 & 1 & 0 & 0\\0 & 2 & -3 & 0 & 2 & -3\\0 & 0 & 2 & 0 & 0 & 2\end{array}\right)$

$$\xrightarrow{\frac{1}{2}r_3}\left(\begin{array}{ccc:ccc}1 & -1 & 2 & 1 & 0 & 0\\0 & 2 & -3 & 0 & 2 & -3\\0 & 0 & 1 & 0 & 0 & 1\end{array}\right)\xrightarrow[r_2+3r_3]{r_1-2r_3}\left(\begin{array}{ccc:ccc}1 & -1 & 0 & 1 & 0 & -2\\0 & 2 & 0 & 0 & 2 & 0\\0 & 0 & 1 & 0 & 0 & 1\end{array}\right)$$

$$\xrightarrow{\frac{1}{2}r_2}\left(\begin{array}{ccc:ccc}1 & -1 & 0 & 1 & 0 & -2\\0 & 1 & 0 & 0 & 1 & 0\\0 & 0 & 1 & 0 & 0 & 1\end{array}\right)\xrightarrow{r_1+r_2}\left(\begin{array}{ccc:ccc}1 & 0 & 0 & 1 & 1 & -2\\0 & 1 & 0 & 0 & 1 & 0\\0 & 0 & 1 & 0 & 0 & 1\end{array}\right),$$

故
$$\boldsymbol{X}=\boldsymbol{A}^{-1}\boldsymbol{B}=\begin{pmatrix}1 & 1 & -2\\0 & 1 & 0\\0 & 0 & 1\end{pmatrix}.$$

(2) $\boldsymbol{A}^{\mathrm{T}}=\begin{pmatrix}1 & 2 & 1\\1 & 0 & -1\\-1 & 1 & 1\end{pmatrix}$, $\boldsymbol{B}^{\mathrm{T}}=\begin{pmatrix}1 & 0\\-1 & 1\\0 & 1\end{pmatrix}$,

$$(\boldsymbol{A}^{\mathrm{T}} \vdots \boldsymbol{B}^{\mathrm{T}})=\left(\begin{array}{ccc:cc}1 & 2 & 1 & 1 & 0\\1 & 0 & -1 & -1 & 1\\-1 & 1 & 1 & 0 & 1\end{array}\right)\xrightarrow[r_3+r_1]{r_2-r_1}\left(\begin{array}{ccc:cc}1 & 2 & 1 & 1 & 0\\0 & -2 & -2 & -2 & 1\\0 & 3 & 2 & 1 & 1\end{array}\right)$$

$$\xrightarrow{-\frac{1}{2}r_2}\left(\begin{array}{ccc:cc}1 & 2 & 1 & 1 & 0\\0 & 1 & 1 & 1 & -\frac{1}{2}\\0 & 3 & 2 & 1 & 1\end{array}\right)\xrightarrow[r_3-3r_2]{r_1-2r_2}\left(\begin{array}{ccc:cc}1 & 0 & -1 & -1 & 1\\0 & 1 & 1 & 1 & -\frac{1}{2}\\0 & 0 & -1 & -2 & \frac{5}{2}\end{array}\right)$$

$$\xrightarrow[r_2+r_3]{r_1-r_3}\left(\begin{array}{ccc:cc}1&0&0&1&-\frac{3}{2}\\0&1&0&-1&2\\0&0&-1&-2&\frac{5}{2}\end{array}\right)\xrightarrow{-r_3}\left(\begin{array}{ccc:cc}1&0&0&1&-\frac{3}{2}\\0&1&0&-1&2\\0&0&1&2&-\frac{5}{2}\end{array}\right),$$

故
$$\boldsymbol{X}=\boldsymbol{B}\boldsymbol{A}^{-1}=\begin{pmatrix}1&-1&2\\-\frac{3}{2}&2&-\frac{5}{2}\end{pmatrix}.$$

例 4 将下列矩阵分解成初等矩阵的乘积.

(1) $\boldsymbol{A}=\begin{pmatrix}1&-1&0\\0&1&0\\0&0&2\end{pmatrix}$; (2) $\boldsymbol{A}=\begin{pmatrix}0&1&0\\1&2&0\\0&0&3\end{pmatrix}$.

解 (1)
$$\boldsymbol{A}\xrightarrow{r_1+r_2}\begin{pmatrix}1&0&0\\0&1&0\\0&0&2\end{pmatrix}\xrightarrow{\frac{1}{2}r_3}\begin{pmatrix}1&0&0\\0&1&0\\0&0&1\end{pmatrix}=\boldsymbol{I},$$

而
$$\boldsymbol{I}\xrightarrow{2r_3}\begin{pmatrix}1&0&0\\0&1&0\\0&0&2\end{pmatrix}\xrightarrow{r_1-r_2}\begin{pmatrix}1&-1&0\\0&1&0\\0&0&2\end{pmatrix}=\boldsymbol{A},$$

故 $\boldsymbol{I}(1+2(-1))\boldsymbol{I}(3(2))\boldsymbol{I}=\boldsymbol{A}=\boldsymbol{I}(1+2(-1))\boldsymbol{I}(3(2))=\begin{pmatrix}1&-1&0\\0&1&0\\0&0&1\end{pmatrix}\cdot\begin{pmatrix}1&0&0\\0&1&0\\0&0&2\end{pmatrix}.$

(2) $\boldsymbol{A}\xrightarrow{\frac{1}{3}r_3}\begin{pmatrix}0&1&0\\1&2&0\\0&0&1\end{pmatrix}\xrightarrow{r_1\leftrightarrow r_2}\begin{pmatrix}1&2&0\\0&1&0\\0&0&1\end{pmatrix}\xrightarrow{r_1-2r_2}\begin{pmatrix}1&0&0\\0&1&0\\0&0&1\end{pmatrix}=\boldsymbol{I},$

而
$$\boldsymbol{I}\xrightarrow{r_1+2r_2}\begin{pmatrix}1&2&0\\0&1&0\\0&0&1\end{pmatrix}\xrightarrow{r_1\leftrightarrow r_2}\begin{pmatrix}0&1&0\\1&2&0\\0&0&1\end{pmatrix}\xrightarrow{3r_3}\begin{pmatrix}0&1&0\\1&2&0\\0&0&3\end{pmatrix}=\boldsymbol{A},$$

故
$$\boldsymbol{A}=\boldsymbol{I}(3(3))\cdot\boldsymbol{I}(1,2)\boldsymbol{I}(1+2(2))=\begin{pmatrix}1&0&0\\0&1&0\\0&0&3\end{pmatrix}\begin{pmatrix}0&1&0\\1&0&0\\0&0&1\end{pmatrix}\begin{pmatrix}1&2&0\\0&1&0\\0&0&1\end{pmatrix}.$$

例 5 设 $\boldsymbol{A}=\begin{pmatrix}a_{11}&a_{12}&a_{13}\\a_{21}&a_{22}&a_{23}\\a_{31}&a_{32}&a_{33}\end{pmatrix}$, $\boldsymbol{B}=\begin{pmatrix}a_{21}&a_{22}&a_{23}\\a_{11}&a_{12}&a_{13}\\a_{31}+a_{11}&a_{32}+a_{12}&a_{33}+a_{13}\end{pmatrix}$,

$$\boldsymbol{P}_1=\begin{pmatrix}0&1&0\\1&0&0\\0&0&1\end{pmatrix},\quad \boldsymbol{P}_2=\begin{pmatrix}1&0&0\\0&1&0\\1&0&1\end{pmatrix},$$

则必有(　　).

(A) $\boldsymbol{A}\boldsymbol{P}_1\boldsymbol{P}_2=\boldsymbol{B}$　(B) $\boldsymbol{A}\boldsymbol{P}_2\boldsymbol{P}_1=\boldsymbol{B}$　(C) $\boldsymbol{P}_1\boldsymbol{P}_2\boldsymbol{A}=\boldsymbol{B}$　(D) $\boldsymbol{P}_2\boldsymbol{P}_1\boldsymbol{A}=\boldsymbol{B}$

解 $\boldsymbol{A}$ 经过两次初等行变换得到 $\boldsymbol{B}$,根据初等矩阵的性质,左乘初等矩阵为行变换，右乘初等矩阵为列变换，故排除(A)，(B).

$\boldsymbol{P}_1\boldsymbol{P}_2\boldsymbol{A}$ 表示把 $\boldsymbol{A}$ 的第 1 行加至第 3 行后再将第 1 行与第 2 行互换，得到矩阵 $\boldsymbol{B}$，所以应选(C).

而 $\boldsymbol{P}_2\boldsymbol{P}_1\boldsymbol{A}$ 表示把 $\boldsymbol{A}$ 的第 1 行与第 2 行互换后再把第 1 行加至第 3 行，那么这时的矩阵为

$$\begin{pmatrix} a_{21} & a_{22} & a_{23} \\ a_{11} & a_{12} & a_{13} \\ a_{31}+a_{21} & a_{32}+a_{22} & a_{33}+a_{23} \end{pmatrix},$$

非已知矩阵 $\boldsymbol{B}$.

例 6(2005)* 设 $\boldsymbol{A}$ 为 $n(n\geqslant 2)$ 阶可逆矩阵，交换 $\boldsymbol{A}$ 的第 1 行与第 2 行得矩阵 $\boldsymbol{B}$，$\boldsymbol{A}^*$，$\boldsymbol{B}^*$ 分别为 $\boldsymbol{A}$，$\boldsymbol{B}$ 的伴随矩阵，则(　　).

(A) 交换 $\boldsymbol{A}^*$ 的第 1 列与第 2 列得 $\boldsymbol{B}^*$

(B) 交换 $\boldsymbol{A}^*$ 的第 1 行与第 2 行得 $\boldsymbol{B}^*$

(C) 交换 $\boldsymbol{A}^*$ 的第 1 列与第 2 列得 $-\boldsymbol{B}^*$

(D) 交换 $\boldsymbol{A}^*$ 的第 1 行与第 2 行得 $-\boldsymbol{B}^*$

解
$$\boldsymbol{B}=\boldsymbol{I}_{12}\boldsymbol{A}\Rightarrow\boldsymbol{B}^{-1}=\boldsymbol{A}^{-1}\boldsymbol{I}_{12}^{-1}=\boldsymbol{A}^{-1}\boldsymbol{I}_{12},$$

因为
$$\boldsymbol{A}^*=|\boldsymbol{A}|\boldsymbol{A}^{-1},\quad \boldsymbol{B}^*=|\boldsymbol{B}|\boldsymbol{B}^{-1},$$

故
$$\boldsymbol{B}^*=|\boldsymbol{B}|\boldsymbol{A}^{-1}\boldsymbol{I}_{12}=\frac{|\boldsymbol{B}|}{|\boldsymbol{A}|}\boldsymbol{A}^*\boldsymbol{I}_{12}.$$

又由
$$\boldsymbol{B}=\boldsymbol{I}_{12}\boldsymbol{A}\Rightarrow|\boldsymbol{B}|=|\boldsymbol{I}_{12}|\,|\boldsymbol{A}|=-|\boldsymbol{A}|,$$

于是有
$$-\boldsymbol{B}^*=\boldsymbol{A}^*\boldsymbol{I}_{12},$$

即 $\boldsymbol{A}^*$ 交换 1，2 两列得 $\boldsymbol{B}^*$. 故选(C).

例 7 设 $\boldsymbol{A}$ 是 n 阶可逆方阵，将 $\boldsymbol{A}$ 的第 i 行和第 j 行对换后得到的矩阵记为 $\boldsymbol{B}$. (1) 证明 $\boldsymbol{B}$ 可逆；(2) 求 $\boldsymbol{A}\boldsymbol{B}^{-1}$.

解 由于 $\boldsymbol{B}=\boldsymbol{I}_{ij}\boldsymbol{A}$，其中 $\boldsymbol{I}_{ij}$ 是初等矩阵

$$\boldsymbol{I}_{ij}=\begin{pmatrix} 1 & & & & & \\ & \ddots & & & & \\ & & 0 & & 1 & \\ & & & \ddots & & \\ & & 1 & & 0 & \\ & & & & & \ddots & \\ & & & & & & 1 \end{pmatrix}\begin{matrix} \\ \\ i \\ \\ j \\ \\ \\ \end{matrix}.$$

(1) 因为 $\boldsymbol{A}$ 可逆，$|\boldsymbol{A}|\neq 0$，故 $|\boldsymbol{B}|=|\boldsymbol{I}_{ij}\boldsymbol{A}|=|\boldsymbol{I}_{ij}|\cdot|\boldsymbol{A}|=-|\boldsymbol{A}|\neq 0$，所以 $\boldsymbol{B}$ 可逆.

(2) 由 $\boldsymbol{B}=\boldsymbol{I}_{ij}\boldsymbol{A}$ 知，$\boldsymbol{A}\boldsymbol{B}^{-1}=\boldsymbol{A}(\boldsymbol{I}_{ij}\boldsymbol{A})^{-1}=\boldsymbol{A}\boldsymbol{A}^{-1}\boldsymbol{I}_{ij}^{-1}=\boldsymbol{I}_{ij}^{-1}=\boldsymbol{I}_{ij}$.

---

* (2005)表示该例为 2005 年考研试题. 下同.

例 8(2004) 设 $\boldsymbol{A}$ 是三阶方阵,将 $\boldsymbol{A}$ 的第 1 列与第 2 列交换得 $\boldsymbol{B}$,再把 $\boldsymbol{B}$ 的第 2 列加到第 3 列得 $\boldsymbol{C}$,则满足 $\boldsymbol{AQ}=\boldsymbol{C}$ 的可逆矩阵 $\boldsymbol{Q}$ 为(　　).

(A) $\begin{pmatrix}0&1&0\\1&0&0\\1&0&1\end{pmatrix}$　(B) $\begin{pmatrix}0&1&0\\1&0&1\\0&1&1\end{pmatrix}$　(C) $\begin{pmatrix}0&1&0\\1&0&0\\0&1&1\end{pmatrix}$　(D) $\begin{pmatrix}0&1&1\\1&0&0\\0&0&1\end{pmatrix}$

解 按题意,用初等矩阵描述,有

$$\boldsymbol{A}\begin{pmatrix}0&1&0\\1&0&0\\0&0&1\end{pmatrix}=\boldsymbol{B},\quad \boldsymbol{B}\begin{pmatrix}1&0&0\\0&1&1\\0&0&1\end{pmatrix}=\boldsymbol{C}.$$

于是
$$\boldsymbol{A}\begin{pmatrix}0&1&0\\1&0&0\\0&0&1\end{pmatrix}\begin{pmatrix}1&0&0\\0&1&1\\0&0&1\end{pmatrix}=\boldsymbol{C},$$

从而 $\boldsymbol{Q}=\begin{pmatrix}0&1&0\\1&0&0\\0&0&1\end{pmatrix}\begin{pmatrix}1&0&0\\0&1&1\\0&0&1\end{pmatrix}=\begin{pmatrix}0&1&1\\1&0&0\\0&0&1\end{pmatrix}$,所以应选(D).

例 9(2006) 设 $\boldsymbol{A}$ 为三阶矩阵,将 $\boldsymbol{A}$ 的第 2 行加到第 1 行得 $\boldsymbol{B}$,再将 $\boldsymbol{B}$ 的第 1 列的 -1 倍加到第 2 列得 $\boldsymbol{C}$,记 $\boldsymbol{P}=\begin{pmatrix}1&1&0\\0&1&0\\0&0&1\end{pmatrix}$,则(　　).

(A) $\boldsymbol{C}=\boldsymbol{P}^{-1}\boldsymbol{AP}$　(B) $\boldsymbol{C}=\boldsymbol{PAP}^{-1}$　(C) $\boldsymbol{C}=\boldsymbol{P}^{\mathrm{T}}\boldsymbol{AP}$　(D) $\boldsymbol{C}=\boldsymbol{PAP}^{\mathrm{T}}$

解 按已知条件,用初等矩阵描述,有

$$\boldsymbol{B}=\begin{pmatrix}1&1&0\\0&1&0\\0&0&1\end{pmatrix}\boldsymbol{A},\quad \boldsymbol{C}=\boldsymbol{B}\begin{pmatrix}1&-1&0\\0&1&0\\0&0&1\end{pmatrix}.$$

于是 $\boldsymbol{C}=\begin{pmatrix}1&1&0\\0&1&0\\0&0&1\end{pmatrix}\boldsymbol{A}\begin{pmatrix}1&-1&0\\0&1&0\\0&0&1\end{pmatrix}=\boldsymbol{PAP}^{-1}$. 所以应选(B).

例 10 设 $\boldsymbol{A}=\begin{pmatrix}a_{11}&a_{12}&a_{13}&a_{14}\\a_{21}&a_{22}&a_{23}&a_{24}\\a_{31}&a_{32}&a_{33}&a_{34}\\a_{41}&a_{42}&a_{43}&a_{44}\end{pmatrix}$, $\boldsymbol{B}=\begin{pmatrix}a_{14}&a_{13}&a_{12}&a_{11}\\a_{24}&a_{23}&a_{22}&a_{21}\\a_{34}&a_{33}&a_{32}&a_{31}\\a_{44}&a_{43}&a_{42}&a_{41}\end{pmatrix}$,

$$\boldsymbol{P}_1=\begin{pmatrix}0&0&0&1\\0&1&0&0\\0&0&1&0\\1&0&0&0\end{pmatrix},\quad \boldsymbol{P}_2=\begin{pmatrix}1&0&0&0\\0&0&1&0\\0&1&0&0\\0&0&0&1\end{pmatrix},$$

其中 $\boldsymbol{A}$ 可逆,则 $\boldsymbol{B}^{-1}$ 等于(　　).

(A) $A^{-1}P_1P_2$　　(B) $P_1A^{-1}P_2$　　(C) $P_1P_2A^{-1}$　　(D) $P_2A^{-1}P_1$

解　把矩阵 A 的第 1 列与第 4 列对换,第 2 列与第 3 列对换即得到矩阵 B. 根据初等矩阵的性质,有

$$B=AP_1P_2 \quad \text{或} \quad B=AP_2P_1,$$

由后一式 $B^{-1}=(AP_2P_1)^{-1}=P_1^{-1}P_2^{-1}A^{-1}=P_1P_2A^{-1}$. 所以应选(C).

3.3 矩阵的秩

一、内容提要

1. 矩阵的 k 阶子式

给定矩阵 $A_{m\times n}$,任取 k 行、k 列($1\leqslant k\leqslant \min\{m,n\}$),其行列交叉元素组成的 k 阶行列式,称矩阵 A 的 k 阶子式. 不妨设 $3\leqslant m\leqslant n$,则 $A_{m\times n}$ 矩阵的一阶、二阶、三阶子式个数分别为 $m\times n, C_m^2C_n^2, C_m^3C_n^3$ 个. 如 $A_{3\times 4}$ 矩阵的一阶、二阶、三阶子式个数依次为 $3\times 4=12, C_3^2C_4^2=3\times 6=18, C_3^3C_4^3=4$ 个.

2. 矩阵的非零子式、最高阶非零子式

矩阵的子式可分为两类,一类是其值为零,另一类是其值非零. 子式值非零的称非零子式. 在矩阵的所有非零子式中,阶数最高的称为最高阶非零子式. 例如,矩阵

$$A=\begin{pmatrix} 1 & 3 & -9 & 3 \\ 0 & 1 & -3 & 4 \\ -2 & -3 & 9 & 6 \end{pmatrix},$$

其中,二阶子式 $\begin{vmatrix} 1 & 3 \\ 0 & 1 \end{vmatrix}=1\neq 0$,为非零子式; $\begin{vmatrix} 1 & -9 \\ 0 & -3 \end{vmatrix}\neq 0$,故 $\begin{vmatrix} 1 & -9 \\ 0 & -3 \end{vmatrix}$ 也是二阶非零子式;三阶子式(最高阶子式)有 4 个,分别为

$$\begin{vmatrix} 1 & 3 & -9 \\ 0 & 1 & -3 \\ -2 & -3 & 9 \end{vmatrix}=0,\quad \begin{vmatrix} 1 & 3 & 3 \\ 0 & 1 & 4 \\ -2 & -3 & 6 \end{vmatrix}=0,\quad \begin{vmatrix} 1 & -9 & 3 \\ 0 & -3 & 4 \\ -2 & 9 & 6 \end{vmatrix}=0,\quad \begin{vmatrix} 3 & -9 & 3 \\ 1 & -3 & 4 \\ -3 & 9 & 6 \end{vmatrix}=0.$$

因矩阵子式最高为三阶,它们都为 0. 因此,最高阶非零子式为二阶子式. 显然,最高阶非零子式不唯一,如 $\begin{vmatrix} 1 & 3 \\ 0 & 1 \end{vmatrix}, \begin{vmatrix} 1 & -9 \\ 0 & -3 \end{vmatrix}$ 等都是矩阵的最高阶非零子式.

3. 矩阵的秩

矩阵的最高阶非零子式的阶数称为矩阵的秩. 记为 $r(A)$ 或秩(A). 规定零矩阵的秩为 0.

注意:矩阵的秩总是和矩阵的最高阶非零子式联系在一起的. 但二者也是有区别的. 最高阶非零子式是矩阵的子式之一,它一般不唯一,其阶数即矩阵的秩是一个数. 显然,秩是唯一的.

矩阵的秩的另一等价定义为:如果矩阵 $A_{m\times n}$ 有一个非零的 k 阶子式,而所有

$k+1$阶子式都为 0,则 k 称为矩阵的秩.

4. 秩的基本性质

(1) $\mathrm{r}(\boldsymbol{A})\leqslant\min\{m,n\}$;

(2) $\mathrm{r}(\boldsymbol{A}^{\mathrm{T}})=\mathrm{r}(\boldsymbol{A})=\mathrm{r}(k\boldsymbol{A})\ (k\neq0)$;

(3) 若 $\boldsymbol{A}$ 为 n 阶方阵,如 $|\boldsymbol{A}|\neq0$,即 $\boldsymbol{A}$ 可逆,则 $\mathrm{r}(\boldsymbol{A})=n$(称 $\boldsymbol{A}$ 为满秩矩阵);如 $|\boldsymbol{A}|=0$,即 $\boldsymbol{A}$ 不可逆,则 $\mathrm{r}(\boldsymbol{A})<n$(称 $\boldsymbol{A}$ 为降秩矩阵).因此,可逆矩阵即为满秩矩阵,不可逆矩阵即为降秩矩阵.

以上基本性质由秩的定义即可推出.

5. 秩的求法

1)定义法

用定义法求秩有升阶法及降阶法两种.所谓升阶法,即从最低阶起逐步加阶直到找到最高阶非零子式为止.降阶法正好相反,从最高阶子式找起.如果最高阶子式中有非零子式,即为最高阶非零子式;如果最高阶子式都为零.则降一阶找,直到找到最高阶的非零子式为止.

2)初等变换法

用初等变换将矩阵化为行阶梯形,其阶梯个数即为矩阵的秩.

6. 关于矩阵秩的有关定理

定理 1 初等变换不改变矩阵的秩.

定理 2 (1) $\mathrm{r}(\boldsymbol{AB})\leqslant\min\{\mathrm{r}(\boldsymbol{A}),\mathrm{r}(\boldsymbol{B})\}$,又如果 $\boldsymbol{A}$ 可逆(或 $\boldsymbol{B}$ 可逆),则有 $\mathrm{r}(\boldsymbol{AB})=\mathrm{r}(\boldsymbol{B})$($\mathrm{r}(\boldsymbol{AB})=\mathrm{r}(\boldsymbol{A})$);

(2) $\mathrm{r}(\boldsymbol{A}+\boldsymbol{B})\leqslant\mathrm{r}(\boldsymbol{A})+\mathrm{r}(\boldsymbol{B})$;

(3) 设 $\boldsymbol{A}$ 为 $m\times n$ 矩阵,$\boldsymbol{B}$ 为 $n\times s$ 矩阵,则 $\mathrm{r}(\boldsymbol{AB})\geqslant\mathrm{r}(\boldsymbol{A})+\mathrm{r}(\boldsymbol{B})-n$.

特别地,如 $\boldsymbol{AB}=\boldsymbol{O}\Rightarrow\mathrm{r}(\boldsymbol{A})+\mathrm{r}(\boldsymbol{B})\leqslant n$.

定理 3 若 $\boldsymbol{P},\boldsymbol{Q}$ 分别为 m 阶,n 阶可逆矩阵,$\boldsymbol{A}$ 为 $m\times n$ 矩阵,则有 $\mathrm{r}(\boldsymbol{PAQ})=\mathrm{r}(\boldsymbol{A})$.

二、释 疑 解 惑

问题 1 如果矩阵 $\boldsymbol{A}$ 中有一个 r 阶子式非零,而所有的 $r+1$ 阶子式皆为 0(如果存在 $r+1$ 阶子式),则矩阵的秩为 r.为什么?

答 因所有的 $r+1$ 阶子式都为 0,则由行列式的 Laplace 展开定理知,所有 $r+2$ 阶子式都为 0(因任一 $r+2$ 阶子式可按一行展开成 $r+1$ 阶子式的线性和),进一步可得所有高于 r 阶子式也全为 0,故非零子式的最高阶数为 r 阶.因而 $\mathrm{r}(\boldsymbol{A})=r$.

问题 2 判断下列命题是否正确.

(1) 若 $\mathrm{r}(\boldsymbol{A})=r$,则 $\boldsymbol{A}$ 的所有 r 阶子式不等于零.

(2) 若 $\mathrm{r}(\boldsymbol{A})=r$,则 $\boldsymbol{A}$ 的所有 $r-1$ 阶子式不等于零.

(3) 若 $\boldsymbol{A}_{m\times n}$ 有一个 r 阶子式不等于零,则 $\mathrm{r}(\boldsymbol{A})\geqslant r$.

(4) 划去 $\boldsymbol{A}$ 的一行得矩阵 $\boldsymbol{B}$,则 $\mathrm{r}(\boldsymbol{B})=\mathrm{r}(\boldsymbol{A})-1$.

(5) 矩阵 $\boldsymbol{A}$ 增加一列得到矩阵 $\boldsymbol{C}$，则 $\mathrm{r}(\boldsymbol{C})=\mathrm{r}(\boldsymbol{A})$ 或 $\mathrm{r}(\boldsymbol{C})=\mathrm{r}(\boldsymbol{A})+1$.

(6) $\boldsymbol{A}$ 为 n 阶可逆矩阵，则 $\mathrm{r}(\boldsymbol{A}^2)=n$.

答 (1) 若 $\mathrm{r}(\boldsymbol{A})=r$，则存在一个 r 阶子式不为零，并非所有 r 阶子式都非零，因此(1)是错误的.

(2) 若 $\mathrm{r}(\boldsymbol{A})=r$，则 $\boldsymbol{A}$ 必有 $r-1$ 阶子式非零，否则 r 阶子式都为零. 但并非所有 $r-1$阶子式都非零，故(2)不正确.

(3) 若 $\boldsymbol{A}_{m\times n}$ 有一个 r 阶子式非零，则非零最高子式至少为 r 阶，因此 $\mathrm{r}(\boldsymbol{A})\geqslant r$，故(3)正确.

(4) 划去 $\boldsymbol{A}$ 的一行得矩阵 $\boldsymbol{B}$，应有 $\mathrm{r}(\boldsymbol{B})=\mathrm{r}(\boldsymbol{A})$ 或 $\mathrm{r}(\boldsymbol{B})=\mathrm{r}(\boldsymbol{A})-1$. 如划去一列有类似结论，故(4)不对.

(5) 由(4)知(5)是对的. 如列改成行则有相同结论.

(6) 因 $\boldsymbol{A}$ 可逆 $\Rightarrow \boldsymbol{A}^2$ 可逆，则 $\mathrm{r}(\boldsymbol{A}^2)=n$，故(6)正确.

问题 3 请阐述矩阵的秩的意义.

答 矩阵的秩是矩阵的一个重要数值特征. 它是一个不变量. 我们可从各个角度来理解它. 秩是最高阶非零子式的阶数，用初等变换化成阶梯形时，秩是阶梯的个数. 在向量组中我们会对秩的实质作进一步的解析(参见第 4 章 n 维向量). 矩阵的秩在线性方程组的讨论中具有至关重要的意义(参见 3.4 节线性方程组)，在讨论矩阵的等价类中也离不开秩. 总之，秩是线性代数中最重要的概念之一，但秩的概念比较抽象，同学们应从多个角度来理解.

问题 4 用初等变换求矩阵的秩，可否用列初等变换?

答 可以. 在用初等变换求秩时既可用行初等变换，又可用列初等变换，其秩都不会改变，但在解线性方程组时就只能用行初等变换. 求逆矩阵时，如果写成 $(\boldsymbol{A} \,\vdots\, \boldsymbol{I})$的形式就只能用行初等变换，而写成 $\begin{pmatrix}\boldsymbol{A}\\ \cdots\\ \boldsymbol{I}\end{pmatrix}$ 的形式时就只能用列初等变换. 这些都务必要弄清楚，并熟练掌握，不要混淆.

问题 5 如果 $\boldsymbol{A}$ 增加一行(列)为 $\boldsymbol{B}$，则 $\boldsymbol{A}$ 与 $\boldsymbol{B}$ 的秩的关系如何?

答

$$\mathrm{r}(\boldsymbol{B})=\mathrm{r}(\boldsymbol{A}) \quad \text{或} \quad \mathrm{r}(\boldsymbol{B})=\mathrm{r}(\boldsymbol{A})+1.$$

设

$$\boldsymbol{A}=\begin{pmatrix}a_{11} & \cdots & a_{1n}\\ \vdots & & \vdots\\ a_{m1} & \cdots & a_{mn}\end{pmatrix}_{m\times n},\quad \boldsymbol{B}=\left(\begin{array}{ccc:c}a_{11} & \cdots & a_{1n} & a_{1,n+1}\\ \vdots & & \vdots & \vdots\\ a_{m1} & \cdots & a_{mn} & a_{m,n+1}\end{array}\right),$$

下面我们从三个方面来说明这一问题.

方法一 设 $\mathrm{r}(\boldsymbol{A})=r$，则 $\boldsymbol{A}$ 中有 r 阶子式非零. 而所有 $r+1$ 阶子式全为 0，如果 $\boldsymbol{B}$ 中 $r+1$ 阶子式也全为 0，则 $\mathrm{r}(\boldsymbol{B})=r$. 如果 $\boldsymbol{B}$ 中有一个 $r+1$ 阶子式不为 0，考虑 $\boldsymbol{B}$ 中 $r+2$ 阶子式如该 $r+2$ 阶子式全在 $\boldsymbol{A}$ 中，则其值为 0，否则该 $r+2$ 阶子式中必含有 $\boldsymbol{A}$ 中 $r+1$ 列. 剩下的则为增加列，按该增加列展开，即知该 $r+2$ 阶子式为 0. 于是

$r(\boldsymbol{B})=r+1$,故 $r(\boldsymbol{B})=r$ 或 $r(\boldsymbol{B})=r+1$.

如果 $\boldsymbol{B}$ 为 $\boldsymbol{A}$ 增加一行后的矩阵,则取转置.因转置矩阵的秩与矩阵本身的秩相等,故有同样结论.将此例用在解非齐次线性方程组上,则具有较大实际意义.

方法二 如果将 $\boldsymbol{B}$ 化成阶梯形矩阵.则 $\boldsymbol{B}$ 的行阶梯数要么与 $\boldsymbol{A}$ 同,要么多 1,故

$$r(\boldsymbol{B})=r(\boldsymbol{A}) \quad \text{或} \quad r(\boldsymbol{B})=r(\boldsymbol{A})+1.$$

方法三 利用向量组的秩来证明,从略.

问题 6 设 $\boldsymbol{A}$ 为 $m\times n$ 矩阵,且 $r(\boldsymbol{A})=r$,试问:

(1) 有没有等于 0 的 $r-1$ 阶子式?

(2) 是否所有 $r-1$ 阶子式全为 0?

(3) 有没有等于 0 的 r 阶子式?

(4) 有没有不等于 0 的 $r+1$ 阶子式?

答 由定义知,$r(\boldsymbol{A})=r$,则必有 r 阶非零子式.当然并不排斥会有 r 阶零子式,另外所有高于 r 阶的子式必全为 0,即不存在 $r+1$ 阶及以上的非零子式.

综上所述,(1) 可能会有 $r-1$ 阶零子式;(2) 如果 $r-1$ 阶子式全为 0,必推出高于 $r-1$ 阶的子式全为 0,这样必有 $r(\boldsymbol{A})<r-1$,矛盾;(3) 有可能存在 r 阶零子式;(4) 不存在非零的 $r+1$ 阶子式.

问题 7 说明 $r\left(\begin{pmatrix}\boldsymbol{A} & \boldsymbol{O}\\ \boldsymbol{C} & \boldsymbol{B}\end{pmatrix}\right)$ 与 $r(\boldsymbol{A})$,$r(\boldsymbol{B})$的关系.

答 一般地,$r\left(\begin{pmatrix}\boldsymbol{A} & \boldsymbol{O}\\ \boldsymbol{C} & \boldsymbol{B}\end{pmatrix}\right)\neq r(\boldsymbol{A})+r(\boldsymbol{B})$.

例如,$\boldsymbol{A}=\begin{pmatrix}1 & 0\\ 0 & 0\end{pmatrix}$,$\boldsymbol{B}=\begin{pmatrix}0 & 0\\ 0 & 1\end{pmatrix}$,$\boldsymbol{C}=\begin{pmatrix}0 & 1\\ 0 & 0\end{pmatrix}$,有

$$r(\boldsymbol{A})=1,\quad r(\boldsymbol{B})=1,\quad r(\boldsymbol{A})+r(\boldsymbol{B})=2.$$

而 $r\left(\begin{pmatrix}\boldsymbol{A} & \boldsymbol{O}\\ \boldsymbol{C} & \boldsymbol{B}\end{pmatrix}\right)=3$,故 $r\left(\begin{pmatrix}\boldsymbol{A} & \boldsymbol{O}\\ \boldsymbol{C} & \boldsymbol{B}\end{pmatrix}\right)\neq r(\boldsymbol{A})+r(\boldsymbol{B})$.

一般可证
$$r\left(\begin{pmatrix}\boldsymbol{A} & \boldsymbol{O}\\ \boldsymbol{O} & \boldsymbol{B}\end{pmatrix}\right)=r(\boldsymbol{A})+r(\boldsymbol{B}),$$
而
$$r\left(\begin{pmatrix}\boldsymbol{A} & \boldsymbol{O}\\ \boldsymbol{C} & \boldsymbol{B}\end{pmatrix}\right)\geqslant r(\boldsymbol{A})+r(\boldsymbol{B}).$$

三、典型例题解析

例 1 求矩阵 $\boldsymbol{A}=\begin{pmatrix}1 & 3 & -9 & 3\\ 0 & 1 & -3 & 4\\ -2 & -3 & 9 & 6\end{pmatrix}$ 的秩.

解一 升阶法.因有二阶子式 $\begin{vmatrix}1 & 3\\ 0 & 1\end{vmatrix}\neq 0$,所以 $r(\boldsymbol{A})\geqslant 2$.再考虑三阶子式共有 4

个，经计算皆为 0，故 $\begin{vmatrix}1&3\\0&1\end{vmatrix}$ 为最高阶非零子式，所以 $r(\boldsymbol{A})=2$.

解二 降阶法. 因最高阶子式为三阶，经计算得所有三阶子式都为 0，故 $r(\boldsymbol{A})<3$.

再考虑二阶子式，因有二阶子式 $\begin{vmatrix}1&3\\0&1\end{vmatrix}=1\neq0$，所以该子式即为最高阶非零子式，故 $r(\boldsymbol{A})=2$.

解三 初等变换法.

$$\boldsymbol{A}=\begin{pmatrix}1&3&-9&3\\0&1&-3&4\\-2&-3&9&6\end{pmatrix}\xrightarrow{r_3+2r_1}\begin{pmatrix}1&3&-9&3\\0&1&-3&4\\0&3&-9&12\end{pmatrix}\xrightarrow{r_3-3r_2}\begin{pmatrix}1&3&-9&3\\0&1&-3&4\\0&0&0&0\end{pmatrix},$$

所以 $r(\boldsymbol{A})=2$.

例 2 设矩阵 $\boldsymbol{A}=\begin{pmatrix}1&2&3&2\\3&6&9&6\\4&8&12&k\end{pmatrix}$，能否选择适当的 k 使(1) $r(\boldsymbol{A})=1$；(2) $r(\boldsymbol{A})=2$；(3) $r(\boldsymbol{A})=3$.

解 $$\boldsymbol{A}\xrightarrow[r_3-4r_1]{r_2-3r_1}\begin{pmatrix}1&2&3&2\\0&0&0&0\\0&0&0&k-8\end{pmatrix}\xrightarrow{r_2\leftrightarrow r_3}\begin{pmatrix}1&2&3&2\\0&0&0&k-8\\0&0&0&0\end{pmatrix},$$

故当(1) $k=8$ 时，$r(\boldsymbol{A})=1$；(2) $k\neq8$ 时，$r(\boldsymbol{A})=2$；(3) 无论 k 为多少，$r(\boldsymbol{A})\neq3$.

例 3 设 $\boldsymbol{A}=\begin{pmatrix}1&0&0&1\\3&1&1&4\\1&0&\lambda&1\\0&\lambda&1&5\end{pmatrix}$，$\lambda$ 取何值时，$\boldsymbol{A}$ 的秩最小？并求出最小的秩.

解一 $$\boldsymbol{A}\xrightarrow[r_3-r_1]{r_2-3r_1}\begin{pmatrix}1&0&0&1\\0&1&1&1\\0&0&\lambda&0\\0&\lambda&1&5\end{pmatrix}\xrightarrow{r_4-\lambda r_2}\begin{pmatrix}1&0&0&1\\0&1&1&1\\0&0&\lambda&0\\0&0&1-\lambda&5-\lambda\end{pmatrix}.$$

当 $\lambda=0$ 时，$\boldsymbol{A}\to\begin{pmatrix}1&0&0&1\\0&1&1&1\\0&0&1&5\\0&0&0&0\end{pmatrix}$，故 $r(\boldsymbol{A})=3$.

当 $\lambda\neq0$ 时，$$\boldsymbol{A}\to\begin{pmatrix}1&0&0&1\\0&1&1&1\\0&0&\lambda&0\\0&0&1-\lambda&5-\lambda\end{pmatrix}\xrightarrow{\frac{1}{\lambda}r_3,\ r_4-(1-\lambda)r_3}\begin{pmatrix}1&0&0&1\\0&1&1&1\\0&0&1&0\\0&0&0&5-\lambda\end{pmatrix},$$

故 $\lambda=5$ 时，$r(\boldsymbol{A})=3$；$\lambda\neq5$ 时，$r(\boldsymbol{A})=4$.

综上所述，$\lambda=0$ 或 $\lambda=5$ 时秩最小，且为 3.

解二 $$|\boldsymbol{A}|=\begin{vmatrix}1&0&0&1\\0&1&1&1\\0&0&\lambda&0\\0&\lambda&1&5\end{vmatrix}\xlongequal{\text{按第 1 列展开}}\begin{vmatrix}1&1&1\\0&\lambda&0\\\lambda&1&5\end{vmatrix}\xlongequal{\text{按第 2 行展开}}\lambda\begin{vmatrix}1&1\\\lambda&5\end{vmatrix}=\lambda(5-\lambda),$$

故当 $|\boldsymbol{A}|\neq 0$，即 $\lambda\neq 0$ 且 $\lambda\neq 5$ 时，$\mathrm{r}(\boldsymbol{A})=4$；当 $\lambda=0$ 或 $\lambda=5$ 时，$|\boldsymbol{A}|=0$，$\mathrm{r}(\boldsymbol{A})<4$.

又 $\boldsymbol{A}$ 中有 3 阶子式 $\begin{vmatrix}1&0&1\\3&1&4\\0&1&5\end{vmatrix}\neq 0$，故当 $\lambda=0$ 或 $r=5$ 时，$\boldsymbol{A}$ 的秩最小，且为 3.

例 4 n 阶方阵 $\boldsymbol{A}=\begin{pmatrix}a&b&\cdots&b\\b&a&\cdots&b\\\vdots&\vdots&&\vdots\\b&b&\cdots&a\end{pmatrix}$，试讨论 $\boldsymbol{A}$ 的秩.

解一 显然，$a=b=0$ 时，$\mathrm{r}(\boldsymbol{A})=0$.

$$\boldsymbol{A}\xrightarrow{r_1+r_2+\cdots+r_n}\begin{pmatrix}a+(n-1)b&a+(n-1)b&\cdots&a+(n-1)b\\b&a&\cdots&b\\\vdots&\vdots&&\vdots\\b&b&\cdots&a\end{pmatrix}.$$

(1) 当 $a+(n-1)b\neq 0$ 时，有

$$\boldsymbol{A}\longrightarrow\begin{pmatrix}1&1&\cdots&1\\b&a&\cdots&b\\\vdots&\vdots&&\vdots\\b&b&\cdots&a\end{pmatrix}\xrightarrow[\substack{r_3-br_1\\\vdots\\r_n-br_1}]{r_2-br_1}\begin{pmatrix}1&1&\cdots&1\\0&a-b&\cdots&0\\\vdots&\vdots&&\vdots\\0&0&\cdots&a-b\end{pmatrix}.$$

(i) $a=b\neq 0$（如 $a=b=0\Rightarrow a+(n-1)b=0$），$\mathrm{r}(\boldsymbol{A})=1$.

(ii) $a\neq b$，$\mathrm{r}(\boldsymbol{A})=n$.

(2) 当 $a+(n-1)b=0$，有

$$\boldsymbol{A}\rightarrow\begin{pmatrix}b&a&b&\cdots&b\\b&b&a&\cdots&b\\\vdots&\vdots&\vdots&&\vdots\\b&b&b&\cdots&a\\0&0&0&\cdots&0\end{pmatrix}\rightarrow\begin{pmatrix}b&a&b&b&\cdots&b\\0&b-a&a-b&0&\cdots&0\\0&0&b-a&a-b&\cdots&0\\\vdots&\vdots&\vdots&\vdots&&\vdots\\0&0&0&0&\cdots&a-b\\0&0&0&0&\cdots&0\end{pmatrix}.$$

故当 $a\neq b$（此时必有 $b\neq 0$，因如 $b=0$，则有 $a=0$，与 $a\neq b$ 矛盾）时，$\mathrm{r}(\boldsymbol{A})=n-1$.

解二 显然如果 $a=b=0$，则 $\mathrm{r}(\boldsymbol{A})=0$. 不妨设 a,b 不全为 0，此时

$$|\boldsymbol{A}|=[a+(n-1)b](a-b)^{n-1}.$$

(1) 当 $|\boldsymbol{A}|\neq 0$，即 $a+(n+1)b\neq 0$ 且 $a\neq b$ 时，$\mathrm{r}(\boldsymbol{A})=n$.

(2) 当 $a+(n-1)b\neq 0$ 且 $a=b\neq 0$ 时，有

$$A \to \begin{pmatrix} a+(n-1)b & a+(n-1)b & a+(n-1)b & \cdots & a+(n-1)b \\ b & a & b & \cdots & b \\ b & b & a & \cdots & b \\ \vdots & \vdots & \vdots & & \vdots \\ b & b & b & \cdots & a \end{pmatrix}$$

$$\to \begin{pmatrix} 1 & 1 & 1 & \cdots & 1 \\ b & a & b & \cdots & b \\ b & b & a & \cdots & b \\ \vdots & \vdots & \vdots & & \vdots \\ b & b & b & \cdots & a \end{pmatrix} \to \begin{pmatrix} 1 & 1 & 1 & \cdots & 1 \\ 0 & a-b & 0 & \cdots & 0 \\ 0 & 0 & a-b & \cdots & 0 \\ \vdots & \vdots & \vdots & & \vdots \\ 0 & 0 & 0 & \cdots & a-b \end{pmatrix},$$

故
$$\mathrm{r}(\boldsymbol{A})=1.$$

(3) 当 $a+(n-1)b=0$ 时，有

$$A \to \begin{pmatrix} 0 & 0 & 0 & \cdots & 0 \\ b & a & b & \cdots & b \\ b & b & a & \cdots & b \\ \vdots & \vdots & \vdots & & \vdots \\ b & b & b & \cdots & a \end{pmatrix} \to \begin{pmatrix} b & a & b & b & \cdots & b \\ 0 & b-a & a-b & 0 & \cdots & 0 \\ 0 & 0 & b-a & a-b & \cdots & 0 \\ \vdots & \vdots & \vdots & \vdots & & \vdots \\ 0 & 0 & 0 & 0 & \cdots & a-b \\ 0 & 0 & 0 & 0 & \cdots & 0 \end{pmatrix},$$

故当 $a\neq b$ 时(此时 b 必不为 0，否则 $b=0$ 时有 $a=0$，故有 $a=b$，矛盾)，有一个 $n-1$ 阶子式非零，所以 $\mathrm{r}(\boldsymbol{A})=n-1$. 而当 $a=b\neq 0$ 时，$\mathrm{r}(\boldsymbol{A})=1$.

综上所述，有

① 当 $a=b=0$ 时，$\mathrm{r}(\boldsymbol{A})=0$；

② 当 $a=b\neq 0$ 且 $a+(n-1)b=0$ 时，$\mathrm{r}(\boldsymbol{A})=1$；

③ 当 $a+(n-1)b=0$ 且 $a\neq b$ 时，$\mathrm{r}(\boldsymbol{A})=n-1$；

④ 当 $a+(n-1)b\neq 0$ 且 $a\neq b$ 时，$\mathrm{r}(\boldsymbol{A})=n$.

例 5 设 $\boldsymbol{A}$ 为 $n(n\geqslant 2)$ 阶方阵，试证：

$$\mathrm{r}(\boldsymbol{A}^*)=\begin{cases} n, & \mathrm{r}(\boldsymbol{A})=n, \\ 1, & \mathrm{r}(\boldsymbol{A})=n-1, \\ 0, & \mathrm{r}(\boldsymbol{A})<n-1. \end{cases}$$

证 (1) 当 $\mathrm{r}(\boldsymbol{A})=n$ 时，$|\boldsymbol{A}|\neq 0$. 由 $\boldsymbol{A}\boldsymbol{A}^*=|\boldsymbol{A}|\boldsymbol{I}$ 知 $|\boldsymbol{A}^*|\neq 0$，$\boldsymbol{A}^*$ 可逆，故 $\mathrm{r}(\boldsymbol{A}^*)=n$.

(2) 当 $\mathrm{r}(\boldsymbol{A})=n-1$ 时，有 $|\boldsymbol{A}|=0$，且 $\boldsymbol{A}$ 中有一个 $n-1$ 阶子式非零. 由 $\boldsymbol{A}^*$ 的意义知，其元素中至少一个非零，故

$$\mathrm{r}(\boldsymbol{A}^*)\geqslant 1. \qquad ①$$

另一方面，由于 $|\boldsymbol{A}|=0$，而 $\boldsymbol{A}\boldsymbol{A}^*=|\boldsymbol{A}|\boldsymbol{I}=\boldsymbol{O}$，由矩阵秩的性质知，

$$\boldsymbol{A}\boldsymbol{B}=\boldsymbol{O}\Rightarrow \mathrm{r}(\boldsymbol{A})+\mathrm{r}(\boldsymbol{B})\leqslant n.$$

故
$$\mathrm{r}(\boldsymbol{A})+\mathrm{r}(\boldsymbol{A}^*)\leqslant n.$$
而 $\mathrm{r}(\boldsymbol{A})=n-1$,故
$$\mathrm{r}(\boldsymbol{A}^*)\leqslant 1. \qquad ②$$
由式①、式②知,$\mathrm{r}(\boldsymbol{A}^*)=1$.

(3) 当 $\mathrm{r}(\boldsymbol{A})<n-1$ 时,$\boldsymbol{A}$ 中所有 $n-1$ 阶子式为 0,即 $\boldsymbol{A}$ 中所有 $n-1$ 阶代数余子式 $A_{ij}=0$,即 $\boldsymbol{A}^*=\boldsymbol{0}$,故 $\mathrm{r}(\boldsymbol{A}^*)=0$.

例 6 n 阶方阵 $\boldsymbol{C}$ 的秩为 1 的充要条件为存在非零行矩阵 $\boldsymbol{B}=(b_1,b_2,\cdots,b_n)$ 与列矩阵 $\boldsymbol{A}=\begin{pmatrix}a_1\\a_2\\\vdots\\a_n\end{pmatrix}$,使 $\boldsymbol{C}=\boldsymbol{AB}$.

证 充分性. 因 $\boldsymbol{C}=\boldsymbol{AB}$,而 $\mathrm{r}(\boldsymbol{AB})\leqslant\mathrm{r}(\boldsymbol{A})=1$,即 $\mathrm{r}(\boldsymbol{C})\leqslant 1$. 又因 $\boldsymbol{C}\neq\boldsymbol{O}$,故 $\mathrm{r}(\boldsymbol{C})\geqslant 1$. 所以 $\mathrm{r}(\boldsymbol{C})=1$.

必要性. 因 $\mathrm{r}(\boldsymbol{C})=1$,故 $\boldsymbol{C}$ 中存在非零元. 不妨设 $a_{11}\neq 0$. 另外 $\boldsymbol{C}$ 中所有 2 阶子式均为 0,故 $\boldsymbol{C}$ 中各行都与第 1 行 $\boldsymbol{\alpha}_1$ 成比例,于是
$$\boldsymbol{C}=\begin{pmatrix}\boldsymbol{\alpha}_1\\k_2\boldsymbol{\alpha}_1\\\vdots\\k_n\boldsymbol{\alpha}_1\end{pmatrix}=\begin{pmatrix}1\\k_2\\\vdots\\k_n\end{pmatrix}\boldsymbol{\alpha}_1=\boldsymbol{AB}\quad(\boldsymbol{A}\text{ 为列向量},\boldsymbol{B}\text{ 为行向量}).$$
必要性的另一证法. 因 $\mathrm{r}(\boldsymbol{C})=1$,故存在可逆矩阵 $\boldsymbol{P},\boldsymbol{Q}$ 使
$$\boldsymbol{PCQ}=\begin{pmatrix}1&&&\\&0&&\\&&\ddots&\\&&&0\end{pmatrix},\quad \boldsymbol{C}=\boldsymbol{P}^{-1}\begin{pmatrix}1&&&\\&0&&\\&&\ddots&\\&&&0\end{pmatrix}\boldsymbol{Q}^{-1}.$$
令 $\boldsymbol{P}^{-1}=(\boldsymbol{P}_1\ \vdots\ \boldsymbol{P}_2)$,$\boldsymbol{Q}^{-1}=\begin{pmatrix}\boldsymbol{Q}_1\\\cdots\\\boldsymbol{Q}_2\end{pmatrix}$,其中 $\boldsymbol{P}_1$ 为列向量,$\boldsymbol{Q}_1$ 为行向量,

则
$$\boldsymbol{C}=(\boldsymbol{P}_1\ \vdots\ \boldsymbol{P}_2)\begin{pmatrix}1&&&\\&0&&\\&&\ddots&\\&&&0\end{pmatrix}\begin{pmatrix}\boldsymbol{Q}_1\\\cdots\\\boldsymbol{Q}_2\end{pmatrix}=(\boldsymbol{P}_1\ \vdots\ \boldsymbol{P}_2)\begin{pmatrix}1&\boldsymbol{O}\\\boldsymbol{O}&\boldsymbol{O}\end{pmatrix}\begin{pmatrix}\boldsymbol{Q}_1\\\cdots\\\boldsymbol{Q}_2\end{pmatrix}$$
$$=\boldsymbol{P}_1\boldsymbol{Q}_1=\begin{pmatrix}a_1\\a_2\\\vdots\\a_n\end{pmatrix}(b_1,b_2,\cdots,b_n).$$
注 矩阵秩的这一性质非常重要. 在第 5 章特征值与特征向量中还要多次提到.

例 7 设 $\boldsymbol{A},\boldsymbol{B}$ 为 n 阶方阵,且 $\boldsymbol{A}^2=\boldsymbol{A}$,$\boldsymbol{B}^2=\boldsymbol{B}$(这一性质称幂等性质),$\boldsymbol{I}-\boldsymbol{A}-\boldsymbol{B}$

可逆，证明 $\mathrm{r}(\boldsymbol{A})=\mathrm{r}(\boldsymbol{B})$.

证 因 $\boldsymbol{I}-\boldsymbol{A}-\boldsymbol{B}$ 可逆，故 $\mathrm{r}(\boldsymbol{I}-\boldsymbol{A}-\boldsymbol{B})=n$. 又

$$n=\mathrm{r}(\boldsymbol{I}-\boldsymbol{A}-\boldsymbol{B})=\mathrm{r}((\boldsymbol{I}-\boldsymbol{A})+(-\boldsymbol{B}))\leqslant \mathrm{r}(\boldsymbol{I}-\boldsymbol{A})+\mathrm{r}(-\boldsymbol{B})=\mathrm{r}(\boldsymbol{I}-\boldsymbol{A})+\mathrm{r}(\boldsymbol{B}),$$

故
$$\mathrm{r}(\boldsymbol{B})\geqslant n-\mathrm{r}(\boldsymbol{I}-\boldsymbol{A}). \qquad ①$$

又由 $\boldsymbol{A}^2=\boldsymbol{A}$ 知 $\boldsymbol{A}(\boldsymbol{I}-\boldsymbol{A})=\boldsymbol{O}$，故由 $\boldsymbol{AB}=\boldsymbol{O}\Rightarrow \mathrm{r}(\boldsymbol{A})+\mathrm{r}(\boldsymbol{B})\leqslant n$ 知，

$$\mathrm{r}(\boldsymbol{A})+\mathrm{r}(\boldsymbol{I}-\boldsymbol{A})\leqslant n, \quad \text{即} \quad \mathrm{r}(\boldsymbol{A})\leqslant n-\mathrm{r}(\boldsymbol{I}-\boldsymbol{A}). \qquad ②$$

由式①、式②知
$$\mathrm{r}(\boldsymbol{A})\leqslant \mathrm{r}(\boldsymbol{B}).$$

同理，可得 $\mathrm{r}(\boldsymbol{A})\geqslant \mathrm{r}(\boldsymbol{B})$，于是 $\mathrm{r}(\boldsymbol{A})=\mathrm{r}(\boldsymbol{B})$.

注 若存在 $\boldsymbol{A}_{m\times n},\boldsymbol{B}_{n\times s}$，使 $\boldsymbol{AB}=\boldsymbol{O}\Rightarrow \mathrm{r}(\boldsymbol{A})+\mathrm{r}(\boldsymbol{B})\leqslant n$. 这一性质尤为重要，在有关矩阵的秩的证明中经常用到.

例 8 设 $\boldsymbol{A}$ 为任一 n 阶方阵，设

$$f(x)=a_0+a_1x+\cdots+a_mx^m, \quad f(0)=0,$$

则有 $\mathrm{r}(f(\boldsymbol{A}))\leqslant \mathrm{r}(\boldsymbol{A})$.

证 由 $f(0)=0=a_0$，有

$$\begin{aligned} f(\boldsymbol{A}) &= a_0\boldsymbol{I}+a_1\boldsymbol{A}+a_2\boldsymbol{A}^2+\cdots+a_m\boldsymbol{A}^m \\ &= a_1\boldsymbol{A}+a_2\boldsymbol{A}^2+\cdots+a_m\boldsymbol{A}^m=\boldsymbol{A}(a_1\boldsymbol{I}+a_2\boldsymbol{A}+\cdots+a_m\boldsymbol{A}^{m-1}). \end{aligned}$$

故
$$\mathrm{r}(f(\boldsymbol{A}))=\mathrm{r}(\boldsymbol{A}(a_1\boldsymbol{I}+a_2\boldsymbol{A}+\cdots+a_m\boldsymbol{A}^{m-1}))\leqslant \mathrm{r}(\boldsymbol{A}).$$

注 性质 $\mathrm{r}(\boldsymbol{AB})\leqslant \mathrm{r}(\boldsymbol{A})$，$\mathrm{r}(\boldsymbol{AB})\leqslant \mathrm{r}(\boldsymbol{B})$ 经常会用到.

例 9 设 $\boldsymbol{A},\boldsymbol{B}$ 分别为 $m\times n$，$n\times k$ 矩阵. (1) 若 $\mathrm{r}(\boldsymbol{A})=n$（称 $\boldsymbol{A}$ 列满秩），则 $\mathrm{r}(\boldsymbol{AB})=\mathrm{r}(\boldsymbol{B})$；(2) 若 $\mathrm{r}(\boldsymbol{B})=n$（行满秩），则 $\mathrm{r}(\boldsymbol{AB})=\mathrm{r}(\boldsymbol{A})$.

证 (1) 由于 $\mathrm{r}(\boldsymbol{AB})\leqslant \mathrm{r}(\boldsymbol{B})$，又因 $\mathrm{r}(\boldsymbol{AB})\geqslant \mathrm{r}(\boldsymbol{A})+\mathrm{r}(\boldsymbol{B})-n$. 且由 $\mathrm{r}(\boldsymbol{A})=n$ 得 $\mathrm{r}(\boldsymbol{AB})\geqslant \mathrm{r}(\boldsymbol{B})$，故 $\mathrm{r}(\boldsymbol{AB})=\mathrm{r}(\boldsymbol{B})$.

(2) 同理，可得
$$\mathrm{r}(\boldsymbol{AB})=\mathrm{r}(\boldsymbol{A}).$$

例 10 设 $\boldsymbol{A}$ 为 $m\times n(m>n)$ 矩阵，且 $\mathrm{r}(\boldsymbol{A})=n$（列满秩），证明：存在可逆方阵 $\boldsymbol{P}$，使 $\boldsymbol{PA}=\begin{pmatrix}\boldsymbol{I}_n\\ \cdots \\ \boldsymbol{O}\end{pmatrix}$.

证 因 $\mathrm{r}(\boldsymbol{A})=n$，故必有一 n 阶子式非零，不妨设前 n 行及 n 列的子式非零，又该子式方阵可逆，故可通过一系列初等行变换将其化为单位矩阵，即有

$$\boldsymbol{A}\xrightarrow{\text{行变换}}\begin{pmatrix}\boldsymbol{I}_n\\ \cdots \\ \boldsymbol{A}_1\end{pmatrix}，\text{故 } \boldsymbol{P}_1\boldsymbol{A}=\begin{pmatrix}\boldsymbol{I}_n\\ \cdots \\ \boldsymbol{A}_1\end{pmatrix}.$$

再经一系列初等行变换可将 $\begin{pmatrix}\boldsymbol{I}_n\\ \cdots \\ \boldsymbol{A}_1\end{pmatrix}$ 化为 $\begin{pmatrix}\boldsymbol{I}_n\\ \cdots \\ \boldsymbol{O}\end{pmatrix}$，故又有

$$\boldsymbol{P}_2\boldsymbol{P}_1\boldsymbol{A}=\begin{pmatrix}\boldsymbol{I}_n\\ \cdots \\ \boldsymbol{O}\end{pmatrix}, \quad \text{即有} \quad \boldsymbol{PA}=\begin{pmatrix}\boldsymbol{I}_n\\ \cdots \\ \boldsymbol{O}\end{pmatrix}，\boldsymbol{P} \text{ 可逆}.$$

同理，若 $\boldsymbol{A}$ 为 $m\times n$ 矩阵，$\mathrm{r}(\boldsymbol{A})=m(n>m)$（行满秩），则必存在可逆矩阵 $\boldsymbol{Q}$，使 $\boldsymbol{AQ}=(\boldsymbol{I}_m \ \vdots\ \boldsymbol{O})$.

例 11 证明任一个秩为 r 的矩阵 $\boldsymbol{A}=(a_{ij})_{m\times n}$ 总可以表示为 r 个秩为 1 的矩阵的和.

证 设 $\boldsymbol{A}=(a_{ij})_{m\times n}$，若 $\mathrm{r}(\boldsymbol{A})=r$，由题意只需证明 $\boldsymbol{A}=\boldsymbol{B}_1+\boldsymbol{B}_2+\cdots+\boldsymbol{B}_r$，其中 $\boldsymbol{B}_t=(b_{ij})_{m\times n}$ 且 $\mathrm{r}(\boldsymbol{B}_t)=1(t=1,2,\cdots,r)$.

因 $\mathrm{r}(\boldsymbol{A})=r$，则 $\boldsymbol{A}\to\begin{pmatrix}\boldsymbol{I}_r & \boldsymbol{O}\\ \boldsymbol{O} & \boldsymbol{O}\end{pmatrix}$，即存在 m 阶可逆矩阵 $\boldsymbol{P}$ 及 n 阶可逆矩阵 $\boldsymbol{Q}$，使

$$\boldsymbol{A}=\boldsymbol{P}\begin{pmatrix}\boldsymbol{I}_r & \boldsymbol{O}\\ \boldsymbol{O} & \boldsymbol{O}\end{pmatrix}\boldsymbol{Q},$$

因为

$$\begin{pmatrix}\boldsymbol{I}_r & \boldsymbol{O}\\ \boldsymbol{O} & \boldsymbol{O}\end{pmatrix}=\begin{pmatrix}1 & 0 & \cdots & 0\\ 0 & 0 & \cdots & 0\\ \vdots & \vdots & & \vdots\\ 0 & 0 & \cdots & 0\end{pmatrix}+\begin{pmatrix}0 & 0 & \cdots & 0\\ 0 & 1 & \cdots & 0\\ \vdots & \vdots & & \vdots\\ 0 & 0 & \cdots & 0\end{pmatrix}+\cdots+\begin{pmatrix}0 & \cdots & 0 & \cdots & 0\\ \vdots & & \vdots & & \vdots\\ 0 & \cdots & 1 & \cdots & 0\\ \vdots & & \vdots & & \vdots\\ 0 & \cdots & 0 & \cdots & 0\end{pmatrix}\begin{matrix}\\ \\ \text{第 } r \text{ 行}\\ \\ \\ \end{matrix}$$

（最后一个矩阵中 1 位于第 r 列）

$$=\boldsymbol{I}_{11}+\boldsymbol{I}_{12}+\cdots+\boldsymbol{I}_{rr},$$

其中 $\boldsymbol{I}_{tt}$ 为一个 $m\times n$ 矩阵，且只有第 t 行第 t 列$(t=1,2,\cdots,r)$元素为 1，其余元素全为 0. 所以，

$$\boldsymbol{A}=\boldsymbol{P}(\boldsymbol{I}_{11}+\boldsymbol{I}_{22}+\cdots+\boldsymbol{I}_{rr})\boldsymbol{Q}=\boldsymbol{P}\boldsymbol{I}_{11}\boldsymbol{Q}+\boldsymbol{P}\boldsymbol{I}_{22}\boldsymbol{Q}+\cdots+\boldsymbol{P}\boldsymbol{I}_{rr}\boldsymbol{Q}=\boldsymbol{B}_1+\boldsymbol{B}_2+\cdots+\boldsymbol{B}_r,$$

其中 $\boldsymbol{B}_t=\boldsymbol{P}\boldsymbol{I}_{tt}\boldsymbol{Q}(t=1,2,\cdots,r)$. 又由于 $\boldsymbol{P},\boldsymbol{Q}$ 均可逆，所以

$$\mathrm{r}(\boldsymbol{B}_t)=\mathrm{r}(\boldsymbol{P}\boldsymbol{I}_{tt}\boldsymbol{Q})=\mathrm{r}(\boldsymbol{I}_{tt})=1.$$

例 12 设 $\boldsymbol{A}=(a_{ij})_{m\times n}$，若 $\mathrm{r}(\boldsymbol{A})=r$，则必存在有秩为 r 的矩阵 $\boldsymbol{B}_{m\times r}$ 及 $\boldsymbol{C}_{r\times n}$，使得 $\boldsymbol{A}=\boldsymbol{B}\boldsymbol{C}$.

证 因 $\mathrm{r}(\boldsymbol{A})=r$，故 $\boldsymbol{A}\to\begin{pmatrix}\boldsymbol{I}_r & \boldsymbol{O}\\ \boldsymbol{O} & \boldsymbol{O}\end{pmatrix}$，即存在 m 阶可逆矩阵 $\boldsymbol{P}$ 与 n 阶可逆矩阵 $\boldsymbol{Q}$，使 $\boldsymbol{A}=\boldsymbol{P}\begin{pmatrix}\boldsymbol{I}_r & \boldsymbol{O}\\ \boldsymbol{O} & \boldsymbol{O}\end{pmatrix}\boldsymbol{Q}$.

令 $\begin{pmatrix}\boldsymbol{I}_r & \boldsymbol{O}\\ \boldsymbol{O} & \boldsymbol{O}\end{pmatrix}=\begin{pmatrix}\boldsymbol{I}_r\\ \boldsymbol{O}\end{pmatrix}(\boldsymbol{I}_r,\boldsymbol{O})$，其中 $\begin{pmatrix}\boldsymbol{I}_r\\ \boldsymbol{O}\end{pmatrix}$ 是一个 $m\times r$ 矩阵，$(\boldsymbol{I}_r,\boldsymbol{O})$ 是一个 $r\times n$ 矩阵. 故

$$\boldsymbol{A}=\boldsymbol{P}\begin{pmatrix}\boldsymbol{I}_r & \boldsymbol{O}\\ \boldsymbol{O} & \boldsymbol{O}\end{pmatrix}\boldsymbol{Q}=\boldsymbol{P}\begin{pmatrix}\boldsymbol{I}_r\\ \boldsymbol{O}\end{pmatrix}(\boldsymbol{I}_r,\boldsymbol{O})\boldsymbol{Q}=\boldsymbol{B}\boldsymbol{C},$$

其中 $\boldsymbol{B}=\boldsymbol{P}\begin{pmatrix}\boldsymbol{I}_r\\ \boldsymbol{O}\end{pmatrix}$ 是一个 $m\times r$ 矩阵，且 $\mathrm{r}(\boldsymbol{B})=\mathrm{r}\left(\begin{pmatrix}\boldsymbol{I}_r\\ \boldsymbol{O}\end{pmatrix}\right)=r$；$\boldsymbol{C}=(\boldsymbol{I}_r,\boldsymbol{O})\boldsymbol{Q}$ 是一个 $r\times n$ 矩阵，且 $\mathrm{r}(\boldsymbol{C})=\mathrm{r}(\boldsymbol{I}_r,\boldsymbol{O})=r$.

注 (1) 设 $\boldsymbol{A}=(a_{ij})_{m\times n}$,若 $\mathrm{r}(\boldsymbol{A})=1$,则 $\boldsymbol{A}=\begin{pmatrix}a_1\\a_2\\\vdots\\a_m\end{pmatrix}(b_1,b_2,\cdots,b_n)$.

(2) 设 $\boldsymbol{A}=(a_{ij})_{n\times n}$,若 $\mathrm{r}(\boldsymbol{A})=1$,则①$\boldsymbol{A}=\begin{pmatrix}a_1\\a_2\\\vdots\\a_n\end{pmatrix}(b_1,b_2,\cdots,b_n)$;②$\boldsymbol{A}^2=k\boldsymbol{A}$,其中 $k=\sum_{i=1}^{n}a_ib_i=\mathrm{tr}(\boldsymbol{A})$.

3.4 线性方程组

一、内容提要

1. n 维向量

n 元有序数组称 n 维向量.如将其排成一行 $(a_1,a_2,\cdots,a_n)$,则称之为 n 维行向量,如排成一列 $\begin{pmatrix}a_1\\a_2\\\vdots\\a_n\end{pmatrix}$ 或记 $(a_1,a_2,\cdots,a_n)^{\mathrm{T}}$,则称之为 n 维列向量.

行向量可看成行矩阵,列向量可看成列矩阵.列向量通常记为 $\boldsymbol{\alpha},\boldsymbol{\beta},\boldsymbol{\gamma}$ 等,行向量常记作列向量的转置即 $\boldsymbol{\alpha}^{\mathrm{T}},\boldsymbol{\beta}^{\mathrm{T}},\boldsymbol{\gamma}^{\mathrm{T}}$ 等.

向量的线性运算(加、数乘)按矩阵相应规则运算,即行(列)向量只能与行(列)向量作线性运算,行、列向量间不能作线性运算.

向量的线性运算满足以下八条运算规律:

(1) $\boldsymbol{\alpha}+\boldsymbol{\beta}=\boldsymbol{\beta}+\boldsymbol{\alpha}$(加法交换律);

(2) $(\boldsymbol{\alpha}+\boldsymbol{\beta})+\boldsymbol{\gamma}=\boldsymbol{\alpha}+(\boldsymbol{\beta}+\boldsymbol{\gamma})$(加法结合律);

(3) $\boldsymbol{\alpha}+\boldsymbol{0}=\boldsymbol{\alpha}$(其中 $\boldsymbol{0}$ 为零向量,$\boldsymbol{0}=\begin{pmatrix}0\\0\\\vdots\\0\end{pmatrix}$);

(4) $\boldsymbol{\alpha}+(-\boldsymbol{\alpha})=\boldsymbol{0}$;

(5) $1\cdot\boldsymbol{\alpha}=\boldsymbol{\alpha}$;

(6) $(kl)\boldsymbol{\alpha}=k(l\boldsymbol{\alpha})$,$k,l$ 为常数(数乘结合律);

$$\left.\begin{aligned}&(7)\ (k+l)\boldsymbol{\alpha}=k\boldsymbol{\alpha}+l\boldsymbol{\alpha}\\&(8)\ k(\boldsymbol{\alpha}+\boldsymbol{\beta})=k\boldsymbol{\alpha}+k\boldsymbol{\beta}\end{aligned}\right\}\text{(两个分配律)}.$$

2. 齐次线性方程组

齐次线性方程组写成矩阵形式为 $\boldsymbol{A}_{m\times n}\boldsymbol{X}_{n\times 1}=\boldsymbol{0}_{m\times 1}$. $\boldsymbol{A}$ 称系数矩阵，其解写成向量形式称“解向量”.

(1) 零解与非零解：元素全为零的解称零解. 用零向量表示，元素不全为零的解称非零解.

(2) 有解、无解定理.

定理 1 $\boldsymbol{AX}=\boldsymbol{0}$，当 $\mathrm{r}(\boldsymbol{A})=n$ 时有唯一零解；当 $\mathrm{r}(\boldsymbol{A})<n$ 时有无穷多非零解(包括零解).

推论 1 $\boldsymbol{A}_{m\times n}\boldsymbol{X}=\boldsymbol{0}$，当 $m<n$ 时有无穷多非零解.

推论 2 $\boldsymbol{A}_{n\times n}\boldsymbol{X}=\boldsymbol{0}$，当 $|\boldsymbol{A}|\neq 0$ 时仅有零解；当 $|\boldsymbol{A}|=0$ 时有无穷多非零解.

(3) 解法：直接用初等行变换将 $\boldsymbol{A}$ 化成行最简形求解.

3. 非齐次线性方程组

非齐次线性方程组写成矩阵形式为 $\boldsymbol{A}_{m\times n}\boldsymbol{X}_{n\times 1}=\boldsymbol{b}_{m\times 1}$. $(\boldsymbol{A}\ \vdots\ \boldsymbol{b})\xlongequal{\text{def}}\boldsymbol{B}$ 称增广矩阵. 它是由系数矩阵 $\boldsymbol{A}$ 与常数矩阵 $\boldsymbol{b}$ 组成. 由 3.3 节知 $\mathrm{r}(\boldsymbol{B})=\mathrm{r}(\boldsymbol{A})$ 或 $\mathrm{r}(\boldsymbol{B})=\mathrm{r}(\boldsymbol{A})+1$.

(1) 有解、无解定理.

定理 2 设非齐次线性方程组 $\boldsymbol{A}_{m\times n}\boldsymbol{X}_{n\times 1}=\boldsymbol{b}$，当 $\mathrm{r}(\boldsymbol{A})\neq\mathrm{r}(\boldsymbol{B})=\mathrm{r}(\boldsymbol{A}\ \vdots\ \boldsymbol{b})$ 时，无解；当 $\mathrm{r}(\boldsymbol{A})=\mathrm{r}(\boldsymbol{B})=n$ 时，有唯一解；当 $\mathrm{r}(\boldsymbol{A})=\mathrm{r}(\boldsymbol{B})<n$ 时，有无穷多个非零解.

(2) 解法：先用初等行变换将 $\boldsymbol{B}$ 化为行阶梯形. 如 $\mathrm{r}(\boldsymbol{A})\neq\mathrm{r}(\boldsymbol{A}\ \vdots\ \boldsymbol{b})$，则无解；如 $\mathrm{r}(\boldsymbol{A})=\mathrm{r}(\boldsymbol{A}\ \vdots\ \boldsymbol{b})$，则进一步化成行最简形并求解.

二、释 疑 解 惑

问题 1 判断下列命题是否正确.

(1) 设 $\boldsymbol{A}$ 为 4×5 矩阵，则方程组 $\boldsymbol{AX}=\boldsymbol{0}$ 有非零解.

(2) 若方程组 $\boldsymbol{AX}=\boldsymbol{0}$ 有无穷多解，则方程组 $\boldsymbol{AX}=\boldsymbol{b}$ 有无穷多解.

(3) 若方程组 $\boldsymbol{AX}=\boldsymbol{0}$ 仅有零解，则方程组 $\boldsymbol{AX}=\boldsymbol{b}$ 有唯一解.

(4) 若方程组 $\boldsymbol{AX}=\boldsymbol{b}$ 有无穷多解，则方程组 $\boldsymbol{AX}=\boldsymbol{0}$ 有非零解.

(5) 设 $\boldsymbol{\alpha}_1,\boldsymbol{\alpha}_2$ 是方程组 $\boldsymbol{AX}=\boldsymbol{b}$ 的两个解，则 $\boldsymbol{\alpha}_1+\boldsymbol{\alpha}_2$ 也是方程组 $\boldsymbol{AX}=\boldsymbol{b}$ 的解.

(6) 若 $\boldsymbol{A}_{m\times n}\boldsymbol{X}_{n\times 1}=\boldsymbol{b}_{m\times 1}(m>n)$，则方程组 $\boldsymbol{AX}=\boldsymbol{b}$ 无解.

答 (1) 因 $\mathrm{r}(\boldsymbol{A})\leqslant 4<5=n$，故方程组有无穷多解，故(1)正确.

(2) $\boldsymbol{AX}=\boldsymbol{0}$ 有无穷多解$\Leftrightarrow\mathrm{r}(\boldsymbol{A})<n$. 但如果 $\mathrm{r}(\boldsymbol{B})=\mathrm{r}(\boldsymbol{A}\ \vdots\ \boldsymbol{b})>\mathrm{r}(\boldsymbol{A})$，则会无解，故(2)不正确.

(3) $\boldsymbol{AX}=\boldsymbol{0}$ 仅有零解$\Leftrightarrow\mathrm{r}(\boldsymbol{A})=n$，但此时 $\mathrm{r}(\boldsymbol{B})=\mathrm{r}(\boldsymbol{A}\ \vdots\ \boldsymbol{b})$ 可能为 $n+1$(此时 $m>n$)，则 $\boldsymbol{AX}=\boldsymbol{b}$ 可能无解，故(3)不对.

(4) 若 $\boldsymbol{AX}=\boldsymbol{b}$ 有无穷多解$\Rightarrow\mathrm{r}(\boldsymbol{A})<n$，故 $\boldsymbol{AX}=\boldsymbol{0}$ 必有非零解，故(4)正确.

(5) $\boldsymbol{\alpha}_1+\boldsymbol{\alpha}_2$ 不一定是 $\boldsymbol{AX}=\boldsymbol{b}$ 的解.

(6) 当 $m>n$ 时，$\mathrm{r}(\boldsymbol{A})$ 与 $\mathrm{r}(\boldsymbol{B})=\mathrm{r}(\boldsymbol{A}\ \vdots\ \boldsymbol{b})$ 有可能相等，故(6)不正确.

问题 2 判断下列命题是否正确.

(1) 设 $\boldsymbol{A},\boldsymbol{B}$ 是有相同秩的 $m\times n$ 矩阵,则 $\boldsymbol{A}$ 可经过一些初等变换化为 $\boldsymbol{B}$.

(2) 设 $\boldsymbol{A}$ 为 $m\times n$ 矩阵,且 $\mathrm{r}(\boldsymbol{A})=n$,则 $m\geqslant n$.

(3) 设 $\boldsymbol{A},\boldsymbol{B}$ 为 $m\times n$ 矩阵,且 $\mathrm{r}(\boldsymbol{A})>0,\mathrm{r}(\boldsymbol{B})>0$,则 $\mathrm{r}(\boldsymbol{A}+\boldsymbol{B})>0$.

(4) 若 $\mathrm{r}(\boldsymbol{A})=s$,则矩阵 $\boldsymbol{A}$ 中必有一个非零的 s 阶子式.

(5) 设 $\boldsymbol{A}$ 为 $m\times n$ 矩阵,且 $\mathrm{r}(\boldsymbol{A})=m$,$\boldsymbol{\beta}$ 为 m 维列向量,则 $\mathrm{r}(\boldsymbol{A}\ \vdots\ \boldsymbol{\beta})=m$.

(6) 设 $\boldsymbol{A}$ 为 $m\times n$ 矩阵,且 $\mathrm{r}(\boldsymbol{A})=m$,则 $\boldsymbol{AX}=\boldsymbol{b}$ 必有解.

(7) 若矩阵 $\boldsymbol{A}$ 与 $\boldsymbol{B}$ 等价,则 $\mathrm{r}(\boldsymbol{A})=\mathrm{r}(\boldsymbol{B})$.

答 (1) 因 $\boldsymbol{A}$ 与 $\boldsymbol{B}$ 同型,且秩相等,故有相同的标准形,即 $\boldsymbol{A},\boldsymbol{B}$ 都可经初等变换化成同一标准形. 又由于初等变换可逆,因此 $\boldsymbol{A}$ 可经初等变换化成 $\boldsymbol{B}$,故(1)正确.

(2) 因 $\mathrm{r}(\boldsymbol{A})=n\leqslant m$,则 $m\geqslant n$,故(2)正确.

(3) 例如 $\mathrm{r}(\boldsymbol{A})>0\Rightarrow\mathrm{r}(-\boldsymbol{A})>0$,但 $\mathrm{r}(\boldsymbol{A}+(-\boldsymbol{A}))=\mathrm{r}(\boldsymbol{O})=0$,故(3)不对.

(4) 由秩的定义知,一定存在非零 s 阶子式,故(4)正确.

(5) 因 $\mathrm{r}(\boldsymbol{A})=m$,又 $\mathrm{r}(\boldsymbol{A})\leqslant\mathrm{r}(\boldsymbol{A}\ \vdots\ \boldsymbol{\beta})$,而 $\mathrm{r}(\boldsymbol{A}\ \vdots\ \boldsymbol{\beta})\leqslant m\Rightarrow\mathrm{r}(\boldsymbol{A})=\mathrm{r}(\boldsymbol{A}\ \vdots\ \boldsymbol{\beta})=m$,故(5)正确.

(6) 因为 $\mathrm{r}(\boldsymbol{A})=m\Rightarrow\mathrm{r}(\boldsymbol{A})=\mathrm{r}(\boldsymbol{A}\ \vdots\ \boldsymbol{\beta})=m$,所以 $\boldsymbol{AX}=\boldsymbol{b}$ 必有解,故(6)正确.

(7) 等价矩阵有相同秩,所以 $\mathrm{r}(\boldsymbol{A})=\mathrm{r}(\boldsymbol{B})$,故(7)正确. 但此题的逆不对.

问题 3 判别“m 个方程、n 个未知量的齐次线性方程组,当 $m\geqslant n$ 时只有零解;当 $m<n$ 时有非零解即有无穷多解”这一说法是否正确.

答 不完全正确.

对于 m 个方程、n 个未知量的齐次线性方程组,设其系数矩阵为 $\boldsymbol{A}$,可得下列结论.

(1) 当 $m\geqslant n$ 时,分两种情况.

① 若 $\mathrm{r}(\boldsymbol{A})=n$,则方程组只有零解.

② 若 $\mathrm{r}(\boldsymbol{A})=r<n$,则方程组有非零解即有无穷多解.

例如,齐次线性方程组 $\begin{cases}x+y=0,\\-x-y=0,\\2x+2y=0\end{cases}$ 的方程个数 3 大于未知量个数 2,但其系数矩阵 $\boldsymbol{A}=\begin{pmatrix}1&1\\-1&-1\\2&2\end{pmatrix}$ 的秩为 1,所以此方程组有非零解. 如 $\begin{cases}x=1,\\y=-1,\end{cases}$ 即为其一个非零解,其全部解为

$$\begin{cases}x=k,\\y=-k,\end{cases}k\text{ 为任意数.}$$

(2) 当 $m<n$ 时,方程组必有非零解即有无穷多解,因为此时 $\mathrm{r}(\boldsymbol{A})\leqslant m<n$.

问题 4 判别“m 个方程、n 个未知量的非齐次线性方程组,当 $m>n$ 时无解,当 $m=n$ 时有唯一解,当 $m<n$ 时有无穷多解”这一说法是否正确.

答 不正确.

设 m 个方程、n 个未知量的非齐次线性方程组的系数矩阵和增广矩阵分别为 $\boldsymbol{A}$ 和 $\boldsymbol{B}$，则方程组解的情况由 n、$\mathrm{r}(\boldsymbol{A})$ 和 $\mathrm{r}(\boldsymbol{B})$ 所决定，而与方程个数 m 关系不大. 一般地，我们有下列结论.

(1) 当 $m \geqslant n$ 时，有下列三种情况.

① 若 $\mathrm{r}(\boldsymbol{A}) \neq \mathrm{r}(\boldsymbol{B})$，则方程组无解.

例如，方程组 $\begin{cases} x+y=1, \\ -x-y=2 \end{cases}$ 的方程个数和未知量个数都是 2，但其系数矩阵 $\boldsymbol{A}=\begin{pmatrix} 1 & 1 \\ -1 & -1 \end{pmatrix}$ 的秩为 1，增广矩阵 $\boldsymbol{B}=\left(\begin{array}{cc:c} 1 & 1 & 1 \\ -1 & -1 & 2 \end{array}\right)$ 的秩为 2，故此方程组无解.

② 若 $\mathrm{r}(\boldsymbol{A})=\mathrm{r}(\boldsymbol{B})=n$，则方程组有唯一解.

例如，方程组 $\begin{cases} x+y=1, \\ x-y=2, \\ 3x+y=4 \end{cases}$ 的方程个数 3 大于未知量个数 2，但系数矩阵 $\boldsymbol{A}=\begin{pmatrix} 1 & 1 \\ 1 & -1 \\ 3 & 1 \end{pmatrix}$ 的秩为 2，增广矩阵 $\boldsymbol{B}=\left(\begin{array}{cc:c} 1 & 1 & 1 \\ 1 & -1 & 2 \\ 3 & 1 & 4 \end{array}\right)$ 的秩也为 2，故此方程组有唯一解 $x=\frac{3}{2}, y=-\frac{1}{2}$.

③ 若 $\mathrm{r}(\boldsymbol{A})=\mathrm{r}(\boldsymbol{B})=r<n$，则方程组有无穷多解.

例如，方程组 $\begin{cases} x+y=1, \\ -x-y=-1, \\ 2x+2y=2 \end{cases}$ 的方程个数 3 大于未知量个数 2，但其系数矩阵 $\boldsymbol{A}=\begin{pmatrix} 1 & 1 \\ -1 & -1 \\ 2 & 2 \end{pmatrix}$ 的秩为 1，增广矩阵 $\boldsymbol{B}=\left(\begin{array}{cc:c} 1 & 1 & 1 \\ -1 & -1 & -1 \\ 2 & 2 & 2 \end{array}\right)$ 的秩也为 1，故此方程组有无穷多解 $\begin{cases} x=1-k, \\ y=k \end{cases}$ (k 为任意数).

(2) 当 $m<n$ 时，有下列两种情况.

① 若 $\mathrm{r}(\boldsymbol{A}) \neq \mathrm{r}(\boldsymbol{B})$，则方程组无解.

例如，方程组 $\begin{cases} x+y-2z=2, \\ -3x-3y+6z=5 \end{cases}$ 的方程个数 2 小于未知量个数 3，但其系数矩阵 $\boldsymbol{A}=\begin{pmatrix} 1 & 1 & -2 \\ -3 & -3 & 6 \end{pmatrix}$ 的秩为 1. 增广矩阵 $\boldsymbol{B}=\left(\begin{array}{ccc:c} 1 & 1 & -2 & 2 \\ -3 & -3 & 6 & 5 \end{array}\right)$ 的秩为 2，所以此方程组无解.

② 若 $\mathrm{r}(\boldsymbol{A})=\mathrm{r}(\boldsymbol{B})$，则方程组有无穷多解.

事实上，设 $\mathrm{r}(\boldsymbol{A})=\mathrm{r}(\boldsymbol{B})=r$，则必有 $r \leqslant m<n$，所以方程组有无穷多解.

问题 5 判别"非齐次线性方程组 $\boldsymbol{AX}=\boldsymbol{b}$ 有唯一解的充要条件是其导出方程组 $\boldsymbol{AX}=\boldsymbol{0}$ 只有零解"这一说法是否正确.

答 不正确.

这是因为设方程组 $\boldsymbol{AX}=\boldsymbol{b}$ 的未知量个数为 n. 若 $\boldsymbol{AX}=\boldsymbol{b}$ 有唯一解,则由线性方程组解的理论可知必有 $\mathrm{r}(\boldsymbol{A})=n$,因此 $\boldsymbol{AX}=\boldsymbol{0}$ 只有零解.

反过来,若 $\boldsymbol{AX}=\boldsymbol{0}$ 只有零解,则可推出 $\mathrm{r}(\boldsymbol{A})=n$,但此时未必有 $\mathrm{r}(\boldsymbol{B})=n$($\boldsymbol{B}=(\boldsymbol{A} \vdots \boldsymbol{b})$为增广矩阵),所以 $\boldsymbol{AX}=\boldsymbol{b}$ 不一定有解,当然不一定有唯一解.

正确的阐述为"$\boldsymbol{AX}=\boldsymbol{0}$ 只有零解是 $\boldsymbol{AX}=\boldsymbol{b}$ 有唯一解的必要条件;反之,若 $\boldsymbol{AX}=\boldsymbol{0}$ 只有零解,则 $\boldsymbol{AX}=\boldsymbol{b}$ 至多有唯一解(也可能没有解)."

例如,求方程组$\begin{cases}x+y=1,\\x-y=2,\\3x+y=5\end{cases}$的解.

解 方程组$\begin{cases}x+y=1,\\x-y=2,\\3x+y=5\end{cases}$的系数矩阵 $\boldsymbol{A}=\begin{pmatrix}1&1\\1&-1\\3&1\end{pmatrix}$ 的秩为 2,故导出方程组 $\begin{cases}x+y=0,\\x-y=0,\\3x+y=0\end{cases}$只有零解. 但方程组的增广矩阵

$$\boldsymbol{B}=\left(\begin{array}{cc:c}1&1&1\\1&-1&2\\3&1&5\end{array}\right)\to\left(\begin{array}{cc:c}1&1&1\\0&-2&1\\0&-2&2\end{array}\right)\to\left(\begin{array}{cc:c}1&1&1\\0&-2&1\\0&0&1\end{array}\right),$$

$\mathrm{r}(\boldsymbol{B})=3$,所以原方程组无解.

问题 6 判别"非齐次线性方程组 $\boldsymbol{AX}=\boldsymbol{b}$ 有无穷多解的充要条件是其导出组 $\boldsymbol{AX}=\boldsymbol{0}$ 有非零解"这一说法是否正确.

答 不正确.

这是因为设方程组 $\boldsymbol{AX}=\boldsymbol{b}$ 的未知量个数为 n. 若 $\boldsymbol{AX}=\boldsymbol{b}$ 有无穷多解,则必有 $\mathrm{r}(\boldsymbol{A})=\mathrm{r}(\boldsymbol{B})<n$,因此齐次线性方程组 $\boldsymbol{AX}=\boldsymbol{0}$ 有非零解.

反过来,若 $\boldsymbol{AX}=\boldsymbol{0}$ 有非零解,则必有 $\mathrm{r}(\boldsymbol{A})<n$,此时 $\boldsymbol{AX}=\boldsymbol{b}$ 的解的情况如下.

(1) 当 $\mathrm{r}(\boldsymbol{B})=\mathrm{r}(\boldsymbol{A})$时,则 $\boldsymbol{AX}=\boldsymbol{b}$ 有无穷多解;

(2) 当 $\mathrm{r}(\boldsymbol{B})\neq\mathrm{r}(\boldsymbol{A})$时,则 $\boldsymbol{AX}=\boldsymbol{b}$ 无解.

例如,对于方程组 $\begin{pmatrix}1&1\\-1&-1\end{pmatrix}\begin{pmatrix}x\\y\end{pmatrix}=\begin{pmatrix}1\\2\end{pmatrix}$,其导出组 $\begin{pmatrix}1&1\\-1&-1\end{pmatrix}\begin{pmatrix}x\\y\end{pmatrix}=\begin{pmatrix}0\\0\end{pmatrix}$ 有非零解,如$\begin{cases}x=1,\\y=-1,\end{cases}$即为一组非零解,但方程组本身无解.

问题 7 判别"若线性方程组系数矩阵的秩等于方程个数,则该方程组一定有解"的说法是否正确.

答 正确.

设线性方程组为 $\boldsymbol{AX}=\boldsymbol{b}$，其中 $\boldsymbol{A}$ 为 $m\times n$ 矩阵，$\boldsymbol{b}$ 为 $m\times 1$ 矩阵，$\boldsymbol{X}=(x_1,x_2,\cdots,x_n)^{\mathrm{T}}$，则方程组中方程的个数为 m，方程组的增广矩阵 $\boldsymbol{B}=(\boldsymbol{A}\ \vdots\ \boldsymbol{b})$ 为 $m\times(n+1)$ 矩阵.

若 $\mathrm{r}(\boldsymbol{A})=m$，则 $m=\mathrm{r}(\boldsymbol{A})\leqslant\mathrm{r}(\boldsymbol{B})\leqslant m$，于是 $\mathrm{r}(\boldsymbol{B})=m=\mathrm{r}(\boldsymbol{A})$，所以方程组有解，且当 $m=n$ 时有唯一解，当 $m<n$ 时有无穷多解.

注 当矩阵的秩等于其行数时，称行满秩矩阵. 本问题说明当系数矩阵为行满秩时必有解，其特例即为克莱姆法则.

问题 8 判别"设 $\boldsymbol{A},\boldsymbol{B}$ 均为 $m\times n$ 矩阵，$\boldsymbol{\beta}$ 和 $\boldsymbol{\gamma}$ 均为 $m\times 1$ 矩阵，$\boldsymbol{X}=(x_1,x_2,\cdots,x_n)^{\mathrm{T}}$. 若 $(\boldsymbol{A}\ \vdots\ \boldsymbol{\beta})$ 可经过初等行变换化成 $(\boldsymbol{B}\ \vdots\ \boldsymbol{\gamma})$，则方程组 $\boldsymbol{AX}=\boldsymbol{\beta}$ 与 $\boldsymbol{BX}=\boldsymbol{\gamma}$ 同解"是否正确.

答 正确.

因为 $(\boldsymbol{A}\ \vdots\ \boldsymbol{\beta})$ 可以经过初等行变换化成 $(\boldsymbol{B}\ \vdots\ \boldsymbol{\gamma})$，所以存在 m 阶可逆矩阵 $\boldsymbol{P}$，使

$$(\boldsymbol{B}\ \vdots\ \boldsymbol{\gamma})=\boldsymbol{P}(\boldsymbol{A}\ \vdots\ \boldsymbol{\beta})=(\boldsymbol{PA}\ \vdots\ \boldsymbol{P\beta}),$$

于是 $\boldsymbol{B}=\boldsymbol{PA}$，$\boldsymbol{\gamma}=\boldsymbol{P\beta}$，故方程组 $\boldsymbol{BX}=\boldsymbol{\gamma}$ 可写成 $\boldsymbol{PAX}=\boldsymbol{P\beta}$.

设 $\boldsymbol{X}_1$ 是 $\boldsymbol{AX}=\boldsymbol{\beta}$ 的解，则 $\boldsymbol{AX}_1=\boldsymbol{\beta}$，该式两边同时左乘 $\boldsymbol{P}$ 得 $\boldsymbol{PAX}_1=\boldsymbol{P\beta}$，即 $\boldsymbol{BX}_1=\boldsymbol{\gamma}$. 故 $\boldsymbol{X}_1$ 也是 $\boldsymbol{BX}=\boldsymbol{\gamma}$ 的解.

反过来，若 $\boldsymbol{X}_2$ 是 $\boldsymbol{BX}=\boldsymbol{\gamma}$ 的解，则 $\boldsymbol{PAX}_2=\boldsymbol{P\beta}$，该式两边同时左乘 $\boldsymbol{P}^{-1}$ 得 $\boldsymbol{AX}_2=\boldsymbol{\beta}$. 故 $\boldsymbol{X}_2$ 也是 $\boldsymbol{AX}=\boldsymbol{\beta}$ 的解.

因此，$\boldsymbol{AX}=\boldsymbol{\beta}$ 与 $\boldsymbol{BX}=\boldsymbol{\gamma}$ 同解.

问题 9 判别"$\boldsymbol{A}$ 为 $m\times n$ 实矩阵，则方程组（Ⅰ）：$\boldsymbol{AX}=\boldsymbol{0}$ 与（Ⅱ）：$\boldsymbol{A}^{\mathrm{T}}\boldsymbol{AX}=\boldsymbol{0}$ 同解"是否正确.

答 正确.

设 $\boldsymbol{\alpha}$ 是方程组 $\boldsymbol{AX}=\boldsymbol{0}$ 的解，即 $\boldsymbol{A\alpha}=\boldsymbol{0}$，该式两边同时左乘 $\boldsymbol{A}^{\mathrm{T}}$ 得

$$\boldsymbol{A}^{\mathrm{T}}\boldsymbol{A\alpha}=\boldsymbol{A}^{\mathrm{T}}\boldsymbol{0}=\boldsymbol{0},$$

所以 $\boldsymbol{\alpha}$ 也是方程组（Ⅱ）的解.

反过来，设 $\boldsymbol{\beta}$ 是方程组（Ⅱ）的任意解，即 $\boldsymbol{A}^{\mathrm{T}}\boldsymbol{A\beta}=\boldsymbol{0}$，上式两边同时左乘 $\boldsymbol{\beta}^{\mathrm{T}}$ 得

$$\boldsymbol{\beta}^{\mathrm{T}}\boldsymbol{A}^{\mathrm{T}}\boldsymbol{A\beta}=\boldsymbol{\beta}^{\mathrm{T}}\boldsymbol{0}=\boldsymbol{0},\quad 即\quad (\boldsymbol{A\beta})^{\mathrm{T}}(\boldsymbol{A\beta})=\boldsymbol{0}.$$

令 $\boldsymbol{A\beta}=(c_1,c_2,\cdots,c_n)^{\mathrm{T}}$，则

$$c_1^2+c_2^2+\cdots+c_n^2=(\boldsymbol{A\beta})^{\mathrm{T}}(\boldsymbol{A\beta})=0,$$

因为 $c_1,c_2,\cdots,c_n$ 均为实数，由此推出 $c_1=c_2=\cdots=c_n=0$，所以 $\boldsymbol{A\beta}=\boldsymbol{0}$，故 $\boldsymbol{\beta}$ 也是方程组（Ⅰ）的解. 因此，方程组（Ⅰ）与（Ⅱ）同解.

问题 10 解线性方程组有哪些基本方法？

答 有下列三种基本方法.

（1）对线性方程组的增广矩阵（或齐次线性方程组的系数矩阵）施行初等行变换——相当于对原线性方程组进行同解变形，得到与原方程组同解的简单线性方程组，最后解简单线性方程组得原方程组的解.

（2）应用克拉默法则求解.

首先去掉方程组中的多余方程并判断所得方程组是否有解，然后确定自由未知量，并将含有自由未知量的项移到等号右边，应用克拉默法则求得一般解(通解).

(3) 在已知线性方程组的若干解的情况下，根据方程组的解的结构理论，用已知的若干解表示出方程组的通解.

问题 11 求解含参数的线性方程组有哪些基本方法?

答 有两种方法.

(1) 对线性方程组的增广矩阵(或齐次线性方程组的系数矩阵)施行初等行变换，将原方程组化简为与之同解的简单线性方程组，然后利用线性方程组理论对得到的简单线性方程组解的情况进行讨论并求解，这种方法对任何含参数的线性方程组均适用.

(2) 当线性方程组方程个数等于未知量个数时，可先计算其系数行列式 D. 若 D 是关于参数的多项式，令 $D=0$，求出相应的参数的取值范围，然后将参数的不同取值分别代入原线性方程组，最后归结为求解各个不同的具体线性方程组.

问题 12 怎样求两个线性方程组的公共解?

答 设已知两个线性方程组为

$$(\mathrm{I}):\begin{cases}a_{11}x_1+a_{12}x_2+\cdots+a_{1n}x_n=b_1,\\ a_{21}x_1+a_{22}x_2+\cdots+a_{2n}x_n=b_2,\\ \qquad\vdots\\ a_{s1}x_1+a_{s2}x_2+\cdots+a_{sn}x_n=b_s;\end{cases}$$

$$(\mathrm{II}):\begin{cases}c_{11}x_1+c_{12}x_2+\cdots+c_{1n}x_n=d_1,\\ c_{21}x_1+c_{22}x_2+\cdots+c_{2n}x_n=d_2,\\ \qquad\vdots\\ c_{t1}x_1+c_{t2}x_2+\cdots+c_{tn}x_n=d_t.\end{cases}$$

求方程组(Ⅰ)与(Ⅱ)的公共解有下列基本方法.

(1) 方程组(Ⅰ)与(Ⅱ)的公共解就是下列方程组的解.

$$(\mathrm{III}):\begin{cases}a_{11}x_1+a_{12}x_2+\cdots+a_{1n}x_n=b_1,\\ \qquad\vdots\\ a_{s1}x_1+a_{s2}x_2+\cdots+a_{sn}x_n=b_s,\\ c_{11}x_1+c_{12}x_2+\cdots+c_{1n}x_n=d_1,\\ \qquad\vdots\\ c_{t1}x_1+c_{t2}x_2+\cdots+c_{tn}x_n=d_t.\end{cases}$$

原问题归结为求解方程组(Ⅲ).

(2) 求出方程组(Ⅰ)的通解.

$$\begin{pmatrix}x_1\\x_2\\\vdots\\x_n\end{pmatrix}=\boldsymbol{\xi}_0+k_1\boldsymbol{\eta}_1+k_2\boldsymbol{\eta}_2+\cdots+k_{n-r}\boldsymbol{\eta}_{n-r},\qquad ①$$

其中，矩阵$\begin{pmatrix} a_{11} & a_{12} & \cdots & a_{1n} \\ a_{21} & a_{22} & \cdots & a_{2n} \\ \vdots & \vdots & & \vdots \\ a_{s1} & a_{s2} & \cdots & a_{sn} \end{pmatrix}$的秩为$r$.

将$x_1,x_2,\cdots x_n$的上述表达式代入方程组（Ⅱ）得到关于未知量$k_1,k_2,\cdots,k_{n-r}$的新的方程组，解此方程组得到$k_1,k_2,\cdots,k_{n-r}$的值或取值范围，最后将所得结果代入式①，即得方程组（Ⅰ）与（Ⅱ）的公共解.

（3）先求出方程组（Ⅰ）的通解（见式①），再求出方程组（Ⅱ）的通解.

$$\begin{pmatrix} x_1 \\ x_2 \\ \vdots \\ x_n \end{pmatrix} = \boldsymbol{\eta}_0 + l_1\boldsymbol{\gamma}_1 + l_2\boldsymbol{\gamma}_2 + \cdots + l_{n-p}\boldsymbol{\gamma}_{n-p},$$

其中，矩阵$\begin{pmatrix} c_{11} & c_{12} & \cdots & c_{1n} \\ c_{21} & c_{22} & \cdots & c_{2n} \\ \vdots & \vdots & & \vdots \\ c_{t1} & c_{t2} & \cdots & c_{tn} \end{pmatrix}$的秩为$p$. 那么，$\boldsymbol{X}=(x_1,x_2,\cdots,x_n)^{\mathrm{T}}$是方程组（Ⅰ）与（Ⅱ）的公共解$\Leftrightarrow$存在$k_1,k_2,\cdots,k_{n-r}$和$l_1,l_2,\cdots,l_{n-p}$使得

$$\boldsymbol{\xi}_0 + k_1\boldsymbol{\eta}_1 + k_2\boldsymbol{\eta}_2 + \cdots + k_{n-r}\boldsymbol{\eta}_{n-r} = \boldsymbol{\eta}_0 + l_1\boldsymbol{\gamma}_1 + l_2\boldsymbol{\gamma}_2 + \cdots + l_{n-p}\boldsymbol{\gamma}_{n-p}. \quad ②$$

解关于未知量$k_1,k_2,\cdots,k_{n-r},l_1,l_2,\cdots,l_{n-p}$的线性方程组（Ⅳ）：

$$k_1\boldsymbol{\eta}_1 + k_2\boldsymbol{\eta}_2 + \cdots + k_{n-r}\boldsymbol{\eta}_{n-r} - l_1\boldsymbol{\gamma}_1 - l_2\boldsymbol{\gamma}_2 - \cdots - l_{n-p}\boldsymbol{\gamma}_{n-p} = \boldsymbol{\xi}_0 - \boldsymbol{\eta}_0,$$

并将结果代入式②，即得方程组（Ⅰ）与（Ⅱ）的公共解.

当然，在具体做题时，读者应根据题目的要求和条件，选择合适的方法来求解.

问题 13 如何应用线性方程组理论解决矩阵问题？

答 应用线性方程组理论解决矩阵问题时，常用到下列基本结论.

定理 1 设$\boldsymbol{A}$为$m\times n$矩阵，$\boldsymbol{B}$为$m\times t$矩阵，且其列向量组为$\boldsymbol{\beta}_1,\boldsymbol{\beta}_2,\cdots,\boldsymbol{\beta}_t$，则存在$n\times t$矩阵$\boldsymbol{M}$满足$\boldsymbol{AM}=\boldsymbol{B}\Leftrightarrow$矩阵$\boldsymbol{M}$的第$1,2,\cdots,t$个列向量分别是下列线性方程组的解.

$$\boldsymbol{AX}=\boldsymbol{\beta}_1,\quad \boldsymbol{AX}=\boldsymbol{\beta}_2,\cdots,\boldsymbol{AX}=\boldsymbol{\beta}_t,\quad \boldsymbol{X}=\begin{pmatrix} x_1 \\ x_2 \\ \vdots \\ x_n \end{pmatrix}.$$

定理 2 设$\boldsymbol{A}$为n阶矩阵，则$\boldsymbol{A}$为奇异矩阵$\Leftrightarrow$齐次线性方程组$\boldsymbol{AX}=\boldsymbol{0}$有非零解.

问题 14 平面上n个点$(x_i,y_i)(i=1,2,\cdots,n;n\geqslant 3)$，位于一条直线上的充分必要条件是什么？

答 点$(x_i,y_i)(i=1,2,\cdots,n)$位于同一直线上$\Leftrightarrow$存在常数$k,b$，使点$(x_i,y_i)$满足

直线方程 $y=kx+b$,即

$$y_i=kx_i+b \Leftrightarrow \text{关于 } k,b \text{ 的线性方程组}\begin{cases}x_1k+b=y_1,\\ x_2k+b=y_2,\\ \quad\vdots \\ x_nk+b=y_n\end{cases}\text{有解}$$

$$\Leftrightarrow \mathrm{r}\left(\begin{pmatrix}x_1 & 1\\ x_2 & 1\\ \vdots & \vdots\\ x_n & 1\end{pmatrix}\right)=\mathrm{r}\left(\left(\begin{array}{cc:c}x_1 & 1 & y_1\\ x_2 & 1 & y_2\\ \vdots & \vdots & \vdots\\ x_n & 1 & y_n\end{array}\right)\right).$$

问题 15 平面上 n 条直线 $a_ix+b_iy+c_i=0(i=1,2,\cdots,n;n\geqslant 2)$ 共点的充分必要条件是什么?

答 直线 $a_ix+b_iy+c_i=0(i=1,2,\cdots,n)$ 共点

$$\Leftrightarrow \text{线性方程组}\begin{cases}a_1x+b_1y=-c_1,\\ a_2x+b_2y=-c_2,\\ \quad\vdots \\ a_nx+b_ny=-c_n\end{cases}\text{有唯一解}$$

$$\Leftrightarrow \mathrm{r}\left(\begin{pmatrix}a_1 & b_1\\ a_2 & b_2\\ \vdots & \vdots\\ a_n & b_n\end{pmatrix}\right)=\mathrm{r}\left(\left(\begin{array}{cc:c}a_1 & b_1 & -c_1\\ a_2 & b_2 & -c_2\\ \vdots & \vdots & \vdots\\ a_n & b_n & -c_n\end{array}\right)\right)=\mathrm{r}\left(\left(\begin{array}{cc:c}a_1 & b_1 & c_1\\ a_2 & b_2 & c_2\\ \vdots & \vdots & \vdots\\ a_n & b_n & c_n\end{array}\right)\right)=2.$$

例 已知平面上三条不同直线

$$l_1:a_1x+a_2y+a_3=0,$$
$$l_2:a_2x+a_3y+a_1=0,$$
$$l_3:a_3x+a_1y+a_2=0.$$

证明它们相交于一点的充分必要条件是 $a_1+a_2+a_3=0$.

证一 根据上一问题的结论知

$$l_1,l_2,l_3 \text{ 共点} \Leftrightarrow \mathrm{r}\left(\begin{pmatrix}a_1 & a_2\\ a_2 & a_3\\ a_3 & a_1\end{pmatrix}\right)=\mathrm{r}\left(\left(\begin{array}{cc:c}a_1 & a_2 & a_3\\ a_2 & a_3 & a_1\\ a_3 & a_1 & a_2\end{array}\right)\right)=2.$$

又因 $$\mathrm{r}\left(\left(\begin{array}{cc:c}a_1 & a_2 & a_3\\ a_2 & a_3 & a_1\\ a_3 & a_1 & a_2\end{array}\right)\right)=\mathrm{r}\left(\left(\begin{array}{cc:c}a_1+a_2+a_3 & a_1+a_2+a_3 & a_1+a_2+a_3\\ a_2 & a_3 & a_1\\ a_3 & a_1 & a_2\end{array}\right)\right),$$

所以

$$\mathrm{r}\left(\begin{pmatrix}a_1 & a_2\\ a_2 & a_3\\ a_3 & a_1\end{pmatrix}\right)=\mathrm{r}\left(\left(\begin{array}{cc:c}a_1+a_2+a_3 & a_1+a_2+a_3 & a_1+a_2+a_3\\ a_2 & a_3 & a_1\\ a_3 & a_1 & a_2\end{array}\right)\right)=2,$$

当且仅当
$$a_1+a_2+a_3=0.$$

证二 设交点为(x_0,y_0),将点(x_0,y_0)代入三条直线方程后,三式相加,即有
$$(x_0+y_0+1)(a_1+a_2+a_3)=0.$$
以下证明 $x_0+y_0+1\neq 0$,从而得出充要条件
$$a_1+a_2+a_3=0.$$

假设 $x_0+y_0+1=0$,若在直线方程 l_1,l_2 中,将 a_1,a_2 看做未知量,则
$$\begin{cases}x_0a_1+y_0a_2=-a_3,\\ a_1+x_0a_2=-a_3y_0.\end{cases}$$
此方程组的系数行列式为$\begin{vmatrix}x_0 & y_0\\ 1 & x_0\end{vmatrix}=x_0^2-y_0$. 因为 $x_0+y_0+1=0$,所以
$$\begin{vmatrix}x_0 & y_0\\ 1 & x_0\end{vmatrix}=x_0^2-(-1-x_0)=x_0^2+x_0+1.$$
对任意实数 x_0,$\begin{vmatrix}x_0 & y_0\\ 1 & x_0\end{vmatrix}\neq 0$,可解出 a_1,a_2. 且由$(x_0-y_0)(x_0+y_0+1)=0$ 知,
$$y_0^2-x_0=x_0^2-y_0,$$
$$1-x_0y_0=(-x_0-y_0)-x_0(-1-x_0)=x_0^2-y_0.$$
因此得
$$a_1=\frac{a_3(y_0^2-x_0)}{x_0^2-y_0}=a_3,\quad a_2=\frac{a_3(1-x_0y_0)}{x_0^2-y_0}=a_3,$$
即 $a_1=a_2=a_3$ 与已知三条直线不同,矛盾. 所以 $x_0+y_0+1\neq 0$,即 $a_1+a_2+a_3=0$.

三、典型例题解析

例 1 利用矩阵的初等变换求解下列线性方程组:

(1) $\begin{cases}2x_1+2x_2-x_3=6,\\ x_1-2x_2+4x_3=3,\\ 5x_1+5x_2+4x_3=28;\end{cases}$ (2) $\begin{cases}x_1+x_2+2x_3+3x_4=1,\\ x_2+x_3-4x_4=1,\\ x_1+2x_2+3x_3-x_4=4;\end{cases}$

(3) $\begin{cases}2x_1+x_2-x_3+x_4=1,\\ 3x_1-2x_2+x_3-3x_4=4,\\ x_1+4x_2-3x_3+5x_4=-2.\end{cases}$

解 (1) $\boldsymbol{B}=(\boldsymbol{A}\,\vdots\,\boldsymbol{b})=\left(\begin{array}{ccc:c}2 & 2 & -1 & 6\\ 1 & -2 & 4 & 3\\ 5 & 5 & 4 & 28\end{array}\right)\rightarrow\left(\begin{array}{ccc:c}2 & 2 & -1 & 6\\ 0 & -3 & \frac{9}{2} & 0\\ 0 & 0 & \frac{13}{2} & 13\end{array}\right)$,

因 $\mathrm{r}(\boldsymbol{B})=\mathrm{r}(\boldsymbol{A})=3$,所以原方程有唯一解,按上式有
$$\boldsymbol{B}\rightarrow\left(\begin{array}{ccc:c}1 & 0 & 0 & 1\\ 0 & 1 & 0 & 3\\ 0 & 0 & 1 & 2\end{array}\right).$$

得同解方程组$\begin{cases}x_1=1,\\x_2=3,\\x_3=2,\end{cases}$即$\begin{pmatrix}x_1\\x_2\\x_3\end{pmatrix}=\begin{pmatrix}1\\3\\2\end{pmatrix}$.

(2) $\boldsymbol{B}=(\boldsymbol{A}\ \vdots\ \boldsymbol{b})=\left(\begin{array}{cccc:c}1&1&2&3&1\\0&1&1&-4&1\\1&2&3&-1&4\end{array}\right)\rightarrow\left(\begin{array}{cccc:c}1&1&2&3&1\\0&1&1&-4&1\\0&0&0&0&2\end{array}\right)$,

故 $\mathrm{r}(\boldsymbol{A})=2\neq\mathrm{r}(\boldsymbol{B})=3$,所以原方程无解.

(3) $\boldsymbol{B}=(\boldsymbol{A}\ \vdots\ \boldsymbol{b})=\left(\begin{array}{cccc:c}2&1&-1&1&1\\3&-2&1&-3&4\\1&4&-3&5&-2\end{array}\right)\rightarrow\left(\begin{array}{cccc:c}1&4&-3&5&-2\\0&1&-\frac{5}{7}&\frac{9}{7}&-\frac{5}{7}\\0&0&0&0&0\end{array}\right)$,

故
$$\mathrm{r}(\boldsymbol{A})=\mathrm{r}(\boldsymbol{B})=2<n=4,$$
所以原方程有无穷多解.按上式,有

$$\boldsymbol{B}\rightarrow\left(\begin{array}{cccc:c}1&0&-\frac{1}{7}&-\frac{1}{7}&\frac{6}{7}\\0&1&-\frac{5}{7}&\frac{9}{7}&-\frac{5}{7}\\0&0&0&0&0\end{array}\right),$$

得同解方程组
$$\begin{cases}x_1=\frac{6}{7}+\frac{1}{7}x_3+\frac{1}{7}x_4,\\x_2=\frac{-5}{7}+\frac{5}{7}x_3-\frac{9}{7}x_4.\end{cases}$$

令 $x_3=c_1,x_4=c_2$(c_1,c_2 为任意常数),则原方程组的通解为

$$\begin{pmatrix}x_1\\x_2\\x_3\\x_4\end{pmatrix}=\begin{pmatrix}\frac{6}{7}\\-\frac{5}{7}\\0\\0\end{pmatrix}+c_1\begin{pmatrix}\frac{1}{7}\\\frac{5}{7}\\1\\0\end{pmatrix}+c_2\begin{pmatrix}\frac{1}{7}\\-\frac{9}{7}\\0\\1\end{pmatrix}.$$

例 2 利用矩阵的初等变换解下列齐次线性方程组:

(1) $\begin{cases}x_1-x_2+4x_3-2x_4=0,\\x_1-x_2-3x_3+3x_4=0,\\3x_1+x_2+7x_3-2x_4=0,\\x_1-5x_2-12x_3+6x_4=0;\end{cases}$ (2) $\begin{cases}x_1+x_2+x_3+4x_4=0,\\2x_1+2x_2+x_3+5x_4=0,\\x_1+x_2-x_3-2x_4=0.\end{cases}$

解 (1) $\boldsymbol{A}=\begin{pmatrix}1&-1&4&-2\\1&-1&-3&3\\3&1&7&-2\\1&-5&-12&6\end{pmatrix}\rightarrow\begin{pmatrix}1&1&4&-2\\0&4&-5&4\\0&0&-7&5\\0&0&0&-3\end{pmatrix}$.

因 $\mathrm{r}(\boldsymbol{A})=4=n$,故原方程仅有零解,即 $\begin{pmatrix}x_1\\x_2\\x_3\\x_4\end{pmatrix}=\begin{pmatrix}0\\0\\0\\0\end{pmatrix}$.

(2) $\boldsymbol{A}=\begin{pmatrix}1&1&1&4\\2&2&1&5\\1&1&-1&-2\end{pmatrix}\to\begin{pmatrix}1&1&0&1\\0&0&1&3\\0&0&0&0\end{pmatrix}$.

原方程组的同解方程组为

$$\begin{cases}x_1+x_2+x_4=0,\\ x_3+3x_4=0,\end{cases}\quad\text{即}\quad\begin{cases}x_1=-x_2-x_4,\\ x_3=-3x_4,\end{cases}$$

令 $x_2=c_1,x_4=c_2$,得原方程组的通解为

$$\begin{pmatrix}x_1\\x_2\\x_3\\x_4\end{pmatrix}=c_1\begin{pmatrix}-1\\1\\0\\0\end{pmatrix}+c_2\begin{pmatrix}-1\\0\\-3\\1\end{pmatrix}.$$

例 3 k 为何值时,下列线性方程组(1)有唯一解;(2)无解;(3)有无穷多解,求出通解.

$$\begin{cases}x_1+x_2+kx_3=k^2,\\ x_1+kx_2+x_3=k,\\ kx_1+x_2+x_3=1.\end{cases}$$

解一 $\boldsymbol{B}=(\boldsymbol{A}\ \vdots\ \boldsymbol{b})=\left(\begin{array}{ccc:c}1&1&k&k^2\\1&k&1&k\\k&1&1&1\end{array}\right)\xrightarrow[r_3-kr_1]{r_2-r_1}\left(\begin{array}{ccc:c}1&1&k&k^2\\0&k-1&1-k&k-k^2\\0&1-k&1-k^2&1-k^3\end{array}\right)$

$$\xrightarrow{r_3+r_2}\left(\begin{array}{ccc:c}1&1&k&k^2\\0&k-1&1-k&k-k^2\\0&0&(2+k)(1-k)&(k+1)^2(1-k)\end{array}\right).$$

(1) 当 $k\neq1$ 且 $k\neq-2$ 时,$\mathrm{r}(\boldsymbol{A})=\mathrm{r}(\boldsymbol{B})=3$,方程组有唯一解;

(2) 当 $k=-2$ 时,$\mathrm{r}(\boldsymbol{A})=2<\mathrm{r}(\boldsymbol{B})=3$,原方程组无解;

(3) 当 $k=1$ 时,$\mathrm{r}(\boldsymbol{A})=\mathrm{r}(\boldsymbol{B})=1<3$,方程组有无穷多解.

这时

$$\boldsymbol{B}\to\left(\begin{array}{ccc:c}1&1&1&1\\0&0&0&0\\0&0&0&0\end{array}\right),$$

故原方程组的同解方程组为

$$x_1+x_2+x_3=1,\quad\text{即}\quad x_1=-x_2-x_3+1.$$

取 $x_2=c_1,x_3=c_2$,得原方程组通解为

$$\begin{pmatrix}x_1\\x_2\\x_3\end{pmatrix}=c_1\begin{pmatrix}-1\\1\\0\end{pmatrix}+c_2\begin{pmatrix}-1\\0\\1\end{pmatrix}+\begin{pmatrix}1\\0\\0\end{pmatrix}.$$

解二

$$|\boldsymbol{A}|=\begin{vmatrix}1&1&k\\1&k&1\\k&1&1\end{vmatrix}=-(2+k)(k-1)^2.$$

当 $k\neq-2$ 且 $k\neq1$ 时，$|\boldsymbol{A}|\neq0$ 有唯一解.

当 $k=-2$ 或 $k=1$ 时，再由增广矩阵讨论其解的情况(参见解一).

例 4 讨论 a,b 为何值时，方程组

$$\begin{cases}x+ay+a^2z=1,\\x+ay+abz=a,\\bx+a^2y+a^2bz=a^2b\end{cases}$$

有唯一解？有无穷多解？无解？当方程组有解时求出其通解.

解一 方程组系数行列式为

$$|\boldsymbol{A}|=\begin{vmatrix}1&a&a^2\\1&a&ab\\b&a^2&a^2b\end{vmatrix}=a^2(a-b)^2.$$

(1) 当 $a(a-b)\neq0$ 即 $a\neq0$ 且 $a\neq b$ 时，由克莱姆法则得方程组有唯一解

$$x=\frac{a^2(b-1)}{b-a},\quad y=\frac{b(a^2-1)}{a(a-b)},\quad z=\frac{a-1}{a(b-a)}.$$

(2) 当 $a=0$ 时，方程组为 $\begin{cases}x=1,\\x=0,\\bx=0,\end{cases}$ 矛盾，故无解.

(3) 当 $a=b$ 时，方程组的增广矩阵为

$$\boldsymbol{B}=\left(\begin{array}{ccc:c}1&b&b^2&1\\1&b&b^2&b\\b&b^2&b^3&b^3\end{array}\right)\to\left(\begin{array}{ccc:c}1&b&b^2&1\\0&0&0&b-1\\0&0&0&b(b-1)(b+1)\end{array}\right)$$

要使方程组有解，必须 $b=1$，否则出现矛盾方程.

此时，方程组等价于 $x+y+z=1$，故方程组的通解为

$$\boldsymbol{X}=\begin{pmatrix}1\\0\\0\end{pmatrix}+k_1\begin{pmatrix}-1\\1\\0\end{pmatrix}+k_2\begin{pmatrix}-1\\0\\1\end{pmatrix},$$ 其中 k_1,k_2 为任意常数.

解二 对增广矩阵作初等行变换，得

$$\boldsymbol{B}=(\boldsymbol{A}\ \vdots\ \boldsymbol{b})=\left(\begin{array}{ccc:c}1&a&a^2&1\\1&a&ab&a\\b&a^2&a^2b&a^2b\end{array}\right)\to\left(\begin{array}{ccc:c}1&a&a^2&1\\0&0&a(b-a)&a-1\\0&a(a-b)&0&b(a^2-1)\end{array}\right)$$

$$\to\left(\begin{array}{ccc:c}1 & a & a^2 & 1\\ 0 & a(a-b) & 0 & b(a^2-1)\\ 0 & 0 & a(b-a) & a-1\end{array}\right).$$

当 $a(a-b)\neq 0$ 时，$\mathrm{r}(\boldsymbol{B})=\mathrm{r}(\boldsymbol{A})=3$，方程组有唯一解，即

$$x=\frac{a^2(b-1)}{b-a},\quad y=\frac{b(a^2-1)}{a(a-b)},\quad z=\frac{a-1}{a(b-a)}.$$

当 $a(b-a)=0$ 时，

$$\boldsymbol{B}=\left(\begin{array}{ccc:c}1 & a & a^2 & 1\\ 0 & 0 & 0 & b(a^2-1)\\ 0 & 0 & 0 & a-1\end{array}\right).$$

若 $a=1$，则 $\mathrm{r}(\boldsymbol{A})=\mathrm{r}(\boldsymbol{B})=1$. 方程组为 $x+y+z=1$，有无穷多解，其解为

$$\boldsymbol{X}=\begin{pmatrix}1\\0\\0\end{pmatrix}+k_1\begin{pmatrix}-1\\1\\0\end{pmatrix}+k_2\begin{pmatrix}-1\\0\\1\end{pmatrix},\text{其中 } k_1,k_2 \text{ 为任意常数.}$$

在其他情况下，$\mathrm{r}(\boldsymbol{A})=1$，$\mathrm{r}(\boldsymbol{B})=2$，方程组无解.

注 (1) 解方程组的问题，通常可以采用以上两种方法. 但是当未知数的个数不等于方程个数时，只能采用第二种解法. 在解方程组时，应注意对参数的取值作详尽讨论.

(2) 两种方法各有优劣. 第一种方法对含参数情况求行列式比矩阵用初等变换要灵活、简便. 但要分两步进行，最后还要回到对增广矩阵讨论，第二种方法可一步到位，但含参数时运算不太方便，易出错.

例 5 已知线性方程组

$$\begin{cases}x_1+x_2+x_3=0,\\ ax_1+bx_2+cx_3=0,\\ a^2x_1+b^2x_2+c^2x_3=0.\end{cases}$$

(1) a,b,c 满足何种关系时，方程组只有零解？

(2) a,b,c 满足何种关系时，方程组有无穷多解？并用基础解系表示全部解.

解 线性方程组的系数矩阵 $\mathbf{A}$ 的行列式为

$$|\mathbf{A}|=\begin{vmatrix}1 & 1 & 1\\ a & b & c\\ a^2 & b^2 & c^2\end{vmatrix}=(b-a)(c-a)(c-b).$$

(1) 当 $a\neq b$，$b\neq c$ 且 $a\neq c$ 时，$|\mathbf{A}|\neq 0$，方程组只有零解.

(2) 当 $a=b\neq c$ 时，原方程组为

$$\begin{cases}x_1+x_2+x_3=0,\\ ax_1+ax_2+cx_3=0,\\ a^2x_1+a^2x_2+c^2x_3=0,\end{cases}$$

对其系数矩阵 $\mathbf{A}$ 作初等行变换，得

$$\mathbf{A}=\begin{pmatrix}1 & 1 & 1\\ a & a & c\\ a^2 & a^2 & c^2\end{pmatrix}\to\begin{pmatrix}1 & 1 & 1\\ 0 & 0 & c-a\\ 0 & 0 & c^2-a^2\end{pmatrix}\to\begin{pmatrix}1 & 1 & 0\\ 0 & 0 & 1\\ 0 & 0 & 0\end{pmatrix},$$

方程组同解于 $\begin{cases}x_1=-x_2,\\x_3=0,\end{cases}$

此时方程组有无穷多解,全部解为 $\begin{pmatrix}x_1\\x_2\\x_3\end{pmatrix}=k\begin{pmatrix}-1\\1\\0\end{pmatrix}$,其中 k 为任意常数.

下面讨论 a,b,c 之间关系的另外几种情况.

(3) 当 $a\neq b=c$ 时,方程组的系数矩阵

$$\boldsymbol{A}=\begin{pmatrix}1&1&1\\a&b&b\\a^2&b^2&b^2\end{pmatrix}\rightarrow\begin{pmatrix}1&1&1\\0&b-a&b-a\\0&b(b-a)&b(b-a)\end{pmatrix}\rightarrow\begin{pmatrix}1&1&1\\0&1&1\\0&b&b\end{pmatrix}\rightarrow\begin{pmatrix}1&0&0\\0&1&1\\0&0&0\end{pmatrix},$$

原方程组等价于 $\begin{cases}x_1=0,\\x_2+x_3=0,\end{cases}$ 其通解为 $\begin{pmatrix}x_1\\x_2\\x_3\end{pmatrix}=k\begin{pmatrix}0\\1\\-1\end{pmatrix}$,其中 k 为任意常数.

(4) 当 $a=c\neq b$ 时,方程组的系数矩阵

$$\boldsymbol{A}=\begin{pmatrix}1&1&1\\a&b&a\\a^2&b^2&a^2\end{pmatrix}\rightarrow\begin{pmatrix}1&1&1\\0&b-a&0\\0&b(b-a)&0\end{pmatrix}\rightarrow\begin{pmatrix}1&0&1\\0&1&0\\0&0&0\end{pmatrix}$$

原方程组等价于 $\begin{cases}x_1+x_3=0,\\x_2=0,\end{cases}$ 其通解为 $\begin{pmatrix}x_1\\x_2\\x_3\end{pmatrix}=k\begin{pmatrix}1\\0\\-1\end{pmatrix}$,其中 k 为任意常数.

(5) 当 $a=b=c$ 时,方程组同解于

$$x_1+x_2+x_3=0,\quad 即\quad x_1=-x_2-x_3.$$

其全部解为 $\begin{pmatrix}x_1\\x_2\\x_3\end{pmatrix}=k_1\begin{pmatrix}-1\\1\\0\end{pmatrix}+k_2\begin{pmatrix}-1\\0\\1\end{pmatrix}$,其中 k_1,k_2 为任意常数.

注 (1) 当方程组中方程个数≠未知量个数时,即方程组的系数矩阵不是方阵时,不能用行列式的方法求解,只能用矩阵的初等行变换求解.

(2) 即使方程组中方程个数等于未知量个数,若方程组的系数矩阵的行列式为与参数无关的常数(=0 或≠0)时,也不能用行列式法求解,而只能用初等行变换求解.

例 6 设齐次线性方程组

$$\begin{cases}ax_1+bx_2+bx_3+\cdots+bx_n=0,\\bx_1+ax_2+bx_3+\cdots+bx_n=0,\\\qquad\qquad\vdots\\bx_1+bx_2+bx_3+\cdots+ax_n=0,\end{cases}$$

其中 $a\neq0,b\neq0,n\geqslant2$. 试讨论 a,b 为何值时,方程组仅有零解? 有无穷多解? 有无穷多组解时,求出全部解.

解 将方程组系数矩阵 $\boldsymbol{A}$ 的第 $2,3,\cdots,n$ 行都加到第 1 行得

$$A=\begin{pmatrix} a & b & b & \cdots & b \\ b & a & b & \cdots & b \\ \vdots & \vdots & \vdots & & \vdots \\ b & b & b & \cdots & a \end{pmatrix}\to\begin{pmatrix} a+(n-1)b & a+(n-1)b & \cdots & a+(n-1)b \\ b & a & \cdots & b \\ \vdots & \vdots & & \vdots \\ b & b & \cdots & a \end{pmatrix}=B.$$

(1) 当 $a+(n-1)b\neq0$ 时，对 B 进一步作初等行变换，得

$$B=\begin{pmatrix} 1 & 1 & 1 & \cdots & 1 \\ b & a & b & \cdots & b \\ \vdots & \vdots & \vdots & & \vdots \\ b & b & b & \cdots & a \end{pmatrix}\to\begin{pmatrix} 1 & 1 & 1 & \cdots & 1 \\ 0 & a-b & 0 & \cdots & 0 \\ \vdots & \vdots & \vdots & & \vdots \\ 0 & 0 & 0 & \cdots & a-b \end{pmatrix}=C.$$

再分情况讨论如下.

① 当 $a-b\neq0$ 时，$\mathrm{r}(A)=n$，此时方程组只有零解.

② 当 $a-b=0$ 时，

$$C=\begin{pmatrix} 1 & 1 & 1 & \cdots & 1 \\ 0 & 0 & 0 & \cdots & 0 \\ \vdots & \vdots & \vdots & & \vdots \\ 0 & 0 & 0 & \cdots & 0 \end{pmatrix},$$

原方程组的同解方程组为 $x_1=-x_2-x_3-\cdots-x_n$. 此时方程组有无穷多解.

令
$$\boldsymbol{\eta}_1=\begin{pmatrix} -1 \\ 1 \\ 0 \\ \vdots \\ 0 \end{pmatrix},\boldsymbol{\eta}_2=\begin{pmatrix} -1 \\ 0 \\ 1 \\ \vdots \\ 0 \end{pmatrix},\cdots,\boldsymbol{\eta}_{n-1}=\begin{pmatrix} -1 \\ 0 \\ \vdots \\ 0 \\ 1 \end{pmatrix},$$

故全部解为 $X=k_1\boldsymbol{\eta}_1+k_2\boldsymbol{\eta}_2+\cdots+k_{n-1}\boldsymbol{\eta}_{n-1}$，其中 $k_1,k_2,\cdots,k_{n-1}$ 为任意常数.

(2) 当 $a+(n-1)b=0$ 即 $a=(1-n)b$，且 $b\neq0$ 时，

$$B=\begin{pmatrix} 0 & 0 & 0 & \cdots & 0 \\ b & (1-n)b & b & \cdots & b \\ b & b & (1-n)b & \cdots & b \\ \vdots & \vdots & \vdots & & \vdots \\ b & b & b & \cdots & (1-n)b \end{pmatrix}\to\begin{pmatrix} 1 & 1-n & 1 & \cdots & 1 \\ 1 & 1 & 1-n & \cdots & 1 \\ \vdots & \vdots & \vdots & & \vdots \\ 1 & 1 & 1 & \cdots & 1-n \\ 0 & 0 & 0 & \cdots & 0 \end{pmatrix},$$

此时原方程组的同解方程组为 $D\begin{pmatrix} x_1 \\ x_2 \\ \vdots \\ x_n \end{pmatrix}=\mathbf{0}$，其中

$$D=\begin{pmatrix} 1 & 1-n & 1 & \cdots & 1 \\ 1 & 1 & 1-n & \cdots & 1 \\ \vdots & \vdots & \vdots & & \vdots \\ 1 & 1 & 1 & \cdots & 1-n \end{pmatrix}\to\begin{pmatrix} n-1 & -1 & -1 & -1 & \cdots & -1 \\ 1 & 0 & -1 & 0 & \cdots & 0 \\ 1 & 0 & 0 & -1 & \cdots & 0 \\ \vdots & \vdots & \vdots & \vdots & & \vdots \\ 1 & 0 & 0 & 0 & \cdots & -1 \end{pmatrix},$$

其同解方程组为 $x_1=x_2=\cdots=x_n$，其通解为

$$\begin{pmatrix}x_1\\x_2\\\vdots\\x_n\end{pmatrix}=k\begin{pmatrix}1\\1\\\vdots\\1\end{pmatrix}\ (k\text{ 为任意常数}).$$

例 7 已知非齐次线性方程组(Ⅰ)、(Ⅱ)分别为

$$(\text{Ⅰ}):\begin{cases}x_1+x_2\qquad -2x_4=-6,\\4x_1-x_2-x_3-x_4=1,\\3x_1-x_2-x_3\qquad =3;\end{cases}\qquad(\text{Ⅱ}):\begin{cases}x_1+mx_2-x_3-x_4=-5,\\ nx_2-x_3-2x_4=-11,\\ x_3-2x_4=-t+1.\end{cases}$$

(1) 求出方程组(Ⅰ)的通解；

(2) 方程组(Ⅱ)中的参数 m,n,t 为何值时，方程组(Ⅰ)与方程组(Ⅱ)同解？

解 (1) 对方程组(Ⅰ)的增广矩阵施以初等行变换，得

$$(\boldsymbol{A}\ \vdots\ \boldsymbol{\beta})=\left(\begin{array}{cccc:c}1&1&0&-2&-6\\4&-1&-1&-1&1\\3&-1&-1&0&3\end{array}\right)\to\left(\begin{array}{cccc:c}1&0&0&-1&-2\\0&1&0&-1&-4\\0&0&1&-2&-5\end{array}\right),$$

于是 $\mathrm{r}(\boldsymbol{A})=3$，且方程组(Ⅰ)同解于方程组 $\begin{cases}x_1=-2+x_4,\\x_2=-4+x_4,\\x_3=-5+2x_4.\end{cases}$ 其通解为

$$\begin{pmatrix}x_1\\x_2\\x_3\\x_4\end{pmatrix}=k\begin{pmatrix}1\\1\\2\\1\end{pmatrix}+\begin{pmatrix}-2\\-4\\-5\\0\end{pmatrix}.$$

令 $\boldsymbol{\xi}_0=\begin{pmatrix}-2\\-4\\-5\\0\end{pmatrix},\boldsymbol{\eta}=\begin{pmatrix}1\\1\\2\\1\end{pmatrix}$，有 $\boldsymbol{X}=k\boldsymbol{\eta}+\boldsymbol{\xi}_0$.

(2) 因为方程组(Ⅱ)中有参数，所以采用下面的方法求解.

方程组(Ⅰ)与(Ⅱ)同解，所以当且仅当 $\boldsymbol{\xi}_0$ 是方程组(Ⅱ)的解，$\boldsymbol{\eta}$ 是方程组(Ⅱ)的导出组的解，且方程组(Ⅱ)的系数矩阵的秩为 3，即

$$\begin{cases}-2+m(-4)-(-5)-0=-5,\\ n(-4)-(-5)-2\cdot 0=-11,\\ -5-2\cdot 0=-t+1,\end{cases}\qquad\begin{cases}1+m\cdot 1-2-1=0,\\ n\cdot 1-2-2\cdot 1=0,\\ 2-2\cdot 1=0,\end{cases}$$

且
$$\mathrm{r}\left(\begin{pmatrix}1&m&-1&-1\\0&n&-1&-2\\0&0&1&-2\end{pmatrix}\right)=3.$$

解得 $m=2,n=4,t=6$.

因此，当且仅当 $m=2,n=4,t=6$ 时，方程组(Ⅰ)与(Ⅱ)同解.

例 8 设四元线性方程组(Ⅰ)为

$$\begin{cases} x_1+x_2 \qquad =0, \\ \qquad x_2-x_4=0. \end{cases}$$

又已知某齐次线性方程组(Ⅱ)的通解为

$$k_1(0,1,1,0)+k_2(-1,2,2,1),k_1,k_2 \text{ 为任意常数}.$$

问方程组(Ⅰ)与(Ⅱ)是否有非零公共解？若有非零公共解，求出所有的非零公共解.若没有，说明理由.

解一 已知方程组(Ⅱ)的通解为

$$\begin{pmatrix} x_1 \\ x_2 \\ x_3 \\ x_4 \end{pmatrix}=k_1\begin{pmatrix} 0 \\ 1 \\ 1 \\ 0 \end{pmatrix}+k_2\begin{pmatrix} -1 \\ 2 \\ 2 \\ 1 \end{pmatrix}, \quad \text{即} \quad \begin{cases} x_1= \qquad -k_2, \\ x_2=k_1+2k_2, \\ x_3=k_1+2k_2, \\ x_4= \qquad k_2. \end{cases}$$

代入方程组(Ⅰ)，得

$$\begin{cases} -k_2+(k_1+2k_2)=0, \\ (k_1+2k_2)-k_2=0, \end{cases} \quad \text{即} \quad \begin{cases} k_1+k_2=0, \\ k_1+k_2=0, \end{cases}$$

解得 $k_1=-k_2$，代入方程组(Ⅱ)的通解，得

$$\boldsymbol{X}=\begin{pmatrix} x_1 \\ x_2 \\ x_3 \\ x_4 \end{pmatrix}=-k_2\begin{pmatrix} 0 \\ 1 \\ 1 \\ 0 \end{pmatrix}+k_2\begin{pmatrix} -1 \\ 2 \\ 2 \\ 1 \end{pmatrix}=k_2\begin{pmatrix} -1 \\ 1 \\ 1 \\ 1 \end{pmatrix}.$$

因此，方程组(Ⅰ)与(Ⅱ)有非零的公共解，且全部非零公共解为

$$k\begin{pmatrix} -1 \\ 1 \\ 1 \\ 1 \end{pmatrix},k \text{ 为任意非零常数}.$$

解二 方程组(Ⅰ)同解于$\begin{cases} x_1=-x_2+0x_3, \\ x_4= \quad x_2+0x_3, \end{cases}$

于是其通解为 $l_1\boldsymbol{\eta}_1+l_2\boldsymbol{\eta}_2$，其中 $\boldsymbol{\eta}_1=\begin{pmatrix} 0 \\ 0 \\ 1 \\ 0 \end{pmatrix},\boldsymbol{\eta}_2=\begin{pmatrix} -1 \\ 1 \\ 0 \\ 1 \end{pmatrix},l_1,l_2$ 为任意常数.

设 $\boldsymbol{X}$ 是方程组(Ⅰ)与(Ⅱ)的公共解，则

$$\boldsymbol{X}=k_1\begin{pmatrix} 0 \\ 1 \\ 1 \\ 0 \end{pmatrix}+k_2\begin{pmatrix} -1 \\ 2 \\ 2 \\ 1 \end{pmatrix}=l_1\begin{pmatrix} 0 \\ 0 \\ 1 \\ 0 \end{pmatrix}+l_2\begin{pmatrix} -1 \\ 1 \\ 0 \\ 1 \end{pmatrix},$$

解方程组

$$k_1\begin{pmatrix}0\\1\\1\\0\end{pmatrix}+k_2\begin{pmatrix}-1\\2\\2\\1\end{pmatrix}-l_1\begin{pmatrix}0\\0\\1\\0\end{pmatrix}-l_2\begin{pmatrix}-1\\1\\0\\1\end{pmatrix}=\mathbf{0},\quad \text{即}\quad \begin{pmatrix}0&-1&0&1\\1&2&0&-1\\1&2&-1&0\\0&1&0&-1\end{pmatrix}\begin{pmatrix}k_1\\k_2\\l_1\\l_2\end{pmatrix}=\mathbf{0},$$

解之得
$$l_1=l_2=k_2,\quad k_1=-k_2.$$

因此,方程组(Ⅰ)与(Ⅱ)的非零公共解为

$$-k_2\begin{pmatrix}0\\1\\1\\0\end{pmatrix}+k_2\begin{pmatrix}-1\\2\\2\\1\end{pmatrix}=k_2\begin{pmatrix}-1\\1\\1\\1\end{pmatrix},$$

式中 k_2 为任意非零常数.

例 9 设下列两个 n 元齐次线性方程组

$$(\text{Ⅰ}):\begin{cases}a_{11}x_1+a_{12}x_2+\cdots+a_{1n}x_n=0,\\a_{21}x_1+a_{22}x_2+\cdots+a_{2n}x_n=0,\\\qquad\qquad\vdots\\a_{m1}x_1+a_{m2}x_2+\cdots+a_{mn}x_n=0;\end{cases}\qquad(\text{Ⅱ}):\begin{cases}b_{11}x_1+b_{12}x_2+\cdots+b_{1n}x_n=0,\\b_{21}x_1+b_{22}x_2+\cdots+b_{2n}x_n=0,\\\qquad\qquad\vdots\\b_{s1}x_1+b_{s2}x_2+\cdots+b_{sn}x_n=0,\end{cases}$$

其系数矩阵 $\boldsymbol{A}=(a_{ij})_{m\times n}$,$\boldsymbol{B}=(b_{ij})_{s\times n}$ 的秩都小于 $\frac{n}{2}$,证明此二方程组必有公共非零解.

证 将两个方程组联立,得方程组

$$(\text{Ⅲ}):\begin{cases}a_{11}x_1+a_{12}x_2+\cdots+a_{1n}x_n=0,\\a_{21}x_1+a_{22}x_2+\cdots+a_{2n}x_n=0,\\\qquad\qquad\vdots\\a_{m1}x_1+a_{m2}x_2+\cdots+a_{mn}x_n=0,\\b_{11}x_1+b_{12}x_2+\cdots+b_{1n}x_n=0,\\b_{21}x_1+b_{22}x_2+\cdots+b_{2n}x_n=0,\\\qquad\qquad\vdots\\b_{s1}x_1+b_{s2}x_2+\cdots+b_{sn}x_n=0,\end{cases}$$

则方程组(Ⅲ)的系数矩阵为 $\boldsymbol{C}=\begin{pmatrix}\boldsymbol{A}\\\cdots\\\boldsymbol{B}\end{pmatrix}$.

可以证明 $$\mathrm{r}(\boldsymbol{C})=\mathrm{r}\left(\begin{pmatrix}\boldsymbol{A}\\\cdots\\\boldsymbol{B}\end{pmatrix}\right)\leqslant\mathrm{r}(\boldsymbol{A})+\mathrm{r}(\boldsymbol{B})<\frac{n}{2}+\frac{n}{2}=n,$$

所以齐次线性方程组(Ⅲ)必有非零解 $\boldsymbol{\eta}$,于是这个非零解 $\boldsymbol{\eta}$ 必满足方程组(Ⅰ),又满足方程组(Ⅱ),即方程组(Ⅰ)与(Ⅱ)有公共非零解.

例 10 设三个平面方程为

$$\begin{cases}a_1x+b_1y+c_1z=0,\\a_2x+b_2y+c_2z=0,\\a_3x+b_3y+c_3z=0,\end{cases}$$

讨论三个平面位置与其对应的系数矩阵 $\boldsymbol{A}=\begin{pmatrix} a_1 & b_1 & c_1 \\ a_2 & b_2 & c_2 \\ a_3 & b_3 & c_3 \end{pmatrix}$ 的秩的关系.

解 (1) 当 $\mathrm{r}(\boldsymbol{A})=3$ 时,方程组仅有零解,故三个平面交于原点.

(2) 当 $\mathrm{r}(\boldsymbol{A})=1$ 时,平面的三个法向量平行,故三个平面共面.

(3) 当 $\mathrm{r}(\boldsymbol{A})=2$ 时,方程组有无穷多解,三个平面交于过原点的一条直线.

3.5 自 测 题

1. 填空题

(1) 若 $\begin{cases} \lambda x_1+2x_2-2x_3=0, \\ 2x_1-x_2-\lambda x_3=0, \\ 3x_1+x_2-x_3=0 \end{cases}$ 有非零解,则 λ ______.

(2) 非齐次线性方程组 $x_1+2x_2+3x_3+\cdots+nx_n=1$ 的通解为______.

(3) 设 $\boldsymbol{A}$ 为 5×4 矩阵,$\mathrm{r}(\boldsymbol{A})=3$,$\boldsymbol{\alpha}_1=(1,2,3,4)^{\mathrm{T}}$,$\boldsymbol{\alpha}_2=(0,1,1,3)^{\mathrm{T}}$ 是方程组 $\boldsymbol{AX}=\boldsymbol{b}$ 的两个解,则该方程组的通解为______.

(4) 设 $\boldsymbol{A}$ 为 $m\times n$ 矩阵,非齐次线性方程组 $\boldsymbol{AX}=\boldsymbol{b}$ 有唯一解的充要条件是______.

(5) 设 $\boldsymbol{A},\boldsymbol{B}$ 为 n 阶方阵,若齐次方程组 $\boldsymbol{AX}=\boldsymbol{0}$ 的解是 $\boldsymbol{BX}=\boldsymbol{0}$ 的解,则 $\mathrm{r}(\boldsymbol{A})$ 与 $\mathrm{r}(\boldsymbol{B})$ 的关系为______.

2. 选择题

(1) 设 $\boldsymbol{A}$ 为 n 阶实矩阵,$\boldsymbol{A}^{\mathrm{T}}$ 是 $\boldsymbol{A}$ 的转置矩阵,则对于线性方程组(Ⅰ):$\boldsymbol{AX}=\boldsymbol{0}$ 和(Ⅱ):$\boldsymbol{A}^{\mathrm{T}}\boldsymbol{AX}=\boldsymbol{0}$ 必有(　　).

(A) 方程组(Ⅱ)的解是(Ⅰ)的解,(Ⅰ)的解也是(Ⅱ)的解

(B) 方程组(Ⅱ)的解是(Ⅰ)的解,但(Ⅰ)的解不是(Ⅱ)的解

(C) 方程组(Ⅰ)的解不是(Ⅱ)的解,(Ⅱ)的解也不是(Ⅰ)的解

(D) 方程组(Ⅰ)的解是(Ⅱ)的解,但(Ⅱ)的解不是(Ⅰ)的解

(2) $\boldsymbol{A}$ 为 $m\times n$ 矩阵,$\boldsymbol{AX}=\boldsymbol{0}$ 是非齐次方程组 $\boldsymbol{AX}=\boldsymbol{b}$ 的导出方程组,则下列结论正确的是(　　).

(A) 若 $\boldsymbol{AX}=\boldsymbol{0}$ 仅有零解,则 $\boldsymbol{AX}=\boldsymbol{b}$ 有唯一解

(B) 若 $\boldsymbol{AX}=\boldsymbol{0}$ 有非零解,则 $\boldsymbol{AX}=\boldsymbol{b}$ 有无穷多解

(C) 若 $\boldsymbol{AX}=\boldsymbol{b}$ 有无穷多解,则 $\boldsymbol{AX}=\boldsymbol{0}$ 仅有零解

(D) 若 $\boldsymbol{AX}=\boldsymbol{b}$ 有无穷多解,则 $\boldsymbol{AX}=\boldsymbol{0}$ 有非零解

(3) 设非齐次线性方程组 $\boldsymbol{AX}=\boldsymbol{b}$ 有两不同的解 $\boldsymbol{\alpha}_1,\boldsymbol{\alpha}_2$,则下列向量是 $\boldsymbol{AX}=\boldsymbol{b}$ 的解是(　　).

(A) $\boldsymbol{\alpha}_1+\boldsymbol{\alpha}_2$　(B) $\boldsymbol{\alpha}_1-\boldsymbol{\alpha}_2$　(C) $\dfrac{2\boldsymbol{\alpha}_1}{3}+\dfrac{\boldsymbol{\alpha}_2}{3}$　(D) $k_1\boldsymbol{\alpha}_1+k_2\boldsymbol{\alpha}_2$,$k_1,k_2$ 为任意数

(4) 设 $\boldsymbol{A}$ 为 $m\times n$ 矩阵,则有(　　).

(A) 当 $m<n$ 时,方程组 $\boldsymbol{AX}=\boldsymbol{b}$ 有无穷多解

(B) 当 $m<n$ 时，方程组 $\boldsymbol{AX}=\boldsymbol{0}$ 有非零解，且基础解系含 $n-m$ 个线性无关的解向量

(C) 若 $\boldsymbol{A}$ 有 n 阶子式不为零，则方程组 $\boldsymbol{AX}=\boldsymbol{b}$ 有唯一解

(D) 若 $\boldsymbol{A}$ 有 n 阶子式不为零，则方程组 $\boldsymbol{AX}=\boldsymbol{0}$ 仅有零解

(5) 设 $\boldsymbol{\xi}_1=(1,0,2)^{\mathrm{T}}$，$\boldsymbol{\xi}_2=(0,1,-1)^{\mathrm{T}}$ 都是线性方程组 $\boldsymbol{AX}=\boldsymbol{0}$ 的解，只要系数矩阵 $\boldsymbol{A}$ 为(　　).

(A) $(-2,1,1)$　(B) $\begin{pmatrix}2&0&-1\\0&1&1\end{pmatrix}$　(C) $\begin{pmatrix}-1&0&2\\0&1&-1\end{pmatrix}$　(D) $\begin{pmatrix}0&1&-1\\4&-2&-2\\0&1&1\end{pmatrix}$

3. 求下列齐次方程组的解，并求出基础解系.

(1) $\begin{cases}x_1-2x_2-x_3-2x_4=0,\\4x_1+x_2+2x_3+x_4=0,\\2x_1+5x_2-x_4=0,\\3x_1+3x_2-x_3-3x_4=0;\end{cases}$　(2) $\begin{cases}x_1-x_2+2x_3+2x_4=0,\\3x_2+x_3+x_4=0,\\3x_1+7x_3+8x_4=0,\\x_1-x_2+2x_3=0,\\2x_1+x_2+5x_3+3x_4=0.\end{cases}$

4. 求下列非齐次方程组的解.

(1) $\begin{cases}x_1+x_2+x_3+x_5=1,\\3x_1+2x_2+x_3+x_4+3x_5=2,\\x_2+2x_3+2x_4=4;\end{cases}$　(2) $\begin{cases}x_1+2x_2+3x_3-x_4=1,\\3x_1+2x_2+x_3-x_4=1,\\2x_1+3x_2+x_3+x_4=1,\\2x_1+2x_2+2x_3-x_4=1,\\5x_1+5x_2+2x_3=2.\end{cases}$

5. 设 $\boldsymbol{A}=\begin{pmatrix}a&1&1\\1&b&1\\1&3b&1\end{pmatrix}$，$\boldsymbol{B}$ 是三阶非零矩阵，且 $\boldsymbol{AB}=\boldsymbol{O}$，求 a,b，并求 $\mathrm{r}(\boldsymbol{B})$.

6. 设向量组

$$\boldsymbol{\alpha}_1=(a,2,10)^{\mathrm{T}},\quad \boldsymbol{\alpha}_2=(-2,1,5)^{\mathrm{T}},\quad \boldsymbol{\alpha}_3=(-1,1,4)^{\mathrm{T}},\quad \boldsymbol{\beta}=(1,b,c)^{\mathrm{T}},$$

试问：当 a,b,c 满足什么条件时，

(1) $\boldsymbol{\beta}$ 可由 $\boldsymbol{\alpha}_1,\boldsymbol{\alpha}_2,\boldsymbol{\alpha}_3$ 线性表示，且表示唯一；

(2) $\boldsymbol{\beta}$ 不能由 $\boldsymbol{\alpha}_1,\boldsymbol{\alpha}_2,\boldsymbol{\alpha}_3$ 线性表示；

(3) $\boldsymbol{\beta}$ 可由 $\boldsymbol{\alpha}_1,\boldsymbol{\alpha}_2,\boldsymbol{\alpha}_3$ 线性表示，但表示不唯一，并求出一般表示式.

7. 线性方程组

$$\begin{cases}x_1+a_1x_2+a_1^2x_3=a_1^3,\\x_1+a_2x_2+a_2^2x_3=a_2^3,\\x_1+a_3x_2+a_3^2x_3=a_3^3,\\x_1+a_4x_2+a_4^2x_3=a_4^3,\end{cases}$$

其中 a_1,a_2,a_3,a_4 互异，证明方程组无解.

8. 设三个平面方程为

$$\begin{cases} a_1x+b_1y+c_1z=d_1, \\ a_2x+b_2y+c_2z=d_2, \\ a_3x+b_3y+c_3z=d_3, \end{cases}$$

试讨论三个平面位置与上述方程组系数矩阵和增广矩阵的秩的关系.

9. 设 $\boldsymbol{A},\boldsymbol{B}$ 为 n 阶方阵,若齐次方程组 $\boldsymbol{ABX}=\boldsymbol{0}$ 的解也是 $\boldsymbol{BX}=\boldsymbol{0}$ 的解,证明 $\mathrm{r}(\boldsymbol{AB})=\mathrm{r}(\boldsymbol{B})$.

10. 证明:设 n 阶方阵 $\boldsymbol{A}$,存在非零的 $n\times k$ 阶矩阵,使得 $\boldsymbol{AB}=\boldsymbol{O}$ 的充要条件是 $|\boldsymbol{A}|=0$.

11. 设齐次方程组

$$(\mathrm{I}):\begin{cases} a_{11}x_1+a_{12}x_2+\cdots+a_{1n}x_n=0, \\ a_{21}x_1+a_{22}x_2+\cdots+a_{2n}x_n=0, \\ \qquad\qquad\vdots \\ a_{m1}x_1+a_{m2}x_2+\cdots+a_{mn}x_n=0 \end{cases}$$

的解满足

$$(\mathrm{II}):b_1x_1+b_2x_2+\cdots+b_nx_n=0,$$

证明向量 $\boldsymbol{B}=(b_1,b_2,\cdots,b_n)$ 可由方程组(Ⅰ)的系数矩阵的行向量

$$\boldsymbol{\alpha}_i=(a_{i1},a_{i2},\cdots,a_{in})\quad(i=1,2,\cdots,m)$$

线性表示.

12. 设 $n\times r$ 矩阵 $\boldsymbol{C}$ 的 r 个列向量是齐次方程组 $\boldsymbol{A}_{m\times n}\boldsymbol{X}=\boldsymbol{0}$ 的基础解系,$\boldsymbol{B}$ 为 r 阶可逆矩阵,证明 $\boldsymbol{CB}$ 的 r 个列向量也是 $\boldsymbol{AX}=\boldsymbol{0}$ 的基础解系.

答案与提示

1. (1) $\lambda=-1$ 或 $\lambda=6$;

(2) $\boldsymbol{X}=k_1(-2,1,0,\cdots,0)^{\mathrm{T}}+k_2(-3,0,1,0,\cdots,0)^{\mathrm{T}}+\cdots+k_{n-1}(-n,0,\cdots,0,1)^{\mathrm{T}}+(1,0,\cdots,0)^{\mathrm{T}}$;

(3) $\boldsymbol{X}=k(1,1,2,1)^{\mathrm{T}}+\boldsymbol{\alpha}_1$ 或 $\boldsymbol{X}=k(1,1,2,1)^{\mathrm{T}}+\boldsymbol{\alpha}_2$;

(4) $\mathrm{r}(\boldsymbol{A}\,\vdots\,\boldsymbol{b})=\mathrm{r}(\boldsymbol{A})=n$;

(5) 因解空间 $N(\boldsymbol{A})\leqslant N(\boldsymbol{B})$,则 $n-\mathrm{r}(\boldsymbol{A})\leqslant n-\mathrm{r}(\boldsymbol{B})$,故 $\mathrm{r}(\boldsymbol{A})\geqslant\mathrm{r}(\boldsymbol{B})$.

2. (1) (A),因 $\mathrm{r}(\boldsymbol{A})=\mathrm{r}(\boldsymbol{A}^{\mathrm{T}}\boldsymbol{A})$;(2) (D);(3) (C);(4) (D);(5) (A).

3. (1) $\boldsymbol{X}=k(1,0,-3,2)$;(2) $\boldsymbol{X}=k(-7,-1,3,0)^{\mathrm{T}}$.

4. (1) $\boldsymbol{X}=k_1(1,-2,1,0,0)^{\mathrm{T}}+k_2(-1,0,0,0,1)^{\mathrm{T}}+(-1,2,0,1,0)^{\mathrm{T}}$;

(2) $\boldsymbol{X}=k(5,-7,5,0)^{\mathrm{T}}+\left(0,\dfrac{2}{5},0,-\dfrac{1}{5}\right)^{\mathrm{T}}$.

5. 因 $\boldsymbol{AX}=\boldsymbol{0}$ 有非零解,则 $|\boldsymbol{A}|=2b(1-a)=0$,得 $a=1$ 或 $b=0$,且

$$\mathrm{r}(\boldsymbol{A})=2,\quad \mathrm{r}(\boldsymbol{B})=1.$$

6. $x_1\boldsymbol{\alpha}_1+x_2\boldsymbol{\alpha}_2+x_3\boldsymbol{\alpha}_3=\boldsymbol{\beta}$,有方程组 $\boldsymbol{AX}=\boldsymbol{\beta}$,$|\boldsymbol{A}|=|\boldsymbol{\alpha}_1,\boldsymbol{\alpha}_2,\boldsymbol{\alpha}_3|=-a-4$,(1) 当 $a\neq-4$ 时,$\boldsymbol{\beta}$ 可由 $\boldsymbol{\alpha}_1,\boldsymbol{\alpha}_2,\boldsymbol{\alpha}_3$ 唯一表示;(2) 当 $a=-4$ 时,若 $3b-c\neq1$,则 $\boldsymbol{\beta}$ 不能由 $\boldsymbol{\alpha}_1,\boldsymbol{\alpha}_2,\boldsymbol{\alpha}_3$ 线性表示;(3) 当 $a=-4$ 且 $3b-c=1$ 时,$\boldsymbol{\beta}$ 可由 $\boldsymbol{\alpha}_1,\boldsymbol{\alpha}_2,\boldsymbol{\alpha}_3$ 线

性表示为 $\boldsymbol{\beta}=k\boldsymbol{\alpha}_1-(2k+b+1)\boldsymbol{\alpha}_2+(2b+1)\boldsymbol{\alpha}_3$.

7. 因 $\boldsymbol{A}=\begin{pmatrix}1 & a_1 & a_1^2\\ 1 & a_2 & a_2^2\\ 1 & a_3 & a_3^2\\ 1 & a_4 & a_4^2\end{pmatrix}$,$(\boldsymbol{A}\ \vdots\ \boldsymbol{b})=\left(\begin{array}{ccc:c}1 & a_1 & a_1^2 & a_1^3\\ 1 & a_2 & a_2^2 & a_2^3\\ 1 & a_3 & a_3^2 & a_3^3\\ 1 & a_4 & a_4^2 & a_4^3\end{array}\right)$,$\mathrm{r}(\boldsymbol{A})=3$.

$\mathrm{r}(\boldsymbol{A}\ \vdots\ \boldsymbol{b})=4$,方程组无解.

8. $\boldsymbol{A}=\begin{pmatrix}a_1 & b_1 & c_1\\ a_2 & b_2 & c_2\\ a_3 & b_3 & c_3\end{pmatrix}$,$\boldsymbol{B}=\begin{pmatrix}d_1\\ d_2\\ d_3\end{pmatrix}$.

(1) 若 $\mathrm{r}(\boldsymbol{A})=3$ 且 $\mathrm{r}(\boldsymbol{A}\ \vdots\ \boldsymbol{B})=3$,有唯一解,三个平面交于一点;

(2) 若 $\mathrm{r}(\boldsymbol{A})=1$ 且 $\mathrm{r}(\boldsymbol{A}\ \vdots\ \boldsymbol{B})=1$,三个平面重合;若 $\mathrm{r}(\boldsymbol{A})=1$ 且 $\mathrm{r}(\boldsymbol{A}\ \vdots\ \boldsymbol{B})=2$,三个平面平行而不重合;

(3) 若 $\mathrm{r}(\boldsymbol{A})=2$ 且 $\mathrm{r}(\boldsymbol{A}\ \vdots\ \boldsymbol{B})=2$,三个平面交于一直线;若 $\mathrm{r}(\boldsymbol{A})=2$ 但 $\mathrm{r}(\boldsymbol{A}\ \vdots\ \boldsymbol{B})=3$,三个平面两两相交,或一平面与另两个平行平面相交.

9. 因 $\forall\, \boldsymbol{X}\in N(\boldsymbol{B})$,即 $\boldsymbol{BX}=\boldsymbol{0}$,有 $\boldsymbol{ABX}=\boldsymbol{0}$,则 $\boldsymbol{X}\in N(\boldsymbol{AB})$,$N(\boldsymbol{B})\subseteq N(\boldsymbol{AB})$,又已知 $\boldsymbol{ABX}=\boldsymbol{0}$ 的解是 $\boldsymbol{BX}=\boldsymbol{0}$ 的解,即 $N(\boldsymbol{AB})\subseteq N(\boldsymbol{B})$,故得 $N(\boldsymbol{B})=N(\boldsymbol{AB})$,$n-\mathrm{r}(\boldsymbol{B})=n-\mathrm{r}(\boldsymbol{AB})$,证得 $\mathrm{r}(\boldsymbol{B})=\mathrm{r}(\boldsymbol{AB})$.

10. 因 $\boldsymbol{B}\neq\boldsymbol{O}$,$\boldsymbol{AB}=\boldsymbol{O}$,$\boldsymbol{B}$ 的列是 $\boldsymbol{AX}=\boldsymbol{0}$ 的解,且 $\boldsymbol{AX}=\boldsymbol{0}$ 有非零解,故 $|\boldsymbol{A}|=0$,反之 $|\boldsymbol{A}|=0$,$\boldsymbol{AX}=\boldsymbol{0}$ 有非零解,取 n 个解组成 $\boldsymbol{B}\neq\boldsymbol{O}$,使 $\boldsymbol{AB}=\boldsymbol{O}$.

11. 方程组(Ⅰ):$\boldsymbol{AX}=\boldsymbol{0}$,(Ⅱ):$\boldsymbol{BX}=\boldsymbol{0}$. 由题设则方程组(Ⅰ)与方程组(Ⅰ)、(Ⅱ)联立的方程组 $\begin{pmatrix}\boldsymbol{A}\\ \cdots\\ \boldsymbol{B}\end{pmatrix}\boldsymbol{X}=\boldsymbol{0}$ 同解,因此有

$$n-\mathrm{r}(\boldsymbol{A})=n-\mathrm{r}\left(\begin{pmatrix}\boldsymbol{A}\\ \cdots\\ \boldsymbol{B}\end{pmatrix}\right),\quad \mathrm{r}(\boldsymbol{A})=\mathrm{r}\left(\begin{pmatrix}\boldsymbol{A}\\ \cdots\\ \boldsymbol{B}\end{pmatrix}\right),$$

这表明 $\boldsymbol{B}$ 可由 $\boldsymbol{A}$ 的行向量线性表示.

12. 由题设知,$\boldsymbol{AC}=\boldsymbol{O}$,$\boldsymbol{A}(\boldsymbol{CB})=\boldsymbol{O}$,这表示 $\boldsymbol{CB}$ 的 r 个列是齐次方程组 $\boldsymbol{AX}=\boldsymbol{0}$ 的解. 又 $\mathrm{r}(\boldsymbol{C})=r$,$\boldsymbol{B}$ 是 r 阶可逆矩阵,$\mathrm{r}(\boldsymbol{CB})=\mathrm{r}(\boldsymbol{C})=r$,因而 $\boldsymbol{CB}$ 的 r 个列向量线性无关,故 $\boldsymbol{CB}$ 的 r 个列也是 $\boldsymbol{AX}=\boldsymbol{0}$ 的基础解系.

第4章　向量组的线性相关性

4.1　向量组的线性相关性

一、内容提要

1. 线性组合

给定 n 维向量组 $\boldsymbol{\alpha}_1,\boldsymbol{\alpha}_2,\cdots,\boldsymbol{\alpha}_m,\boldsymbol{\beta}$，如果存在数 $k_1,k_2,\cdots,k_m$，使

$$\boldsymbol{\beta}=k_1\boldsymbol{\alpha}_1+k_2\boldsymbol{\alpha}_2+\cdots+k_m\boldsymbol{\alpha}_m$$

成立，则称 $\boldsymbol{\beta}$ 是 $\boldsymbol{\alpha}_1,\boldsymbol{\alpha}_2,\cdots,\boldsymbol{\alpha}_m$ 的线性组合，或 $\boldsymbol{\beta}$ 可由 $\boldsymbol{\alpha}_1,\boldsymbol{\alpha}_2,\cdots,\boldsymbol{\alpha}_m$ 线性表示，$k_1,k_2,\cdots,k_m$ 为组合系数.

推论 1　零向量是任一向量组的线性组合，当该向量组线性无关时，其组合系数唯一，且都为 0；当该向量组线性相关时，其组合系数不唯一.

推论 2　任一 n 维向量都是基本单位向量组

$$\boldsymbol{\varepsilon}_1=\begin{pmatrix}1\\0\\\vdots\\0\end{pmatrix},\boldsymbol{\varepsilon}_2=\begin{pmatrix}0\\1\\0\\0\end{pmatrix},\cdots,\boldsymbol{\varepsilon}_n=\begin{pmatrix}0\\0\\\vdots\\1\end{pmatrix}$$

的线性组合，且组合系数即该向量的分量(坐标).

定理 1　$\boldsymbol{\beta}$ 是 $\boldsymbol{\alpha}_1,\boldsymbol{\alpha}_2,\cdots,\boldsymbol{\alpha}_m$ 的线性组合的充要条件是非齐次线性方程组 $x_1\boldsymbol{\alpha}_1+x_2\boldsymbol{\alpha}_2+\cdots+x_m\boldsymbol{\alpha}_m=\boldsymbol{\beta}$(向量形式)有解.

注　(1) 判断向量 $\boldsymbol{\beta}$ 是否为向量组 $\boldsymbol{\alpha}_1,\boldsymbol{\alpha}_2,\cdots,\boldsymbol{\alpha}_m$ 的线性组合，可以归结为非齐次线性方程组有无解的问题. 因此有：

定理 2　$\boldsymbol{\beta}$ 是 $\boldsymbol{\alpha}_1,\boldsymbol{\alpha}_2,\cdots,\boldsymbol{\alpha}_m$ 的线性组合的充要条件是

$$\mathrm{r}(\boldsymbol{\alpha}_1,\boldsymbol{\alpha}_2,\cdots,\boldsymbol{\alpha}_m)=\mathrm{r}(\boldsymbol{\alpha}_1,\boldsymbol{\alpha}_2,\cdots,\boldsymbol{\alpha}_m,\boldsymbol{\beta}).$$

(2) 线性组合的几何意义如下：

① 两个向量 $\boldsymbol{\alpha},\boldsymbol{\beta}$ 共线的充要条件是，其中一个向量可用另一个向量线性表示，即 $\boldsymbol{\beta}=k\boldsymbol{\alpha}$ 或 $\boldsymbol{\alpha}=l\boldsymbol{\beta}$；

② 三个向量 $\boldsymbol{\alpha},\boldsymbol{\beta},\boldsymbol{\gamma}$ 共面的充要条件是，其中一个向量可用另两个向量线性表示，例如 $\boldsymbol{\gamma}=k\boldsymbol{\alpha}+l\boldsymbol{\beta}$.

2. 线性组合的判定方法

判断 $\boldsymbol{\alpha}$ 是 $\boldsymbol{\alpha}_1,\boldsymbol{\alpha}_2,\cdots,\boldsymbol{\alpha}_m$ 线性组合通常有两种方法.

(1) 定义法.

(2) 解非齐次线性方程组法.

令 $\boldsymbol{A}=(\boldsymbol{\alpha}_1,\boldsymbol{\alpha}_2,\cdots,\boldsymbol{\alpha}_m)$，解 $\boldsymbol{Ax}=\boldsymbol{\alpha}\Leftrightarrow x_1\boldsymbol{\alpha}_1+x_2\boldsymbol{\alpha}_2+\cdots+x_m\boldsymbol{\alpha}_m=\boldsymbol{\alpha}$，判断其是否有解.

3. 线性相关与线性无关

设有 n 维向量组 $\boldsymbol{\alpha}_1,\boldsymbol{\alpha}_2,\cdots,\boldsymbol{\alpha}_m$，如果存在不全为零的数 $k_1,k_2,\cdots,k_m$，使

$$k_1\boldsymbol{\alpha}_1+k_2\boldsymbol{\alpha}_2+\cdots+k_m\boldsymbol{\alpha}_m=\boldsymbol{0},$$

则称向量组 $\boldsymbol{\alpha}_1,\boldsymbol{\alpha}_2,\cdots,\boldsymbol{\alpha}_m$ 线性相关，否则称其线性无关. 换言之，若 $\boldsymbol{\alpha}_1,\boldsymbol{\alpha}_2,\cdots,\boldsymbol{\alpha}_m$ 线性无关，当且仅当 $k_1=k_2=\cdots=k_m=0$ 时，$k_1\boldsymbol{\alpha}_1+k_2\boldsymbol{\alpha}_2+\cdots+k_m\boldsymbol{\alpha}_m=\boldsymbol{0}$.

4. 线性相关性的判定

线性相关性的判定通常有下面几种方法.

(1) 定义法.

(2) 解齐次线性方程组法.

令 $\boldsymbol{A}=(\boldsymbol{\alpha}_1,\boldsymbol{\alpha}_2,\cdots,\boldsymbol{\alpha}_m)$，解 $\boldsymbol{Ax}=\boldsymbol{0}\Leftrightarrow x_1\boldsymbol{\alpha}_1+x_2\boldsymbol{\alpha}_2+\cdots+x_m\boldsymbol{\alpha}_m=\boldsymbol{0}$，看其是否有非零解.

(3) 用初等变换求矩阵 $\boldsymbol{A}=(\boldsymbol{\alpha}_1,\boldsymbol{\alpha}_2,\cdots,\boldsymbol{\alpha}_m)$ 的秩来判断.

(4) 利用线性相关性的有关性质来判断.

5. 线性相关性的有关性质

(1) 一个零向量线性相关，一个非零向量线性无关.

(2) 两个向量线性相关(无关)的充要条件是对应分量成比例(不成比例).

(3) n 个 n 维向量 $\boldsymbol{\alpha}_1,\boldsymbol{\alpha}_2,\cdots,\boldsymbol{\alpha}_n$ 线性相关(无关)的充要条件是其组成的行列式 $|\boldsymbol{\alpha}_1,\boldsymbol{\alpha}_2,\cdots,\boldsymbol{\alpha}_n|=0(\neq 0)$.

(4) 部分向量组相关则全体向量组相关(全体无关，则部分无关).

(5) m 个 n 维($m>n$)向量必线性相关(当向量组含向量的个数超过维数时，必线性相关).

(6) 如果向量组 $\boldsymbol{\alpha}_1,\boldsymbol{\alpha}_2,\cdots,\boldsymbol{\alpha}_m$ 线性相关，则其任意截断向量组(减少相应分量后的向量组)必线性相关(如果向量组 $\boldsymbol{\alpha}_1,\boldsymbol{\alpha}_2,\cdots,\boldsymbol{\alpha}_m$ 线性无关，则其任意延长向量组(增加相应分量后的向量组)必线性无关).

6. 线性相关与线性组合的关系

定理 3 $\boldsymbol{\alpha}_1,\boldsymbol{\alpha}_2,\cdots,\boldsymbol{\alpha}_m$ 线性相关$\Leftrightarrow$其中至少有某一向量是其余向量的线性组合.

定理 4 $\boldsymbol{\alpha}_1,\boldsymbol{\alpha}_2,\cdots,\boldsymbol{\alpha}_m$ 线性无关，$\boldsymbol{\alpha}_1,\boldsymbol{\alpha}_2,\cdots,\boldsymbol{\alpha}_m,\boldsymbol{\alpha}$ 线性相关，则 $\boldsymbol{\alpha}$ 可由 $\boldsymbol{\alpha}_1,\boldsymbol{\alpha}_2,\cdots,\boldsymbol{\alpha}_m$ 线性表示，且表示的系数唯一.

定理 5 若向量组 $\boldsymbol{\alpha}_1,\boldsymbol{\alpha}_2,\cdots,\boldsymbol{\alpha}_r$ 可由向量组 $\boldsymbol{\beta}_1,\boldsymbol{\beta}_2,\cdots,\boldsymbol{\beta}_s$ 线性表示，且 $r>s$，则 $\boldsymbol{\alpha}_1,\boldsymbol{\alpha}_2,\cdots,\boldsymbol{\alpha}_r$ 线性相关.

推论 设向量组 $\boldsymbol{\alpha}_1,\boldsymbol{\alpha}_2,\cdots,\boldsymbol{\alpha}_r$ 可由向量组 $\boldsymbol{\beta}_1,\boldsymbol{\beta}_2,\cdots,\boldsymbol{\beta}_s$ 线性表示，且 $\boldsymbol{\beta}_1,\boldsymbol{\beta}_2,\cdots,\boldsymbol{\beta}_s$ 线性无关，则 $r\leqslant s$.

二、释 疑 解 惑

问题 1 如何将已知向量表示为给定向量组的线性组合?

答 方法如下.

已知 n 维向量组 $\boldsymbol{\alpha}_1,\boldsymbol{\alpha}_2,\cdots,\boldsymbol{\alpha}_m$ 及 n 维向量 $\boldsymbol{\beta}=(b_1,b_2,\cdots,b_n)^{\mathrm{T}}$. 设

$$\boldsymbol{\beta}=x_1\boldsymbol{\alpha}_1+x_2\boldsymbol{\alpha}_2+\cdots+x_m\boldsymbol{\alpha}_m,$$

即

$$\begin{cases} a_{11}x_1+a_{21}x_2+\cdots+a_{m1}x_m=b_1, \\ a_{12}x_1+a_{22}x_2+\cdots+a_{m2}x_m=b_2, \\ \qquad\vdots \\ a_{1n}x_1+a_{2n}x_2+\cdots+a_{mn}x_m=b_n, \end{cases} \qquad ①$$

则有:

(1) $\boldsymbol{\beta}$ 不能由 $\boldsymbol{\alpha}_1,\boldsymbol{\alpha}_2,\cdots,\boldsymbol{\alpha}_m$ 线性表示 $\Leftrightarrow$ 方程组①没有解;

(2) $\boldsymbol{\beta}$ 能由 $\boldsymbol{\alpha}_1,\boldsymbol{\alpha}_2,\cdots,\boldsymbol{\alpha}_m$ 线性表示 $\Leftrightarrow$ 方程组①有解. 此时,若 $x_1=k_1,x_2=k_2,\cdots,x_m=k_m$ 是方程组①的一组解,则有

$$\boldsymbol{\beta}=k_1\boldsymbol{\alpha}_1+k_2\boldsymbol{\alpha}_2+\cdots+k_m\boldsymbol{\alpha}_m,$$

即 $\boldsymbol{\beta}$ 为 $\boldsymbol{\alpha}_1,\boldsymbol{\alpha}_2,\cdots,\boldsymbol{\alpha}_m$ 的一个线性组合.

问题 2 在 n 维向量组的线性相关和线性无关的定义中应注意什么?

答 设 n 维向量组 $\boldsymbol{\alpha}_1,\boldsymbol{\alpha}_2,\cdots,\boldsymbol{\alpha}_m$,若存在一组不全为零的数 $k_1,k_2,\cdots,k_m$,使

$$k_1\boldsymbol{\alpha}_1+k_2\boldsymbol{\alpha}_2+\cdots+k_m\boldsymbol{\alpha}_m=\mathbf{0}$$

成立,则称向量组 $\boldsymbol{\alpha}_1,\boldsymbol{\alpha}_2,\cdots,\boldsymbol{\alpha}_m$ 线性相关.

在该定义中应注意以下几点:

(1) $k_1,k_2,\cdots,k_m$ 不全为零,不要求 $k_1,k_2,\cdots,k_m$ 全不为零;

(2) 对于给定的向量组 $\boldsymbol{\alpha}_1,\boldsymbol{\alpha}_2,\cdots,\boldsymbol{\alpha}_m$,只要能求出一组不全为零的数 $k_1,k_2,\cdots,k_m$,使

$$k_1\boldsymbol{\alpha}_1+k_2\boldsymbol{\alpha}_2+\cdots+k_m\boldsymbol{\alpha}_m=\mathbf{0}$$

成立,那么 $\boldsymbol{\alpha}_1,\boldsymbol{\alpha}_2,\cdots,\boldsymbol{\alpha}_m$ 就线性相关.

对于向量组 $\boldsymbol{\alpha}_1,\boldsymbol{\alpha}_2,\cdots,\boldsymbol{\alpha}_m$,若不是线性相关的,则称 $\boldsymbol{\alpha}_1,\boldsymbol{\alpha}_2,\cdots,\boldsymbol{\alpha}_m$ 线性无关,即不存在不全为零的一组数 $k_1,k_2,\cdots,k_m$,使

$$k_1\boldsymbol{\alpha}_1+k_2\boldsymbol{\alpha}_2+\cdots+k_m\boldsymbol{\alpha}_m=\mathbf{0}$$

成立.

换言之,若当且仅当 $k_i=0\ (i=1,2,\cdots,m)$ 时,才使

$$k_1\boldsymbol{\alpha}_1+k_2\boldsymbol{\alpha}_2+\cdots+k_m\boldsymbol{\alpha}_m=\mathbf{0}$$

成立,则 $\boldsymbol{\alpha}_1,\boldsymbol{\alpha}_2,\cdots,\boldsymbol{\alpha}_m$ 为线性无关的向量组.

实际上,这种定义与上述定义是等价的.

问题 3 应用向量组的线性相关性的概念时有哪些常见的错误?

答 我们通过下面一些例题来说明一些常见的理解上的偏差,并给出正确的结论.

(1) 判别"若 $\boldsymbol{\alpha}$ 可由 $\boldsymbol{\alpha}_1,\boldsymbol{\alpha}_2,\cdots,\boldsymbol{\alpha}_m$ 线性表示,则存在不全为零的数 $k_1,k_2,\cdots,k_m$,使 $\boldsymbol{\alpha}=\sum\limits_{i=1}^{m}k_i\boldsymbol{\alpha}_i$"这一命题是否正确.

解 不正确. 例如,对于向量 $\boldsymbol{\alpha}=(0,0,0)$ 和向量组

$$\boldsymbol{\alpha}_1=(1,0,0),\quad \boldsymbol{\alpha}_2=(0,1,0),$$

有

$$\boldsymbol{\alpha}=0\boldsymbol{\alpha}_1+0\boldsymbol{\alpha}_2,$$

即 $\boldsymbol{\alpha}$ 可由 $\boldsymbol{\alpha}_1,\boldsymbol{\alpha}_2$ 线性表示，但不存在不全为零的数 k_1,k_2，使 $\boldsymbol{\alpha}=k_1\boldsymbol{\alpha}_1+k_2\boldsymbol{\alpha}_2$ 成立.

(2) 判别“若 $\boldsymbol{\alpha}_1,\boldsymbol{\alpha}_2,\cdots,\boldsymbol{\alpha}_m$ 线性相关，且数 $k_1,k_2,\cdots,k_m$ 满足 $k_1\boldsymbol{\alpha}_1+k_2\boldsymbol{\alpha}_2+\cdots+k_m\boldsymbol{\alpha}_m=\mathbf{0}$，则 $k_1,k_2,\cdots,k_m$ 不全为零”这一命题是否正确.

解 不正确. 例如，向量组 $\boldsymbol{\alpha}_1=(0,1,0),\boldsymbol{\alpha}_2=(0,2,0)$ 线性相关，对于 $k_1=k_2=0$，显然有 $k_1\boldsymbol{\alpha}_1+k_2\boldsymbol{\alpha}_2=\mathbf{0}$.

(3) 判别“若 $\boldsymbol{\alpha}_1,\boldsymbol{\alpha}_2,\cdots,\boldsymbol{\alpha}_m$ 线性相关，则存在全不为零的数 $k_1,k_2,\cdots,k_m$，使 $k_1\boldsymbol{\alpha}_1+k_2\boldsymbol{\alpha}_2+\cdots+k_m\boldsymbol{\alpha}_m=\mathbf{0}$”这一命题是否正确.

解 不正确. 例如，对于向量组 $\boldsymbol{\alpha}_1=(1,0,0),\boldsymbol{\alpha}_2=(0,1,0),\boldsymbol{\alpha}_3=(0,3,0)$，由 $0\boldsymbol{\alpha}_1+3\boldsymbol{\alpha}_2+(-1)\boldsymbol{\alpha}_3=\mathbf{0}$ 知，$\boldsymbol{\alpha}_1,\boldsymbol{\alpha}_2,\boldsymbol{\alpha}_3$ 线性相关.

若存在全不为零的数 k_1,k_2,k_3，使 $k_1\boldsymbol{\alpha}_1+k_2\boldsymbol{\alpha}_2+k_3\boldsymbol{\alpha}_3=\mathbf{0}$ 成立，则由 $k_1\neq 0$ 可得

$$(1,0,0)=\boldsymbol{\alpha}_1=-\frac{k_2}{k_1}\boldsymbol{\alpha}_2-\frac{k_3}{k_1}\boldsymbol{\alpha}_3=\left(0,-\frac{k_2+3k_3}{k_1},0\right),$$

由此推得 $1=0$，矛盾.

因此，对于上面的向量组，尽管其线性相关，但不存在全不为零的数 k_1,k_2,k_3，使

$$k_1\boldsymbol{\alpha}_1+k_2\boldsymbol{\alpha}_2+k_3\boldsymbol{\alpha}_3=\mathbf{0}$$

成立.

(4) 判别“若 $\boldsymbol{\alpha}_1,\boldsymbol{\alpha}_2,\cdots,\boldsymbol{\alpha}_m(m\geqslant 2)$ 线性相关，则 $\boldsymbol{\alpha}_1,\boldsymbol{\alpha}_2,\cdots,\boldsymbol{\alpha}_m(m\geqslant 2)$ 中每一个向量都可由其余 $m-1$ 个向量线性表示”这一命题是否正确.

解 不正确. 例如，$\boldsymbol{\alpha}_1=(1,0,0),\boldsymbol{\alpha}_2=(0,1,0),\boldsymbol{\alpha}_3=(0,3,0)$ 线性相关，但 $\boldsymbol{\alpha}_1$ 不能由 $\boldsymbol{\alpha}_2,\boldsymbol{\alpha}_3$ 线性表示.

(5) 判别“若 $\boldsymbol{\alpha}_1,\boldsymbol{\alpha}_2,\cdots,\boldsymbol{\alpha}_m$ 线性无关，则不存在数 $k_1,k_2,\cdots,k_m$，使 $\sum\limits_{i=1}^{m}k_i\boldsymbol{\alpha}_i=\mathbf{0}$ 成立 ”这一命题是否正确.

解 不正确. 因为对任何向量组 $\boldsymbol{\alpha}_1,\boldsymbol{\alpha}_2,\cdots,\boldsymbol{\alpha}_m$，无论其是否线性无关，只要取 $k_1=k_2=\cdots=k_m=0$，则一定有 $\sum\limits_{i=1}^{m}k_i\boldsymbol{\alpha}_i=\mathbf{0}$ 成立.

(6) 若 $\boldsymbol{\alpha}_1,\boldsymbol{\alpha}_2,\cdots,\boldsymbol{\alpha}_m(m\geqslant 2)$ 线性相关，且有一组不全为零的数 $k_1,k_2,\cdots,k_m$，使 $k_1\boldsymbol{\alpha}_1+k_2\boldsymbol{\alpha}_2+\cdots+k_m\boldsymbol{\alpha}_m=\mathbf{0}$ 成立，试判断下列结论是否正确.

① 当 $k_i\neq 0\ (1\leqslant i\leqslant m)$ 时，$\boldsymbol{\alpha}_i$ 可由其余 $m-1$ 个向量线性表示；

② 当 $k_i=0\ (1\leqslant i\leqslant m)$ 时，$\boldsymbol{\alpha}_i$ 不能由其余 $m-1$ 个向量线性表示.

解 ① 正确. 此时有

$$\boldsymbol{\alpha}_i=\sum_{j=1}^{m}\left(-\frac{k_j}{k_i}\right)\boldsymbol{\alpha}_j.$$

② 不正确. 例如，对于向量组

$$\boldsymbol{\alpha}_1=(1,0,0),\quad \boldsymbol{\alpha}_2=(-1,0,0)\quad \boldsymbol{\alpha}_3=(2,0,0),$$

当 $k_1=1,k_2=1,k_3=0$ 时，有

$$k_1\boldsymbol{\alpha}_1+k_2\boldsymbol{\alpha}_2+k_3\boldsymbol{\alpha}_3=1\boldsymbol{\alpha}_1+1\boldsymbol{\alpha}_2+0\boldsymbol{\alpha}_3=\mathbf{0}.$$

尽管此时 $k_3=0$，但 $\boldsymbol{\alpha}_3=\boldsymbol{\alpha}_1-\boldsymbol{\alpha}_2$ 可由 $\boldsymbol{\alpha}_1,\boldsymbol{\alpha}_2$ 线性表示.

(7) 判别"向量组 $\boldsymbol{\alpha}_1,\boldsymbol{\alpha}_2,\cdots,\boldsymbol{\alpha}_m$ 中每一向量 $\boldsymbol{\alpha}_i(1\leqslant i\leqslant m)$ 都可由这个向量组线性表示"这一命题是否正确.

解 正确. 事实上，有

$$\boldsymbol{\alpha}_i=0\boldsymbol{\alpha}_1+\cdots+0\boldsymbol{\alpha}_{i-1}+1\boldsymbol{\alpha}_i+0\boldsymbol{\alpha}_{i+1}+\cdots+0\boldsymbol{\alpha}_m,$$

因此，向量组中任何一向量都可由原向量组线性表示.

(8) 判别"若 $\boldsymbol{\alpha}_1,\boldsymbol{\alpha}_2,\cdots,\boldsymbol{\alpha}_m(m\geqslant 2)$ 线性无关，则任何向量 $\boldsymbol{\alpha}_i(1\leqslant i\leqslant m)$ 都不能由其余向量线性表示"这一命题是否正确.

解 正确. 因为此命题是定理"$\boldsymbol{\alpha}_1,\boldsymbol{\alpha}_2,\cdots,\boldsymbol{\alpha}_m(m\geqslant 2)$ 线性相关的充要条件是存在某一 $\boldsymbol{\alpha}_i(1\leqslant i\leqslant m)$ 可由其余向量线性表示"的逆否命题，所以是正确的.

(9) 判别"若 $\boldsymbol{\alpha}_1,\boldsymbol{\alpha}_2,\cdots,\boldsymbol{\alpha}_m$ 线性相关，则它的任一部分组也线性相关"这一命题是否正确.

解 不正确. 例如，对于向量组 $\boldsymbol{\alpha}_1=(1,0,0)$，$\boldsymbol{\alpha}_2=(0,1,0)$，$\boldsymbol{\alpha}_3=(1,1,0)$，$\boldsymbol{\alpha}_4=(3,2,0)$，由 $\boldsymbol{\alpha}_1+\boldsymbol{\alpha}_2-\boldsymbol{\alpha}_3+0\boldsymbol{\alpha}_4=\mathbf{0}$ 知 $\boldsymbol{\alpha}_1,\boldsymbol{\alpha}_2,\boldsymbol{\alpha}_3,\boldsymbol{\alpha}_4$ 线性相关，但其部分组 $\boldsymbol{\alpha}_1,\boldsymbol{\alpha}_2$ 线性无关，而部分组 $\boldsymbol{\alpha}_1,\boldsymbol{\alpha}_2,\boldsymbol{\alpha}_3$ 则线性相关. 因此，线性相关向量组的部分组不一定线性相关.

(10) 判别"若 $\boldsymbol{\alpha}_1,\boldsymbol{\alpha}_2,\cdots,\boldsymbol{\alpha}_m$ 线性无关，$\boldsymbol{\beta}_1,\boldsymbol{\beta}_2,\cdots,\boldsymbol{\beta}_s$ 也线性无关，则 $\boldsymbol{\alpha}_1,\boldsymbol{\alpha}_2,\cdots,\boldsymbol{\alpha}_m,\boldsymbol{\beta}_1,\boldsymbol{\beta}_2,\cdots,\boldsymbol{\beta}_s$ 必线性无关"这一命题是否正确.

解 不正确. 例如，$\boldsymbol{\alpha}_1=(1,0)$，$\boldsymbol{\alpha}_2=(0,1)$ 线性无关，$\boldsymbol{\beta}_1=(1,1)$ 也线性无关. 由 $\boldsymbol{\beta}_1=\boldsymbol{\alpha}_1+\boldsymbol{\alpha}_2$ 知 $\boldsymbol{\alpha}_1,\boldsymbol{\alpha}_2,\boldsymbol{\beta}_1$ 线性相关.

(11) 判别"若 $\boldsymbol{\alpha}_1,\boldsymbol{\alpha}_2,\cdots,\boldsymbol{\alpha}_m(m\geqslant 2)$ 中任何两个向量都线性无关，则 $\boldsymbol{\alpha}_1,\boldsymbol{\alpha}_2,\cdots,\boldsymbol{\alpha}_m$ 也线性无关"这一命题是否正确.

解 不正确. 例如，$\boldsymbol{\alpha}_1=(1,0)$，$\boldsymbol{\alpha}_2=(0,1)$，$\boldsymbol{\alpha}_3=(1,1)$ 线性相关，而 $\boldsymbol{\alpha}_1,\boldsymbol{\alpha}_2$ 线性无关，$\boldsymbol{\alpha}_2,\boldsymbol{\alpha}_3$ 线性无关，且 $\boldsymbol{\alpha}_1,\boldsymbol{\alpha}_3$ 也线性无关.

(12) 判别"若 n 维向量组 $\boldsymbol{\alpha}_1,\boldsymbol{\alpha}_2,\cdots,\boldsymbol{\alpha}_m$ 及 $\boldsymbol{\beta}_1,\boldsymbol{\beta}_2,\cdots,\boldsymbol{\beta}_m$ 都线性无关，则 $\boldsymbol{\alpha}_1+\boldsymbol{\beta}_1,\boldsymbol{\alpha}_2+\boldsymbol{\beta}_2,\cdots,\boldsymbol{\alpha}_m+\boldsymbol{\beta}_m$ 也线性无关. 反之亦然"这一命题是否正确.

解 不正确. 例如，$\boldsymbol{\alpha}_1=(1,0)$，$\boldsymbol{\alpha}_2=(0,1)$ 线性无关，$\boldsymbol{\beta}_1=(-1,0)$，$\boldsymbol{\beta}_2=(1,1)$ 也线性无关，但 $\boldsymbol{\alpha}_1+\boldsymbol{\beta}_1=(0,0)$，$\boldsymbol{\alpha}_2+\boldsymbol{\beta}_2=(1,2)$ 线性相关.

又如，$\boldsymbol{\alpha}_1=(3,-1)$，$\boldsymbol{\alpha}_2=(6,-2)$ 和 $\boldsymbol{\beta}_1=(-2,1)$，$\boldsymbol{\beta}_2=(-6,3)$，尽管 $\boldsymbol{\alpha}_1+\boldsymbol{\beta}_1=(1,0)$，$\boldsymbol{\alpha}_2+\boldsymbol{\beta}_2=(0,1)$ 线性无关，但 $\boldsymbol{\alpha}_1,\boldsymbol{\alpha}_2$ 线性相关，且 $\boldsymbol{\beta}_1,\boldsymbol{\beta}_2$ 也线性相关.

(13) 判别"若 $\boldsymbol{\alpha}_1,\boldsymbol{\alpha}_2,\boldsymbol{\alpha}_3,\boldsymbol{\alpha}_4$ 线性相关，$\boldsymbol{\alpha}_1,\boldsymbol{\alpha}_2$ 线性无关，则 $\boldsymbol{\alpha}_3,\boldsymbol{\alpha}_4$ 必线性相关"这一命题是否正确.

解 不正确. 例如，$\boldsymbol{\alpha}_1=(1,0)$，$\boldsymbol{\alpha}_2=(0,1)$，$\boldsymbol{\alpha}_3=(2,3)$，$\boldsymbol{\alpha}_4=(1,1)$ 线性相关，其中 $\boldsymbol{\alpha}_1,\boldsymbol{\alpha}_2$ 线性无关，而 $\boldsymbol{\alpha}_3,\boldsymbol{\alpha}_4$ 也线性无关.

(14) 证明"若 n 维向量组 $\boldsymbol{\alpha}_1,\boldsymbol{\alpha}_2,\cdots,\boldsymbol{\alpha}_m$ 及 $\boldsymbol{\beta}_1,\boldsymbol{\beta}_2,\cdots,\boldsymbol{\beta}_m$ 都线性相关，则 $\boldsymbol{\alpha}_1+\boldsymbol{\beta}_1,\boldsymbol{\alpha}_2+\boldsymbol{\beta}_2,\cdots,\boldsymbol{\alpha}_m+\boldsymbol{\beta}_m$ 也线性相关，反之亦然"这一说法是错误的.

证 只需举一反例即可证明.

例如，向量组 $\boldsymbol{\alpha}_1=(3,-1)$，$\boldsymbol{\alpha}_2=(6,-2)$ 线性相关，向量组 $\boldsymbol{\beta}_1=(-2,1)$，$\boldsymbol{\beta}_2=$

$(-6,3)$也线性相关，但 $\boldsymbol{\alpha}_1+\boldsymbol{\beta}_1=(1,0)$，$\boldsymbol{\alpha}_2+\boldsymbol{\beta}_2=(0,1)$却线性无关.

又如向量组 $\boldsymbol{\alpha}_1=(1,0)$，$\boldsymbol{\alpha}_2=(0,1)$及 $\boldsymbol{\beta}_1=(-1,0)$，$\boldsymbol{\beta}_2=(1,1)$，显然，$\boldsymbol{\alpha}_1+\boldsymbol{\beta}_1=(0,0)$，$\boldsymbol{\alpha}_2+\boldsymbol{\beta}_2=(1,2)$线性相关，但 $\boldsymbol{\alpha}_1,\boldsymbol{\alpha}_2$ 线性无关，$\boldsymbol{\beta}_1,\boldsymbol{\beta}_2$ 也线性无关.

问题 4 判别向量组线性相关性的方法有哪些？

答 判别给定的具体向量组是否线性相关，有以下三种基本方法.

(1) 定义法(方程组法). 一般地，归结为齐次线性方程组解的情况的讨论. 其理论依据是 m 个 n 维向量

$$\begin{cases}\boldsymbol{\alpha}_1=(a_{11},a_{12},\cdots,a_{1n}),\\ \boldsymbol{\alpha}_2=(a_{21},a_{22},\cdots,a_{2n}),\\ \quad\vdots\\ \boldsymbol{\alpha}_m=(a_{m1},a_{m2},\cdots,a_{mn})\end{cases}$$

线性相关⇔方程组

$$\begin{cases}a_{11}x_1+a_{21}x_2+\cdots+a_{m1}x_m=0,\\ a_{12}x_1+a_{22}x_2+\cdots+a_{m2}x_m=0,\\ \qquad\qquad\vdots\\ a_{1n}x_1+a_{2n}x_2+\cdots+a_{mn}x_n=0\end{cases}$$

或 $x_1\boldsymbol{\alpha}_1+x_2\boldsymbol{\alpha}_2+\cdots+x_m\boldsymbol{\alpha}_m=\mathbf{0}$ 有非零解.

(2) 利用向量组线性相关、无关的性质. 例如："部分相关则全体相关"；"原向量组线性无关则其延长向量组也线性无关"；"如向量组中有向量是其他向量的线性组合，则该向量组必线性相关"等. 具体要用何种性质，应视具体题目而定.

(3) 利用向量组的秩与矩阵的秩的关系. 设向量组 $\boldsymbol{\alpha}_1,\boldsymbol{\alpha}_2,\cdots,\boldsymbol{\alpha}_m$，如 $\mathrm{r}(\boldsymbol{\alpha}_1,\boldsymbol{\alpha}_2,\cdots,\boldsymbol{\alpha}_m)=m\Rightarrow\boldsymbol{\alpha}_1,\boldsymbol{\alpha}_2,\cdots,\boldsymbol{\alpha}_m$ 线性无关；如 $\mathrm{r}(\boldsymbol{\alpha}_1,\boldsymbol{\alpha}_2,\cdots,\boldsymbol{\alpha}_m)<m$，则 $\boldsymbol{\alpha}_1,\boldsymbol{\alpha}_2,\cdots,\boldsymbol{\alpha}_m$ 线性相关. 具体证明步骤为：第一步由列向量组构造具体矩阵 $\boldsymbol{A}=(\boldsymbol{\alpha}_1,\boldsymbol{\alpha}_2,\cdots,\boldsymbol{\alpha}_m)$，第二步求 $\mathrm{r}(\boldsymbol{A})=\mathrm{r}(\boldsymbol{\alpha}_1,\boldsymbol{\alpha}_2,\cdots,\boldsymbol{\alpha}_m)$，从而判断原向量组的线性相关性.

至于抽象向量组，则可以根据与"秩"等价，行列式、矩阵等的关系来判断.

利用上述方法，判断下列各命题是否正确.

① $\boldsymbol{\alpha}_1,\boldsymbol{\alpha}_2,\boldsymbol{\alpha}_3$ 线性无关，则 $\boldsymbol{\alpha}_1-\boldsymbol{\alpha}_2,\boldsymbol{\alpha}_2-\boldsymbol{\alpha}_3,\boldsymbol{\alpha}_3-\boldsymbol{\alpha}_1$ 线性无关.

② 向量组 $\boldsymbol{\alpha}_1,\boldsymbol{\alpha}_2,\cdots,\boldsymbol{\alpha}_s(s\geqslant3)$两两线性无关，则 $\boldsymbol{\alpha}_1,\boldsymbol{\alpha}_2,\cdots,\boldsymbol{\alpha}_s$ 线性无关.

③ 向量 $\boldsymbol{\beta}$ 不能由 $\boldsymbol{\alpha}_1,\boldsymbol{\alpha}_2,\cdots,\boldsymbol{\alpha}_s$ 线性表示，则 $\boldsymbol{\alpha}_1,\boldsymbol{\alpha}_2,\cdots,\boldsymbol{\alpha}_s,\boldsymbol{\beta}$ 线性无关.

④ 向量组 $\boldsymbol{\alpha}_1,\boldsymbol{\alpha}_2,\boldsymbol{\alpha}_3$ 线性无关，$\boldsymbol{\beta}_1,\boldsymbol{\beta}_2$ 线性无关，则 $\boldsymbol{\alpha}_1,\boldsymbol{\alpha}_2,\boldsymbol{\alpha}_3,\boldsymbol{\beta}_1,\boldsymbol{\beta}_2$ 线性无关.

⑤ 对于任一组不全为零的数 $k_1,k_2,\cdots,k_m$，使得

$$k_1\boldsymbol{\alpha}_1+k_2\boldsymbol{\alpha}_2+\cdots+k_m\boldsymbol{\alpha}_m\neq\mathbf{0},$$

则 $\boldsymbol{\alpha}_1,\boldsymbol{\alpha}_2,\cdots,\boldsymbol{\alpha}_m$ 线性无关.

答 ① 设

$$x_1(\boldsymbol{\alpha}_1-\boldsymbol{\alpha}_2)+x_2(\boldsymbol{\alpha}_2-\boldsymbol{\alpha}_3)+x_3(\boldsymbol{\alpha}_3-\boldsymbol{\alpha}_1)=\mathbf{0},$$
$$(x_1-x_3)\boldsymbol{\alpha}_1+(x_2-x_1)\boldsymbol{\alpha}_2+(x_3-x_2)\boldsymbol{\alpha}_3=\mathbf{0}.$$

因 $\boldsymbol{\alpha}_1,\boldsymbol{\alpha}_2,\boldsymbol{\alpha}_3$ 线性无关，故

$$\begin{cases}x_1\qquad\quad-x_3=0,\\ -x_1+x_2\qquad\;=0,\\ \qquad-x_2+x_3=0,\end{cases}$$

其系数行列式

$$|\boldsymbol{A}|=\begin{vmatrix}1&0&-1\\-1&1&0\\0&-1&1\end{vmatrix}=\begin{vmatrix}1&0&-1\\0&1&-1\\0&-1&1\end{vmatrix}=0.$$

故以上方程组有非零解，即存在不全为零的数 k_1,k_2,k_3，使

$$k_1(\boldsymbol{\alpha}_1-\boldsymbol{\alpha}_2)+k_2(\boldsymbol{\alpha}_2-\boldsymbol{\alpha}_3)+k_3(\boldsymbol{\alpha}_3-\boldsymbol{\alpha}_1)=\mathbf{0},$$

故 $\boldsymbol{\alpha}_1-\boldsymbol{\alpha}_2,\boldsymbol{\alpha}_2-\boldsymbol{\alpha}_3,\boldsymbol{\alpha}_3-\boldsymbol{\alpha}_1$ 线性相关. 因此命题①不对.

② $\boldsymbol{\alpha}_1,\boldsymbol{\alpha}_2,\cdots,\boldsymbol{\alpha}_s$ 中两两线性无关，不能保证总体线性无关，故命题②不对.

③ $\boldsymbol{\beta}$ 不能由 $\boldsymbol{\alpha}_1,\boldsymbol{\alpha}_2,\cdots,\boldsymbol{\alpha}_s$ 线性表示，不能保证 $\boldsymbol{\alpha}_1,\boldsymbol{\alpha}_2,\cdots,\boldsymbol{\alpha}_s,\boldsymbol{\beta}$ 中有其他向量可由剩余向量线性表示，故 $\boldsymbol{\alpha}_1,\boldsymbol{\alpha}_2,\cdots,\boldsymbol{\alpha}_s,\boldsymbol{\beta}$ 可能线性相关. 因此命题③不对.

④ 与命题③一样，$\boldsymbol{\alpha}_1,\boldsymbol{\alpha}_2,\boldsymbol{\alpha}_3,\boldsymbol{\beta}_1,\boldsymbol{\beta}_2$ 中部分组线性无关，并不能保证总体无关，故命题④不对.

⑤ 这正是无关的定义，该定义与以下定义等价："仅当 $k_1=k_2=\cdots=k_m=0$ 时，$k_1\boldsymbol{\alpha}_1+k_2\boldsymbol{\alpha}_2+\cdots+k_m\boldsymbol{\alpha}_m=\mathbf{0}$."故命题⑤是对的.

综上所述，仅命题⑤正确.

三、典型例题解析

例 1 设 $\boldsymbol{\alpha}_1=(1,1,1),\boldsymbol{\alpha}_2=(1,2,k),\boldsymbol{\alpha}_3=(2,3,3k),\boldsymbol{\beta}=(5,3k^2,15)$.

(1) 问 k 取何值时，$\boldsymbol{\beta}$ 可由 $\boldsymbol{\alpha}_1,\boldsymbol{\alpha}_2,\boldsymbol{\alpha}_3$ 线性表示，且表达式唯一；

(2) 当 $k=1$ 时，把 $\boldsymbol{\beta}$ 表示成向量 $\boldsymbol{\alpha}_1,\boldsymbol{\alpha}_2,\boldsymbol{\alpha}_3$ 的线性组合.

解 (1) 记 $\boldsymbol{A}=\begin{pmatrix}1&1&1\\1&2&k\\2&3&3k\end{pmatrix}$，则 $|\boldsymbol{A}|=\begin{vmatrix}1&1&1\\1&2&k\\2&3&3k\end{vmatrix}=2k-1.$

当 $2k-1\neq0$ 即 $k\neq\frac{1}{2}$ 时，$|\boldsymbol{A}|\neq0$. 由克莱姆法则知方程组有唯一解，所以 $\boldsymbol{\beta}$ 可由 $\boldsymbol{\alpha}_1,\boldsymbol{\alpha}_2,\boldsymbol{\alpha}_3$ 线性表示，且表达式唯一.

(2) 当 $k=1$ 时，设 $\boldsymbol{\beta}=x_1\boldsymbol{\alpha}_1+x_2\boldsymbol{\alpha}_2+x_3\boldsymbol{\alpha}_3$，即

$$\begin{cases}x_1+x_2+2x_3=5,\\x_1+2x_2+3x_3=3,\\x_1+x_2+3x_3=15,\end{cases}$$

其系数行列式 $D=\begin{vmatrix}1&1&2\\1&2&3\\1&1&3\end{vmatrix}=1\neq0$，由克莱姆法则得方程组有唯一解，即 $x_1=-3$，$x_2=-12,x_3=10$. 于是 $\boldsymbol{\beta}=-3\boldsymbol{\alpha}_1-12\boldsymbol{\alpha}_2+10\boldsymbol{\alpha}_3$.

例 2 试证任一 n 维向量 $\boldsymbol{\alpha}=(a_1,a_2,\cdots,a_n)^{\mathrm{T}}$ 均可由基本单位向量组

$$\boldsymbol{\varepsilon}_1=(1,0,0,\cdots,0)^{\mathrm{T}},\boldsymbol{\varepsilon}_2=(0,1,0,\cdots,0)^{\mathrm{T}},\cdots,\boldsymbol{\varepsilon}_n=(0,0,\cdots,0,1)^{\mathrm{T}}$$

线性表示，且系数为 $\boldsymbol{\alpha}$ 的 n 个分量.

解 设

$$\boldsymbol{\alpha}=x_1\boldsymbol{\varepsilon}_1+x_2\boldsymbol{\varepsilon}_2+\cdots+x_n\boldsymbol{\varepsilon}_n,$$

写成矩阵形式为 $\boldsymbol{IX}=\boldsymbol{\alpha}$，即 $\boldsymbol{X}=\boldsymbol{\alpha}$，亦即

$$\begin{pmatrix}x_1\\x_2\\\vdots\\x_n\end{pmatrix}=\begin{pmatrix}a_1\\a_2\\\vdots\\a_n\end{pmatrix}.$$

例 3 设 n 维向量组 $\boldsymbol{\alpha}_1,\boldsymbol{\alpha}_2,\cdots,\boldsymbol{\alpha}_n$ 满足 $|\boldsymbol{\alpha}_1,\boldsymbol{\alpha}_2,\cdots,\boldsymbol{\alpha}_n|\neq 0$，则任一向量 $\boldsymbol{\beta}$ 均可由其线性表示，且表达式唯一.

解 设 $\boldsymbol{\beta}=x_1\boldsymbol{\alpha}_1+x_2\boldsymbol{\alpha}_2+\cdots+x_n\boldsymbol{\alpha}_n$，因系数行列式为 $|\boldsymbol{A}|=|\boldsymbol{\alpha}_1,\boldsymbol{\alpha}_2,\cdots,\boldsymbol{\alpha}_n|\neq 0$，由克莱姆法则，该非齐次线性方程组有唯一解，即 $\boldsymbol{\beta}$ 可唯一地由该向量组线性表示.

例 4 给定向量组

$$\boldsymbol{\alpha}_1=\begin{pmatrix}2\\\lambda\\4\end{pmatrix},\quad \boldsymbol{\alpha}_2=\begin{pmatrix}\lambda\\-1\\5\end{pmatrix},\quad \boldsymbol{\alpha}_3=\begin{pmatrix}-1\\1\\-5\end{pmatrix},\quad \boldsymbol{\beta}=\begin{pmatrix}1\\2\\-1\end{pmatrix},$$

问 λ 取何值时，$\boldsymbol{\beta}$ 不能由 $\boldsymbol{\alpha}_1,\boldsymbol{\alpha}_2,\boldsymbol{\alpha}_3$ 线性表示？λ 取何值时，$\boldsymbol{\beta}$ 可唯一地由 $\boldsymbol{\alpha}_1,\boldsymbol{\alpha}_2,\boldsymbol{\alpha}_3$ 线性表示？λ 取何值时，$\boldsymbol{\beta}$ 可不唯一地由 $\boldsymbol{\alpha}_1,\boldsymbol{\alpha}_2,\boldsymbol{\alpha}_3$ 线性表示，写出全部表达式.

解 令 $\boldsymbol{\beta}=x_1\boldsymbol{\alpha}_1+x_2\boldsymbol{\alpha}_2+x_3\boldsymbol{\alpha}_3$. $\boldsymbol{\beta}$ 不能由 $\boldsymbol{\alpha}_1,\boldsymbol{\alpha}_2,\boldsymbol{\alpha}_3$ 线性表示、可唯一地线性表示、可不唯一地线性表示，等价于上述向量形式的线性方程组无解、有唯一解、有无穷多解.

令系数矩阵为 $\boldsymbol{A}=(\boldsymbol{\alpha}_1,\boldsymbol{\alpha}_2,\boldsymbol{\alpha}_3)$，增广矩阵为 $\boldsymbol{B}=(\boldsymbol{A}\ \vdots\ \boldsymbol{\beta})$.

$$|\boldsymbol{A}|=\begin{vmatrix}2&\lambda&-1\\\lambda&-1&1\\4&5&-5\end{vmatrix}=(\lambda-1)(5\lambda+4),$$

令 $|\boldsymbol{A}|=0$，解得 $\lambda_1=1,\lambda_2=-\dfrac{4}{5}$. 下面分三种情况讨论.

① 当 $\lambda\neq 1$ 且 $\lambda\neq-\dfrac{4}{5}$ 时，有唯一解；

② 当 $\lambda=-\dfrac{4}{5}$ 时，$\mathrm{r}(\boldsymbol{A})\neq\mathrm{r}(\boldsymbol{B})$，无解；

③ 当 $\lambda=1$ 时，

$$\boldsymbol{B}=\left(\begin{array}{ccc:c}2&1&-1&1\\1&-1&1&2\\4&5&-5&-1\end{array}\right)\to\left(\begin{array}{ccc:c}1&-1&1&2\\2&1&-1&1\\4&5&-5&-1\end{array}\right)\to\left(\begin{array}{ccc:c}1&-1&1&2\\0&3&-3&-3\\0&3&-3&-3\end{array}\right)$$

$$\to\left(\begin{array}{ccc:c}1&-1&1&2\\0&1&-1&-1\\0&0&0&0\end{array}\right)\to\left(\begin{array}{ccc:c}1&0&0&1\\0&1&-1&-1\\0&0&0&0\end{array}\right),$$

其同解方程组为 $\begin{cases}x_1=1,\\x_2-x_3=-1,\end{cases}$ 其通解为

$$\boldsymbol{X}=\begin{pmatrix}x_1\\x_2\\x_3\end{pmatrix}=k\begin{pmatrix}0\\1\\1\end{pmatrix}+\begin{pmatrix}1\\-1\\0\end{pmatrix}.$$

综上所述，当 $\lambda\neq1$ 且 $\lambda\neq-\frac{4}{5}$ 时，$\boldsymbol{\beta}$ 可唯一地由 $\boldsymbol{\alpha}_1,\boldsymbol{\alpha}_2,\boldsymbol{\alpha}_3$ 线性表示；

当 $\lambda=-\frac{4}{5}$ 时，$\boldsymbol{\beta}$ 不能由 $\boldsymbol{\alpha}_1,\boldsymbol{\alpha}_2,\boldsymbol{\alpha}_3$ 线性表示；

当 $\lambda=1$ 时，$\boldsymbol{\beta}$ 可不唯一地由 $\boldsymbol{\alpha}_1,\boldsymbol{\alpha}_2,\boldsymbol{\alpha}_3$ 线性表示.

所以，其全部表达式为

$$\boldsymbol{\beta}=\boldsymbol{\alpha}_1+(k-1)\boldsymbol{\alpha}_2+k\boldsymbol{\alpha}_3，\text{其中 } k \text{ 为任意常数}.$$

例 5 研究下列向量组的线性相关性及线性无关性.

(1) $\boldsymbol{\alpha}_1=\begin{pmatrix}1\\-2\\3\end{pmatrix},\boldsymbol{\alpha}_2=\begin{pmatrix}0\\2\\-5\end{pmatrix},\boldsymbol{\alpha}_3=\begin{pmatrix}-1\\0\\2\end{pmatrix}$；

(2) $\boldsymbol{\beta}_1=(2,1,-1,-1),\boldsymbol{\beta}_2=(0,3,-2,0),\boldsymbol{\beta}_3=(2,4,-3,-1)$.

分析 研究这类问题一般有两种方法.

方法一 从定义出发，令 $k_1\boldsymbol{\alpha}_1+k_2\boldsymbol{\alpha}_2+\cdots+k_m\boldsymbol{\alpha}_m=\boldsymbol{0}$，则

$$k_1\begin{pmatrix}a_{11}\\a_{12}\\\vdots\\a_{1n}\end{pmatrix}+k_2\begin{pmatrix}a_{21}\\a_{22}\\\vdots\\a_{2n}\end{pmatrix}+\cdots+k_m\begin{pmatrix}a_{m1}\\a_{m2}\\\vdots\\a_{mn}\end{pmatrix}=\begin{pmatrix}0\\0\\\vdots\\0\end{pmatrix},$$

整理得线性方程组

$$\begin{cases}a_{11}k_1+a_{21}k_2+\cdots+a_{m1}k_m=0,\\a_{12}k_1+a_{22}k_2+\cdots+a_{m2}k_m=0,\\\qquad\qquad\vdots\\a_{1n}k_1+a_{2n}k_2+\cdots+a_{mn}k_m=0.\end{cases}\qquad①$$

若线性方程组①只有唯一零解，则 $\boldsymbol{\alpha}_1,\boldsymbol{\alpha}_2,\cdots,\boldsymbol{\alpha}_m$ 线性无关；若线性方程组①有非零解，则 $\boldsymbol{\alpha}_1,\boldsymbol{\alpha}_2,\cdots,\boldsymbol{\alpha}_m$ 线性相关.

方法二 利用矩阵的秩与向量组的秩之间关系判定.

给出一组 n 维向量 $\boldsymbol{\alpha}_1,\boldsymbol{\alpha}_2,\cdots,\boldsymbol{\alpha}_m$，就得一个相应的矩阵 $\boldsymbol{A}=(\boldsymbol{\alpha}_1,\boldsymbol{\alpha}_2,\cdots,\boldsymbol{\alpha}_m)$，首先求出 $\mathrm{r}(\boldsymbol{A})$.

若 $\mathrm{r}(\boldsymbol{A})=m$，则 $\boldsymbol{\alpha}_1,\boldsymbol{\alpha}_2,\cdots,\boldsymbol{\alpha}_m$ 线性无关.

若 $\mathrm{r}(\boldsymbol{A})<m$，则 $\boldsymbol{\alpha}_1,\boldsymbol{\alpha}_2,\cdots,\boldsymbol{\alpha}_m$ 线性相关.

下面给出本例题的判定.

(1) **解一** 令 $k_1\boldsymbol{\alpha}_1+k_2\boldsymbol{\alpha}_2+k_3\boldsymbol{\alpha}_3=\boldsymbol{0}$，则

$$k_1\begin{pmatrix}1\\-2\\3\end{pmatrix}+k_2\begin{pmatrix}0\\2\\-5\end{pmatrix}+k_3\begin{pmatrix}-1\\0\\2\end{pmatrix}=\begin{pmatrix}0\\0\\0\end{pmatrix},$$

整理得到
$$\begin{cases} k_1 \qquad\quad -k_3=0, \\ -2k_1+2k_2 \qquad =0, \\ 3k_1-5k_2+2k_3=0. \end{cases} \tag{②}$$

因为线性方程组②的系数行列式
$$\begin{vmatrix} 1 & 0 & -1 \\ -2 & 2 & 0 \\ 3 & -5 & 2 \end{vmatrix}=0,$$
所以方程组②必有非零解，故 $\boldsymbol{\alpha}_1,\boldsymbol{\alpha}_2,\boldsymbol{\alpha}_3$ 线性相关.

解二 因 $\boldsymbol{\alpha}_1=\begin{pmatrix} 1 \\ -2 \\ 3 \end{pmatrix},\boldsymbol{\alpha}_2=\begin{pmatrix} 0 \\ 2 \\ -5 \end{pmatrix},\boldsymbol{\alpha}_3=\begin{pmatrix} -1 \\ 0 \\ 2 \end{pmatrix}$，故得到矩阵
$$\boldsymbol{A}=(\boldsymbol{\alpha}_1,\boldsymbol{\alpha}_2,\boldsymbol{\alpha}_3)=\begin{pmatrix} 1 & 0 & -1 \\ -2 & 2 & 0 \\ 3 & -5 & 2 \end{pmatrix},$$
因为 $\boldsymbol{A}=\begin{pmatrix} 1 & 0 & -1 \\ -2 & 2 & 0 \\ 3 & -5 & 2 \end{pmatrix}\to\begin{pmatrix} 1 & 0 & -1 \\ 0 & 2 & -2 \\ 0 & 0 & 0 \end{pmatrix}$，所以 $\mathrm{r}(\boldsymbol{A})=2<3$. 故向量组 $\boldsymbol{\alpha}_1,\boldsymbol{\alpha}_2,\boldsymbol{\alpha}_3$ 线性相关.

(2) **解一** 令 $k_1\boldsymbol{\beta}_1+k_2\boldsymbol{\beta}_2+k_3\boldsymbol{\beta}_3=\boldsymbol{0}$，则
$$k_1(2,1,-1,-1)+k_2(0,3,-2,0)+k_3(2,4,-3,-1)=(0,0,0,0),$$
整理得到
$$\begin{cases} 2k_1 \qquad\quad +2k_3=0, \\ k_1+3k_2+4k_3=0, \\ -k_1-2k_2-3k_3=0, \\ -k_1 \qquad\quad -k_3=0, \end{cases} \tag{③}$$
因为 $k_1=1,k_2=1,k_3=-1$ 是方程组③的一组非零解，故向量组 $\boldsymbol{\beta}_1,\boldsymbol{\beta}_2,\boldsymbol{\beta}_3$ 线性相关.

解二 因为 $\boldsymbol{\beta}_1=(2,1,-1,-1),\boldsymbol{\beta}_2=(0,3,-2,0),\boldsymbol{\beta}_3=(2,4,-3,-1)$，所以得到矩阵
$$\boldsymbol{A}=\begin{pmatrix} \boldsymbol{\beta}_1 \\ \boldsymbol{\beta}_2 \\ \boldsymbol{\beta}_3 \end{pmatrix}=\begin{pmatrix} 2 & 1 & -1 & -1 \\ 0 & 3 & -2 & 0 \\ 2 & 4 & -3 & -1 \end{pmatrix}.$$
求出 $\mathrm{r}(\boldsymbol{A})=2<3$，故向量组 $\boldsymbol{\beta}_1,\boldsymbol{\beta}_2,\boldsymbol{\beta}_3$ 线性相关.

例 6 设 $\boldsymbol{\alpha}_1=(1,1,1),\boldsymbol{\alpha}_2=(1,2,3),\boldsymbol{\alpha}_3=(1,3,t)$. 问：

(1) 当 t 为何值时，向量组 $\boldsymbol{\alpha}_1,\boldsymbol{\alpha}_2,\boldsymbol{\alpha}_3$ 线性无关？

(2) 当 t 为何值时，向量组 $\boldsymbol{\alpha}_1,\boldsymbol{\alpha}_2,\boldsymbol{\alpha}_3$ 线性相关？

解一 设 $x_1\boldsymbol{\alpha}_1+x_2\boldsymbol{\alpha}_2+x_3\boldsymbol{\alpha}_3=\boldsymbol{0}$，即
$$\begin{cases} x_1+x_2+x_3=0, \\ x_1+2x_2+3x_3=0, \\ x_1+3x_2+tx_3=0. \end{cases} \tag{①}$$

该齐次线性方程组的系数行列式为

$$D=\begin{vmatrix}1&1&1\\1&2&3\\1&3&t\end{vmatrix}=t-5.$$

令 $D=0$,解得 $t=5$. 现分几种情况讨论如下.

(1) 当 $t\neq5$ 时,$D\neq0$,方程组①只有零解,即 $x_1=x_2=x_3=0$,所以 $\boldsymbol{\alpha}_1,\boldsymbol{\alpha}_2,\boldsymbol{\alpha}_3$ 线性无关.

(2) 当 $t=5$ 时,$D=0$,方程组①除了有零解外,还有非零解,故 $\boldsymbol{\alpha}_1,\boldsymbol{\alpha}_2,\boldsymbol{\alpha}_3$ 线性相关.

特别是在判定一个向量组的线性相关性时,从定义出发是常用的方法之一,如证明不含零向量的正交向量组线性无关、证明属于同一个方阵的不同特征值的特征向量线性无关等,都是从定义出发根据所给的条件证明的.

解二 令 $\boldsymbol{A}=(\boldsymbol{\alpha}_1^{\mathrm{T}},\boldsymbol{\alpha}_2^{\mathrm{T}},\boldsymbol{\alpha}_3^{\mathrm{T}})=\begin{pmatrix}1&1&1\\1&2&3\\1&3&t\end{pmatrix}\xrightarrow{\text{初等行变换}}\begin{pmatrix}1&1&1\\0&1&2\\0&0&t-5\end{pmatrix}$.

(1) 当 $t\neq5$ 时,$\mathrm{r}(\boldsymbol{A})=3$,所以 $\boldsymbol{\alpha}_1,\boldsymbol{\alpha}_2,\boldsymbol{\alpha}_3$ 线性无关;

(2) 当 $t=5$ 时,$\mathrm{r}(\boldsymbol{A})=2<3$,所以 $\boldsymbol{\alpha}_1,\boldsymbol{\alpha}_2,\boldsymbol{\alpha}_3$ 线性相关.

例 7 设三阶方阵 $\boldsymbol{A}=\begin{pmatrix}1&2&-2\\2&1&2\\3&0&4\end{pmatrix}$,三维列向量 $\boldsymbol{\alpha}=(a,1,1)^{\mathrm{T}}$,已知 $\boldsymbol{A\alpha}$ 与 $\boldsymbol{\alpha}$ 线性相关,求 a 的值.

解

$$\boldsymbol{A\alpha}=\begin{pmatrix}1&2&-2\\2&1&2\\3&0&4\end{pmatrix}\begin{pmatrix}a\\1\\1\end{pmatrix}=\begin{pmatrix}a\\2a+3\\3a+4\end{pmatrix}.$$

令

$$\boldsymbol{M}=(\boldsymbol{A\alpha},\boldsymbol{\alpha})=\begin{pmatrix}a&a\\2a+3&1\\3a+4&1\end{pmatrix}\xrightarrow{\text{初等行变换}}\begin{pmatrix}1&1\\0&a+1\\0&0\end{pmatrix}.$$

(因 $a=0$,$\boldsymbol{A\alpha}$,$\boldsymbol{\alpha}$ 线性无关,故可设 $a\neq0$.)

因此,$\boldsymbol{A\alpha}$ 与 $\boldsymbol{\alpha}$ 线性相关 $\Leftrightarrow \mathrm{r}(\boldsymbol{M})<2\Leftrightarrow a+1=0\Leftrightarrow a=-1$.

若已知一个向量组可被另一个线性无关的向量组线性表示,则可利用表示矩阵的秩来证明. 其理论依据是:已知 $\boldsymbol{\alpha}_1,\boldsymbol{\alpha}_2,\cdots,\boldsymbol{\alpha}_s$ 线性无关,若

$$\boldsymbol{\beta}_i=a_{1i}\boldsymbol{\alpha}_1+a_{2i}\boldsymbol{\alpha}_2+\cdots+a_{si}\boldsymbol{\alpha}_s\quad(i=1,2,\cdots,t),$$

即

$$(\boldsymbol{\beta}_1,\boldsymbol{\beta}_2,\cdots,\boldsymbol{\beta}_t)=(\boldsymbol{\alpha}_1,\boldsymbol{\alpha}_2,\cdots,\boldsymbol{\alpha}_s)\boldsymbol{A},\quad \boldsymbol{A}=\begin{pmatrix}a_{11}&a_{12}&\cdots&a_{1t}\\a_{21}&a_{22}&\cdots&a_{2t}\\\vdots&\vdots&&\vdots\\a_{s1}&a_{s2}&\cdots&a_{st}\end{pmatrix},$$

由于 $\boldsymbol{\alpha}_1,\boldsymbol{\alpha}_2,\cdots,\boldsymbol{\alpha}_s$ 线性无关,故可证明 $\mathrm{r}(\boldsymbol{\beta}_1,\boldsymbol{\beta}_2,\cdots,\boldsymbol{\beta}_t)=\mathrm{r}(\boldsymbol{A})$,因此

$$\boldsymbol{\beta}_1,\boldsymbol{\beta}_2,\cdots,\boldsymbol{\beta}_t \text{ 线性相关(无关)}\Leftrightarrow \mathrm{r}(\boldsymbol{A})<t(=t).$$

例 8 设向量组 $\boldsymbol{\alpha}_1,\boldsymbol{\alpha}_2,\boldsymbol{\alpha}_3$ 线性无关，则下列向量组中线性无关的是(　　).

(A) $\boldsymbol{\alpha}_1+\boldsymbol{\alpha}_2,\boldsymbol{\alpha}_2+\boldsymbol{\alpha}_3,\boldsymbol{\alpha}_3-\boldsymbol{\alpha}_1$

(B) $\boldsymbol{\alpha}_1+\boldsymbol{\alpha}_2,\boldsymbol{\alpha}_2+\boldsymbol{\alpha}_3,\boldsymbol{\alpha}_1+2\boldsymbol{\alpha}_2+\boldsymbol{\alpha}_3$

(C) $\boldsymbol{\alpha}_1+2\boldsymbol{\alpha}_2,2\boldsymbol{\alpha}_2+3\boldsymbol{\alpha}_3,3\boldsymbol{\alpha}_3+\boldsymbol{\alpha}_1$

(D) $\boldsymbol{\alpha}_1+\boldsymbol{\alpha}_2+\boldsymbol{\alpha}_3,2\boldsymbol{\alpha}_1-3\boldsymbol{\alpha}_2+22\boldsymbol{\alpha}_3,3\boldsymbol{\alpha}_1+5\boldsymbol{\alpha}_2-5\boldsymbol{\alpha}_3$

解 因为

$$(\boldsymbol{\alpha}_1+\boldsymbol{\alpha}_2,\boldsymbol{\alpha}_2+\boldsymbol{\alpha}_3,\boldsymbol{\alpha}_3-\boldsymbol{\alpha}_1)=(\boldsymbol{\alpha}_1,\boldsymbol{\alpha}_2,\boldsymbol{\alpha}_3)\boldsymbol{M}_1,$$

其中

$$\boldsymbol{M}_1=\begin{pmatrix}1&0&-1\\1&1&0\\0&1&1\end{pmatrix};$$

$$(\boldsymbol{\alpha}_1+\boldsymbol{\alpha}_2,\boldsymbol{\alpha}_2+\boldsymbol{\alpha}_3,\boldsymbol{\alpha}_1+2\boldsymbol{\alpha}_2+\boldsymbol{\alpha}_3)=(\boldsymbol{\alpha}_1,\boldsymbol{\alpha}_2,\boldsymbol{\alpha}_3)\boldsymbol{M}_2,$$

其中

$$\boldsymbol{M}_2=\begin{pmatrix}1&0&1\\1&1&2\\0&1&1\end{pmatrix};$$

$$(\boldsymbol{\alpha}_1+2\boldsymbol{\alpha}_2,2\boldsymbol{\alpha}_2+3\boldsymbol{\alpha}_3,3\boldsymbol{\alpha}_3+\boldsymbol{\alpha}_1)=(\boldsymbol{\alpha}_1,\boldsymbol{\alpha}_2,\boldsymbol{\alpha}_3)\boldsymbol{M}_3,$$

其中

$$\boldsymbol{M}_3=\begin{pmatrix}1&0&1\\2&2&0\\0&3&3\end{pmatrix};$$

$$(\boldsymbol{\alpha}_1+\boldsymbol{\alpha}_2+\boldsymbol{\alpha}_3,2\boldsymbol{\alpha}_1-3\boldsymbol{\alpha}_2+22\boldsymbol{\alpha}_3,3\boldsymbol{\alpha}_1+5\boldsymbol{\alpha}_2-5\boldsymbol{\alpha}_3)=(\boldsymbol{\alpha}_1,\boldsymbol{\alpha}_2,\boldsymbol{\alpha}_3)\boldsymbol{M}_4,$$

其中

$$\boldsymbol{M}_4=\begin{pmatrix}1&2&3\\1&-3&5\\1&22&-5\end{pmatrix}.$$

经计算可得 $\mathrm{r}(\boldsymbol{M}_1)=\mathrm{r}(\boldsymbol{M}_2)=\mathrm{r}(\boldsymbol{M}_4)<3,\mathrm{r}(\boldsymbol{M}_3)=3$. 所以只有(C)中的向量组线性无关，故应选(C).

例 9 设 n 维向量组 $\boldsymbol{\alpha}_1,\boldsymbol{\alpha}_2,\boldsymbol{\alpha}_3$ 线性无关，问 l,m 取何值时向量组 $l\boldsymbol{\alpha}_2-\boldsymbol{\alpha}_1,m\boldsymbol{\alpha}_3-\boldsymbol{\alpha}_2,\boldsymbol{\alpha}_1-\boldsymbol{\alpha}_3$ 也线性无关.

解 令

$$\boldsymbol{B}=(l\boldsymbol{\alpha}_2-\boldsymbol{\alpha}_1,m\boldsymbol{\alpha}_3-\boldsymbol{\alpha}_2,\boldsymbol{\alpha}_1-\boldsymbol{\alpha}_3)=(\boldsymbol{\alpha}_1,\boldsymbol{\alpha}_2,\boldsymbol{\alpha}_3)\begin{pmatrix}-1&0&1\\l&-1&0\\0&m&-1\end{pmatrix},$$

且令

$$\boldsymbol{M}=\begin{pmatrix}-1&0&1\\l&-1&0\\0&m&-1\end{pmatrix},\quad \boldsymbol{A}=(\boldsymbol{\alpha}_1,\boldsymbol{\alpha}_2,\boldsymbol{\alpha}_3),$$

所以上式可写成 $\boldsymbol{B}=\boldsymbol{AM}$. 因为 $\boldsymbol{\alpha}_1,\boldsymbol{\alpha}_2,\boldsymbol{\alpha}_3$ 线性无关，所以 $\mathrm{r}(\boldsymbol{A})=3$，又 $|\boldsymbol{M}|=ml-1$，当且仅当 $ml\neq1$ 时，矩阵 $\boldsymbol{M}$ 可逆，此时 $\mathrm{r}(\boldsymbol{B})=\mathrm{r}(\boldsymbol{AM})=\mathrm{r}(\boldsymbol{A})=3$，即 $\mathrm{r}(l\boldsymbol{\alpha}_2-\boldsymbol{\alpha}_1,m\boldsymbol{\alpha}_3-\boldsymbol{\alpha}_2,\boldsymbol{\alpha}_1-\boldsymbol{\alpha}_3)=3$，因此 $l\boldsymbol{\alpha}_2-\boldsymbol{\alpha}_1,m\boldsymbol{\alpha}_3-\boldsymbol{\alpha}_2,\boldsymbol{\alpha}_1-\boldsymbol{\alpha}_3$ 线性无关.

例 10 设 $\boldsymbol{\alpha}_1,\boldsymbol{\alpha}_2,\cdots,\boldsymbol{\alpha}_m$ 均为 n 维向量，若对任何不全为零的 m 个数 $k_1,k_2,\cdots,k_m$ 都有 $k_1\boldsymbol{\alpha}_1+k_2\boldsymbol{\alpha}_2+\cdots+k_m\boldsymbol{\alpha}_m\neq\boldsymbol{0}$ 成立，证明 $\boldsymbol{\alpha}_1,\boldsymbol{\alpha}_2,\cdots,\boldsymbol{\alpha}_m$ 线性无关.

证 用反证法证明.

假若 $\boldsymbol{\alpha}_1,\boldsymbol{\alpha}_2,\cdots,\boldsymbol{\alpha}_m$ 线性相关,则由 $\boldsymbol{\alpha}_1,\boldsymbol{\alpha}_2,\cdots,\boldsymbol{\alpha}_m$ 线性相关的定义知,存在 m 个不全为零的数 $l_1,l_2,\cdots,l_m$,使

$$l_1\boldsymbol{\alpha}_1+l_2\boldsymbol{\alpha}_2+\cdots+l_m\boldsymbol{\alpha}_m=\mathbf{0}$$

成立,这与已知条件矛盾.因此 $\boldsymbol{\alpha}_1,\boldsymbol{\alpha}_2,\cdots,\boldsymbol{\alpha}_m$ 线性无关.

4.2 向量组的极大线性无关组

一、内 容 提 要

1. 极大线性无关部分组

设 $\boldsymbol{\alpha}_{i1},\boldsymbol{\alpha}_{i2},\cdots,\boldsymbol{\alpha}_{ir}$ 是 n 维向量组(Ⅰ):$\boldsymbol{\alpha}_1,\boldsymbol{\alpha}_2,\cdots,\boldsymbol{\alpha}_m$ 的一个部分组,且满足

(1) $\boldsymbol{\alpha}_{i1},\boldsymbol{\alpha}_{i2},\cdots,\boldsymbol{\alpha}_{ir}$ 线性无关;

(2) 向量组(Ⅰ)中任一个向量都可由 $\boldsymbol{\alpha}_{i1},\boldsymbol{\alpha}_{i2},\cdots,\boldsymbol{\alpha}_{ir}$ 线性表出,则称 $\boldsymbol{\alpha}_{i1},\boldsymbol{\alpha}_{i2},\cdots,\boldsymbol{\alpha}_{ir}$ 是向量组(Ⅰ)的一个极大线性无关部分组(简称极大无关组),且称向量组(Ⅰ)的秩为 r,记 $\mathrm{r}(\text{Ⅰ})=r$,或 $\mathrm{r}(\boldsymbol{\alpha}_1,\boldsymbol{\alpha}_2,\cdots,\boldsymbol{\alpha}_m)=r$.

极大无关组有两个最基本的特点:① 线性无关性;② 极大性.它表明向量组(Ⅰ)中线性无关(独立)的且含个数达到最大的子向量组.

2. 极大无关组及秩的求法

(1) 定义法(扩充向量法).

(2) 初等变换法,即将 $\boldsymbol{\alpha}_1,\boldsymbol{\alpha}_2,\cdots,\boldsymbol{\alpha}_m$ 按列排成矩阵 $\boldsymbol{A}$,施以初等行变换化为行阶梯形 $\boldsymbol{B}$,由 $\boldsymbol{B}$ 的列极大无关组反演推得 $\boldsymbol{A}$ 的列极大无关组.

如果进一步化成行最简形,还可将其余向量用极大无关组线性表示.通过反演可将 $\boldsymbol{A}$ 中列的其他向量用极大无关组线性表示.

3. 两个向量组等价

(Ⅰ) $\boldsymbol{\alpha}_1,\boldsymbol{\alpha}_2,\cdots,\boldsymbol{\alpha}_m$;

(Ⅱ) $\boldsymbol{\beta}_1,\boldsymbol{\beta}_2,\cdots,\boldsymbol{\beta}_n$.

若每一个 $\boldsymbol{\alpha}_i(i=1,2,\cdots,m)$ 都可由 $\boldsymbol{\beta}_1,\boldsymbol{\beta}_2,\cdots,\boldsymbol{\beta}_n$ 线性表出,则称向量组(Ⅰ)可由向量组(Ⅱ)线性表出;若向量组(Ⅰ)可由向量组(Ⅱ)线性表出,且向量组(Ⅱ)又可由向量组(Ⅰ)线性表出,则称向量组(Ⅰ)与向量组(Ⅱ)可互相线性表出,或称向量组(Ⅰ)与向量组(Ⅱ)等价.

4. 极大线性无关组的性质

(1) 向量组若有极大无关组,一般情况下其极大无关组不唯一.

(2) 向量组与其任一个极大无关组等价.

(3) 向量组的任意两个极大无关组等价.

(4) 等价的两个线性无关向量组必含有相同个数的向量.

(5) 同一个向量组的任意两个极大无关组所含向量个数相等.

(6) 两个等价的向量组的秩必相同.

5. 有关定理

定理1 设向量组 $\boldsymbol{\alpha}_1,\boldsymbol{\alpha}_2,\cdots,\boldsymbol{\alpha}_r$ 可由 $\boldsymbol{\beta}_1,\boldsymbol{\beta}_2,\cdots,\boldsymbol{\beta}_s$ 线性表示,且 $r>s$,则 $\boldsymbol{\alpha}_1,\boldsymbol{\alpha}_2,\cdots,\boldsymbol{\alpha}_r$ 线性相关.

推论1 若 $\boldsymbol{\alpha}_1,\boldsymbol{\alpha}_2,\cdots,\boldsymbol{\alpha}_r$ 可由 $\boldsymbol{\beta}_1,\boldsymbol{\beta}_2,\cdots,\boldsymbol{\beta}_s$ 线性表示,且 $\boldsymbol{\alpha}_1,\boldsymbol{\alpha}_2,\cdots,\boldsymbol{\alpha}_r$ 线性无关,则 $r\leqslant s$.

推论2 若向量组(Ⅰ)可由向量组(Ⅱ)线性表示,则 r(Ⅰ)≤r(Ⅱ).

定理2 矩阵 $\boldsymbol{A}$ 的秩$=\boldsymbol{A}$ 的行(列)向量组的秩.

推论3 设 $\boldsymbol{A}_{m\times n}$,当 $\boldsymbol{A}$ 的列(行)向量个数大于 $\boldsymbol{A}$ 的秩,则列(行)向量组线性相关;当列(行)向量个数等于 $\boldsymbol{A}$ 的秩,则 $\boldsymbol{A}$ 的列(行)向量组线性无关.

定理3 (1) 矩阵 $\boldsymbol{A}$ 经过初等行(列)变换化为矩阵 $\boldsymbol{B}$,则 $\boldsymbol{A}$ 的列(行)向量组的任意部分子向量组与 $\boldsymbol{B}$ 的对应的列(行)向量组的子向量组有相同的线性相关性.

(2) 两矩阵 $\boldsymbol{A}$ 与 $\boldsymbol{B}$ 等价,则它们的秩相等.

二、释 疑 解 惑

问题1 向量组的线性相关性与极大无关组、向量组的秩、方阵 $\boldsymbol{A}$ 的行列式、两向量组的等价等概念有何关系?如何应用这些概念及理论判别或证明给定向量组的线性相关性?

答 极大无关组、向量组的秩、两向量组的等价等概念都是由向量组的线性相关性派生出来的,用这些概念及其有关理论,我们可以判别或证明给定向量组的线性相关性.一些常用的结论如下.

(1) 设有 n 维向量组 $\boldsymbol{\alpha}_1,\boldsymbol{\alpha}_2,\cdots,\boldsymbol{\alpha}_m$ 且 $m>n\Rightarrow\boldsymbol{\alpha}_1,\boldsymbol{\alpha}_2,\cdots,\boldsymbol{\alpha}_m$ 线性相关.

(2) n 阶方阵 $\boldsymbol{A}$ 的行列式 $|\boldsymbol{A}|\neq0\Leftrightarrow$方阵 $\boldsymbol{A}$ 的 n 个行向量及 n 个列向量线性无关.

注 当 $|\boldsymbol{A}|\neq0$ 时,称方阵 $\boldsymbol{A}$ 为满秩阵.由此可得出 $\boldsymbol{A}$ 的行(列)向量组线性无关与方阵 $\boldsymbol{A}$ 满秩、方阵 $\boldsymbol{A}$ 为可逆阵是等价的.

(3) 设 $\boldsymbol{A}=\begin{pmatrix} a_{11} & a_{12} & \cdots & a_{1n} \\ a_{21} & a_{22} & \cdots & a_{2n} \\ \vdots & \vdots & & \vdots \\ a_{m1} & a_{m2} & \cdots & a_{mn} \end{pmatrix}=\begin{pmatrix} \boldsymbol{\alpha}_1 \\ \boldsymbol{\alpha}_2 \\ \vdots \\ \boldsymbol{\alpha}_m \end{pmatrix}$,则

① $\boldsymbol{\alpha}_1,\boldsymbol{\alpha}_2,\cdots,\boldsymbol{\alpha}_m$ 线性相关$\Leftrightarrow \mathrm{r}(\boldsymbol{A})<m$;

② $\boldsymbol{\alpha}_1,\boldsymbol{\alpha}_2,\cdots,\boldsymbol{\alpha}_m$ 线性无关$\Leftrightarrow \mathrm{r}(\boldsymbol{A})=m$.

(4) 设 $\boldsymbol{\alpha}_1,\boldsymbol{\alpha}_2,\cdots,\boldsymbol{\alpha}_r$ 线性无关,$\boldsymbol{\beta}_1,\boldsymbol{\beta}_2,\cdots,\boldsymbol{\beta}_s$ 可由 $\boldsymbol{\alpha}_1,\boldsymbol{\alpha}_2,\cdots,\boldsymbol{\alpha}_r$ 线性表示,若 $s>r$,则 $\boldsymbol{\beta}_1,\boldsymbol{\beta}_2,\cdots,\boldsymbol{\beta}_s$ 线性相关.

(5) 当 $\boldsymbol{A}=\begin{pmatrix} \boldsymbol{\alpha}_1 \\ \boldsymbol{\alpha}_2 \\ \vdots \\ \boldsymbol{\alpha}_m \end{pmatrix}\xrightleftharpoons[\text{初等行变换}]{\text{初等行变换}}\boldsymbol{B}=\begin{pmatrix} \boldsymbol{\beta}_1 \\ \boldsymbol{\beta}_2 \\ \vdots \\ \boldsymbol{\beta}_m \end{pmatrix}$ 时,矩阵 $\boldsymbol{A}$ 与 $\boldsymbol{B}$ 的行向量组的线性相关性

不变.

举例如下.

(1) 判别"若 n 维向量组 $\boldsymbol{\alpha}_1,\boldsymbol{\alpha}_2,\cdots,\boldsymbol{\alpha}_m$ 线性无关,则总存在 n 维向量 $\boldsymbol{\alpha}_{m+1}$ 使 $\boldsymbol{\alpha}_1,\boldsymbol{\alpha}_2,\cdots,\boldsymbol{\alpha}_m,\boldsymbol{\alpha}_{m+1}$ 仍然线性无关"这一命题是否正确.

答 不正确.分情况讨论如下.

① 当 $m=n$ 时,对任意 n 维向量 $\boldsymbol{\beta}$,因为 $n+1$ 个 n 维向量 $\boldsymbol{\alpha}_1,\boldsymbol{\alpha}_2,\cdots,\boldsymbol{\alpha}_n,\boldsymbol{\beta}$ 必线性相关,所以不存在 n 维向量 $\boldsymbol{\alpha}_{n+1}$ 使 $\boldsymbol{\alpha}_1,\boldsymbol{\alpha}_2,\cdots,\boldsymbol{\alpha}_n,\boldsymbol{\alpha}_{n+1}$ 线性无关.

② 当 $m<n$ 时,向量组 $\boldsymbol{\varepsilon}_1=(1,0,\cdots,0),\boldsymbol{\varepsilon}_2=(0,1,\cdots,0),\cdots,\boldsymbol{\varepsilon}_n=(0,\cdots,0,1)$ 中必有某一个向量不能由 $\boldsymbol{\alpha}_1,\boldsymbol{\alpha}_2,\cdots,\boldsymbol{\alpha}_m$ 线性表示.否则,设"$\boldsymbol{\varepsilon}_1,\boldsymbol{\varepsilon}_2,\cdots,\boldsymbol{\varepsilon}_n$ 可由 $\boldsymbol{\alpha}_1,\boldsymbol{\alpha}_2,\cdots,\boldsymbol{\alpha}_m$ $(m<n)$ 线性表示"可推出"$\boldsymbol{\varepsilon}_1,\boldsymbol{\varepsilon}_2,\cdots,\boldsymbol{\varepsilon}_n$ 线性相关",矛盾.

不妨设 $\boldsymbol{\varepsilon}_i$ 不能由 $\boldsymbol{\alpha}_1,\boldsymbol{\alpha}_2,\cdots,\boldsymbol{\alpha}_m$ 线性表示,取 $\boldsymbol{\alpha}_{m+1}=\boldsymbol{\varepsilon}_i$,则 $\boldsymbol{\alpha}_1,\boldsymbol{\alpha}_2,\cdots,\boldsymbol{\alpha}_m,\boldsymbol{\alpha}_{m+1}$ 线性无关.

(2) 判别"设 $\boldsymbol{A}$ 为 n 阶方阵,若 $|\boldsymbol{A}|=0$,则 $\boldsymbol{A}$ 必有一列向量是其余列向量的线性组合"这一命题是否正确.

答 正确.因为"$|\boldsymbol{A}|\neq 0\Leftrightarrow \boldsymbol{A}$ 的列向量组线性无关",也就是"$|\boldsymbol{A}|=0\Leftrightarrow \boldsymbol{A}$ 的列向量组线性相关",于是 $\boldsymbol{A}$ 中必有一列向量是其余列向量的线性组合.

(3) 说明命题"设 $\boldsymbol{\alpha}_1,\boldsymbol{\alpha}_2,\cdots,\boldsymbol{\alpha}_m$ 的秩为 r,则 $\boldsymbol{\alpha}_1,\boldsymbol{\alpha}_2,\cdots,\boldsymbol{\alpha}_m$ 中 r 个向量的部分组皆线性无关,而任意 $r+1$ 个向量的部分组均线性相关"的错误何在?

答 当 $\boldsymbol{\alpha}_1,\boldsymbol{\alpha}_2,\cdots,\boldsymbol{\alpha}_m$ 的秩为 r 时,$\boldsymbol{\alpha}_1,\boldsymbol{\alpha}_2,\cdots,\boldsymbol{\alpha}_m$ 中任意 $r+1$ 个向量的部分组均线性相关,但其包含 r 个向量的部分组不一定都线性无关.

例如,向量组 $\boldsymbol{\alpha}_1=(1,0,0),\boldsymbol{\alpha}_2=(0,1,0),\boldsymbol{\alpha}_3=(0,0,0)$ 的秩为 2,但 $\boldsymbol{\alpha}_2,\boldsymbol{\alpha}_3$ 线性相关.

问题 2 向量组的秩与矩阵的秩有何关系?它们在研究向量组的线性相关性及向量组的初等变换等问题时,扮演什么角色?

答 关于矩阵秩的概念在前面已给出,尽管向量组的秩与矩阵的秩定义各异,但它们之间的关系极为密切.它们之间的关系如下.

设向量组(Ⅰ):$\boldsymbol{\alpha}_1,\boldsymbol{\alpha}_2,\cdots,\boldsymbol{\alpha}_m$,记 $\boldsymbol{A}=\begin{pmatrix}\boldsymbol{\alpha}_1\\ \boldsymbol{\alpha}_2\\ \vdots\\ \boldsymbol{\alpha}_m\end{pmatrix}$,其中 $\boldsymbol{\alpha}_i(i=1,2,\cdots,m)$ 为行向量组,则向量组(Ⅰ)的秩等于 $\mathrm{r}(\boldsymbol{A})$,即 r(Ⅰ)$=\mathrm{r}(\boldsymbol{A})$.

矩阵的秩、向量组的秩分别是它们的一个数值特征,是等价关系下的不变量,有时我们也可以用向量组的秩来刻画矩阵的秩,从而对矩阵的秩有了新的认识,在处理有关矩阵的问题时,又多了一种方法.

由于向量组秩的概念源于向量组的线性相关性,所以利用向量组的秩判别向量组的线性相关性是最基本的判别法之一.

以后我们还要考虑求线性方程组的解、求线性空间的维数等问题,到那时可进一步阐明向量组的秩或矩阵的秩所起到的重要作用.

秩的概念反映了向量组的本质特征，也加深了向量组、矩阵、线性方程组三者之间的密切联系，使它们之间的一些问题可以互相转化、起到化难为易的作用. 举例如下.

(1) 如果从矩阵 $\boldsymbol{A}$ 中划去一行而得到矩阵 $\boldsymbol{B}$，问矩阵 $\boldsymbol{B}$ 的秩与 $\boldsymbol{A}$ 的秩可能有怎样的关系?

答 若在矩阵 $\boldsymbol{A}$ 中划去的这一行向量可由矩阵 $\boldsymbol{A}$ 的其余行向量线性表示，则 $\mathrm{r}(\boldsymbol{B})=\mathrm{r}(\boldsymbol{A})$；若划去的这一个行向量不能由矩阵 $\boldsymbol{A}$ 的其余的行向量线性表示，则 $\mathrm{r}(\boldsymbol{B})=\mathrm{r}(\boldsymbol{A})-1$.

(2) 判别"设 $\boldsymbol{A}$ 是 n 阶方阵，$\mathrm{r}(\boldsymbol{A})=r<n$，那么矩阵 $\boldsymbol{A}$ 的任意 r 个行向量都线性无关"这一命题是否正确.

答 不正确.

例如，$\boldsymbol{A}=\begin{pmatrix}1&0&0\\0&1&0\\0&0&0\end{pmatrix}$ 为三阶方阵，$\mathrm{r}(\boldsymbol{A})=2<3$，但其后两个行向量 $(0,1,0)$，$(0,0,0)$ 线性相关.

(3) 判别"若矩阵 $\boldsymbol{A},\boldsymbol{B},\boldsymbol{C}$ 满足 $\boldsymbol{A}=\boldsymbol{BC}$，则 $\boldsymbol{A}$ 的列向量组可由 $\boldsymbol{B}$ 的列向量组线性表示"这一命题是否正确.

答 正确. 下面进行简单的证明.

设矩阵 $\boldsymbol{A},\boldsymbol{B}$ 分别按列分块得 $\boldsymbol{A}=(\boldsymbol{\alpha}_1,\boldsymbol{\alpha}_2,\cdots,\boldsymbol{\alpha}_s)$，$\boldsymbol{B}=(\boldsymbol{\beta}_1,\boldsymbol{\beta}_2,\cdots,\boldsymbol{\beta}_t)$，则可设 $\boldsymbol{C}=(c_{ij})_{t\times s}$，由

$$(\boldsymbol{\alpha}_1,\boldsymbol{\alpha}_2,\cdots,\boldsymbol{\alpha}_s)=(\boldsymbol{\beta}_1,\boldsymbol{\beta}_2,\cdots,\boldsymbol{\beta}_t)(c_{ij})_{t\times s},$$

可得

$$\boldsymbol{\alpha}_j=\sum_{i=1}^{t}c_{ij}\boldsymbol{\beta}_i,\quad j=1,2,\cdots,s.$$

因此，$\boldsymbol{\alpha}_1,\boldsymbol{\alpha}_2,\cdots,\boldsymbol{\alpha}_s$ 可由 $\boldsymbol{\beta}_1,\boldsymbol{\beta}_2,\cdots,\boldsymbol{\beta}_t$ 线性表示.

(4) 判别"秩相等的两个线性无关向量组一定等价"这一命题是否正确.

答 不一定正确.

例如，向量组 $\boldsymbol{\alpha}_1=(1,0,0)$，$\boldsymbol{\alpha}_2=(0,1,0)$ 与 $\boldsymbol{\beta}_1=(0,1,0)$，$\boldsymbol{\beta}_2=(0,0,1)$ 的秩都是 2，因而都是线性无关的. 但 $\boldsymbol{\alpha}_1,\boldsymbol{\alpha}_2$ 与 $\boldsymbol{\beta}_1,\boldsymbol{\beta}_2$ 不等价(如 $\boldsymbol{\beta}_2$ 不能由 $\boldsymbol{\alpha}_1,\boldsymbol{\alpha}_2$ 线性表示).

(5) 判别"设 n 阶方阵 $\boldsymbol{A}$ 与 $\boldsymbol{B}$，$\mathrm{r}(\boldsymbol{A}+\boldsymbol{B})$ 小于等于 $\boldsymbol{A}$ 的列向量组的秩与 $\boldsymbol{B}$ 的列向量组的秩之和"这一命题是否正确.

答 正确. 下面进行证明.

设

$$\boldsymbol{A}=(\boldsymbol{\alpha}_1,\boldsymbol{\alpha}_2,\cdots,\boldsymbol{\alpha}_n),\quad \boldsymbol{B}=(\boldsymbol{\beta}_1,\boldsymbol{\beta}_2,\cdots,\boldsymbol{\beta}_n).$$

因为

$$\mathrm{r}(\boldsymbol{\alpha}_1,\boldsymbol{\alpha}_2,\cdots,\boldsymbol{\alpha}_n)=\mathrm{r}(\boldsymbol{A}),\quad \mathrm{r}(\boldsymbol{\beta}_1,\boldsymbol{\beta}_2,\cdots,\boldsymbol{\beta}_n)=\mathrm{r}(\boldsymbol{B}),$$

所以由 $\mathrm{r}(\boldsymbol{A}+\boldsymbol{B})\leqslant\mathrm{r}(\boldsymbol{A})+\mathrm{r}(\boldsymbol{B})$ 知，

$$\mathrm{r}(\boldsymbol{A}+\boldsymbol{B})\leqslant\mathrm{r}(\boldsymbol{\alpha}_1,\boldsymbol{\alpha}_2,\cdots,\boldsymbol{\alpha}_n)+\mathrm{r}(\boldsymbol{\beta}_1,\boldsymbol{\beta}_2,\cdots,\boldsymbol{\beta}_n).$$

(6) 判别"若 $\boldsymbol{A}=(a_{ij})_{m\times n}$ 的 m 个行向量线性相关，则 $\boldsymbol{A}$ 的 n 个列向量也线性相关"这一命题是否正确.

答 不一定正确.

例如，$\boldsymbol{A}=\begin{pmatrix}1&0\\0&1\\0&0\end{pmatrix}$，则 $\boldsymbol{A}$ 的行向量组为(Ⅰ)：(1,0)，(0,1)，(0,0). 因 $\boldsymbol{A}$ 的行向量组中含零向量，$\boldsymbol{A}$ 的行向量组线性相关，但 $\boldsymbol{A}$ 的列向量组(Ⅱ)：$\begin{pmatrix}1\\0\\0\end{pmatrix}$，$\begin{pmatrix}0\\1\\0\end{pmatrix}$的秩 r(Ⅱ)= r($\boldsymbol{A}$)=2，所以是线性无关的.

一般地，有下列结论.

① 当 $m=n$ 时，即对于 n 阶方阵 $\boldsymbol{A}$，$\boldsymbol{A}$ 的 n 个行向量线性相关，当且仅当 $\boldsymbol{A}$ 的 n 个列向量线性相关.

② 当 $m<n$ 时，无论 $\boldsymbol{A}$ 的 m 个行向量是否线性相关，$\boldsymbol{A}$ 的 n 个列向量必定线性相关.

③ 当 $m>n$ 时，无论 $\boldsymbol{A}$ 的 n 个列向量是否线性相关，$\boldsymbol{A}$ 的 m 个行向量必定线性相关.

(7) 判别“若列向量组 $\boldsymbol{\alpha}_1,\boldsymbol{\alpha}_2,\cdots,\boldsymbol{\alpha}_s$ 与 $\boldsymbol{\beta}_1,\boldsymbol{\beta}_2,\cdots,\boldsymbol{\beta}_t$ 等价，则矩阵 $\boldsymbol{A}=(\boldsymbol{\alpha}_1,\boldsymbol{\alpha}_2,\cdots,\boldsymbol{\alpha}_s)$与矩阵 $\boldsymbol{B}=(\boldsymbol{\beta}_1,\boldsymbol{\beta}_2,\cdots,\boldsymbol{\beta}_t)$等价”这一命题是否正确.

答 不一定正确. 应分情况讨论.

① 当 $s\neq t$ 时，因为等价的两个矩阵必有相同的列数，所以 $\boldsymbol{A}$ 与 $\boldsymbol{B}$ 必不等价.

② 当 $s=t$ 时，$\boldsymbol{A}$ 与 $\boldsymbol{B}$ 等价.

不妨设 $\mathrm{r}(\boldsymbol{\alpha}_1,\boldsymbol{\alpha}_2,\cdots,\boldsymbol{\alpha}_s)=\mathrm{r}(\boldsymbol{\beta}_1,\boldsymbol{\beta}_2,\cdots,\boldsymbol{\beta}_s)=r\ (r\leqslant s)$，且 $\boldsymbol{\alpha}_1,\boldsymbol{\alpha}_2,\cdots,\boldsymbol{\alpha}_r$ 是 $\boldsymbol{\alpha}_1,\boldsymbol{\alpha}_2,\cdots,\boldsymbol{\alpha}_s$ 的一个极大无关组，$\boldsymbol{\beta}_1,\boldsymbol{\beta}_2,\cdots,\boldsymbol{\beta}_r$ 是 $\boldsymbol{\beta}_1,\boldsymbol{\beta}_2,\cdots,\boldsymbol{\beta}_s$ 的一个极大无关组，则 $\boldsymbol{\alpha}_1,\boldsymbol{\alpha}_2,\cdots,\boldsymbol{\alpha}_r$ 与 $\boldsymbol{\beta}_1,\boldsymbol{\beta}_2,\cdots,\boldsymbol{\beta}_r$ 等价. 于是存在 $r\times r$ 矩阵 $\boldsymbol{P}$,$\boldsymbol{Q}$ 分别使得

$$(\boldsymbol{\alpha}_1,\boldsymbol{\alpha}_2,\cdots,\boldsymbol{\alpha}_r)=(\boldsymbol{\beta}_1,\boldsymbol{\beta}_2,\cdots,\boldsymbol{\beta}_r)\boldsymbol{P},$$
$$(\boldsymbol{\beta}_1,\boldsymbol{\beta}_2,\cdots,\boldsymbol{\beta}_r)=(\boldsymbol{\alpha}_1,\boldsymbol{\alpha}_2,\cdots,\boldsymbol{\alpha}_r)\boldsymbol{Q},$$

由此推出

$$(\boldsymbol{\beta}_1,\boldsymbol{\beta}_2,\cdots,\boldsymbol{\beta}_r)=(\boldsymbol{\beta}_1,\boldsymbol{\beta}_2,\cdots,\boldsymbol{\beta}_r)(\boldsymbol{PQ}).$$

因为 $\boldsymbol{\beta}_1,\boldsymbol{\beta}_2,\cdots,\boldsymbol{\beta}_r$ 线性无关，所以 $\boldsymbol{PQ}=\boldsymbol{E}_r$（$r$ 阶单位矩阵）. 因此 $\boldsymbol{P}$,$\boldsymbol{Q}$ 均可逆且二者互为逆矩阵，且显然

$$(\boldsymbol{\beta}_1,\boldsymbol{\beta}_2,\cdots,\boldsymbol{\beta}_r,\underbrace{\boldsymbol{0},\cdots,\boldsymbol{0}}_{(s-r)\text{个}})=(\boldsymbol{\alpha}_1,\boldsymbol{\alpha}_2,\cdots,\boldsymbol{\alpha}_r,\underbrace{\boldsymbol{0},\cdots,\boldsymbol{0}}_{(s-r)\text{个}})\begin{pmatrix}\boldsymbol{Q}&\boldsymbol{O}\\\boldsymbol{O}&\boldsymbol{E}_{s-r}\end{pmatrix},$$

此表明矩阵 $\boldsymbol{A}_1=(\boldsymbol{\alpha}_1,\boldsymbol{\alpha}_2,\cdots,\boldsymbol{\alpha}_r,\boldsymbol{0},\cdots,\boldsymbol{0})$与矩阵 $\boldsymbol{B}_1=(\boldsymbol{\beta}_1,\boldsymbol{\beta}_2,\cdots,\boldsymbol{\beta}_r,\boldsymbol{0},\cdots,\boldsymbol{0})$等价.

又由极大无关组的定义知

$$\boldsymbol{A}_1\xrightarrow{\text{初等列变换}}\boldsymbol{A},\quad \boldsymbol{B}_1\xrightarrow{\text{初等列变换}}\boldsymbol{B},$$

所以 $\boldsymbol{A}$ 与 $\boldsymbol{B}$ 等价.

问题 3 已知向量组的秩、极大无关组，如何将其余向量表示为该极大无关组的线性组合？

答 一般地，有如下方法.

(1) 根据极大无关组、线性组合等概念的定义直接求出.此方法适合向量组较为简单的情况.

(2) 初等变换法.其理论依据是以列向量构造矩阵,并对矩阵施行初等行变换,不改变其列向量组的线性关系;或者以行向量构造矩阵,并对此矩阵只作初等行变换,记录每次所施行的初等行变换,于是得到向量组的秩、极大无关组及其余向量由此极大无关组表示的线性组合.

问题4 能否从多视角来谈谈向量组的秩与极大无关组?

答 向量组的秩与下述概念是等价的:矩阵的秩、矩阵的阶梯数、线性方程组中保留方程组的个数、线性方程组中非自由未知数的个数.

向量组的极大无关组与下述概念是等价的:线性方程组的保留方程组.

问题5 如何判断两向量组等价,它有什么意义?向量组等价与矩阵等价有何关系?

答 两向量组可相互线性表示,称其等价.等价向量组的秩相等,但反之不成立.两行向量组等价时,以它们为系数构成的线性齐次方程组同解,反之亦然.如果矩阵经初等行(列)变换变成矩阵 $\boldsymbol{B}$,则 $\boldsymbol{A},\boldsymbol{B}$ 的行(列)向量组等价,其列(行)向量组中任意对应的部分子向量组有相同的线性相关性.

问题6 判断题.

(1) 向量组 V 中 $\boldsymbol{\alpha}_1,\boldsymbol{\alpha}_2,\cdots,\boldsymbol{\alpha}_s$ 线性无关,而对 V 中任一向量 $\boldsymbol{\alpha}$,都有 $\boldsymbol{\alpha},\boldsymbol{\alpha}_1,\cdots,\boldsymbol{\alpha}_s$ 线性相关,则 $\boldsymbol{\alpha}_1,\boldsymbol{\alpha}_2,\cdots,\boldsymbol{\alpha}_s$ 是 V 的一个极大无关组.

(2) 若向量组的秩为 r,则向量组中任意 r 个线性无关的向量都构成该向量组的一个极大无关组.

(3) 若 $\boldsymbol{A}$ 的秩为 r,则有 r 个行线性无关,任意 $r+1$ 个行线性相关.

(4) 两个等价向量组中所含向量个数相等.

(5) 设 $\boldsymbol{A}_{n\times n}$,$\mathrm{r}(\boldsymbol{A})<n$,则 $\boldsymbol{A}$ 中必有一列是其余列向量的线性组合.

答 (1) 正确.因 $\boldsymbol{\alpha},\boldsymbol{\alpha}_1,\boldsymbol{\alpha}_2,\cdots,\boldsymbol{\alpha}_s$ 相关 $\Rightarrow\boldsymbol{\alpha}$ 可由 $\boldsymbol{\alpha}_1,\boldsymbol{\alpha}_2,\cdots,\boldsymbol{\alpha}_s$ 线性表示,由定义知 $\boldsymbol{\alpha}_1,\boldsymbol{\alpha}_2,\cdots,\boldsymbol{\alpha}_s$ 是极大无关组.

(2) 秩为 r 表示 V 中至多有 r 个向量线性无关,而多于 r 个向量线性相关,故 V 中任意 r 个线性无关向量组都是极大无关组,故(2)正确.

(3) $\boldsymbol{A}$ 的秩即为行向量组的秩,故(3)正确.

(4) 两个等价的向量组的秩相等,其所含向量个数不一定相等,故(4)不对.

(5) $\mathrm{r}(\boldsymbol{A})<n\Rightarrow\boldsymbol{A}$ 的列线性相关 $\Rightarrow$ 列向量组中必有一向量是其余向量的线性组合,故(5)正确.

三、典型例题解析

例1 若 $\boldsymbol{\alpha}_1,\boldsymbol{\alpha}_2,\cdots,\boldsymbol{\alpha}_r$ 线性无关,且 $\boldsymbol{\alpha}_{r+1},\boldsymbol{\alpha}_{r+2},\cdots,\boldsymbol{\alpha}_m$ 中任一向量都可由 $\boldsymbol{\alpha}_1,\boldsymbol{\alpha}_2,\cdots,\boldsymbol{\alpha}_r$ 线性表示,证明 $\boldsymbol{\alpha}_1,\boldsymbol{\alpha}_2,\cdots,\boldsymbol{\alpha}_r$ 是 $\boldsymbol{\alpha}_1,\boldsymbol{\alpha}_2,\cdots,\boldsymbol{\alpha}_r,\boldsymbol{\alpha}_{r+1},\cdots,\boldsymbol{\alpha}_m$ 的一个极大无关组.

证 由题设条件知,对每一个 $\boldsymbol{\alpha}_j(1\leqslant j\leqslant m)$,$\boldsymbol{\alpha}_j$ 可由 $\boldsymbol{\alpha}_1,\boldsymbol{\alpha}_2,\cdots,\boldsymbol{\alpha}_r$ 线性表示,故向量组 $\boldsymbol{\alpha}_1,\boldsymbol{\alpha}_2,\cdots,\boldsymbol{\alpha}_r,\boldsymbol{\alpha}_{r+1},\cdots,\boldsymbol{\alpha}_m$ 中任一向量均可由 $\boldsymbol{\alpha}_1,\boldsymbol{\alpha}_2,\cdots,\boldsymbol{\alpha}_r$ 线性表示,又 $\boldsymbol{\alpha}_1$,

$\boldsymbol{\alpha}_2,\cdots,\boldsymbol{\alpha}_r$ 线性无关，所以 $\boldsymbol{\alpha}_1,\boldsymbol{\alpha}_2,\cdots,\boldsymbol{\alpha}_r$ 是 $\boldsymbol{\alpha}_1,\boldsymbol{\alpha}_2,\cdots,\boldsymbol{\alpha}_r,\boldsymbol{\alpha}_{r+1},\cdots,\boldsymbol{\alpha}_m$ 的一个极大无关组.

例 2 证明：向量组的秩不为零的充要条件是向量组中至少有一个部分组线性无关.

证 因为向量组的秩不为零当且仅当该向量组的极大无关组中至少含一个向量，而极大无关组是线性无关的，所以向量组中至少有一个部分组线性无关.

例 3 设 $\begin{cases}\boldsymbol{\alpha}_1=(1,a_1,a_1^2,\cdots,a_1^{n-1}),\\ \boldsymbol{\alpha}_2=(1,a_2,a_2^2,\cdots,a_2^{n-1}),\\ \quad\vdots\\ \boldsymbol{\alpha}_r=(1,a_r,a_r^2,\cdots,a_r^{n-1}),\end{cases}$ 其中 $r<n$，$a_i\neq a_j(i\neq j)$. 讨论 $\boldsymbol{\alpha}_1,\boldsymbol{\alpha}_2,\cdots,\boldsymbol{\alpha}_r$ 的线性相关性.

解一 设

$$\boldsymbol{A}=\begin{pmatrix}\boldsymbol{\alpha}_1\\ \boldsymbol{\alpha}_2\\ \vdots\\ \boldsymbol{\alpha}_r\end{pmatrix}=\begin{pmatrix}1 & a_1 & a_1^2 & \cdots & a_1^{n-1}\\ 1 & a_2 & a_2^2 & \cdots & a_2^{n-1}\\ \vdots & \vdots & \vdots & & \vdots\\ 1 & a_r & a_r^2 & \cdots & a_r^{n-1}\end{pmatrix}.$$

在 $\boldsymbol{A}$ 中取一个 r 阶子式

$$D=\begin{vmatrix}1 & a_1 & a_1^2 & \cdots & a_1^{r-1}\\ 1 & a_2 & a_2^2 & \cdots & a_2^{r-1}\\ \vdots & \vdots & \vdots & & \vdots\\ 1 & a_r & a_r^2 & \cdots & a_r^{r-1}\end{vmatrix}=\prod_{1\leqslant j<i\leqslant r}(a_i-a_j)\neq 0.$$

所以 $\mathrm{r}(\boldsymbol{A})\geqslant r$，又 $\mathrm{r}(\boldsymbol{A})\leqslant r$，因此 $\mathrm{r}(\boldsymbol{A})=r$，故 $\boldsymbol{\alpha}_1,\boldsymbol{\alpha}_2,\cdots,\boldsymbol{\alpha}_r$ 线性无关.

解二 再取 $n-r$ 个数 $a_{r+1},\cdots,a_n$，使 $a_1,\cdots,a_r,a_{r+1},\cdots,a_n$ 互不相同，且

$$\boldsymbol{\alpha}_{r+1}=(1,a_{r+1},a_{r+1}^2,\cdots,a_{r+1}^{n-1}),\cdots,\boldsymbol{\alpha}_n=(1,a_n,a_n^2,\cdots,a_n^{n-1}).$$

令

$$\boldsymbol{B}=\begin{pmatrix}\boldsymbol{\alpha}_1\\ \boldsymbol{\alpha}_2\\ \vdots\\ \boldsymbol{\alpha}_r\\ \boldsymbol{\alpha}_{r+1}\\ \vdots\\ \boldsymbol{\alpha}_n\end{pmatrix}=\begin{pmatrix}1 & a_1 & a_1^2 & \cdots & a_1^{n-1}\\ 1 & a_2 & a_2^2 & \cdots & a_2^{n-1}\\ \vdots & \vdots & \vdots & & \vdots\\ 1 & a_r & a_r^2 & \cdots & a_r^{n-1}\\ 1 & a_{r+1} & a_{r+1}^2 & \cdots & a_{r+1}^{n-1}\\ \vdots & \vdots & \vdots & & \vdots\\ 1 & a_n & a_n^2 & \cdots & a_n^{n-1}\end{pmatrix},$$

则

$$|\boldsymbol{B}|=\prod_{1\leqslant j<i\leqslant n}(a_i-a_j)\neq 0.$$

因此 $\boldsymbol{\alpha}_1,\boldsymbol{\alpha}_2,\cdots,\boldsymbol{\alpha}_n$ 线性无关，从而部分组 $\boldsymbol{\alpha}_1,\boldsymbol{\alpha}_2,\cdots,\boldsymbol{\alpha}_r$ 也线性无关.

例 4 设向量 $\boldsymbol{\beta}$ 可由向量组 $\boldsymbol{\alpha}_1,\boldsymbol{\alpha}_2,\cdots,\boldsymbol{\alpha}_{r-1},\boldsymbol{\alpha}_r$ 线性表示，但 $\boldsymbol{\beta}$ 不能由向量组 $\boldsymbol{\alpha}_1,\boldsymbol{\alpha}_2,\cdots,\boldsymbol{\alpha}_{r-1}$ 线性表示. 证明：向量组 $\boldsymbol{\alpha}_1,\boldsymbol{\alpha}_2,\cdots,\boldsymbol{\alpha}_{r-1},\boldsymbol{\alpha}_r$ 与 $\boldsymbol{\alpha}_1,\boldsymbol{\alpha}_2,\cdots,\boldsymbol{\alpha}_{r-1},\boldsymbol{\beta}$ 有相同的秩.

证 由已知条件知，存在 $k_1,k_2,\cdots,k_{r-1},k_r$ 使

$$\boldsymbol{\beta}=k_1\boldsymbol{\alpha}_1+k_2\boldsymbol{\alpha}_2+\cdots+k_{r-1}\boldsymbol{\alpha}_{r-1}+k_r\boldsymbol{\alpha}_r,$$

且 $k_r\neq0$(若 $k_r=0$,则 $\boldsymbol{\beta}$ 可由 $\boldsymbol{\alpha}_1,\boldsymbol{\alpha}_2,\cdots,\boldsymbol{\alpha}_{r-1}$ 线性表示,与已知条件矛盾).

因为 $k_r\neq0$,所以 $\boldsymbol{\alpha}_r$ 可由 $\boldsymbol{\alpha}_1,\boldsymbol{\alpha}_2,\cdots,\boldsymbol{\alpha}_{r-1},\boldsymbol{\beta}$ 线性表示.

于是向量组 $\boldsymbol{\alpha}_1,\boldsymbol{\alpha}_2,\cdots,\boldsymbol{\alpha}_{r-1},\boldsymbol{\alpha}_r$ 与 $\boldsymbol{\alpha}_1,\boldsymbol{\alpha}_2,\cdots,\boldsymbol{\alpha}_{r-1},\boldsymbol{\beta}$ 等价,因而向量组 $\boldsymbol{\alpha}_1,\boldsymbol{\alpha}_2,\cdots,\boldsymbol{\alpha}_{r-1},\boldsymbol{\alpha}_r$ 与 $\boldsymbol{\alpha}_1,\boldsymbol{\alpha}_2,\cdots,\boldsymbol{\alpha}_{r-1},\boldsymbol{\beta}$ 有相同的秩.

例 5 设 $\boldsymbol{P}$ 为 n 阶可逆方阵,证明:n 维列向量 $\boldsymbol{X}_1,\boldsymbol{X}_2,\cdots,\boldsymbol{X}_n$ 线性无关的充要条件为 $\boldsymbol{PX}_1,\boldsymbol{PX}_2,\cdots,\boldsymbol{PX}_n$ 线性无关.

证一 必要性. 设 $\boldsymbol{C}=(\boldsymbol{X}_1,\boldsymbol{X}_2,\cdots,\boldsymbol{X}_n)$,则 $\boldsymbol{C}$ 为可逆方阵,故

$$\boldsymbol{PC}=\boldsymbol{P}(\boldsymbol{X}_1,\boldsymbol{X}_2,\cdots,\boldsymbol{X}_n)=(\boldsymbol{PX}_1,\boldsymbol{PX}_2,\cdots,\boldsymbol{PX}_n).$$

因为方阵 $\boldsymbol{P},\boldsymbol{C}$ 均为可逆方阵,所以 $\boldsymbol{PC}$ 也是可逆的,因此 $\boldsymbol{PX}_1,\boldsymbol{PX}_2,\cdots,\boldsymbol{PX}_n$ 线性无关.

充分性. 设 $\boldsymbol{A}=(\boldsymbol{PX}_1,\boldsymbol{PX}_2,\cdots,\boldsymbol{PX}_n)$,因为 $\boldsymbol{PX}_1,\boldsymbol{PX}_2,\cdots,\boldsymbol{PX}_n$ 线性无关,所以 $|\boldsymbol{A}|\neq0$.

因为 $\boldsymbol{A}=\boldsymbol{P}(\boldsymbol{X}_1,\boldsymbol{X}_2,\cdots,\boldsymbol{X}_n)=\boldsymbol{PC}$,所以 $|\boldsymbol{A}|=|\boldsymbol{P}||\boldsymbol{C}|$. 又由于 $|\boldsymbol{A}|\neq0$,所以 $|\boldsymbol{C}|\neq0$,因此 $\boldsymbol{X}_1,\boldsymbol{X}_2,\cdots,\boldsymbol{X}_n$ 线性无关.

证二 必要性. 设 $\boldsymbol{C}=(\boldsymbol{X}_1,\boldsymbol{X}_2,\cdots,\boldsymbol{X}_n)$,则 $\boldsymbol{C}$ 为可逆方阵. 因为 $\boldsymbol{P}$ 为 n 阶可逆方阵,所以 $\boldsymbol{P}$ 可表示为 $\boldsymbol{P}=\boldsymbol{P}_1\boldsymbol{P}_2\cdots\boldsymbol{P}_m$,其中 $\boldsymbol{P}_i(i=1,2,\cdots,m)$ 为初等矩阵,于是 $\boldsymbol{P}(\boldsymbol{X}_1,\boldsymbol{X}_2,\cdots,\boldsymbol{X}_n)$ 相当于方阵 $\boldsymbol{C}$ 作 m 次初等行变换得$(\boldsymbol{PX}_1,\boldsymbol{PX}_2,\cdots,\boldsymbol{PX}_n)$. 由于初等变换不改变矩阵的秩,即不改变其列向量组 $\boldsymbol{X}_1,\boldsymbol{X}_2,\cdots,\boldsymbol{X}_n$ 的秩. 因为 $\boldsymbol{X}_1,\boldsymbol{X}_2,\cdots,\boldsymbol{X}_n$ 线性无关,故 $\boldsymbol{PX}_1,\boldsymbol{PX}_2,\cdots,\boldsymbol{PX}_n$ 也线性无关.

充分性. 因为 $\boldsymbol{PX}_1,\boldsymbol{PX}_2,\cdots,\boldsymbol{PX}_n$ 线性无关,且 $\boldsymbol{P}$ 为可逆方阵,所以

$$(\boldsymbol{PX}_1,\boldsymbol{PX}_2,\cdots,\boldsymbol{PX}_n)\xrightarrow{\text{初等行变换}}(\boldsymbol{X}_1,\boldsymbol{X}_2,\cdots,\boldsymbol{X}_n),$$

即
$$\boldsymbol{P}^{-1}(\boldsymbol{PX}_1,\boldsymbol{PX}_2,\cdots,\boldsymbol{PX}_n)=(\boldsymbol{X}_1,\boldsymbol{X}_2,\cdots,\boldsymbol{X}_n).$$

因为初等变换不改变矩阵的秩,即不改变其列向量组 $\boldsymbol{PX}_1,\boldsymbol{PX}_2,\cdots,\boldsymbol{PX}_n$ 的秩,由于 $\boldsymbol{PX}_1,\boldsymbol{PX}_2,\cdots,\boldsymbol{PX}_n$ 线性无关,故 $\boldsymbol{X}_1,\boldsymbol{X}_2,\cdots,\boldsymbol{X}_n$ 也线性无关.

例 6 已知向量组 $\boldsymbol{\alpha}_1=(1,2,3,4),\boldsymbol{\alpha}_2=(2,3,4,5),\boldsymbol{\alpha}_3=(3,4,5,6),\boldsymbol{\alpha}_4=(4,5,6,7)$,求此向量组的秩,一个极大无关组,并将其余向量用此极大无关组线性表示.

解一 令

$$\boldsymbol{A}=(\boldsymbol{\alpha}_1^{\mathrm{T}},\boldsymbol{\alpha}_2^{\mathrm{T}},\boldsymbol{\alpha}_3^{\mathrm{T}},\boldsymbol{\alpha}_4^{\mathrm{T}})=\begin{pmatrix}1&2&3&4\\2&3&4&5\\3&4&5&6\\4&5&6&7\end{pmatrix}\xrightarrow{\text{初等行变换}}\begin{pmatrix}1&0&-1&-2\\0&1&2&3\\0&0&0&0\\0&0&0&0\end{pmatrix}$$

$$\xlongequal{\text{记作}}\boldsymbol{B}=(\boldsymbol{\beta}_1,\boldsymbol{\beta}_2,\boldsymbol{\beta}_3,\boldsymbol{\beta}_4).$$

易看出,$\boldsymbol{B}$ 的列向量 $\boldsymbol{\beta}_1=\begin{pmatrix}1\\0\\0\\0\end{pmatrix},\boldsymbol{\beta}_2=\begin{pmatrix}0\\1\\0\\0\end{pmatrix}$ 线性无关,

$$\boldsymbol{\beta}_3=\begin{pmatrix}-1\\2\\0\\0\end{pmatrix}=-\boldsymbol{\beta}_1+2\boldsymbol{\beta}_2,\quad \boldsymbol{\beta}_4=\begin{pmatrix}-2\\3\\0\\0\end{pmatrix}=-2\boldsymbol{\beta}_1+3\boldsymbol{\beta}_2,$$

所以向量组 $\boldsymbol{\alpha}_1,\boldsymbol{\alpha}_2,\boldsymbol{\alpha}_3,\boldsymbol{\alpha}_4$ 的秩为 2，$\boldsymbol{\alpha}_1,\boldsymbol{\alpha}_2$ 是其一个极大无关组，且有

$$\boldsymbol{\alpha}_3=-\boldsymbol{\alpha}_1+2\boldsymbol{\alpha}_2,\quad \boldsymbol{\alpha}_4=-2\boldsymbol{\alpha}_1+3\boldsymbol{\alpha}_3.$$

解二 令

$$\boldsymbol{A}=\begin{pmatrix}\boldsymbol{\alpha}_1\\\boldsymbol{\alpha}_2\\\boldsymbol{\alpha}_3\\\boldsymbol{\alpha}_4\end{pmatrix}=\begin{pmatrix}1&2&3&4\\2&3&4&5\\3&4&5&6\\4&5&6&7\end{pmatrix}\begin{matrix}\boldsymbol{\alpha}_1\\\boldsymbol{\alpha}_2\\\boldsymbol{\alpha}_3\\\boldsymbol{\alpha}_4\end{matrix}\xrightarrow{\text{初等行变换}}\begin{pmatrix}1&2&3&4\\0&-1&-2&-3\\0&-2&-4&-6\\0&-3&-6&-9\end{pmatrix}\begin{matrix}\boldsymbol{\alpha}_1\\\boldsymbol{\alpha}_2-2\boldsymbol{\alpha}_1\\\boldsymbol{\alpha}_3-3\boldsymbol{\alpha}_1\\\boldsymbol{\alpha}_4-4\boldsymbol{\alpha}_1\end{matrix}$$

$$\xrightarrow{\text{初等行变换}}\begin{pmatrix}1&2&3&4\\0&1&2&3\\0&1&2&3\\0&1&2&3\end{pmatrix}\begin{matrix}\boldsymbol{\alpha}_1\\-\boldsymbol{\alpha}_2+2\boldsymbol{\alpha}_1\\\boldsymbol{0}-\frac{1}{2}(\boldsymbol{\alpha}_3-3\boldsymbol{\alpha}_1)\\\boldsymbol{0}-\frac{1}{3}(\boldsymbol{\alpha}_4-4\boldsymbol{\alpha}_1)\end{matrix}$$

$$\xrightarrow{\text{初等行变换}}\begin{pmatrix}1&2&3&4\\0&1&2&3\\0&0&0&0\\0&0&0&0\end{pmatrix}\begin{matrix}\boldsymbol{\alpha}_1\\-\boldsymbol{\alpha}_2+2\boldsymbol{\alpha}_1\\-\frac{1}{2}(\boldsymbol{\alpha}_3-3\boldsymbol{\alpha}_1)+\boldsymbol{\alpha}_2-2\boldsymbol{\alpha}_1\\-\frac{1}{3}(\boldsymbol{\alpha}_4-4\boldsymbol{\alpha}_1)+\boldsymbol{\alpha}_2-2\boldsymbol{\alpha}_1\end{matrix}$$

易看出，$\boldsymbol{\alpha}_1,\boldsymbol{\alpha}_2,\boldsymbol{\alpha}_3,\boldsymbol{\alpha}_4$ 的秩为 2，极大无关组为 $\boldsymbol{\alpha}_1,\boldsymbol{\alpha}_2$.

由 $-\frac{1}{2}(\boldsymbol{\alpha}_3-3\boldsymbol{\alpha}_1)+\boldsymbol{\alpha}_2-2\boldsymbol{\alpha}_1=\boldsymbol{0}$，得 $\boldsymbol{\alpha}_3=-\boldsymbol{\alpha}_1+2\boldsymbol{\alpha}_2$.

由 $-\frac{1}{3}(\boldsymbol{\alpha}_4-4\boldsymbol{\alpha}_1)+\boldsymbol{\alpha}_2-2\boldsymbol{\alpha}_1=\boldsymbol{0}$，得 $\boldsymbol{\alpha}_4=-2\boldsymbol{\alpha}_1+3\boldsymbol{\alpha}_2$.

例 7 设向量组 $\boldsymbol{\alpha}_1=(1,1,1,3)^{\mathrm{T}}$，$\boldsymbol{\alpha}_2=(-1,-3,5,1)^{\mathrm{T}}$，$\boldsymbol{\alpha}_3=(3,2,-1,p+2)^{\mathrm{T}}$，$\boldsymbol{\alpha}_4=(-2,-6,10,p)^{\mathrm{T}}$.

(1) 当 p 为何值时，该向量组线性无关？并在此时将向量 $\boldsymbol{\alpha}=(4,1,6,10)^{\mathrm{T}}$ 用 $\boldsymbol{\alpha}_1,\boldsymbol{\alpha}_2,\boldsymbol{\alpha}_3,\boldsymbol{\alpha}_4$ 线性表示.

(2) 当 p 为何值时，该向量组线性相关？求它的秩和一个极大无关组；$\boldsymbol{\alpha}$ 能否由 $\boldsymbol{\alpha}_1,\boldsymbol{\alpha}_2,\boldsymbol{\alpha}_3,\boldsymbol{\alpha}_4$ 线性表示？

解 令 $\boldsymbol{A}=(\boldsymbol{\alpha}_1,\boldsymbol{\alpha}_2,\boldsymbol{\alpha}_3,\boldsymbol{\alpha}_4\mid\boldsymbol{\alpha})=\left(\begin{array}{cccc|c}1&-1&3&-2&4\\1&-3&2&-6&1\\1&5&-1&10&6\\3&1&p+2&p&10\end{array}\right)$

$$\xrightarrow{\text{初等行变换}}\left(\begin{array}{cccc:c}1 & -1 & 3 & -2 & 4\\ 0 & -2 & -1 & -4 & -3\\ 0 & 0 & 1 & 0 & 1\\ 0 & 0 & 0 & p-2 & -p+1\end{array}\right)\xlongequal{\text{记作}}\boldsymbol{A}_1.$$

(1) 当 $p-2\neq 0$ 即 $p\neq 2$ 时，有

$$\boldsymbol{A}_1\xrightarrow{\text{初等行变换}}\left(\begin{array}{cccc:c}1 & 0 & 0 & 0 & 2\\ 0 & 1 & 0 & 0 & \dfrac{3p-4}{p-2}\\ 0 & 0 & 1 & 0 & 1\\ 0 & 0 & 0 & 1 & -\dfrac{p-1}{p-2}\end{array}\right)=\boldsymbol{B}=(\boldsymbol{\beta}_1,\boldsymbol{\beta}_2,\boldsymbol{\beta}_3,\boldsymbol{\beta}_4\ \vdots\ \boldsymbol{\beta}),$$

易看出 $\boldsymbol{\beta}_1,\boldsymbol{\beta}_2,\boldsymbol{\beta}_3,\boldsymbol{\beta}_4$ 线性无关，且

$$\boldsymbol{\beta}=2\boldsymbol{\beta}_1+\frac{3p-4}{p-2}\boldsymbol{\beta}_2+\boldsymbol{\beta}_3-\frac{p-1}{p-2}\boldsymbol{\beta}_4,$$

所以此时 $\boldsymbol{\alpha}_1,\boldsymbol{\alpha}_2,\boldsymbol{\alpha}_3,\boldsymbol{\alpha}_4$ 线性无关，且

$$\boldsymbol{\alpha}=2\boldsymbol{\alpha}_1+\frac{3p-4}{p-2}\boldsymbol{\alpha}_2+\boldsymbol{\alpha}_3+\frac{1-p}{p-2}\boldsymbol{\alpha}_4.$$

(2) 当 $p-2=0$ 即 $p=2$ 时，有

$$\boldsymbol{A}_1=\left(\begin{array}{cccc:c}1 & -1 & 3 & -2 & 4\\ 0 & -2 & -1 & -4 & -3\\ 0 & 0 & 1 & 0 & 1\\ 0 & 0 & 0 & 0 & -1\end{array}\right)=\boldsymbol{C}=(\boldsymbol{\gamma}_1,\boldsymbol{\gamma}_2,\boldsymbol{\gamma}_3,\boldsymbol{\gamma}_4\ \vdots\ \boldsymbol{\gamma}),$$

易看出 $\boldsymbol{\gamma}_1,\boldsymbol{\gamma}_2,\boldsymbol{\gamma}_3$ 线性无关，$\boldsymbol{\gamma}_1,\boldsymbol{\gamma}_2,\boldsymbol{\gamma}_3,\boldsymbol{\gamma}_4$ 线性相关，且 $\boldsymbol{\gamma}$ 不能由 $\boldsymbol{\gamma}_1,\boldsymbol{\gamma}_2,\boldsymbol{\gamma}_3,\boldsymbol{\gamma}_4$ 线性表示. 所以此时向量组 $\boldsymbol{\alpha}_1,\boldsymbol{\alpha}_2,\boldsymbol{\alpha}_3,\boldsymbol{\alpha}_4$ 线性相关，$\boldsymbol{\alpha}_1,\boldsymbol{\alpha}_2,\boldsymbol{\alpha}_3$ 是其一个极大无关组. 向量组的秩为 3，$\boldsymbol{\alpha}$ 不能由 $\boldsymbol{\alpha}_1,\boldsymbol{\alpha}_2,\boldsymbol{\alpha}_3,\boldsymbol{\alpha}_4$ 线性表示.

例 8 已知 $\boldsymbol{\alpha}_1=(1,4,0,2)^{\mathrm{T}},\boldsymbol{\alpha}_2=(2,7,1,3)^{\mathrm{T}},\boldsymbol{\alpha}_3=(0,1,-1,a)^{\mathrm{T}},\boldsymbol{\beta}=(3,10,b,4)^{\mathrm{T}}$. 问：

(1) a,b 取何值时，$\boldsymbol{\beta}$ 不能由 $\boldsymbol{\alpha}_1,\boldsymbol{\alpha}_2,\boldsymbol{\alpha}_3$ 线性表示？

(2) a,b 取何值时，$\boldsymbol{\beta}$ 可由 $\boldsymbol{\alpha}_1,\boldsymbol{\alpha}_2,\boldsymbol{\alpha}_3$ 唯一线性表示？并写出此表达式.

(3) a,b 取何值时，$\boldsymbol{\beta}$ 可由 $\boldsymbol{\alpha}_1,\boldsymbol{\alpha}_2,\boldsymbol{\alpha}_3$ 线性表示但表达式不唯一？并写出一般表达式.

解 设 $x_1\boldsymbol{\alpha}_1+x_2\boldsymbol{\alpha}_2+x_3\boldsymbol{\alpha}_3=\boldsymbol{\beta}$，即 $\boldsymbol{AX}=\boldsymbol{\beta}$，其中 $\boldsymbol{A}=(\boldsymbol{\alpha}_1,\boldsymbol{\alpha}_2,\boldsymbol{\alpha}_3)$. 令

$$\boldsymbol{M}=(\boldsymbol{\alpha}_1,\boldsymbol{\alpha}_2,\boldsymbol{\alpha}_3\ \vdots\ \boldsymbol{\beta})=\left(\begin{array}{ccc:c}1 & 2 & 0 & 3\\ 4 & 7 & 1 & 10\\ 0 & 1 & -1 & b\\ 2 & 3 & a & 4\end{array}\right)\xrightarrow{\text{初等行变换}}\left(\begin{array}{ccc:c}1 & 2 & 0 & 3\\ 0 & 1 & -1 & 2\\ 0 & 0 & a-1 & 0\\ 0 & 0 & 0 & b-2\end{array}\right)$$

$$\xlongequal{\text{记作}}\boldsymbol{N}=(\boldsymbol{\gamma}_1,\boldsymbol{\gamma}_2,\boldsymbol{\gamma}_3\ \vdots\ \boldsymbol{\delta}).$$

(1) 当 $b-2\neq 0$ 即 $b\neq 2$ 时，易看出 $\boldsymbol{N}$ 的列向量 $\boldsymbol{\delta}$ 不能由 $\boldsymbol{\gamma}_1,\boldsymbol{\gamma}_2,\boldsymbol{\gamma}_3$ 线性表示. 因

此，当 $b\neq 2$ 时，$\boldsymbol{\beta}$ 不能由 $\boldsymbol{\alpha}_1,\boldsymbol{\alpha}_2,\boldsymbol{\alpha}_3$ 线性表示.

(2) 当 $b=2$ 且 $a\neq 1$ 时，$\mathrm{r}(\boldsymbol{N})=\mathrm{r}(\boldsymbol{M})=3=\mathrm{r}(\boldsymbol{\alpha}_1,\boldsymbol{\alpha}_2,\boldsymbol{\alpha}_3)$，故 $\boldsymbol{\beta}$ 可唯一地由 $\boldsymbol{\alpha}_1,\boldsymbol{\alpha}_2,\boldsymbol{\alpha}_3$ 线性表示.

$$\boldsymbol{N}\xrightarrow{\text{初等行变换}}\left(\begin{array}{ccc:c}1&0&0&-1\\0&1&0&2\\0&0&1&0\\0&0&0&0\end{array}\right),\quad \text{故}\quad \boldsymbol{\beta}=-1\boldsymbol{\alpha}_1+2\boldsymbol{\alpha}_2+0\boldsymbol{\alpha}_3.$$

(3) 当 $b=2$ 且 $a=1$ 时，$\mathrm{r}(\boldsymbol{N})=\mathrm{r}(\boldsymbol{M})=2=\mathrm{r}(\boldsymbol{\alpha}_1,\boldsymbol{\alpha}_2,\boldsymbol{\alpha}_3)$，故 $\boldsymbol{\beta}$ 可不唯一地由 $\boldsymbol{\alpha}_1,\boldsymbol{\alpha}_2,\boldsymbol{\alpha}_3$ 线性表示. 此时

$$\boldsymbol{N}\xrightarrow{\text{初等行变换}}\left(\begin{array}{ccc:c}1&0&2&-1\\0&1&-1&2\\0&0&0&0\\0&0&0&0\end{array}\right),$$

故
$$\boldsymbol{\beta}=(-2c-1)\boldsymbol{\alpha}_1+(c+2)\boldsymbol{\alpha}_2+c\boldsymbol{\alpha}_3,\ c\text{ 为任意常数}.$$

例 9 设 $\boldsymbol{\alpha}_1,\boldsymbol{\alpha}_2,\cdots,\boldsymbol{\alpha}_n$ 及 $\boldsymbol{\beta}$ 为 $n+1(n>1)$ 个向量且 $\boldsymbol{\beta}=\boldsymbol{\alpha}_1+\boldsymbol{\alpha}_2+\cdots+\boldsymbol{\alpha}_n$，证明向量组 $\boldsymbol{\beta}-\boldsymbol{\alpha}_1,\boldsymbol{\beta}-\boldsymbol{\alpha}_2,\cdots,\boldsymbol{\beta}-\boldsymbol{\alpha}_n$ 线性无关的充要条件为 $\boldsymbol{\alpha}_1,\boldsymbol{\alpha}_2,\cdots,\boldsymbol{\alpha}_n$ 线性无关.

证 因为 $\boldsymbol{\beta}=\boldsymbol{\alpha}_1+\boldsymbol{\alpha}_2+\cdots+\boldsymbol{\alpha}_n$，所以有

$$\begin{cases}\boldsymbol{\beta}-\boldsymbol{\alpha}_1=\boldsymbol{\alpha}_2+\boldsymbol{\alpha}_3+\cdots+\boldsymbol{\alpha}_n,\\ \boldsymbol{\beta}-\boldsymbol{\alpha}_2=\boldsymbol{\alpha}_1+\boldsymbol{\alpha}_3+\cdots+\boldsymbol{\alpha}_n,\\ \qquad\vdots\\ \boldsymbol{\beta}-\boldsymbol{\alpha}_n=\boldsymbol{\alpha}_1+\boldsymbol{\alpha}_2+\cdots+\boldsymbol{\alpha}_{n-1}.\end{cases}$$

设(Ⅰ)：$\boldsymbol{\alpha}_1,\boldsymbol{\alpha}_2,\cdots,\boldsymbol{\alpha}_n$；(Ⅱ)：$\boldsymbol{\beta}-\boldsymbol{\alpha}_1,\boldsymbol{\beta}-\boldsymbol{\alpha}_2,\cdots,\boldsymbol{\beta}-\boldsymbol{\alpha}_n$.

上面向量组之间的关系式可写为

$$(\boldsymbol{\beta}-\boldsymbol{\alpha}_1,\boldsymbol{\beta}-\boldsymbol{\alpha}_2,\cdots,\boldsymbol{\beta}-\boldsymbol{\alpha}_n)=(\boldsymbol{\alpha}_1,\boldsymbol{\alpha}_2,\cdots,\boldsymbol{\alpha}_n)\begin{pmatrix}0&1&1&\cdots&1\\1&0&1&\cdots&1\\1&1&0&\cdots&1\\\vdots&\vdots&\vdots&&\vdots\\1&1&1&\cdots&0\end{pmatrix}.$$

由题设知向量组(Ⅱ)可由向量组(Ⅰ)线性表示，而 $\begin{pmatrix}0&1&1&\cdots&1\\1&0&1&\cdots&1\\1&1&0&\cdots&1\\\vdots&\vdots&\vdots&&\vdots\\1&1&1&\cdots&0\end{pmatrix}$ 可逆

$\left(\text{因为}\begin{vmatrix}0&1&1&\cdots&1\\1&0&1&\cdots&1\\1&1&0&\cdots&1\\\vdots&\vdots&\vdots&&\vdots\\1&1&1&\cdots&0\end{vmatrix}=(n-1)(-1)^{n-1}\neq 0\right)$，故向量组(Ⅰ)也可由向量组

(Ⅱ)线性表示,即向量组(Ⅰ)与向量组(Ⅱ)等价,因此其秩相等,即 r(Ⅰ)=r(Ⅱ).

于是 $\boldsymbol{\alpha}_1,\boldsymbol{\alpha}_2,\cdots,\boldsymbol{\alpha}_n$ 线性无关$\Leftrightarrow$r(Ⅰ)$=n\Leftrightarrow$r(Ⅱ)$=n\Leftrightarrow\boldsymbol{\beta}-\boldsymbol{\alpha}_1,\boldsymbol{\beta}-\boldsymbol{\alpha}_2,\cdots,\boldsymbol{\beta}-\boldsymbol{\alpha}_n$ 线性无关.

例 10 设向量组 $\boldsymbol{\alpha}_1,\boldsymbol{\alpha}_2,\cdots,\boldsymbol{\alpha}_n$ 线性无关,试判别向量组 $\boldsymbol{\beta}_1=\boldsymbol{\alpha}_1+\boldsymbol{\alpha}_2,\boldsymbol{\beta}_2=\boldsymbol{\alpha}_2+\boldsymbol{\alpha}_3,\cdots,\boldsymbol{\beta}_{n-1}=\boldsymbol{\alpha}_{n-1}+\boldsymbol{\alpha}_n,\boldsymbol{\beta}_n=\boldsymbol{\alpha}_n+\boldsymbol{\alpha}_1$ 的线性相关性.

解 设 $$k_1\boldsymbol{\beta}_1+k_2\boldsymbol{\beta}_2+\cdots+k_n\boldsymbol{\beta}_n=\mathbf{0}. \qquad ①$$

根据题设,得 $$k_1(\boldsymbol{\alpha}_1+\boldsymbol{\alpha}_2)+k_2(\boldsymbol{\alpha}_2+\boldsymbol{\alpha}_3)+\cdots+k_n(\boldsymbol{\alpha}_n+\boldsymbol{\alpha}_1)=\mathbf{0},$$

整理,得 $$(k_1+k_n)\boldsymbol{\alpha}_1+(k_1+k_2)\boldsymbol{\alpha}_2+\cdots+(k_{n-1}+k_n)\boldsymbol{\alpha}_n=\mathbf{0}.$$

由于 $\boldsymbol{\alpha}_1,\boldsymbol{\alpha}_2,\cdots,\boldsymbol{\alpha}_n$ 线性无关,所以

$$\begin{cases} k_1+k_n=0, \\ k_1+k_2=0, \\ \qquad\vdots \\ k_{n-1}+k_n=0. \end{cases}$$

其系数行列式为

$$D=\begin{vmatrix} 1 & 0 & 0 & \cdots & 0 & 1 \\ 1 & 1 & 0 & \cdots & 0 & 0 \\ 0 & 1 & 1 & \cdots & 0 & 0 \\ \vdots & \vdots & \vdots & & \vdots & \vdots \\ 0 & 0 & 0 & \cdots & 1 & 1 \end{vmatrix}=1+(-1)^{n+1}.$$

当 n 为偶数时,$D=0$,此时方程组①有非零解,故 $\boldsymbol{\alpha}_1,\boldsymbol{\alpha}_2,\cdots,\boldsymbol{\alpha}_n$ 线性相关;

当 n 为奇数时,$D\neq0$,此时方程组①只有零解,故 $\boldsymbol{\alpha}_1,\boldsymbol{\alpha}_2,\cdots,\boldsymbol{\alpha}_n$ 线性无关.

4.3 向量空间

一、内容提要

1. 定义

设 V 是数域 F 上的 n 维向量构成的非空集合,且满足

(1) 若 $\forall\,\boldsymbol{\alpha},\boldsymbol{\beta}\in V$,则 $\boldsymbol{\alpha}+\boldsymbol{\beta}\in V$;

(2) 若 $\forall\,\boldsymbol{\alpha}\in V,k\in F$,且 $k\boldsymbol{\alpha}\in V$,

则称集合 V 为数域 F 上的向量空间.

如 F 为实(复)数域,则称 V 为实(复)向量空间.本书仅讨论实向量空间.

注 向量空间的上述两条性质称对向量加法及数乘具有封闭性.因此,具有上述两种封闭运算的非空向量集合为向量空间.

2. 性质

设 V 是实数域 **R** 上的向量空间,则满足

(1) $\mathbf{0}\in V$;

(2) 如 $\forall \boldsymbol{\alpha}\in V$,则必有 $-\boldsymbol{\alpha}\in V$.

即任意向量空间必含零向量,如还含有非零向量,则必是正负成对出现(因而除仅含一个零向量的零空间外,向量空间必含有无穷多元素).

3. 子空间及生成的向量空间

向量空间 V 的任一子集 V_1 如果也是一向量空间,则称为 V 的子空间;V_1 是 V 的子空间的充要条件是其对加减数乘具有封闭性.

设 V 是 $\mathbf{R}$ 上的向量空间,$\boldsymbol{\alpha}_1,\boldsymbol{\alpha}_2,\cdots,\boldsymbol{\alpha}_m\in V$,则

$$L(\boldsymbol{\alpha}_1,\boldsymbol{\alpha}_2,\cdots,\boldsymbol{\alpha}_m)=\{\boldsymbol{\alpha}=k_1\boldsymbol{\alpha}_1+k_2\boldsymbol{\alpha}_2+\cdots+k_m\boldsymbol{\alpha}_m \mid k_1,k_2,\cdots,k_m\in\mathbf{R}\}$$

为由 $\boldsymbol{\alpha}_1,\boldsymbol{\alpha}_2,\cdots,\boldsymbol{\alpha}_m$ 生成的向量空间. 显然,V 生成的向量都是 V 的子空间.

4. 基底与维数

设 V 是向量空间,若 $\boldsymbol{\alpha}_1,\boldsymbol{\alpha}_2,\cdots,\boldsymbol{\alpha}_n\in V$,且满足

(1) $\boldsymbol{\alpha}_1,\boldsymbol{\alpha}_2,\cdots,\boldsymbol{\alpha}_n$ 线性无关;

(2) V 中任一向量 $\boldsymbol{\alpha}$ 都可由 $\boldsymbol{\alpha}_1,\boldsymbol{\alpha}_2,\cdots,\boldsymbol{\alpha}_n$ 线性表示,则称 $\boldsymbol{\alpha}_1,\boldsymbol{\alpha}_2,\cdots,\boldsymbol{\alpha}_n$ 为 V 的一组基底,简称基. n 称为 V 的维数,记为 $\dim V=n$. 并称 V 为 n 维向量空间,零向量空间的维数规定为 0.

注 显然,把向量空间看做向量组,其基即为极大无关组,维数即为秩. 显然,基底不唯一,n 维向量空间的任意 n 个线性无关的向量都是 V 的一组基,维数唯一.

5. 坐标

设 $\boldsymbol{\alpha}_1,\boldsymbol{\alpha}_2,\cdots,\boldsymbol{\alpha}_n$ 是 n 维向量空间一组基. 则 V 中任意向量 $\boldsymbol{\alpha}$ 都可唯一地表示为

$$\boldsymbol{\alpha}=x_1\boldsymbol{\alpha}_1+x_2\boldsymbol{\alpha}_2+\cdots+x_n\boldsymbol{\alpha}_n.$$

有序数组 $x_1,x_2,\cdots,x_n$ 称为关于基 $\boldsymbol{\alpha}_1,\boldsymbol{\alpha}_2,\cdots,\boldsymbol{\alpha}_n$ 的坐标,记为

$$\boldsymbol{X}=(x_1,x_2,\cdots,x_n)^{\mathrm{T}}.$$

注 (1) 显然当基选定后,任一向量均对应一组坐标,不同向量对应不同的坐标.

(2) 同一向量在不同基下,坐标一般不同.

6. 基变换与坐标变换

设 $\boldsymbol{\alpha}_1,\boldsymbol{\alpha}_2,\cdots,\boldsymbol{\alpha}_n$ 与 $\boldsymbol{\beta}_1,\boldsymbol{\beta}_2,\cdots,\boldsymbol{\beta}_n$ 是 n 维向量空间任两组基,它们之间的关系为

$$\begin{cases}\boldsymbol{\beta}_1=p_{11}\boldsymbol{\alpha}_1+p_{21}\boldsymbol{\alpha}_2+\cdots+p_{n1}\boldsymbol{\alpha}_n,\\ \boldsymbol{\beta}_2=p_{12}\boldsymbol{\alpha}_1+p_{22}\boldsymbol{\alpha}_2+\cdots+p_{n2}\boldsymbol{\alpha}_n,\\ \quad\vdots\\ \boldsymbol{\beta}_n=p_{1n}\boldsymbol{\alpha}_1+p_{2n}\boldsymbol{\alpha}_2+\cdots+p_{nn}\boldsymbol{\alpha}_n.\end{cases}$$

用矩阵表示为

$$(\boldsymbol{\beta}_1,\boldsymbol{\beta}_2,\cdots,\boldsymbol{\beta}_n)=(\boldsymbol{\alpha}_1,\boldsymbol{\alpha}_2,\cdots,\boldsymbol{\alpha}_n)\begin{pmatrix}p_{11}&p_{12}&\cdots&p_{1n}\\p_{21}&p_{22}&\cdots&p_{2n}\\\vdots&\vdots&&\vdots\\p_{n1}&p_{n2}&\cdots&p_{nn}\end{pmatrix}\xlongequal{\text{定义}}(\boldsymbol{\alpha}_1,\boldsymbol{\alpha}_2,\cdots,\boldsymbol{\alpha}_n)\boldsymbol{P}.$$

称 $\boldsymbol{P}$ 为基 $\boldsymbol{\alpha}_1,\boldsymbol{\alpha}_2,\cdots,\boldsymbol{\alpha}_n$ 到基 $\boldsymbol{\beta}_1,\boldsymbol{\beta}_2,\cdots,\boldsymbol{\beta}_n$ 的过渡矩阵或变换矩阵.

定理 设 n 维向量空间 V 中一个基 $\boldsymbol{\alpha}_1,\boldsymbol{\alpha}_2,\cdots,\boldsymbol{\alpha}_n$ 到另一个基 $\boldsymbol{\beta}_1,\boldsymbol{\beta}_2,\cdots,\boldsymbol{\beta}_n$ 的过

渡矩阵为 $\boldsymbol{P}$，向量 $\boldsymbol{\alpha}$ 在这两组基下的坐标分别为 $\boldsymbol{X}$ 及 $\boldsymbol{Y}$，则有

$$\boldsymbol{X}=\boldsymbol{PY} \quad \text{或} \quad \boldsymbol{Y}=\boldsymbol{P}^{-1}\boldsymbol{X}.$$

上述公式称向量在不同基下的坐标变换公式.

二、释疑解惑

问题 1 常见实向量空间有哪些？如果 $\boldsymbol{0}\notin V$，则 V 必不是向量空间，此论断是否正确？

答 常见的向量空间如 $\mathbf{R}^n$（全体 n 维向量组成的向量空间，其几何意义为 $\mathbf{R}^1$（全体直线上的点对应的一维向量集合），$\mathbf{R}^2$（全体平面上的点对应的二维向量集合），$\mathbf{R}^3$（全体空间点对应的三维向量集合），…，齐次线性方程组 $\boldsymbol{AX}=\boldsymbol{0}$ 的全体解向量——解空间、过原点的任一直线及任一平面上的全体向量等.

如果 $\boldsymbol{0}\notin V$，则 V 必不是向量空间.（反证法）

问题 2 设 $\boldsymbol{\alpha}_1,\boldsymbol{\alpha}_2,\cdots,\boldsymbol{\alpha}_m\in V$，则

$$L(\boldsymbol{\alpha}_1,\boldsymbol{\alpha}_2,\cdots,\boldsymbol{\alpha}_m)=\{k_1\boldsymbol{\alpha}_1+k_2\boldsymbol{\alpha}_2+\cdots+k_m\boldsymbol{\alpha}_m \mid k_1,k_2,\cdots,k_m\in\mathbf{R}\}$$

是生成子空间. 为什么？其有什么意义？

答 由定义即可证 $L(\boldsymbol{\alpha}_1,\boldsymbol{\alpha}_2,\cdots,\boldsymbol{\alpha}_m)$ 是 V 的子空间. 如果 $\boldsymbol{\alpha}_1,\boldsymbol{\alpha}_2,\cdots,\boldsymbol{\alpha}_m$ 是 V 的基，则 $L(\boldsymbol{\alpha}_1,\boldsymbol{\alpha}_2,\cdots,\boldsymbol{\alpha}_m)=V$，故向量空间 V 可由其任一组基生成，由此可看出向量空间的结构，显然，如果向量空间 V 的维数为 n，则其子空间 V_1 的维数 $0\leqslant \dim V_1\leqslant n$.

问题 3 向量空间是否都含有无穷多个向量，有没有有限个向量组成的向量空间.

答 向量空间一般都含有无穷多个向量，但有一个例外，单独由一个零向量可组成一个向量空间，称零空间，记为 $\boldsymbol{0}$. 因线性方程组的解空间都是向量空间，故解空间只有两类：零空间与非零空间，即齐次线性方程组的解向量要么唯一，要么有无穷多个解. 因此，用向量空间理论研究齐次线性方程组的解的结构是非常有用的.

问题 4 设 V 是由 n 维向量组成的向量空间，它是否一定为 n 维向量空间？

答 不一定. 全体 n 维向量组成的集合 $\mathbf{R}^n$ 是 n 维向量空间，其真子空间尽管也是 n 维向量集合，但其维数小于 n. 例如，零子空间

$$\boldsymbol{0}=\{(0,0,\cdots,0)^{\mathrm{T}}\},V_1=\{(0,a_2,\cdots,a_n)^{\mathrm{T}} \mid a_2,a_3,\cdots,a_n\in\mathbf{R}\},$$

其维数 $\dim V_1=n-1$，等.

问题 5 向量空间的基、维数、坐标有何意义？

答 向量空间的基、维数、坐标是向量空间中最重要的概念.

把向量空间看做由无穷多个向量组成的向量组，其基就是极大无关组，维数也就是秩.

坐标就是向量用极大无关组线性表示后的组合系数. 向量空间与一般向量组的最大不同处在于对加减、数乘两种运算的封闭性. 基底相当于向量空间的轴，或骨架，而任一向量则可由这些骨架线性表示.

维数是向量空间最重要的标志性不变量，维数为 n 的向量空间从本质上讲只有一个. 而线性空间是向量空间的进一步扩展与抽象.

同一向量在不同基下的表示系数不同，故同一向量在不同基下的坐标是不同的. 但借助于基底间的关系，可获得不同基下坐标的对应关系. 这也可看做同一向量（点）在不同直角坐标系下对应表示式间关系的一种推广.

问题 6 生成向量空间 $L(\boldsymbol{\alpha}_1,\boldsymbol{\alpha}_2,\cdots,\boldsymbol{\alpha}_m)$ 的基底是否为 $\boldsymbol{\alpha}_1,\boldsymbol{\alpha}_2,\cdots,\boldsymbol{\alpha}_m$.

答 不一定. 如果 $\boldsymbol{\alpha}_1,\boldsymbol{\alpha}_2,\cdots,\boldsymbol{\alpha}_m$ 线性无关，则 $\boldsymbol{\alpha}_1,\boldsymbol{\alpha}_2,\cdots,\boldsymbol{\alpha}_m$ 即为基底；如果 $\boldsymbol{\alpha}_1,\boldsymbol{\alpha}_2,\cdots,\boldsymbol{\alpha}_m$ 线性相关，则基底为其一极大无关组. 统一来看，都有 $L(\boldsymbol{\alpha}_1,\boldsymbol{\alpha}_2,\cdots,\boldsymbol{\alpha}_m)$ 的基底为 $\boldsymbol{\alpha}_1,\boldsymbol{\alpha}_2,\cdots,\boldsymbol{\alpha}_m$ 的任一极大无关组，即

$$\dim L(\boldsymbol{\alpha}_1,\boldsymbol{\alpha}_2,\cdots,\boldsymbol{\alpha}_m)=\mathrm{r}(\boldsymbol{\alpha}_1,\boldsymbol{\alpha}_2,\cdots,\boldsymbol{\alpha}_m).$$

问题 7 过渡矩阵有何意义及性质？如何求过渡矩阵.

答 设 $\boldsymbol{P}=\begin{pmatrix} a_{11} & a_{12} & \cdots & a_{1n} \\ a_{21} & a_{22} & \cdots & a_{2n} \\ \vdots & \vdots & & \vdots \\ a_{n1} & a_{n2} & \cdots & a_{nn} \end{pmatrix}$ 为前基 $\boldsymbol{\alpha}_1,\boldsymbol{\alpha}_2,\cdots,\boldsymbol{\alpha}_n$ 到后基 $\boldsymbol{\beta}_1,\boldsymbol{\beta}_2,\cdots,\boldsymbol{\beta}_n$ 的过渡矩阵，则有

$$(\boldsymbol{\beta}_1,\boldsymbol{\beta}_2,\cdots,\boldsymbol{\beta}_n)=(\boldsymbol{\alpha}_1,\boldsymbol{\alpha}_2,\cdots,\boldsymbol{\alpha}_n)\boldsymbol{P}.$$

两边取行列式即知 $\boldsymbol{P}$ 可逆. 两端右乘 $\boldsymbol{P}^{-1}$ 得

$$(\boldsymbol{\beta}_1,\boldsymbol{\beta}_2,\cdots,\boldsymbol{\beta}_n)\boldsymbol{P}^{-1}=(\boldsymbol{\alpha}_1,\boldsymbol{\alpha}_2,\cdots,\boldsymbol{\alpha}_n).$$

故后基 $\boldsymbol{\beta}_1,\boldsymbol{\beta}_2,\cdots,\boldsymbol{\beta}_n$ 到前基 $\boldsymbol{\alpha}_1,\boldsymbol{\alpha}_2,\cdots,\boldsymbol{\alpha}_n$ 的过渡矩阵为 $\boldsymbol{P}^{-1}$.

求 $\boldsymbol{P}$ 的步骤如下.

（1）将前基 $\boldsymbol{\beta}_1,\boldsymbol{\beta}_2,\cdots,\boldsymbol{\beta}_n$ 用后基 $\boldsymbol{\alpha}_1,\boldsymbol{\alpha}_2,\cdots,\boldsymbol{\alpha}_n$ 线性表示.

$$\begin{cases} \boldsymbol{\beta}_1=p_{11}\boldsymbol{\alpha}_1+p_{21}\boldsymbol{\alpha}_2+\cdots+p_{n1}\boldsymbol{\alpha}_n, \\ \boldsymbol{\beta}_2=p_{12}\boldsymbol{\alpha}_1+p_{22}\boldsymbol{\alpha}_2+\cdots+p_{n2}\boldsymbol{\alpha}_n, \\ \quad\vdots \\ \boldsymbol{\beta}_n=p_{1n}\boldsymbol{\alpha}_1+p_{2n}\boldsymbol{\alpha}_2+\cdots+p_{nn}\boldsymbol{\alpha}_n, \end{cases}$$

令 $\boldsymbol{P}^{\mathrm{T}}=\begin{pmatrix} p_{11} & p_{21} & \cdots & p_{n1} \\ p_{12} & p_{22} & \cdots & p_{n2} \\ \vdots & \vdots & & \vdots \\ p_{1n} & p_{2n} & \cdots & p_{nn} \end{pmatrix}$，即可求 $\boldsymbol{P}$.

（2）$\boldsymbol{P}=(\boldsymbol{P}^{\mathrm{T}})^{\mathrm{T}}=\begin{pmatrix} p_{11} & p_{12} & \cdots & p_{1n} \\ p_{21} & p_{22} & \cdots & p_{2n} \\ \vdots & \vdots & & \vdots \\ p_{n1} & p_{n2} & \cdots & p_{nn} \end{pmatrix}$.

由过渡矩阵即可求出坐标变换公式.

设 $\boldsymbol{\alpha}$ 在前基 $\boldsymbol{\alpha}_1,\cdots\boldsymbol{\alpha}_n$ 到后基 $\boldsymbol{\beta}_1,\cdots,\boldsymbol{\beta}_n$ 下的过渡矩阵为 $\boldsymbol{P}$，且在基 $\boldsymbol{\alpha}_1,\boldsymbol{\alpha}_2,\cdots,\boldsymbol{\alpha}_n$ 及 $\boldsymbol{\beta}_1,\boldsymbol{\beta}_2,\cdots,\boldsymbol{\beta}_n$ 下的坐标分别为

$$\boldsymbol{X}=(x_1,x_2,\cdots,x_n)^{\mathrm{T}},\quad \boldsymbol{Y}=(y_1,y_2,\cdots,y_n)^{\mathrm{T}},$$

则有
$$\boldsymbol{X}=\boldsymbol{P}\boldsymbol{Y} \quad 或 \quad \boldsymbol{Y}=\boldsymbol{P}^{-1}\boldsymbol{X}.$$

坐标变换公式的意义在于选择适当的基使向量的坐标具有较简洁形式，从而便于研究和运算.

三、典型例题解析

例 1 判断下列集合中哪些是向量空间，哪些不是. 若是向量空间，求其一组基及维数.

(1) $V_1=\{\boldsymbol{\alpha}=(0,x_2,\cdots,x_n)\mid x_i\in\mathbf{R},i=2,\cdots,n\}$；

(2) $V_2=\{\boldsymbol{\alpha}=(1,x_2,\cdots,x_n)\mid x_i\in\mathbf{R},i=2,\cdots,n\}$；

(3) $V_3=\{\boldsymbol{\alpha}=(x_1,x_2,\cdots,x_n)\mid x_1+x_2+\cdots+x_n=0\}$；

(4) $V_4=\{\boldsymbol{\alpha}=(x_1,x_2,x_3)\mid x_3=x_1+x_2\}$；

(5) $V_5=\{\boldsymbol{\alpha}=(x_1,x_2,x_3)\mid x_1=2x_2\}$；

(6) $V_6=\{\boldsymbol{\alpha}=(x_1,x_2,\cdots,x_n)\mid x_i$ 为整数$\}$.

解 (1) 由定义知 V_1 是向量空间，$\dim V_1=n-1$，其一组基为

$$\boldsymbol{\alpha}_1=(0,1,0,\cdots,0),\boldsymbol{\alpha}_2=(0,0,1,\cdots,0),\cdots,\boldsymbol{\alpha}_{n-1}=(0,0,0,\cdots,1).$$

(2) 因 $\mathbf{0}\notin V_2$，故 V_2 不是向量空间.（也可用定义判断.）

(3) 用定义验证即知 V_3 是向量空间，其一组基为

$$\boldsymbol{\alpha}_1=(-1,1,0,\cdots,0),\boldsymbol{\alpha}_2=(-1,0,1,\cdots,0),\cdots,\boldsymbol{\alpha}_{n-1}=(-1,0,0,\cdots,1),$$

故 $\dim V_3=n-1$.

(4) $x_3=x_1+x_2$ 表示该空间是过原点的平面，故 V_4 是向量空间，其为二维. 现求一组基如下：

$$\begin{aligned}(x_1,x_2,x_3)&=(x_1,x_2,x_1+x_2)=(x_1,0,x_1)+(0,x_2,x_2)\\&=x_1(1,0,1)+x_2(0,1,1),\end{aligned}$$

故其一组基为 $\boldsymbol{\alpha}_1=(1,0,1),\boldsymbol{\alpha}_2=(0,1,1)$.

(5) V_5 是向量空间.

$$\begin{aligned}(x_1,x_2,x_3)&=(2x_2,x_2,x_3)=(2x_2,x_2,0)+(0,0,x_3)\\&=x_2(2,1,0)+x_3(0,0,1),\end{aligned}$$

故其一组基为 $\boldsymbol{\alpha}_1=(2,1,0),\boldsymbol{\alpha}_2=(0,0,1),\dim V_5=2$.

(6) 不是向量空间. 因对数乘运算不封闭.

例 2 (1) 证明 $\boldsymbol{\alpha}_1=(1,1,0,0)^{\mathrm{T}},\boldsymbol{\alpha}_2=(1,0,1,0)^{\mathrm{T}},\boldsymbol{\alpha}_3=(0,0,0,1)^{\mathrm{T}},\boldsymbol{\alpha}_4=(0,0,1,0)^{\mathrm{T}}$ 是 $\mathbf{R}^4$ 的一组基.

(2) 设 $\boldsymbol{\alpha}_1=(1,2,2,3)^{\mathrm{T}},\boldsymbol{\alpha}_2=(1,1,2,3)^{\mathrm{T}},\boldsymbol{\alpha}_3=(-1,1,-4,-5)^{\mathrm{T}},\boldsymbol{\alpha}_4=(1,-3,6,7)^{\mathrm{T}}$，求 $L(\boldsymbol{\alpha}_1,\boldsymbol{\alpha}_2,\boldsymbol{\alpha}_3,\boldsymbol{\alpha}_4)$的一组基及维数.

解 (1) 因

$$|\boldsymbol{\alpha}_1,\boldsymbol{\alpha}_2,\boldsymbol{\alpha}_3,\boldsymbol{\alpha}_4|=\begin{vmatrix}1&1&0&0\\1&0&0&0\\0&1&0&1\\0&0&1&0\end{vmatrix}=\begin{vmatrix}1&1&0&0\\0&-1&0&0\\0&1&0&1\\0&0&1&0\end{vmatrix}=\begin{vmatrix}1&1&0&0\\0&-1&0&0\\0&0&0&1\\0&0&1&0\end{vmatrix}=1\neq0,$$

故 $\boldsymbol{\alpha}_1,\boldsymbol{\alpha}_2,\boldsymbol{\alpha}_3,\boldsymbol{\alpha}_4$ 线性无关，即为 $\mathbf{R}^4$ 的一组基.

(2) 因 $\boldsymbol{A}=(\boldsymbol{\alpha}_1,\boldsymbol{\alpha}_2,\boldsymbol{\alpha}_3,\boldsymbol{\alpha}_4)=\begin{pmatrix}1&1&-1&1\\2&1&1&-3\\2&2&-4&6\\3&3&-5&7\end{pmatrix}\to\begin{pmatrix}1&1&-1&1\\0&-1&3&-5\\0&0&1&-2\\0&0&0&0\end{pmatrix}=\boldsymbol{B}$,

故 $\mathrm{r}(\boldsymbol{A})=3$. 于是 $\boldsymbol{\alpha}_1,\boldsymbol{\alpha}_2,\boldsymbol{\alpha}_3$ 是 $\boldsymbol{\alpha}_1,\boldsymbol{\alpha}_2,\boldsymbol{\alpha}_3,\boldsymbol{\alpha}_4$ 的一个极大无关组，故 $\dim L(\boldsymbol{\alpha}_1,\boldsymbol{\alpha}_2,\boldsymbol{\alpha}_3,\boldsymbol{\alpha}_4)=3$. 其一组基为 $\boldsymbol{\alpha}_1,\boldsymbol{\alpha}_2,\boldsymbol{\alpha}_3$.

例 3 (1) 设 $\boldsymbol{\alpha}_1,\boldsymbol{\alpha}_2,\boldsymbol{\alpha}_3,\boldsymbol{\alpha}_4$ 同例 2 中(1)，证 $L(\boldsymbol{\alpha}_1,\boldsymbol{\alpha}_2,\boldsymbol{\alpha}_3,\boldsymbol{\alpha}_4)=\mathbf{R}^4$；(2) 求 $\boldsymbol{\beta}=(2,2,1,0)^{\mathrm{T}}$ 在此基下坐标.

解 (1) 因 $\boldsymbol{\alpha}_1,\boldsymbol{\alpha}_2,\boldsymbol{\alpha}_3,\boldsymbol{\alpha}_4$ 为 $\mathbf{R}^4$ 的一组基，故 $L(\boldsymbol{\alpha}_1,\boldsymbol{\alpha}_2,\boldsymbol{\alpha}_3,\boldsymbol{\alpha}_4)=\mathbf{R}^4$.

(2) 设 $\boldsymbol{\beta}=x_1\boldsymbol{\alpha}_1+x_2\boldsymbol{\alpha}_2+x_3\boldsymbol{\alpha}_3+x_4\boldsymbol{\alpha}_4$，得

$$\boldsymbol{B}=(\boldsymbol{\alpha}_1,\boldsymbol{\alpha}_2,\boldsymbol{\alpha}_3,\boldsymbol{\alpha}_4\ \vdots\ \boldsymbol{\beta})=\left(\begin{array}{cccc:c}1&1&0&0&2\\1&0&0&0&2\\0&1&0&1&1\\0&0&1&0&0\end{array}\right)\to\left(\begin{array}{cccc:c}1&1&0&0&2\\0&-1&0&0&0\\0&1&0&1&1\\0&0&1&0&0\end{array}\right)$$

$$\to\left(\begin{array}{cccc:c}1&1&0&0&2\\0&1&0&0&0\\0&0&0&1&1\\0&0&1&0&0\end{array}\right)\to\left(\begin{array}{cccc:c}1&0&0&0&2\\0&1&0&0&0\\0&0&1&0&0\\0&0&0&1&1\end{array}\right),$$

故 $\boldsymbol{\beta}=2\boldsymbol{\alpha}_1+0\boldsymbol{\alpha}_2+0\boldsymbol{\alpha}_3+1\boldsymbol{\alpha}_4$. $\boldsymbol{\beta}$ 在该组基下的坐标为 $\boldsymbol{X}=(2,0,0,1)^{\mathrm{T}}$.

例 4 证明：若 $\boldsymbol{\alpha}_1,\boldsymbol{\alpha}_2,\cdots,\boldsymbol{\alpha}_r$ 与 $\boldsymbol{\beta}_1,\boldsymbol{\beta}_2,\cdots,\boldsymbol{\beta}_s$ 等价，则 $L(\boldsymbol{\alpha}_1,\boldsymbol{\alpha}_2,\cdots,\boldsymbol{\alpha}_r)=L(\boldsymbol{\beta}_1,\boldsymbol{\beta}_2,\cdots,\boldsymbol{\beta}_s)$.

证 因 $\boldsymbol{\alpha}_1,\boldsymbol{\alpha}_2,\cdots,\boldsymbol{\alpha}_r$ 与 $\boldsymbol{\beta}_1,\boldsymbol{\beta}_2,\cdots,\boldsymbol{\beta}_s$ 等价，故它们有相同的秩. 设其秩为 t，不妨设 $\boldsymbol{\alpha}_1,\boldsymbol{\alpha}_2,\cdots,\boldsymbol{\alpha}_r$ 与 $\boldsymbol{\beta}_1,\boldsymbol{\beta}_2,\cdots,\boldsymbol{\beta}_s$ 的极大无关组分别为 $\boldsymbol{\alpha}_{i1},\boldsymbol{\alpha}_{i2},\cdots,\boldsymbol{\alpha}_{it}$ 及 $\boldsymbol{\beta}_{j1},\boldsymbol{\beta}_{j2},\cdots,\boldsymbol{\beta}_{jt}$，有

$$L(\boldsymbol{\alpha}_1,\boldsymbol{\alpha}_2,\cdots,\boldsymbol{\alpha}_r)=L(\boldsymbol{\alpha}_{i1},\boldsymbol{\alpha}_{i2},\cdots,\boldsymbol{\alpha}_{it}),$$
$$L(\boldsymbol{\beta}_1,\boldsymbol{\beta}_2,\cdots,\boldsymbol{\beta}_s)=L(\boldsymbol{\beta}_{j1},\boldsymbol{\beta}_{j2},\cdots,\boldsymbol{\beta}_{jt}).$$

$L(\boldsymbol{\alpha}_1,\boldsymbol{\alpha}_2,\cdots,\boldsymbol{\alpha}_r)$ 与 $L(\boldsymbol{\beta}_1,\boldsymbol{\beta}_2,\cdots,\boldsymbol{\beta}_s)$ 都为 t 维向量空间，且 $\boldsymbol{\alpha}_{i1},\boldsymbol{\alpha}_{i2},\cdots,\boldsymbol{\alpha}_{it}$；$\boldsymbol{\beta}_{j1},\boldsymbol{\beta}_{j2},\cdots,\boldsymbol{\beta}_{jt}$ 都是基底，故有

$$L(\boldsymbol{\alpha}_{i1},\boldsymbol{\alpha}_{i2},\cdots,\boldsymbol{\alpha}_{it})=L(\boldsymbol{\beta}_{j1},\boldsymbol{\beta}_{j2},\cdots,\boldsymbol{\beta}_{jt}),$$

即
$$L(\boldsymbol{\alpha}_1,\boldsymbol{\alpha}_2,\cdots,\boldsymbol{\alpha}_r)=L(\boldsymbol{\beta}_1,\boldsymbol{\beta}_2,\cdots,\boldsymbol{\beta}_s).$$

例如，$\boldsymbol{\alpha}_1=(0,1,1)^{\mathrm{T}}$，$\boldsymbol{\alpha}_2=(1,0,1)^{\mathrm{T}}$，$\boldsymbol{\alpha}_3=(2,-3,-1)^{\mathrm{T}}$，$\boldsymbol{\beta}_1=(-1,1,0)^{\mathrm{T}}$，$\boldsymbol{\beta}_2=(1,0,1)^{\mathrm{T}}$，则有

$$\begin{cases}\boldsymbol{\alpha}_1=\boldsymbol{\beta}_1+\boldsymbol{\beta}_2,\\\boldsymbol{\alpha}_2=\boldsymbol{\beta}_2,\\\boldsymbol{\alpha}_3=-3\boldsymbol{\beta}_1-\boldsymbol{\beta}_2,\end{cases}\qquad\begin{cases}\boldsymbol{\beta}_1=-\dfrac{1}{2}\boldsymbol{\alpha}_1-\dfrac{1}{2}\boldsymbol{\alpha}_3,\\\boldsymbol{\beta}_2=\boldsymbol{\alpha}_2\end{cases}\text{等价},$$

故
$$L(\boldsymbol{\alpha}_1,\boldsymbol{\alpha}_2,\boldsymbol{\alpha}_3)=L(\boldsymbol{\beta}_1,\boldsymbol{\beta}_2).$$

例 5 (1) 设 $\mathbf{R}^3$ 中两组基为 $\boldsymbol{\alpha}_1,\boldsymbol{\alpha}_2,\boldsymbol{\alpha}_3$ 与 $\boldsymbol{\beta}_1,\boldsymbol{\beta}_2,\boldsymbol{\beta}_3$，其关系为

$$\begin{cases}\boldsymbol{\alpha}_1=\boldsymbol{\beta}_1+\boldsymbol{\beta}_2+\boldsymbol{\beta}_3,\\ \boldsymbol{\alpha}_2=\boldsymbol{\beta}_1+2\boldsymbol{\beta}_3,\\ \boldsymbol{\alpha}_3=\boldsymbol{\beta}_2+\boldsymbol{\beta}_3.\end{cases}$$

求前基 $\boldsymbol{\alpha}_1,\boldsymbol{\alpha}_2,\boldsymbol{\alpha}_3$ 对后基 $\boldsymbol{\beta}_1,\boldsymbol{\beta}_2,\boldsymbol{\beta}_3$ 及后基对前基的过渡矩阵.

(2) 设 $\mathbf{R}^3$ 中两组基为 $\boldsymbol{\alpha}_1=(1,0,1)^{\mathrm{T}},\boldsymbol{\alpha}_2=(1,1,0)^{\mathrm{T}},\boldsymbol{\alpha}_3=(0,1,1)^{\mathrm{T}},\boldsymbol{\beta}_1=(1,1,1)^{\mathrm{T}},\boldsymbol{\beta}_2=(1,1,2)^{\mathrm{T}},\boldsymbol{\beta}_3=(1,2,1)^{\mathrm{T}}$. 求前基对后基的过渡矩阵.

解 (1) 写成矩阵乘积,即

$$(\boldsymbol{\alpha}_1,\boldsymbol{\alpha}_2,\boldsymbol{\alpha}_3)=(\boldsymbol{\beta}_1,\boldsymbol{\beta}_2,\boldsymbol{\beta}_3)\begin{pmatrix}1&1&0\\1&0&1\\1&2&1\end{pmatrix},$$

故后基对前基的过渡矩阵为 $\boldsymbol{P}=\begin{pmatrix}1&1&0\\1&0&1\\1&2&1\end{pmatrix}$.

前基对后基的过渡矩阵为

$$\boldsymbol{P}^{-1}=\begin{pmatrix}1&1/2&-1/2\\0&-1/2&1/2\\-1&1/2&1/2\end{pmatrix}.$$

(2) **解一** 由 $(\boldsymbol{\beta}_1,\boldsymbol{\beta}_2,\boldsymbol{\beta}_3)=(\boldsymbol{\alpha}_1,\boldsymbol{\alpha}_2,\boldsymbol{\alpha}_3)\boldsymbol{P}$ 知,

$$\begin{pmatrix}1&1&1\\1&1&2\\1&2&1\end{pmatrix}=\begin{pmatrix}1&1&0\\0&1&1\\1&0&1\end{pmatrix}\boldsymbol{P},$$

解得

$$\boldsymbol{P}=\begin{pmatrix}1&1&0\\0&1&1\\1&0&1\end{pmatrix}^{-1}\begin{pmatrix}1&1&1\\1&1&2\\1&2&1\end{pmatrix}=\frac{1}{2}\begin{pmatrix}1&-1&1\\1&1&-1\\-1&1&1\end{pmatrix}\begin{pmatrix}1&1&1\\1&1&2\\1&2&1\end{pmatrix}=\begin{pmatrix}1/2&1&0\\1/2&0&1\\1/2&1&1\end{pmatrix}.$$

解二 令

$$\begin{cases}\boldsymbol{\beta}_1=a_{11}\boldsymbol{\alpha}_1+a_{21}\boldsymbol{\alpha}_2+a_{31}\boldsymbol{\alpha}_3, & ①\\ \boldsymbol{\beta}_2=a_{12}\boldsymbol{\alpha}_1+a_{22}\boldsymbol{\alpha}_2+a_{32}\boldsymbol{\alpha}_3, & ②\\ \boldsymbol{\beta}_3=a_{13}\boldsymbol{\alpha}_1+a_{23}\boldsymbol{\alpha}_2+a_{33}\boldsymbol{\alpha}_3, & ③\end{cases}$$

由式①得

$$\begin{pmatrix}1\\1\\1\end{pmatrix}=a_{11}\begin{pmatrix}1\\0\\1\end{pmatrix}+a_{21}\begin{pmatrix}1\\1\\0\end{pmatrix}+a_{31}\begin{pmatrix}0\\1\\1\end{pmatrix},\quad 即\ \begin{cases}a_{11}+a_{21}=1,\\a_{21}+a_{31}=1,\\a_{11}+a_{31}=1,\end{cases}$$

解得 $a_{11}=\dfrac{1}{2},\quad a_{21}=\dfrac{1}{2},\quad a_{31}=\dfrac{1}{2}$.

同理,由式②、式③得

$$a_{12}=a_{32}=1,\quad a_{22}=0,\quad a_{13}=0,\quad a_{23}=a_{33}=1.$$

故
$$\boldsymbol{P}=\begin{pmatrix}1/2&1&0\\1/2&0&1\\1/2&1&1\end{pmatrix}.$$

解三 考虑正交单位基

$$\boldsymbol{\varepsilon}_1=(1,0,0)^{\mathrm{T}},\quad \boldsymbol{\varepsilon}_2=(0,1,0)^{\mathrm{T}},\quad \boldsymbol{\varepsilon}_3=(0,0,1)^{\mathrm{T}},$$

有
$$(\boldsymbol{\alpha}_1,\boldsymbol{\alpha}_2,\boldsymbol{\alpha}_3)=(\boldsymbol{\varepsilon}_1,\boldsymbol{\varepsilon}_2,\boldsymbol{\varepsilon}_3)\begin{pmatrix}1&1&0\\0&1&1\\1&0&1\end{pmatrix}=(\boldsymbol{\varepsilon}_1,\boldsymbol{\varepsilon}_2,\boldsymbol{\varepsilon}_3)\boldsymbol{A}$$
$$\Rightarrow(\boldsymbol{\varepsilon}_1,\boldsymbol{\varepsilon}_2,\boldsymbol{\varepsilon}_3)=(\boldsymbol{\alpha}_1,\boldsymbol{\alpha}_2,\boldsymbol{\alpha}_3)\boldsymbol{A}^{-1},$$
$$(\boldsymbol{\beta}_1,\boldsymbol{\beta}_2,\boldsymbol{\beta}_3)=(\boldsymbol{\varepsilon}_1,\boldsymbol{\varepsilon}_2,\boldsymbol{\varepsilon}_3)\begin{pmatrix}1&1&1\\1&1&2\\1&2&1\end{pmatrix}=(\boldsymbol{\varepsilon}_1,\boldsymbol{\varepsilon}_2,\boldsymbol{\varepsilon}_3)\boldsymbol{B},$$

则
$$(\boldsymbol{\beta}_1,\boldsymbol{\beta}_2,\boldsymbol{\beta}_3)=(\boldsymbol{\alpha}_1,\boldsymbol{\alpha}_2,\boldsymbol{\alpha}_3)\boldsymbol{A}^{-1}\boldsymbol{B}=(\boldsymbol{\alpha}_1,\boldsymbol{\alpha}_2,\boldsymbol{\alpha}_3)\begin{pmatrix}1/2&1&0\\1/2&0&1\\1/2&1&1\end{pmatrix}.$$

故过渡矩阵为
$$\boldsymbol{P}=\begin{pmatrix}1/2&1&0\\1/2&0&1\\1/2&1&1\end{pmatrix}.$$

例 6 设 $\mathbf{R}^3$ 中基为 $\boldsymbol{\alpha}_1,\boldsymbol{\alpha}_2,\boldsymbol{\alpha}_3$，且 $\boldsymbol{\alpha}$ 在该基下的坐标为 $\boldsymbol{X}=(x_1,x_2,x_3)^{\mathrm{T}}$.

(1) 设另一基 $\boldsymbol{\beta}_1=\boldsymbol{\alpha}_3,\boldsymbol{\beta}_2=\boldsymbol{\alpha}_2,\boldsymbol{\beta}_3=\boldsymbol{\alpha}_1$，求 $\boldsymbol{\alpha}$ 在该基下的坐标；

(2) 设 $\boldsymbol{\gamma}_1=\boldsymbol{\alpha}_1+\boldsymbol{\alpha}_2,\boldsymbol{\gamma}_2=\boldsymbol{\alpha}_2+\boldsymbol{\alpha}_3,\boldsymbol{\gamma}_3=\boldsymbol{\alpha}_3+\boldsymbol{\alpha}_1$，证明 $\boldsymbol{\gamma}_1,\boldsymbol{\gamma}_2,\boldsymbol{\gamma}_3$ 也是 $\mathbf{R}^3$ 上的基，并求 $\boldsymbol{\alpha}$ 在该基下的坐标.

解 (1) $\boldsymbol{\alpha}=x_1\boldsymbol{\alpha}_1+x_2\boldsymbol{\alpha}_2+x_3\boldsymbol{\alpha}_3=x_3\boldsymbol{\beta}_1+x_2\boldsymbol{\beta}_2+x_1\boldsymbol{\beta}_3$，故 $\boldsymbol{\alpha}$ 在该基下的坐标为 $(x_3,x_2,x_1)^{\mathrm{T}}$.

(2) 易证 $\boldsymbol{\gamma}_1,\boldsymbol{\gamma}_2,\boldsymbol{\gamma}_3$ 线性无关，故 $\boldsymbol{\gamma}_1,\boldsymbol{\gamma}_2,\boldsymbol{\gamma}_3$ 也是 $\mathbf{R}^3$ 中的基，下面求 $\boldsymbol{\alpha}$ 在该基下的坐标.

解一 因$(\boldsymbol{\gamma}_1,\boldsymbol{\gamma}_2,\boldsymbol{\gamma}_3)=(\boldsymbol{\alpha}_1,\boldsymbol{\alpha}_2,\boldsymbol{\alpha}_3)\begin{pmatrix}1&0&1\\1&1&0\\0&1&1\end{pmatrix}=(\boldsymbol{\alpha}_1,\boldsymbol{\alpha}_2,\boldsymbol{\alpha}_3)\boldsymbol{P}$，由坐标变换公式知

$$\boldsymbol{Y}=\boldsymbol{P}^{-1}\boldsymbol{X}=\frac{1}{2}\begin{pmatrix}1&1&-1\\-1&1&1\\1&-1&1\end{pmatrix}\begin{pmatrix}x_1\\x_2\\x_3\end{pmatrix}=\begin{pmatrix}\dfrac{x_1+x_2-x_3}{2}\\\dfrac{-x_1+x_2+x_3}{2}\\\dfrac{x_1-x_2+x_3}{2}\end{pmatrix},$$

即 $\boldsymbol{\alpha}$ 在基 $\boldsymbol{\gamma}_1,\boldsymbol{\gamma}_2,\boldsymbol{\gamma}_3$ 下的坐标为 $\boldsymbol{Y}=\begin{pmatrix}\dfrac{x_1+x_2-x_3}{2}\\\dfrac{-x_1+x_2+x_3}{2}\\\dfrac{x_1-x_2+x_3}{2}\end{pmatrix}$.

解二 由 $\boldsymbol{\gamma}_1,\boldsymbol{\gamma}_2,\boldsymbol{\gamma}_3$ 的表达式得 $\boldsymbol{\alpha}_1,\boldsymbol{\alpha}_2,\boldsymbol{\alpha}_3$ 的表达式为

$$\begin{cases}\boldsymbol{\alpha}_1=\dfrac{1}{2}\boldsymbol{\gamma}_1-\dfrac{1}{2}\boldsymbol{\gamma}_2+\dfrac{1}{2}\boldsymbol{\gamma}_3,\\ \boldsymbol{\alpha}_2=\dfrac{1}{2}\boldsymbol{\gamma}_1+\dfrac{1}{2}\boldsymbol{\gamma}_2-\dfrac{1}{2}\boldsymbol{\gamma}_3,\\ \boldsymbol{\alpha}_3=-\dfrac{1}{2}\boldsymbol{\gamma}_1+\dfrac{1}{2}\boldsymbol{\gamma}_2+\dfrac{1}{2}\boldsymbol{\gamma}_3,\end{cases}$$

故
$$\begin{aligned}\boldsymbol{\alpha}&=x_1\boldsymbol{\alpha}_1+x_2\boldsymbol{\alpha}_2+x_3\boldsymbol{\alpha}_3\\&=\frac{1}{2}(x_1+x_2+x_3)\boldsymbol{\gamma}_1+\frac{1}{2}(-x_1+x_2+x_3)\boldsymbol{\gamma}_2+\frac{1}{2}(x_1-x_2+x_3)\boldsymbol{\gamma}_3,\end{aligned}$$

即可得 $\boldsymbol{\alpha}$ 在基 $\boldsymbol{\gamma}_1,\boldsymbol{\gamma}_2,\boldsymbol{\gamma}_3$ 下的坐标.

例 7 设 $\mathbf{R}^3$ 中有两组基 $\boldsymbol{\alpha}_1,\boldsymbol{\alpha}_2,\boldsymbol{\alpha}_3$；$\boldsymbol{\beta}_1,\boldsymbol{\beta}_2,\boldsymbol{\beta}_3$，且

$$\boldsymbol{\beta}_1=\boldsymbol{\alpha}_1-\boldsymbol{\alpha}_2,\quad \boldsymbol{\beta}_2=2\boldsymbol{\alpha}_1+3\boldsymbol{\alpha}_2+2\boldsymbol{\alpha}_3,\quad \boldsymbol{\beta}_3=\boldsymbol{\alpha}_1+3\boldsymbol{\alpha}_2+2\boldsymbol{\alpha}_3.$$

(1) 求 $\boldsymbol{\alpha}=2\boldsymbol{\beta}_1-\boldsymbol{\beta}_2+3\boldsymbol{\beta}_3$ 在基 $\boldsymbol{\alpha}_1,\boldsymbol{\alpha}_2,\boldsymbol{\alpha}_3$ 下的坐标；

(2) 求 $\boldsymbol{\alpha}=2\boldsymbol{\alpha}_1-\boldsymbol{\alpha}_2+3\boldsymbol{\alpha}_3$ 在基 $\boldsymbol{\beta}_1,\boldsymbol{\beta}_2,\boldsymbol{\beta}_3$ 下的坐标.

解 (1)
$$\begin{aligned}\boldsymbol{\alpha}&=2\boldsymbol{\beta}_1-\boldsymbol{\beta}_2+3\boldsymbol{\beta}_3=2(\boldsymbol{\alpha}_1-\boldsymbol{\alpha}_2)-(2\boldsymbol{\alpha}_1+3\boldsymbol{\alpha}_2+2\boldsymbol{\alpha}_3)+3(\boldsymbol{\alpha}_1+3\boldsymbol{\alpha}_2+2\boldsymbol{\alpha}_3)\\&=3\boldsymbol{\alpha}_1+4\boldsymbol{\alpha}_2+4\boldsymbol{\alpha}_3,\end{aligned}$$

故 $\boldsymbol{\alpha}$ 在基 $\boldsymbol{\alpha}_1,\boldsymbol{\alpha}_2,\boldsymbol{\alpha}_3$ 下的坐标为 $(3,4,4)^{\mathrm{T}}$.

(2) $\boldsymbol{\alpha}$ 在基 $\boldsymbol{\alpha}_1,\boldsymbol{\alpha}_2,\boldsymbol{\alpha}_3$ 下的坐标为 $\boldsymbol{X}=(2,-1,3)^{\mathrm{T}}$. 又

$$\begin{cases}\boldsymbol{\beta}_1=\boldsymbol{\alpha}_1-\boldsymbol{\alpha}_2,\\ \boldsymbol{\beta}_2=2\boldsymbol{\alpha}_1+3\boldsymbol{\alpha}_2+2\boldsymbol{\alpha}_3,\\ \boldsymbol{\beta}_3=\boldsymbol{\alpha}_1+3\boldsymbol{\alpha}_2+2\boldsymbol{\alpha}_3,\end{cases}\quad 即\quad (\boldsymbol{\beta}_1,\boldsymbol{\beta}_2,\boldsymbol{\beta}_3)=(\boldsymbol{\alpha}_1,\boldsymbol{\alpha}_2,\boldsymbol{\alpha}_3)\begin{pmatrix}1&2&1\\-1&3&3\\0&2&2\end{pmatrix},$$

令
$$\boldsymbol{P}=\begin{pmatrix}1&2&1\\-1&3&3\\0&2&2\end{pmatrix}\to\boldsymbol{P}^{-1}=\begin{pmatrix}0&-1&3/2\\1&1&-2\\-1&-1&5/2\end{pmatrix}.$$

由坐标变换公式得

$$\boldsymbol{Y}=\boldsymbol{P}^{-1}\boldsymbol{X}=\begin{pmatrix}0&-1&3/2\\1&1&-2\\-1&-1&5/2\end{pmatrix}\begin{pmatrix}2\\-1\\3\end{pmatrix}=\begin{pmatrix}11/2\\-5\\13/2\end{pmatrix}.$$

故 $\boldsymbol{\alpha}$ 在基 $\boldsymbol{\beta}_1,\boldsymbol{\beta}_2,\boldsymbol{\beta}_3$ 下的坐标为

$$\boldsymbol{Y}=\left(\frac{11}{2},-5,\frac{13}{2}\right)^{\mathrm{T}}.$$

4.4 线性方程组解的结构

一、内 容 提 要

1. 齐次线性方程组 $AX=0$ 解的性质

定理 1 设 $\boldsymbol{X}_1,\boldsymbol{X}_2,\cdots,\boldsymbol{X}_m$ 为齐次线性方程组任意 m 个解向量，则其任意线性组合 $k_1\boldsymbol{X}_1+k_2\boldsymbol{X}_2+\cdots+k_m\boldsymbol{X}_m$ 也是其解向量.

2. 解空间 $N(\boldsymbol{A})$

齐次线性方程组全体解向量的集合称为解空间.从以上性质看,解空间对向量加减及数乘运算具有封闭性,故是向量空间.

3. 基础解系

解空间的基称为基础解系.

4. 齐次线性方程组解空间的结构

设齐次线性方程组 $\boldsymbol{AX}=\boldsymbol{0}$ 的基础解系为 $\boldsymbol{X}_1,\boldsymbol{X}_2,\cdots,\boldsymbol{X}_{n-r}$,则其通解为

$$\boldsymbol{X}=k_1\boldsymbol{X}_1+k_2\boldsymbol{X}_2+\cdots+k_{n-r}\boldsymbol{X}_{n-r}.$$

定理 2 $\boldsymbol{A}$ 为 $m\times n$ 矩阵,$\mathrm{r}(\boldsymbol{A})=r$,则 $\dim N(\boldsymbol{A})=n-r$.

$$\boldsymbol{AX}=\boldsymbol{0}\begin{cases}\text{有非零解}\Leftrightarrow \mathrm{r}(\boldsymbol{A})<n\Leftrightarrow \boldsymbol{A}\text{ 的 } n \text{ 个列线性相关;}\\ \text{仅有零解}\Leftrightarrow \mathrm{r}(\boldsymbol{A})=n\Leftrightarrow \boldsymbol{A}\text{ 的 } n \text{ 个列线性无关.}\end{cases}$$

5. 非齐次线性方程组 $\boldsymbol{AX}=\boldsymbol{b}$ 解的性质

(1) 非齐次线性方程组 $\boldsymbol{AX}=\boldsymbol{b}$ 的任意两解之差是其对应齐次线性方程组 $\boldsymbol{AX}=\boldsymbol{0}$ 之解.

(2) 设 $\boldsymbol{\xi}$ 是齐次线性方程组 $\boldsymbol{AX}=\boldsymbol{0}$ 的解,$\boldsymbol{\eta}$ 是非齐次线性方程组 $\boldsymbol{AX}=\boldsymbol{b}$ 的解,则 $\boldsymbol{\xi}+\boldsymbol{\eta}$ 为非齐次线性方程组 $\boldsymbol{AX}=\boldsymbol{b}$ 的解.

6. 非齐次线性方程组 $\boldsymbol{AX}=\boldsymbol{b}$ 解的结构

定理 3 $\boldsymbol{AX}=\boldsymbol{b}$ 的通解 $\boldsymbol{X}$ 等于对应的齐次线性方程组 $\boldsymbol{AX}=\boldsymbol{0}$ 的一般解 $\boldsymbol{X}_c$ 加上 $\boldsymbol{AX}=\boldsymbol{b}$ 的一个特解 $\boldsymbol{\eta}$,即 $\boldsymbol{X}=\boldsymbol{X}_c+\boldsymbol{\eta}$.

令 $\boldsymbol{X}_c=k_1\boldsymbol{X}_1+k_2\boldsymbol{X}_2+\cdots+k_{n-r}\boldsymbol{X}_{n-r}$,则 $\boldsymbol{X}=k_1\boldsymbol{X}_1+\cdots+k_{n-r}\boldsymbol{X}_{n-r}+\boldsymbol{\eta}$,其中 $\boldsymbol{X}_1$,$\boldsymbol{X}_2,\cdots,\boldsymbol{X}_{n-r}$ 为齐次线性方程组 $\boldsymbol{AX}=\boldsymbol{0}$ 的基础解系.

7. $\boldsymbol{AX}=\boldsymbol{b}$ 有解的判别

$\boldsymbol{AX}=\boldsymbol{b}$ 有解 $\Leftrightarrow \mathrm{r}(\boldsymbol{A})=\mathrm{r}(\boldsymbol{A}\ \vdots\ \boldsymbol{b})\Leftrightarrow \boldsymbol{b}$ 是 $\boldsymbol{A}$ 的 n 个列的线性组合.

$$\boldsymbol{AX}=\boldsymbol{b}\begin{cases}\text{有无穷解}\Leftrightarrow \mathrm{r}(\boldsymbol{A}\ \vdots\ \boldsymbol{b})=\mathrm{r}(\boldsymbol{A})<n;\\ \text{有唯一解}\Leftrightarrow \mathrm{r}(\boldsymbol{A}\ \vdots\ \boldsymbol{b})=\mathrm{r}(\boldsymbol{A})=n.\end{cases}$$

二、释疑解惑

问题 1 齐次线性方程组与非齐次线性方程组的全体解集是否都为向量空间,为什么?

答 由齐次线性方程组的性质知,齐次线性方程组的解空间 $N(\boldsymbol{A})$ 对解向量的加与数乘运算封闭,故构成向量空间.而非齐次线性方程组 $\boldsymbol{AX}=\boldsymbol{b}$ 的全体解集对解向量的加、数乘运算不封闭,故不能构成向量空间.因而齐次线性方程组的解空间可利用其基础解系的线性组合来表示,非齐次线性方程组则不能,它只能用对应齐次线性方程组的基础解系,及本身一个特解来表示.

问题 2 齐次线性方程组的基础解系是否唯一?为什么?

答 不唯一.基础解系就是极大线性无关组,有无穷多,故齐次线性方程组的通解必有无穷多种表达形式.同理,非齐次线性方程组的通解也必有无穷多种表达形式.

问题 3 如何求齐次线性方程组的基础解系及通解?

答 有两个方法. 首先将系数矩阵 $\boldsymbol{A}$ 用初等行变换化成行最简形，不妨设

$$\boldsymbol{A}\to\begin{pmatrix}1 & & & a_{1,r+1} & \cdots & a_{1n}\\ & \ddots & & \vdots & & \vdots\\ & r\text{个} & 1 & a_{r,r+1} & \cdots & a_{rn}\\ 0 & \cdots & 0 & 0 & \cdots & 0\\ \vdots & & \vdots & \vdots & & \vdots\\ 0 & \cdots & 0 & 0 & \cdots & 0\end{pmatrix},$$

由此可得同解线性方程组为

$$\begin{cases}x_1+a_{1,r+1}x_{r+1}+\cdots+a_{1n}x_n=0,\\ x_2+a_{2,r+1}x_{r+1}+\cdots+a_{2n}x_n=0,\\ \qquad\vdots\\ x_r+a_{r,r+1}x_{r+1}+\cdots+a_{rn}x_n=0,\end{cases}\quad\text{移项得}\quad\begin{cases}x_1=-a_{1,r+1}x_{r+1}-\cdots-a_{1n}x_n,\\ x_2=-a_{2,r+1}x_{r+1}-\cdots-a_{2n}x_n,\\ \quad\vdots\\ x_r=-a_{r,r+1}x_{r+1}-\cdots-a_{rn}x_n.\end{cases}$$

方法一 写成

$$\begin{cases}x_1=-a_{1,r+1}x_{r+1}-\cdots-a_{1n}x_n,\\ \quad\vdots\\ x_r=-a_{r,r+1}x_{r+1}-\cdots-a_{rn}x_n,\\ x_{r+1}=\qquad x_{r+1}\\ \quad\vdots\\ x_n=\qquad\qquad x_n,\end{cases}\qquad ①$$

即

$$\begin{pmatrix}x_1\\ \vdots\\ x_r\\ x_{r+1}\\ x_{r+2}\\ \vdots\\ x_n\end{pmatrix}=x_{r+1}\begin{pmatrix}-a_{1,r+1}\\ \vdots\\ -a_{r,r+1}\\ 1\\ 0\\ \vdots\\ 0\end{pmatrix}+\cdots+x_n\begin{pmatrix}-a_{1n}\\ \vdots\\ -a_{rn}\\ 0\\ 0\\ \vdots\\ 1\end{pmatrix}.$$

即得基础解系

$$\boldsymbol{\xi}_1=\begin{pmatrix}-a_{1,r+1}\\ \vdots\\ -a_{r,r+1}\\ 1\\ 0\\ \vdots\\ 0\end{pmatrix},\cdots,\boldsymbol{\xi}_{n-r}=\begin{pmatrix}-a_{1n}\\ \vdots\\ -a_{rn}\\ 0\\ 0\\ \vdots\\ 1\end{pmatrix}.$$

方法二 在方程组①的基础上取 $n-r$ 组自由变量 $\begin{pmatrix}x_{r+1}\\ x_{r+2}\\ \vdots\\ x_n\end{pmatrix}$，分别为 $\begin{pmatrix}1\\ 0\\ \vdots\\ 0\end{pmatrix},\cdots,\begin{pmatrix}0\\ 0\\ \vdots\\ 1\end{pmatrix}$，代入得出相应 $x_1,x_2,\cdots,x_r$，即可确定基础解系，即方法一是先写成通解形式再找基

础解系,方法二正好相反.

问题 4 设 $\boldsymbol{\alpha}_1,\boldsymbol{\alpha}_2,\cdots,\boldsymbol{\alpha}_{n-r}$ 为齐次线性方程组 $\boldsymbol{AX}=\boldsymbol{0}$ 的基础解系,$\boldsymbol{\beta}_1,\boldsymbol{\beta}_2,\cdots,\boldsymbol{\beta}_{n-r}$ 是上述基础解系的线性组合,即

$$\begin{cases}\boldsymbol{\beta}_1=k_{11}\boldsymbol{\alpha}_1+k_{12}\boldsymbol{\alpha}_2+\cdots+k_{1,n-r}\boldsymbol{\alpha}_{n-r},\\ \boldsymbol{\beta}_2=k_{21}\boldsymbol{\alpha}_1+k_{22}\boldsymbol{\alpha}_2+\cdots+k_{2,n-r}\boldsymbol{\alpha}_{n-r},\\ \quad\vdots\\ \boldsymbol{\beta}_{n-r}=k_{n-r,1}\boldsymbol{\alpha}_1+k_{n-r,2}\boldsymbol{\alpha}_2+\cdots+k_{n-r,n-r}\boldsymbol{\alpha}_{n-r}.\end{cases} \qquad ①$$

问其组合系数矩阵 $\boldsymbol{K}=\begin{pmatrix}k_{11} & k_{12} & \cdots & k_{1,n-r}\\ k_{21} & k_{22} & \cdots & k_{2,n-r}\\ \vdots & \vdots & & \vdots\\ k_{n-r,1} & k_{n-r,2} & \cdots & k_{n-r,n-r}\end{pmatrix}$ 满足何条件时,$\boldsymbol{\beta}_1,\boldsymbol{\beta}_2,\cdots,\boldsymbol{\beta}_{n-r}$ 也为基础解系?

答 式①写成

$$(\boldsymbol{\beta}_1,\boldsymbol{\beta}_2,\cdots,\boldsymbol{\beta}_{n-r})=(\boldsymbol{\alpha}_1,\boldsymbol{\alpha}_2,\cdots,\boldsymbol{\alpha}_{n-r})\boldsymbol{K}^{\mathrm{T}}.$$

$$\boldsymbol{\beta}_1,\boldsymbol{\beta}_2,\cdots,\boldsymbol{\beta}_{n-r}\text{线性无关}\Leftrightarrow \mathrm{r}(\boldsymbol{\beta}_1,\boldsymbol{\beta}_2,\cdots,\boldsymbol{\beta}_{n-r})=n-r\Leftrightarrow \mathrm{r}[(\boldsymbol{\alpha}_1,\boldsymbol{\alpha}_2,\cdots,\boldsymbol{\alpha}_{n-r})\boldsymbol{K}^{\mathrm{T}}]=n-r$$
$$\Leftrightarrow \mathrm{r}(\boldsymbol{K}^{\mathrm{T}})=n-r\Leftrightarrow |\boldsymbol{K}^{\mathrm{T}}|\neq 0.$$

即当 $|\boldsymbol{K}|\neq 0$ 时,$\boldsymbol{\beta}_1,\boldsymbol{\beta}_2,\cdots,\boldsymbol{\beta}_{n-r}$ 线性无关,仍是基础解系.

问题 5 如何理解维数定理:$\mathrm{r}(\boldsymbol{A})=r\Rightarrow \dim N(\boldsymbol{A})=n-r$.

答 维数定理是系数矩阵 $\boldsymbol{A}$ 的秩与解空间的维数(即秩)的关系,是有关齐次线性方程组通解结构的最基本定理.我们还可从多视角理解这一定理的意义.

(1) $\dim N(\boldsymbol{A})$ 等于自由未知数个数($\mathrm{r}(\boldsymbol{A})$ 等于非自由未知个数,又等于保留方程组个数);

(2) 在选保留未知数(即非自由未知数)时,由克莱姆法则要选最高阶非零子式,并由此来确定非自由未知数,上述过程单位矩阵行列式 $|\boldsymbol{I}_r|$,即为最高阶非零子式(经初等变换之后的).

(3) 基础解系有很多应用,如矩阵的对角化等.在考研中也是最常见的考点之一(参见有关考研书籍).

例如,设四元非齐次线性方程组系数矩阵的秩为 3,且有两个不同的特解 $\boldsymbol{\eta}_1,\boldsymbol{\eta}_2$,求其通解.

利用维数定理,得其对应齐次方程的解空间维数为 $\dim N(\boldsymbol{A})=4-3=1$.又 $\boldsymbol{\eta}_1-\boldsymbol{\eta}_2=\xi\neq\boldsymbol{0}$ 为该齐次方程的非零特解,为基础解系,故原方程的通解为 $k(\boldsymbol{\eta}_1-\boldsymbol{\eta}_2)+\boldsymbol{\eta}_1$.

问题 6 线性方程组 $\boldsymbol{AX}=\boldsymbol{0}$ 的基础解系有何用处?

答 在矩阵对角化以及二次型化标准形的过程中都有应用.基础解系对于认识线性方程组解的结构至关重要,它实质是向量空间的基,在线性变换中也有非常重要的意义.

问题 7 判断题.

(1) 齐次线性方程组 $\boldsymbol{AX}=\boldsymbol{0}$ 有两个不同的解,则一定有无穷多组解.

(2) 非齐次线性方程组 $\boldsymbol{AX}=\boldsymbol{b}$ 中，$m\times n$ 矩阵 $\boldsymbol{A}$ 的 n 个列向量线性无关，则方程组有唯一解.

(3) 齐次线性方程组 $\boldsymbol{AX}=\boldsymbol{0}$，$m\times n$ 矩阵 $\boldsymbol{A}$ 的 n 个列向量线性无关，则仅有零解.

答 (1) 齐次线性方程组要么仅有零解，要么有无穷多组解(包括零解)，现知有两个不同解，故必有非零解. 故(1)正确.

(2) 非齐次线性方程组 n 个列线性无关，则 $\mathrm{r}(\boldsymbol{A})=n$. 但 $\mathrm{r}(\boldsymbol{A}\ \vdots\ \boldsymbol{b})$ 为 n 或 $n+1$，对第二种情况则无解. 故(2)不对.

(3) 齐次线性方程组 n 个列线性无关，则 $\mathrm{r}(\boldsymbol{A})=n$，故只有零解. 故(3)正确.

综上所述，仅(2)不对.

问题 8 判断题.

(1) 向量组 $\boldsymbol{\alpha}_1,\boldsymbol{\alpha}_2,\cdots,\boldsymbol{\alpha}_m$ 线性无关的充要条件是零向量由此向量组的线性表示是唯一的.

(2) $\boldsymbol{A}_{m\times n}$，$\mathrm{r}(\boldsymbol{A})=n$，则非齐次线性方程组 $\boldsymbol{AX}=\boldsymbol{b}$ 有解.

(3) $\boldsymbol{A}_{n\times n}$，对任一个 n 维列向量 $\boldsymbol{b}$，使非齐次线性方程组 $\boldsymbol{AX}=\boldsymbol{b}$ 有解，则 $\mathrm{r}(\boldsymbol{A})=n$.

答 (1) 等价于 $\boldsymbol{\alpha}_1,\boldsymbol{\alpha}_2,\cdots,\boldsymbol{\alpha}_m$ 线性无关 $\Leftrightarrow x_1\boldsymbol{\alpha}_1+x_2\boldsymbol{\alpha}_2+\cdots+x_m\boldsymbol{\alpha}_m=\boldsymbol{0}$ 仅有零解. 故(1)是对的.

(2) $\mathrm{r}(\boldsymbol{A})=n$. 当 $m>n$ 时，可能 $\mathrm{r}(\boldsymbol{A}\ \vdots\ \boldsymbol{b})=n+1$，故 $\boldsymbol{AX}=\boldsymbol{b}$ 可能无解，故(2)不对.

(3) 如 $\mathrm{r}(\boldsymbol{A})=n$，由克莱姆法则知，对任意 $\boldsymbol{b}$，$\boldsymbol{AX}=\boldsymbol{b}$ 有解. 反之，若对任意 $\boldsymbol{b}$，$\boldsymbol{AX}=\boldsymbol{b}$ 有解，其秩必为 n. 用反证法证明. 若 $\mathrm{r}(\boldsymbol{A})<n$，则 $\boldsymbol{AX}=\boldsymbol{b}$ 可能有解，也可能无解，这要视 $\boldsymbol{b}$ 而定. 故(3)是对的.

三、典型例题解析

例 1 证明与线性方程组 $\boldsymbol{AX}=\boldsymbol{0}$ 的基础解系等价的线性无关的向量组仍是其基础解系.

要证明某一向量组是线性方程组 $\boldsymbol{AX}=\boldsymbol{0}$ 的基础解系需证明：

(1) 该组向量都是线性方程组的解向量；

(2) 该向量组线性无关；

(3) 方程组的任一解均可由该向量组线性表示(由(2)、(3)即知该向量组是 $N(\boldsymbol{A})$ 的基底).

证 设 $\boldsymbol{\eta}_1,\boldsymbol{\eta}_2,\cdots,\boldsymbol{\eta}_t$ 是线性方程组 $\boldsymbol{AX}=\boldsymbol{0}$ 的一个基础解系，$\boldsymbol{\alpha}_1,\boldsymbol{\alpha}_2,\cdots,\boldsymbol{\alpha}_n$ 是与 $\boldsymbol{\eta}_1,\boldsymbol{\eta}_2,\cdots,\boldsymbol{\eta}_t$ 等价的线性无关的向量组，因等价的线性无关的向量组所含向量个数相同，故 $t=n$.

因两向量组等价，故 $\boldsymbol{\alpha}_1,\boldsymbol{\alpha}_2,\cdots,\boldsymbol{\alpha}_t$ 可由 $\boldsymbol{\eta}_1,\boldsymbol{\eta}_2,\cdots,\boldsymbol{\eta}_t$ 线性表示. 由解的叠加性质知，$\boldsymbol{\alpha}_1,\boldsymbol{\alpha}_2,\cdots,\boldsymbol{\alpha}_t$ 也是其解，且线性无关.

由于方程组 $\boldsymbol{AX}=\boldsymbol{0}$ 的任一解均可由 $\boldsymbol{\eta}_1,\boldsymbol{\eta}_2,\cdots,\boldsymbol{\eta}_t$ 线性表示. 由传递性知，它一定可由 $\boldsymbol{\alpha}_1,\boldsymbol{\alpha}_2,\cdots,\boldsymbol{\alpha}_t$ 线性表示. 证毕.

注 当线性方程组 $\boldsymbol{AX}=\boldsymbol{0}$ 有非零解时，基础解系取法不唯一，且不同基础解系之间是等价的.

例 2 设 $\boldsymbol{A}_{n\times n}$，若对任意 n 维列向量 $\boldsymbol{X}=(x_1,x_2,\cdots,x_n)^{\mathrm{T}}$，都有 $\boldsymbol{AX}=\boldsymbol{0}$，则 $\boldsymbol{A}=\boldsymbol{O}$.

证一 设 $\boldsymbol{A}=\begin{pmatrix} a_{11} & a_{12} & \cdots & a_{1n} \\ a_{21} & a_{22} & \cdots & a_{2n} \\ \vdots & \vdots & & \vdots \\ a_{n1} & a_{n2} & \cdots & a_{nn} \end{pmatrix}$，由 $\boldsymbol{X}$ 取法的任意性知，可取特殊的 n 维向量

$$\boldsymbol{X}_1=\boldsymbol{\varepsilon}_1=(1,0,\cdots,0)^{\mathrm{T}},\boldsymbol{X}_2=\boldsymbol{\varepsilon}_2=(0,1,\cdots,0)^{\mathrm{T}},\cdots,\boldsymbol{X}_n=\boldsymbol{\varepsilon}_n=(0,0,\cdots,1)^{\mathrm{T}},$$

有 $\boldsymbol{AX}_i=\boldsymbol{0}(i=1,2,\cdots,n)$，即

$$\begin{pmatrix} a_{11} & a_{12} & \cdots & a_{1n} \\ \vdots & \vdots & & \vdots \\ a_{i1} & a_{i2} & \cdots & a_{in} \\ \vdots & \vdots & & \vdots \\ a_{n1} & a_{n2} & \cdots & a_{nn} \end{pmatrix}\begin{pmatrix} 0 \\ \vdots \\ 0 \\ 1 \\ \vdots \\ 0 \end{pmatrix}=\begin{pmatrix} a_{1i} \\ a_{2i} \\ \vdots \\ a_{ni} \end{pmatrix}=\begin{pmatrix} 0 \\ 0 \\ \vdots \\ 0 \end{pmatrix}$$

$$\Rightarrow a_{1i}=a_{2i}=\cdots=a_{ni}=0\Rightarrow \boldsymbol{A}=\boldsymbol{O}\ (i=1,2,\cdots,n).$$

证二 要证 $\boldsymbol{A}=\boldsymbol{O}$，只需证 $\mathrm{r}(\boldsymbol{A})=0$.

由题设知，n 维单位向量 $\boldsymbol{\varepsilon}_1,\boldsymbol{\varepsilon}_2,\cdots,\boldsymbol{\varepsilon}_n$ 是齐次线性方程组 $\boldsymbol{AX}=\boldsymbol{0}$ 的解. 而 $\boldsymbol{\varepsilon}_1,\boldsymbol{\varepsilon}_2,\cdots,\boldsymbol{\varepsilon}_n$ 线性无关，且任何 n 维向量均可由其线性表示，故 $\boldsymbol{\varepsilon}_1,\boldsymbol{\varepsilon}_2,\cdots,\boldsymbol{\varepsilon}_n$ 是 $\boldsymbol{AX}=\boldsymbol{0}$ 的一个基础解系，即 $\dim N(\boldsymbol{A})=n$. 由线性方程组系数矩阵的秩与解空间维数的关系知，$\mathrm{r}(\boldsymbol{A})=0$，故 $\boldsymbol{A}=\boldsymbol{O}$.

证三 由题设知，任意 n 维向量都是 $\boldsymbol{AX}=\boldsymbol{0}$ 的解. 而全体 n 维向量的秩为 n，所以必可找到 $\boldsymbol{AX}=\boldsymbol{0}$ 的 n 个线性无关的解 $\boldsymbol{X}_1,\boldsymbol{X}_2,\cdots,\boldsymbol{X}_n$. 以此为列可得一可逆矩阵 $\boldsymbol{B}=(\boldsymbol{X}_1,\boldsymbol{X}_2,\cdots,\boldsymbol{X}_n)$. 因 $\boldsymbol{AX}_i=\boldsymbol{O}\Rightarrow\boldsymbol{AB}=\boldsymbol{O}$，两边右乘 $\boldsymbol{B}^{-1}$ 得 $\boldsymbol{A}=\boldsymbol{O}$. 证毕.

注 要证 $\boldsymbol{A}=\boldsymbol{O}$ 一般有两种方法：一是证其所有元素 $a_{ij}=0$；另一种方法是证 $\mathrm{r}(\boldsymbol{A})=0$. 在后一种证法中需考虑到线性方程组 $\boldsymbol{AX}=\boldsymbol{0}$ 中系数矩阵的秩与解空间维数的关系.

例 3 设 $\boldsymbol{A}=(a_{ij})_{n\times n}$，$\mathrm{r}(\boldsymbol{A})=n-1$，证明存在常数 k，使 $(\boldsymbol{A}^*)^2=k\boldsymbol{A}^*$.

分析 设 $\boldsymbol{A}_{n\times n}$， $\mathrm{r}(\boldsymbol{A})=1\Rightarrow\boldsymbol{A}=\begin{pmatrix} a_1 \\ a_2 \\ \vdots \\ a_n \end{pmatrix}(b_1,b_2,\cdots,b_n)$

$$\Rightarrow\boldsymbol{A}^2=k\boldsymbol{A}(k=a_1b_1+a_2b_2+\cdots+a_nb_n).$$

因此，本题仅需证明 $\mathrm{r}(\boldsymbol{A}^*)=1$ 即可.

证 设 $\boldsymbol{A}=(a_{ij})_{n\times n}$，$\mathrm{r}(\boldsymbol{A})=n-1\Rightarrow|\boldsymbol{A}|=0$，且 $\boldsymbol{A}$ 中至少有一个 $n-1$ 阶子式不为 0，即 $\boldsymbol{A}^*$ 中至少有一个元素 $A_{ij}\neq0$，故 $\mathrm{r}(\boldsymbol{A}^*)>0$（或 $\mathrm{r}(\boldsymbol{A}^*)\geqslant1$）.

由
$$\boldsymbol{AA}^*=|\boldsymbol{A}|\boldsymbol{E}\quad 及\quad |\boldsymbol{A}|=0,$$

令 $\boldsymbol{A}^*=(\boldsymbol{\alpha}_1,\boldsymbol{\alpha}_2,\cdots,\boldsymbol{\alpha}_n)$，得

$$\boldsymbol{A}\boldsymbol{A}^*=\boldsymbol{A}(\boldsymbol{\alpha}_1,\boldsymbol{\alpha}_2,\cdots,\boldsymbol{\alpha}_n)=(\boldsymbol{A}\boldsymbol{\alpha}_1,\boldsymbol{A}\boldsymbol{\alpha}_2,\cdots,\boldsymbol{A}\boldsymbol{\alpha}_n)=(\boldsymbol{0},\boldsymbol{0},\cdots,\boldsymbol{0}),$$

故 $\boldsymbol{A}\boldsymbol{\alpha}_i=\boldsymbol{0}$，即 $\boldsymbol{\alpha}_i$ 是线性方程组 $\boldsymbol{AX}=\boldsymbol{0}$ 的解.

由于 $\mathrm{r}(\boldsymbol{A})=n-1$ 知，$\boldsymbol{AX}=\boldsymbol{0}$ 的解空间的基础解系含一个解向量，故 $\mathrm{r}(\boldsymbol{\alpha}_1,\boldsymbol{\alpha}_2,\cdots,\boldsymbol{\alpha}_n)\leqslant \mathrm{r}(N(\boldsymbol{A}))=\dim N(\boldsymbol{A})=1$，即

$$1\leqslant \mathrm{r}(\boldsymbol{A}^*)\leqslant 1\Rightarrow \mathrm{r}(\boldsymbol{A}^*)=1.$$

故 $(\boldsymbol{A}^*)^2=k\boldsymbol{A}$.

注　向量组及矩阵的秩的问题经常可通过已知条件将其转化为齐次线性方程组的基础解系的问题.

例 4　解线性方程组

$$\begin{cases}a_{11}x_1+a_{12}x_2+\cdots+a_{1n}x_n=0,\\ a_{21}x_1+a_{22}x_2+\cdots+a_{2n}x_n=0,\\ \qquad\qquad\vdots\\ a_{n1}x_1+a_{n2}x_2+\cdots+a_{nn}x_n=0,\end{cases}$$

其系数矩阵 $|\boldsymbol{A}|=0$. 而 $\boldsymbol{A}$ 中某元素 a_{ij} 的代数余子式 $A_{ij}\neq 0$. 试证 $(A_{i1},A_{i2},\cdots,A_{in})^{\mathrm{T}}$ 是该方程组的一个基础解系.

证　因 $|\boldsymbol{A}|=0$，故 $\boldsymbol{A}\boldsymbol{A}^*=|\boldsymbol{A}|\boldsymbol{E}=\boldsymbol{O}$.

将

$$\boldsymbol{A}^*=\begin{pmatrix}A_{11}&A_{21}&\cdots&A_{n1}\\A_{12}&A_{22}&\cdots&A_{n2}\\\vdots&\vdots&&\vdots\\A_{1n}&A_{2n}&\cdots&A_{nn}\end{pmatrix}$$

按列分块为 $\boldsymbol{A}^*=(\boldsymbol{\alpha}_1,\boldsymbol{\alpha}_2,\cdots,\boldsymbol{\alpha}_n)$，其中 $\boldsymbol{\alpha}_i=(A_{i1},A_{i2},\cdots,A_{in})^{\mathrm{T}}$，则

$$\boldsymbol{A}\boldsymbol{A}^*=\boldsymbol{A}(\boldsymbol{\alpha}_1,\boldsymbol{\alpha}_2,\cdots,\boldsymbol{\alpha}_n)=(\boldsymbol{A}\boldsymbol{\alpha}_1,\boldsymbol{A}\boldsymbol{\alpha}_2,\cdots,\boldsymbol{A}\boldsymbol{\alpha}_n)=(\boldsymbol{0},\boldsymbol{0},\cdots,\boldsymbol{0}),$$

即知 $\boldsymbol{\alpha}_i(i=1,2,\cdots,n)$ 是齐次线性方程组 $\boldsymbol{AX}=\boldsymbol{0}$ 的解.

因 $|\boldsymbol{A}|=0$，$A_{ij}\neq 0$，即 $\boldsymbol{A}$ 有一个 $n-1$ 阶子式非零，所以 $\mathrm{r}(\boldsymbol{A})=n-1$. 故 $\boldsymbol{AX}=\boldsymbol{0}$ 的基础解系含一个解向量. 由 $A_{ij}\neq 0$，故 $\boldsymbol{\alpha}_i\neq\boldsymbol{0}$，因此 $\boldsymbol{\alpha}_i$ 是 $\boldsymbol{AX}=\boldsymbol{0}$ 的一个基础解系.

例 5　设 $\boldsymbol{\xi}^*$ 是非齐次线性方程组 $\boldsymbol{AX}=\boldsymbol{b}$ 的一个解. $\boldsymbol{\eta}_1,\boldsymbol{\eta}_2,\cdots,\boldsymbol{\eta}_{n-r}$ 是其导出组 $\boldsymbol{AX}=\boldsymbol{0}$ 的基础解系. 证明：

(1) $\boldsymbol{\xi}^*,\boldsymbol{\eta}_1,\boldsymbol{\eta}_2,\cdots,\boldsymbol{\eta}_{n-r}$ 线性无关；

(2) $\boldsymbol{\xi}^*,\boldsymbol{\xi}^*+\boldsymbol{\eta}_1,\boldsymbol{\xi}^*+\boldsymbol{\eta}_2,\cdots,\boldsymbol{\xi}^*+\boldsymbol{\eta}_{n-r}$ 是 $\boldsymbol{AX}=\boldsymbol{b}$ 的 $n-r+1$ 个线性无关的解；

(3) 方程组 $\boldsymbol{AX}=\boldsymbol{b}$ 的任一解 $\boldsymbol{X}$ 都可表示为这 $n-r+1$ 个解的线性组合，且其组合系数之和为 1.

证　(1) 令 $k_0\boldsymbol{\xi}^*+k_1\boldsymbol{\eta}_1+k_2\boldsymbol{\eta}_2+\cdots+k_{n-r}\boldsymbol{\eta}_{n-r}=\boldsymbol{0}$，其中必有 $k_0=0$，否则 $\boldsymbol{\xi}^*$ 可由 $\boldsymbol{\eta}_1,\boldsymbol{\eta}_2,\cdots,\boldsymbol{\eta}_{n-r}$ 线性表示. 由于 $\boldsymbol{\eta}_1,\boldsymbol{\eta}_2,\cdots,\boldsymbol{\eta}_{n-r}$ 是齐次线性方程组 $\boldsymbol{AX}=\boldsymbol{0}$ 的解，由齐次线性方程组解的叠加性知，$\boldsymbol{\xi}^*$ 也是 $\boldsymbol{AX}=\boldsymbol{0}$ 的解，矛盾. 故 $k_0=0$，由此可得

$$k_1\boldsymbol{\eta}_1+k_2\boldsymbol{\eta}_2+\cdots+k_{n-r}\boldsymbol{\eta}_{n-r}=\boldsymbol{0}.$$

又因 $\boldsymbol{\eta}_1,\boldsymbol{\eta}_2,\cdots,\boldsymbol{\eta}_{n-r}$ 线性无关知，$k_1,k_2,\cdots,k_{n-r}=0$，故 $\boldsymbol{\xi}^*,\boldsymbol{\eta}_1,\boldsymbol{\eta}_2,\cdots,\boldsymbol{\eta}_{n-r}$ 线性无关.

(2) 由 $\boldsymbol{AX}=\boldsymbol{b}$ 解的性质知，$\boldsymbol{\xi}^*+\boldsymbol{\eta}_i$ 都是 $\boldsymbol{AX}=\boldsymbol{b}$ 的解.

令
$$k_0\boldsymbol{\xi}^*+k_1(\boldsymbol{\xi}^*+\boldsymbol{\eta}_1)+\cdots+k_{n-r}(\boldsymbol{\xi}^*+\boldsymbol{\eta}_{n-r})=\boldsymbol{0},$$
则
$$(k_0+k_1+\cdots+k_{n-r})\boldsymbol{\xi}^*+k_1\boldsymbol{\eta}_1+\cdots+k_{n-r}\boldsymbol{\eta}_{n-r}=\boldsymbol{0}.$$

由(1)的证明知，$\boldsymbol{\xi}^*,\boldsymbol{\eta}_1,\cdots,\boldsymbol{\eta}_{n-r}$ 线性无关，故

$$\begin{cases}k_0+k_1+\cdots+k_{n-r}=0,\\ \qquad k_1=0,\\ \qquad \vdots\\ \qquad k_{n-r}=0\end{cases}\Rightarrow k_1=k_2=\cdots=k_{n-r}=k_0=0.$$

故 $\boldsymbol{\xi}^*,\boldsymbol{\xi}^*+\boldsymbol{\eta}_1,\cdots,\boldsymbol{\xi}^*+\boldsymbol{\eta}_{n-r}$ 线性无关.

(3) 设 $\boldsymbol{X}$ 为 $\boldsymbol{AX}=\boldsymbol{b}$ 的任一解，则 $\boldsymbol{X}$ 可表示为

$$\begin{aligned}\boldsymbol{X}&=\boldsymbol{\xi}^*+t_1\boldsymbol{\eta}_1+\cdots+t_{n-r}\boldsymbol{\eta}_{n-r}=\boldsymbol{\xi}^*+t_1(\boldsymbol{\xi}^*+\boldsymbol{\eta}_1-\boldsymbol{\xi}^*)+\cdots+t_{n-r}(\boldsymbol{\xi}^*+\boldsymbol{\eta}_{n-r}-\boldsymbol{\xi}^*)\\&=(1-t_1-t_2-\cdots-t_{n-r})\boldsymbol{\xi}^*+t_1(\boldsymbol{\xi}^*+\boldsymbol{\eta}_1)+\cdots+t_{n-r}(\boldsymbol{\xi}^*+\boldsymbol{\eta}_{n-r}).\end{aligned}$$

令 $1-t_1-t_2-\cdots-t_{n-r}=t_0$，则 $t_0+t_1+\cdots+t_{n-r}=1$，有

$$\boldsymbol{X}=t_0\boldsymbol{\xi}^*+t_1(\boldsymbol{\xi}^*+\boldsymbol{\eta}_1)+\cdots+t_{n-r}(\boldsymbol{\xi}^*+\boldsymbol{\eta}_{n-r}),$$
其中
$$t_0+t_1+\cdots+t_{n-r}=1.$$

注 有时也把 $\boldsymbol{\xi}^*,\boldsymbol{\xi}^*+\boldsymbol{\eta}_1,\cdots,\boldsymbol{\xi}^*+\boldsymbol{\eta}_{n-r}$ 称为非齐次线性方程组 $\boldsymbol{AX}=\boldsymbol{b}$ 的基础解系. 与齐次线性方程组 $\boldsymbol{AX}=\boldsymbol{0}$ 不同的是其系数和为 1.

4.5 综合范例

一、向量组的线性表示

例 1 设向量 $\boldsymbol{\beta}$ 可由向量组 $\boldsymbol{\alpha}_1,\boldsymbol{\alpha}_2,\cdots,\boldsymbol{\alpha}_m$ 线性表示，但不能由向量组(Ⅰ)：$\boldsymbol{\alpha}_1,\boldsymbol{\alpha}_2,\cdots,\boldsymbol{\alpha}_{m-1}$ 线性表示，记向量组(Ⅱ)：$\boldsymbol{\alpha}_1,\boldsymbol{\alpha}_2,\cdots,\boldsymbol{\alpha}_{m-1},\boldsymbol{\beta}$，则(　　).

(A) $\boldsymbol{\alpha}_m$ 不能由向量组(Ⅰ)线性表示，也不能由向量组(Ⅱ)线性表示

(B) $\boldsymbol{\alpha}_m$ 不能由向量组(Ⅰ)线性表示，但可由向量组(Ⅱ)线性表示

(C) $\boldsymbol{\alpha}_m$ 可由向量组(Ⅰ)线性表示，也可由向量组(Ⅱ)线性表示

(D) $\boldsymbol{\alpha}_m$ 可由向量组(Ⅰ)线性表示，但不可由向量组(Ⅱ)线性表示

解 因为 $\boldsymbol{\beta}$ 可由 $\boldsymbol{\alpha}_1,\boldsymbol{\alpha}_2,\cdots,\boldsymbol{\alpha}_m$ 线性表示，故可设

$$\boldsymbol{\beta}=k_1\boldsymbol{\alpha}_1+k_2\boldsymbol{\alpha}_2+\cdots+k_m\boldsymbol{\alpha}_m.$$

由于 $\boldsymbol{\beta}$ 不能由 $\boldsymbol{\alpha}_1,\boldsymbol{\alpha}_2,\cdots,\boldsymbol{\alpha}_{m-1}$ 线性表示，故上述表达式中必有 $k_m\neq0$. 否则，$\boldsymbol{\beta}$ 可由 $\boldsymbol{\alpha}_1,\cdots,\boldsymbol{\alpha}_{n+1}$ 表示. 矛盾. 因此

$$\boldsymbol{\alpha}_m=\frac{1}{k_m}(\boldsymbol{\beta}-k_1\boldsymbol{\alpha}_1-k_2\boldsymbol{\alpha}_2-\cdots-k_{m-1}\boldsymbol{\alpha}_{m-1}).$$

即 $\boldsymbol{\alpha}_m$ 可由向量组(Ⅱ)线性表示，可排除(A)、(D).

若 $\boldsymbol{\alpha}_m$ 可由向量组(Ⅰ)线性表示，设 $\boldsymbol{\alpha}_m=l_1\boldsymbol{\alpha}_1+l_2\boldsymbol{\alpha}_2+\cdots+l_{m-1}\boldsymbol{\alpha}_{m-1}$，则

$$\boldsymbol{\beta}=(k_1+k_ml_1)\boldsymbol{\alpha}_1+(k_2+k_ml_2)\boldsymbol{\alpha}_2+\cdots+(k_{m-1}+k_ml_{m-1})\boldsymbol{\alpha}_{m-1}.$$

与题设矛盾，故应选(B).

例 2 设有向量组(Ⅰ)：$\boldsymbol{\alpha}_1=(1,0,2)^T,\boldsymbol{\alpha}_2=(1,1,3)^T,\boldsymbol{\alpha}_3=(1,-1,a+2)^T$ 和向量组(Ⅱ)：$\boldsymbol{\beta}_1=(1,2,a+3)^T,\boldsymbol{\beta}_2=(2,1,a+6)^T,\boldsymbol{\beta}_3=(2,1,a+4)^T$. 试问：当 a 为何值时，向量组(Ⅰ)与(Ⅱ)等价？当 a 为何值时，向量组(Ⅰ)与(Ⅱ)不等价？

分析 所谓向量组(Ⅰ)与(Ⅱ)等价，即向量组(Ⅰ)与(Ⅱ)可以互相线性表示. 若方程组 $x_1\boldsymbol{\alpha}_1+x_2\boldsymbol{\alpha}_2+x_3\boldsymbol{\alpha}_3=\boldsymbol{\beta}$ 有解，即 $\boldsymbol{\beta}$ 可以由 $\boldsymbol{\alpha}_1,\boldsymbol{\alpha}_2,\boldsymbol{\alpha}_3$ 线性表示. 若对同一个 a，三个方程组 $x_1\boldsymbol{\alpha}_1+x_2\boldsymbol{\alpha}_2+x_3\boldsymbol{\alpha}_3=\boldsymbol{\beta}_i(i=1,2,3)$ 均有解，即向量组(Ⅱ)可以由向量组(Ⅰ)线性表示.

解 对$(\boldsymbol{\alpha}_1,\boldsymbol{\alpha}_2,\boldsymbol{\alpha}_3 \mid \boldsymbol{\beta}_1,\boldsymbol{\beta}_2,\boldsymbol{\beta}_3)$作初等行变换，有

$$(\boldsymbol{\alpha}_1,\boldsymbol{\alpha}_2,\boldsymbol{\alpha}_3 \mid \boldsymbol{\beta}_1,\boldsymbol{\beta}_2,\boldsymbol{\beta}_3)=\left(\begin{array}{ccc|ccc}1&1&1&1&2&2\\0&1&-1&2&1&1\\2&3&a+2&a+3&a+6&a+4\end{array}\right)$$

$$\to\left(\begin{array}{ccc|ccc}1&1&1&1&2&2\\0&1&-1&2&1&1\\0&1&a&a+1&a+2&a\end{array}\right)\to\left(\begin{array}{ccc|ccc}1&1&1&1&2&2\\0&1&-1&2&1&1\\0&0&a+1&a-1&a+1&a-1\end{array}\right).$$

(1) 当 $a\neq-1$ 时，行列式 $|\boldsymbol{\alpha}_1,\boldsymbol{\alpha}_2,\boldsymbol{\alpha}_3|=a+1\neq0$，由克莱姆法则知，三个线性方程组 $x_1\boldsymbol{\alpha}_1+x_2\boldsymbol{\alpha}_2+x_3\boldsymbol{\alpha}_3=\boldsymbol{\beta}_i(i=1,2,3)$ 均有唯一解，所以，$\boldsymbol{\beta}_1,\boldsymbol{\beta}_2,\boldsymbol{\beta}_3$ 可由向量组(Ⅰ)线性表示.

由于行列式

$$|\boldsymbol{\beta}_1,\boldsymbol{\beta}_2,\boldsymbol{\beta}_3|=\begin{vmatrix}1&2&2\\2&1&1\\a+3&a+6&a+4\end{vmatrix}=\begin{vmatrix}1&2&0\\2&1&0\\a+3&a+6&-2\end{vmatrix}=6\neq0,$$

故对任意 a，方程组 $x_1\boldsymbol{\beta}_1+x_2\boldsymbol{\beta}_2+x_3\boldsymbol{\beta}_3=\boldsymbol{\alpha}_j(j=1,2,3)$ 恒有唯一解，即 $\boldsymbol{\alpha}_1,\boldsymbol{\alpha}_2,\boldsymbol{\alpha}_3$ 总可由向量组(Ⅱ)线性表示.

因此，当 $a\neq-1$ 时，向量组(Ⅰ)与(Ⅱ)等价.

(2) 当 $a=-1$ 时，有

$$(\boldsymbol{\alpha}_1,\boldsymbol{\alpha}_2,\boldsymbol{\alpha}_3 \mid \boldsymbol{\beta}_1,\boldsymbol{\beta}_2,\boldsymbol{\beta}_3)\to\left(\begin{array}{ccc|ccc}1&1&1&1&2&2\\0&1&-1&2&1&1\\0&0&0&-2&0&-2\end{array}\right).$$

由于秩 $\mathrm{r}(\boldsymbol{\alpha}_1,\boldsymbol{\alpha}_2,\boldsymbol{\alpha}_3)\neq\mathrm{r}(\boldsymbol{\alpha}_1,\boldsymbol{\alpha}_2,\boldsymbol{\alpha}_3,\boldsymbol{\beta}_1)$，线性方程组 $x_1\boldsymbol{\alpha}_1+x_2\boldsymbol{\alpha}_2+x_3\boldsymbol{\alpha}_3=\boldsymbol{\beta}_1$ 无解，故向量 $\boldsymbol{\beta}_1$ 不能由 $\boldsymbol{\alpha}_1,\boldsymbol{\alpha}_2,\boldsymbol{\alpha}_3$ 线性表示. 因此，向量组(Ⅰ)与(Ⅱ)不等价.

综述

若已知向量 $\boldsymbol{\alpha}_1,\boldsymbol{\alpha}_2,\cdots,\boldsymbol{\alpha}_s,\boldsymbol{\beta}$ 的坐标，而判断 $\boldsymbol{\beta}$ 能否由 $\boldsymbol{\alpha}_1,\boldsymbol{\alpha}_2,\cdots,\boldsymbol{\alpha}_s$ 线性表示，可转换为方程组 $x_1\boldsymbol{\alpha}_1+x_2\boldsymbol{\alpha}_2+\cdots+x_s\boldsymbol{\alpha}_s=\boldsymbol{\beta}$ 是否有解；如果向量的坐标没有给出，应从逻辑推理开始讨论.

二、向量组的线性相关问题

例 3 设 $\boldsymbol{\alpha}_1=\begin{pmatrix}a_1\\a_2\\a_3\end{pmatrix},\boldsymbol{\alpha}_2=\begin{pmatrix}b_1\\b_2\\b_3\end{pmatrix},\boldsymbol{\alpha}_3=\begin{pmatrix}c_1\\c_2\\c_3\end{pmatrix}$，则三条直线

$$\begin{cases} a_1x+b_1y+c_1=0, \\ a_2x+b_2y+c_2=0, \\ a_3x+b_3y+c_3=0 \end{cases}$$

(其中 $a_i^2+b_i^2\neq 0;i=1,2,3$)交于一点的充要条件是(　　).

(A) $\boldsymbol{\alpha}_1,\boldsymbol{\alpha}_2,\boldsymbol{\alpha}_3$ 线性相关　　(B) $\boldsymbol{\alpha}_1,\boldsymbol{\alpha}_2,\boldsymbol{\alpha}_3$ 线性无关

(C) $r(\boldsymbol{\alpha}_1,\boldsymbol{\alpha}_2,\boldsymbol{\alpha}_3)=r(\boldsymbol{\alpha}_1,\boldsymbol{\alpha}_2)$　　(D) $\boldsymbol{\alpha}_1,\boldsymbol{\alpha}_2,\boldsymbol{\alpha}_3$ 线性相关;$\boldsymbol{\alpha}_1,\boldsymbol{\alpha}_2$ 线性无关

解　三条直线交于一点的充要条件是方程组

$$\begin{cases} a_1x+b_1y+c_1=0, \\ a_2x+b_2y+c_2=0, \\ a_3x+b_3y+c_3=0 \end{cases}$$

有唯一解,亦即 $r(\boldsymbol{A})=r(\bar{\boldsymbol{A}})=n$,即 $r(\boldsymbol{\alpha}_1,\boldsymbol{\alpha}_2)=r(\boldsymbol{\alpha}_1,\boldsymbol{\alpha}_2,\boldsymbol{\alpha}_3)=2$,所以应选(D).

注意,选项(C)保证方程组有解,即三条直线有交点,但不能确定交点唯一;选项(A)是必要条件,而非充分条件;选项(B)表示三直线没有公共交点.

例 4　设 λ_1,λ_2 是矩阵 $\boldsymbol{A}$ 的两个不同的特征值,对应的特征向量分别为 $\boldsymbol{\alpha}_1,\boldsymbol{\alpha}_2$,则 $\boldsymbol{\alpha}_1,\boldsymbol{A}(\boldsymbol{\alpha}_1+\boldsymbol{\alpha}_2)$线性无关的充分必要条件是(　　).

(A) $\lambda_1\neq 0$　　(B) $\lambda_2\neq 0$　　(C) $\lambda_1=0$　　(D) $\lambda_2=0$

解　按特征值与特征向量定义,有

$$\boldsymbol{A}(\boldsymbol{\alpha}_1+\boldsymbol{\alpha}_2)=\boldsymbol{A\alpha}_1+\boldsymbol{A\alpha}_2=\lambda_1\boldsymbol{\alpha}_1+\lambda_2\boldsymbol{\alpha}_2.$$

$$\boldsymbol{\alpha}_1,\boldsymbol{A}(\boldsymbol{\alpha}_1+\boldsymbol{\alpha}_2)\text{线性无关}\Leftrightarrow k_1\boldsymbol{\alpha}_1+k_2\boldsymbol{A}(\boldsymbol{\alpha}_1+\boldsymbol{\alpha}_2)=\boldsymbol{0},k_1,k_2\text{ 恒为 }0$$

$$\Leftrightarrow(k_1+\lambda_1k_2)\boldsymbol{\alpha}_1+\lambda_2k_2\boldsymbol{\alpha}_2=\boldsymbol{0},k_1,k_2\text{ 恒为 }0.$$

由于不同特征值的特征向量线性无关,所以 $\boldsymbol{\alpha}_1,\boldsymbol{\alpha}_2$ 线性无关. 于是$\begin{cases} k_1+\lambda_1k_2=0, \\ \lambda_2k_2=0, \end{cases}$ k_1,k_2恒为 0. 而齐次方程组$\begin{cases} k_1+\lambda_1k_2=0, \\ \lambda_2k_2=0 \end{cases}$只有零解$\Leftrightarrow\begin{vmatrix} 1 & \lambda_1 \\ 0 & \lambda_2 \end{vmatrix}\neq 0\Leftrightarrow\lambda_2\neq 0$. 所以应选(B).

评注　因为 $\boldsymbol{A}(\boldsymbol{\alpha}_1+\boldsymbol{\alpha}_2)=\lambda_1\boldsymbol{\alpha}_1+\lambda_2\boldsymbol{\alpha}_2$,所以若 $\lambda_2=0$,$\boldsymbol{\alpha}_1$ 与 $\boldsymbol{A}(\boldsymbol{\alpha}_1+\boldsymbol{\alpha}_2)=\lambda_1\boldsymbol{\alpha}_1$ 必线性相关,即不能选(D). 另一方面,当 $\lambda_1=0$ 时,$\boldsymbol{\alpha}_1$ 与 $\boldsymbol{A}(\boldsymbol{\alpha}_1+\boldsymbol{\alpha}_2)=\lambda_2\boldsymbol{\alpha}_2$ 必线性无关,于是不少考生选(C). 但 $\lambda_1=0$ 只是 $\boldsymbol{\alpha}_1$ 与 $\boldsymbol{A}(\boldsymbol{\alpha}_1+\boldsymbol{\alpha}_2)$线性无关的充分条件,并不是必要条件,所以选(C)是错误的.

例 5　设 $\boldsymbol{\alpha}_1,\boldsymbol{\alpha}_2,\cdots,\boldsymbol{\alpha}_s$ 均为 n 维列向量,$\boldsymbol{A}$ 是 $m\times n$ 矩阵,下列选项正确的是(　　).

(A) 若 $\boldsymbol{\alpha}_1,\boldsymbol{\alpha}_2,\cdots,\boldsymbol{\alpha}_s$ 线性相关,则 $\boldsymbol{A\alpha}_1,\boldsymbol{A\alpha}_2,\cdots,\boldsymbol{A\alpha}_s$ 线性相关

(B) 若 $\boldsymbol{\alpha}_1,\boldsymbol{\alpha}_2,\cdots,\boldsymbol{\alpha}_s$ 线性相关,则 $\boldsymbol{A\alpha}_1,\boldsymbol{A\alpha}_2,\cdots,\boldsymbol{A\alpha}_s$ 线性无关

(C) 若 $\boldsymbol{\alpha}_1,\boldsymbol{\alpha}_2,\cdots,\boldsymbol{\alpha}_s$ 线性无关,则 $\boldsymbol{A\alpha}_1,\boldsymbol{A\alpha}_2,\cdots,\boldsymbol{A\alpha}_s$ 线性相关

(D) 若 $\boldsymbol{\alpha}_1,\boldsymbol{\alpha}_2,\cdots,\boldsymbol{\alpha}_s$ 线性无关,则 $\boldsymbol{A\alpha}_1,\boldsymbol{A\alpha}_2,\cdots,\boldsymbol{A\alpha}_s$ 线性无关

解一　因为$(\boldsymbol{A\alpha}_1,\boldsymbol{A\alpha}_2,\cdots,\boldsymbol{A\alpha}_s)=\boldsymbol{A}(\boldsymbol{\alpha}_1,\boldsymbol{\alpha}_2,\cdots,\boldsymbol{\alpha}_s)$,所以

$$r(\boldsymbol{A\alpha}_1,\boldsymbol{A\alpha}_2,\cdots,\boldsymbol{A\alpha}_s)\leqslant r(\boldsymbol{\alpha}_1,\boldsymbol{\alpha}_2,\cdots,\boldsymbol{\alpha}_s).$$

如果 $\boldsymbol{\alpha}_1,\boldsymbol{\alpha}_2,\cdots,\boldsymbol{\alpha}_s$ 线性相关,有 $r(\boldsymbol{\alpha}_1,\boldsymbol{\alpha}_2,\cdots,\boldsymbol{\alpha}_s)<s$,从而

$$r(\boldsymbol{A\alpha}_1,\boldsymbol{A\alpha}_2,\cdots,\boldsymbol{A\alpha}_s)<s,$$

所以 $\boldsymbol{A\alpha}_1,\boldsymbol{A\alpha}_2,\cdots,\boldsymbol{A\alpha}_s$ 线性相关，故应选(A).

解二 因 $\boldsymbol{\alpha}_1,\boldsymbol{\alpha}_2,\cdots,\boldsymbol{\alpha}_s$ 相关，则存在不全为 0 的数 $k_1,k_2,\cdots,k_s$，使 $k_1\boldsymbol{\alpha}_1+k_2\boldsymbol{\alpha}_2+\cdots+k_s\boldsymbol{\alpha}_s=\boldsymbol{0}$，有

$$k_1\boldsymbol{A\alpha}_1+k_2\boldsymbol{A\alpha}_2+\cdots+k_s\boldsymbol{A\alpha}_s\boldsymbol{A}(k_1\boldsymbol{\alpha}_1+k_2\boldsymbol{\alpha}_2+\cdots+k_s\boldsymbol{\alpha}_s)=\boldsymbol{A0}=\boldsymbol{0},$$

所以 $\boldsymbol{A\alpha}_1,\boldsymbol{A\alpha}_2,\cdots,\boldsymbol{A\alpha}_s$ 线性相关，故选(A).

注意，当 $\boldsymbol{\alpha}_1,\boldsymbol{\alpha}_2,\cdots,\boldsymbol{\alpha}_s$ 线性无关时，$\boldsymbol{A\alpha}_1,\boldsymbol{A\alpha}_2,\cdots,\boldsymbol{A\alpha}_s$ 既可线性相关，又可线性无关. 因此，(C)、(D)均不正确. 你能举几个简单例子吗？

评注 要会用秩的方法判断线性相关性.

例 6 设向量组 $\boldsymbol{\alpha}_1,\boldsymbol{\alpha}_2,\boldsymbol{\alpha}_3$ 线性无关，则下列向量组线性相关的是(　　).

(A) $\boldsymbol{\alpha}_1-\boldsymbol{\alpha}_2,\boldsymbol{\alpha}_2-\boldsymbol{\alpha}_3,\boldsymbol{\alpha}_3-\boldsymbol{\alpha}_1$　　(B) $\boldsymbol{\alpha}_1+\boldsymbol{\alpha}_2,\boldsymbol{\alpha}_2+\boldsymbol{\alpha}_3,\boldsymbol{\alpha}_3+\boldsymbol{\alpha}_1$

(C) $\boldsymbol{\alpha}_1-2\boldsymbol{\alpha}_2,\boldsymbol{\alpha}_2-2\boldsymbol{\alpha}_3,\boldsymbol{\alpha}_3-2\boldsymbol{\alpha}_1$　　(D) $\boldsymbol{\alpha}_1+2\boldsymbol{\alpha}_2,\boldsymbol{\alpha}_2+2\boldsymbol{\alpha}_3,\boldsymbol{\alpha}_3+2\boldsymbol{\alpha}_1$

解 因为　　$(\boldsymbol{\alpha}_1-\boldsymbol{\alpha}_2)+(\boldsymbol{\alpha}_2-\boldsymbol{\alpha}_3)+(\boldsymbol{\alpha}_3-\boldsymbol{\alpha}_1)=\boldsymbol{0}$,

所以向量组 $\boldsymbol{\alpha}_1-\boldsymbol{\alpha}_2,\boldsymbol{\alpha}_2-\boldsymbol{\alpha}_3,\boldsymbol{\alpha}_3-\boldsymbol{\alpha}_1$ 线性相关，故应选(A). 至于(B)、(C)、(D)的线性无关性可以用$(\boldsymbol{\beta}_1,\boldsymbol{\beta}_2,\boldsymbol{\beta}_3)=(\boldsymbol{\alpha}_1,\boldsymbol{\alpha}_2,\boldsymbol{\alpha}_3)\boldsymbol{C}$ 的方法来处理. 例如，

$$(\boldsymbol{\alpha}_1+\boldsymbol{\alpha}_2,\boldsymbol{\alpha}_2+\boldsymbol{\alpha}_3,\boldsymbol{\alpha}_3+\boldsymbol{\alpha}_1)=(\boldsymbol{\alpha}_1,\boldsymbol{\alpha}_2,\boldsymbol{\alpha}_3)\begin{pmatrix}1&0&1\\1&1&0\\0&1&1\end{pmatrix},$$

由于 $\begin{vmatrix}1&0&1\\1&1&0\\0&1&1\end{vmatrix}=2\neq0$，故 $\boldsymbol{\alpha}_1+\boldsymbol{\alpha}_2,\boldsymbol{\alpha}_2+\boldsymbol{\alpha}_3,\boldsymbol{\alpha}_3+\boldsymbol{\alpha}_1$ 线性无关.

例 7 设向量 $\boldsymbol{\alpha}_1,\boldsymbol{\alpha}_2,\cdots,\boldsymbol{\alpha}_t$ 是齐次方程组 $\boldsymbol{AX}=\boldsymbol{0}$ 的一个基础解系，向量 $\boldsymbol{\beta}$ 不是方程组 $\boldsymbol{AX}=\boldsymbol{0}$ 的解，即 $\boldsymbol{A\beta}\neq\boldsymbol{0}$. 试证明：向量组 $\boldsymbol{\beta},\boldsymbol{\beta}+\boldsymbol{\alpha}_1,\boldsymbol{\beta}+\boldsymbol{\alpha}_2,\cdots,\boldsymbol{\beta}+\boldsymbol{\alpha}_t$ 线性无关.

证一 定义法. 若有一组数 $k,k_1,k_2,\cdots,k_t$，使得

$$k\boldsymbol{\beta}+k_1(\boldsymbol{\beta}+\boldsymbol{\alpha}_1)+k_2(\boldsymbol{\beta}+\boldsymbol{\alpha}_2)+\cdots+k_t(\boldsymbol{\beta}+\boldsymbol{\alpha}_t)=\boldsymbol{0}, \quad ①$$

则因 $\boldsymbol{\alpha}_1,\boldsymbol{\alpha}_2,\cdots,\boldsymbol{\alpha}_t$ 是 $\boldsymbol{AX}=\boldsymbol{0}$ 的解，知 $\boldsymbol{A\alpha}_i=\boldsymbol{0}$ $(i=1,2,\cdots,t)$，用 $\boldsymbol{A}$ 左乘上式的两边，有

$$(k+k_1+k_2+\cdots+k_t)\boldsymbol{A\beta}=\boldsymbol{0}.$$

由于 $\boldsymbol{A\beta}\neq\boldsymbol{0}$，故

$$k+k_1+k_2+\cdots+k_t=0. \quad ②$$

对式①重新分组为

$$(k+k_1+\cdots+k_t)\boldsymbol{\beta}+k_1\boldsymbol{\alpha}_1+k_2\boldsymbol{\alpha}_2+\cdots+k_t\boldsymbol{\alpha}_t=\boldsymbol{0}. \quad ③$$

把式②代入式③，得

$$k_1\boldsymbol{\alpha}_1+k_2\boldsymbol{\alpha}_2+\cdots+k_t\boldsymbol{\alpha}_t=\boldsymbol{0}.$$

由于 $\boldsymbol{\alpha}_1,\boldsymbol{\alpha}_2,\cdots,\boldsymbol{\alpha}_t$ 是基础解系，它们线性无关，故必有

$$k_1=0,k_2=0,\cdots,k_t=0.$$

代入式②得 $k=0$.

因此，向量组 $\boldsymbol{\beta},\boldsymbol{\beta}+\boldsymbol{\alpha}_1,\cdots,\boldsymbol{\beta}+\boldsymbol{\alpha}_t$ 线性无关.

证二 用秩的定义及性质证明.经初等变换,向量组的秩不变.把第1列的-1倍分别加至其余各列,有

$$(\boldsymbol{\beta},\boldsymbol{\beta}+\boldsymbol{\alpha}_1,\boldsymbol{\beta}+\boldsymbol{\alpha}_2,\cdots,\boldsymbol{\beta}+\boldsymbol{\alpha}_t)\to(\boldsymbol{\beta},\boldsymbol{\alpha}_1,\boldsymbol{\alpha}_2,\cdots,\boldsymbol{\alpha}_t).$$

因此
$$\mathrm{r}(\boldsymbol{\beta},\boldsymbol{\beta}+\boldsymbol{\alpha}_1,\cdots,\boldsymbol{\beta}+\boldsymbol{\alpha}_t)=\mathrm{r}(\boldsymbol{\beta},\boldsymbol{\alpha}_1,\cdots,\boldsymbol{\alpha}_t).$$

由于$\boldsymbol{\alpha}_1,\boldsymbol{\alpha}_2,\cdots,\boldsymbol{\alpha}_t$是基础解系,它们是线性无关的,$\mathrm{r}(\boldsymbol{\alpha}_1,\boldsymbol{\alpha}_2,\cdots,\boldsymbol{\alpha}_t)=t$.又$\boldsymbol{\beta}$必不能由$\boldsymbol{\alpha}_1,\boldsymbol{\alpha}_2,\cdots,\boldsymbol{\alpha}_t$线性表出(否则,$\boldsymbol{A\beta}=\boldsymbol{0}$),故

$$\mathrm{r}(\boldsymbol{\alpha}_1,\boldsymbol{\alpha}_2,\cdots,\boldsymbol{\alpha}_t,\boldsymbol{\beta})=t+1.$$

所以
$$\mathrm{r}(\boldsymbol{\beta},\boldsymbol{\beta}+\boldsymbol{\alpha}_1,\boldsymbol{\beta}+\boldsymbol{\alpha}_2,\cdots,\boldsymbol{\beta}+\boldsymbol{\alpha}_t)=t+1.$$

即向量组$\boldsymbol{\beta},\boldsymbol{\beta}+\boldsymbol{\alpha}_1,\boldsymbol{\beta}+\boldsymbol{\alpha}_2,\cdots,\boldsymbol{\beta}+\boldsymbol{\alpha}_t$线性无关.

评注① 用定义法证线性无关时,应当对

$$k_1\boldsymbol{\alpha}_1+k_2\boldsymbol{\alpha}_2+\cdots+k_t\boldsymbol{\alpha}_t=\boldsymbol{0}$$

作恒等变形.常用的技巧是"同乘"与"重组",本题中这两个技巧都用到了.

另外,用秩的定义及性质也是一种常见的方法.

三、向量组的极大线性无关组与秩

例8 已知向量组

$$\boldsymbol{\beta}_1=\begin{pmatrix}0\\1\\-1\end{pmatrix},\quad \boldsymbol{\beta}_2=\begin{pmatrix}a\\2\\1\end{pmatrix},\quad \boldsymbol{\beta}_3=\begin{pmatrix}b\\1\\0\end{pmatrix}$$

与向量组
$$\boldsymbol{\alpha}_1=\begin{pmatrix}1\\2\\-3\end{pmatrix},\quad \boldsymbol{\alpha}_2=\begin{pmatrix}3\\0\\1\end{pmatrix},\quad \boldsymbol{\alpha}_3=\begin{pmatrix}9\\6\\-7\end{pmatrix}$$

具有相同的秩,且$\boldsymbol{\beta}_3$可由$\boldsymbol{\alpha}_1,\boldsymbol{\alpha}_2,\boldsymbol{\alpha}_3$线性表示,求$a,b$的值.

解 因$\boldsymbol{\beta}_3$可由$\boldsymbol{\alpha}_1,\boldsymbol{\alpha}_2,\boldsymbol{\alpha}_3$线性表示,故线性方程组

$$\begin{pmatrix}1&3&9\\2&0&6\\-3&1&-7\end{pmatrix}\begin{pmatrix}x_1\\x_2\\x_3\end{pmatrix}=\begin{pmatrix}b\\1\\0\end{pmatrix}$$

有解.对增广矩阵施行初等行变换,即

$$\left(\begin{array}{ccc:c}1&3&9&b\\2&0&6&1\\-3&1&-7&0\end{array}\right)\to\left(\begin{array}{ccc:c}1&3&9&b\\0&-6&-12&1-2b\\0&10&20&3b\end{array}\right)\to\left(\begin{array}{ccc:c}1&3&9&b\\0&1&2&\frac{2b-1}{6}\\0&1&2&\frac{3b}{10}\end{array}\right)$$

$$\to\left(\begin{array}{ccc:c}1&3&9&b\\0&1&2&\frac{2b-1}{6}\\0&0&0&\frac{3b}{10}-\frac{2b-1}{6}\end{array}\right).$$

由非齐次线性方程组有解的条件知$\frac{3b}{10}-\frac{2b-1}{6}=0$,得$b=5$.

又 $\boldsymbol{\alpha}_1$ 和 $\boldsymbol{\alpha}_2$ 线性无关,$\boldsymbol{\alpha}_3=3\boldsymbol{\alpha}_1+2\boldsymbol{\alpha}_2$,所以向量组 $\boldsymbol{\alpha}_1,\boldsymbol{\alpha}_2,\boldsymbol{\alpha}_3$ 的秩为 2.

由题设知向量组 $\boldsymbol{\beta}_1,\boldsymbol{\beta}_2,\boldsymbol{\beta}_3$ 的秩也是 2,从而 $\begin{vmatrix} 0 & a & 5 \\ 1 & 2 & 1 \\ -1 & 1 & 0 \end{vmatrix}=0$,解之得 $a=15$.

评注 本题也可由秩相等,即 $\mathrm{r}(\boldsymbol{\beta}_1,\boldsymbol{\beta}_2,\boldsymbol{\beta}_3)=\mathrm{r}(\boldsymbol{\alpha}_1,\boldsymbol{\alpha}_2,\boldsymbol{\alpha}_3)=2$ 知

$$|\boldsymbol{\beta}_1,\boldsymbol{\beta}_2,\boldsymbol{\beta}_3|=\begin{vmatrix} 0 & a & b \\ 1 & 2 & 1 \\ -1 & 1 & 0 \end{vmatrix}=0,$$

解出 $a=3b$. 再用 $\boldsymbol{\beta}_3$ 可由 $\boldsymbol{\alpha}_1,\boldsymbol{\alpha}_2,\boldsymbol{\alpha}_3$ 线性表示,从而可用 $\boldsymbol{\alpha}_1,\boldsymbol{\alpha}_2$ 线性表示,所以 $\boldsymbol{\alpha}_1,\boldsymbol{\alpha}_2$,$\boldsymbol{\beta}_3$ 线性相关. 于是由

$$\begin{vmatrix} 1 & 3 & b \\ 2 & 0 & 1 \\ -3 & 1 & 0 \end{vmatrix}=0$$

求出 b. 再由 $a=3b$ 求出 a.

注:本例可参考“教程”P94 例 4.2.5,这里采用不同的解法.

综述

在考查线性相关、无关一类的考题中不少题要考查考生对向量组的秩及向量组的极大线性无关组的概念的理解. 通常情况下极大无关组是不唯一的,但若 $\boldsymbol{\alpha}_{i_1}$,$\boldsymbol{\alpha}_{i_2},\cdots,\boldsymbol{\alpha}_{i_r}$ 与 $\boldsymbol{\alpha}_{j_1},\boldsymbol{\alpha}_{j_2},\cdots,\boldsymbol{\alpha}_{j_t}$ 都是 $\boldsymbol{\alpha}_1,\boldsymbol{\alpha}_2,\cdots,\boldsymbol{\alpha}_s$ 的极大线性无关组,则必有 $r=t$. 要了解矩阵的秩与向量组秩之间的关系,会求秩及会求极大线性无关组.

四、向 量 空 间

例 9 设 $\boldsymbol{B}$ 是秩为 2 的 5×4 矩阵,$\boldsymbol{\alpha}_1=(1,1,2,3)^{\mathrm{T}}$,$\boldsymbol{\alpha}_2=(-1,1,4,-1)^{\mathrm{T}}$,$\boldsymbol{\alpha}_3=(5,-1,-8,9)^{\mathrm{T}}$ 是齐次线性方程组 $\boldsymbol{BX}=\boldsymbol{0}$ 的解向量,求 $\boldsymbol{BX}=\boldsymbol{0}$ 的解空间的一个标准正交基.

分析 要求 $\boldsymbol{BX}=\boldsymbol{0}$ 的解空间的一个标准正交基,首先必须确定此解空间的维数以及相应个数的线性无关的解.

解 因 $\mathrm{r}(\boldsymbol{B})=2$,故解空间的维数 $n-\mathrm{r}(\boldsymbol{B})=2$. 又因 $\boldsymbol{\alpha}_1,\boldsymbol{\alpha}_2$ 线性无关,故 $\boldsymbol{\alpha}_1,\boldsymbol{\alpha}_2$ 是解空间的基. 取

$$\boldsymbol{\beta}_1=\boldsymbol{\alpha}_1=(1,1,2,3)^{\mathrm{T}},$$

$$\boldsymbol{\beta}_2=\boldsymbol{\alpha}_2-\frac{(\boldsymbol{\alpha}_2,\boldsymbol{\beta}_1)}{(\boldsymbol{\beta}_1,\boldsymbol{\beta}_1)}\boldsymbol{\beta}_1=(-1,1,4,-1)^{\mathrm{T}}-\frac{5}{15}(1,1,2,3)^{\mathrm{T}}=\frac{2}{3}(-2,1,5,-3)^{\mathrm{T}}.$$

将其单位化,有

$$\boldsymbol{\gamma}_1=\frac{1}{\sqrt{15}}(1,1,2,3)^{\mathrm{T}},\quad \boldsymbol{\gamma}_2=\frac{1}{\sqrt{39}}(-2,1,5,-3)^{\mathrm{T}},$$

即为解空间的规范正交基.

评注 由于解空间的基不唯一，施密特正交化处理后规范正交基也不唯一. 已知条件中 $\boldsymbol{\alpha}_1,\boldsymbol{\alpha}_2,\boldsymbol{\alpha}_3$ 是线性相关的（注意：$2\boldsymbol{\alpha}_1-3\boldsymbol{\alpha}_2=\boldsymbol{\alpha}_3$），不要误以为解空间是三维的.

例 10 从 $\mathbf{R}^2$ 的基 $\boldsymbol{\alpha}_1=\begin{pmatrix}1\\0\end{pmatrix}$，$\boldsymbol{\alpha}_2=\begin{pmatrix}1\\-1\end{pmatrix}$ 到基 $\boldsymbol{\beta}_1=\begin{pmatrix}1\\1\end{pmatrix}$，$\boldsymbol{\beta}_2=\begin{pmatrix}1\\2\end{pmatrix}$ 的过渡矩阵为______.

解 设由基 $\boldsymbol{\alpha}_1,\boldsymbol{\alpha}_2$ 到基 $\boldsymbol{\beta}_1,\boldsymbol{\beta}_2$ 的过渡矩阵为 $\boldsymbol{C}$，则

$$(\boldsymbol{\beta}_1,\boldsymbol{\beta}_2)=(\boldsymbol{\alpha}_1,\boldsymbol{\alpha}_2)\boldsymbol{C},\quad 即\quad \boldsymbol{C}=(\boldsymbol{\alpha}_1,\boldsymbol{\alpha}_2)^{-1}(\boldsymbol{\beta}_1,\boldsymbol{\beta}_2).$$

那么，由 $$\left(\begin{array}{cc:cc}1&1&1&1\\0&-1&1&2\end{array}\right)\to\left(\begin{array}{cc:cc}1&0&2&3\\0&-1&1&2\end{array}\right)\to\left(\begin{array}{cc:cc}1&0&2&3\\0&1&-1&-2\end{array}\right),$$

可知应填 $$\begin{pmatrix}2&3\\-1&-2\end{pmatrix}.$$

当然也可先求出 $\begin{pmatrix}1&1\\0&-1\end{pmatrix}^{-1}=\begin{pmatrix}1&1\\0&-1\end{pmatrix}$，再作矩阵乘法而得到过渡矩阵.

综述

复习向量空间这部分内容时应当了解向量空间、子空间、解空间、基底、维数、坐标等概念，要了解基变换与坐标变换公式（在二次型化标准形中会用到），应会求过渡矩阵. 要掌握线性无关向量组的施密特正交规范化方法，由此可构造规范正交基.

五、线性方程组解的结构

1. 齐次线性方程组的求解

例 11 设 $\boldsymbol{\alpha}_1,\boldsymbol{\alpha}_2,\cdots,\boldsymbol{\alpha}_s$ 为线性方程组 $\boldsymbol{AX}=\boldsymbol{0}$ 的一个基础解系：

$$\boldsymbol{\beta}_1=t_1\boldsymbol{\alpha}_1+t_2\boldsymbol{\alpha}_2,\boldsymbol{\beta}_2=t_1\boldsymbol{\alpha}_2+t_2\boldsymbol{\alpha}_3,\cdots,\boldsymbol{\beta}_s=t_1\boldsymbol{\alpha}_s+t_2\boldsymbol{\alpha}_1,$$

其中 t_1,t_2 为实常数. 试问 t_1,t_2 满足什么关系时，$\boldsymbol{\beta}_1,\boldsymbol{\beta}_2,\cdots,\boldsymbol{\beta}_s$ 也为 $\boldsymbol{AX}=\boldsymbol{0}$ 的一个基础解系.

分析 如果 $\boldsymbol{\beta}_1,\boldsymbol{\beta}_2,\cdots,\boldsymbol{\beta}_s$ 是 $\boldsymbol{AX}=\boldsymbol{0}$ 的基础解系，则表明

(1) $\boldsymbol{\beta}_1,\boldsymbol{\beta}_2,\cdots,\boldsymbol{\beta}_s$ 是 $\boldsymbol{AX}=\boldsymbol{0}$ 的解；

(2) $\boldsymbol{\beta}_1,\boldsymbol{\beta}_2,\cdots,\boldsymbol{\beta}_s$ 线性无关；

(3) $s=n-\mathrm{r}(\boldsymbol{A})$ 或 $\boldsymbol{\beta}_1,\boldsymbol{\beta}_2,\cdots,\boldsymbol{\beta}_s$ 可表示 $\boldsymbol{AX}=\boldsymbol{0}$ 的任一解.

那么要证 $\boldsymbol{\beta}_1,\boldsymbol{\beta}_2,\cdots,\boldsymbol{\beta}_s$ 是基础解系，也应当证这三点. 本题中(1)、(3)是容易证明的，关键是(2).

解 由于 $\boldsymbol{\beta}_i(i=1,2,\cdots,s)$ 是 $\boldsymbol{\alpha}_1,\boldsymbol{\alpha}_2,\cdots,\boldsymbol{\alpha}_s$ 的线性组合，所以根据齐次线性方程组解的性质知 $\boldsymbol{\beta}_i(i=1,2,\cdots,s)$ 均为 $\boldsymbol{AX}=\boldsymbol{0}$ 的解.

由 $\boldsymbol{\alpha}_1,\boldsymbol{\alpha}_2,\cdots,\boldsymbol{\alpha}_s$ 是 $\boldsymbol{AX}=\boldsymbol{0}$ 的基础解系知，$s=n-\mathrm{r}(\boldsymbol{A})$.

下面来分析 $\boldsymbol{\beta}_1,\boldsymbol{\beta}_2,\cdots,\boldsymbol{\beta}_s$ 线性无关的条件. 设 $k_1\boldsymbol{\beta}_1+k_2\boldsymbol{\beta}_2+\cdots+k_s\boldsymbol{\beta}_s=\boldsymbol{0}$，即

$$(t_1k_1+t_2k_s)\boldsymbol{\alpha}_1+(t_2k_1+t_1k_2)\boldsymbol{\alpha}_2+(t_2k_2+t_1k_3)\boldsymbol{\alpha}_3+\cdots+(t_2k_{s-1}+t_1k_s)\boldsymbol{\alpha}_s=\boldsymbol{0}.$$

由于 $\boldsymbol{\alpha}_1,\boldsymbol{\alpha}_2,\cdots,\boldsymbol{\alpha}_s$ 线性无关，因此有

$$\begin{cases} t_1k_1+t_2k_s=0, \\ t_2k_1+t_1k_2=0, \\ t_2k_2+t_1k_3=0, \\ \quad\vdots \\ t_2k_{s-1}+t_1k_s=0. \end{cases} \qquad ①$$

因为系数行列式

$$\begin{vmatrix} t_1 & 0 & 0 & \cdots & 0 & t_2 \\ t_2 & t_1 & 0 & \cdots & 0 & 0 \\ 0 & t_2 & t_1 & \cdots & 0 & 0 \\ \vdots & \vdots & \vdots & & \vdots & \vdots \\ 0 & 0 & 0 & \cdots & t_2 & t_1 \end{vmatrix}=t_1^s+(-1)^{s+1}t_2^s,$$

所以当 $t_1^s+(-1)^{s+1}t_2^s\neq0$ 时，方程组①只有零解，即

$$k_1=k_2=\cdots=k_s=0,$$

从而 $\boldsymbol{\beta}_1,\boldsymbol{\beta}_2,\cdots,\boldsymbol{\beta}_s$ 线性无关. 即当 s 为偶数时，$t_1\neq\pm t_2$，当 s 为奇数时，$t_1\neq-t_2$，$\boldsymbol{\beta}_1,\boldsymbol{\beta}_2,\cdots,\boldsymbol{\beta}_s$ 也为 $\boldsymbol{AX}=\boldsymbol{0}$ 的一个基础解系.

评注 本题考查基础解系的概念及线性无关的证明，还涉及 s 阶行列式的计算. 由于有些考生概念不清，不知要证什么？有的不会证线性无关，还有同学在把 $\boldsymbol{\alpha}_1,\boldsymbol{\alpha}_2,\cdots,\boldsymbol{\alpha}_s$ 线性无关转化为齐次方程组①时，方程写得较少，系数行列式成为

$$\begin{vmatrix} t_1 & 0 & \cdots & t_2 \\ t_2 & t_1 & \cdots & 0 \\ \vdots & \vdots & & \vdots \\ 0 & 0 & \cdots & t_1 \end{vmatrix},$$

结果对行列式的结构规律没有观察清楚，造成行列式计算上的失误.

行列式中已有大量的 0，直接展开就可得到行列式的值，那么本题是按第 1 行展开好呢，还是按第 1 列展开好呢？

例 12 设有齐次线性方程组

$$\begin{cases} (1+a)x_1+x_2+\cdots+x_n=0, \\ 2x_1+(2+a)x_2+\cdots+2x_n=0, \\ \qquad\vdots \\ nx_1+nx_2+\cdots+(n+a)x_n=0, \end{cases}$$

试问 a 为何值时，该方程组有非零解，并求其通解.

分析 确定参数，使包含 n 个未知量和 n 个方程的齐次线性方程组有非零解，通常有两个方法：一是对其系数矩阵作初等行变换化成阶梯形；再就是由其系数行列式为零解出参数值. 本题的关键是参数 a 有两个值，对每个值都要讨论.

解 设齐次方程组的系数矩阵为 $\boldsymbol{A}$，则 $\boldsymbol{A}=a\boldsymbol{I}+\boldsymbol{B}$，其中

$$B=\begin{pmatrix}1&1&\cdots&1\\2&2&\cdots&2\\\vdots&\vdots&&\vdots\\n&n&\cdots&n\end{pmatrix}.$$

由 $r(\boldsymbol{B})=1$ 知,$\boldsymbol{B}$ 的特征多项式

$$|\lambda\boldsymbol{I}-\boldsymbol{B}|=\lambda^n-\frac{(n+1)n}{2}\lambda^{n-1},$$

即 $\boldsymbol{B}$ 的特征值是 $\frac{1}{2}(n+1)n,0,0,\cdots,0$ ($n-1$ 个 0),则 $\boldsymbol{A}$ 的特征值是 $a+\frac{1}{2}(n+1)n$, $a,a,\cdots,a$ ($n-1$ 个 a),从而

$$|\boldsymbol{A}|=\left[a+\frac{1}{2}(n+1)n\right]a^{n-1}.$$

那么,$\boldsymbol{AX}=\boldsymbol{0}$ 有非零解 $\Leftrightarrow|\boldsymbol{A}|=0\Leftrightarrow a=0$ 或 $a=-\frac{1}{2}(n+1)n$.

当 $a=0$ 时,对系数矩阵 $\boldsymbol{A}$ 作初等变换,有

$$\boldsymbol{A}=\begin{pmatrix}1&1&1&\cdots&1\\2&2&2&\cdots&2\\\vdots&\vdots&\vdots&&\vdots\\n&n&n&\cdots&n\end{pmatrix}\to\begin{pmatrix}1&1&1&\cdots&1\\0&0&0&\cdots&0\\\vdots&\vdots&\vdots&&\vdots\\0&0&0&\cdots&0\end{pmatrix},$$

故方程组的同解方程组为 $\quad x_1+x_2+\cdots+x_n=0,$

由此得基础解系为

$$\boldsymbol{\eta}_1=(-1,1,0,\cdots,0)^{\mathrm{T}},\boldsymbol{\eta}_2=(-1,0,1,\cdots,0)^{\mathrm{T}},\cdots,\boldsymbol{\eta}_{n-1}=(-1,0,0,\cdots,1)^{\mathrm{T}}.$$

于是方程组的通解为

$$x=k_1\boldsymbol{\eta}_1+k_2\boldsymbol{\eta}_2+\cdots+k_{n-1}\boldsymbol{\eta}_{n-1},$$

其中,$k_1,k_2,\cdots,k_{n-1}$ 为任意常数.

当 $a=-\frac{1}{2}(n+1)n$ 时,对系数矩阵再作初等行变换,有

$$\boldsymbol{A}=\begin{pmatrix}1+a&1&1&\cdots&1\\2&2+a&2&\cdots&2\\\vdots&\vdots&\vdots&&\vdots\\n&n&n&\cdots&n+a\end{pmatrix}\to\begin{pmatrix}1+a&1&1&\cdots&1\\-2a&a&0&\cdots&0\\\vdots&\vdots&\vdots&&\vdots\\-na&0&0&\cdots&a\end{pmatrix}$$

$$\to\begin{pmatrix}1+a&1&1&\cdots&1\\-2&1&0&\cdots&0\\\vdots&\vdots&\vdots&&\vdots\\-n&0&0&\cdots&1\end{pmatrix}\to\begin{pmatrix}0&0&0&\cdots&0\\-2&1&0&\cdots&0\\\vdots&\vdots&\vdots&&\vdots\\-n&0&0&\cdots&1\end{pmatrix}.$$

故方程组的同解方程组为

$$\begin{cases}-2x_1+x_2=0,\\-3x_1+x_3=0,\\\qquad\vdots\\-nx_1+x_n=0,\end{cases}$$

由此得基础解系为

$$\boldsymbol{\eta}=(1,2,\cdots,n)^{\mathrm{T}},$$

于是方程组的通解为 $x=k\boldsymbol{\eta}$，其中 k 为任意常数.

例 13 设 n 阶矩阵 $\boldsymbol{A}$ 的伴随矩阵 $\boldsymbol{A}^*\neq\boldsymbol{O}$，若 $\boldsymbol{\xi}_1,\boldsymbol{\xi}_2,\boldsymbol{\xi}_3,\boldsymbol{\xi}_4$ 是非齐次线性方程组 $\boldsymbol{AX}=\boldsymbol{b}$ 的互不相等的解，则对应的齐次线性方程组 $\boldsymbol{AX}=\boldsymbol{0}$ 的基础解系(　　).

(A) 不存在　　(B) 仅含一个非零解向量

(C) 含有两个线性无关的解向量　　(D) 含有三个线性无关的解向量

分析 由 $\boldsymbol{\xi}_1\neq\boldsymbol{\xi}_2$，知 $\boldsymbol{\xi}_1-\boldsymbol{\xi}_2$ 是 $\boldsymbol{AX}=\boldsymbol{0}$ 的非零解，故 $\mathrm{r}(\boldsymbol{A})<n$. 又因伴随矩阵 $\boldsymbol{A}^*\neq\boldsymbol{O}$，说明有代数余子式 $A_{ij}\neq0$，即 $|\boldsymbol{A}|$ 中有 $n-1$ 阶子式非零. 因此 $\mathrm{r}(\boldsymbol{A})=n-1$，即 $n-\mathrm{r}(\boldsymbol{A})=1$，亦即 $\boldsymbol{AX}=\boldsymbol{0}$ 的基础解系仅含有一个非零解向量. 应选(B).

2. 非齐次线性方程组的求解

例 14 设线性方程组

$$\begin{cases}x_1+3x_2+2x_3+\ \,x_4=1,\\ \qquad\ \ x_2+ax_3-ax_4=-1,\\ x_1+2x_2\qquad\ \ +3x_4=3.\end{cases}$$

问 a 为何值时方程组有解？并在有解时求出方程组的通解.

解 对增广矩阵作初等行变换，有

$$\boldsymbol{B}=\left(\begin{array}{cccc:c}1&3&2&1&1\\0&1&a&-a&-1\\1&2&0&3&3\end{array}\right)\to\left(\begin{array}{cccc:c}1&3&2&1&1\\0&1&a&-a&-1\\0&-1&-2&2&2\end{array}\right)\to\left(\begin{array}{cccc:c}1&3&2&1&1\\0&1&a&-a&-1\\0&0&a-2&2-a&1\end{array}\right).$$

当 $a=2$ 时，$\mathrm{r}(\boldsymbol{A})=2,\mathrm{r}(\boldsymbol{B})=3$，方程组无解.

而 $a\neq2$ 时，$\mathrm{r}(\boldsymbol{A})=\mathrm{r}(\boldsymbol{B})=3<4$，方程组有无穷多解.

令 $x_4=0$，得

$$x_3=\frac{1}{a-2},\quad x_2=\frac{2-2a}{a-2},\quad x_1=\frac{7a-10}{a-2}.$$

于是得到 $\boldsymbol{AX}=\boldsymbol{b}$ 的解

$$\boldsymbol{\alpha}=\left(\frac{7a-10}{a-2},\frac{2-2a}{a-2},\frac{1}{a-2},0\right)^{\mathrm{T}}.$$

令 $x_4=1$，对 $\boldsymbol{AX}=\boldsymbol{0}$ 求出 $x_3=1,x_2=0,x_1=-3$，得到导出组的基础解系为

$$\boldsymbol{\eta}=(-3,0,1,1)^{\mathrm{T}}.$$

所以方程组的通解为 $\boldsymbol{\alpha}+k\boldsymbol{\eta}$，其中 k 为任意常数.

例 15 设方程 $\begin{pmatrix}a&1&1\\1&a&1\\1&1&a\end{pmatrix}\begin{pmatrix}x_1\\x_2\\x_3\end{pmatrix}=\begin{pmatrix}1\\1\\-2\end{pmatrix}$ 有无穷多个解，则 $a=$______.

解 线性方程组 $\boldsymbol{AX}=\boldsymbol{b}$ 有无穷多解的充分必要条件是 $\mathrm{r}(\boldsymbol{A})=\mathrm{r}(\boldsymbol{B})<n$. 为此，应当通过对增广矩阵作初等行变换来确定 a 的取值.

$$\left(\begin{array}{ccc:c}a&1&1&1\\1&a&1&1\\1&1&a&-2\end{array}\right)\to\left(\begin{array}{ccc:c}1&1&a&-2\\1&a&1&1\\a&1&1&1\end{array}\right)\to\left(\begin{array}{ccc:c}1&1&a&-2\\0&a-1&1-a&3\\0&1-a&1-a^2&1+2a\end{array}\right)$$

$$\to \left(\begin{array}{ccc:c} 1 & 1 & a & -2 \\ 0 & a-1 & 1-a & 3 \\ 0 & 0 & 2-a-a^2 & 4+2a \end{array}\right),$$

可见 $r(\boldsymbol{A})=r(\boldsymbol{B})<3 \Leftrightarrow a=-2$.

本题的典型错误是与齐次方程 $\boldsymbol{AX}=\boldsymbol{0}$ 有无穷多个解相混淆,不少学生由

$$|\boldsymbol{A}|=(a+2)(a-1)^2=0$$

而认为 $a=-2$ 或 1. 注意 $|\boldsymbol{A}|=0$ 意味着 $\boldsymbol{AX}=\boldsymbol{b}$ 没有唯一解,它可能有无穷多解,也可能无解. 在这里 $a=1$ 时,方程是无解的. 这并不是一个什么难题,但考数学一的不少考生也会犯同样的概念性错误,这应该要引起重视.

综述

对非齐次线性方程组要会判断何时无解？何时有唯一解？何时有无穷多解？当方程组有无穷多解时,解的性质与结构是什么？当系数矩阵没有具体给出时,如何求通解？当方程组有无穷多解或无解时,如何求参数？

由于三元一次方程的几何意义是平面的,所以方程组是否有解可转换为平面间的空间位置关系问题.

4.6 自 测 题

1. 填空题

(1) 向量组 $(1,0,-2,1)^{\mathrm{T}},(3,1,0,-1)^{\mathrm{T}},(1,1,4,-3)^{\mathrm{T}},(3,0,10,3)^{\mathrm{T}}$ 的秩为______.

(2) 向量组 $\boldsymbol{\alpha}_1=(1+\lambda,1,1)^{\mathrm{T}},\boldsymbol{\alpha}_2=(1,1+\lambda,1)^{\mathrm{T}},\boldsymbol{\alpha}_3=(1,1,1+\lambda)^{\mathrm{T}}$ 的秩为 2,则 $\lambda=$______.

(3) 向量组 $\boldsymbol{\alpha}_1,\boldsymbol{\alpha}_2,\boldsymbol{\alpha}_3$ 线性无关,则向量组 $\boldsymbol{\beta}_1=\boldsymbol{\alpha}_1+\boldsymbol{\alpha}_2,\boldsymbol{\beta}_2=\boldsymbol{\alpha}_1+2\boldsymbol{\alpha}_2+\boldsymbol{\alpha}_3,\boldsymbol{\beta}_3=\boldsymbol{\alpha}_2+4\boldsymbol{\alpha}_3$ 是线性______.

(4) 向量组 $\boldsymbol{\alpha}_1,\boldsymbol{\alpha}_2,\boldsymbol{\alpha}_3$ 的秩为 2,则 $\boldsymbol{\beta}_1=\boldsymbol{\alpha}_1+\boldsymbol{\alpha}_2,\boldsymbol{\beta}_2=\boldsymbol{\alpha}_2+\boldsymbol{\alpha}_3,\boldsymbol{\beta}_3=\boldsymbol{\alpha}_3+\boldsymbol{\alpha}_1$ 的秩为______.

(5) $\boldsymbol{\alpha}_1=(1,1,k)^{\mathrm{T}},\boldsymbol{\alpha}_2=(1,k,1)^{\mathrm{T}},\boldsymbol{\alpha}_3=(k,1,1)^{\mathrm{T}}$ 是 $\mathbf{R}^3$ 的一组基,则 k______.

(6) 三维向量空间的基 $\boldsymbol{\alpha}_1=(1,1,0)^{\mathrm{T}},\boldsymbol{\alpha}_2=(1,0,1)^{\mathrm{T}},\boldsymbol{\alpha}_3=(0,1,1)^{\mathrm{T}}$,则向量 $\boldsymbol{\beta}=(2,0,0)$ 在此基下的坐标为______.

(7) $\boldsymbol{A}$ 为 $m\times n$ 矩阵,$r(\boldsymbol{A})=m$,若矩阵 $\boldsymbol{B}_{n\times m}$ 满足 $\boldsymbol{BA}=\boldsymbol{O}$,则 $\boldsymbol{B}=$______.

2. 选择题

(1) 已知向量组 $\boldsymbol{\alpha}_1,\boldsymbol{\alpha}_2,\boldsymbol{\alpha}_3,\boldsymbol{\alpha}_4$ 线性无关,则向量组(　　).

(A) $\boldsymbol{\alpha}_1+\boldsymbol{\alpha}_2,\boldsymbol{\alpha}_2+\boldsymbol{\alpha}_3,\boldsymbol{\alpha}_3+\boldsymbol{\alpha}_4,\boldsymbol{\alpha}_4+\boldsymbol{\alpha}_1$ 线性无关

(B) $\boldsymbol{\alpha}_1-\boldsymbol{\alpha}_2,\boldsymbol{\alpha}_2-\boldsymbol{\alpha}_3,\boldsymbol{\alpha}_3-\boldsymbol{\alpha}_4,\boldsymbol{\alpha}_4-\boldsymbol{\alpha}_1$ 线性无关

(C) $\boldsymbol{\alpha}_1+\boldsymbol{\alpha}_2,\boldsymbol{\alpha}_2+\boldsymbol{\alpha}_3,\boldsymbol{\alpha}_3+\boldsymbol{\alpha}_4,\boldsymbol{\alpha}_4-\boldsymbol{\alpha}_1$ 线性无关

(D) $\boldsymbol{\alpha}_1+\boldsymbol{\alpha}_2,\boldsymbol{\alpha}_2+\boldsymbol{\alpha}_3,\boldsymbol{\alpha}_3-\boldsymbol{\alpha}_4,\boldsymbol{\alpha}_4-\boldsymbol{\alpha}_1$ 线性无关

(2) n 维向量组 $\boldsymbol{\alpha}_1,\boldsymbol{\alpha}_2,\cdots,\boldsymbol{\alpha}_s(3\leqslant s\leqslant n)$ 线性无关的充要条件是(　　).

(A) 存在一组不全为零的数 $k_1,k_2,\cdots,k_s$，使 $\sum_{i=1}^{s}k_i\boldsymbol{\alpha}_i\neq\mathbf{0}$

(B) $\boldsymbol{\alpha}_1,\boldsymbol{\alpha}_2,\cdots,\boldsymbol{\alpha}_s$ 中任意两个向量都线性无关

(C) $\boldsymbol{\alpha}_1,\boldsymbol{\alpha}_2,\cdots,\boldsymbol{\alpha}_s$ 中存在一个向量，它不能用其余向量线性表示

(D) $\boldsymbol{\alpha}_1,\boldsymbol{\alpha}_2,\cdots,\boldsymbol{\alpha}_s$ 中任一个向量不能用其余向量线性表示

(3) n 阶方阵 $\boldsymbol{A}$ 的秩为 $r<n$ 的充要条件是(　　).

(A) $\boldsymbol{A}$ 中有 r 阶子式不等于零

(B) $\boldsymbol{A}$ 的 $r+1$ 阶子式都等于零

(C) $\boldsymbol{A}$ 的任一个 r 阶子式都不等于零

(D) $\boldsymbol{A}$ 的任 $r+1$ 个列向量线性相关，而 r 个列向量线性无关

(4) 向量组$(\boldsymbol{\alpha}_1,\boldsymbol{\alpha}_2,\cdots,\boldsymbol{\alpha}_n)$与$(\boldsymbol{\beta}_1,\boldsymbol{\beta}_2,\cdots,\boldsymbol{\beta}_n)$的秩皆为 r. 则正确的是(　　).

(A) 秩$(\boldsymbol{\alpha}_1+\boldsymbol{\beta}_1,\boldsymbol{\alpha}_2+\boldsymbol{\beta}_2,\cdots,\boldsymbol{\alpha}_n+\boldsymbol{\beta}_n)=2r$

(B) 秩$(\boldsymbol{\alpha}_1-\boldsymbol{\beta}_1,\boldsymbol{\alpha}_2-\boldsymbol{\beta}_2,\cdots,\boldsymbol{\alpha}_n-\boldsymbol{\beta}_n)=2r$

(C) 秩$(\boldsymbol{\alpha}_1,\boldsymbol{\alpha}_2,\cdots,\boldsymbol{\alpha}_n,\boldsymbol{\beta}_1,\boldsymbol{\beta}_2,\cdots,\boldsymbol{\beta}_n)=2r$

(D) 秩$(\boldsymbol{\alpha}_1,\boldsymbol{\alpha}_2,\cdots,\boldsymbol{\alpha}_n,\boldsymbol{\beta}_1,\boldsymbol{\beta}_2,\cdots,\boldsymbol{\beta}_n)\leqslant 2r$

3. 判别下列向量组的线性相关性.

(1) $(1,1,0,1)^{\mathrm{T}},(1,0,1,2)^{\mathrm{T}},(1,4,1,1)^{\mathrm{T}},(2,2,0,2)^{\mathrm{T}}$；

(2) $(1,3,1)^{\mathrm{T}},(2,3,4)^{\mathrm{T}},(4,1,2)^{\mathrm{T}},(5,4,0)^{\mathrm{T}}$；

(3) $(1,1,2,3)^{\mathrm{T}},(2,1,1,4)^{\mathrm{T}},(3,1,4,1)^{\mathrm{T}}$.

4. 设向量组 $\boldsymbol{\alpha}_1=(1,a_1,\cdots,a_1^{n-1})^{\mathrm{T}},\boldsymbol{\alpha}_2=(1,a_2,\cdots,a_2^{n-1})^{\mathrm{T}},\cdots,\boldsymbol{\alpha}_n=(1,a_n,\cdots,a_n^{n-1})^{\mathrm{T}}$，$a_1,a_2,\cdots,a_n$ 是互不相同的数. 证明：任一 n 维向量 $\boldsymbol{\alpha}$ 可由 $\boldsymbol{\alpha}_1,\boldsymbol{\alpha}_2,\cdots,\boldsymbol{\alpha}_n$ 唯一线性表示.

5. (1) 求向量组 $\boldsymbol{\alpha}_1=(2,3,1,-2)^{\mathrm{T}},\boldsymbol{\alpha}_2=(1,-1,4,0)^{\mathrm{T}},\boldsymbol{\alpha}_3=(3,7,-2,8)^{\mathrm{T}},\boldsymbol{\alpha}_4=(5,10,-1,6)^{\mathrm{T}}$ 的一个极大线性无关组；

(2) 求 $\boldsymbol{\alpha}_1=(1,2,0,1)^{\mathrm{T}},\boldsymbol{\alpha}_2=(1,0,1,1)^{\mathrm{T}},\boldsymbol{\alpha}_3=(0,2,-1,0)^{\mathrm{T}},\boldsymbol{\alpha}_4=(0,1,1,1)^{\mathrm{T}}$ 的一个极大线性无关组，并求其余向量在此组下的线性表示.

6. 设 $\boldsymbol{\alpha}_1=(1,4,0,2)^{\mathrm{T}},\boldsymbol{\alpha}_2=(2,7,1,3)^{\mathrm{T}},\boldsymbol{\alpha}_3=(0,1,-1,a)^{\mathrm{T}},\boldsymbol{\beta}=(3,10,b,4)^{\mathrm{T}}$，问：

(1) a,b 取何值时，$\boldsymbol{\beta}$ 不能由 $\boldsymbol{\alpha}_1,\boldsymbol{\alpha}_2,\boldsymbol{\alpha}_3$ 线性表示？

(2) a,b 取何值时，$\boldsymbol{\beta}$ 可由 $\boldsymbol{\alpha}_1,\boldsymbol{\alpha}_2,\boldsymbol{\alpha}_3$ 线性表示？

7. 求 n 阶方阵 $\boldsymbol{A}$ 的秩.

$$\boldsymbol{A}=\begin{pmatrix}a_1b_1 & a_1b_2 & \cdots & a_1b_n\\ a_2b_1 & a_2b_2 & \cdots & a_2b_n\\ \vdots & \vdots & & \vdots\\ a_nb_1 & a_nb_2 & \cdots & a_nb_n\end{pmatrix}\quad (a_i\neq 0,b_i\neq 0).$$

8. $\boldsymbol{A}$ 为 $m\times n$ 矩阵，$\boldsymbol{B}$ 为 $n\times m$ 矩阵，$\mathrm{r}(\boldsymbol{A})=n$，证明 $\mathrm{r}(\boldsymbol{AB})=\mathrm{r}(\boldsymbol{B})$.

9. 如果向量组 $\boldsymbol{\alpha}_1,\boldsymbol{\alpha}_2,\cdots,\boldsymbol{\alpha}_r$ 线性相关，而其中任意 $r-1$ 个向量线性无关，证明要使 $k_1\boldsymbol{\alpha}_1+k_2\boldsymbol{\alpha}_2+\cdots+k_r\boldsymbol{\alpha}_r=\mathbf{0}$ 成立，则 $k_1,k_2,\cdots,k_r$ 必全为零或全不为零.

10. 设向量组 $\boldsymbol{\alpha}_1,\boldsymbol{\alpha}_2,\boldsymbol{\alpha}_3$ 线性相关，$\boldsymbol{\alpha}_2,\boldsymbol{\alpha}_3,\boldsymbol{\alpha}_4$ 线性无关，问(1) $\boldsymbol{\alpha}_1$ 是否可由 $\boldsymbol{\alpha}_2,\boldsymbol{\alpha}_3$ 线性表示？(2) $\boldsymbol{\alpha}_4$ 是否可由 $\boldsymbol{\alpha}_1,\boldsymbol{\alpha}_2,\boldsymbol{\alpha}_3$ 线性表示？

11. 设向量组(Ⅰ)与向量组(Ⅱ)的秩相等，且向量组(Ⅰ)可由向量组(Ⅱ)线性表示，证明向量组(Ⅰ)与(Ⅱ)等价.

12. 设 $\boldsymbol{A},\boldsymbol{B}$ 为 $m\times n$ 矩阵，证明 $\boldsymbol{A}$ 与 $\boldsymbol{B}$ 等价的充要条件是 $\mathrm{r}(\boldsymbol{A})=\mathrm{r}(\boldsymbol{B})$.

13. 设 $\mathbf{R}^3$ 的两组基为

$$\boldsymbol{\alpha}_1=(0,1,0)^{\mathrm{T}},\quad \boldsymbol{\alpha}_2=(-1,0,1)^{\mathrm{T}},\quad \boldsymbol{\alpha}_3=(1,0,1)^{\mathrm{T}};$$

$$\boldsymbol{\beta}_1=(0,0,-1)^{\mathrm{T}},\quad \boldsymbol{\beta}_2=(1,-1,0)^{\mathrm{T}},\quad \boldsymbol{\beta}_3=(1,0,0)^{\mathrm{T}}.$$

(1) 求从基 $\boldsymbol{\alpha}_1,\boldsymbol{\alpha}_2,\boldsymbol{\alpha}_3$ 到基 $\boldsymbol{\beta}_1,\boldsymbol{\beta}_2,\boldsymbol{\beta}_3$ 下的过渡矩阵；

(2) 求 $\boldsymbol{\alpha}=(1,-2,3)^{\mathrm{T}}$ 在基 $\boldsymbol{\alpha}_1,\boldsymbol{\alpha}_2,\boldsymbol{\alpha}_3$ 下的坐标及求 $\boldsymbol{\alpha}$ 在基 $\boldsymbol{\beta}_1,\boldsymbol{\beta}_2,\boldsymbol{\beta}_3$ 下的坐标；

(3) 求 $\boldsymbol{\beta}=\boldsymbol{\alpha}_1-2\boldsymbol{\alpha}_2+3\boldsymbol{\alpha}_3$ 在基 $\boldsymbol{\beta}_1,\boldsymbol{\beta}_2,\boldsymbol{\beta}_3$ 下的坐标.

14. 设三维空间的两个基 $\boldsymbol{\alpha}_1=(1,0,1)^{\mathrm{T}},\boldsymbol{\alpha}_2=(1,1,0)^{\mathrm{T}},\boldsymbol{\alpha}_3=(0,1,1)^{\mathrm{T}}$ 和 $\boldsymbol{\beta}_1=(1,1,1)^{\mathrm{T}},\boldsymbol{\beta}_2=(1,1,2)^{\mathrm{T}},\boldsymbol{\beta}_3=(0,2,1)^{\mathrm{T}}$，求在此两个基下的坐标相同的所有向量.

答案与提示

1. (1) 3； (2) -3； (3) 无关； (4) 大于等于 2； (5) $k\neq 1$ 且 $k\neq -2$；
(6) $(1,1,-1)$； (7) $\boldsymbol{O}$.

2. (1) (C)； (2) (D)； (3) (D)； (4) (D).

3. (1) 线性相关； (2) 线性相关； (3) 线性无关.

4. 因 $|\boldsymbol{A}|=|\boldsymbol{\alpha}_1,\boldsymbol{\alpha}_2,\cdots,\boldsymbol{\alpha}_n|=\prod\limits_{1\leqslant j<i\leqslant n}(a_i-a_j)\neq 0$，$\boldsymbol{AX}=\boldsymbol{\alpha}$ 有唯一解，$\boldsymbol{\alpha}$ 可由 $\boldsymbol{\alpha}_1,\boldsymbol{\alpha}_2,\cdots,\boldsymbol{\alpha}_n$ 唯一线性表示.

5. (1) $\boldsymbol{\alpha}_1,\boldsymbol{\alpha}_2,\boldsymbol{\alpha}_3$； (2) $\boldsymbol{\alpha}_1,\boldsymbol{\alpha}_2,\boldsymbol{\alpha}_4$；$\boldsymbol{\alpha}_3=\boldsymbol{\alpha}_1-\boldsymbol{\alpha}_2$.

6. $\boldsymbol{\beta}=x_1\boldsymbol{\alpha}_1+x_2\boldsymbol{\alpha}_2+x_3\boldsymbol{\alpha}_3$，得 $\boldsymbol{AX}=\boldsymbol{\beta}$

$$\boldsymbol{A}\to\left(\begin{array}{ccc:c}1&2&0&3\\0&-1&1&-2\\0&0&a-1&0\\0&0&0&b-2\end{array}\right).$$

当 $b\neq 2$ 时，$\boldsymbol{\beta}$ 不能由 $\boldsymbol{\alpha}_1,\boldsymbol{\alpha}_2,\boldsymbol{\alpha}_3$ 线性表示.

当 $b=2,a\neq 1$ 时，唯一线性表示为

$$\boldsymbol{\beta}=-\boldsymbol{\alpha}_1+2\boldsymbol{\alpha}_2,$$

$$b=2,\quad a=1,\quad \boldsymbol{X}=k(-2,1,1)^{\mathrm{T}}+(-1,2,0)^{\mathrm{T}}.$$

$$\boldsymbol{\beta}=(-2k-1)\boldsymbol{\alpha}_1+(k+2)\boldsymbol{\alpha}_2+k\boldsymbol{\alpha}_3.$$

7. 因 $\boldsymbol{A}=(a_1,a_2,\cdots,a_n)^{\mathrm{T}}(b_1,b_2,\cdots,b_n)$，故 $\mathrm{r}(\boldsymbol{A})=1$.

8. 因 $\mathrm{r}(\boldsymbol{A})+\mathrm{r}(\boldsymbol{B})-n\leqslant\mathrm{r}(\boldsymbol{AB})\leqslant\mathrm{r}(\boldsymbol{B})\leqslant n$，$\mathrm{r}(\boldsymbol{A})=n$，故 $\mathrm{r}(\boldsymbol{AB})=\mathrm{r}(\boldsymbol{B})$.

9. $\boldsymbol{\alpha}_1,\boldsymbol{\alpha}_2,\cdots,\boldsymbol{\alpha}_r$ 线性相关，有不全为零的 k_i 使 $\sum\limits_{i=1}^{r}k_i\boldsymbol{\alpha}_i=\mathbf{0}$. 假定有一个 $k_i=0$，则可推出 $r-1$ 个向量线性相关，与题设矛盾.

10. (1) 可知 $\boldsymbol{\alpha}_2,\boldsymbol{\alpha}_3$ 是 $\boldsymbol{\alpha}_1,\boldsymbol{\alpha}_2,\boldsymbol{\alpha}_3$ 的一个极大无关组,则 $\boldsymbol{\alpha}_1$ 可由 $\boldsymbol{\alpha}_2,\boldsymbol{\alpha}_3$ 线性表示:$\boldsymbol{\alpha}_1=l_1\boldsymbol{\alpha}_2+l_2\boldsymbol{\alpha}_3$;(2) 假定 $\boldsymbol{\alpha}_4$ 可由 $\boldsymbol{\alpha}_1,\boldsymbol{\alpha}_2,\boldsymbol{\alpha}_3$ 线性表示,则 $\boldsymbol{\alpha}_4=k_1\boldsymbol{\alpha}_1+k_2\boldsymbol{\alpha}_2+k_3\boldsymbol{\alpha}_3=(k_1l_1+k_2)\boldsymbol{\alpha}_2+(k_1l_2+k_3)\boldsymbol{\alpha}_3$,与条件矛盾,故 $\boldsymbol{\alpha}_4$ 不能由 $\boldsymbol{\alpha}_1,\boldsymbol{\alpha}_2,\boldsymbol{\alpha}_3$ 线性表示.

11. 取方程组(Ⅰ)、(Ⅱ)的极大无关组为 $\boldsymbol{\alpha}_1,\boldsymbol{\alpha}_2,\cdots,\boldsymbol{\alpha}_r$ 和 $\boldsymbol{\beta}_1,\boldsymbol{\beta}_2,\cdots,\boldsymbol{\beta}_r$. 因为方程组(Ⅰ)可由方程组(Ⅱ)线性表示,由线性关系传递性知,$\boldsymbol{\alpha}_1,\boldsymbol{\alpha}_2,\cdots,\boldsymbol{\alpha}_r$ 可由 $\boldsymbol{\beta}_1,\boldsymbol{\beta}_2,\cdots,\boldsymbol{\beta}_r$ 线性表示,

$$(\boldsymbol{\alpha}_1,\boldsymbol{\alpha}_2,\cdots,\boldsymbol{\alpha}_r)=(\boldsymbol{\beta}_1,\boldsymbol{\beta}_2,\cdots,\boldsymbol{\beta}_r)\boldsymbol{A}_{r\times r},$$

则 $\boldsymbol{A}_{r\times r}$ 可逆,$\boldsymbol{\beta}_1,\boldsymbol{\beta}_2,\cdots,\boldsymbol{\beta}_r$ 也可由 $\boldsymbol{\alpha}_1,\boldsymbol{\alpha}_2,\cdots,\boldsymbol{\alpha}_r$ 线性表示,则方程组(Ⅱ)可由方程组(Ⅰ)线性表示,故方程组(Ⅰ)与(Ⅱ)等价.

12. 必要性:若 $\boldsymbol{A}$ 与 $\boldsymbol{B}$ 等价,则有可逆阵 $\boldsymbol{P},\boldsymbol{Q}$ 使 $\boldsymbol{PAQ}=\boldsymbol{B}$,使 $\mathrm{r}(\boldsymbol{A})=\mathrm{r}(\boldsymbol{B})$.

充分性:因 $\mathrm{r}(\boldsymbol{A})=\mathrm{r}(\boldsymbol{B})=r$,存在可逆阵 $\boldsymbol{P}_1,\boldsymbol{Q}_1,\boldsymbol{P}_2,\boldsymbol{Q}_2$,使

$$\boldsymbol{P}_1\boldsymbol{A}\boldsymbol{Q}_1=\begin{pmatrix}\boldsymbol{I}_r & \boldsymbol{O}\\ \boldsymbol{O} & \boldsymbol{O}\end{pmatrix},\quad \boldsymbol{P}_2\boldsymbol{B}\boldsymbol{Q}_2=\begin{pmatrix}\boldsymbol{I}_r & \boldsymbol{O}\\ \boldsymbol{O} & \boldsymbol{O}\end{pmatrix},$$

故有 $\boldsymbol{P}_2^{-1}\boldsymbol{P}_1\boldsymbol{A}\boldsymbol{Q}_1\boldsymbol{Q}_2^{-1}=\boldsymbol{B}$,即 $\boldsymbol{P}=\boldsymbol{P}_2^{-1}\boldsymbol{P}_1,\boldsymbol{Q}=\boldsymbol{Q}_1\boldsymbol{Q}_2^{-1}$,使 $\boldsymbol{PAQ}=\boldsymbol{B}$.

13. (1) $(\boldsymbol{\beta}_1,\boldsymbol{\beta}_2,\boldsymbol{\beta}_3)=(\boldsymbol{\alpha}_1,\boldsymbol{\alpha}_2,\boldsymbol{\alpha}_3)\boldsymbol{P}$,$\boldsymbol{P}=\dfrac{1}{2}\begin{pmatrix}0 & -2 & 0\\ -1 & -1 & -1\\ -1 & 1 & 1\end{pmatrix}$;

(2) $\boldsymbol{X}=(-2,1,2)^{\mathrm{T}}$,$\boldsymbol{Y}=(-3,2,-1)^{\mathrm{T}}$;

(3) $\boldsymbol{Y}=(-1,-1,6)^{\mathrm{T}}$.

14. 因 $\boldsymbol{\alpha}=x_1\boldsymbol{\alpha}_1+x_2\boldsymbol{\alpha}_2+x_3\boldsymbol{\alpha}_3=x_1\boldsymbol{\beta}_1+x_2\boldsymbol{\beta}_2+x_3\boldsymbol{\beta}_3$,故

$$(\boldsymbol{\alpha}_1-\boldsymbol{\beta}_1)x_1+(\boldsymbol{\alpha}_2-\boldsymbol{\beta}_2)x_2+(\boldsymbol{\alpha}_3-\boldsymbol{\beta}_3)x_3=\boldsymbol{0},$$

所以

$$\begin{pmatrix}0 & 0 & 0\\ -1 & 0 & -1\\ 0 & -2 & 0\end{pmatrix}\boldsymbol{X}=\boldsymbol{0},$$

则

$$\boldsymbol{X}=(-k,0,k),\quad \boldsymbol{\alpha}=k(-1,1,0)^{\mathrm{T}}.$$

第 5 章　相似矩阵与二次型

5.1　方阵的特征值与特征向量

一、内容提要

1. 特征值与特征向量的定义

$\boldsymbol{AX}=\lambda\boldsymbol{X},\boldsymbol{X}\neq\boldsymbol{0}$,称 λ 是 $\boldsymbol{A}$ 的特征值,称 $\boldsymbol{X}$ 是 $\boldsymbol{A}$ 对应于 λ 的特征向量.

设 $\boldsymbol{A}$ 为 n 阶方阵,$|\lambda\boldsymbol{I}-\boldsymbol{A}|$ 称为 $\boldsymbol{A}$ 的特征多项式,它是关于 λ 的 n 次多项式;$\lambda\boldsymbol{I}-\boldsymbol{A}$ 称为 $\boldsymbol{A}$ 的特征矩阵. $|\lambda\boldsymbol{I}-\boldsymbol{A}|=0$ 称为 $\boldsymbol{A}$ 的特征方程,它是关于 λ 的一元 n 次方程,其根即为 $\boldsymbol{A}$ 的特征值.

由一元 n 次方程的高斯定理知,特征方程在复数范围内一定存在 n 个根(k 重根即 k 个根).

2. 特征值与特征向量的求法

(1) 由 $f(\lambda)=|\lambda\boldsymbol{I}-\boldsymbol{A}|=0$,求出 n 个特征值 $\lambda_1,\lambda_2,\cdots,\lambda_n$.

(2) 对每一个 λ_i,求解 $(\lambda\boldsymbol{I}-\boldsymbol{A})\boldsymbol{X}=\boldsymbol{0}$ 的所有非零解向量就是 $\boldsymbol{A}$ 的 λ_i 对应的特征向量集.

3. 特征值与特征向量的性质

(1) $|\boldsymbol{A}|$ 的特征值为 $\lambda_1,\lambda_2,\cdots,\lambda_n$;　$\mathrm{tr}(\boldsymbol{A})=\sum\limits_{i=1}^{n}a_{ii}=\lambda_1+\lambda_2+\cdots+\lambda_n$.

定理 1　$\boldsymbol{A}$ 可逆 $\Leftrightarrow\boldsymbol{A}$ 的 n 个特征值皆非零.

(2) $\boldsymbol{A}$ 的同一个特征值 λ_0 对应的特征向量的非零线性组合仍是 λ_0 对应的特征向量.

(3) $\boldsymbol{A}$ 的不同特征值对应的特征向量是线性无关的.

(4) 设 $\boldsymbol{A}$ 的特征值 λ_0 对应的特征向量为 $\boldsymbol{X}_0$,则 $\varphi(\boldsymbol{A})$ 对应的特征值为 $\varphi(\lambda_0)$,其中 $\varphi(\boldsymbol{A})=a_0\boldsymbol{A}^m+a_1\boldsymbol{A}^{m-1}+\cdots+a_m\boldsymbol{I}$ 为关于 $\boldsymbol{A}$ 的任意多项式.

如果 $\boldsymbol{A}$ 可逆,令 $\boldsymbol{A}^{-k}=(\boldsymbol{A}^{-1})^k$($k$ 为正整数),则上述结论对于含 $\boldsymbol{A}$ 的负整数幂的"多项式"也是正确的. 例如,$\boldsymbol{A}^{-1}$ 的特征值为 $\dfrac{1}{\lambda_0}$,$\boldsymbol{A}^{-2}+\boldsymbol{I}$ 的特征值为 $\dfrac{1}{\lambda_0^2}+1$,等等.

二、释疑解惑

问题 1　何谓矩阵的特征值、特征向量? 它们有哪些性质?

答　设 $\boldsymbol{A}$ 是 n 阶矩阵,若存在数 λ 以及一个非零 n 维列向量 $\boldsymbol{X}$,使得 $\boldsymbol{AX}=\lambda\boldsymbol{X}$,

则称 λ 是 $\boldsymbol{A}$ 的特征值，向量 $\boldsymbol{X}$ 称为矩阵 $\boldsymbol{A}$ 属于特征值 λ 的特征向量，有时简称为 $\boldsymbol{A}$ 的特征向量.

1）定义中应注意事项

(1) 矩阵 $\boldsymbol{A}$ 一定是一方阵，否则无特征值、特征向量的概念；

(2) n 阶矩阵 $\boldsymbol{A}$ 的属于特征值 λ 的特征向量 $\boldsymbol{X}$ 是非零列向量，即满足 $\boldsymbol{AX}=\lambda\boldsymbol{X}$ 的 $\boldsymbol{X}\neq\boldsymbol{0}$.

$$f(\lambda)=|\lambda\boldsymbol{I}-\boldsymbol{A}|=\lambda^n+c_1\lambda^{n-1}+c_2\lambda^{n-2}+\cdots+c_{n-1}\lambda+c_n$$

称为 $\boldsymbol{A}$ 的特征多项式，其中

$$c_1=-(a_{11}+a_{22}+\cdots+a_{nn}),\quad c_n=(-1)^n|\boldsymbol{A}|.$$

$a_{11},a_{22},\cdots,a_{nn}$ 为 $\boldsymbol{A}$ 的主对角线上元素，$|\lambda\boldsymbol{I}-\boldsymbol{A}|=0$ 称为 $\boldsymbol{A}$ 的特征方程，它的 n 个根 $\lambda_1,\lambda_2,\cdots,\lambda_n$ 即 $\boldsymbol{A}$ 的 n 个特征值，且满足

$$\begin{cases}\lambda_1+\lambda_2+\cdots+\lambda_n=a_{11}+a_{22}+\cdots+a_{nn},\\ \lambda_1\lambda_2\cdots\lambda_n=|\boldsymbol{A}|.\end{cases}$$

2）特征值的性质

(1) 任意 n 阶矩阵 $\boldsymbol{A}$ 与 $\boldsymbol{A}^{\mathrm{T}}$ 具有相同的特征值.

(2) 若 λ 是可逆矩阵 $\boldsymbol{A}$ 的特征值，则 $\dfrac{1}{\lambda}$ 是 $\boldsymbol{A}^{-1}$ 的特征值，$\dfrac{|\boldsymbol{A}|}{\lambda}$ 是 $\boldsymbol{A}^*$ 的特征值.

(3) 若 λ 是 $\boldsymbol{A}$ 的特征值，则 λ^m 是 $\boldsymbol{A}^m$ 的特征值，$k\lambda$ 是 $k\boldsymbol{A}$ 的特征值.

(4) 若 λ 是 $\boldsymbol{A}$ 的特征值，则对任意多项式 $\varphi(x)$，$\varphi(\lambda)$ 是 $\varphi(\boldsymbol{A})$ 的特征值.

3）特征向量的性质

(1) 若 $\boldsymbol{X}_1,\boldsymbol{X}_2$ 是 $\boldsymbol{A}$ 的属于 λ 的特征向量，则 $\boldsymbol{X}_1,\boldsymbol{X}_2$ 的非零线性组合 $\boldsymbol{X}=k_1\boldsymbol{X}_1+k_2\boldsymbol{X}_2\neq\boldsymbol{0}$ 也是属于 λ 的特征向量.

(2) $\boldsymbol{A}$ 的属于不同特征值的特征向量是线性无关的.

(3) 若 λ 是 $\boldsymbol{A}$ 的一个 k 重特征值，则 $\boldsymbol{A}$ 的属于 λ 的线性无关特征向量的个数不超过 k.

对于问题 1 举例如下.

(1) 判别"若 $\boldsymbol{X}_1,\boldsymbol{X}_2,\cdots,\boldsymbol{X}_s$ 是矩阵 $\boldsymbol{A}$ 的分别属于特征值 $\lambda_1,\lambda_2,\cdots,\lambda_s$ 的特征向量，且 $\lambda_1,\lambda_2,\cdots,\lambda_s$ 两两互异，则当 $s\geqslant 2$ 时，$\boldsymbol{X}_1+\boldsymbol{X}_2+\cdots+\boldsymbol{X}_s$ 也是 $\boldsymbol{A}$ 的特征向量"这一命题是否正确.

答　不正确.

下面用反证法证明.

假若 $\boldsymbol{X}_1+\boldsymbol{X}_2+\cdots+\boldsymbol{X}_s$ 是 $\boldsymbol{A}$ 的特征向量，则必存在数 λ，使

$$\boldsymbol{A}(\boldsymbol{X}_1+\boldsymbol{X}_2+\cdots+\boldsymbol{X}_s)=\lambda(\boldsymbol{X}_1+\boldsymbol{X}_2+\cdots+\boldsymbol{X}_s),$$

而
$$\boldsymbol{AX}_i=\lambda_i\boldsymbol{X}_i\quad(i=1,2,\cdots,s),$$

所以
$$\lambda\boldsymbol{X}_1+\lambda\boldsymbol{X}_2+\cdots+\lambda\boldsymbol{X}_s=\boldsymbol{AX}_1+\boldsymbol{AX}_2+\cdots+\boldsymbol{AX}_s=\lambda_1\boldsymbol{X}_1+\lambda_2\boldsymbol{X}_2+\cdots+\lambda_s\boldsymbol{X}_s,$$

即
$$(\lambda-\lambda_1)\boldsymbol{X}_1+(\lambda-\lambda_2)\boldsymbol{X}_2+\cdots+(\lambda-\lambda_s)\boldsymbol{X}_s=\boldsymbol{0}.$$

由 $\lambda_1,\lambda_2,\cdots,\lambda_s$ 两两互异知，$\boldsymbol{X}_1,\boldsymbol{X}_2,\cdots,\boldsymbol{X}_s$ 线性无关，所以 $\lambda-\lambda_1=\lambda-\lambda_2=\cdots=\lambda-\lambda_s=0$，由此推出 $\lambda_1=\lambda_2=\cdots=\lambda_s$，与题设矛盾.

综上所述，当 $s\geqslant 2$ 时，$\boldsymbol{X}_1+\boldsymbol{X}_2+\cdots+\boldsymbol{X}_s$ 不是 $\boldsymbol{A}$ 的特征向量.

(2) 判别"因为矩阵 $\boldsymbol{A}$ 的每一个特征值都有无穷多个特征向量，所以 $\boldsymbol{A}$ 的一个特征向量可以属于不同的特征值"这一命题是否正确.

答 不正确.

假若 $\boldsymbol{A}$ 的特征向量 $\boldsymbol{X}_0$ 属于 $\boldsymbol{A}$ 的特征值 λ_1,λ_2，且 $\lambda_1\neq\lambda_2$，则 $\boldsymbol{A}\boldsymbol{X}_0=\lambda_1\boldsymbol{X}_0$ 且 $\boldsymbol{A}\boldsymbol{X}_0=\lambda_2\boldsymbol{X}_0$，于是 $\lambda_1\boldsymbol{X}_0=\lambda_2\boldsymbol{X}_0$，即 $(\lambda_1-\lambda_2)\boldsymbol{X}_0=\boldsymbol{0}$，而 $\lambda_1-\lambda_2\neq 0$，所以 $\boldsymbol{X}_0=\boldsymbol{0}$，这与 $\boldsymbol{X}_0$ 是特征向量矛盾.

综上所述，矩阵 $\boldsymbol{A}$ 的每一个特征值都必有无穷多个特征向量，但 $\boldsymbol{A}$ 的一个特征向量不能属于不同的特征值.

(3) 判别"若矩阵 $\boldsymbol{A}$ 的特征值都是零，则 $\boldsymbol{A}=\boldsymbol{O}$"这一命题是否正确.

答 不正确.

例如，$\boldsymbol{A}=\begin{pmatrix}0&1\\0&0\end{pmatrix}$，其特征多项式为

$$|\lambda\boldsymbol{I}-\boldsymbol{A}|=\begin{vmatrix}\lambda-0&-1\\0&\lambda-0\end{vmatrix}=\lambda^2.$$

故 $\boldsymbol{A}$ 的特征值全为零，但 $\boldsymbol{A}\neq\boldsymbol{O}$.

(4) 判别"0 是 n 阶矩阵 $\boldsymbol{A}$ 的一个特征值，当且仅当 $|\boldsymbol{A}|=0$"这一命题是否正确.

答 正确. 下面证明这一命题.

充分性. 若 $|\boldsymbol{A}|=0$，则齐次线性方程组 $\boldsymbol{A}\boldsymbol{X}=\boldsymbol{0}$ $(\boldsymbol{X}=(x_1,x_2,\cdots,x_n)^{\mathrm{T}})$ 有非零解. 设 $\boldsymbol{X}_0$ 为其一个非零解向量，则 $\boldsymbol{A}\boldsymbol{X}_0=\boldsymbol{0}=0\boldsymbol{X}_0$，由此可知 0 是 $\boldsymbol{A}$ 的一个特征值.

必要性. 若 0 是 $\boldsymbol{A}$ 的一个特征值，则必存在非零 n 维列向量 $\boldsymbol{\eta}$ 使 $\boldsymbol{A}\boldsymbol{\eta}=0\boldsymbol{\eta}=\boldsymbol{0}$，这说明齐次线性方程组 $\boldsymbol{A}\boldsymbol{X}=\boldsymbol{0}$ 有非零解 $\boldsymbol{\eta}$，于是 $|\boldsymbol{A}|=0$.

问题 2 如何计算 n 阶矩阵 $\boldsymbol{A}$ 的特征值及其特征向量？$\boldsymbol{A}$ 的属于不同特征值的线性无关的特征向量组间有何关系？

答 n 阶矩阵 $\boldsymbol{A}$ 的特征值与特征向量求法如下.

(1) 先求特征值. 解特征方程 $|\lambda\boldsymbol{I}-\boldsymbol{A}|=0$ 得 $\lambda_1,\lambda_2,\cdots,\lambda_n$，这就是 n 阶矩阵 $\boldsymbol{A}$ 的全部特征值.

(2) 再求对应的特征向量. 对于每一个 λ_i，解齐次线性方程组 $(\lambda_i\boldsymbol{I}-\boldsymbol{A})\boldsymbol{X}=\boldsymbol{0}$，得一个基础解系 $\boldsymbol{\eta}_{i_1},\boldsymbol{\eta}_{i_2},\cdots,\boldsymbol{\eta}_{i_t}$，则

$$\boldsymbol{X}=k_{i_1}\boldsymbol{\eta}_{i_1}+k_{i_2}\boldsymbol{\eta}_{i_2}+\cdots+k_{i_t}\boldsymbol{\eta}_{i_t},$$

其中，$k_{i_1},k_{i_2},\cdots,k_{i_t}$ 不全为零，这就是 $\boldsymbol{A}$ 的属于 λ_i 的全部特征向量.

$\boldsymbol{A}$ 的属于不同特征值的线性无关的特征向量合在一起仍是线性无关的.

对于问题 2 举例如下.

(1) 判别"若 λ_0 是 n 阶矩阵 $\boldsymbol{A}$ 的特征值，则 $\boldsymbol{A}$ 的属于特征值 λ_0 的特征向量为齐次线性方程组 $(\lambda_0\boldsymbol{I}-\boldsymbol{A})\boldsymbol{X}=\boldsymbol{0}$ 的全部解"这一命题是否正确.

答 不正确.

因为齐次线性方程组 $(\lambda_0\boldsymbol{I}-\boldsymbol{A})\boldsymbol{X}=\boldsymbol{0}$ 的零解不是特征向量. 正确的说法是"$\boldsymbol{A}$ 的属于特征值 λ_0 的特征向量即为齐次线性方程组 $(\lambda_0\boldsymbol{E}-\boldsymbol{A})\boldsymbol{X}=\boldsymbol{0}$ 的全部非零解向量."

(2) 判别“n 阶矩阵 $\boldsymbol{A}$ 的特征向量的线性组合仍为 $\boldsymbol{A}$ 的特征向量”这一命题是否正确.

答 不正确.

若 $\boldsymbol{X}_1,\boldsymbol{X}_2,\cdots,\boldsymbol{X}_s$ 都是 $\boldsymbol{A}$ 的属于同一个特征值 λ_0 的特征向量，则对于 s 个数 k_1，$k_2,\cdots,k_s$，当 $k_1\boldsymbol{X}_1+k_2\boldsymbol{X}_2+\cdots+k_s\boldsymbol{X}_s\neq\boldsymbol{0}$ 时，$k_1\boldsymbol{X}_1+k_2\boldsymbol{X}_2+\cdots+k_s\boldsymbol{X}_s$ 仍是 $\boldsymbol{A}$ 的属于特征值 λ_0 的特征向量；当 $k_1\boldsymbol{X}_1+k_2\boldsymbol{X}_2+\cdots+k_s\boldsymbol{X}_s=\boldsymbol{0}$ 时，$k_1\boldsymbol{X}_1+k_2\boldsymbol{X}_2+\cdots+k_s\boldsymbol{X}_s$ 不是 $\boldsymbol{A}$ 的特征向量.

若 $\boldsymbol{X}_1,\boldsymbol{X}_2,\cdots,\boldsymbol{X}_s(s\geqslant 2)$ 分别是 $\boldsymbol{A}$ 的属于特征值 $\lambda_1,\lambda_2,\cdots,\lambda_s$ 的特征向量，且 $\lambda_1,\lambda_2,\cdots,\lambda_s$ 两两互异，则对于数 $k_1,k_2,\cdots,k_s$，当只有一个数 $k_i\neq 0(1\leqslant i\leqslant s)$ 而其余数全为零时，$k_1\boldsymbol{X}_1+k_2\boldsymbol{X}_2+\cdots+k_s\boldsymbol{X}_s=k_i\boldsymbol{X}_i$ 是 $\boldsymbol{A}$ 的属于特征值 λ_i 的特征向量；当 $k_1,k_2,\cdots,k_s$ 中至少有两个数不为零时，$k_1\boldsymbol{X}_1+k_2\boldsymbol{X}_2+\cdots+k_s\boldsymbol{X}_s$ 不是 $\boldsymbol{A}$ 的特征向量.

(3) 判别“对于任意 n 阶矩阵 $\boldsymbol{A}$，$\boldsymbol{A}$ 与 $\boldsymbol{A}^{\mathrm{T}}$ 有相同的特征值和特征向量”这一命题是否正确.

答 不正确.

① $\boldsymbol{A}$ 与 $\boldsymbol{A}^{\mathrm{T}}$ 一定有相同的特征值. 因为

$$|\lambda\boldsymbol{I}-\boldsymbol{A}^{\mathrm{T}}|=|(\lambda\boldsymbol{I}-\boldsymbol{A})^{\mathrm{T}}|=|\lambda\boldsymbol{I}-\boldsymbol{A}|,$$

所以 $\boldsymbol{A}$ 与 $\boldsymbol{A}^{\mathrm{T}}$ 有相同的特征多项式，因而 $\boldsymbol{A}$ 与 $\boldsymbol{A}^{\mathrm{T}}$ 有相同的特征值.

② $\boldsymbol{A}$ 与 $\boldsymbol{A}^{\mathrm{T}}$ 不一定有相同的特征向量. 例如，当 $\boldsymbol{A}=\begin{pmatrix}0&1\\0&0\end{pmatrix}$ 时，$\boldsymbol{A}^{\mathrm{T}}=\begin{pmatrix}0&0\\1&0\end{pmatrix}$，由 $\boldsymbol{A}\begin{pmatrix}1\\0\end{pmatrix}=\begin{pmatrix}0\\0\end{pmatrix}=0\begin{pmatrix}1\\0\end{pmatrix}$ 知，$\begin{pmatrix}1\\0\end{pmatrix}$ 是 $\boldsymbol{A}$ 的属于特征值 0 的一个特征向量，但对任意数 λ 均有 $\boldsymbol{A}^{\mathrm{T}}\begin{pmatrix}1\\0\end{pmatrix}=\begin{pmatrix}0\\1\end{pmatrix}\neq\lambda\begin{pmatrix}1\\0\end{pmatrix}$，所以 $\begin{pmatrix}1\\0\end{pmatrix}$ 并不是 $\boldsymbol{A}^{\mathrm{T}}$ 的特征向量.

(4) 判别“n 阶实矩阵 $\boldsymbol{A}$ 的特征值一定是实数”这一命题是否正确.

答 不正确.

例如，$\boldsymbol{A}=\begin{pmatrix}0&-1\\1&0\end{pmatrix}$ 为实矩阵，其特征多项式 $|\lambda\boldsymbol{I}-\boldsymbol{A}|=\begin{vmatrix}\lambda&1\\-1&\lambda\end{vmatrix}=\lambda^2+1$，所以 $\boldsymbol{A}$ 的特征值为 $\mathrm{i},-\mathrm{i}$，因此 $\boldsymbol{A}$ 没有实特征值. 但当 $\boldsymbol{A}$ 为实对称矩阵时，其特征值必为实数.

(5) 判别“n 阶正交矩阵 $\boldsymbol{A}$ 的特征值必为 ± 1”这一命题是否正确.

答 不正确. 正确的说法是“正交矩阵 $\boldsymbol{A}$ 的特征值必为模是 1 的复数”.

事实上，设 λ_0 是 $\boldsymbol{A}$ 的任意复特征值，则存在 n 维非零复列向量 $\boldsymbol{\xi}$，使

$$\boldsymbol{A\xi}=\lambda_0\boldsymbol{\xi},\quad \boldsymbol{A}\bar{\boldsymbol{\xi}}=\overline{\boldsymbol{A\xi}}=\overline{\lambda_0\boldsymbol{\xi}}=\bar{\lambda}_0\bar{\boldsymbol{\xi}}.$$

于是由 $\boldsymbol{A}^{\mathrm{T}}\boldsymbol{A}=\boldsymbol{I}$ 可得

$$|\lambda_0|^2\bar{\boldsymbol{\xi}}^{\mathrm{T}}\boldsymbol{\xi}=(\bar{\lambda}_0\lambda_0)\bar{\boldsymbol{\xi}}^{\mathrm{T}}\boldsymbol{\xi}=(\bar{\lambda}_0\bar{\boldsymbol{\xi}})^{\mathrm{T}}(\lambda_0\boldsymbol{\xi})=(\bar{\boldsymbol{\xi}}^{\mathrm{T}}\boldsymbol{A}^{\mathrm{T}})(\boldsymbol{A\xi})=\bar{\boldsymbol{\xi}}^{\mathrm{T}}(\boldsymbol{A}^{\mathrm{T}}\boldsymbol{A})\boldsymbol{\xi}=\bar{\boldsymbol{\xi}}^{\mathrm{T}}\boldsymbol{\xi},$$

而 $\bar{\boldsymbol{\xi}}^{\mathrm{T}}\boldsymbol{\xi}\neq\boldsymbol{0}$，所以 $|\bar{\lambda}_0|^2=1$，于是 $|\lambda_0|=1$，故 λ_0 是模为 1 的复数.

但正交矩阵的特征值不一定是 ± 1，例如，正交矩阵 $\boldsymbol{A}=\begin{pmatrix}0&-1\\1&0\end{pmatrix}$ 的特征值为 i

和$-i$. 因此正确的叙述为"正交矩阵的实特征值必为± 1."

问题 3 $\boldsymbol{A}$ 的不同的特征值对应的特征向量可否相等?

答 不相等. 这是因为 $\boldsymbol{A}$ 的不同特征值对应的特征向量是线性无关的. 如相等,则必线性相关,矛盾.

问题 4 $\boldsymbol{A}$ 可逆,$\boldsymbol{A}$ 的特征值可否为 0?

答 不可以. 由特征值的性质知,$|\boldsymbol{A}|=\lambda_1,\lambda_2,\cdots,\lambda_n$. 如 $\boldsymbol{A}$ 可逆,则$|\boldsymbol{A}|\neq 0\Rightarrow \boldsymbol{A}$ 的所有特征值都不为 0.

问题 5 $\boldsymbol{A}$ 的特征值与 $\boldsymbol{A}$ 的秩之间有无关系?

答 在某些特殊情况下有一些关系,如 $\mathrm{r}(\boldsymbol{A})=n\Leftrightarrow\lambda_i\neq 0(i=1,2,\cdots,n)$,$\mathrm{r}(\boldsymbol{A})=1$ $\Rightarrow \boldsymbol{A}$ 的特征值为$\lambda_1=\mathrm{tr}(\boldsymbol{A})=\sum\limits_{i=1}^{n}a_{ii},\lambda_2=\cdots=\lambda_n=0$.

证明如下:因秩$(\boldsymbol{A})=1$,故 $\boldsymbol{A}$ 至少有一个非零行,不妨设 $\boldsymbol{A}$ 的第一行非零,且 $\boldsymbol{A}$ 的任两个行向量线性相关,故 $\boldsymbol{A}$ 的任两行对应元素成比例. 不妨设

$$\boldsymbol{A}=\begin{pmatrix} a_{11} & a_{12} & \cdots & a_{1n} \\ k_2a_{11} & k_2a_{12} & \cdots & k_2a_{1n} \\ \vdots & \vdots & & \vdots \\ k_na_{11} & k_na_{12} & \cdots & k_na_{1n} \end{pmatrix}.$$

特征多项式为

$$|\lambda\boldsymbol{I}-\boldsymbol{A}|=\begin{vmatrix} \lambda-a_{11} & -a_{12} & \cdots & -a_{1n} \\ -k_2a_{11} & \lambda-k_2a_{12} & \cdots & -k_2a_{1n} \\ \vdots & \vdots & & \vdots \\ -k_na_{11} & -k_na_{12} & \cdots & \lambda-k_na_{1n} \end{vmatrix}\text{(按行列式分解性质展开)}$$

$$=\begin{vmatrix} \lambda & 0 & \cdots & 0 \\ 0 & \lambda & \cdots & 0 \\ \vdots & \vdots & & \vdots \\ 0 & 0 & \cdots & 0 \\ 0 & 0 & \cdots & \lambda \end{vmatrix}+\left(\begin{vmatrix} \lambda & 0 & \cdots & 0 & -a_{1n} \\ 0 & \lambda & \cdots & 0 & -k_2a_{1n} \\ \vdots & \vdots & & \vdots & \vdots \\ 0 & 0 & \cdots & \lambda & -k_{n-1}a_{1n} \\ 0 & 0 & \cdots & 0 & -k_na_{1n} \end{vmatrix}\right.$$

$$\left.+\cdots+\begin{vmatrix} -a_{11} & 0 & \cdots & 0 \\ -k_2a_{11} & \lambda & \cdots & 0 \\ \vdots & \vdots & & \vdots \\ -k_{n-1}a_{11} & 0 & \cdots & 0 \\ -k_na_{11} & 0 & \cdots & \lambda \end{vmatrix}\right)$$

(其它展项因至少有两列对应元素成比例,故为 0,未写出)

$$=\lambda^n-(a_{11}+k_2a_{12}+\cdots+k_na_{1n})\lambda^{n-1}=\lambda^{n-1}(\lambda-\mathrm{tr}(\boldsymbol{A})),$$

故特征值为 $\lambda_1=\mathrm{tr}(\boldsymbol{A}),\lambda_2=\lambda_3=\cdots=\lambda_n=0$. 证毕.

又如 $\boldsymbol{A}$ 为可对角化矩阵,则 $\boldsymbol{A}=\boldsymbol{P\Lambda P}^{-1}\Rightarrow \mathrm{r}(\boldsymbol{A})=\mathbf{r}(\boldsymbol{\Lambda})$,故 $\boldsymbol{A}$ 的秩等于其非零特征值的个数. 由于对称矩阵一定可对角化,故对称矩阵的秩亦等于其非零特征值的个数.

一般情况下,$\boldsymbol{A}$ 的特征值与 $\boldsymbol{A}$ 的秩之间没有明显关系.

问题 6 求给定矩阵的特征值有哪些基本方法?

答 求给定矩阵的特征值有下列基本方法.

(1) 当给定具体的矩阵 $\boldsymbol{A}$ 时,求 $\boldsymbol{A}$ 的特征值可归结为求 $\boldsymbol{A}$ 的特征多项式的全部根.

(2) 利用矩阵之间的关系式,由已知矩阵的特征值根据问题 1 的结论,求给定矩阵的特征值.

(3) 利用矩阵 $\boldsymbol{A}$ 所满足的关系式,求 $\boldsymbol{A}$ 的特征值.

(4) 利用特征值和特征向量的定义确定特征值.

问题 7 如何确定 n 阶矩阵 $\boldsymbol{A}$ 的属于特征值 λ_0 的特征向量?

答 确定 $\boldsymbol{A}$ 的属于特征值 λ_0 的特征向量,一般有如下方法.

(1) 对于具体矩阵 $\boldsymbol{A}$,$\boldsymbol{A}$ 的属于特征值 λ_0 的特征向量即齐次线性方程组 $(\lambda_0\boldsymbol{I}-\boldsymbol{A})\boldsymbol{X}=\boldsymbol{0}$ 的非零解,因此,确定 $\boldsymbol{A}$ 的特征向量可归结为求解齐次线性方程组.

(2) 利用矩阵间的关系,由已知矩阵的特征向量导出所求矩阵的特征向量.

(3) 利用实对称矩阵 $\boldsymbol{A}$ 的特征向量之间的正交关系,由已知的特征向量求出所要求的特征向量.

三、典型例题解析

例 1 设三阶矩阵 $\boldsymbol{A}^*$ 的特征值为 $2,\frac{1}{4},\frac{1}{4}$,求 $\boldsymbol{A}$ 的特征值.

解 由于 $|\boldsymbol{A}^*|=\lambda_1\lambda_2\lambda_3=2\times\frac{1}{4}\times\frac{1}{4}=\frac{1}{8}\neq0$,又

$$\boldsymbol{AA}^*=|\boldsymbol{A}|\boldsymbol{I},\quad |\boldsymbol{AA}^*|=|\boldsymbol{A}|^3|\boldsymbol{I}|=|\boldsymbol{A}|^3,$$

所以 $$|\boldsymbol{A}^*|=|\boldsymbol{A}|^2,\quad 即\quad |\boldsymbol{A}|^2=\frac{1}{8},\quad |\boldsymbol{A}|=\pm\frac{1}{2\sqrt{2}}.$$

当 $|\boldsymbol{A}|=\frac{1}{2\sqrt{2}}$ 时,因为 $|\boldsymbol{A}|\neq0$,$\boldsymbol{A}^{-1}$ 存在,且

$$\boldsymbol{A}^{-1}=\frac{1}{|\boldsymbol{A}|}\boldsymbol{A}^*=2\sqrt{2}\boldsymbol{A}^*,$$

所以 $\boldsymbol{A}^{-1}$ 的特征值为 $4\sqrt{2},\frac{\sqrt{2}}{2},\frac{\sqrt{2}}{2}$. 故 $\boldsymbol{A}$ 的特征值为 $\frac{1}{4\sqrt{2}},\sqrt{2},\sqrt{2}$.

当 $|\boldsymbol{A}|=-\frac{1}{2\sqrt{2}}$ 时,因为 $\boldsymbol{A}^{-1}=-2\sqrt{2}\boldsymbol{A}^*$,由 $\boldsymbol{A}^*$ 的特征值为 $2,\frac{1}{4},\frac{1}{4}$,得 $\boldsymbol{A}^{-1}$ 的特征值为 $-4\sqrt{2},-\frac{\sqrt{2}}{2},-\frac{\sqrt{2}}{2}$,故 $\boldsymbol{A}$ 的特征值为 $-\frac{1}{4\sqrt{2}},-\sqrt{2},-\sqrt{2}$.

例 2 设三阶矩阵 $\boldsymbol{A}$ 的特征值为 $1,-1,2$,试证 $\boldsymbol{A}-\boldsymbol{A}^{-1}$ 不可逆.

证 设 λ 为 $\boldsymbol{A}$ 的特征值,则有

$$\boldsymbol{AX}=\lambda\boldsymbol{X},\quad 且\quad \boldsymbol{A}^{-1}\boldsymbol{X}=\frac{1}{\lambda}\boldsymbol{X},$$

于是$(\boldsymbol{A}-\boldsymbol{A}^{-1})\boldsymbol{X}=\left(\lambda-\frac{1}{\lambda}\right)\boldsymbol{X}$,故$\lambda-\frac{1}{\lambda}$是$\boldsymbol{A}-\boldsymbol{A}^{-1}$的特征值.

因为1,−1,2是$\boldsymbol{A}$的特征值,所以

$$1-\frac{1}{1}=0,\quad -1-\left(-\frac{1}{1}\right)=0,\quad 2-\frac{1}{2}=\frac{3}{2}$$

是$\boldsymbol{A}-\boldsymbol{A}^{-1}$的特征值.因此$|\boldsymbol{A}-\boldsymbol{A}^{-1}|=0\times0\times\frac{3}{2}=0$,故$\boldsymbol{A}-\boldsymbol{A}^{-1}$不可逆.

例 3 求矩阵

$$\boldsymbol{A}=\begin{pmatrix}-3&-1&2\\0&-1&4\\-1&0&1\end{pmatrix}$$

的实特征值及对应的特征向量.

解 $\boldsymbol{A}$的特征多项式为

$$|\lambda\boldsymbol{I}-\boldsymbol{A}|=\begin{vmatrix}\lambda+3&1&-2\\0&\lambda+1&-4\\1&0&\lambda-1\end{vmatrix}=(\lambda-1)(\lambda^2+4\lambda+5),$$

而$\lambda^2+4\lambda+5=0$没有实根,所以$\boldsymbol{A}$只有一个实特征值$\lambda=1$.

解齐次线性方程组$(1\boldsymbol{I}-\boldsymbol{A})\boldsymbol{X}=\boldsymbol{0}$,即

$$\begin{pmatrix}1+3&1&-2\\0&1+1&-4\\1&0&1-1\end{pmatrix}\begin{pmatrix}x_1\\x_2\\x_3\end{pmatrix}=\boldsymbol{0},$$

解得基础解系为$\begin{pmatrix}0\\2\\1\end{pmatrix}$.因此$\boldsymbol{A}$的对应于实特征值$\lambda=1$的特征向量为$k\begin{pmatrix}0\\2\\1\end{pmatrix}$,$k$为任意非零实数.

例 4 证明:

(1) 奇数阶反对称矩阵$\boldsymbol{A}$必有特征值0;

(2) 如果λ_0为正交矩阵$\boldsymbol{A}$的特征值,则$\frac{1}{\lambda_0}$也必为$\boldsymbol{A}$的特征值.

证 (1) 设$\boldsymbol{A}^{\mathrm{T}}=-\boldsymbol{A}_{(2n+1)\times(2n+1)}$,取行列式得$|\boldsymbol{A}^{\mathrm{T}}|=|-\boldsymbol{A}|$,故

$$|\boldsymbol{A}|=(-1)^{2n+1}|\boldsymbol{A}|,\quad 即\quad |\boldsymbol{A}|=-|\boldsymbol{A}|,$$

所以$|\boldsymbol{A}|=0$.故存在n维非零列向量$\boldsymbol{X}_0$使$\boldsymbol{A}\boldsymbol{X}_0=\boldsymbol{0}=0\boldsymbol{X}_0$,因此0是$\boldsymbol{A}$的特征值.

(2) 因为$\boldsymbol{A}$为正交矩阵,所以$\boldsymbol{A}^{\mathrm{T}}=\boldsymbol{A}^{-1}$,即$\boldsymbol{A}\boldsymbol{A}^{\mathrm{T}}=\boldsymbol{I}$.又因$|\lambda_0\boldsymbol{I}-\boldsymbol{A}|=0$,于是

$$\begin{aligned}\left|\frac{1}{\lambda_0}\boldsymbol{I}-\boldsymbol{A}\right|&=\left|\frac{1}{\lambda_0}\boldsymbol{A}\boldsymbol{A}^{\mathrm{T}}-\boldsymbol{A}\boldsymbol{I}\right|=\left|\frac{1}{\lambda_0}\boldsymbol{A}(\boldsymbol{A}^{\mathrm{T}}-\lambda_0\boldsymbol{I})\right|=\left|\left(-\frac{1}{\lambda_0}\boldsymbol{A}\right)(\lambda_0\boldsymbol{I}-\boldsymbol{A}^{\mathrm{T}})\right|\\&=\left|\frac{-1}{\lambda_0}\boldsymbol{A}\right|\,|(\lambda_0\boldsymbol{I}-\boldsymbol{A})^{\mathrm{T}}|=\left|-\frac{1}{\lambda_0}\boldsymbol{A}\right|\,|\lambda_0\boldsymbol{I}-\boldsymbol{A}|=0.\end{aligned}$$

所以,$\frac{1}{\lambda_0}$也必为$\boldsymbol{A}$的特征值.

例 5 设 n 阶矩阵 $\boldsymbol{A}$ 有 n 个不同的特征值 $\lambda_1,\lambda_2,\cdots,\lambda_n$，试求：

(1) $k\boldsymbol{I}+\boldsymbol{A}^2$ 的全部特征值；

(2) $|k\boldsymbol{I}+\boldsymbol{A}^2|$.

解 (1) 令 $f(x)=k+x^2$. 因为 $\boldsymbol{A}$ 的特征值为 $\lambda_1,\lambda_2,\cdots,\lambda_n$，所以 $f(\boldsymbol{A})$ 的特征值为 $f(\lambda_1),f(\lambda_2),\cdots,f(\lambda_n)$，故 $k\boldsymbol{I}+\boldsymbol{A}^2$ 的特征值为 $k+\lambda_1^2,k+\lambda_2^2,\cdots,k+\lambda_n^2$.

(2) 由(1)知，$k\boldsymbol{I}+\boldsymbol{A}^2$ 的特征值为

$$k+\lambda_1^2,k+\lambda_2^2,\cdots,k+\lambda_n^2,$$

所以

$$|k\boldsymbol{I}+\boldsymbol{A}^2|=\prod_{i=1}^{n}(k+\lambda_i^2).$$

5.2 矩阵相似于对角形

一、内容提要

1. 矩阵相似

设 $\boldsymbol{A},\boldsymbol{B}$ 为 n 阶方阵，若存在可逆 n 阶方阵 $\boldsymbol{P}$ 使 $\boldsymbol{P}^{-1}\boldsymbol{A}\boldsymbol{P}=\boldsymbol{B}$，则称 $\boldsymbol{A}$ 与 $\boldsymbol{B}$ 相似. 记为 $\boldsymbol{A}\sim\boldsymbol{B}$. $\boldsymbol{P}$ 称为相似变换矩阵.

2. 两矩阵相似性质

设 $\boldsymbol{B}=\boldsymbol{P}^{-1}\boldsymbol{A}\boldsymbol{P}$，则

(1) $|\lambda\boldsymbol{I}-\boldsymbol{A}|=|\lambda\boldsymbol{I}-\boldsymbol{B}|$；

(2) $|\boldsymbol{A}|=|\boldsymbol{B}|,\mathrm{r}(\boldsymbol{A})=\mathrm{r}(\boldsymbol{B}),\mathrm{tr}(\boldsymbol{A})=\mathrm{tr}(\boldsymbol{B})$；

(3) 若 $\boldsymbol{X}_0$ 是 $\boldsymbol{A}$ 对应于 λ_0 的特征向量，则 $\boldsymbol{Y}_0=\boldsymbol{P}^{-1}\boldsymbol{X}_0$ 是 $\boldsymbol{X}_0$ 对应的 $\boldsymbol{B}$ 的特征向量.

3. 方阵与对角矩阵相似的条件

可用如下定理判断方阵与对角矩阵相似.

定理 n 阶方阵 $\boldsymbol{A}$ 相似于对角矩阵的充要条件是 $\boldsymbol{A}$ 有 n 个线性无关的特征向量.

若

$$\boldsymbol{P}^{-1}\boldsymbol{A}\boldsymbol{P}=\begin{pmatrix}\lambda_1 & & & \\ & \lambda_2 & & \\ & & \ddots & \\ & & & \lambda_n\end{pmatrix},$$

则 $\lambda_1,\lambda_2,\cdots,\lambda_n$ 是 $\boldsymbol{A}$ 的特征值，$\boldsymbol{P}$ 的 n 个列 $\boldsymbol{P}_i$ 是对应于 λ_i 的 n 个线性无关的特征向量.

特别情况如下.

(1) 若 $\boldsymbol{A}$ 的每一个 k_i 重特征值 λ_i 有 k_i 个线性无关的特征向量，则 $\boldsymbol{A}$ 可对角化.

(2) 若 $\boldsymbol{A}$ 有 n 个相异的特征值，则 $\boldsymbol{A}$ 可对角化.

4. 利用矩阵相似求 $\boldsymbol{A}^k$

若 $\boldsymbol{A}$ 可对角化，$\boldsymbol{P}^{-1}\boldsymbol{A}\boldsymbol{P}=\boldsymbol{\Lambda}$，则 $\boldsymbol{A}^k=\boldsymbol{P}\boldsymbol{\Lambda}^k\boldsymbol{P}^{-1}$.

二、释疑解惑

问题1 何谓两方阵相似？在什么条件下 $\boldsymbol{A}$ 与对角形矩阵相似？

答 对于 n 阶矩阵 $\boldsymbol{A},\boldsymbol{B}$，若存在 n 阶可逆矩阵 $\boldsymbol{C}$，使 $\boldsymbol{C}^{-1}\boldsymbol{AC}=\boldsymbol{B}$，则称 $\boldsymbol{A}$ 与 $\boldsymbol{B}$ 相似. 记为 $\boldsymbol{A}\sim\boldsymbol{B}$. 若 $\boldsymbol{C}^{-1}\boldsymbol{AC}=\boldsymbol{B}$，称对 $\boldsymbol{A}$ 进行相似变换得到 $\boldsymbol{B}$，且称矩阵 $\boldsymbol{C}$ 为相似变换矩阵.

n 阶矩阵 $\boldsymbol{A}$ 与对角形矩阵相似的充分必要条件为：

(1) n 阶矩阵 $\boldsymbol{A}$ 有 n 个线性无关的特征向量；

(2) 对于 $\boldsymbol{A}$ 的每个特征值 λ_i，$(\lambda_i\boldsymbol{I}-\boldsymbol{A})\boldsymbol{X}=\boldsymbol{0}$ 的一个基础解系为 $\boldsymbol{\eta}_{i_1},\boldsymbol{\eta}_{i_2},\cdots,\boldsymbol{\eta}_{i_t}$，且 t 等于特征值 λ_i 的重数.

现举例如下.

(1) 判别"相似矩阵一定有相同的特征向量"这一命题是否正确.

答 不正确.

例如，由 $\begin{pmatrix}0&1\\1&0\end{pmatrix}^{-1}\begin{pmatrix}0&1\\0&0\end{pmatrix}\begin{pmatrix}0&1\\1&0\end{pmatrix}=\begin{pmatrix}0&1\\1&0\end{pmatrix}\begin{pmatrix}0&1\\0&0\end{pmatrix}\begin{pmatrix}0&1\\1&0\end{pmatrix}=\begin{pmatrix}0&0\\1&0\end{pmatrix}$ 知，

$$\begin{pmatrix}0&1\\0&0\end{pmatrix}\sim\begin{pmatrix}0&0\\1&0\end{pmatrix}.$$

设 $\boldsymbol{A}=\begin{pmatrix}0&1\\0&0\end{pmatrix}$，由 $\boldsymbol{A}\begin{pmatrix}1\\0\end{pmatrix}=\begin{pmatrix}0\\0\end{pmatrix}=0\begin{pmatrix}1\\0\end{pmatrix}$ 知，$\begin{pmatrix}1\\0\end{pmatrix}$ 是 $\boldsymbol{A}$ 的属于特征值 0 的一个特征向量，而 $\begin{pmatrix}1\\0\end{pmatrix}$ 并不是 $\begin{pmatrix}0&0\\1&0\end{pmatrix}$ 的特征向量.

(2) 若 n 阶矩阵 $\boldsymbol{A},\boldsymbol{B}$ 满足 $\boldsymbol{C}^{-1}\boldsymbol{AC}=\boldsymbol{B}$，$\boldsymbol{C}$ 为 n 阶可逆矩阵，则对于同一个特征值 λ_0，$\boldsymbol{A}$ 的属于 λ_0 的特征向量与 $\boldsymbol{B}$ 的属于 λ_0 的特征向量有何关系？

解 ① 设 n 维列向量 $\boldsymbol{\alpha}$ 是 $\boldsymbol{A}$ 的属于特征值 λ_0 的特征向量，则 $\boldsymbol{A\alpha}=\lambda_0\boldsymbol{\alpha}$. 由 $\boldsymbol{A}=\boldsymbol{CBC}^{-1}$ 可得 $(\boldsymbol{CBC}^{-1})\boldsymbol{\alpha}=\lambda_0\boldsymbol{\alpha}$，即 $\boldsymbol{B}(\boldsymbol{C}^{-1}\boldsymbol{\alpha})=\lambda_0(\boldsymbol{C}^{-1}\boldsymbol{\alpha})$. 由 $\boldsymbol{\alpha}\neq\boldsymbol{0}$ 知，$\boldsymbol{C}^{-1}\boldsymbol{\alpha}\neq\boldsymbol{0}$，所以 $\boldsymbol{C}^{-1}\boldsymbol{\alpha}$ 是 $\boldsymbol{B}$ 的属于特征值 λ_0 的特征向量.

② 设 n 维列向量 $\boldsymbol{\beta}$ 是 $\boldsymbol{B}$ 的属于特征值 λ_0 的特征向量，则由 $(\boldsymbol{C}^{-1})^{-1}\boldsymbol{BC}^{-1}=\boldsymbol{A}$ 利用(1)中结论可知，$\boldsymbol{C\beta}$ 是 $\boldsymbol{A}$ 的属于特征值 λ_0 的特征向量.

(3) 判别"n 阶矩阵 $\boldsymbol{A}$ 与 $\boldsymbol{B}$ 相似的充分必要条件是 $\boldsymbol{A}$ 与 $\boldsymbol{B}$ 相似于同一个对角形矩阵"这一命题是否正确.

答 不正确.

事实上，若 $\boldsymbol{A}$ 与 $\boldsymbol{B}$ 相似于同一个对角形矩阵 $\boldsymbol{D}$，则存在可逆矩阵 $\boldsymbol{X},\boldsymbol{Y}$，分别使 $\boldsymbol{X}^{-1}\boldsymbol{AX}=\boldsymbol{D}$，$\boldsymbol{Y}^{-1}\boldsymbol{BY}=\boldsymbol{D}$，于是 $\boldsymbol{X}^{-1}\boldsymbol{AX}=\boldsymbol{Y}^{-1}\boldsymbol{BY}$. 故 $(\boldsymbol{XY}^{-1})^{-1}\boldsymbol{A}(\boldsymbol{XY}^{-1})=\boldsymbol{B}$，此时 $\boldsymbol{A}$ 与 $\boldsymbol{B}$ 相似. 反之，不成立.

例如，当 $\boldsymbol{A}=\begin{pmatrix}0&1\\0&0\end{pmatrix}$，$\boldsymbol{B}=\begin{pmatrix}0&0\\1&0\end{pmatrix}$ 时，易知 $\boldsymbol{A}$ 与 $\boldsymbol{B}$ 相似(参见问题1)，假若 $\boldsymbol{A}$ 相似于对角形矩阵 $\boldsymbol{D}=\begin{bmatrix}\lambda_1&0\\0&\lambda_2\end{bmatrix}$，则存在可逆矩阵 $\boldsymbol{X}$ 使 $\boldsymbol{X}^{-1}\boldsymbol{AX}=\boldsymbol{D}$. 而 $\boldsymbol{A}^2=\boldsymbol{O}$，所以

$$\begin{pmatrix}\lambda_1^2 & 0 \\ 0 & \lambda_2^2\end{pmatrix}=\boldsymbol{D}^2=(\boldsymbol{X}^{-1}\boldsymbol{A}\boldsymbol{X})^2=\boldsymbol{X}^{-1}\boldsymbol{A}^2\boldsymbol{X}=\boldsymbol{O},$$

由此推出 $\lambda_1=\lambda_2=0$，故 $\boldsymbol{D}=\boldsymbol{O}$，于是 $\boldsymbol{A}=\boldsymbol{X}\boldsymbol{D}\boldsymbol{X}^{-1}=\boldsymbol{O}$ 与 $\boldsymbol{A}\neq\boldsymbol{O}$ 矛盾. 因此，$\boldsymbol{A}$ 与 $\boldsymbol{B}$ 不能相似于同一个对角形矩阵. 此例表明，$\boldsymbol{A}$，$\boldsymbol{B}$ 不相似于同一个对角形矩阵时，$\boldsymbol{A}$ 与 $\boldsymbol{B}$ 仍可能相似.

（4）判别"n 阶矩阵 $\boldsymbol{A}$ 可逆的充分必要条件是 $\boldsymbol{A}$ 相似于 n 阶单位矩阵 $\boldsymbol{I}$"这一命题是否正确.

答 不正确.

事实上，由"$\boldsymbol{A}$ 相似于单位矩阵 $\boldsymbol{I}$"$\Leftrightarrow$"存在可逆矩阵 $\boldsymbol{X}$，使 $\boldsymbol{A}=\boldsymbol{X}\boldsymbol{I}\boldsymbol{X}^{-1}=\boldsymbol{I}$"知，单位矩阵 $\boldsymbol{I}$ 只能与自己相似. 因此，与单位矩阵相似的矩阵一定可逆，但可逆矩阵不一定与单位矩阵相似. 例如，$\begin{pmatrix}2 & 0 \\ 0 & 4\end{pmatrix}$，$\begin{pmatrix}3 & 1 \\ 0 & 3\end{pmatrix}$都是可逆矩阵，但均不与单位矩阵相似.

（5）判别"若 n 阶矩阵 $\boldsymbol{A}$ 没有 n 个互异的特征值，则 $\boldsymbol{A}$ 不能与对角形矩阵相似"这一命题是否正确.

答 不正确.

因为有 n 个互异的特征值只是 n 阶矩阵 $\boldsymbol{A}$ 相似于对角形矩阵的充分条件，但不是必要条件. 例如 $\boldsymbol{A}=\begin{pmatrix}1 & 0 \\ 0 & 1\end{pmatrix}$，显然与对角形矩阵相似，但 $\boldsymbol{A}$ 的全部特征值为 1，1.

（6）判别"若 $\boldsymbol{A}$，$\boldsymbol{B}$ 均为实对称矩阵，则 $\boldsymbol{A}$ 与 $\boldsymbol{B}$ 相似的充分必要条件是 $\boldsymbol{A}$ 与 $\boldsymbol{B}$ 有相同的特征值"这一命题是否正确.

答 正确. 下面进行证明.

必要性. 若 $\boldsymbol{A}$ 与 $\boldsymbol{B}$ 相似，则 $\boldsymbol{A}$ 与 $\boldsymbol{B}$ 有相同的特征多项式，因而有完全相同的特征值.

充分性. 设 $\boldsymbol{A}$ 与 $\boldsymbol{B}$ 有完全相同的特征值 $\lambda_1,\lambda_2,\cdots,\lambda_n$. 因为 $\boldsymbol{A}$ 与 $\boldsymbol{B}$ 均为实对称矩阵，所以存在正交矩阵 $\boldsymbol{U}$，$\boldsymbol{V}$，分别使

$$\boldsymbol{U}^{-1}\boldsymbol{A}\boldsymbol{U}=\boldsymbol{\Lambda},\quad \boldsymbol{V}^{-1}\boldsymbol{B}\boldsymbol{V}=\boldsymbol{\Lambda},\quad \boldsymbol{\Lambda}=\begin{pmatrix}\lambda_1 & & & \\ & \lambda_2 & & \\ & & \ddots & \\ & & & \lambda_n\end{pmatrix},$$

于是 $\boldsymbol{U}^{-1}\boldsymbol{A}\boldsymbol{U}=\boldsymbol{V}^{-1}\boldsymbol{B}\boldsymbol{V}$，故 $(\boldsymbol{U}\boldsymbol{V}^{-1})^{-1}\boldsymbol{A}(\boldsymbol{U}\boldsymbol{V}^{-1})=\boldsymbol{B}$，所以 $\boldsymbol{A}$ 与 $\boldsymbol{B}$ 相似.

注 若 $\boldsymbol{A}$ 与 $\boldsymbol{B}$ 不是实对称矩阵，则上面的结论不成立. 例如，

$$\boldsymbol{A}=\begin{pmatrix}1 & 0 \\ 0 & 1\end{pmatrix} \quad 与 \quad \boldsymbol{B}=\begin{pmatrix}1 & 1 \\ 0 & 1\end{pmatrix}$$

有完全相同的特征值 1，1，但 $\boldsymbol{A}$ 与 $\boldsymbol{B}$ 不相似.

问题 2 n 阶矩阵 $\boldsymbol{A}$ 的秩等于 $\boldsymbol{A}$ 的非零特征值的个数吗？

答 n 阶矩阵 $\boldsymbol{A}$ 的秩不一定等于 $\boldsymbol{A}$ 的非零特征值的个数.

例如，$\boldsymbol{A}=\begin{pmatrix}0 & 1 \\ 0 & 0\end{pmatrix}$的特征值为 0，0，但 $\mathrm{r}(\boldsymbol{A})=1$（$\neq\boldsymbol{A}$ 的非零特征值的个数）. 一般

地，我们有下列结论.

命题 设 $\boldsymbol{A}$ 为 n 阶矩阵，若 $\mathrm{r}(\boldsymbol{A})=r$，则 $\boldsymbol{A}$ 至少有 $n-r$ 重零特征值，亦即 $\boldsymbol{A}$ 的非零特征值的个数小于等于 $\mathrm{r}(\boldsymbol{A})$. 特别地，$\boldsymbol{A}$ 可逆当且仅当 $\boldsymbol{A}$ 的特征值都不为零.

问题 3 若 λ_0 是矩阵 $\boldsymbol{A}$ 的 s 重特征值，为什么 $\boldsymbol{A}$ 的属于 λ_0 的线性无关的向量组至多含 s 个向量？

证 记 $\boldsymbol{A}$ 的特征多项式 $f(\lambda)=|\lambda\boldsymbol{I}-\boldsymbol{A}|$，则由已知条件知 $f(\lambda)$ 可分解为

$$f(\lambda)=(\lambda-\lambda_0)^s g(\lambda),$$

其中 $g(\lambda)$ 是 $n-s$ 次多项式，且 $g(\lambda_0)\neq 0$.

令 $\boldsymbol{B}=\lambda_0\boldsymbol{I}-\boldsymbol{A}$，则 $\boldsymbol{B}$ 的特征多项式为

$$\begin{aligned}|\lambda\boldsymbol{I}-\boldsymbol{B}|&=|\lambda\boldsymbol{I}-(\lambda_0\boldsymbol{I}-\boldsymbol{A})|=|-[(\lambda_0-\lambda)\boldsymbol{I}+\boldsymbol{A}]|=(-1)^n|(\lambda_0-\lambda)\boldsymbol{I}-\boldsymbol{A}|\\&=(-1)^n f(\lambda_0-\lambda)=(-1)^n[(\lambda_0-\lambda)-\lambda_0]^s g(\lambda_0-\lambda)=\lambda^s[(-1)^{n+s}g(\lambda_0-\lambda)].\end{aligned}$$

由此可知，0 是 $\boldsymbol{B}$ 的 s 重特征值.

根据上述命题得

$$\mathrm{r}(\lambda_0\boldsymbol{I}-\boldsymbol{A})=\mathrm{r}(\boldsymbol{B})\geqslant n-s,$$

所以齐次线性方程组 $(\lambda_0\boldsymbol{I}-\boldsymbol{A})\boldsymbol{X}=\boldsymbol{0}$ $(\boldsymbol{X}=(x_1,x_2,\cdots,x_n)^{\mathrm{T}})$ 的基础解系所含向量个数为

$$n-\mathrm{r}(\lambda_0\boldsymbol{I}-\boldsymbol{A})\leqslant n-(n-s)=s,$$

即 $\boldsymbol{A}$ 的属于特征值 λ_0 的线性无关的特征向量组至多含 s 个向量.

注 称特征值 λ_0 作为特征多项式的根的重数 s 为 λ_0 的代数重数，而 $n-\mathrm{r}(\lambda_0\boldsymbol{I}-\boldsymbol{A})$ 称为 λ_0 的几何重数. 因此可以得到如下命题.

命题 n 阶矩阵 $\boldsymbol{A}$ 的每一特征值的几何重数一定不超过其代数重数.

例 证明：若 λ_0 是 n 阶实对称矩阵 $\boldsymbol{A}$ 的 s 重特征值，则齐次线性方程组 $(\lambda_0\boldsymbol{I}-\boldsymbol{A})\boldsymbol{X}=\boldsymbol{0}$ 的基础解系恰含 s 个解向量.

证 由命题知 $n-\mathrm{r}(\lambda_0\boldsymbol{I}-\boldsymbol{A})\leqslant s$，由于 $\boldsymbol{A}$ 为 n 阶实对称矩阵，所以一定存在正交矩阵 $\boldsymbol{T}$，使

$$\boldsymbol{T}^{-1}\boldsymbol{A}\boldsymbol{T}=\boldsymbol{T}^{\mathrm{T}}\boldsymbol{A}\boldsymbol{T}=\boldsymbol{\Lambda}\quad(\text{对角形矩阵}),$$

即 $\boldsymbol{A}$ 与对角形矩阵相似，因此在命题中“=”成立，即

$$n-\mathrm{r}(\lambda_0\boldsymbol{I}-\boldsymbol{A})=s.$$

而 $n-\mathrm{r}(\lambda_0\boldsymbol{I}-\boldsymbol{A})$ 恰为齐次线性方程组 $(\lambda_0\boldsymbol{I}-\boldsymbol{A})\boldsymbol{X}=\boldsymbol{0}$ 的基础解系中所含解向量的个数，于是当 λ_0 是 n 阶实对称矩阵 $\boldsymbol{A}$ 的 s 重特征值时，齐次线性方程组 $(\lambda_0\boldsymbol{I}-\boldsymbol{A})\boldsymbol{X}=\boldsymbol{0}$ 的基础解系恰含 s 个解向量.

因此，若 $\boldsymbol{A}$ 为 n 阶实对称矩阵，则其每一特征值的几何重数等于其代数重数.

问题 4 对于 n 阶矩阵 $\boldsymbol{A}$ 和多项式 $f(x)$，若 $f(\boldsymbol{A})=\boldsymbol{O}$，则 $f(x)=0$ 的根与 $\boldsymbol{A}$ 的特征值有何关系？

答 $f(x)=0$ 的根与 $\boldsymbol{A}$ 的特征值有下列关系.

(1) $\boldsymbol{A}$ 的特征值一定是 $f(x)=0$ 的根.

证 设 λ_0 是 $\boldsymbol{A}$ 的特征值，则存在非零 n 维列向量 $\boldsymbol{X}$，使 $\boldsymbol{A}\boldsymbol{X}=\lambda_0\boldsymbol{X}$. 由此得出，对任意自然数 m 有 $\boldsymbol{A}^m\boldsymbol{X}=\lambda_0^m\boldsymbol{X}$，于是若 $f(x)=c_0x^t+c_1x^{t-1}+\cdots+c_{t-1}x+c_t$，则

$$\begin{aligned} f(\boldsymbol{A})\boldsymbol{X} &= (c_0\boldsymbol{A}^t + c_1\boldsymbol{A}^{t-1} + \cdots + c_{t-1}\boldsymbol{A} + c_t\boldsymbol{I})\boldsymbol{X} = c_0\boldsymbol{A}^t\boldsymbol{X} + c_1\boldsymbol{A}^{t-1}\boldsymbol{X} + \cdots + c_{t-1}\boldsymbol{A}\boldsymbol{X} + c_t\boldsymbol{X} \\ &= c_0\lambda_0^t\boldsymbol{X} + c_1\lambda_0^{t-1}\boldsymbol{X} + \cdots + c_{t-1}\lambda_0\boldsymbol{X} + c_t\boldsymbol{X} = (c_0\lambda_0^t + c_1\lambda_0^{t-1} + \cdots + c_{t-1}\lambda_0 + c_t)\boldsymbol{X} \\ &= f(\lambda_0)\boldsymbol{X}, \end{aligned}$$

因为 $f(\boldsymbol{A})=\boldsymbol{O}$，所以 $f(\lambda_0)\boldsymbol{X}=\boldsymbol{0}$，而 $\boldsymbol{X}\neq\boldsymbol{0}$，所以 $f(\lambda_0)=0$.

(2) $f(x)=0$ 的根不一定是 $\boldsymbol{A}$ 的特征值.

例如，当 $\boldsymbol{A}=\begin{pmatrix}0&0\\0&0\end{pmatrix}$，$f(x)=x(x-1)$时，显然 $f(\boldsymbol{A})=\boldsymbol{O}$，但 $f(x)=0$ 的一个根 $x=1$ 并不是 $\boldsymbol{A}$ 的特征值（$\boldsymbol{A}$ 的特征值为 0,0）.

(3) 即使 $f(x)=0$ 的根都是 $\boldsymbol{A}$ 的特征值，$\boldsymbol{A}$ 的全部特征值与 $f(x)=0$ 的全部根也不一定相同.

问题 5　给定矩阵 $\boldsymbol{A}$，如何求可逆矩阵 $\boldsymbol{P}$，使 $\boldsymbol{P}^{-1}\boldsymbol{A}\boldsymbol{P}$ 为对角形矩阵？

答　求解步骤如下.

(1) 计算 $\boldsymbol{A}$ 的特征多项式 $f(\lambda)=|\lambda\boldsymbol{I}-\boldsymbol{A}|$，则特征方程 $f(\lambda)=0$ 的全部根 λ_1（n_1 重），λ_2（n_2 重），…，λ_s（n_s 重）即为 $\boldsymbol{A}$ 的全部特征值，其中 $s\geqslant1$，$\lambda_1,\lambda_2,\cdots,\lambda_s$ 两两互异，且 $\sum\limits_{i=1}^{n}n_i=n$.

(2) 若存在某个 $i(1\leqslant i\leqslant s)$，使 $n-\mathrm{r}(\lambda_i\boldsymbol{I}-\boldsymbol{A})<n_i$，即 $\mathrm{r}(\lambda_i\boldsymbol{I}-\boldsymbol{A})>n-n_i$，则矩阵 $\boldsymbol{A}$ 不能相似于对角形矩阵. 否则，对每一个 $i(1\leqslant i\leqslant s)$，解齐次线性方程组 $(\lambda_i\boldsymbol{I}-\boldsymbol{A})\boldsymbol{X}=\boldsymbol{0}$，求出其基础解系 $\boldsymbol{\alpha}_{i1},\boldsymbol{\alpha}_{i2},\cdots,\boldsymbol{\alpha}_{in_i}$. 此即为 $\boldsymbol{A}$ 的对应于特征值 λ_i 的线性无关的特征向量.

(3) 作 n 阶矩阵

$$\boldsymbol{P}=(\boldsymbol{\alpha}_{11},\boldsymbol{\alpha}_{12},\cdots,\boldsymbol{\alpha}_{1n_1};\boldsymbol{\alpha}_{21},\boldsymbol{\alpha}_{22},\cdots,\boldsymbol{\alpha}_{2n_2};\cdots;\boldsymbol{\alpha}_{s1},\boldsymbol{\alpha}_{s2},\cdots,\boldsymbol{\alpha}_{sn_s}),$$

则 $\boldsymbol{P}$ 可逆，且

$$\boldsymbol{P}^{-1}\boldsymbol{A}\boldsymbol{P}=\begin{pmatrix} \overbrace{\lambda_1 \ \ddots \ \lambda_1}^{n_1\text{个}} & & & \\ & \overbrace{\lambda_2 \ \ddots \ \lambda_2}^{n_2\text{个}} & & \\ & & \ddots & \\ & & & \overbrace{\lambda_s \ \ddots \ \lambda_s}^{n_s\text{个}} \end{pmatrix}.$$

问题 6　已知矩阵 $\boldsymbol{A}$ 的某些特征值和特征向量，如何求矩阵 $\boldsymbol{A}$ 或与 $\boldsymbol{A}$ 有关的一些矩阵？

答　一般采用下列基本方法.

(1) 利用与矩阵 $\boldsymbol{A}$ 相似的对角形矩阵及相似变换矩阵 $\boldsymbol{P}$ 求 $\boldsymbol{A}$.

(2) 利用矩阵的特征值、特征向量间的关系求解.

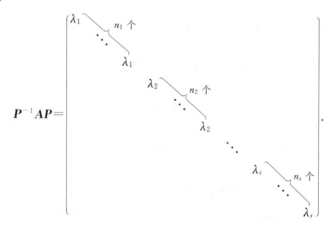

问题 7 如何利用 n 阶矩阵 $\boldsymbol{A}$ 的相似对角形矩阵解决与 $\boldsymbol{A}$ 有关的问题？

答 利用 n 阶矩阵 $\boldsymbol{A}$ 的相似对角形矩阵可解决下面的基本问题.

(1) 给定 n 阶方阵 $\boldsymbol{A}$，求 $\boldsymbol{A}^k$（k 为某个正整数）. 此时，若存在可逆矩阵 $\boldsymbol{P}$ 使 $\boldsymbol{P}^{-1}\boldsymbol{AP}=\boldsymbol{\Lambda}$ 为对角形矩阵，则 $\boldsymbol{A}^k=\boldsymbol{P\Lambda}^k\boldsymbol{P}^{-1}$，其中 $\boldsymbol{\Lambda}^k$ 很容易计算.

(2) 寻找或证明矩阵间的相似关系.

问题 8 判断题.

(1) n 阶矩阵 $\boldsymbol{A}$ 与 $\boldsymbol{B}$ 相似，则 $\boldsymbol{A}$ 与 $\boldsymbol{B}$ 的特征向量相同.

(2) n 阶矩阵 $\boldsymbol{A}$ 与 $\boldsymbol{B}$ 相似，则 $\boldsymbol{A}^{-1}$ 与 $\boldsymbol{B}^{-1}$ 相似.

(3) n 阶矩阵 $\boldsymbol{A}$ 与 $\boldsymbol{B}$ 相似，则 $\boldsymbol{A}$ 与 $\boldsymbol{B}$ 必相似于对角形.

(4) n 阶矩阵 $\boldsymbol{A}$ 与 $\boldsymbol{B}$ 相似，则 $\lambda\boldsymbol{I}-\boldsymbol{A}=\lambda\boldsymbol{I}-\boldsymbol{B}$.

答 (1) $\boldsymbol{A}$ 与 $\boldsymbol{B}$ 相似 $\Rightarrow$ 特征值相同，特征向量不一定相同，故(1)不对.

(2) $\boldsymbol{A}$ 与 $\boldsymbol{B}$ 相似，如 $\boldsymbol{A},\boldsymbol{B}$ 都可逆，则 $\boldsymbol{A}^{-1}$ 与 $\boldsymbol{B}^{-1}$ 也一定相似，且相似变换矩阵不变. 故(2)对.

注 可逆矩阵只能与可逆矩阵相似.

(3) $\boldsymbol{A}$ 与 $\boldsymbol{B}$ 不一定可对角化. 对角化是要有条件的，但是如果 $\boldsymbol{A}$ 与 $\boldsymbol{B}$ 相似，其中有一个可对角化，则由相似的传递性知，另一个也一定能对角化. 故(3)不对.

(4) $\boldsymbol{A}$ 与 $\boldsymbol{B}$ 相似 $\Rightarrow|\lambda\boldsymbol{I}-\boldsymbol{A}|=|\lambda\boldsymbol{I}-\boldsymbol{B}|$，但不一定有 $\lambda\boldsymbol{I}-\boldsymbol{A}=\lambda\boldsymbol{I}-\boldsymbol{B}$，故(4)不对.

综上所述，仅(2)对.

三、典型例题解析

例 1 已知 $\lambda=0$ 是三阶矩阵 $\boldsymbol{A}=\begin{pmatrix}3&2&-2\\-k&1&k\\4&k&-3\end{pmatrix}$ 的特征值，判定 $\boldsymbol{A}$ 能否与对角形矩阵相似.

解 因为 $\lambda=0$ 是 $\boldsymbol{A}$ 的特征值，所以 $|0\boldsymbol{I}-\boldsymbol{A}|=0$，即 $|\boldsymbol{A}|=0$. 又

$$|\boldsymbol{A}|=\begin{vmatrix}3&2&-2\\-k&1&k\\4&k&-3\end{vmatrix}=-(k-1)^2,$$

由 $-(k-1)^2=0$ 解得 $k=1$，所以

$$\boldsymbol{A}=\begin{pmatrix}3&2&-2\\-1&1&1\\4&1&-3\end{pmatrix},$$

解特征方程 $|\lambda\boldsymbol{I}-\boldsymbol{A}|=0$，得 $\lambda_1=\lambda_2=0,\lambda_3=1$. 又因为

$$(0\boldsymbol{I}-\boldsymbol{A})=\begin{pmatrix}-3&-2&2\\1&-1&-1\\-4&-1&3\end{pmatrix}\longrightarrow\begin{pmatrix}1&-1&-1\\0&-5&-1\\0&-5&-1\end{pmatrix}\longrightarrow\begin{pmatrix}1&-1&-1\\0&5&1\\0&0&0\end{pmatrix},$$

于是 $\mathrm{r}(0\boldsymbol{I}-\boldsymbol{A})=2$，故 $\boldsymbol{A}$ 关于二重特征值 $\lambda_1=\lambda_2=0$ 没有 2 个线性无关的特征向量. 根据 n 阶矩阵与对角形矩阵相似的充要条件知，$\boldsymbol{A}$ 不能与对角形矩阵相似.

例 2 已知三阶矩阵 $\boldsymbol{A}$ 的特征值为 $1,-1,2$，且矩阵 $\boldsymbol{B}=\boldsymbol{A}^3-5\boldsymbol{A}^2$. 试求：

(1) $\boldsymbol{B}$ 的特征值及与 $\boldsymbol{B}$ 相似的对角形矩阵，并说明理由；

(2) $\boldsymbol{A}^{-1}+\boldsymbol{A}^*$ 的特征值；

(3) $|\boldsymbol{B}|$ 及 $|\boldsymbol{A}^{-1}+\boldsymbol{A}^*|$.

解 (1) 令 $f(x)=x^3-5x^2$，则 $\boldsymbol{B}=f(\boldsymbol{A})=\boldsymbol{A}^3-5\boldsymbol{A}^2$. 由于 $1,-1,2$ 是 $\boldsymbol{A}$ 的全部特征值，所以 $f(1)=-4, f(-1)=-6, f(2)=-12$ 是 $\boldsymbol{B}=f(\boldsymbol{A})$ 的全部特征值.

因为三阶矩阵 $\boldsymbol{B}$ 有 3 个不同的特征值，所以 $\boldsymbol{B}$ 可以相似于对角形矩阵，该对角形矩阵的主对角线上的元素为 $\boldsymbol{B}$ 的全部特征值，所以矩阵 $\boldsymbol{B}$ 与对角形矩阵 $\begin{pmatrix} -4 & & \\ & -6 & \\ & & -12 \end{pmatrix}$ 相似.

(2) 因为 $|\boldsymbol{A}|=1\times(-1)\times 2=-2$，所以 $\boldsymbol{A}^*=|\boldsymbol{A}|\boldsymbol{A}^{-1}=-2\boldsymbol{A}^{-1}$，于是

$$\boldsymbol{A}^{-1}+\boldsymbol{A}^*=\boldsymbol{A}^{-1}-2\boldsymbol{A}^{-1}=-\boldsymbol{A}^{-1},$$

而 $\boldsymbol{A}^{-1}$ 的全部特征值为 $1,-1,\frac{1}{2}$，所以 $\boldsymbol{A}^{-1}+\boldsymbol{A}^*$ 的全部特征值为 $-1,1,-\frac{1}{2}$.

(3) 因为方阵的行列式等于其全部特征值的乘积，所以

$$|\boldsymbol{B}|=(-4)\times(-6)\times(-12)=-288,$$

$$|\boldsymbol{A}^{-1}+\boldsymbol{A}^*|=(-1)\times 1\times\left(-\frac{1}{2}\right)=\frac{1}{2}.$$

例 3 设 $\boldsymbol{A}=\begin{pmatrix} 0 & 0 & 1 \\ x & 1 & y \\ 1 & 0 & 0 \end{pmatrix}$ 有 3 个线性无关的特征向量，求 x 和 y 应满足的条件.

解 $\boldsymbol{A}$ 的特征多项式为

$$|\lambda\boldsymbol{I}-\boldsymbol{A}|=\begin{vmatrix} \lambda & 0 & -1 \\ -x & \lambda-1 & -y \\ -1 & 0 & \lambda \end{vmatrix}=(\lambda-1)^2(\lambda+1),$$

所以 $\boldsymbol{A}$ 的特征值为 $1,1,-1$.

因为 $\boldsymbol{A}$ 有 3 个线性无关的特征向量，所以 $\boldsymbol{A}$ 可以相似于对角形矩阵. 因此，对应特征值 1(2 重)应该有 2 个线性无关的特征向量，亦即齐次线性方程组 $(1\boldsymbol{I}-\boldsymbol{A})\boldsymbol{X}=\boldsymbol{0}$ 的系数矩阵

$$\boldsymbol{I}-\boldsymbol{A}=\begin{pmatrix} 1 & 0 & -1 \\ -x & 0 & -y \\ -1 & 0 & 1 \end{pmatrix}\longrightarrow\begin{pmatrix} 1 & 0 & -1 \\ 0 & 0 & -x-y \\ 0 & 0 & 0 \end{pmatrix}$$

的秩应为 1，由此可得 $x+y=0$.

而对于特征值 -1，应该有 1 个线性无关的特征向量，亦即齐次线性方程组的系数矩阵

$$(-1)\boldsymbol{I}-\boldsymbol{A}=\begin{pmatrix} -1 & 0 & -1 \\ -x & -2 & -y \\ -1 & 0 & -1 \end{pmatrix}\longrightarrow\begin{pmatrix} 1 & 0 & 1 \\ 0 & -2 & x-y \\ 0 & 0 & 0 \end{pmatrix}$$

的秩应为 2，由此可知 x,y 可为任意数.

综上所述，符合题意的 x 和 y 应满足 $x+y=0$.

例 4 设 $\boldsymbol{A}^2=\boldsymbol{I}_n$.

(1) 证明 $\boldsymbol{A}$ 的特征值只能是 1 或 -1.

(2) $\boldsymbol{A}$ 能相似于对角形矩阵吗？若能，写出与 $\boldsymbol{A}$ 相似的对角形矩阵.

证 (1) 设 λ 是 $\boldsymbol{A}$ 的任意特征值，$\boldsymbol{X}$ 为属于 λ 的特征向量，则 $\boldsymbol{X}\neq\boldsymbol{0}$，且 $\boldsymbol{AX}=\lambda\boldsymbol{X}$，于是

$$\boldsymbol{A}^2\boldsymbol{X}=\boldsymbol{A}(\boldsymbol{AX})=\boldsymbol{A}(\lambda\boldsymbol{X})=\lambda(\boldsymbol{AX})=\lambda^2\boldsymbol{X}.$$

又因 $\boldsymbol{A}^2=\boldsymbol{I}_n$，所以 $\boldsymbol{X}=\lambda^2\boldsymbol{X}$，即 $(\lambda^2-1)\boldsymbol{X}=\boldsymbol{0}$，得 $\lambda^2=1$，故 $\lambda=\pm1$.

(2) 属于 $\lambda=1$ 的特征向量是齐次线性方程组 $(1\boldsymbol{I}-\boldsymbol{A})\boldsymbol{X}=\boldsymbol{0}$ 的非零解向量，故 $\boldsymbol{A}$ 的属于 1 的线性无关的特征向量的个数为 $p=n-\mathrm{r}(\boldsymbol{I}-\boldsymbol{A})$.

属于 $\lambda=-1$ 的特征向量是齐次线性方程组 $((-1)\boldsymbol{I}-\boldsymbol{A})\boldsymbol{X}=\boldsymbol{0}$ 的非零解向量，故 $\boldsymbol{A}$ 的属于 -1 的线性无关的特征向量的个数为

$$q=n-\mathrm{r}(-(\boldsymbol{I}+\boldsymbol{A}))=n-\mathrm{r}(\boldsymbol{I}+\boldsymbol{A}).$$

由 $\boldsymbol{A}^2=\boldsymbol{I}$ 得 $(\boldsymbol{I}-\boldsymbol{A})(\boldsymbol{I}+\boldsymbol{A})=\boldsymbol{I}-\boldsymbol{A}^2=\boldsymbol{O}$，所以

$$\mathrm{r}(\boldsymbol{I}-\boldsymbol{A})+\mathrm{r}(\boldsymbol{I}+\boldsymbol{A})\leqslant n.$$

又因
$$(\boldsymbol{I}-\boldsymbol{A})+(\boldsymbol{I}+\boldsymbol{A})=2\boldsymbol{I},$$

故
$$n=\mathrm{r}(2\boldsymbol{I})=\mathrm{r}[(\boldsymbol{I}-\boldsymbol{A})+(\boldsymbol{I}+\boldsymbol{A})]\leqslant\mathrm{r}(\boldsymbol{I}-\boldsymbol{A})+\mathrm{r}(\boldsymbol{I}+\boldsymbol{A}).$$

因此 $\mathrm{r}(\boldsymbol{I}-\boldsymbol{A})+\mathrm{r}(\boldsymbol{I}+\boldsymbol{A})=n$，由此得 $p+q=n$.

由于属于不同特征值的特征向量线性无关，所以 $\boldsymbol{A}$ 有 $p+q=n$ 个线性无关的特征向量. 故 $\boldsymbol{A}$ 可相似于对角形矩阵 $\boldsymbol{\Lambda}$，其中

$$\boldsymbol{\Lambda}=\begin{pmatrix} \overbrace{1 & & }^{p\text{个}} & & & \\ & \ddots & & & & \\ & & 1 & & & \\ & & & \overbrace{-1 & & }^{q\text{个}} \\ & & & & \ddots & \\ & & & & & -1 \end{pmatrix}=\begin{pmatrix} \boldsymbol{I}_p & \\ & -\boldsymbol{I}_q \end{pmatrix},\quad p+q=n.$$

例 5 设三阶矩阵 $\boldsymbol{A}=\begin{pmatrix} 2 & 0 & 0 \\ 0 & 0 & 1 \\ 0 & 1 & a \end{pmatrix}$ 与 $\boldsymbol{B}=\begin{pmatrix} 2 & 0 & 0 \\ 0 & 3 & 4 \\ 0 & -2 & b \end{pmatrix}$ 相似，求 a,b 的值.

解 因为 $\boldsymbol{A}$ 相似于 $\boldsymbol{B}$，所以 $\boldsymbol{A}$ 与 $\boldsymbol{B}$ 具有相同的特征值 $\lambda_1,\lambda_2,\lambda_3$，且 $|\boldsymbol{A}|=|\boldsymbol{B}|$，故

$$\begin{cases} a_{11}+a_{22}+a_{33}=\lambda_1+\lambda_2+\lambda_3=b_{11}+b_{22}+b_{33}, \\ |\boldsymbol{A}|=|\boldsymbol{B}|, \end{cases}$$

即
$$\begin{cases} 2+0+a=2+3+b, \\ \begin{vmatrix} 2 & 0 & 0 \\ 0 & 0 & 1 \\ 0 & 1 & a \end{vmatrix}=\begin{vmatrix} 2 & 0 & 0 \\ 0 & 3 & 4 \\ 0 & -2 & b \end{vmatrix}, \end{cases}$$

解之得 $\begin{cases}a=3+b,\\b=-3,\end{cases}$ 故 $\begin{cases}a=0,\\b=-3.\end{cases}$

例 6 设矩阵 $\boldsymbol{A}$ 与 $\boldsymbol{B}$ 相似，且

$$\boldsymbol{A}=\begin{pmatrix}1&-1&1\\2&4&-2\\-3&-3&a\end{pmatrix},\quad \boldsymbol{B}=\begin{pmatrix}2&0&0\\0&2&0\\0&0&b\end{pmatrix},$$

试求：(1) a,b 的值；(2) 可逆矩阵 $\boldsymbol{P}$，使得 $\boldsymbol{P}^{-1}\boldsymbol{AP}=\boldsymbol{B}$.

解 (1) 矩阵 $\boldsymbol{B}$ 的特征值为 $2,2,b$. 因为 $\boldsymbol{A}$ 与 $\boldsymbol{B}$ 相似，所以 $\boldsymbol{A}$ 的全部特征值为 $2,2,b$，于是

$$\begin{cases}a_{11}+a_{22}+a_{33}=\lambda_1+\lambda_2+\lambda_3=b_{11}+b_{22}+b_{33},\\|\boldsymbol{A}|=|\boldsymbol{B}|,\end{cases}$$

即
$$\begin{cases}1+4+a=2+2+b,\\|\boldsymbol{A}|=\begin{vmatrix}1&-1&1\\2&4&-2\\-3&-3&a\end{vmatrix}=6a-6=2\cdot 2\cdot b,\end{cases}$$

整理得 $\begin{cases}a-b=-1,\\3a-2b=3,\end{cases}$ 故 $\begin{cases}a=5,\\b=6.\end{cases}$

(2) 由(1)的结果得

$$\boldsymbol{A}=\begin{pmatrix}1&-1&1\\2&4&-2\\-3&-3&5\end{pmatrix},$$

且 $\boldsymbol{A}$ 的特征值为 2(2 重)，6. 可求得

$$\boldsymbol{P}=\begin{pmatrix}-1&1&1\\1&0&-2\\0&1&3\end{pmatrix}$$

使 $\boldsymbol{P}^{-1}\boldsymbol{AP}=\boldsymbol{B}$.

例 7 设 $\boldsymbol{A}=\begin{pmatrix}1&4&2\\0&-3&4\\0&4&3\end{pmatrix}$，求 $\boldsymbol{A}^k$.

解 $\boldsymbol{A}$ 的特征多项式

$$|\lambda\boldsymbol{I}-\boldsymbol{A}|=\begin{vmatrix}\lambda-1&-4&-2\\0&\lambda+3&-4\\0&-4&\lambda-3\end{vmatrix}=(\lambda-1)(\lambda^2-25),$$

所以 $\boldsymbol{A}$ 的特征值为 $1,5,-5$.

解齐次线性方程组

$$(1\boldsymbol{I}-\boldsymbol{A})\boldsymbol{X}=\boldsymbol{0},\quad (5\boldsymbol{I}-\boldsymbol{A})\boldsymbol{X}=\boldsymbol{0},\quad (-5\boldsymbol{I}-\boldsymbol{A})\boldsymbol{X}=\boldsymbol{0}$$

可得 $\boldsymbol{A}$ 的分别属于特征值 $1,5,-5$ 的特征向量

$$\boldsymbol{\alpha}_1=\begin{pmatrix}1\\0\\0\end{pmatrix},\quad \boldsymbol{\alpha}_2=\begin{pmatrix}2\\1\\2\end{pmatrix},\quad \boldsymbol{\alpha}_3=\begin{pmatrix}1\\-2\\1\end{pmatrix}.$$

令 $\boldsymbol{P}=(\boldsymbol{\alpha}_1,\boldsymbol{\alpha}_2,\boldsymbol{\alpha}_3)=\begin{pmatrix}1&2&1\\0&1&-2\\0&2&1\end{pmatrix}$,则有

$$\boldsymbol{P}^{-1}\boldsymbol{A}\boldsymbol{P}=\boldsymbol{\Lambda}=\begin{pmatrix}1&&\\&5&\\&&-5\end{pmatrix},$$

于是 $\boldsymbol{A}=\boldsymbol{P}\boldsymbol{\Lambda}\boldsymbol{P}^{-1}$,所以

$$\begin{aligned}\boldsymbol{A}^k&=\boldsymbol{P}\boldsymbol{\Lambda}^k\boldsymbol{P}^{-1}=\begin{pmatrix}1&2&1\\0&1&-2\\0&2&1\end{pmatrix}\begin{pmatrix}1&&\\&5^k&\\&&(-5)^k\end{pmatrix}\begin{pmatrix}1&2&1\\0&1&-2\\0&2&1\end{pmatrix}^{-1}\\&=\begin{pmatrix}1&2[1+(-1)^{k+1}]5^{k-1}&[4+(-1)^k]5^{k-1}-1\\0&[1+4(-1)^k]5^{k-1}&2[1+(-1)^{k+1}]5^{k-1}\\0&2[1+(-1)^{k+1}]5^{k-1}&[4+(-1)^k]5^{k-1}\end{pmatrix}\\&=\begin{cases}\begin{pmatrix}1&0&5^k-1\\0&5^k&0\\0&0&5^k\end{pmatrix}, & k\text{ 为偶数},\\ \begin{pmatrix}1&4\cdot5^{k-1}&3\cdot5^{k-1}-1\\0&-3\cdot5^{k-1}&4\cdot5^{k-1}\\0&4\cdot5^{k-1}&3\cdot5^{k-1}\end{pmatrix}, & k\text{ 为奇数}.\end{cases}\end{aligned}$$

例 8 设 $\boldsymbol{A}$ 为三阶矩阵,$\boldsymbol{\alpha}_1,\boldsymbol{\alpha}_2$ 为 $\boldsymbol{A}$ 的分别属于特征值 $-1,1$ 的特征向量,向量 $\boldsymbol{\alpha}_3$ 满足 $\boldsymbol{A}\boldsymbol{\alpha}_3=\boldsymbol{\alpha}_2+\boldsymbol{\alpha}_3$.

(1) 证明 $\boldsymbol{\alpha}_1,\boldsymbol{\alpha}_2,\boldsymbol{\alpha}_3$ 线性无关;

(2) 令 $\boldsymbol{P}=(\boldsymbol{\alpha}_1,\boldsymbol{\alpha}_2,\boldsymbol{\alpha}_3)$,求 $\boldsymbol{P}^{-1}\boldsymbol{A}\boldsymbol{P}$.

证 (1) 由特征值、特征向量定义得

$$\boldsymbol{A}\boldsymbol{\alpha}_1=-\boldsymbol{\alpha}_1,\quad \boldsymbol{A}\boldsymbol{\alpha}_2=\boldsymbol{\alpha}_2.$$

设 $$k_1\boldsymbol{\alpha}_1+k_2\boldsymbol{\alpha}_2+k_3\boldsymbol{\alpha}_3=\mathbf{0},\tag{①}$$

用 $\boldsymbol{A}$ 乘式①得 $$-k_1\boldsymbol{\alpha}_1+k_2\boldsymbol{\alpha}_2+k_3(\boldsymbol{\alpha}_2+\boldsymbol{\alpha}_3)=\mathbf{0}.\tag{②}$$

由式①-式②得 $$2k_1\boldsymbol{\alpha}_1-k_3\boldsymbol{\alpha}_2=\mathbf{0}.\tag{③}$$

因为 $\boldsymbol{\alpha}_1,\boldsymbol{\alpha}_2$ 是矩阵 $\boldsymbol{A}$ 不同特征值的特征向量,且 $\boldsymbol{\alpha}_1,\boldsymbol{\alpha}_2$ 线性无关,所以

$$k_1=0,\quad k_3=0.$$

代入式①,有 $k_2\boldsymbol{\alpha}_2=\mathbf{0}$. 因为 $\boldsymbol{\alpha}_2$ 是特征向量,且 $\boldsymbol{\alpha}_2\neq\mathbf{0}$,故 $k_2=0$.

综上所述,$\boldsymbol{\alpha}_1,\boldsymbol{\alpha}_2,\boldsymbol{\alpha}_3$ 线性无关.

(2) 由 $\boldsymbol{A}\boldsymbol{\alpha}_1=-\boldsymbol{\alpha}_1,\boldsymbol{A}\boldsymbol{\alpha}_2=\boldsymbol{\alpha}_2,\boldsymbol{A}\boldsymbol{\alpha}_3=\boldsymbol{\alpha}_2+\boldsymbol{\alpha}_3$,有

$$\boldsymbol{A}(\boldsymbol{\alpha}_1,\boldsymbol{\alpha}_2,\boldsymbol{\alpha}_3)=(-\boldsymbol{\alpha}_1,\boldsymbol{\alpha}_2,\boldsymbol{\alpha}_2+\boldsymbol{\alpha}_3)=(\boldsymbol{\alpha}_1,\boldsymbol{\alpha}_2,\boldsymbol{\alpha}_3)\begin{pmatrix}-1&0&0\\0&1&1\\0&0&1\end{pmatrix}.$$

所以 $$P^{-1}AP=\begin{pmatrix}-1&0&0\\0&1&1\\0&0&1\end{pmatrix}.$$

综述

要掌握用定义法来证明向量组的线性无关的思路方法. 有时用秩是简捷的. 对于选择题要会使用观察法与$(\boldsymbol{\beta}_1,\boldsymbol{\beta}_2,\boldsymbol{\beta}_3)=(\boldsymbol{\alpha}_1,\boldsymbol{\alpha}_2,\boldsymbol{\alpha}_3)\boldsymbol{C}$. 当然，对概念的理解是更重要的. 例如，对于究竟是"有一组"还是"任一组"要弄清楚.

5.3 二次型的标准形

一、内容提要

1. 二次型与对称矩阵

二次齐次多项式称二次型，n 元二次型记为

$$f(x_1,x_2,\cdots,x_n)=\sum_{i=1}^{n}\sum_{j=1}^{n}a_{ij}x_{ij},$$

其中系数 a_{ij} 为实数(复数)称实(复)二次型. 本章仅讨论实二次型.

将二次型按系数写成对称形式，即 $a_{ij}x_ix_j$ 与 $a_{ji}x_jx_i$ 系数相等，则每一个实二次型和一个实对称矩阵 $\boldsymbol{A}=(a_{ij})_{n\times n}(a_{ij}=a_{ji})$ 一一对应. 称对称矩阵 $\boldsymbol{A}$ 为二次型的矩阵，称二次型 $f(x_1,x_2,\cdots,x_n)$ 为对称矩阵 $\boldsymbol{A}$ 的二次型.

这样 n 元二次型可表示成 $f=\boldsymbol{X}^{\mathrm{T}}\boldsymbol{A}\boldsymbol{X}$，其中 $\boldsymbol{X}=(x_1,x_2,\cdots,x_n)^{\mathrm{T}}$.

2. 标准形

只含平方项的二次型称为二次型的标准形，其对应矩阵为对角矩阵. 如 $a_{ii}=1$，则称规范形. 其对应矩阵为单位矩阵 $\boldsymbol{I}$.

3. 可逆线性变换

线性变换
$$\begin{cases}x_1=p_{11}y_1+p_{12}y_2+\cdots+p_{1n}y_n,\\x_2=p_{21}y_1+p_{22}y_2+\cdots+p_{2n}y_n,\\\quad\vdots\\x_n=p_{n1}y_1+p_{n2}y_2+\cdots+p_{nn}y_n\end{cases}\qquad(*)$$

可写成矩阵形式 $\boldsymbol{X}=\boldsymbol{P}\boldsymbol{Y}$，其中 $\boldsymbol{X}=(x_1,x_2,\cdots,x_n)^{\mathrm{T}}$，$\boldsymbol{Y}=(y_1,y_2,\cdots,y_n)^{\mathrm{T}}$，$\boldsymbol{P}=(p_{ij})_{n\times n}$. $\boldsymbol{P}$ 称为线性变换对应的矩阵，线性变换(*)称为矩阵 $\boldsymbol{P}$ 对应的线性变换. 它们是一一对应的.

如果 $\boldsymbol{P}$ 可逆，则上述线性变换为**可逆线性变换**.

4. 二次型的秩

给定二次型 $f=\boldsymbol{X}^{\mathrm{T}}\boldsymbol{A}\boldsymbol{X}$，$\boldsymbol{A}$ 的秩称为二次型 f 的秩.

5. 矩阵合同

二次型 $f=\boldsymbol{X}^{\mathrm{T}}\boldsymbol{A}\boldsymbol{X}$ 经可逆线性变换 $\boldsymbol{X}=\boldsymbol{P}\boldsymbol{Y}$ 后得到新的二次型(参见以下定理) f

$=\boldsymbol{Y}^{\mathrm{T}}\boldsymbol{BY}$,其对应矩阵 $\boldsymbol{A},\boldsymbol{B}$ 的关系为 $\boldsymbol{B}=\boldsymbol{P}^{\mathrm{T}}\boldsymbol{AP}$. 称 $\boldsymbol{A}$ 与 $\boldsymbol{B}$ 合同.

(**注**:合同也可直接由上述矩阵关系式定义.)

定理 1 二次型 $f=\boldsymbol{X}^{\mathrm{T}}\boldsymbol{AX}$ 经可逆线性变换 $\boldsymbol{X}=\boldsymbol{PY}$ 后得一新的二次型 $\boldsymbol{Y}^{\mathrm{T}}\boldsymbol{BY}$,其中 $\boldsymbol{B}=\boldsymbol{P}^{\mathrm{T}}\boldsymbol{AP}$ 对称,且秩不变,即 $\mathrm{r}(\boldsymbol{A})=\mathrm{r}(\boldsymbol{B})$.

定理 2 秩为 r 的 n 元实二次型 $f=\boldsymbol{X}^{\mathrm{T}}\boldsymbol{AX}$ 总存在可逆线性变换 $\boldsymbol{X}=\boldsymbol{PY}$,使 f 化成标准形 $f=\boldsymbol{Y}^{\mathrm{T}}\boldsymbol{\Lambda Y}$,其中 $\boldsymbol{\Lambda}$ 为对角矩阵,即

$$f(x_1,x_2,\cdots,x_n)=d_1y_1^2+\cdots+d_ry_r^2,r\leqslant n,d_i\neq 0.$$

该定理等价于任一实对称矩阵 $\boldsymbol{A}$,总存在可逆矩阵 $\boldsymbol{P}$,使 $\boldsymbol{P}^{\mathrm{T}}\boldsymbol{AP}=\boldsymbol{\Lambda}$,即 $\boldsymbol{A}$ 合同于对角矩阵 $\boldsymbol{\Lambda}$.

定理 3(惯性定理) 秩为 r 的实二次型 $f=\boldsymbol{X}^{\mathrm{T}}\boldsymbol{AX}$,存在可逆线性变换 $\boldsymbol{X}=\boldsymbol{PY}$,使 f 化为标准形

$$f=d_1y_1^2+\cdots+d_py_p^2-d_{p+1}y_{p+1}^2-\cdots-d_ry_r^2,\quad d_i>0,$$

且正平方项数 p(正惯性指数)唯一,负平方项数 q(负惯性指数)唯一. 故符号差 $p-q=s$ 也唯一.

二、释疑解惑

问题 1 二次型写成矩阵乘积 $f=\boldsymbol{X}^{\mathrm{T}}\boldsymbol{AX}$,其对应矩阵是否唯一? 如何求 f 对应的矩阵 $\boldsymbol{A}$?

答 一般不唯一. 但如果写成对称形式,则是唯一的. 例如,二次型 $f=x_1^2+2x_1x_2+2x_2^2$ 写成矩阵如下:

$$f=(x_1,x_2)\begin{pmatrix}1&2\\0&2\end{pmatrix}\begin{pmatrix}x_1\\x_2\end{pmatrix},\quad \boldsymbol{A}_1=\begin{pmatrix}1&2\\0&2\end{pmatrix},$$

或 $$f=x_1^2+3x_1x_2-x_2x_1+2x_2^2=(x_1,x_2)\begin{pmatrix}1&3\\-1&2\end{pmatrix}\begin{pmatrix}x_1\\x_2\end{pmatrix},\boldsymbol{A}_2=\begin{pmatrix}1&3\\-1&2\end{pmatrix},\cdots$$

可写成无穷多种形式,但如果写成对称形式,则是唯一的. 例如,

$$f=(x_1,x_2)\begin{pmatrix}1&1\\1&2\end{pmatrix}\begin{pmatrix}x_1\\x_2\end{pmatrix}$$

我们所说的二次型的矩阵是指这种对称形式的矩阵.

求 f 对应的矩阵通常按以下步骤求解.

(1) 由 f 的平方项系数写出 $\boldsymbol{A}$ 的对角元素.

(2) 对交叉项元素 a_{ij}(不妨设 $i<j$)取其一半 $\frac{1}{2}a_{ij}$ 放在矩阵 $\boldsymbol{A}$ 的 (i,j) 位置.

(3) 由对称性写出 $\boldsymbol{A}$ 的另一半交叉项元素,即得矩阵 $\boldsymbol{A}$.

由 $\boldsymbol{A}$ 可将 f 写成矩阵连乘形式 $f=\boldsymbol{X}^{\mathrm{T}}\boldsymbol{AX}$.

问题 2 二次型用可逆线性变换化标准形及规范形是否唯一? 通常有哪些方法?

答 一般标准形不唯一. 这取决于所用可逆线性变换,但规范形唯一.

将二次型化标准形通常有以下几种方法：① 拉格朗日配方法；② 正交变换法；③ 初等变换法.

问题 3 将二次型化标准形，如用不可逆(降秩)线性变换是否可行？

答 用可逆线性变换化二次型为标准形时是保秩的.由惯性定理知，其正、负惯性指数不变.这样可由标准形的一些特性推出原二次型的一些特性.例如，用可逆线性变换将三元二次型 $f(x_1,x_2,x_3)$ 化成标准形

$$\lambda_1 y_1^2+\lambda_2 y_2^2-\lambda_3 y_3^2 \quad (\lambda_i>0),$$

则原二次型的秩为 3.如考虑二次曲面 $f(x_1,x_2,x_3)=1$，则化成 $\lambda_1 y_1^2+\lambda_2 y_2^2-\lambda_3 y_3^2=1$.故该曲面为单叶双曲面类.在其他很多方面，例如极值等也有很多应用，但如用降秩变换，则这些特性不能保留.

例如，二次型 $f=(x_1-x_2)^2+(x_2-x_3)^2+(x_3-x_1)^2$ 如用线性变换

$$y_1=x_1-x_2,\quad y_2=x_2-x_3,\quad y_3=x_3-x_1,$$

则 $f=y_1^2+y_2^2+y_3^2$.新二次型的秩为 3.而原二次型写成

$$2x_1^2+2x_2^2+2x_3^2-2x_1x_2-2x_2x_3-2x_1x_3,$$

则
$$\boldsymbol{A}=\begin{pmatrix}2&-1&-1\\-1&2&-1\\-1&-1&2\end{pmatrix}\to\begin{pmatrix}2&-1&-1\\-1&2&-1\\0&0&0\end{pmatrix},$$
其秩为 2.

出现上述问题是因为所用线性变换矩阵

$$\boldsymbol{P}=\begin{pmatrix}1&-1&0\\0&1&-1\\-1&0&1\end{pmatrix}\quad (|\boldsymbol{P}|=0)$$

降秩.

问题 4 若 $\boldsymbol{A}$ 与 $\boldsymbol{B}$ 合同，则它们是否一定对称？若 $\boldsymbol{P}^{\mathrm{T}}\boldsymbol{A}\boldsymbol{P}=\boldsymbol{B}$，则 $\boldsymbol{A},\boldsymbol{B}$ 是否一定合同？两个 n 阶对称矩阵合同，其特征值是否相同？

答 单就矩阵合同定义而言，不一定对称.例如，

$$\boldsymbol{A}=\begin{pmatrix}1&2\\0&1\end{pmatrix}\quad 与\quad \boldsymbol{B}=\begin{pmatrix}0&1\\-1&1\end{pmatrix},$$

存在可逆矩阵 $\boldsymbol{P}=\begin{pmatrix}1&0\\-1&1\end{pmatrix}$，使 $\boldsymbol{A}$ 与 $\boldsymbol{B}$ 合同，即 $\boldsymbol{P}^{\mathrm{T}}\boldsymbol{A}\boldsymbol{P}=\boldsymbol{B}$.当 $\boldsymbol{P}$ 不是可逆矩阵时，$\boldsymbol{A}$，$\boldsymbol{B}$ 不合同.但在二次型问题研究中两矩阵合同都是对称的.

两对称矩阵 $\boldsymbol{A},\boldsymbol{B}$ 合同，其特征值不一定相等.但如果所用矩阵 $\boldsymbol{P}$ 正交，因此时合同关系即为相似关系，则特征值相同.

问题 5 简叙矩阵 $\boldsymbol{A},\boldsymbol{B}$ 等价、相似、合同关系的异同点.

答 矩阵等价、相似、合同关系是矩阵之间三个极为重要的关系，它们分别来源于初等变换，相似对角化及二次型，其共同点是都具有自反、对称、传递的性质(具有上述三条性质的关系统称等价关系.因此，上述三种关系都是等价关系)，其特点如表 5.1 所示.

表 5.1

矩阵关系	变换矩阵	性　质
等价：$PAQ=B$ （A,B 不一定是方阵）	P,Q 可逆	A,B 秩不变
合同：$P^{T}AP=B$ （A,B 为方阵）	P 可逆	A,B 秩相等，对称性不变，化标准形后，正、负惯性指数不变
相似：$P^{-1}AP=B$ （A,B 方阵） （正交相似）$C^{-1}AC=B=C^{T}AC$	P 可逆 C 为正交矩阵	A,B 秩相等，行列式相等，特征值相等（$\mathrm{tr}(A)=\mathrm{tr}(B)$）

问题 6　矩阵化标准形有何意义？

答　用可逆线性变换化二次型为标准形，由惯性定理知，其秩不变及正、负惯性指数不变这些性质决定了二次型的类型不变. 可通过化标准形后利用标准形的特性来反推原二次型的特性. 因此，二次型化标准形有诸多应用. 在几何上常用坐标旋转将二次曲面化成标准形，从而反推出原二次曲面图形来研究其性质，这类问题称为主轴问题，其坐标旋转变换是一种正交变换，正交变换是保长、保角，因而是保形变换. 而一般可逆线性变换是保类的，但不一定保形.

问题 7　用拉格朗日配方法化二次型为标准形及规范形的方法步骤如何？

答　主要分以下几个步骤.

(1) 如果二次型 f 含有平方项，如含 x_1 的平方项，首先将含有变量 x_1 的所有项集中配方，然后将剩余项中下标最小的平方项及所有含该下标的项集中配方，直到全部配方为止.

(2) 如二次型不含平方项，则先作一可逆线性变换，例如含 x_1,x_2 项，可令

$$\begin{cases} x_1=y_1+y_2, \\ x_2=y_2-y_3, \\ \quad\vdots \\ x_n=y_n, \end{cases}$$

即可使新二次型含平方项，再按步骤(1)的方法配方，直到化成标准形为止.

(3) 如化成标准形，例如

$$f=\lambda_1 y_1^2+\cdots+\lambda_p y_p^2-\lambda_{p+1}y_{p+1}^2-\cdots-\lambda_r y_r^2,$$

则令 $\begin{cases} y_1=\dfrac{1}{\sqrt{\lambda_1}}z_1, \\ \quad\vdots \\ y_r=\dfrac{1}{\sqrt{\lambda_r}}z_r, \end{cases}$ 即可化成规范形 $f=z_1^2+\cdots+z_p^2-z_{p+1}^2-\cdots-z_r^2$.

三、典型例题解析

例 1　求下列二次型对应的矩阵与秩.

(1) $f(x_1,x_2,x_3)=x_1^2+x_2^2-2x_3^2+2x_1x_2-4x_1x_3$;

(2) $f(x_1,x_2,x_3)=x_1x_2+x_2x_3+x_1x_3$;

(3) $f(x_1,x_2,x_3)=\left(\sum_{i=1}^{3}a_ix_i\right)^2,a_i\neq 0$.

解 (1) 因 $\boldsymbol{A}=\begin{pmatrix}1&1&-2\\1&1&0\\-2&0&-2\end{pmatrix}\to\begin{pmatrix}1&1&-2\\0&0&2\\0&2&-6\end{pmatrix},|\boldsymbol{A}|\neq 0$,

则 $\mathrm{r}(\boldsymbol{A})=3$,故 $\mathrm{r}(f)=3$.

(2) 因 $\boldsymbol{A}=\begin{pmatrix}0&1/2&1/2\\1/2&0&1/2\\1/2&1/2&0\end{pmatrix}\to\begin{pmatrix}0&1&1\\1&0&1\\1&1&0\end{pmatrix}\to\begin{pmatrix}1&0&1\\0&1&1\\0&1&-1\end{pmatrix}\to\begin{pmatrix}1&0&1\\0&1&1\\0&0&-2\end{pmatrix}$,

则 $\mathrm{r}(\boldsymbol{A})=3$,故 $\mathrm{r}(f)=3$.

(3) 因 $\boldsymbol{A}=\begin{pmatrix}a_1^2&a_1a_2&a_1a_3\\a_1a_2&a_2^2&a_2a_3\\a_1a_3&a_2a_3&a_3^2\end{pmatrix}\longrightarrow\begin{pmatrix}a_1&a_2&a_3\\a_1&a_2&a_3\\a_1&a_2&a_3\end{pmatrix}$,

则 $\mathrm{r}(\boldsymbol{A})=1$,故 $\mathrm{r}(f)=1$.

例 2 用拉格朗日配方法化下列二次型为标准形.

(1) $f(x_1,x_2,x_3)=x_1^2+x_2^2-2x_3^2+2x_1x_2-4x_1x_3$;

(2) $f(x_1,x_2,x_3)=x_1x_2-x_2x_3+x_1x_3$.

解 (1)
$$\begin{aligned}f(x_1,x_2,x_3)&=(x_1^2+2x_1x_2-4x_1x_3)+x_2^2-2x_3^2\\&=(x_1^2+x_2^2+4x_3^2+2x_1x_2-4x_1x_3-4x_2x_3)\\&\quad-x_2^2-4x_3^2+4x_2x_3+x_2^2-2x_3^2\\&=(x_1+x_2-2x_3)^2+4x_2x_3-6x_3^2\\&=(x_1+x_2-2x_3)^2+(x_2^2+4x_2x_3+4x_3^2)-x_2^2-10x_3^2\\&=(x_1+x_2-2x_3)^2+(x_2+2x_3)^2-11x_3^2.\end{aligned}$$

令 $\begin{cases}y_1=x_1+x_2-2x_3,\\y_2=x_2+2x_3,\\y_3=x_3,\end{cases}$ 即 $\begin{cases}x_1=y_1-y_2+4y_3,\\x_2=y_2-2y_3,\\x_3=y_3,\end{cases}$

其对应系数矩阵为 $\boldsymbol{P}=\begin{pmatrix}1&-1&4\\0&1&-2\\0&0&1\end{pmatrix}$,且有
$$f(x_1,x_2,x_3)=y_1^2+y_2^2-11y_3^2.$$

(2) 令 $\begin{cases}x_1=y_1+y_2,\\x_2=y_1-y_2,\\x_3=y_3,\end{cases}$

其对应系数矩阵为 $\boldsymbol{C}_1=\begin{pmatrix}1&1&0\\1&-1&0\\0&0&1\end{pmatrix}$. 代入得
$$f(x_1,x_2,x_3)=y_1^2-y_2^2+2y_2y_3+y_2y_3-y_2y_3=y_1^2-y_2^2+2y_2y_3$$

$$=y_1^2-(y_2^2-2y_2y_3+y_3^2)+y_3^2$$
$$=y_1^2-(y_2-y_3)^2+y_3^2.$$

令
$$\begin{cases}z_1=y_1,\\ z_2=y_2-y_3,\\ z_3=y_3,\end{cases}\quad 即\quad \begin{cases}y_1=z_1,\\ y_2=z_2+z_3,\\ y_3=z_3,\end{cases}$$

其对应系数矩阵为 $\boldsymbol{C}_2=\begin{pmatrix}1&0&0\\0&1&1\\0&0&1\end{pmatrix}$. 代入得
$$f(x_1,x_2,x_3)=z_1^2-z_2^2+z_3^2.$$

综上所述,其所用可逆线性变换为
$$\boldsymbol{C}=\boldsymbol{C}_1\boldsymbol{C}_2=\begin{pmatrix}1&1&0\\1&-1&0\\0&0&1\end{pmatrix}\begin{pmatrix}1&0&0\\0&1&1\\0&0&1\end{pmatrix}=\begin{pmatrix}1&1&1\\1&-1&-1\\0&0&1\end{pmatrix}.$$

例 3 设有二次型 $f(x)=x_1^2-2x_1x_2+2x_1x_3+4x_2x_3-4x_3^2$,试用配方法将其化为标准形.

解 配方法.
$$\begin{aligned}f(x_1,x_2,x_3)&=(x_1^2-2x_1x_2+2x_1x_3)+4x_2x_3-4x_3^2\\&=(x_1^2-2x_1x_2+2x_1x_3+x_2^2+x_3^2-2x_2x_3)\\&\quad -x_2^2-x_3^2+2x_2x_3+4x_2x_3-4x_3^2\\&=(x_1-x_2+x_3)^2-x_2^2+6x_2x_3-5x_3^2\\&=(x_1-x_2+x_3)^2-(x_2^2-6x_2x_3+9x_3^2)+9x_3^2-5x_3^2\\&=(x_1-x_2+x_3)^2-(x_2-3x_3)^2+4x_3^2.\end{aligned}$$

令
$$\begin{cases}x_1-x_2+x_3=y_1,\\ x_2-3x_3=y_2,\\ x_3=y_3,\end{cases}\quad 即\quad \begin{cases}x_1=y_1+y_2+2y_3,\\ x_2=y_2+3y_3,\\ x_3=y_3,\end{cases}$$

其对应矩阵为 $\boldsymbol{P}=\begin{pmatrix}1&1&2\\0&1&3\\0&0&1\end{pmatrix}$.

令 $\boldsymbol{X}=\boldsymbol{P}\boldsymbol{Y}$,可将二次型 $f(x_1,x_2,x_3)$ 化为标准形 $f=y_1^2-y_2^2+4y_3^2$.

例 4 设 $f(x_1,x_2,x_3)=x_1x_2-x_2x_3+x_3x_1$. 求:

(1) f 的秩及正惯性指数 p;

(2) 令 $f(x_1,x_2,x_3)=1$,问它代表何种曲面.

解 (1) 由例 2(2) 知,$f(x_1,x_2,x_3)=z_1^2-z_2^2+z_3^2$. 故 $\mathrm{r}(f)=3$,$p=2$.

(2) $f(x_1,x_2,x_3)=1$ 代表单叶双曲面.

例 5 判别下列矩阵哪些是合同的.
$$\boldsymbol{A}_1=\begin{pmatrix}2&&\\&-1&\\&&3\end{pmatrix},\quad \boldsymbol{A}_2=\begin{pmatrix}1&&\\&1&\\&&3\end{pmatrix},\quad \boldsymbol{A}_3=\begin{pmatrix}2&&\\&1&\\&&1\end{pmatrix},\quad \boldsymbol{A}_4=\begin{pmatrix}1&2&0\\2&1&0\\0&0&3\end{pmatrix}.$$

分析 判断两矩阵 $\boldsymbol{A}$ 与 $\boldsymbol{B}$ 合同通常有下列两个方法.

(1) 定义法,即求出一个可逆矩阵 $\boldsymbol{P}$,使 $\boldsymbol{P}^{\mathrm{T}}\boldsymbol{A}\boldsymbol{P}=\boldsymbol{B}$.

(2) $\boldsymbol{A}$ 与 $\boldsymbol{B}$ 合同的充要条件是 $\boldsymbol{A},\boldsymbol{B}$ 的正、负惯性指数相同(此时 $\boldsymbol{A},\boldsymbol{B}$ 有相同的规范形).

解 由第二种方法知 $\boldsymbol{A}_2,\boldsymbol{A}_3$ 的正惯性指数为 3,负惯性指数为 0,故 $\boldsymbol{A}_2$ 与 $\boldsymbol{A}_3$ 合同.

$\boldsymbol{A}_1$ 的正惯性指数为 2,负惯性指数为 1.

将 $\boldsymbol{A}_4$ 化为标准形,即

$$|\lambda\boldsymbol{I}-\boldsymbol{A}_4|=\begin{vmatrix}\lambda-1 & -2 & 0\\ -2 & \lambda-1 & 0\\ 0 & 0 & \lambda-3\end{vmatrix}=(\lambda-3)[(\lambda-1)^2-2^2]=(\lambda-3)^2(\lambda+1).$$

显然,其特征值为 3,3,−1. 由此知 $\boldsymbol{A}_4$ 的正惯性指数为 2,负惯性指数为 1,故 $\boldsymbol{A}_1$ 与 $\boldsymbol{A}_4$ 合同.

5.4 欧氏空间的内积与正交变换

一、内 容 提 要

1. 内积、长度、夹角与正交性

(1) 设 $\boldsymbol{\alpha}=(x_1,x_2,\cdots,x_n)^{\mathrm{T}},\boldsymbol{\beta}=(y_1,y_2,\cdots,y_n)^{\mathrm{T}}$,则它们的内积为

$$(\boldsymbol{\alpha},\boldsymbol{\beta})=\boldsymbol{\alpha}^{\mathrm{T}}\boldsymbol{\beta}=\boldsymbol{\beta}^{\mathrm{T}}\boldsymbol{\alpha}=x_1y_1+x_2y_2+\cdots+x_ny_n.$$

(2) $\boldsymbol{\alpha}$ 的长度:$|\boldsymbol{\alpha}|=\sqrt{(\boldsymbol{\alpha},\boldsymbol{\alpha})}=\left(\sum\limits_{i=1}^{n}x_i^2\right)^{\frac{1}{2}}$. 如 $|\boldsymbol{\alpha}|=1$,则称 $\boldsymbol{\alpha}$ 为单位向量,记为 $\boldsymbol{\alpha}^{\circ}$,有 $\boldsymbol{\alpha}^{\circ}=\dfrac{1}{|\boldsymbol{\alpha}|}\boldsymbol{\alpha}(\boldsymbol{\alpha}\neq\boldsymbol{0})$.

(3) $\boldsymbol{\alpha}$ 与 $\boldsymbol{\beta}$ 的夹角:$\theta=\arccos\dfrac{(\boldsymbol{\alpha},\boldsymbol{\beta})}{|\boldsymbol{\alpha}||\boldsymbol{\beta}|}$,$\boldsymbol{\alpha},\boldsymbol{\beta}$ 为非零向量.

(4) $\boldsymbol{\alpha}$ 与 $\boldsymbol{\beta}$ 正交:$(\boldsymbol{\alpha},\boldsymbol{\beta})=0\Leftrightarrow\boldsymbol{\alpha}\perp\boldsymbol{\beta}$.

(5) 正交组与正交基:$\boldsymbol{\alpha}_1,\boldsymbol{\alpha}_2,\cdots,\boldsymbol{\alpha}_r$ 为正交组 $\Leftrightarrow\boldsymbol{\alpha}_i\neq\boldsymbol{0}$. 且 $(\boldsymbol{\alpha}_i,\boldsymbol{\alpha}_j)=0(i\neq j)$. 如还有 $|\boldsymbol{\alpha}_i|=1$,则称为**正交规范(标准)组**;如 $\boldsymbol{\alpha}_1,\boldsymbol{\alpha}_2,\cdots,\boldsymbol{\alpha}_r$ 为欧氏空间一组基,则称其为**正交基**;如还是规范的,则称**正交规范基**.

2. 内积的性质

(1) $(\boldsymbol{\alpha},\boldsymbol{\beta})=(\boldsymbol{\beta},\boldsymbol{\alpha})$.(交换性)

(2) $(k\boldsymbol{\alpha},\boldsymbol{\beta})=k(\boldsymbol{\alpha},\boldsymbol{\beta}),(\boldsymbol{\alpha},k\boldsymbol{\beta})=k(\boldsymbol{\alpha},\boldsymbol{\beta})$,$k$ 为实数.(单线性)

(3) $(\boldsymbol{\alpha}_1+\boldsymbol{\alpha}_2,\boldsymbol{\beta})=(\boldsymbol{\alpha}_1,\boldsymbol{\beta})+(\boldsymbol{\alpha}_2,\boldsymbol{\beta})$ 或 $(\boldsymbol{\alpha},\boldsymbol{\beta}_1+\boldsymbol{\beta}_2)=(\boldsymbol{\alpha},\boldsymbol{\beta}_1)+(\boldsymbol{\alpha},\boldsymbol{\beta}_2)$.(单线性)

(4) $(\boldsymbol{\alpha},\boldsymbol{\alpha})\geqslant0$,且 $(\boldsymbol{\alpha},\boldsymbol{\alpha})=0$,当且仅当 $\boldsymbol{\alpha}=\boldsymbol{0}$.(非负性)

3. 长度的性质

(1) 非负性:$|\boldsymbol{\alpha}|\geqslant0$,$|\boldsymbol{\alpha}|=0\Leftrightarrow\boldsymbol{\alpha}=\boldsymbol{0}$.

(2) 齐次性：$|k\boldsymbol{\alpha}|=|k||\boldsymbol{\alpha}|$.

(3) 三角不等式：$|\boldsymbol{\alpha}+\boldsymbol{\beta}|\leqslant|\boldsymbol{\alpha}|+|\boldsymbol{\beta}|$.

4. 柯西-许瓦兹不等式

$$|(\boldsymbol{\alpha},\boldsymbol{\beta})|\leqslant|\boldsymbol{\alpha}|\cdot|\boldsymbol{\beta}|.$$

5. 欧氏空间

含有内积运算的向量空间 V 称为**欧氏空间**.

6. 正交与线性无关关系

定理 1 如 $\boldsymbol{\alpha}_1,\boldsymbol{\alpha}_2,\cdots,\boldsymbol{\alpha}_r$ 为正交向量组，则其必线性无关.

7. 施密特正交化

把线性无关向量组 $\boldsymbol{\alpha}_1,\boldsymbol{\alpha}_2,\cdots,\boldsymbol{\alpha}_m$ 正交化，即

$$\boldsymbol{\beta}_1=\boldsymbol{\alpha}_1,$$

$$\boldsymbol{\beta}_2=\boldsymbol{\alpha}_2-\frac{(\boldsymbol{\alpha}_2,\boldsymbol{\beta}_1)}{(\boldsymbol{\beta}_1,\boldsymbol{\beta}_1)}\boldsymbol{\beta}_1,$$

$$\boldsymbol{\beta}_3=\boldsymbol{\alpha}_3-\frac{(\boldsymbol{\alpha}_3,\boldsymbol{\beta}_1)}{(\boldsymbol{\beta}_1,\boldsymbol{\beta}_1)}\boldsymbol{\beta}_1-\frac{(\boldsymbol{\alpha}_3,\boldsymbol{\beta}_2)}{(\boldsymbol{\beta}_2,\boldsymbol{\beta}_2)}\boldsymbol{\beta}_2,\cdots,$$

$$\boldsymbol{\beta}_m=\boldsymbol{\alpha}_m-\frac{(\boldsymbol{\alpha}_m,\boldsymbol{\beta}_1)}{(\boldsymbol{\beta}_1,\boldsymbol{\beta}_1)}\boldsymbol{\beta}_1-\frac{(\boldsymbol{\alpha}_m,\boldsymbol{\beta}_2)}{(\boldsymbol{\beta}_2,\boldsymbol{\beta}_2)}\boldsymbol{\beta}_2-\cdots-\frac{(\boldsymbol{\alpha}_m,\boldsymbol{\beta}_{m-1})}{(\boldsymbol{\beta}_{m-1},\boldsymbol{\beta}_{m-1})}\boldsymbol{\beta}_{m-1}.$$

再单位化得

$$\boldsymbol{\varepsilon}_1=\frac{\boldsymbol{\beta}_1}{|\boldsymbol{\beta}_1|},\boldsymbol{\varepsilon}_2=\frac{\boldsymbol{\beta}_2}{|\boldsymbol{\beta}_2|},\cdots,\boldsymbol{\varepsilon}_m=\frac{\boldsymbol{\beta}_m}{|\boldsymbol{\beta}_m|},$$

则 $\boldsymbol{\varepsilon}_1,\boldsymbol{\varepsilon}_2,\cdots,\boldsymbol{\varepsilon}_m$ 就是一组标准正交向量组.

8. 正交变换、正交矩阵及实对称矩阵的性质

如矩阵 $\boldsymbol{C}$ 满足 $\boldsymbol{C}^{\mathrm{T}}\boldsymbol{C}=\boldsymbol{I}$，则称 $\boldsymbol{C}$ 为**正交矩阵**.

1）正交矩阵的性质

(1) $|\boldsymbol{C}|=1$ 或 -1；

(2) $\boldsymbol{C}^{-1}=\boldsymbol{C}^{\mathrm{T}}$；

(3) 两正交矩阵之积仍为正交矩阵；

(4) $\boldsymbol{C}$ 为正交矩阵的充要条件是 $\boldsymbol{C}$ 的 n 个列(行)向量为标准正交向量.

2）正交变换

线性变换 $\boldsymbol{X}=\boldsymbol{C}\boldsymbol{Y}$，$\boldsymbol{C}$ 为**正交矩阵**，称 $\boldsymbol{X}=\boldsymbol{C}\boldsymbol{Y}$ 为**正交变换**. 若 $\boldsymbol{X}=\boldsymbol{C}\boldsymbol{Y}$ 为正交变换，则在该变换下向量长度不变、夹角不变及内积不变. 在几何上，坐标旋转变换是正交变换，它保持曲线或曲面的几何形状不变.

3）实对称矩阵的性质

① 实对称矩阵的特征值皆为实数.

② 实对称矩阵不同的特征值对应的特征向量是正交的.

9. 实对称矩阵的对角化

(1) 任一实对称矩阵 $\boldsymbol{A}$ 均存在可逆矩阵 $\boldsymbol{P}=(\boldsymbol{P}_1,\boldsymbol{P}_2,\cdots,\boldsymbol{P}_n)$，使

$$P^{-1}AP=\Lambda=\begin{pmatrix}\lambda_1 & & & \\ & \lambda_2 & & \\ & & \ddots & \\ & & & \lambda_n\end{pmatrix},$$

其中 $\lambda_i(i=1,2,\cdots,n)$ 为 A 的特征值，$P_i(i=1,2,\cdots,n)$ 为其对应的特征向量.

(2) 利用施密特正交化方法还可以得到下面结论：

任一实对称矩阵 A 均存在正交矩阵 P，使 $P^{-1}AP=\Lambda$，其中 Λ 的对角元素为 A 的特征值，P 的列向量为 A 的特征向量，且为两两正交的单位向量.

二、释疑解惑

问题 1 欧氏空间与普通向量空间有何不同，常见的欧氏空间有哪些？

答 欧氏空间是定义了内积的向量空间. 一般向量空间未定义内积时不能叫欧氏空间. 常见的欧氏空间如 $\mathbf{R}^1$（全体实数）、$\mathbf{R}^2$（全体二维向量）、$\mathbf{R}^3$（全体三维向量），称为几何空间. 而 $\mathbf{R}^n$ 是其推广，它们都是定义了内积的欧氏空间.

问题 2 柯西-许瓦兹公式有何意义？

答 柯西-许瓦兹公式是反映向量内积与长度关系的公式，有很多表现形式与实际应用(可参考线性空间有关内容). 在这里我们主要利用它来定义两向量的夹角. 在三维及三维以下的欧氏空间，向量长度及夹角是直观的概念，我们是先有这些概念后再定义内积，但当 $n>3$ 时，向量空间没有直观几何形象，只能推广性地用纯数学方法定义. 但要定义向量夹角，在三维及其以下欧氏空间中，与之有关公式为

$$\cos\varphi=\frac{(\boldsymbol{a},\boldsymbol{b})}{|\boldsymbol{a}||\boldsymbol{b}|}\quad(\boldsymbol{a}\neq\mathbf{0},\boldsymbol{b}\neq\mathbf{0}),$$

但当 $n>3$ 时，就必须先验证

$$\left|\frac{(\boldsymbol{a},\boldsymbol{b})}{|\boldsymbol{a}||\boldsymbol{b}|}\right|\leqslant 1.$$

而这正是柯西-许瓦兹不等式.

问题 3 向量正交有何意义，与线性相关无关有何关系？

答 几何上两个向量正交是向量相交的一种特殊情况，两个向量线性无关表现为相交，这里显然要去掉零向量的情况. 因此两向量正交必线性无关. 这一结果可推广到更一般的情况：任意有限个正交向量组必为线性无关向量组.

正交向量组有许多一般线性无关向量组所不具有的良好性质. 正交矩阵及正交变换也具有一般矩阵及可逆线性变换所不具有的特殊性质.

问题 4 施密特正交化方法有何意义？其方法、步骤如何？

答 施密特正交化方法是将线性无关向量组化成正交向量组的方法，这里所谓“化”的意义即要求两向量组相互等价. 这就保证可以利用正交化后的与正交向量组(或正交基)有关的性质和运算经反演后得到原向量组有关的性质及运算. 这便是施密特正交化的意义.

施密特正交化方法告诉了我们从一组线性无关向量组出发寻找与之等价正交向

量组的方法与轨迹. 其步骤如下.

第一步:按公式由原线性无关组求出与之等价的正交向量组.

第二步:将该正交向量组单位化,即得正交规范向量组.

问题 5 正交矩阵 $\boldsymbol{A}$ 有哪些性质? 正交矩阵一定对称吗?

答 有以下性质:(1) $|\boldsymbol{A}|=\pm 1$;(2) $\boldsymbol{A}$ 正交 $\Leftrightarrow \boldsymbol{A}^{\mathrm{T}}=\boldsymbol{A}^{-1} \Leftrightarrow \boldsymbol{A}$ 的行(列)向量组为正交规范组(这是判别矩阵正交的一个实用而有效的方法);(3) 如 $\boldsymbol{A},\boldsymbol{B}$ 正交 $\Rightarrow \boldsymbol{AB}$ 正交,且 $\boldsymbol{A}^{-1},\boldsymbol{B}^{-1}$ 正交.

正交矩阵不一定对称.

问题 6 正交变换与普通可逆线性变换有何不同特性? 如果是不可逆线性变换呢?

答 正交变换保类、保长、保夹角,因而保形. 一般可逆线性变换保秩(保类),但不一定保形. 正交变换是特殊的可逆线性变换,它有许多后者不具备的良好的特殊性质. 如果是不可逆线性变换,则不一定保形,且因为不可逆线性变换应用起来比较困难. 因此,通常用可逆线性变换.

问题 7 设 $\boldsymbol{\alpha}_1,\boldsymbol{\alpha}_2,\cdots,\boldsymbol{\alpha}_r$ 为一正交向量组,与该正交向量组正交的向量是唯一的吗? 如果 $\boldsymbol{\alpha}$ 可由 $\boldsymbol{\alpha}_1,\boldsymbol{\alpha}_2,\cdots,\boldsymbol{\alpha}_r$ 线性表示,其表示系数是否唯一?

答 一般与 $\boldsymbol{\alpha}_1,\boldsymbol{\alpha}_2,\cdots,\boldsymbol{\alpha}_r$ 都正交的向量不一定唯一,例如与 $\boldsymbol{\alpha}_1=(1,1,1,1)^{\mathrm{T}},\boldsymbol{\alpha}_2=(1,0,1,1)^{\mathrm{T}}$ 都正交的向量可构成向量集 $k_1(-1,0,1,0)^{\mathrm{T}}+k_2(-1,0,0,1)^{\mathrm{T}}$,这一问题可推广至线性无关情况.

如果 $\boldsymbol{\alpha}$ 可由 $\boldsymbol{\alpha}_1,\boldsymbol{\alpha}_2,\cdots,\boldsymbol{\alpha}_r$ 线性表示,则表示式一般不唯一. 如果 $\boldsymbol{\alpha}_1,\boldsymbol{\alpha}_2,\cdots,\boldsymbol{\alpha}_r$ 为线性空间 V 的一组基,则 V 中任一向量(除该基外)都可由这组基线性表示,且表示式唯一.

三、典型例题解析

例 1 设 n 维向量 $\boldsymbol{\alpha},\boldsymbol{\beta}$,证明下列各题,并说明其几何意义.

(1) $|\boldsymbol{\alpha}|=|\boldsymbol{\beta}| \Rightarrow (\boldsymbol{\alpha}+\boldsymbol{\beta},\boldsymbol{\alpha}-\boldsymbol{\beta})=0$;

(2) $|\boldsymbol{\alpha}-\boldsymbol{\beta}|^2=|\boldsymbol{\alpha}|^2+|\boldsymbol{\beta}|^2-2|\boldsymbol{\alpha}||\boldsymbol{\beta}|\cos\theta$;

(3) $|\boldsymbol{\alpha}+\boldsymbol{\beta}|^2+|\boldsymbol{\alpha}-\boldsymbol{\beta}|^2=2(|\boldsymbol{\alpha}|^2+|\boldsymbol{\beta}|^2)$.

解 证明留给读者,下面分别说明它们的几何意义.

(1) 当两向量长度相等时,$\boldsymbol{\alpha}+\boldsymbol{\beta},\boldsymbol{\alpha}-\boldsymbol{\beta}$ 正交. 因 $\boldsymbol{\alpha}+\boldsymbol{\beta},\boldsymbol{\alpha}-\boldsymbol{\beta}$ 表示以 $\boldsymbol{\alpha},\boldsymbol{\beta}$ 为邻边的平行四边形的两对角线向量. 上式说明:当平行四边形两邻边相等时,其对角线正交,这是菱形的一个性质.

(2) 该式是余弦定理的一种向量形式.

(3) 此式表明以 $\boldsymbol{\alpha},\boldsymbol{\beta}$ 为邻边的平行四边形中两对角线的平方和等于两边平方和的二倍. 读者还可举出一些其他等式并作几何解释.

例 2 将下列向量组用施密特正交化方法化成标准正交向量组.

(1) $\boldsymbol{\alpha}_1=(1,1,0)^{\mathrm{T}},\boldsymbol{\alpha}_2=(0,0,1)^{\mathrm{T}},\boldsymbol{\alpha}_3=(1,0,1)^{\mathrm{T}}$;

(2) $\boldsymbol{\alpha}_1=(1,1,0,0)^{\mathrm{T}},\boldsymbol{\alpha}_2=(1,0,0,-1)^{\mathrm{T}},\boldsymbol{\alpha}_3=(1,1,1,1)^{\mathrm{T}}$.

解 (1) 取 $\boldsymbol{\beta}_1=\boldsymbol{\alpha}_1$，因 $\boldsymbol{\alpha}_1$ 与 $\boldsymbol{\alpha}_2$ 本身正交，故取 $\boldsymbol{\beta}_2=\boldsymbol{\alpha}_2$. 取

$$\boldsymbol{\beta}_3=\boldsymbol{\alpha}_3-\frac{(\boldsymbol{\beta}_1,\boldsymbol{\alpha}_3)}{(\boldsymbol{\beta}_1,\boldsymbol{\beta}_1)}\boldsymbol{\beta}_1-\frac{(\boldsymbol{\beta}_2,\boldsymbol{\alpha}_3)}{(\boldsymbol{\beta}_2,\boldsymbol{\beta}_2)}\boldsymbol{\beta}_2=\begin{pmatrix}1\\0\\1\end{pmatrix}-\frac{1}{2}\begin{pmatrix}1\\1\\0\end{pmatrix}-\frac{1}{1}\begin{pmatrix}0\\0\\1\end{pmatrix}=\begin{pmatrix}1/2\\-1/2\\0\end{pmatrix}=\frac{1}{2}\begin{pmatrix}1\\-1\\0\end{pmatrix}.$$

故 $\boldsymbol{\beta}_1,\boldsymbol{\beta}_2,\boldsymbol{\beta}_3$ 正交.

再单位化得 $\boldsymbol{\varepsilon}_1=\dfrac{1}{\|\boldsymbol{\beta}_1\|}\boldsymbol{\beta}_1=\dfrac{1}{\sqrt{2}}\begin{pmatrix}1\\1\\0\end{pmatrix}$，$\boldsymbol{\varepsilon}_2=\dfrac{1}{\|\boldsymbol{\beta}_2\|}\boldsymbol{\beta}_2=\begin{pmatrix}0\\0\\1\end{pmatrix}$，

$$\boldsymbol{\varepsilon}_3=\frac{1}{\|\boldsymbol{\beta}_3\|}\boldsymbol{\beta}_3=\frac{1}{\frac{1}{2}\sqrt{2}}\times\frac{1}{2}\begin{pmatrix}1\\-1\\0\end{pmatrix}=\frac{1}{\sqrt{2}}\begin{pmatrix}1\\-1\\0\end{pmatrix},$$

则 $\boldsymbol{\varepsilon}_1,\boldsymbol{\varepsilon}_2,\boldsymbol{\varepsilon}_3$ 为两两正交的单位向量，即 $\mathbf{R}^3$ 的一个正交规范基.

(2) 取 $\boldsymbol{\beta}_1=\boldsymbol{\alpha}_1=\begin{pmatrix}1\\1\\0\\0\end{pmatrix}$，$\boldsymbol{\beta}_2=\boldsymbol{\alpha}_2-\dfrac{(\boldsymbol{\beta}_1,\boldsymbol{\alpha}_2)}{(\boldsymbol{\beta}_1,\boldsymbol{\beta}_1)}\boldsymbol{\beta}_1=\begin{pmatrix}1\\0\\0\\-1\end{pmatrix}-\dfrac{1}{2}\begin{pmatrix}1\\1\\0\\0\end{pmatrix}=\dfrac{1}{2}\begin{pmatrix}1\\-1\\0\\-2\end{pmatrix}$，

$$\boldsymbol{\beta}_3=\boldsymbol{\alpha}_3-\frac{(\boldsymbol{\beta}_1,\boldsymbol{\alpha}_3)}{(\boldsymbol{\beta}_1,\boldsymbol{\beta}_1)}\boldsymbol{\beta}_1-\frac{(\boldsymbol{\beta}_2,\boldsymbol{\alpha}_3)}{(\boldsymbol{\beta}_2,\boldsymbol{\beta}_2)}\boldsymbol{\beta}_2=\begin{pmatrix}1\\1\\1\\1\end{pmatrix}-\frac{2}{2}\begin{pmatrix}1\\1\\0\\0\end{pmatrix}-\frac{\frac{1}{2}\times(-2)}{\frac{1}{4}\times 6}\times\frac{1}{2}\begin{pmatrix}1\\-1\\0\\-2\end{pmatrix}=\frac{1}{3}\begin{pmatrix}1\\-1\\1\\1\end{pmatrix}.$$

再单位化，故

$$\boldsymbol{\varepsilon}_1=\frac{1}{\|\boldsymbol{\beta}_1\|}\boldsymbol{\beta}_1=\frac{1}{\sqrt{2}}\begin{pmatrix}1\\1\\0\\0\end{pmatrix},\quad \boldsymbol{\varepsilon}_2=\frac{1}{\|\boldsymbol{\beta}_2\|}\boldsymbol{\beta}_2=\frac{1}{\sqrt{6}}\begin{pmatrix}1\\-1\\0\\-2\end{pmatrix},$$

$$\boldsymbol{\varepsilon}_3=\frac{1}{\|\boldsymbol{\beta}_3\|}\boldsymbol{\beta}_3=\frac{1}{\frac{1}{3}\times 2}\times\frac{1}{3}\begin{pmatrix}-1\\-1\\1\\1\end{pmatrix}=\frac{1}{2}\begin{pmatrix}-1\\-1\\1\\1\end{pmatrix}.$$

例 3 设四阶矩阵 $\boldsymbol{A}$ 的秩为 2，且齐次线性方程组 $\boldsymbol{AX}=\mathbf{0}$ 的解向量为

$$\boldsymbol{\alpha}_1=(1,0,0,0)^{\mathrm{T}},\quad \boldsymbol{\alpha}_2=(1,1,0,0)^{\mathrm{T}},\quad \boldsymbol{\alpha}_3=(2,1,0,0)^{\mathrm{T}}.$$

求该方程组解空间的一个标准正交基.

解 因 $\mathrm{r}(\boldsymbol{A})=2$，故解空间的维数 $\dim N(\boldsymbol{A})=4-2=2$. 又因 $\boldsymbol{\alpha}_1,\boldsymbol{\alpha}_2$ 为两线性无关解向量，即基础解系(可取 $\boldsymbol{\alpha}_1,\boldsymbol{\alpha}_2,\boldsymbol{\alpha}_3$ 中任两个作基础解系)，现将其正交、单位化. 取

$$\boldsymbol{\beta}_1=\boldsymbol{\alpha}_1,\quad \boldsymbol{\beta}_2=\boldsymbol{\alpha}_2-\frac{(\boldsymbol{\beta}_1,\boldsymbol{\alpha}_2)}{(\boldsymbol{\beta}_1,\boldsymbol{\beta}_1)}\boldsymbol{\beta}_1=\begin{pmatrix}1\\1\\0\\0\end{pmatrix}-\frac{1}{1}\begin{pmatrix}1\\0\\0\\0\end{pmatrix}=\begin{pmatrix}0\\1\\0\\0\end{pmatrix},$$

故 $\boldsymbol{\beta}_1,\boldsymbol{\beta}_2$ 为解空间的标准正交基.

例 4 (1) 设 $\boldsymbol{\alpha}_1,\boldsymbol{\alpha}_2,\cdots,\boldsymbol{\alpha}_r$ 是向量空间 V 的一组基,$\boldsymbol{\alpha}\in V$,使$(\boldsymbol{\alpha},\boldsymbol{\alpha}_i)=0\ (i=1,2,\cdots,r)$,证明 $\boldsymbol{\alpha}=\boldsymbol{0}$.

(2) 若 $\boldsymbol{\beta},\boldsymbol{\gamma}\in V$,对任意 $\boldsymbol{X}\in V$,有$(\boldsymbol{\beta},\boldsymbol{X})=(\boldsymbol{\gamma},\boldsymbol{X})$,则 $\boldsymbol{\beta}=\boldsymbol{\gamma}$.

解 (1) 如 $\boldsymbol{\alpha}\neq\boldsymbol{0}$,由$(\boldsymbol{\alpha},\boldsymbol{\alpha}_i)=0$,则 $\boldsymbol{\alpha}_1,\boldsymbol{\alpha}_2,\cdots,\boldsymbol{\alpha}_r,\boldsymbol{\alpha}$ 为线性无关向量组,与 $\boldsymbol{\alpha}_1,\boldsymbol{\alpha}_2,\cdots,\boldsymbol{\alpha}_r$ 为 V 的基相矛盾,故必有 $\boldsymbol{\alpha}=\boldsymbol{0}$.

(2) 考虑$(\boldsymbol{\beta}-\boldsymbol{\gamma},\boldsymbol{X})=(\boldsymbol{\beta},\boldsymbol{X})-(\boldsymbol{\gamma},\boldsymbol{X})=0$.

设 $\boldsymbol{\alpha}_1,\boldsymbol{\alpha}_2,\cdots,\boldsymbol{\alpha}_r$ 为 V 的一组基,特别当$(\boldsymbol{\beta}-\boldsymbol{\gamma},\boldsymbol{\alpha}_i)=0(i=1,2,\cdots,r)$时,由(1)知 $\boldsymbol{\beta}-\boldsymbol{\gamma}=\boldsymbol{0}$,即 $\boldsymbol{\beta}=\boldsymbol{\gamma}$.

例 5 设 $\boldsymbol{\alpha}=(x_1,x_2,\cdots,x_n)^{\mathrm{T}},\boldsymbol{\beta}=(y_1,y_2,\cdots,y_n)^{\mathrm{T}}$ 为两非零正交向量. 证明

$$\boldsymbol{A}=\begin{pmatrix} x_1y_1 & \cdots & x_1y_n \\ x_2y_1 & \cdots & x_2y_n \\ \vdots & & \vdots \\ x_ny_1 & \cdots & x_ny_n \end{pmatrix}$$

的所有特征值为 0.

证一 $\boldsymbol{A}=\boldsymbol{\alpha}\boldsymbol{\beta}^{\mathrm{T}}$,因 $\boldsymbol{\alpha},\boldsymbol{\beta}$ 正交,故 $\boldsymbol{\beta}^{\mathrm{T}}\boldsymbol{\alpha}=0$. 于是

$$\boldsymbol{A}^2=\boldsymbol{\alpha}\boldsymbol{\beta}^{\mathrm{T}}\cdot\boldsymbol{\alpha}\boldsymbol{\beta}^{\mathrm{T}}=\boldsymbol{\alpha}(0)\boldsymbol{\beta}^{\mathrm{T}}=\boldsymbol{0},$$

即知 $\boldsymbol{A}^2$ 特征值皆为 0. 设 $\boldsymbol{A}$ 的特征值为 λ_i,因 $\boldsymbol{A}^2$ 的特征值为 $\lambda_i^2=0$,故 $\lambda_i=0$,即 $\boldsymbol{A}$ 的特征值皆为 0.

证二 因 $\mathrm{r}(\boldsymbol{A})=1$,故 $\boldsymbol{A}$ 的特征值为 $\lambda_1=\mathrm{tr}\boldsymbol{A},\lambda_2=\cdots=\lambda_n=0$. 又因 $\lambda_1=x_1y_1+x_2y_2+\cdots+x_ny_n=(\boldsymbol{\alpha},\boldsymbol{\beta})=0$,故 $\boldsymbol{A}$ 的所有特征值全为 0.

例 6 设 $\boldsymbol{\alpha}_1,\boldsymbol{\alpha}_2,\cdots,\boldsymbol{\alpha}_n$ 为 $\mathbf{R}^n$ 一组标准正交基,$\boldsymbol{A}$ 为 n 阶正交矩阵,证明 $\boldsymbol{A}\boldsymbol{\alpha}_1,\boldsymbol{A}\boldsymbol{\alpha}_2,\cdots,\boldsymbol{A}\boldsymbol{\alpha}_n$ 也是 $\mathbf{R}^n$ 的标准正交基.

证 因正交变换 $\boldsymbol{Y}=\boldsymbol{A}\boldsymbol{X}$ 保角,因而保正交性,故 $\boldsymbol{A}\boldsymbol{\alpha}_1,\boldsymbol{A}\boldsymbol{\alpha}_2,\cdots,\boldsymbol{A}\boldsymbol{\alpha}_n$ 两两正交.

又因 $\boldsymbol{Y}=\boldsymbol{A}\boldsymbol{X}$ 保长,而 $|\boldsymbol{\alpha}_i|=1$,故 $|\boldsymbol{A}\boldsymbol{\alpha}_i|=1$.

综上所述,$\boldsymbol{A}\boldsymbol{\alpha}_1,\boldsymbol{A}\boldsymbol{\alpha}_2,\cdots,\boldsymbol{A}\boldsymbol{\alpha}_n$ 仍为 $\mathbf{R}^n$ 的标准正交基.

例 7 设 $\boldsymbol{A}=\begin{pmatrix} 0 & 1 & 0 \\ a & 0 & c \\ b & 0 & 1 \end{pmatrix}$,问 a,b,c 取何值时,$\boldsymbol{A}$ 为正交矩阵?

解一 $\boldsymbol{A}$ 正交$\Leftrightarrow\boldsymbol{A}$ 的列为两两正交的单位向量,则有

$$\begin{cases} ac+b=0, \\ a^2+b^2=1, \\ 1+c^2=1, \end{cases}$$

解得

$$a=\pm1,\quad b=0,\quad c=0.$$

即

$$\boldsymbol{A}=\begin{pmatrix} 0 & 1 & 0 \\ \pm1 & 0 & 0 \\ 0 & 0 & 1 \end{pmatrix}.$$

解二 利用 $\boldsymbol{A}\boldsymbol{A}^{\mathrm{T}}=\boldsymbol{I}$ 求解(略).

例 8 设 $\boldsymbol{A}$ 为 n 阶正交矩阵,证明 $\boldsymbol{A}^{-1}$ 及 $\boldsymbol{A}^*$ 都是正交矩阵.

证 $\boldsymbol{A}$ 正交，有 $\boldsymbol{A}^{\mathrm{T}}=\boldsymbol{A}^{-1}$，且 $|\boldsymbol{A}|=\pm1$，又有

$$(\boldsymbol{A}^{-1})^{\mathrm{T}}=(\boldsymbol{A}^{\mathrm{T}})^{-1}=(\boldsymbol{A}^{-1})^{-1},$$

故 $\boldsymbol{A}^{-1}$ 也正交.

又因 $\boldsymbol{A}^*=|\boldsymbol{A}|\boldsymbol{A}^{-1}$，则

$$(\boldsymbol{A}^*)^{\mathrm{T}}=(|\boldsymbol{A}|\boldsymbol{A}^{-1})^{\mathrm{T}}=|\boldsymbol{A}|(\boldsymbol{A}^{-1})^{\mathrm{T}}=|\boldsymbol{A}|(\boldsymbol{A}^{\mathrm{T}})^{-1}=|\boldsymbol{A}|\boldsymbol{A}=\frac{1}{|\boldsymbol{A}|}\boldsymbol{A}=(\boldsymbol{A}^*)^{-1},$$

综上所述，$\boldsymbol{A}^*$ 必正交.

例 9 设 $\boldsymbol{A}$ 为正交矩阵，λ 为其一特征值. 证明 $\frac{1}{\lambda}$ 一定是 $\boldsymbol{A}$ 的特征值.

分析 因 $\boldsymbol{A}$ 正交，因而 $\boldsymbol{A}$ 可逆，所以 $\boldsymbol{A}$ 的特征值非零.

证一 因 $\boldsymbol{A}$ 正交，$\boldsymbol{A}^{\mathrm{T}}\boldsymbol{A}=\boldsymbol{I}$，$\lambda$ 为特征值，则 $|\boldsymbol{A}-\lambda\boldsymbol{I}|=0$，即

$$\left|\boldsymbol{A}-\frac{1}{\lambda}\boldsymbol{I}\right|=\left|\boldsymbol{A}-\frac{1}{\lambda}\boldsymbol{A}^{\mathrm{T}}\boldsymbol{A}\right|=\left|\left(\boldsymbol{I}-\frac{1}{\lambda}\boldsymbol{A}^{\mathrm{T}}\right)\boldsymbol{A}\right|=\left|\boldsymbol{I}-\frac{1}{\lambda}\boldsymbol{A}^{\mathrm{T}}\right|\cdot|\boldsymbol{A}|$$

$$=\left|\frac{1}{\lambda}(\lambda\boldsymbol{I}-\boldsymbol{A}^{\mathrm{T}})\right|\cdot|\boldsymbol{A}|=\frac{1}{\lambda^n}|\lambda\boldsymbol{I}-\boldsymbol{A}^{\mathrm{T}}|\cdot|\boldsymbol{A}|=\frac{1}{\lambda^n}|\lambda\boldsymbol{I}-\boldsymbol{A}||\boldsymbol{A}|$$

$=0$，

即 $\frac{1}{\lambda}$ 也是 $\boldsymbol{A}$ 的特征值.

证二 若 λ 是 $\boldsymbol{A}$ 的一个特征值，则 $\frac{1}{\lambda}$ 为 $\boldsymbol{A}^{-1}$ 的特征值. 又因 $\boldsymbol{A}^{\mathrm{T}}=\boldsymbol{A}^{-1}$，故 $\boldsymbol{A}^{\mathrm{T}}$ 的特征值也为 $\frac{1}{\lambda}$. 又 $\boldsymbol{A}$ 与 $\boldsymbol{A}^{\mathrm{T}}$ 的特征值相同，故 $\frac{1}{\lambda}$ 也为 $\boldsymbol{A}$ 的特征值.

例 10 设 $\boldsymbol{A},\boldsymbol{B}$ 都是实对称矩阵，证明存在正交矩阵 $\boldsymbol{C}$，使 $\boldsymbol{C}^{\mathrm{T}}\boldsymbol{A}\boldsymbol{C}=\boldsymbol{B}\Leftrightarrow\boldsymbol{A},\boldsymbol{B}$ 有相同特征值.

证 必要性. 由 $\boldsymbol{C}^{\mathrm{T}}\boldsymbol{A}\boldsymbol{C}=\boldsymbol{B}$ 及 $\boldsymbol{C}$ 正交 $\Rightarrow\boldsymbol{C}^{\mathrm{T}}=\boldsymbol{C}^{-1}$，故

$$\boldsymbol{C}^{\mathrm{T}}\boldsymbol{A}\boldsymbol{C}=\boldsymbol{C}^{-1}\boldsymbol{A}\boldsymbol{C}=\boldsymbol{B}\Rightarrow\boldsymbol{A}\sim\boldsymbol{B}.$$

因此 $\boldsymbol{A},\boldsymbol{B}$ 有相同的特征值.

充分性. 设 $\boldsymbol{A},\boldsymbol{B}$ 的相同特征值为 $\lambda_1,\lambda_2,\cdots,\lambda_n$，又 $\boldsymbol{A}$ 为实对称矩阵，故存在正交矩阵 $\boldsymbol{P}$，使

$$\boldsymbol{P}^{\mathrm{T}}\boldsymbol{A}\boldsymbol{P}=\mathrm{diag}\{\lambda_1,\lambda_2,\cdots,\lambda_n\}.$$

又 $\boldsymbol{B}$ 也为实对称矩阵，故有 $\boldsymbol{Q}^{\mathrm{T}}\boldsymbol{B}\boldsymbol{Q}=\mathrm{diag}\{\lambda_1,\lambda_2,\cdots,\lambda_n\}$，$\boldsymbol{P}^{\mathrm{T}}\boldsymbol{A}\boldsymbol{P}=\boldsymbol{Q}^{\mathrm{T}}\boldsymbol{B}\boldsymbol{Q}$，即

$$(\boldsymbol{Q}^{\mathrm{T}})^{-1}\boldsymbol{P}^{\mathrm{T}}\boldsymbol{A}\boldsymbol{P}\boldsymbol{Q}^{-1}=(\boldsymbol{Q}^{-1})^{\mathrm{T}}\boldsymbol{P}^{\mathrm{T}}\boldsymbol{A}\boldsymbol{P}\boldsymbol{Q}^{-1}=\boldsymbol{B},$$

亦即
$$(\boldsymbol{P}\boldsymbol{Q}^{-1})^{\mathrm{T}}\boldsymbol{A}\boldsymbol{P}\boldsymbol{Q}^{-1}=\boldsymbol{B}.$$

令 $\boldsymbol{C}=\boldsymbol{P}\boldsymbol{Q}^{-1}$，$\boldsymbol{C}$ 正交，即存在正交矩阵 $\boldsymbol{C}$，使 $\boldsymbol{C}^{\mathrm{T}}\boldsymbol{A}\boldsymbol{C}=\boldsymbol{B}$.

例 11 设 $\boldsymbol{A}$ 为 n 阶实对称矩阵，且 $\boldsymbol{A}^2=\boldsymbol{A}$(幂等矩阵)，证明存在正交矩阵 $\boldsymbol{C}$，使

$$\boldsymbol{C}^{\mathrm{T}}\boldsymbol{A}\boldsymbol{C}=\boldsymbol{C}^{-1}\boldsymbol{A}\boldsymbol{C}=\mathrm{diag}\{1,\cdots,1,0,\cdots,0\},$$

其中 1 的个数为 $\boldsymbol{A}$ 的秩.

证一 设 λ 为 $\boldsymbol{A}$ 的任一特征值，$\boldsymbol{X}$ 为对应特征向量，故有 $\boldsymbol{A}\boldsymbol{X}=\lambda\boldsymbol{X}$. 因 $\boldsymbol{A}^2=\boldsymbol{A}$，即 $\boldsymbol{A}^2-\boldsymbol{A}=\boldsymbol{0}$，故 $(\boldsymbol{A}^2-\boldsymbol{A})\boldsymbol{X}=\boldsymbol{0}$，于是

$$\boldsymbol{A}^2\boldsymbol{X}-\boldsymbol{A}\boldsymbol{X}=\boldsymbol{0}，即(\lambda^2-\lambda)\boldsymbol{X}=\boldsymbol{0},\boldsymbol{X}\neq\boldsymbol{0},$$

因此 $\lambda^2-\lambda=0$，即 $\lambda=0$ 或 $\lambda=1$. 又 $\boldsymbol{A}$ 为实对称矩阵，故存在正交矩阵 $\boldsymbol{C}$，使

$$\boldsymbol{C}^{\mathrm{T}}\boldsymbol{A}\boldsymbol{C}=\boldsymbol{C}^{-1}\boldsymbol{A}\boldsymbol{C}=\mathrm{diag}\{\lambda_1,\lambda_2,\cdots,\lambda_n\}=\mathrm{diag}\{1,\cdots,1,0,\cdots,0\}.$$

证二 因 $\boldsymbol{A}$ 为实对称矩阵，故存在正交矩阵 $\boldsymbol{C}_1$，使

$$\boldsymbol{C}_1^{\mathrm{T}}\boldsymbol{A}\boldsymbol{C}_1=\boldsymbol{C}_1^{-1}\boldsymbol{A}\boldsymbol{C}_1=\mathrm{diag}\{\lambda_1,\lambda_2,\cdots,\lambda_n\},$$

故

$$\boldsymbol{A}=\boldsymbol{C}_1\mathrm{diag}\{\lambda_1,\lambda_2,\cdots,\lambda_n\}\boldsymbol{C}_1^{-1},$$

$$\boldsymbol{A}^2=\boldsymbol{C}_1\mathrm{diag}\{\lambda_1^2,\lambda_2^2,\cdots,\lambda_n^2\}\boldsymbol{C}_1^{-1}.$$

由 $\boldsymbol{A}^2=\boldsymbol{A}$ 得

$$\boldsymbol{C}_1\mathrm{diag}\{\lambda_1^2,\lambda_2^2,\cdots,\lambda_n^2\}\boldsymbol{C}_1^{-1}=\boldsymbol{C}_1\mathrm{diag}\{\lambda_1,\lambda_2,\cdots,\lambda_n\}\boldsymbol{C}_1^{-1}$$

即

$$\mathrm{diag}\{\lambda_1^2,\lambda_2^2,\cdots,\lambda_n^2\}=\mathrm{diag}\{\lambda_1,\lambda_2,\cdots,\lambda_n\},$$

故 $\lambda_i^2=\lambda_i$，即 $\lambda_i=0$ 或 $\lambda_i=1$.

例 12 $\boldsymbol{A}$ 是实对称矩阵，则 $\boldsymbol{A}$ 为正交矩阵的充要条件为 $\boldsymbol{A}^2=\boldsymbol{I}$.

证 必要性. 由条件 $\boldsymbol{A}^{-1}=\boldsymbol{A}^{\mathrm{T}}$，$\boldsymbol{A}^{\mathrm{T}}=\boldsymbol{A}\Rightarrow\boldsymbol{A}^{-1}=\boldsymbol{A}$，即 $\boldsymbol{A}^2=\boldsymbol{I}$.

充分性. 由 $\boldsymbol{A}^2=\boldsymbol{I}$ 即 $\boldsymbol{A}^{-1}=\boldsymbol{A}=\boldsymbol{A}^{\mathrm{T}}\Rightarrow\boldsymbol{A}$ 正交矩阵.

例 13 若 $\boldsymbol{A}$ 满足 $\boldsymbol{A}^2+6\boldsymbol{A}+8\boldsymbol{I}=\boldsymbol{O}$，且 $\boldsymbol{A}^{\mathrm{T}}=\boldsymbol{A}$，证明 $\boldsymbol{A}+3\boldsymbol{I}$ 为正交矩阵.

证 $(\boldsymbol{A}+3\boldsymbol{I})^{\mathrm{T}}(\boldsymbol{A}+3\boldsymbol{I})\Rightarrow(\boldsymbol{A}^{\mathrm{T}}+(3\boldsymbol{I})^{\mathrm{T}})(\boldsymbol{A}+3\boldsymbol{I})=(\boldsymbol{A}+3\boldsymbol{I})^2=\boldsymbol{A}^2+6\boldsymbol{A}+9\boldsymbol{I}$，

因

$$\boldsymbol{A}^2+6\boldsymbol{A}+8\boldsymbol{I}=\boldsymbol{O},$$

故

$$(\boldsymbol{A}+3\boldsymbol{I})^{\mathrm{T}}(\boldsymbol{A}+3\boldsymbol{I})=\boldsymbol{I}.$$

综上所述，$\boldsymbol{A}+3\boldsymbol{I}$ 为正交矩阵.

5.5 正交矩阵化二次型为标准形

一、内 容 提 要

1. 实对称矩阵的性质

(1) 实对称矩阵的特征值都是实数.

(2) 实对称矩阵不同的特征值对应的特征向量是正交的.

2. 正交变换化二次型为标准形

实二次型 $f=\boldsymbol{X}^{\mathrm{T}}\boldsymbol{A}\boldsymbol{X}$，存在正交变换 $\boldsymbol{X}=\boldsymbol{C}\boldsymbol{Y}$ 化 f 为标准形，即

$$f=\lambda_1y_1^2+\lambda_2y_2^2+\cdots+\lambda_ny_n^2.$$

等价于：对 n 阶实对称矩阵 $\boldsymbol{A}$，存在正交矩阵 $\boldsymbol{C}$，使

$$\boldsymbol{C}^{-1}\boldsymbol{A}\boldsymbol{C}=\boldsymbol{C}^{\mathrm{T}}\boldsymbol{A}\boldsymbol{C}=\begin{pmatrix}\lambda_1&&&\\&\lambda_2&&\\&&\ddots&\\&&&\lambda_n\end{pmatrix}$$

其中，$\lambda_1,\lambda_2,\cdots,\lambda_n$ 是 $\boldsymbol{A}$ 的 n 个特征值，$\boldsymbol{C}$ 的 n 个列向量是对应于这些特征值的标准正交的特征向量.

3. 用正交变换化二次型为标准形的步骤

第一步：写出二次型 f 的矩阵 $\boldsymbol{A}$.

第二步：由$|\boldsymbol{A}-\lambda\boldsymbol{I}|=0$求出$\boldsymbol{A}$的$n$个特征值$\lambda_1,\lambda_2,\cdots,\lambda_n$.

第三步：对于λ_i，由$(\boldsymbol{A}-\lambda_i\boldsymbol{I})\boldsymbol{X}=\boldsymbol{0}$求出$\boldsymbol{A}$关于$\lambda_i$的特征向量.

① 当λ_i为单根时，取一个非零的特征向量，并使之单位化.

② 当λ_i为k_i重根时，可求得k_i个线性无关的特征向量，进行施密特正交化，再单位化.

第四步：以正交单位化后的特征向量为列排成n阶正交矩阵$\boldsymbol{C}$，写出正交变换$\boldsymbol{X}=\boldsymbol{CY}$，并写出二次型的标准形.

二、释疑解惑

问题1 为什么说二次型化标准形与实对角矩阵合同对角化两个问题是等价的？

答 因二次型及标准形分别可用矩阵表示为$f=\boldsymbol{X}^{\mathrm{T}}\boldsymbol{AX}$及$f=\boldsymbol{Y}^{\mathrm{T}}\boldsymbol{\Lambda Y}$，其中$\boldsymbol{\Lambda}$为对角矩阵.用可逆线性变换$\boldsymbol{X}=\boldsymbol{PY}$将二次型化标准形，即

$$f=\boldsymbol{X}^{\mathrm{T}}\boldsymbol{AX}\xlongequal{\boldsymbol{X}=\boldsymbol{PY}}(\boldsymbol{PY})^{\mathrm{T}}\boldsymbol{APY}=\boldsymbol{Y}^{\mathrm{T}}(\boldsymbol{P}^{\mathrm{T}}\boldsymbol{AP})\boldsymbol{Y}=\boldsymbol{Y}^{\mathrm{T}}\boldsymbol{\Lambda Y},$$

于是$\boldsymbol{P}^{\mathrm{T}}\boldsymbol{AP}=\boldsymbol{\Lambda}$.因此，将二次型$f=\boldsymbol{X}^{\mathrm{T}}\boldsymbol{AX}$用可逆线性变换$\boldsymbol{X}=\boldsymbol{PY}$化标准形，等价于寻找可逆矩阵$\boldsymbol{P}$使$\boldsymbol{P}^{\mathrm{T}}\boldsymbol{AP}=\boldsymbol{\Lambda}$，即将实对称矩阵$\boldsymbol{A}$在合同意义下化对角形.

问题2 如果方阵$\boldsymbol{A}$不是实对称矩阵，但$\boldsymbol{A}$可化成相似对角形，$\boldsymbol{A}$一定可以在正交相似意义下化成对角形吗？

答 不一定.如$\boldsymbol{A}$是实对称矩阵，则因其对应的不同的特征值对应的特征向量正交，所以仅需将同一特征值对应的所有的线性无关的特征向量用施密特方法将其正交单位化便能保证获得n个正交单位特征向量，从而可以在正交相似意义下对角化.但因一般矩阵仅能保证不同特征值对应的特征向量线性无关，而不一定正交，不同特征值对应的所有线性无关的特征向量正交化后的向量又不一定是特征向量，故一般无法获得n个正交单位特征向量，因而不能保证在正交相似的意义下将其对角化.这就是实对称矩阵相似对角化与一般矩阵相似对角化的不同之处.

问题3 用正交相似化方法将矩阵对角化有什么意义？

答 其中一个作用体现在将二次型用正交变换化标准形上.用正交变换化二次型为标准形在二次型中称主轴问题.前面已经讨论过，这在几何上具有非常重要的意义，而该问题等价于实对称矩阵在正交合同意义下化对角形.由于实对称矩阵在正交相似意义下可对角化，而正交相似矩阵同时又是合同的，因而可保证其在正交合同意义下化对角形，从而保证二次型可用正交变换化标准形.

需要指出的是，实对称矩阵既可在一般可逆相似意义下对角化，又可在正交相似意义下对角化，而后者正是实二次型在正交变换下化标准形的依据.

问题4 判断题.

（1）n阶矩阵$\boldsymbol{A}$与$\boldsymbol{B}$合同，则$\boldsymbol{A}$与$\boldsymbol{B}$等价.

（2）n阶矩阵$\boldsymbol{A}$与$\boldsymbol{A}^{\mathrm{T}}$的特征值相同，且特征向量也相同.

（3）n阶矩阵$\boldsymbol{A}$与$\boldsymbol{B}$合同，则它们的特征向量相同.

(4) n 阶可逆矩阵 $\boldsymbol{A}$ 与 $\boldsymbol{A}^{-1}$ 有相同的特征向量.

(5) n 阶实对称矩阵 $\boldsymbol{A}$ 与 $\boldsymbol{B}$ 合同,则它们的特征值相同.

(6) $\boldsymbol{C}$ 为正交矩阵,且 $\boldsymbol{C}^{\mathrm{T}}\boldsymbol{AC}=\boldsymbol{B}$,则 $\boldsymbol{A}$ 与 $\boldsymbol{B}$ 有相同的特征值.

(7) 两个 n 阶实对称矩阵 $\boldsymbol{A}$ 与 $\boldsymbol{B}$ 的秩相同,则 $\boldsymbol{A}$ 与 $\boldsymbol{B}$ 合同.

(8) 设两个 n 元二次型 $f_1=\boldsymbol{X}^{\mathrm{T}}\boldsymbol{AX}$,$f_2=\boldsymbol{X}^{\mathrm{T}}\boldsymbol{BX}$ 的秩相同,且正惯性指数相同,则矩阵 $\boldsymbol{A}$ 与 $\boldsymbol{B}$ 合同.

答 (1) 等价是合同的特殊情况,故(1)对.

(2) $\boldsymbol{A}$ 与 $\boldsymbol{A}^{\mathrm{T}}$ 有相同的特征多项式,故它们有相同的特征值,但特征向量不一定相同,故(2)不对.

(3) $\boldsymbol{A}$ 与 $\boldsymbol{B}$ 合同,其特征值不一定相同,特征向量更不一定相同,故(3)不对.

(4) 设 $\boldsymbol{A}$ 的特征值为 λ,则 $\boldsymbol{A}^{-1}$ 的特征值为 $\dfrac{1}{\lambda}$,且这两个特征值对应的特征向量是一致的,故(4)成立.

(5) 矩阵合同,特征值不一定相同,故(5)不对.

(6) 当 $\boldsymbol{A}$ 与 $\boldsymbol{B}$ 正交合同时,也必正交相似,故它们的特征值也相同.

(7) 当两个 n 阶实对称矩阵秩相同时,其正惯性指数 p 不一定相等,这时不一定合同.

(8) 如两实二次型的秩相同,且正惯性指数相同,则必有相同的标准形,其对应的矩阵必合同于相同的对角形,由传递性知,此二矩阵 $\boldsymbol{A}$ 与 $\boldsymbol{B}$ 必合同.

综上所述,正确的命题有(1)、(4)、(6)、(8).

问题 5 矩阵相似、合同、等价间有何关系?怎样的矩阵既相似又合同?

答 当 $\boldsymbol{A},\boldsymbol{B}$ 为方阵时,有

$$\boldsymbol{A},\boldsymbol{B}\text{ 相似}\Rightarrow\boldsymbol{A},\boldsymbol{B}\text{ 等价. 反之不成立.}$$

$$\boldsymbol{A},\boldsymbol{B}\text{ 合同}\Rightarrow\boldsymbol{A},\boldsymbol{B}\text{ 等价. 反之不成立.}$$

但相似、合同之间一般并无关系.

设 $\boldsymbol{A},\boldsymbol{B}$ 为实对称矩阵,如果 $\boldsymbol{A},\boldsymbol{B}$ 正交相似,则一定合同,反之亦然.

因正交相似,必有正交矩阵 $\boldsymbol{P}$,使 $\boldsymbol{P}^{-1}\boldsymbol{AP}=\boldsymbol{B}\Leftrightarrow\boldsymbol{P}^{\mathrm{T}}\boldsymbol{AP}=\boldsymbol{B}$. 另外有任一对称矩阵必与一对角矩阵正交相似,且合同.

三、典型例题解析

例 1 设 $\boldsymbol{A}$ 是 n 阶实对称矩阵,$\boldsymbol{P}$ 是 n 阶可逆矩阵,已知 n 维列向量 $\boldsymbol{X}$ 是 $\boldsymbol{A}$ 的属于特征值 λ_0 的特征向量,求矩阵 $(\boldsymbol{P}^{-1}\boldsymbol{AP})^{\mathrm{T}}$ 属于特征值 λ_0 的一个特征向量.

解 记 $\boldsymbol{B}=(\boldsymbol{P}^{-1}\boldsymbol{AP})^{\mathrm{T}}=\boldsymbol{P}^{\mathrm{T}}\boldsymbol{A}^{\mathrm{T}}(\boldsymbol{P}^{-1})^{\mathrm{T}}=\boldsymbol{P}^{\mathrm{T}}\boldsymbol{A}(\boldsymbol{P}^{\mathrm{T}})^{-1}$,解得 $\boldsymbol{A}=(\boldsymbol{P}^{\mathrm{T}})^{-1}\boldsymbol{BP}^{\mathrm{T}}$.

由 $\boldsymbol{AX}=\lambda\boldsymbol{X}$ 得 $(\boldsymbol{P}^{\mathrm{T}})^{-1}\boldsymbol{BP}^{\mathrm{T}}\boldsymbol{X}=\lambda\boldsymbol{X}$,该式两边左乘 $\boldsymbol{P}^{\mathrm{T}}$ 得 $\boldsymbol{B}(\boldsymbol{P}^{\mathrm{T}}\boldsymbol{X})=\lambda(\boldsymbol{P}^{\mathrm{T}}\boldsymbol{X})$.

因为 $\boldsymbol{X}\neq\boldsymbol{0}$ 且 $\boldsymbol{P}^{\mathrm{T}}$ 可逆,所以 $\boldsymbol{P}^{\mathrm{T}}\boldsymbol{X}\neq\boldsymbol{0}$,因此 $\boldsymbol{P}^{\mathrm{T}}\boldsymbol{X}$ 是 $(\boldsymbol{P}^{-1}\boldsymbol{AP})^{\mathrm{T}}$ 属于特征值 λ 的特征向量.

例 2 设三阶实对称矩阵 $\boldsymbol{A}$ 的特征值为 $\lambda_1=-1$,$\lambda_2=\lambda_3=1$,对应于 λ_1 的特征向量为 $\boldsymbol{\xi}_1=(0,1,1)^{\mathrm{T}}$,试求矩阵 $\boldsymbol{A}$.

解 设$\boldsymbol{\xi}=\begin{pmatrix}x_1\\x_2\\x_3\end{pmatrix}$是$\boldsymbol{A}$的对应于$\lambda_2=\lambda_3=1$的特征向量. 因为$\boldsymbol{A}$是实对称矩阵且$\lambda_1\neq\lambda_2$，所以$\boldsymbol{\xi}_1$与$\boldsymbol{\xi}$正交，故

$$0\cdot x_1+1\cdot x_2+1\cdot x_3=0,\quad 即\quad x_2+x_3=0,$$

解之得基础解系
$$\boldsymbol{\xi}_2=\begin{pmatrix}1\\0\\0\end{pmatrix},\quad \boldsymbol{\xi}_3=\begin{pmatrix}0\\-1\\1\end{pmatrix}.$$

由于$\boldsymbol{A}$为三阶实对称矩阵且$\boldsymbol{\xi}_2,\boldsymbol{\xi}_3$都与$\boldsymbol{\xi}_1$正交，所以$\boldsymbol{\xi}_2,\boldsymbol{\xi}_3$是$\boldsymbol{A}$的对应于特征值$\lambda_2=\lambda_3=1$的两个线性无关的特征向量，易见$\boldsymbol{\xi}_2,\boldsymbol{\xi}_3$也正交.

令
$$\boldsymbol{P}=(\boldsymbol{\xi}_1,\boldsymbol{\xi}_2,\boldsymbol{\xi}_3)=\begin{pmatrix}0&1&0\\1&0&-1\\1&0&1\end{pmatrix},$$

则$\boldsymbol{P}$可逆，且
$$\boldsymbol{P}^{-1}\boldsymbol{A}\boldsymbol{P}=\begin{pmatrix}-1&&\\&1&\\&&1\end{pmatrix},$$

解得

$$\boldsymbol{A}=\boldsymbol{P}\begin{pmatrix}-1&&\\&1&\\&&1\end{pmatrix}\boldsymbol{P}^{-1}=\begin{pmatrix}0&1&0\\1&0&-1\\1&0&1\end{pmatrix}\begin{pmatrix}-1&0&0\\0&1&0\\0&0&1\end{pmatrix}\begin{pmatrix}0&\frac{1}{2}&\frac{1}{2}\\1&0&0\\0&-\frac{1}{2}&\frac{1}{2}\end{pmatrix}=\begin{pmatrix}1&0&0\\0&0&-1\\0&-1&0\end{pmatrix}.$$

例 3 设实对称矩阵

$$\boldsymbol{A}=\begin{pmatrix}a&1&1\\1&a&-1\\1&-1&a\end{pmatrix}.$$

求可逆矩阵$\boldsymbol{P}$，使$\boldsymbol{P}^{-1}\boldsymbol{A}\boldsymbol{P}$为对角形矩阵，并计算行列式$|\boldsymbol{A}-\boldsymbol{I}|$.

解 令
$$\boldsymbol{M}=\begin{pmatrix}-1&1&1\\1&-1&-1\\1&-1&-1\end{pmatrix}=\begin{pmatrix}-1\\1\\1\end{pmatrix}(1,-1,-1),$$

$$f(x)=x+(a+1),$$

则
$$\boldsymbol{A}=\boldsymbol{M}+(a+1)\boldsymbol{I}=f(\boldsymbol{M}).$$

矩阵$\boldsymbol{M}$的特征多项式

$$|\lambda\boldsymbol{I}-\boldsymbol{M}|=\lambda^2\left|\lambda-(1,-1,-1)\begin{pmatrix}-1\\1\\1\end{pmatrix}\right|=\lambda^2(\lambda+3),$$

所以$\boldsymbol{M}$的特征值为$\lambda_1=0$(2 重)，$\lambda_2=-3$.（或由$\mathrm{r}(\boldsymbol{M})=1$知，$M$的特征值为$\mathrm{tr}(\boldsymbol{M})=(-3,0,0)$.）

解齐次线性方程组$(0\boldsymbol{I}-\boldsymbol{M})\boldsymbol{X}=\boldsymbol{0}$,即

$$\begin{pmatrix}-1\\1\\1\end{pmatrix}(1,-1,-1)\begin{pmatrix}x_1\\x_2\\x_3\end{pmatrix}=\boldsymbol{0},$$

同解于

$$x_1-x_2-x_3=0,$$

解得$\boldsymbol{A}$的属于特征值$\lambda_1=0$的线性无关的特征向量为

$$\boldsymbol{\alpha}_1=\begin{pmatrix}1\\1\\0\end{pmatrix},\quad \boldsymbol{\alpha}_2=\begin{pmatrix}1\\0\\1\end{pmatrix}.$$

解齐次线性方程组$(-3\boldsymbol{I}-\boldsymbol{M})\boldsymbol{X}=\boldsymbol{0}$,即

$$\begin{pmatrix}-2&-1&-1\\-1&-2&1\\-1&1&-2\end{pmatrix}\begin{pmatrix}x_1\\x_2\\x_3\end{pmatrix}=\boldsymbol{0},$$

得$\boldsymbol{A}$的属于特征值$\lambda_2=-3$的线性无关的特征向量为

$$\boldsymbol{\alpha}_3=\begin{pmatrix}-1\\1\\1\end{pmatrix}.$$

令

$$\boldsymbol{P}=(\boldsymbol{\alpha}_1,\boldsymbol{\alpha}_2,\boldsymbol{\alpha}_3)=\begin{pmatrix}1&1&-1\\1&0&1\\0&1&1\end{pmatrix},$$

则$\boldsymbol{P}$可逆,且

$$\boldsymbol{P}^{-1}\boldsymbol{MP}=\boldsymbol{\Lambda}=\begin{pmatrix}0&&\\&0&\\&&-3\end{pmatrix},$$

于是

$$\begin{aligned}\boldsymbol{P}^{-1}\boldsymbol{AP}&=\boldsymbol{P}^{-1}f(\boldsymbol{M})\boldsymbol{P}=f(\boldsymbol{P}^{-1}\boldsymbol{MP})=f(\boldsymbol{\Lambda})\\&=\begin{pmatrix}f(0)&&\\&f(0)&\\&&f(-3)\end{pmatrix}=\begin{pmatrix}a+1&&\\&a+1&\\&&a-2\end{pmatrix}.\end{aligned}$$

因为$\boldsymbol{A}$的特征值为$a+1,a+1,a-2$,所以$\boldsymbol{A}-\boldsymbol{I}$的全部特征值为

$$a+1-1=a,\quad a+1-1=a,\quad a-2-1=a-3,$$

故$|\boldsymbol{A}-\boldsymbol{I}|=a\cdot a(a-3)=a^2(a-3)$.

注 此题也可按如下常规方法求解.

$\boldsymbol{A}$的特征多项式为

$$|\lambda\boldsymbol{I}-\boldsymbol{A}|=\begin{vmatrix}\lambda-a&-1&-1\\-1&\lambda-a&1\\-1&1&\lambda-a\end{vmatrix}=(\lambda-a-1)^2(\lambda-a+2).$$

令$|\lambda\boldsymbol{I}-\boldsymbol{A}|=0$,得$\boldsymbol{A}$的特征值$\lambda_1=\lambda_2=a+1,\lambda_3=a-2$.

对于$\lambda=a+1$,齐次线性方程组$((a+1)\boldsymbol{I}-\boldsymbol{A})\boldsymbol{X}=\boldsymbol{0}$的一个基础解系为

$$\boldsymbol{\alpha}_1=\begin{pmatrix}1\\1\\0\end{pmatrix},\quad \boldsymbol{\alpha}_2=\begin{pmatrix}1\\0\\1\end{pmatrix}.$$

对于$\lambda=a-2$,齐次线性方程组$((a-2)\boldsymbol{I}-\boldsymbol{A})\boldsymbol{X}=\boldsymbol{0}$的一个基础解系为

$$\boldsymbol{\alpha}_3=\begin{pmatrix}-1\\1\\1\end{pmatrix},$$

所以,无论a为何值,三阶矩阵$\boldsymbol{A}$都有3个线性无关的特征向量,故$\boldsymbol{A}$可以与对角矩阵相似.

令
$$\boldsymbol{P}=(\boldsymbol{\alpha}_1,\boldsymbol{\alpha}_2,\boldsymbol{\alpha}_3)=\begin{pmatrix}1&1&-1\\1&0&1\\0&1&1\end{pmatrix},$$

则
$$\boldsymbol{P}^{-1}\boldsymbol{A}\boldsymbol{P}=\boldsymbol{\Lambda}=\begin{pmatrix}a+1&&\\&a+1&\\&&a-2\end{pmatrix}.$$

例4 设$\boldsymbol{A}$为三阶实矩阵,且有3个相互正交的特征向量$\boldsymbol{X}_1,\boldsymbol{X}_2,\boldsymbol{X}_3$,证明$\boldsymbol{A}$是实对称矩阵.

证 设$\boldsymbol{A}$的3个特征值为$\lambda_1,\lambda_2,\lambda_3$,对应的特征向量依次为$\boldsymbol{X}_1,\boldsymbol{X}_2,\boldsymbol{X}_3$.

将$\boldsymbol{X}_1,\boldsymbol{X}_2,\boldsymbol{X}_3$分别单位化,由$\boldsymbol{\eta}_i=\dfrac{\boldsymbol{X}_i}{|\boldsymbol{X}_i|}(i=1,2,3)$得到$\boldsymbol{\eta}_1,\boldsymbol{\eta}_2,\boldsymbol{\eta}_3$.显然$\boldsymbol{\eta}_1,\boldsymbol{\eta}_2,\boldsymbol{\eta}_3$仍然相互正交,且

$$\boldsymbol{A}\boldsymbol{\eta}_i=\lambda_i\boldsymbol{\eta}\quad(i=1,2,3).$$

于是得到正交矩阵$\boldsymbol{C}=(\boldsymbol{\eta}_1,\boldsymbol{\eta}_2,\boldsymbol{\eta}_3)$,使

$$\boldsymbol{C}^{\mathrm{T}}\boldsymbol{A}\boldsymbol{C}=\boldsymbol{C}^{-1}\boldsymbol{A}\boldsymbol{C}=\boldsymbol{\Lambda}=\begin{pmatrix}\lambda_1&&\\&\lambda_2&\\&&\lambda_3\end{pmatrix},$$

从而$\boldsymbol{A}=\boldsymbol{C}\boldsymbol{\Lambda}\boldsymbol{C}^{-1}=\boldsymbol{C}\boldsymbol{\Lambda}\boldsymbol{C}^{\mathrm{T}}$.又$\boldsymbol{A}^{\mathrm{T}}=(\boldsymbol{C}\boldsymbol{\Lambda}\boldsymbol{C}^{\mathrm{T}})^{\mathrm{T}}=\boldsymbol{C}\boldsymbol{\Lambda}\boldsymbol{C}^{\mathrm{T}}=\boldsymbol{A}$,所以$\boldsymbol{A}$是实对称矩阵.

例5 设$\boldsymbol{A},\boldsymbol{B}$均为$n$阶实对称矩阵,证明:如$\boldsymbol{A}$与$\boldsymbol{B}$的特征多项式相等,则$\boldsymbol{A}$与$\boldsymbol{B}$相似.

证 因为$\boldsymbol{A}$与$\boldsymbol{B}$的特征多项式相等,所以$\boldsymbol{A}$与$\boldsymbol{B}$有相同的特征值,设为$\lambda_1,\lambda_2,\cdots,\lambda_n$.又$\boldsymbol{A},\boldsymbol{B}$均为实对称矩阵,所以存在正交矩阵$\boldsymbol{P}_1,\boldsymbol{P}_2$分别使

$$\boldsymbol{P}_1^{-1}\boldsymbol{A}\boldsymbol{P}_1=\begin{pmatrix}\lambda_1&&&\\&\lambda_2&&\\&&\ddots&\\&&&\lambda_n\end{pmatrix},\quad \boldsymbol{P}_2^{-1}\boldsymbol{B}\boldsymbol{P}_2=\begin{pmatrix}\lambda_1&&&\\&\lambda_2&&\\&&\ddots&\\&&&\lambda_n\end{pmatrix},$$

于是$\boldsymbol{P}_1^{-1}\boldsymbol{A}\boldsymbol{P}_1=\boldsymbol{P}_2^{-1}\boldsymbol{B}\boldsymbol{P}_2$,故$(\boldsymbol{P}_1\boldsymbol{P}_2^{-1})^{-1}\boldsymbol{A}(\boldsymbol{P}_1\boldsymbol{P}_2^{-1})=\boldsymbol{B}$.

综上所述,$\boldsymbol{A}$与$\boldsymbol{B}$相似.

例6 设矩阵

$$\boldsymbol{A}=\begin{pmatrix}1&1&a\\1&a&1\\a&1&1\end{pmatrix},\quad \boldsymbol{\beta}=\begin{pmatrix}1\\1\\-2\end{pmatrix},$$

已知线性方程组 $\boldsymbol{AX}=\boldsymbol{\beta}$ 有解，但不唯一. 试求：

(1) a 的值；

(2) 正交矩阵 $\boldsymbol{Q}$，使 $\boldsymbol{Q}^{\mathrm{T}}\boldsymbol{AQ}$ 为对角矩阵.

解 (1) 对线性方程组 $\boldsymbol{AX}=\boldsymbol{\beta}$ 的增广矩阵作初等行变换，得

$$\boldsymbol{B}=(\boldsymbol{A}\ \vdots\ \boldsymbol{\beta})=\left(\begin{array}{ccc:c}1&1&a&1\\1&a&1&1\\a&1&1&-2\end{array}\right)\longrightarrow\left(\begin{array}{ccc:c}1&1&a&1\\0&a-1&1-a&0\\0&0&(a+2)(a-1)&a+2\end{array}\right).$$

由此可知，当且仅当 $a=-2$ 时，$\mathrm{r}(\boldsymbol{A})=\mathrm{r}(\boldsymbol{B})=2<3$，方程组 $\boldsymbol{AX}=\boldsymbol{\beta}$ 有解，但不唯一.

(2) 当 $a=-2$ 时，

$$\boldsymbol{A}=\begin{pmatrix}1&1&-2\\1&-2&1\\-2&1&1\end{pmatrix},$$

其特征多项式 $|\lambda\boldsymbol{I}-\boldsymbol{A}|=\lambda(\lambda-3)(\lambda+3)$，故 $\boldsymbol{A}$ 的特征值为

$$\lambda_1=0,\quad \lambda_2=3,\quad \lambda_3=-3.$$

解齐次线性方程组 $(0\boldsymbol{I}-\boldsymbol{A})\boldsymbol{X}=\boldsymbol{0}$，得 $\boldsymbol{A}$ 的属于 $\lambda_1=0$ 的特征向量 $\boldsymbol{\alpha}_1=\begin{pmatrix}1\\1\\1\end{pmatrix}$，单位化，得 $\boldsymbol{\eta}_1=\left(\frac{1}{\sqrt{3}},\frac{1}{\sqrt{3}},\frac{1}{\sqrt{3}}\right)^{\mathrm{T}}$.

解齐次线性方程组 $(3\boldsymbol{I}-\boldsymbol{A})\boldsymbol{X}=\boldsymbol{0}$，得 $\boldsymbol{A}$ 的属于 $\lambda_2=3$ 的特征向量 $\boldsymbol{\alpha}_2=\begin{pmatrix}-1\\0\\1\end{pmatrix}$，单位化，得 $\boldsymbol{\eta}_2=\left(-\frac{1}{\sqrt{2}},0,\frac{1}{\sqrt{2}}\right)^{\mathrm{T}}$.

解齐次线性方程组 $(-3\boldsymbol{I}-\boldsymbol{A})\boldsymbol{X}=\boldsymbol{0}$，得 $\boldsymbol{A}$ 的属于 $\lambda_3=-3$ 的特征向量 $\boldsymbol{\alpha}_3=\begin{pmatrix}1\\-2\\1\end{pmatrix}$，单位化，得 $\boldsymbol{\eta}_3=\left(\frac{1}{\sqrt{6}},-\frac{2}{\sqrt{6}},\frac{1}{\sqrt{6}}\right)^{\mathrm{T}}$.

令

$$\boldsymbol{Q}=(\boldsymbol{\eta}_1,\boldsymbol{\eta}_2,\boldsymbol{\eta}_3)=\begin{pmatrix}\frac{1}{\sqrt{3}}&\frac{-1}{\sqrt{2}}&\frac{1}{\sqrt{6}}\\\frac{1}{\sqrt{3}}&0&\frac{-2}{\sqrt{6}}\\\frac{1}{\sqrt{3}}&\frac{1}{\sqrt{2}}&\frac{1}{\sqrt{6}}\end{pmatrix},$$

则 $\boldsymbol{Q}$ 就是所求的正交矩阵，且 $\boldsymbol{Q}^{\mathrm{T}}\boldsymbol{AQ}=\begin{pmatrix}0&&\\&3&\\&&-3\end{pmatrix}$.

5.6 二次型的正定性

一、内容提要

1. 正负性定义

(1) 设 n 元二次型 $f=\boldsymbol{X}^{\mathrm{T}}\boldsymbol{AX}$,若对任意 $\boldsymbol{X}\neq\boldsymbol{0}$,恒有 $f=\boldsymbol{X}^{\mathrm{T}}\boldsymbol{AX}>0(f<0)$,则称 f 为正定(负定)二次型,$\boldsymbol{A}$ 称正定(负定)矩阵,记 $\boldsymbol{A}>0(\boldsymbol{A}<0)$.

(2) 若对任意 $\boldsymbol{X}\neq\boldsymbol{0}$,恒有 $f=\boldsymbol{X}^{\mathrm{T}}\boldsymbol{AX}\geqslant0(f\leqslant0)$,则称 f 为半正定(半负定)二次型,$\boldsymbol{A}$ 称半正定(半负定)矩阵,记 $\boldsymbol{A}\geqslant0(\boldsymbol{A}\leqslant0)$.

(3) 若存在 $\boldsymbol{X}\neq\boldsymbol{0}$,使 $f=\boldsymbol{X}^{\mathrm{T}}\boldsymbol{AX}>0$,又存在 $\boldsymbol{X}\neq\boldsymbol{0}$ 使 $f=\boldsymbol{X}^{\mathrm{T}}\boldsymbol{AX}<0$,则称 f 为不定二次型,$\boldsymbol{A}$ 称不定矩阵.

注 因二次型和矩阵 $\boldsymbol{A}$ 是一一对应的,因此讨论二次型的正定性与讨论实对称矩阵 $\boldsymbol{A}$ 的正定性是等价的.

2. 顺序主子式

n 阶矩阵 $\boldsymbol{A}$ 的前 k 行、k 列元素构成的 k 阶行列式,称为 $\boldsymbol{A}$ 的 k 阶顺序主子式.

设 $\boldsymbol{A}=\begin{pmatrix} a_{11} & a_{12} & \cdots & a_{1n} \\ a_{21} & a_{22} & \cdots & a_{2n} \\ \vdots & \vdots & & \vdots \\ a_{n1} & a_{n2} & \cdots & a_{nn} \end{pmatrix}$,则 $\boldsymbol{A}$ 的各阶顺序主子式依次为

$$|\boldsymbol{A}_1|=a_{11},|\boldsymbol{A}_2|=\begin{vmatrix} a_{11} & a_{12} \\ a_{21} & a_{22} \end{vmatrix},|\boldsymbol{A}_3|=\begin{vmatrix} a_{11} & a_{12} & a_{13} \\ a_{21} & a_{22} & a_{23} \\ a_{31} & a_{32} & a_{33} \end{vmatrix},\cdots,|\boldsymbol{A}_n|=|\boldsymbol{A}|.$$

3. 二次型正负定的判别

二次型 $f=\boldsymbol{X}^{\mathrm{T}}\boldsymbol{AX}$ 正定($\boldsymbol{A}_{n\times n}$正定)(负定)

$\Leftrightarrow\forall\,\boldsymbol{X}_{n\times1}\neq\boldsymbol{0},f=\boldsymbol{X}^{\mathrm{T}}\boldsymbol{AX}>0\quad(f<0)$

$\Leftrightarrow f$ 的正惯性指数为 n (负惯性指数为 n)

$\Leftrightarrow$存在可逆矩阵 $\boldsymbol{P}$,使 $\boldsymbol{P}^{\mathrm{T}}\boldsymbol{AP}=\boldsymbol{I}\quad(\boldsymbol{P}^{\mathrm{T}}\boldsymbol{AP}=-\boldsymbol{I})$

$\Leftrightarrow\boldsymbol{A}$ 的 n 个特征值全大于零 (全小于 0)

$\Leftrightarrow\boldsymbol{A}$ 的 n 个顺序主子式全大于零 (负正相间)

$\Leftrightarrow$存在可逆矩阵 $\boldsymbol{B}$ 使 $\boldsymbol{A}=\boldsymbol{B}^{\mathrm{T}}\boldsymbol{B}\quad(-\boldsymbol{B}^{\mathrm{T}}\boldsymbol{B})$.

对于具体矩阵 $\boldsymbol{A}$,主要用 $\boldsymbol{A}$ 的 n 个顺序主子式的符号来判别 f 或 $\boldsymbol{A}$ 的正定性.

推论 (1) $\boldsymbol{A}$ 正定$\Rightarrow|\boldsymbol{A}|>0$;(2) $\boldsymbol{A}$ 正定(负定)$\Rightarrow a_{ii}>0\quad(a_{ii}<0)$.

二、释疑解惑

问题 1 何种二次型(矩阵)为正(负)定二次型(矩阵)?有哪些判定方法?

答 关于正(负)定矩阵的判定前面已列举出若干充要条件,这里不再叙述.在判

定正(负)定时常常将二次型与对应矩阵的正定性判定相互转化,即利用二次型的正定性证矩阵 $\boldsymbol{A}$ 的正定性.

反之,利用矩阵 $\boldsymbol{A}$ 的正定性证明二次型的正定性.还可利用必要条件证明.利用 $|\boldsymbol{A}|\leqslant 0$,则 $\boldsymbol{A}$ 必不正定;a_{ii} 不全为正,则 $\boldsymbol{A}$ 不正定.需指出的是,在对矩阵正定性的证明中,利用各阶顺序主子式的符号证明是最常用的一种方法.

还有一点需要说明的是,正定矩阵必对称.

问题 2 对于 n 元实二次型 f,如存在 n 个全不为零的数 $x_1,x_2,\cdots,x_n$ 满足 $f>0$,能否就此判断此二次型为正定型?

答 不一定.例如,$f(x_1,x_2,x_3)=x_1^2+2x_2^2$,对任意 $x_1\neq 0,x_2\neq 0,x_3\neq 0$,必有 $f>0$,但 $f(0,0,1)=0$,故 f 不正定.事实上,f 为半正定二次型.

问题 3 如 $\boldsymbol{A}$ 正定,$\boldsymbol{B}=\boldsymbol{P}^{\mathrm{T}}\boldsymbol{A}\boldsymbol{P}$,则 $\boldsymbol{B}$ 是否正定?当满足何条件时才能保证 $\boldsymbol{B}$ 也正定?

答 不一定正定.因

$$\boldsymbol{X}^{\mathrm{T}}\boldsymbol{B}\boldsymbol{X}=\boldsymbol{X}^{\mathrm{T}}\boldsymbol{P}^{\mathrm{T}}\boldsymbol{A}\boldsymbol{P}\boldsymbol{X}=(\boldsymbol{P}\boldsymbol{X})^{\mathrm{T}}\boldsymbol{A}(\boldsymbol{P}\boldsymbol{X}),$$

当 $\boldsymbol{P}$ 不可逆时,对于 $\boldsymbol{X}_0\neq\boldsymbol{0}$,可能有 $\boldsymbol{P}\boldsymbol{X}_0=\boldsymbol{0}$,从而有 $f=0$,故 $\boldsymbol{X}^{\mathrm{T}}\boldsymbol{B}\boldsymbol{X}$ 不一定正定.但当 $\boldsymbol{P}$ 可逆时,$\boldsymbol{B}$ 必正定,即如 $\boldsymbol{A},\boldsymbol{B}$ 合同,其正定性是等价的.

问题 4 两正定矩阵 $\boldsymbol{A},\boldsymbol{B}$ 的和、差、积是否一定正定?$\boldsymbol{A}^{-1},\boldsymbol{A}^{*},\boldsymbol{A}^{m}(m\in\mathbf{Z}_{+}),k\boldsymbol{A}$ $(k\neq 0)$是否正定?

答 $\boldsymbol{A},\boldsymbol{B}$ 正定 $\Rightarrow\boldsymbol{A}+\boldsymbol{B},\boldsymbol{A}^{-1},\boldsymbol{A}^{*},k\boldsymbol{A},\boldsymbol{A}^{m}$($m$ 为正整数)必正定,但 $\boldsymbol{A}-\boldsymbol{B},\boldsymbol{A}\boldsymbol{B}$ 不一定正定.

例如,$\boldsymbol{A}$ 正定 $\Rightarrow\boldsymbol{A}$ 对称$(\boldsymbol{A}^{\mathrm{T}}=\boldsymbol{A})\Rightarrow(\boldsymbol{A}^{m})^{\mathrm{T}}=(\boldsymbol{A}^{\mathrm{T}})^{m}=\boldsymbol{A}^{m}$,故 $\boldsymbol{A}^{m}$ 对称.

又 $\boldsymbol{A}$ 可分解成 $\boldsymbol{A}=\boldsymbol{B}^{\mathrm{T}}\boldsymbol{B}$,其中 $\boldsymbol{B}$ 可逆,则

$$\boldsymbol{A}^{2}=\boldsymbol{B}^{\mathrm{T}}\boldsymbol{B}\cdot\boldsymbol{B}^{\mathrm{T}}\boldsymbol{B}=(\boldsymbol{B}^{\mathrm{T}}\boldsymbol{B})^{\mathrm{T}}(\boldsymbol{B}^{\mathrm{T}}\boldsymbol{B})=\boldsymbol{M}^{\mathrm{T}}\boldsymbol{M}\quad(\boldsymbol{M}=\boldsymbol{B}^{\mathrm{T}}\boldsymbol{B}\text{ 可逆}),$$

所以 $\boldsymbol{A}^{2}$ 正定.

同理,可证 $\boldsymbol{A}^{m}$ 正定.

问题 5 矩阵的正定性有哪些应用?

答 矩阵正定性是二次型的一种分类,它是几何上二次曲线、二次曲面分类的一种推广.不仅用在几何上确定二次曲线,曲面类型、特性,作图,在多元极值等问题中也有许多应用.

问题 6 正定矩阵是否一定对称?是否一定正交?

答 正定是二次型引出的概念.因二次型是与对称矩阵一一对应的,故正定必对称.但正定与正交是两个不同的概念,正定不一定正交,反之亦然.

三、典型例题解析

例 1 判断下列二次型的正定性.

(1) $f(x_1,x_2)=x_1^2+2x_1x_2+2x_2^2$;

(2) $f(x_1,x_2,x_3)=x_1^2+x_2^2+3x_3^2-2x_1x_2+2x_2x_3$.

解 (1) **方法一** 用顺序主子式法.

$$\boldsymbol{A}=\begin{pmatrix}1 & 1\\ 1 & 2\end{pmatrix},\quad |\boldsymbol{A}_1|=1>0,\quad |\boldsymbol{A}_2|=|\boldsymbol{A}|=\begin{vmatrix}1 & 1\\ 1 & 2\end{vmatrix}=1>0,$$

故二次型正定.

方法二 配方法.

$$f(x_1,x_2)=x_1^2+2x_1x_2+x_2^2+x_2^2=(x_1+x_2)^2+x_2^2.$$

令
$$\begin{cases}x_1+x_2=y_1,\\ \qquad x_2=y_2,\end{cases}\quad 即\quad \begin{cases}x_1=y_1-y_2,\\ x_2=y_2,\end{cases}$$

代入得 $f(x_1,x_2)=y_1^2+y_2^2, p=2=n$. 故二次型正定.

方法三 特征值法.

$$|\boldsymbol{A}-\lambda\boldsymbol{I}|=\begin{vmatrix}1-\lambda & 1\\ 1 & 2-\lambda\end{vmatrix}=\lambda^2-3\lambda+1=0,$$

解得 $\lambda_{1,2}=\dfrac{3\pm\sqrt{5}}{2}>0$. 故二次型正定.

(2) **方法一** 顺序主子式法.

$$\boldsymbol{A}=\begin{pmatrix}1 & -1 & 0\\ -1 & 1 & 1\\ 0 & 1 & 3\end{pmatrix},\quad |\boldsymbol{A}_1|=1>0,\quad |\boldsymbol{A}_2|=\begin{vmatrix}1 & -1\\ -1 & 1\end{vmatrix}=0,$$

故二次型既非正定又非负定,即不定.

方法二 配方法.

$$\begin{aligned}f(x_1,x_2,x_3)&=(x_1^2-2x_1x_2+x_2^2)+3x_3^2+2x_2x_3\\ &=(x_1-x_2)^2+3\left(x_3^2+\frac{2}{3}x_2x_3+\left(\frac{x^2}{3}\right)^2\right)-\frac{1}{3}x_2^2\\ &=(x_1-x_2)^2+3\left(\frac{1}{3}x_2+x_3\right)^2-\frac{1}{3}x_2^2,\end{aligned}$$

因 $p=2,q=1$,故二次型不定.

例 2 当 t 为何值时,下列二次型是正定的.

(1) $f=x_1^2+2tx_1x_2+2x_1x_3+2x_2^2+(1-t)x_3^2$;

(2) $f=x_1^2+4x_2^2+4x_3^2+2tx_1x_2-2x_1x_3+4x_2x_3$.

解 用顺序主子式法.

(1) $\boldsymbol{A}=\begin{pmatrix}1 & t & 1\\ t & 2 & 0\\ 1 & 0 & 1-t\end{pmatrix}$,$\boldsymbol{A}$ 正定$\Leftrightarrow$顺序主子式全为 0,即

$$\begin{vmatrix}1 & t\\ t & 2\end{vmatrix}>0,\quad 且\quad |\boldsymbol{A}|=\begin{vmatrix}1 & t & 1\\ t & 2 & 0\\ 1 & 0 & 1-t\end{vmatrix}>0,$$

得不等式$\begin{cases}2-t^2>0,\\ t(t+1)(t-2)>0,\end{cases}$得$-1<t<0$.

(2) $$A=\begin{pmatrix}1 & t & -1\\ t & 4 & 2\\ -1 & 2 & 4\end{pmatrix},\quad \begin{vmatrix}1 & t\\ t & 4\end{vmatrix}=4-t^2>0\Rightarrow |t|<2,$$

$$|A|=\begin{vmatrix}1 & t & -1\\ t & 4 & 2\\ -1 & 2 & 4\end{vmatrix}=-4(t+2)(t-1)>0,$$

联立解上述不等式,得$-2<t<1$.

例 3 设$\boldsymbol{A}$为三阶对称矩阵,其3个特征值为$0,1,-1$.证明$\boldsymbol{A}^2+\boldsymbol{I}$正定.

证 $\boldsymbol{A}$对称$\Rightarrow\boldsymbol{A}^2$对称$\Rightarrow\boldsymbol{A}^2+\boldsymbol{I}$对称.因$\boldsymbol{A}$的特征值为$0,1,-1$,故$\boldsymbol{A}^2+\boldsymbol{I}$的特征值为$1,2,2$,因此$\boldsymbol{A}^2+\boldsymbol{I}$亦正定.

例 4 设$\boldsymbol{A}$为n阶对称矩阵,满足$\boldsymbol{A}^2-3\boldsymbol{A}+2\boldsymbol{I}=\boldsymbol{O}$,证明$\boldsymbol{A}$正定.

证 设λ为$\boldsymbol{A}$的任一特征值,$\boldsymbol{\alpha}$是其对应的特征向量,有

$$\boldsymbol{A\alpha}=\lambda\boldsymbol{\alpha}\Rightarrow f(\boldsymbol{A})\boldsymbol{\alpha}=f(\lambda)\boldsymbol{\alpha},$$

其中,$f(\lambda)$为λ的多项式.故

$$(\boldsymbol{A}^2-3\boldsymbol{A}+2\boldsymbol{I})\boldsymbol{\alpha}=\boldsymbol{0},\quad 即\quad (\lambda^2-3\lambda+2)\boldsymbol{\alpha}=\boldsymbol{0}.$$

因$\boldsymbol{\alpha}\neq\boldsymbol{0}$,所以$\lambda^2-3\lambda+2=(\lambda-1)(\lambda-2)=0$,解得$\lambda_1=1,\lambda_2=2$.因而$\boldsymbol{A}$的特征值皆正,所以$\boldsymbol{A}$正定.

例 5 设$\boldsymbol{A}$正定.

(1) 证明$\boldsymbol{A}^{-1},\boldsymbol{A}^*,k\boldsymbol{A}(k>0)$也正定;

(2) 若$\boldsymbol{A},\boldsymbol{B}$为同阶正定矩阵,证明$\boldsymbol{A}+\boldsymbol{B}$也正定.

证 (1) $\boldsymbol{A}$正定$\Rightarrow|\boldsymbol{A}|>0$,故$\boldsymbol{A}$可逆.又$\boldsymbol{A}$正定,故$\boldsymbol{A}$对称,即$\boldsymbol{A}^{\mathrm{T}}=\boldsymbol{A}$,则$(\boldsymbol{A}^{-1})^{\mathrm{T}}=(\boldsymbol{A}^{\mathrm{T}})^{-1}=\boldsymbol{A}^{-1}$,故$\boldsymbol{A}^{-1}$对称.

因$\boldsymbol{A}$正定,故存在可逆矩阵$\boldsymbol{C}$使$\boldsymbol{A}=\boldsymbol{C}^{\mathrm{T}}\boldsymbol{C}$.两边取逆得

$$\boldsymbol{A}^{-1}=(\boldsymbol{C}^{\mathrm{T}}\boldsymbol{C})^{-1}=\boldsymbol{C}^{-1}(\boldsymbol{C}^{\mathrm{T}})^{-1}=\boldsymbol{C}^{-1}(\boldsymbol{C}^{-1})^{\mathrm{T}},$$

故$\boldsymbol{A}^{-1}$正定.

再证$k\boldsymbol{A}$正定.因$(k\boldsymbol{A})^{\mathrm{T}}=k\boldsymbol{A}^{\mathrm{T}}=k\boldsymbol{A}$,故$k\boldsymbol{A}$对称.

在等式$\boldsymbol{A}=\boldsymbol{C}^{\mathrm{T}}\boldsymbol{C}$两边同乘$k$,得

$$k\boldsymbol{A}=k\boldsymbol{C}^{\mathrm{T}}\boldsymbol{C}=\sqrt{k}\boldsymbol{C}^{\mathrm{T}}\cdot\sqrt{k}\boldsymbol{C}=(\sqrt{k}\boldsymbol{C})^{\mathrm{T}}(\sqrt{k}\boldsymbol{C}),$$

故$k\boldsymbol{A}$正定.

对于$\boldsymbol{A}^*$,有$\boldsymbol{A}^*=|\boldsymbol{A}|\boldsymbol{A}^{-1}$,且$|\boldsymbol{A}|>0$,故$\boldsymbol{A}^*$正定.

(2) $\boldsymbol{A},\boldsymbol{B}$为实对称矩阵$\Rightarrow\boldsymbol{A}+\boldsymbol{B}$也为实对称矩阵.

因$\boldsymbol{A},\boldsymbol{B}$正定,故对任意$\boldsymbol{X}\neq\boldsymbol{0}$,有

$$\boldsymbol{X}^{\mathrm{T}}\boldsymbol{AX}>0,\quad \boldsymbol{X}^{\mathrm{T}}\boldsymbol{BX}>0,$$

所以

$$\boldsymbol{X}^{\mathrm{T}}(\boldsymbol{A}+\boldsymbol{B})\boldsymbol{X}=\boldsymbol{X}^{\mathrm{T}}\boldsymbol{AX}+\boldsymbol{X}^{\mathrm{T}}\boldsymbol{BX}>0.$$

故$\boldsymbol{A}+\boldsymbol{B}$正定.

注 当直接证明矩阵正定困难时,可将其转化为相应的二次型进行证明,反之亦然.

例 6 设$\boldsymbol{A}$为n阶正定矩阵,$\boldsymbol{P}$为n阶可逆矩阵,证明$\boldsymbol{P}^{\mathrm{T}}\boldsymbol{AP}$正定,即与正定矩阵

合同的矩阵仍正定.

证一 $\boldsymbol{A}$ 正定 $\Rightarrow f(\boldsymbol{X})=\boldsymbol{X}^{\mathrm{T}}\boldsymbol{A}\boldsymbol{X}$ 正定 $\Leftrightarrow \forall\,\boldsymbol{X}\neq\boldsymbol{0},\boldsymbol{X}^{\mathrm{T}}\boldsymbol{A}\boldsymbol{X}>0$,

$$g(\boldsymbol{X})=\boldsymbol{X}^{\mathrm{T}}(\boldsymbol{P}^{\mathrm{T}}\boldsymbol{A}\boldsymbol{P})\boldsymbol{X}=(\boldsymbol{P}\boldsymbol{X})^{\mathrm{T}}\boldsymbol{A}(\boldsymbol{P}\boldsymbol{X}).$$

因 $\boldsymbol{P}$ 可逆,故 $\boldsymbol{X}\neq\boldsymbol{0}$ 时,$\boldsymbol{P}\boldsymbol{X}\neq\boldsymbol{0}$,所以 $g(\boldsymbol{X})=(\boldsymbol{P}\boldsymbol{X})^{\mathrm{T}}\boldsymbol{A}(\boldsymbol{P}\boldsymbol{X})>0$,即 $\boldsymbol{P}^{\mathrm{T}}\boldsymbol{A}\boldsymbol{P}$ 正定.

证二 $\boldsymbol{A}$ 正定 $\Rightarrow$ 存在可逆 $\boldsymbol{B}$ 使 $\boldsymbol{A}=\boldsymbol{B}^{\mathrm{T}}\boldsymbol{B}$,于是

$$\boldsymbol{P}^{\mathrm{T}}\boldsymbol{A}\boldsymbol{P}=\boldsymbol{P}^{\mathrm{T}}\boldsymbol{B}^{\mathrm{T}}\boldsymbol{B}\boldsymbol{P}=(\boldsymbol{B}\boldsymbol{P})^{\mathrm{T}}(\boldsymbol{B}\boldsymbol{P}),$$

其中,$\boldsymbol{B}\boldsymbol{P}$ 可逆,故 $\boldsymbol{P}^{\mathrm{T}}\boldsymbol{A}\boldsymbol{P}$ 正定.

注 从以上证明可以看出,如 $\boldsymbol{P}$ 不可逆,$\boldsymbol{P}^{\mathrm{T}}\boldsymbol{A}\boldsymbol{P}$ 不一定正定. 当 $\boldsymbol{P}$ 可逆时,$\boldsymbol{P}^{\mathrm{T}}\boldsymbol{A}\boldsymbol{P}$ 正定.

5.7 综合范例

一、矩阵的特征值、特征向量的概念与计算

例 1 设 $\boldsymbol{A}$ 为 n 阶矩阵,$|\boldsymbol{A}|\neq 0$,$\boldsymbol{A}^*$ 为 $\boldsymbol{A}$ 的伴随矩阵,$\boldsymbol{I}$ 为 n 阶单位矩阵. 若 $\boldsymbol{A}$ 有特征值 λ,则 $(\boldsymbol{A}^*)^2+\boldsymbol{I}$ 必有特征值______.

分析 本题考查相关矩阵特征值之间的关系.

解 $\boldsymbol{A}$ 有特征值 $\lambda\Rightarrow\boldsymbol{A}^*$ 有特征值 $\dfrac{|\boldsymbol{A}|}{\lambda}\Rightarrow(\boldsymbol{A}^*)^2$ 有特征值 $\left(\dfrac{|\boldsymbol{A}|}{\lambda}\right)^2$

$$\Rightarrow(\boldsymbol{A}^*)^2+\boldsymbol{I}\text{ 有特征值}\left(\frac{|\boldsymbol{A}|}{\lambda}\right)^2+1.$$

例 2 设 n 阶矩阵 $\boldsymbol{A}$ 的元素全为 1,则 $\boldsymbol{A}$ 的 n 个特征值是______.

解 因为 $\mathrm{r}(\boldsymbol{A})=1$,所以 $\boldsymbol{A}$ 的特征多项式为

$$|\lambda\boldsymbol{I}-\boldsymbol{A}|=\begin{vmatrix}\lambda-1 & -1 & \cdots & -1\\ -1 & \lambda-1 & \cdots & -1\\ \vdots & \vdots & & \vdots\\ -1 & -1 & \cdots & \lambda-1\end{vmatrix}=\lambda^n-n\lambda^{n-1}.$$

因此,$\boldsymbol{A}$ 的 n 个特征值是 $n,0,0,\cdots,0$ ($n-1$ 个).

注意:若 $\mathrm{r}(\boldsymbol{A})=1$,则 $|\lambda\boldsymbol{I}-\boldsymbol{A}|=\lambda^n-\sum\limits_{i=1}^{n}a_{ii}\lambda^{n-1}$.

例 3 设矩阵 $\boldsymbol{A}=\begin{pmatrix}a & -1 & c\\ 5 & b & 3\\ 1-c & 0 & -a\end{pmatrix}$,其行列式 $|\boldsymbol{A}|=-1$,又 $\boldsymbol{A}$ 的伴随矩阵 $\boldsymbol{A}^*$ 有一个特征值 λ_0,属于 λ_0 的一个特征向量为 $\boldsymbol{\alpha}=(-1,-1,1)^{\mathrm{T}}$,求 a,b,c 和 λ_0 的值.

解 因为 $\boldsymbol{\alpha}$ 是 $\boldsymbol{A}^*$ 属于特征值 λ_0 的特征向量,即

$$\boldsymbol{A}^*\boldsymbol{\alpha}=\lambda_0\boldsymbol{\alpha}. \qquad ①$$

根据 $\boldsymbol{A}\boldsymbol{A}^*=|\boldsymbol{A}|\boldsymbol{I}$ 及已知条件 $|\boldsymbol{A}|=-1$,用 $\boldsymbol{A}$ 左乘式①两端得 $-\boldsymbol{\alpha}=\lambda_0\boldsymbol{A}\boldsymbol{\alpha}$,即

$$\lambda_0\begin{pmatrix}a & -1 & c\\ 5 & b & 3\\ 1-c & 0 & -a\end{pmatrix}\begin{pmatrix}-1\\ -1\\ 1\end{pmatrix}=-\begin{pmatrix}-1\\ -1\\ 1\end{pmatrix}.$$

由此可得

$$\begin{cases}\lambda_0(-a+1+c)=1, & ②\\ \lambda_0(-5-b+3)=1, & ③\\ \lambda_0(-1+c-a)=-1. & ④\end{cases}$$

由式②一式④得 $\lambda_0=1$. 将 $\lambda_0=1$ 代入式③得 $b=-3$，代入式②得 $a=c$.

由 $|\boldsymbol{A}|=-1$ 和 $a=c$ 得

$$\begin{vmatrix}a & -1 & a\\ 5 & -3 & 3\\ 1-a & 0 & -a\end{vmatrix}=a-3=-1,$$

故 $a=c=2$. 因此 $a=2, b=-3, c=2, \lambda_0=1$.

评注 ① 一些学生没有转换的思想，不能找到所给条件之间的联系，从而转化为求方程组的解，而是由 $\boldsymbol{A}$ 求 $\boldsymbol{A}^*$，试图通过 $\boldsymbol{A}^*$ 来求解，结果无功而返. 注意，利用 $\boldsymbol{A}\boldsymbol{A}^*=|\boldsymbol{A}|\boldsymbol{I}$，把 $\boldsymbol{A}^*\boldsymbol{\alpha}=\lambda_0\boldsymbol{\alpha}$ 转化为 $\lambda_0\boldsymbol{A}\boldsymbol{\alpha}=-\boldsymbol{\alpha}$ 是本题的关键所在.

② 本题综合考查了伴随矩阵与原矩阵的关系、特征值与特征向量、线性方程组求解等重要知识点.

例 4 设 $\boldsymbol{A}$ 为二阶矩阵，$\boldsymbol{\alpha}_1,\boldsymbol{\alpha}_2$ 为线性无关的二维列向量，$\boldsymbol{A}\boldsymbol{\alpha}_1=\boldsymbol{0}$，$\boldsymbol{A}\boldsymbol{\alpha}_2=2\boldsymbol{\alpha}_1+\boldsymbol{\alpha}_2$，则 $\boldsymbol{A}$ 的非零特征值为______.

解 用定义求解. 由

$$\boldsymbol{A}\boldsymbol{\alpha}_1=\boldsymbol{0}=0\boldsymbol{\alpha}_1,\quad \boldsymbol{A}(2\boldsymbol{\alpha}_1+\boldsymbol{\alpha}_2)=\boldsymbol{A}\boldsymbol{\alpha}_2=2\boldsymbol{\alpha}_1+\boldsymbol{\alpha}_2,$$

知 $\boldsymbol{A}$ 的特征值为 1 和 0. 因此 $\boldsymbol{A}$ 的非零特征值为 1.

或者，利用相似，有

$$\boldsymbol{A}(\boldsymbol{\alpha}_1,\boldsymbol{\alpha}_2)=(\boldsymbol{0},2\boldsymbol{\alpha}_1+\boldsymbol{\alpha}_2)=(\boldsymbol{\alpha}_1,\boldsymbol{\alpha}_2)\begin{pmatrix}0 & 2\\ 0 & 1\end{pmatrix},$$

可知 $\boldsymbol{A}\sim\begin{pmatrix}0 & 2\\ 0 & 1\end{pmatrix}$，亦可得 $\boldsymbol{A}$ 的特征值为 1 和 0. 因此 $\boldsymbol{A}$ 的非零特征值为 1.

例 5 设矩阵 $\boldsymbol{A}=\begin{pmatrix}2 & 1 & 1\\ 1 & 2 & 1\\ 1 & 1 & a\end{pmatrix}$ 可逆，向量 $\boldsymbol{\alpha}=\begin{pmatrix}1\\ b\\ 1\end{pmatrix}$ 是矩阵 $\boldsymbol{A}^*$ 的一个特征向量，λ 是 $\boldsymbol{\alpha}$ 对应的特征值，其中 $\boldsymbol{A}^*$ 是矩阵 $\boldsymbol{A}$ 的伴随矩阵. 试求 a,b 和 λ 的值.

解 已知 $\boldsymbol{A}^*\boldsymbol{\alpha}=\lambda\boldsymbol{\alpha}$，利用 $\boldsymbol{A}\boldsymbol{A}^*=|\boldsymbol{A}|\boldsymbol{I}$，有 $|\boldsymbol{A}|\boldsymbol{\alpha}=\lambda\boldsymbol{A}\boldsymbol{\alpha}$. 因为 $\boldsymbol{A}$ 可逆，知 $|\boldsymbol{A}|\neq0$，$\lambda\neq0$，于是有 $\boldsymbol{A}\boldsymbol{\alpha}=\dfrac{|\boldsymbol{A}|}{\lambda}\boldsymbol{\alpha}$，即

$$\begin{pmatrix}2 & 1 & 1\\ 1 & 2 & 1\\ 1 & 1 & a\end{pmatrix}\begin{pmatrix}1\\ b\\ 1\end{pmatrix}=\frac{|\boldsymbol{A}|}{\lambda}\begin{pmatrix}1\\ b\\ 1\end{pmatrix}.$$

由此得方程组

$$\begin{cases}3+b=\dfrac{|\boldsymbol{A}|}{\lambda}, & ①\\ 2+2b=\dfrac{|\boldsymbol{A}|}{\lambda}b, & ②\\ a+b+1=\dfrac{|\boldsymbol{A}|}{\lambda}. & ③\end{cases}$$

由式③－式①得 $a=2$. 由式①×b－式②得 $b^2+b-2=0$,解得 $b=1$ 或 $b=-2$.

因为
$$|\boldsymbol{A}|=\begin{vmatrix}2&1&1\\1&2&1\\1&1&a\end{vmatrix}=\begin{vmatrix}2&1&1\\1&2&1\\1&1&2\end{vmatrix}=4,$$

由式①得
$$\lambda=\frac{|\boldsymbol{A}|}{3+b}=\frac{4}{3+b}.$$

所以,当 $b=1$ 时,$\lambda=1$;当 $b=-2$ 时,$\lambda=4$.

评注 要有转换的思想,要会用定义法建立方程组求参数.

综述

从这些例题不难看出,首先应当掌握由 $|\lambda\boldsymbol{I}-\boldsymbol{A}|=0$ 求矩阵 $\boldsymbol{A}$ 的特征值,由 $(\lambda\boldsymbol{I}-\boldsymbol{A})\boldsymbol{X}=\boldsymbol{0}$ 求基础解系而得到属于特征值 λ 的线性无关的特征向量. 特别地,若 $\mathrm{r}(\boldsymbol{A})=1$,则矩阵 $\boldsymbol{A}$ 的特征值是

$$\lambda_1=\sum_{i=1}^{n}a_{ii},\lambda_2=\cdots=\lambda_n=0.$$

其次,要会用定义法分析出抽象矩阵的特征值,应当熟悉 $\boldsymbol{A},\boldsymbol{A}^2,\boldsymbol{A}+k\boldsymbol{I},\boldsymbol{A}^{-1},\boldsymbol{A}^*$,…等矩阵的特征值、特征向量之间的相互关系.

第三,要会用特征值、特征向量的定义建立方程组来求解参数,应当有转换的思想.

第四,特征值、特征向量有许多重要的性质,如 $|\boldsymbol{A}|=\prod_{i=1}^{n}\lambda_i,\sum_{i=1}^{n}a_{ii}=\sum_{i=1}^{n}\lambda_i$,若能灵活运用这些公式,将给我们的计算及判断带来方便.

二、相似矩阵与相似对角化

例 6 已知 $\boldsymbol{\xi}=\begin{pmatrix}1\\1\\-1\end{pmatrix}$ 是矩阵 $\boldsymbol{A}=\begin{pmatrix}2&-1&2\\5&a&3\\-1&b&-2\end{pmatrix}$ 的一个特征向量.

(1) 试确定参数 a,b 及特征向量 $\boldsymbol{\xi}$ 所对应的特征值;

(2) 问 $\boldsymbol{A}$ 能否相似于对角矩阵? 说明理由.

解 (1) 设 $\boldsymbol{\xi}$ 是属于特征值 λ_0 的特征向量,即

$$\begin{pmatrix}2&-1&2\\5&a&3\\-1&b&-2\end{pmatrix}\begin{pmatrix}1\\1\\-1\end{pmatrix}=\lambda_0\begin{pmatrix}1\\1\\-1\end{pmatrix},$$

即
$$\begin{cases}2-1-2=\lambda_0,\\5+a-3=\lambda_0,\\-1+b+2=-\lambda_0,\end{cases}\qquad 得\quad \lambda_0=-1,a=-3,b=0.$$

(2) 由

$$|\lambda\boldsymbol{I}-\boldsymbol{A}|=\begin{vmatrix}\lambda-2 & 1 & -2\\-5 & \lambda+3 & -3\\1 & 0 & \lambda+2\end{vmatrix}=(\lambda+1)^3,$$

知矩阵 $\boldsymbol{A}$ 的特征值为 $\lambda_1=\lambda_2=\lambda_3=-1$. 由于

$$\mathrm{r}(-\boldsymbol{I}-\boldsymbol{A})=\mathrm{r}\begin{pmatrix}-3 & 1 & -2\\-5 & 2 & -3\\1 & 0 & 1\end{pmatrix}=2,$$

从而 $\lambda=-1$ 只有一个线性无关的特征向量，故 $\boldsymbol{A}$ 不能相似对角化.

例 7 设矩阵 $\boldsymbol{A}=\begin{pmatrix}1 & 2 & -3\\-1 & 4 & -3\\1 & a & 5\end{pmatrix}$ 的特征方程有一个二重根，求 a 的值，并讨论 $\boldsymbol{A}$ 是否可相似对角化.

解 $\boldsymbol{A}$ 的特征多项式为

$$\begin{vmatrix}\lambda-1 & -2 & 3\\1 & \lambda-4 & 3\\-1 & -a & \lambda-5\end{vmatrix}=\begin{vmatrix}\lambda-2 & 2-\lambda & 0\\1 & \lambda-4 & 3\\-1 & -a & \lambda-5\end{vmatrix}=(\lambda-2)\begin{vmatrix}1 & -1 & 0\\1 & \lambda-4 & 3\\-1 & -a & \lambda-5\end{vmatrix}$$

$$=(\lambda-2)\begin{vmatrix}1 & 0 & 0\\1 & \lambda-3 & 3\\-1 & -a-1 & \lambda-5\end{vmatrix}$$

$$=(\lambda-2)(\lambda^2-8\lambda+18+3a),$$

(1) 若 $\lambda=2$ 是特征方程的二重根，则有 $2^2-16+18+3a=0$，解得 $a=-2$.

当 $a=-2$ 时，$\boldsymbol{A}$ 的特征值为 2,2,6，矩阵 $2\boldsymbol{I}-\boldsymbol{A}=\begin{pmatrix}1 & -2 & 3\\1 & -2 & 3\\-1 & 2 & -3\end{pmatrix}$ 的秩为 1，故 $\lambda=2$ 对应的线性无关的特征向量有两个，从而 $\boldsymbol{A}$ 可相似对角化.

(2) 若 $\lambda=2$ 不是特征方程的二重根，则 $\lambda^2-8\lambda+18+3a$ 为完全平方，从而 $18+3a=16$，解得 $a=-\dfrac{2}{3}$.

当 $a=-\dfrac{2}{3}$ 时，$\boldsymbol{A}$ 的特征值为 2,4,4，矩阵 $4\boldsymbol{I}-\boldsymbol{A}=\begin{pmatrix}3 & -2 & 3\\1 & 0 & 3\\-1 & \dfrac{2}{3} & -1\end{pmatrix}$ 的秩为 2，故 $\lambda=4$ 对应的线性无关的特征向量只有一个，从而 $\boldsymbol{A}$ 不可相似对角化.

评注 根据 $\sum\limits_{i=1}^{3}a_{ii}=\sum\limits_{i=1}^{3}\lambda_i$，若 $\lambda=2$ 是二重根，则另一特征值是 $\sum\limits_{i=1}^{3}a_{ii}-(2+2)$

$= 10 - 4 = 6$;若 $\lambda = 2$ 不是二重根,则重根是 $\frac{1}{2}(10-2) = 4$,也可求 a.

综述

要理解矩阵相似的概念,掌握相似矩阵的性质,了解矩阵可相似对角化的充分必要条件,掌握将矩阵化为相似对角矩阵的方法.

例 8 设矩阵 $\boldsymbol{A}$ 与 $\boldsymbol{B}$ 相似,且

$$\boldsymbol{A}=\begin{pmatrix}1 & -1 & 1\\ 2 & 4 & -2\\ -3 & -3 & a\end{pmatrix},\quad \boldsymbol{B}=\begin{pmatrix}2 & 0 & 0\\ 0 & 2 & 0\\ 0 & 0 & b\end{pmatrix}.$$

(1) 求 a,b 的值;

(2) 求可逆矩阵 $\boldsymbol{P}$,使 $\boldsymbol{P}^{-1}\boldsymbol{AP}=\boldsymbol{B}$.

分析 $\boldsymbol{B}$ 是对角矩阵,那么 $\boldsymbol{A}$ 与 $\boldsymbol{B}$ 相似时的矩阵 $\boldsymbol{P}$ 就是由 $\boldsymbol{A}$ 的线性无关的特征向量所构成,求矩阵 $\boldsymbol{P}$ 也就是求 $\boldsymbol{A}$ 的特征向量.

解 (1) 由于 $\boldsymbol{A}\sim\boldsymbol{B}$,故

$$\begin{cases}1+4+a=2+2+b,\\ 6(a-1)=|\boldsymbol{A}|=|\boldsymbol{B}|=4b,\end{cases}\quad \text{解得 } a=5,b=6.$$

(2) 因为 $\boldsymbol{A}\sim\boldsymbol{B}$,$\boldsymbol{A}$ 与 $\boldsymbol{B}$ 有相同的特征值,故矩阵 $\boldsymbol{A}$ 的特征值是 $\lambda_1=\lambda_2=2,\lambda_3=6$.

当 $\lambda=2$ 时,由 $(2\boldsymbol{I}-\boldsymbol{A})\boldsymbol{X}=\boldsymbol{0}$,即

$$\begin{pmatrix}1 & 1 & -1\\ -2 & -2 & 2\\ 3 & 3 & -3\end{pmatrix}\to\begin{pmatrix}1 & 1 & -1\\ 0 & 0 & 0\\ 0 & 0 & 0\end{pmatrix},$$

得到基础解系为 $\boldsymbol{\alpha}_1=(-1,1,0)^{\mathrm{T}},\boldsymbol{\alpha}_2=(1,0,1)^{\mathrm{T}}$,即为矩阵 $\boldsymbol{A}$ 的属于特征值 $\lambda=2$ 的线性无关的特征向量.

当 $\lambda=6$ 时,由 $(6\boldsymbol{I}-\boldsymbol{A})\boldsymbol{X}=\boldsymbol{0}$,即

$$\begin{pmatrix}5 & 1 & -1\\ -2 & 2 & 2\\ 3 & 3 & 1\end{pmatrix}\to\begin{pmatrix}1 & -1 & -1\\ 0 & 3 & 2\\ 0 & 0 & 0\end{pmatrix},$$

其基础解系为 $\boldsymbol{\alpha}_3=(1,-2,3)^{\mathrm{T}}$,即为矩阵 $\boldsymbol{A}$ 属于特征值 $\lambda=6$ 的特征向量.

$$\text{令 } \boldsymbol{P}=(\boldsymbol{\alpha}_1,\boldsymbol{\alpha}_2,\boldsymbol{\alpha}_3)=\begin{pmatrix}-1 & 1 & 1\\ 1 & 0 & -2\\ 0 & 1 & 3\end{pmatrix},\text{则有 } \boldsymbol{P}^{-1}\boldsymbol{AP}=\boldsymbol{B}.$$

例 9 设 $\boldsymbol{A}$ 为三阶矩阵,$\boldsymbol{\alpha}_1,\boldsymbol{\alpha}_2,\boldsymbol{\alpha}_3$ 是线性无关的三维列向量,且满足

$$\boldsymbol{A\alpha}_1=\boldsymbol{\alpha}_1+\boldsymbol{\alpha}_2+\boldsymbol{\alpha}_3,\quad \boldsymbol{A\alpha}_2=2\boldsymbol{\alpha}_2+\boldsymbol{\alpha}_3,\quad \boldsymbol{A\alpha}_3=2\boldsymbol{\alpha}_2+3\boldsymbol{\alpha}_3.$$

(1) 求矩阵 $\boldsymbol{B}$,使得 $\boldsymbol{A}(\boldsymbol{\alpha}_1,\boldsymbol{\alpha}_2,\boldsymbol{\alpha}_3)=(\boldsymbol{\alpha}_1,\boldsymbol{\alpha}_2,\boldsymbol{\alpha}_3)\boldsymbol{B}$;

(2) 求矩阵 $\boldsymbol{A}$ 的特征值;

(3) 求可逆矩阵 $\boldsymbol{P}$,使得 $\boldsymbol{P}^{-1}\boldsymbol{AP}$ 为对角矩阵.

解 (1) 按已知条件,有

$$A(\boldsymbol{\alpha}_1,\boldsymbol{\alpha}_2,\boldsymbol{\alpha}_3)=(\boldsymbol{\alpha}_1+\boldsymbol{\alpha}_2+\boldsymbol{\alpha}_3,2\boldsymbol{\alpha}_2+\boldsymbol{\alpha}_3,2\boldsymbol{\alpha}_2+3\boldsymbol{\alpha}_3)=(\boldsymbol{\alpha}_1,\boldsymbol{\alpha}_2,\boldsymbol{\alpha}_3)\begin{pmatrix}1&0&0\\1&2&2\\1&1&3\end{pmatrix},$$

所以矩阵 $\boldsymbol{B}=\begin{pmatrix}1&0&0\\1&2&2\\1&1&3\end{pmatrix}$.

(2) 因为 $\boldsymbol{\alpha}_1,\boldsymbol{\alpha}_2,\boldsymbol{\alpha}_3$ 线性无关,矩阵 $\boldsymbol{C}=(\boldsymbol{\alpha}_1,\boldsymbol{\alpha}_2,\boldsymbol{\alpha}_3)$可逆,所以 $\boldsymbol{C}^{-1}\boldsymbol{A}\boldsymbol{C}=\boldsymbol{B}$,即 $\boldsymbol{A}$ 与 $\boldsymbol{B}$ 相似. 由

$$|\lambda\boldsymbol{I}-\boldsymbol{B}|=\begin{vmatrix}\lambda-1&0&0\\-1&\lambda-2&-2\\-1&-1&\lambda-3\end{vmatrix}=(\lambda-1)^2(\lambda-4),$$

知矩阵 $\boldsymbol{B}$ 的特征值是 1,1,4. 故矩阵 $\boldsymbol{A}$ 的特征值是 1,1,4.

(3) 对于矩阵 $\boldsymbol{B}$,由$(\boldsymbol{I}-\boldsymbol{B})\boldsymbol{X}=\boldsymbol{0}$,即

$$\boldsymbol{I}-\boldsymbol{B}=\begin{pmatrix}0&0&0\\-1&-1&-2\\-1&-1&-2\end{pmatrix}\to\begin{pmatrix}1&1&2\\0&0&0\\0&0&0\end{pmatrix},$$

得特征向量 $\boldsymbol{\eta}_1=(-1,1,0)^{\mathrm{T}}$, $\boldsymbol{\eta}_2=(-2,0,1)^{\mathrm{T}}$.

由$(4\boldsymbol{I}-\boldsymbol{B})\boldsymbol{X}=\boldsymbol{0}$, $4\boldsymbol{I}-\boldsymbol{B}=\begin{pmatrix}3&0&0\\-1&2&-2\\-1&-1&1\end{pmatrix}\to\begin{pmatrix}1&0&0\\0&1&-1\\0&0&0\end{pmatrix}$,得特征向量 $\boldsymbol{\eta}_3=(0,1,1)^{\mathrm{T}}$. 令

$$\boldsymbol{P}_1=(\boldsymbol{\eta}_1,\boldsymbol{\eta}_2,\boldsymbol{\eta}_3),\quad 有\quad \boldsymbol{P}_1^{-1}\boldsymbol{B}\boldsymbol{P}_1=\begin{pmatrix}1&&\\&1&\\&&4\end{pmatrix},$$

从而

$$\boldsymbol{P}_1^{-1}\boldsymbol{C}^{-1}\boldsymbol{A}\boldsymbol{C}\boldsymbol{P}_1=\begin{pmatrix}1&&\\&1&\\&&4\end{pmatrix}.$$

故当 $\boldsymbol{P}=\boldsymbol{C}\boldsymbol{P}_1=(\boldsymbol{\alpha}_1,\boldsymbol{\alpha}_2,\boldsymbol{\alpha}_3)\begin{pmatrix}-1&-2&0\\1&0&1\\0&1&1\end{pmatrix}=(-\boldsymbol{\alpha}_1+\boldsymbol{\alpha}_2,-2\boldsymbol{\alpha}_1+\boldsymbol{\alpha}_3,\boldsymbol{\alpha}_2+\boldsymbol{\alpha}_3)$时,

$$\boldsymbol{P}^{-1}\boldsymbol{A}\boldsymbol{P}=\begin{pmatrix}1&&\\&1&\\&&4\end{pmatrix}.$$

综述

不仅要会求 $\boldsymbol{P}^{-1}\boldsymbol{A}\boldsymbol{P}=\boldsymbol{\Lambda}$ 时的矩阵 $\boldsymbol{P}$(注意:此时 $\boldsymbol{\Lambda}$ 是矩阵 $\boldsymbol{A}$ 的特征值对应的对角矩阵,$\boldsymbol{P}$ 是矩阵 $\boldsymbol{A}$ 的特征向量对应的矩阵),还要会用复合的方法求可逆矩阵 $\boldsymbol{P}$.

三、相似的应用

例 10 某试验性生产线每年一月份进行熟练工与非熟练工的人数统计,然后将

$\frac{1}{6}$熟练工支援其他生产部门，其缺额由招收新的非熟练工补齐．新、老非熟练工经过培训及实践至年终考核有$\frac{2}{5}$成为熟练工．设第 n 年一月份统计的熟练工和非熟练工所占百分比分别为 x_n 和 y_n，记成向量$\begin{pmatrix} x_n \\ y_n \end{pmatrix}$．

（1）求$\begin{pmatrix} x_{n+1} \\ y_{n+1} \end{pmatrix}$与$\begin{pmatrix} x_n \\ y_n \end{pmatrix}$的关系式，并写成矩阵形式：$\begin{pmatrix} x_{n+1} \\ y_{n+1} \end{pmatrix}=\boldsymbol{A}\begin{pmatrix} x_n \\ y_n \end{pmatrix}$．

（2）验证 $\boldsymbol{\eta}_1=\begin{pmatrix} 4 \\ 1 \end{pmatrix}$，$\boldsymbol{\eta}_2=\begin{pmatrix} -1 \\ 1 \end{pmatrix}$是 $\boldsymbol{A}$ 的两个线性无关的特征向量，并求出相应的特征值．

（3）当$\begin{pmatrix} x_1 \\ y_1 \end{pmatrix}=\begin{pmatrix} \frac{1}{2} \\ \frac{1}{2} \end{pmatrix}$时，求$\begin{pmatrix} x_{n+1} \\ y_{n+1} \end{pmatrix}$．

解　（1）按题意有$\begin{cases} x_{n+1}=\frac{5}{6}x_n+\frac{2}{5}\left(\frac{1}{6}x_n+y_n\right), \\ y_{n+1}=\frac{3}{5}\left(\frac{1}{6}x_n+y_n\right), \end{cases}$化简得$\begin{cases} x_{n+1}=\frac{9}{10}x_n+\frac{2}{5}y_n, \\ y_{n+1}=\frac{1}{10}x_n+\frac{3}{5}y_n. \end{cases}$对其用矩阵表示，即为

$$\begin{pmatrix} x_{n+1} \\ y_{n+1} \end{pmatrix}=\begin{pmatrix} \frac{9}{10} & \frac{2}{5} \\ \frac{1}{10} & \frac{3}{5} \end{pmatrix}\begin{pmatrix} x_n \\ y_n \end{pmatrix},$$

于是
$$\boldsymbol{A}=\begin{pmatrix} \frac{9}{10} & \frac{2}{5} \\ \frac{1}{10} & \frac{3}{5} \end{pmatrix}.$$

（2）令 $\boldsymbol{P}=(\boldsymbol{\eta}_1,\boldsymbol{\eta}_2)=\begin{pmatrix} 4 & -1 \\ 1 & 1 \end{pmatrix}$，则由 $|\boldsymbol{P}|=5\neq 0$ 知，$\boldsymbol{\eta}_1$，$\boldsymbol{\eta}_2$ 线性无关．因 $\boldsymbol{A\eta}_1=\begin{pmatrix} 4 \\ 1 \end{pmatrix}=\boldsymbol{\eta}_1$，故 $\boldsymbol{\eta}_1$ 为 $\boldsymbol{A}$ 的特征向量，且相应的特征值 $\lambda_1=1$．因 $\boldsymbol{A\eta}_2=\begin{pmatrix} -\frac{1}{2} \\ \frac{1}{2} \end{pmatrix}=\frac{1}{2}\boldsymbol{\eta}_2$，故 $\boldsymbol{\eta}_2$ 为 $\boldsymbol{A}$ 的特征向量，且相应的特征值 $\lambda_2=\frac{1}{2}$．

（3）
$$\begin{pmatrix} x_{n+1} \\ y_{n+1} \end{pmatrix}=\boldsymbol{A}\begin{pmatrix} x_n \\ y_n \end{pmatrix}=\boldsymbol{A}^2\begin{pmatrix} x_{n-1} \\ y_{n-1} \end{pmatrix}=\cdots=\boldsymbol{A}^n\begin{pmatrix} x_1 \\ y_1 \end{pmatrix}=\boldsymbol{A}^n\begin{pmatrix} \frac{1}{2} \\ \frac{1}{2} \end{pmatrix}.$$

由 $\boldsymbol{P}^{-1}\boldsymbol{AP}=\begin{pmatrix} \lambda_1 & 0 \\ 0 & \lambda_2 \end{pmatrix}$，有 $\boldsymbol{A}=\boldsymbol{P}\begin{pmatrix} \lambda_1 & 0 \\ 0 & \lambda_2 \end{pmatrix}\boldsymbol{P}^{-1}$，于是 $\boldsymbol{A}^n=\boldsymbol{P}\begin{pmatrix} \lambda_1 & 0 \\ 0 & \lambda_2 \end{pmatrix}^n\boldsymbol{P}^{-1}$．又 $\boldsymbol{P}^{-1}=$

$\frac{1}{5}\begin{pmatrix}1 & 1\\ -1 & 4\end{pmatrix}$,故

$$A^n=\frac{1}{5}\begin{pmatrix}4 & -1\\ 1 & 1\end{pmatrix}\begin{pmatrix}1 & 0\\ 0 & \left(\frac{1}{2}\right)^n\end{pmatrix}\begin{pmatrix}1 & 1\\ -1 & 4\end{pmatrix}=\frac{1}{5}\begin{pmatrix}4+\left(\frac{1}{2}\right)^n & 4-4\left(\frac{1}{2}\right)^n\\ 1-\left(\frac{1}{2}\right)^n & 1+4\left(\frac{1}{2}\right)^n\end{pmatrix}.$$

因此
$$\begin{pmatrix}x_{n+1}\\ y_{n+1}\end{pmatrix}=A^n\begin{pmatrix}\frac{1}{2}\\ \frac{1}{2}\end{pmatrix}=\frac{1}{10}\begin{pmatrix}8-3\left(\frac{1}{2}\right)^n\\ 2+3\left(\frac{1}{2}\right)^n\end{pmatrix}.$$

评注 以往的数学建模题考查的是微积分方面,这是特征值、相似对角化的应用,有新意.

因为 $\boldsymbol{\eta}_1=\begin{pmatrix}4\\ 1\end{pmatrix}$,$\boldsymbol{\eta}_2=\begin{pmatrix}-1\\ 1\end{pmatrix}$线性无关,它们是二维空间的一组基,那么$\left(\frac{1}{2},\frac{1}{2}\right)^{\mathrm{T}}$可由 $\boldsymbol{\eta}_1,\boldsymbol{\eta}_2$ 线性表出,由

$$\begin{pmatrix}\frac{1}{2}\\ \frac{1}{2}\end{pmatrix}=x\begin{pmatrix}4\\ 1\end{pmatrix}+y\begin{pmatrix}-1\\ 1\end{pmatrix},$$

解出
$$\begin{pmatrix}\frac{1}{2}\\ \frac{1}{2}\end{pmatrix}=\frac{1}{5}\begin{pmatrix}4\\ 1\end{pmatrix}+\frac{3}{10}\begin{pmatrix}-1\\ 1\end{pmatrix}=\frac{1}{5}\boldsymbol{\eta}_1+\frac{3}{10}\boldsymbol{\eta}_2.$$

那么,有

$$\begin{pmatrix}x_{n+1}\\ y_{n+1}\end{pmatrix}=A^n\begin{pmatrix}\frac{1}{2}\\ \frac{1}{2}\end{pmatrix}=\frac{1}{5}A^n\boldsymbol{\eta}_1+\frac{3}{10}A^n\boldsymbol{\eta}_2=\frac{1}{5}\lambda_1^n\boldsymbol{\eta}_1+\frac{3}{10}\lambda_2^n\boldsymbol{\eta}_2=\frac{1}{10}\begin{pmatrix}8-3\left(\frac{1}{2}\right)^n\\ 2+3\left(\frac{1}{2}\right)^n\end{pmatrix}.$$

可绕过 $\boldsymbol{P}^{-1}$,$\boldsymbol{A}^n$ 等计算.

注意,在(2)中是用定义法来确定特征值与特征向量.若用特征多项式与基础解系就麻烦了.

综述

利用相似可以求 $\boldsymbol{A}^n$,利用相似可以求秩,利用相似可以求行列式的值,利用相似可以求参数……

四、实对称矩阵的特征值与特征向量

例 11 设三阶实对称矩阵 $\boldsymbol{A}$ 的特征值为 $\lambda_1=-1$,$\lambda_2=\lambda_3=1$,对应于 λ_1 的特征向量为 $\boldsymbol{\xi}_1=(0,1,1)^{\mathrm{T}}$,求 $\boldsymbol{A}$.

解 设属于 $\lambda=1$ 的特征向量为 $\boldsymbol{\xi}=(x_1,x_2,x_3)^{\mathrm{T}}$,由于实对称矩阵的不同特征值所对应的特征向量相互正交,故 $\boldsymbol{\xi}^{\mathrm{T}}\boldsymbol{\xi}_1=x_2+x_3=0$.从而

$$\boldsymbol{\xi}_2=(1,0,0)^{\mathrm{T}},\quad \boldsymbol{\xi}_3=(0,1,-1)^{\mathrm{T}}$$

是 $\lambda=1$ 的线性无关的特征向量. 于是

$$\boldsymbol{A}(\boldsymbol{\xi}_1,\boldsymbol{\xi}_2,\boldsymbol{\xi}_3)=(-\boldsymbol{\xi}_1,\boldsymbol{\xi}_2,\boldsymbol{\xi}_3),$$

$$\boldsymbol{A}=(-\boldsymbol{\xi}_1,\boldsymbol{\xi}_2,\boldsymbol{\xi}_3)(\boldsymbol{\xi}_1,\boldsymbol{\xi}_2,\boldsymbol{\xi}_3)^{-1}=\begin{pmatrix}0&1&0\\-1&0&1\\-1&0&-1\end{pmatrix}\begin{pmatrix}0&\frac{1}{2}&\frac{1}{2}\\1&0&0\\0&\frac{1}{2}&-\frac{1}{2}\end{pmatrix}=\begin{pmatrix}1&0&0\\0&0&-1\\0&-1&0\end{pmatrix}.$$

评注　本题考查的是由特征值、特征向量反求矩阵 $\boldsymbol{A}$，因为特征向量不完整，故应当由条件即实对称矩阵去寻找信息.

例 12　设三阶实对称矩阵 $\boldsymbol{A}$ 的各行元素之和均为 3，向量 $\boldsymbol{\alpha}_1=(-1,2,-1)^{\mathrm{T}}$，$\boldsymbol{\alpha}_2=(0,-1,1)^{\mathrm{T}}$ 是线性方程组 $\boldsymbol{AX}=\boldsymbol{0}$ 的两个解.

(1) 求 $\boldsymbol{A}$ 的特征值与特征向量；

(2) 求正交矩阵 $\boldsymbol{Q}$ 和对角矩阵 $\boldsymbol{\Lambda}$，使得 $\boldsymbol{Q}^{\mathrm{T}}\boldsymbol{AQ}=\boldsymbol{\Lambda}$.

解　(1) 因为 $\boldsymbol{A}\begin{pmatrix}1\\1\\1\end{pmatrix}=\begin{pmatrix}3\\3\\3\end{pmatrix}=3\begin{pmatrix}1\\1\\1\end{pmatrix}$，所以 3 是矩阵 $\boldsymbol{A}$ 的特征值，$\boldsymbol{\alpha}=(1,1,1)^{\mathrm{T}}$ 是 $\boldsymbol{A}$ 属于 3 的特征向量. 又 $\boldsymbol{A\alpha}_1=\boldsymbol{0}=0\boldsymbol{\alpha}_1$，$\boldsymbol{A\alpha}_2=\boldsymbol{0}=0\boldsymbol{\alpha}_2$，故 $\boldsymbol{\alpha}_1,\boldsymbol{\alpha}_2$ 是矩阵 $\boldsymbol{A}$ 属于 $\lambda=0$ 的特征向量. 因此矩阵 $\boldsymbol{A}$ 的特征值是 3,0,0.

$\lambda=3$ 的特征向量为 $k(1,1,1)^{\mathrm{T}},k\neq0$；$\lambda=0$ 的特征向量为 $k_1(-1,2,-1)^{\mathrm{T}}+k_2(0,-1,1)^{\mathrm{T}}$，$k_1,k_2$ 不全为零.

(2) 因为 $\boldsymbol{\alpha}_1,\boldsymbol{\alpha}_2$ 不正交，故要施密特正交化.

$$\boldsymbol{\beta}_1=\boldsymbol{\alpha}_1=(-1,2,-1)^{\mathrm{T}},$$

$$\boldsymbol{\beta}_2=\boldsymbol{\alpha}_2-\frac{(\boldsymbol{\alpha}_2,\boldsymbol{\beta}_1)}{(\boldsymbol{\beta}_1,\boldsymbol{\beta}_1)}\boldsymbol{\beta}_1=\begin{pmatrix}0\\-1\\1\end{pmatrix}-\frac{-3}{6}\begin{pmatrix}-1\\2\\-1\end{pmatrix}=\frac{1}{2}\begin{pmatrix}-1\\0\\1\end{pmatrix},$$

单位化，得

$$\boldsymbol{\gamma}_1=\frac{1}{\sqrt{6}}\begin{pmatrix}-1\\2\\-1\end{pmatrix},\quad \boldsymbol{\gamma}_2=\frac{1}{\sqrt{2}}\begin{pmatrix}-1\\0\\1\end{pmatrix},\quad \boldsymbol{\gamma}_3=\frac{1}{\sqrt{3}}\begin{pmatrix}1\\1\\1\end{pmatrix}.$$

令 $\boldsymbol{Q}=(\boldsymbol{\gamma}_1,\boldsymbol{\gamma}_2,\boldsymbol{\gamma}_3)=\begin{pmatrix}-\frac{1}{\sqrt{6}}&-\frac{1}{\sqrt{2}}&\frac{1}{\sqrt{3}}\\\frac{2}{\sqrt{6}}&0&\frac{1}{\sqrt{3}}\\-\frac{1}{\sqrt{6}}&\frac{1}{\sqrt{2}}&\frac{1}{\sqrt{3}}\end{pmatrix}$，得 $\boldsymbol{Q}^{\mathrm{T}}\boldsymbol{AQ}=\boldsymbol{\Lambda}=\begin{pmatrix}0&&\\&0&\\&&3\end{pmatrix}$.

例 13　设实对称矩阵 $\boldsymbol{A}=\begin{pmatrix}a&1&1\\1&a&-1\\1&-1&a\end{pmatrix}$，求可逆矩阵 $\boldsymbol{P}$，使 $\boldsymbol{P}^{-1}\boldsymbol{AP}$ 为对角形矩阵，并计算行列式 $|\boldsymbol{A}-\boldsymbol{I}|$ 的值.

分析 实对称矩阵必可相似对角化，对于 $P^{-1}AP=\Lambda$，其中 Λ 的对角线上的元素是 A 的全部特征值，P 的每一列是 A 的对应特征值的特征向量. 故应从求特征值、特征向量入手.

解 由矩阵 A 的特征多项式

$$|\lambda I-A|=\begin{vmatrix}\lambda-a & -1 & -1\\ -1 & \lambda-a & 1\\ -1 & 1 & \lambda-a\end{vmatrix}=\begin{vmatrix}\lambda-a-1 & \lambda-a-1 & 0\\ -1 & \lambda-a & 1\\ 0 & a+1-\lambda & \lambda-a-1\end{vmatrix}$$

$$=(\lambda-a-1)^2\begin{vmatrix}1 & 1 & 0\\ -1 & \lambda-a & 1\\ 0 & -1 & 1\end{vmatrix}=(\lambda-a-1)^2(\lambda-a+2),$$

得到矩阵 A 的特征值为 $\lambda_1=\lambda_2=a+1,\lambda_3=a-2$.

对于 $\lambda=a+1$，由 $[(a+1)I-A]X=0$，$\begin{pmatrix}1 & -1 & -1\\ -1 & 1 & 1\\ -1 & 1 & 1\end{pmatrix}\to\begin{pmatrix}1 & -1 & -1\\ 0 & 0 & 0\\ 0 & 0 & 0\end{pmatrix}$，得到 2 个线性无关的特征向量为 $\alpha_1=(1,1,0)^T,\alpha_2=(1,0,1)^T$.

对于 $\lambda=a-2$，由 $[(a-2)I-A]X=0$，$\begin{pmatrix}-2 & -1 & -1\\ -1 & -2 & 1\\ -1 & 1 & -2\end{pmatrix}\to\begin{pmatrix}1 & 2 & -1\\ 0 & 1 & -1\\ 0 & 0 & 0\end{pmatrix}$，得到特征向量为 $\alpha_3=(-1,1,1)^T$.

令 $P=(\alpha_1,\alpha_2,\alpha_3)=\begin{pmatrix}1 & 1 & -1\\ 1 & 0 & 1\\ 0 & 1 & 1\end{pmatrix}$，有 $P^{-1}AP=\Lambda=\begin{pmatrix}a+1 & & \\ & a+1 & \\ & & a-2\end{pmatrix}$.

因为 A 的特征值是 $a+1,a+1,a-2$，故 $A-I$ 的特征值是 $a,a,a-3$，所以

$$|A-I|=a^2(a-3).$$

评注 由 $A\sim\Lambda$ 知 $A-I\sim\Lambda-I$，于是

$$|A-I|=|\Lambda-I|=\begin{vmatrix}a & & \\ & a & \\ & & a-3\end{vmatrix}=a^2(a-3).$$

也可求出行列式 $|A-I|$ 的值.

综述

实对称矩阵必能相似对角化，且可用正交矩阵相似对角化，实对称矩阵不同特征值的特征向量相互正交，实对称矩阵的特征值必是实数，这些是实对称矩阵的重要性质.

对用正交矩阵把 A 相似对角化这种常规题，解题方法步骤应清晰，若 A 的特征值有重根，则还要涉及施密特正交化方法；例 13 考查的是"实对称矩阵不同特征值的特征向量相互正交"；要清楚"实对称"这一条件是怎样应用的.

你能否想清楚，若 A 是实对称矩阵且秩 $r(A)=r$，则 $\lambda=0$ 必是 A 的 $n-r$ 重特征值.

五、二次型的标准形

例 14 已知二次型 $f(x_1,x_2,x_3)=5x_1^2+5x_2^2+cx_3^2-2x_1x_2+6x_1x_3-6x_2x_3$ 的秩为 2.

(1) 求参数 c 及此二次型对应矩阵的特征值；

(2) 指出方程 $f(x_1,x_2,x_3)=1$ 表示何种二次曲面.

解 (1) 二次型矩阵 $\boldsymbol{A}=\begin{pmatrix}5&-1&3\\-1&5&-3\\3&-3&c\end{pmatrix}$. 因为二次型的秩 $\mathrm{r}(f)=\mathrm{r}(\boldsymbol{A})=2$,由

$$\begin{pmatrix}5&-1&3\\-1&5&-3\\3&-3&c\end{pmatrix}\to\begin{pmatrix}4&4&0\\-1&5&-3\\3&-3&c\end{pmatrix}\to\begin{pmatrix}4&0&0\\-1&6&-3\\3&-6&c\end{pmatrix},$$

解得 $c=3$. 再由 $\boldsymbol{A}$ 的特征多项式

$$|\lambda\boldsymbol{I}-\boldsymbol{A}|=\begin{vmatrix}\lambda-5&1&-3\\1&\lambda-5&3\\-3&3&\lambda-3\end{vmatrix}=\lambda(\lambda-4)(\lambda-9),$$

求得二次型矩阵的特征值为 0,4,9.

(2) 因为二次型经正交变换可化 $4y_2^2+9y_3^2$,故

$$f(x_1,x_2,x_3)=1,\quad 即\quad 4y_2^2+9y_3^2=1.$$

它表示椭圆柱面.

例 15 已知二次曲面方程 $x^2+ay^2+z^2+2bxy+2xz+2yz=4$ 可以经过正交变换

$$\begin{pmatrix}x\\y\\z\end{pmatrix}=\boldsymbol{P}\begin{pmatrix}\xi\\\eta\\\zeta\end{pmatrix}$$

化为椭圆柱面方程 $\eta^2+4\zeta^2=4$,求 a,b 的值和正交矩阵 $\boldsymbol{P}$.

解 经正交变换化二次型为标准形,二次型矩阵与标准形矩阵既合同又相似.于是

$$\boldsymbol{A}=\begin{pmatrix}1&b&1\\b&a&1\\1&1&1\end{pmatrix}\sim\boldsymbol{B}=\begin{pmatrix}0&&\\&1&\\&&4\end{pmatrix},$$

从而

$$\begin{cases}1+a+1=0+1+4,\\|\boldsymbol{A}|=(b-1)^2=|\boldsymbol{B}|=0\end{cases}\Rightarrow a=3,b=1.$$

由 $(0\boldsymbol{I}-\boldsymbol{A})\boldsymbol{X}=\boldsymbol{0}$ 解出 $\lambda=0$ 对应的特征向量 $\boldsymbol{\alpha}_1=(1,0,-1)^{\mathrm{T}}$.

由 $(\boldsymbol{I}-\boldsymbol{A})\boldsymbol{X}=\boldsymbol{0}$ 解出 $\lambda=1$ 对应的特征向量 $\boldsymbol{\alpha}_2=(1,-1,1)^{\mathrm{T}}$.

由 $(4\boldsymbol{I}-\boldsymbol{A})\boldsymbol{X}=\boldsymbol{0}$ 解出 $\lambda=4$ 对应的特征向量 $\boldsymbol{\alpha}_3=(1,2,1)^{\mathrm{T}}$.

特征值不同特征向量已正交,将其单位化得

$$\boldsymbol{\gamma}_1=\frac{1}{\sqrt{2}}(1,0,-1)^{\mathrm{T}},\quad \boldsymbol{\gamma}_2=\frac{1}{\sqrt{3}}(1,-1,1)^{\mathrm{T}},\quad \boldsymbol{\gamma}_3=\frac{1}{\sqrt{6}}(1,2,1)^{\mathrm{T}}.$$

那么，$\boldsymbol{P}=(\boldsymbol{\gamma}_1,\boldsymbol{\gamma}_2,\boldsymbol{\gamma}_3)=\begin{pmatrix}\frac{1}{\sqrt{2}} & \frac{1}{\sqrt{3}} & \frac{1}{\sqrt{6}}\\ 0 & -\frac{1}{\sqrt{3}} & \frac{2}{\sqrt{6}}\\ -\frac{1}{\sqrt{2}} & \frac{1}{\sqrt{3}} & \frac{1}{\sqrt{6}}\end{pmatrix}$即为所求正交矩阵.

评注 利用相似的必要条件求参数时，$\sum_{i=1}^{n}a_{ii}=\sum_{i}^{n}b_{ii}$ 是比较好用的一个关系式. 也可用 $|\lambda\boldsymbol{I}-\boldsymbol{A}|=|\lambda\boldsymbol{I}-\boldsymbol{B}|$ 比较 λ 同次方的系数来求参数.

例 16 已知二次型 $f(x_1,x_2,x_3)=(1-a)x_1^2+(1-a)x_2^2+2x_3^2+2(1+a)x_1x_2$ 的秩为 2.

(1) 求 a 的值；

(2) 求正交变换 $\boldsymbol{X}=\boldsymbol{QY}$，把 $f(x_1,x_2,x_3)$ 化成标准形；

(3) 求方程 $f(x_1,x_2,x_3)=0$ 的解.

解 (1) 二次型矩阵 $\boldsymbol{A}=\begin{pmatrix}1-a & 1+a & 0\\ 1+a & 1-a & 0\\ 0 & 0 & 2\end{pmatrix}$，由其秩为 2 知 $a=0$.

(2) 由 $|\lambda\boldsymbol{I}-\boldsymbol{A}|=\begin{vmatrix}\lambda-1 & -1 & 0\\ -1 & \lambda-1 & 0\\ 0 & 0 & \lambda-2\end{vmatrix}=\lambda(\lambda-2)^2=0$ 知，矩阵 $\boldsymbol{A}$ 的特征值是 2，2，0.

对 $\lambda=2$，由 $(2\boldsymbol{I}-\boldsymbol{A})\boldsymbol{X}=\boldsymbol{0}$，$\begin{pmatrix}1 & -1 & 0\\ -1 & 1 & 0\\ 0 & 0 & 0\end{pmatrix}\longrightarrow\begin{pmatrix}1 & -1 & 0\\ 0 & 0 & 0\\ 0 & 0 & 0\end{pmatrix}$，得特征向量 $\boldsymbol{\alpha}_1=(1,1,0)^{\mathrm{T}}$，$\boldsymbol{\alpha}_2=(0,0,1)^{\mathrm{T}}$.

对 $\lambda=0$，由 $(0\boldsymbol{I}-\boldsymbol{A})\boldsymbol{X}=\boldsymbol{0}$，$\begin{pmatrix}-1 & -1 & 0\\ -1 & -1 & 0\\ 0 & 0 & -2\end{pmatrix}\longrightarrow\begin{pmatrix}1 & 1 & 0\\ 0 & 0 & 1\\ 0 & 0 & 0\end{pmatrix}$，得特征向量 $\boldsymbol{\alpha}_3=(1,-1,0)^{\mathrm{T}}$.

由于特征向量已经两两正交，只需单位化，于是有

$$\boldsymbol{\gamma}_1=\frac{1}{\sqrt{2}}(1,1,0)^{\mathrm{T}},\quad \boldsymbol{\gamma}_2=(0,0,1)^{\mathrm{T}},\quad \boldsymbol{\gamma}_3=\frac{1}{\sqrt{2}}(1,-1,0)^{\mathrm{T}}.$$

令 $\boldsymbol{Q}=(\boldsymbol{\gamma}_1,\boldsymbol{\gamma}_2,\boldsymbol{\gamma}_3)=\begin{pmatrix}\frac{1}{\sqrt{2}} & 0 & \frac{1}{\sqrt{2}}\\ \frac{1}{\sqrt{2}} & 0 & -\frac{1}{\sqrt{2}}\\ 0 & 1 & 0\end{pmatrix}$，那么，经正交变换 $\boldsymbol{X}=\boldsymbol{QY}$，有

$$f(x_1,x_2,x_3)=2y_1^2+2y_2^2.$$

(3) **方法一** 方程 $f(x_1,x_2,x_3)=x_1^2+x_2^2+2x_3^2+2x_1x_2=(x_1+x_2)^2+2x_3^2=0$，即 $\begin{cases}x_1+x_2=0,\\2x_3=0,\end{cases}$ 所以方程的解是 $k(1,-1,0)^{\mathrm{T}}$，其中 k 为任意实数.

方法二 方程 $f(x_1,x_2,x_3)=0$ 在正交变换 $\boldsymbol{X}=\boldsymbol{QY}$ 下化为 $2y_1^2+2y_2^2=0$，其解为 $y_1=y_2=0$（y_3 可为任意实数），从而

$$\boldsymbol{X}=\boldsymbol{Q}\begin{pmatrix}0\\0\\y_3\end{pmatrix}=(\boldsymbol{e}_1,\boldsymbol{e}_2,\boldsymbol{e}_3)\begin{pmatrix}0\\0\\y_3\end{pmatrix}=y_3\boldsymbol{e}_3=k(1,-1,0)^{\mathrm{T}}，其中 k 为任意实数.$$

即 $f(x_1,x_2,x_3)=0$ 的解为 $x_1=k,x_2=-k,x_3=0$，其中 k 为任意实数.

评注 本题的前两问是常规题. 很多考生的错误出在对第(3)问的理解上，即写出 $y_1=y_2=0$ 就不往下做了.

例 17 设 $\boldsymbol{A}$ 为三阶实对称矩阵，如果二次曲面方程 $(x,y,z)\boldsymbol{A}\begin{pmatrix}x\\y\\z\end{pmatrix}=1$ 在正交变换下的标准方程的图形如右图所示，则 $\boldsymbol{A}$ 的正特征值的个数为(　　).

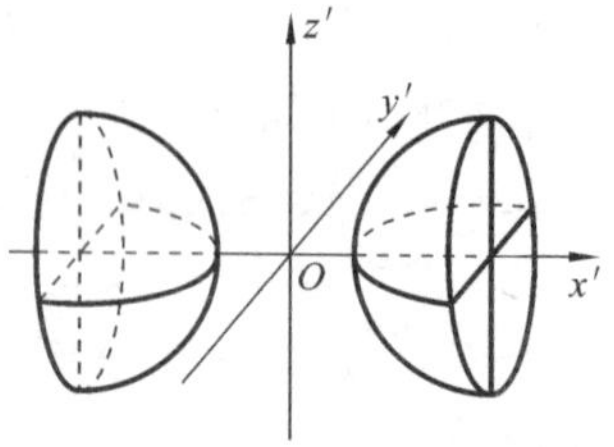

(A) 0　　(B) 1　　(C) 2　　(D) 3

解 由图知曲面为旋转双叶双曲面，其方程为 $\dfrac{x^2}{a^2}-\dfrac{y^2+z^2}{c^2}=1$. 对于二次型 $\dfrac{x^2}{a^2}-\dfrac{y^2+z^2}{c^2}$，其特征值为 $\dfrac{1}{a^2},-\dfrac{1}{c^2},-\dfrac{1}{c^2}$，故应选(B).

综述

要掌握用正交变换化二次型为标准形的方法. 用正交变换化二次型 $\boldsymbol{X}^{\mathrm{T}}\boldsymbol{AX}$ 为标准形 $\boldsymbol{Y}^{\mathrm{T}}\boldsymbol{\Lambda Y}$ 时，矩阵 $\boldsymbol{\Lambda}$ 不仅与 $\boldsymbol{A}$ 合同，而且 $\boldsymbol{A}\sim\boldsymbol{\Lambda}$，因而标准形中平方项的系数就是 $\boldsymbol{A}$ 的特征值，已知标准形也就是已知矩阵 $\boldsymbol{A}$ 的特征值. 在反问题中利用相似就使题目易解.

二次型 $\boldsymbol{X}^{\mathrm{T}}\boldsymbol{AX}$ 经坐标变换 $\boldsymbol{X}=\boldsymbol{CY}$，有

$$\boldsymbol{X}^{\mathrm{T}}\boldsymbol{AX}=(\boldsymbol{CY})^{\mathrm{T}}\boldsymbol{A}(\boldsymbol{CY})=\boldsymbol{Y}^{\mathrm{T}}(\boldsymbol{C}^{\mathrm{T}}\boldsymbol{AC})\boldsymbol{Y}=\boldsymbol{Y}^{\mathrm{T}}\boldsymbol{BY}.$$

由此引出 $\boldsymbol{B}=\boldsymbol{C}^{\mathrm{T}}\boldsymbol{AC}$，即实对称矩阵 $\boldsymbol{A}$ 与 $\boldsymbol{B}$ 合同. 根据惯性定理知，$\boldsymbol{A}$ 与 $\boldsymbol{B}$ 合同$\Leftrightarrow\boldsymbol{A}$ 与 $\boldsymbol{B}$ 有相同的正负惯性指数.

若实对称矩阵 $\boldsymbol{A}$ 与 $\boldsymbol{B}$ 相似，则 $\boldsymbol{A}$ 与 $\boldsymbol{B}$ 有相同的特征值，从而 $\boldsymbol{X}^{\mathrm{T}}\boldsymbol{AX}$ 与 $\boldsymbol{X}^{\mathrm{T}}\boldsymbol{BX}$ 有相同的正负惯性指数，因此 $\boldsymbol{A}$ 与 $\boldsymbol{B}$ 合同，但 $\boldsymbol{A}$ 与 $\boldsymbol{B}$ 合同时，推不出 $\boldsymbol{A}$ 与 $\boldsymbol{B}$ 相似.

例 18 设 $\boldsymbol{A}=\begin{pmatrix}1&1&1&1\\1&1&1&1\\1&1&1&1\\1&1&1&1\end{pmatrix}$，$\boldsymbol{B}=\begin{pmatrix}4&0&0&0\\0&0&0&0\\0&0&0&0\\0&0&0&0\end{pmatrix}$，则 $\boldsymbol{A}$ 与 $\boldsymbol{B}$(　　).

(A) 合同且相似　　(B) 合同但不相似

(C) 不合同但相似　　(D) 不合同且不相似

解 由 $|\lambda \boldsymbol{I}-\boldsymbol{A}|=\lambda^4-4\lambda^3=0$ 知,矩阵的 $\boldsymbol{A}$ 的特征值是 4,0,0,0. 又因 $\boldsymbol{A}$ 是实对称矩阵,$\boldsymbol{A}$ 必能相似对角化,所以 $\boldsymbol{A}$ 与对角矩阵 $\boldsymbol{B}$ 相似.

作为实对称矩阵,当 $\boldsymbol{A}\sim\boldsymbol{B}$ 时,$\boldsymbol{A}$ 与 $\boldsymbol{B}$ 有相同的特征值,从而二次型 $\boldsymbol{X}^{\mathrm{T}}\boldsymbol{A}\boldsymbol{X}$ 与 $\boldsymbol{X}^{\mathrm{T}}\boldsymbol{B}\boldsymbol{X}$ 有相同的正负惯性指数,因此 $\boldsymbol{A}$ 与 $\boldsymbol{B}$ 合同.

综上所述,本题应当选(A).

注意,实对称矩阵合同时,它们不一定相似,但相似时一定合同. 例如

$$\boldsymbol{A}=\begin{pmatrix}1&0\\0&2\end{pmatrix},\quad \boldsymbol{B}=\begin{pmatrix}1&0\\0&3\end{pmatrix},$$

它们的特征值不同,故 $\boldsymbol{A}$ 与 $\boldsymbol{B}$ 不相似,但它们的正惯性指数均为 2,负惯性指数均为 0,所以 $\boldsymbol{A}$ 与 $\boldsymbol{B}$ 合同.

评注 本题的考查要点是判定两实对称矩阵相似与合同的充要条件. 两个同阶实对称矩阵相似的充要条件是它们有相同的特征值及重数;两个同阶实对称矩阵合同的充要条件是它们有相同的秩及相同的正惯性指数. 学生只要掌握了上面两条定理,计算便知,$\boldsymbol{A}$ 有特征值 4,0,0,0,$\boldsymbol{B}$ 也有特征值 4,0,0,0,可见 $\boldsymbol{A}\sim\boldsymbol{B}$,且 $\boldsymbol{A}$ 与 $\boldsymbol{B}$ 的秩都是 1,正惯性指数也都是 1,故 $\boldsymbol{A}$ 与 $\boldsymbol{B}$ 合同. 故选(A).

例 19 设矩阵 $\boldsymbol{A}=\begin{pmatrix}2&-1&-1\\-1&2&-1\\-1&-1&2\end{pmatrix}$,$\boldsymbol{B}=\begin{pmatrix}1&0&0\\0&1&0\\0&0&0\end{pmatrix}$,则 $\boldsymbol{A}$ 与 $\boldsymbol{B}$(   ).

(A) 合同,且相似　　(B) 合同,但不相似

(C) 不合同,但相似　　(D) 既不合同,也不相似

解 根据相似的必要条件 $\sum\limits_{i=1}^{n}a_{ii}=\sum\limits_{i=1}^{n}b_{ii}$,易见 $\boldsymbol{A}$ 与 $\boldsymbol{B}$ 肯定不相似. 由此可排除(A)与(C). 而合同的充分必要条件是有相同的正惯性指数和负惯性指数. 为此,可以用特征值来加以判断. 由

$$|\lambda\boldsymbol{I}-\boldsymbol{A}|=\begin{vmatrix}\lambda-2&1&1\\1&\lambda-2&1\\1&1&\lambda-2\end{vmatrix}=\begin{vmatrix}\lambda&\lambda&\lambda\\1&\lambda-2&1\\1&1&\lambda-2\end{vmatrix}=\lambda(\lambda-3)^2,$$

知矩阵 $\boldsymbol{A}$ 的特征值为 3,3,0. 故二次型 $\boldsymbol{X}^{\mathrm{T}}\boldsymbol{A}\boldsymbol{X}$ 的正惯性指数 $p=2$,负惯性指数 $q=0$. 而二次型 $\boldsymbol{X}^{\mathrm{T}}\boldsymbol{B}\boldsymbol{X}$ 的正惯性指数也为 $p=2$,负惯性指数 $q=0$,所以 $\boldsymbol{A}$ 与 $\boldsymbol{B}$ 合同. 故应选(B).

例 20 设 $\boldsymbol{A}=\begin{pmatrix}1&2\\2&1\end{pmatrix}$,则在实数域上与 $\boldsymbol{A}$ 合同的矩阵为(   ).

(A) $\begin{pmatrix}-2&1\\1&-2\end{pmatrix}$　(B) $\begin{pmatrix}2&-1\\-1&2\end{pmatrix}$　(C) $\begin{pmatrix}2&1\\1&2\end{pmatrix}$　(D) $\begin{pmatrix}1&-2\\-2&1\end{pmatrix}$

解 $\boldsymbol{A}$ 与 $\boldsymbol{B}$ 合同$\Leftrightarrow\boldsymbol{X}^{\mathrm{T}}\boldsymbol{A}\boldsymbol{X}$ 与 $\boldsymbol{X}^{\mathrm{T}}\boldsymbol{B}\boldsymbol{X}$ 有相同的正惯性指数及相同的负惯性指数. 而正(负)惯性指数的问题可由特征值的正(负)来决定. 因为

$$|\lambda\boldsymbol{I}-\boldsymbol{A}|=\begin{vmatrix}\lambda-1&-2\\-2&\lambda-1\end{vmatrix}=(\lambda-3)(\lambda+1)=0,$$

故 $p=1,q=1$.

对于选项(D),有

$$\begin{vmatrix}\lambda-1 & 2\\ 2 & \lambda-1\end{vmatrix}=(\lambda-3)(\lambda+1)=0,$$

故 $p=1,q=1$. 所以选(D).

评注 本题的矩阵 $\boldsymbol{A}=\begin{pmatrix}1 & 2\\ 2 & 1\end{pmatrix}$ 不仅与矩阵 $\begin{pmatrix}1 & -2\\ -2 & 1\end{pmatrix}$ 合同,而且它们也相似,因为它们都与对角矩阵 $\begin{pmatrix}3 & \\ & -1\end{pmatrix}$ 相似.

六、二次型的正定性

例 21 若二次型 $f(x_1,x_2,x_3)=2x_1^2+x_2^2+x_3^2+2x_1x_2+tx_2x_3$ 是正定的,则 t 的取值范围是______.

解 二次型 f 的矩阵为

$$\boldsymbol{A}=\begin{pmatrix}2 & 1 & 0\\ 1 & 1 & \dfrac{t}{2}\\ 0 & \dfrac{t}{2} & 1\end{pmatrix}.$$

因为 f 正定 $\Leftrightarrow \boldsymbol{A}$ 的顺序主子式全大于零. 又因

$$\Delta_1=2,\quad \Delta_2=\begin{vmatrix}2 & 1\\ 1 & 1\end{vmatrix}=1,\quad \Delta_3=|\boldsymbol{A}|=1-\frac{1}{2}t^2,$$

故 f 正定 $\Leftrightarrow 1-\frac{1}{2}t^2>0$,即 $-\sqrt{2}<t<\sqrt{2}$.

评注 本题若用配方法,有

$$f=2\left(x_1+\frac{1}{2}x_2\right)^2+\frac{1}{2}(x_2+tx_3)^2+\left(1-\frac{1}{2}t^2\right)x_3^2=2y_1^2+\frac{1}{2}y_2^2+\left(1-\frac{1}{2}t^2\right)y_3^2.$$

因此,f 正定 $\Leftrightarrow p=3\Leftrightarrow 1-\frac{1}{2}t^2>0$.

例 22 设矩阵 $\boldsymbol{A}=\begin{pmatrix}1 & 0 & 1\\ 0 & 2 & 0\\ 1 & 0 & 1\end{pmatrix}$,矩阵 $\boldsymbol{B}=(k\boldsymbol{I}+\boldsymbol{A})^2$,其中 k 为实数,$\boldsymbol{I}$ 为单位矩阵. 求对角矩阵 $\boldsymbol{\Lambda}$,使 $\boldsymbol{B}$ 与 $\boldsymbol{\Lambda}$ 相似,并求 k 为何值时,$\boldsymbol{B}$ 为正定矩阵.

分析 由于 $\boldsymbol{B}$ 是实对称矩阵,$\boldsymbol{B}$ 必可相似对角化,而对角矩阵 $\boldsymbol{\Lambda}$ 的三对角元即为 $\boldsymbol{B}$ 的特征值,只要求出 $\boldsymbol{B}$ 的特征值即知 $\boldsymbol{\Lambda}$,又因正定的充分必要条件是特征值全大于 0,故 k 的取值也可求出.

解 由于 $\boldsymbol{A}$ 是实对称矩阵,有

$$\boldsymbol{B}^{\mathrm{T}}=[(k\boldsymbol{I}+\boldsymbol{A})^2]^{\mathrm{T}}=[(k\boldsymbol{I}+\boldsymbol{A})^{\mathrm{T}}]^2=(k\boldsymbol{I}+\boldsymbol{A})^2=\boldsymbol{B},$$

即 $\boldsymbol{B}$ 是实对称矩阵,故 $\boldsymbol{B}$ 必可相似对角化.

由 $$|\lambda\boldsymbol{I}-\boldsymbol{A}|=\begin{vmatrix}\lambda-1 & 0 & 1\\ 0 & \lambda-2 & 0\\ -1 & 0 & \lambda-1\end{vmatrix}=\lambda(\lambda-2)^2,$$
可得到 $\boldsymbol{A}$ 的特征值是 $\lambda_1=\lambda_2=2,\lambda_3=0$.

综上所述，$k\boldsymbol{I}+\boldsymbol{A}$ 的特征值是 $k+2,k+2,k$，而 $(k\boldsymbol{I}+\boldsymbol{A})^2$ 的特征值是 $(k+2)^2$，$(k+2)^2$，k^2. 故
$$\boldsymbol{B}\sim\boldsymbol{\Lambda}=\begin{pmatrix}(k+2)^2 & & \\ & (k+2)^2 & \\ & & k^2\end{pmatrix}.$$

因为矩阵 $\boldsymbol{B}$ 正定的充分必要条件是特征值全大于 0，可见当 $k\neq-2$ 且 $k\neq0$ 时，矩阵 $\boldsymbol{B}$ 正定.

评注 本题也可用"实对称矩阵必可相似对角化"的方法来处理.

因为 $\boldsymbol{A}$ 是实对称矩阵，故存在可逆矩阵 $\boldsymbol{P}$，使 $\boldsymbol{P}^{-1}\boldsymbol{A}\boldsymbol{P}=\boldsymbol{\Lambda}$，即 $\boldsymbol{A}=\boldsymbol{P}\boldsymbol{\Lambda}\boldsymbol{P}^{-1}$. 那么
$$\begin{aligned}\boldsymbol{B}&=(k\boldsymbol{I}+\boldsymbol{A})^2=(k\boldsymbol{P}\boldsymbol{P}^{-1}+\boldsymbol{P}\boldsymbol{\Lambda}\boldsymbol{P}^{-1})^2=[\boldsymbol{P}(k\boldsymbol{I}+\boldsymbol{\Lambda})\boldsymbol{P}^{-1}]^2\\&=\boldsymbol{P}(k\boldsymbol{I}+\boldsymbol{\Lambda})^2\boldsymbol{P}^{-1},\end{aligned}$$
即 $$\boldsymbol{P}^{-1}\boldsymbol{B}\boldsymbol{P}=(k\boldsymbol{I}+\boldsymbol{\Lambda})^2,$$
故 $$\boldsymbol{B}\sim\begin{pmatrix}(k+2)^2 & & \\ & (k+2)^2 & \\ & & k^2\end{pmatrix}.$$

综述

要理解二次型正定的概念，掌握正定矩阵的性质，要会用定义法、特征值法来证明正定，要会用顺序主子式来求参数.

5.8 自 测 题

1. 填空题

(1) 二次型 $f(x_1,x_2,x_3)=x_1^2+2x_1x_2+2x_2x_3$，则 f 的秩为______，正惯性指数为______.

(2) $\boldsymbol{A}=\begin{vmatrix}1 & t & 1\\ t & 4 & 0\\ 1 & 0 & 2\end{vmatrix}$ 正定，t 的值为______.

(3) 使 $f=x_1^2+4x_1x_2+5x_2^2+2tx_2x_3+4x_3^2$ 正定的 t 值为______.

(4) 设 $\boldsymbol{A}$ 是实对称可逆矩阵，则二次型 $f=\boldsymbol{X}^{\mathrm{T}}\boldsymbol{A}\boldsymbol{X}$ 变换为 $f=\boldsymbol{Y}^{\mathrm{T}}\boldsymbol{A}^{-1}\boldsymbol{Y}$ 的可逆线性变换为______.

(5) 实对称矩阵 $\boldsymbol{A}=(a_{ij})_{n\times n}$ 负定，则 a_{ii}______.

(6) 设 n 阶实对称矩阵 $\boldsymbol{A}$ 的特征值 $\lambda_1\geqslant\lambda_2\geqslant\cdots\geqslant\lambda_n$，则 $t\boldsymbol{I}-\boldsymbol{A}$ 为正定矩阵的 t 满足______.

2. 用配方法把下面二次型化为标准形.

(1) $f(x_1,x_2,x_3)=x_1^2-2x_1x_2+3x_2^2-4x_1x_3+6x_3^2$；

(2) $f(x_1,x_2,x_3)=2x_1x_2+x_1x_3-x_2x_3$.

3. 用正交变换把下面二次型化为标准形.

(1) $f(x_1,x_2,x_3)=x_1^2+x_2^2+x_3^2+2x_1x_2+2x_2x_3+2x_1x_3$；

(2) $f(x_1,x_2,x_3)=4x_1x_2+4x_1x_3-4x_2x_3-x_1^2-x_2^2-x_3^2$.

4. $\boldsymbol{A}$ 为三阶实对称矩阵，特征值 $\lambda_1=6,\lambda_2=\lambda_3=3$，且 $\lambda_1=6$ 对应的特征向量为 $\boldsymbol{\alpha}_1=(1,1,1)^{\mathrm{T}}$，求 $\lambda_2=\lambda_3=3$ 对应的特征向量及 $\boldsymbol{A}$.

5. 设矩阵 $\boldsymbol{A}=\begin{pmatrix}1&0&1\\0&2&0\\1&0&1\end{pmatrix}$，矩阵 $\boldsymbol{B}=(k\boldsymbol{I}+\boldsymbol{A})^2$，其中 $\boldsymbol{I}$ 为单位矩阵，求对角矩阵 $\boldsymbol{\Lambda}$，使 $\boldsymbol{B}$ 与 $\boldsymbol{\Lambda}$ 相似，并求 k 为何值时，$\boldsymbol{B}$ 为正定矩阵.

6. 设 $f=x_1^2+x_2^2+x_3^2+2ax_1x_2+2bx_2x_3+2x_1x_3$，经正交变换 $\boldsymbol{X}=\boldsymbol{CY}$ 化为 $f=y_2^2+2y_3^2$，求 a,b，并求正交变换矩阵 $\boldsymbol{C}$.

7. 用施密特正交化方法把下列向量组化为标准正交组.

(1) $\boldsymbol{\alpha}_1=(1,1,0)^{\mathrm{T}}$，$\boldsymbol{\alpha}_2=(1,0,1)^{\mathrm{T}}$，$\boldsymbol{\alpha}_3=(0,1,1)^{\mathrm{T}}$；

(2) $\boldsymbol{\alpha}_1=(-2,1,0)^{\mathrm{T}}$ $\boldsymbol{\alpha}_2=(2,0,1)^{\mathrm{T}}$，$\boldsymbol{\alpha}_3=(1,2,-2)^{\mathrm{T}}$.

8. $\boldsymbol{A}$ 为 n 阶反对称矩阵，$\boldsymbol{X},\boldsymbol{Y}$ 为两个 n 维列向量，且 $\boldsymbol{AX}=\boldsymbol{Y}$，证明 $\boldsymbol{X}$ 与 $\boldsymbol{Y}$ 正交.

9. 设 $\boldsymbol{\alpha}$ 为 n 维列向量，$|\boldsymbol{\alpha}|=1$，设 $\boldsymbol{A}=\boldsymbol{I}-2\boldsymbol{\alpha\alpha}^{\mathrm{T}}$. 证明：

(1) $\boldsymbol{A}$ 是对称正交矩阵；

(2) $\boldsymbol{\alpha}$ 是 $\boldsymbol{A}$ 对应于特征值为 -1 的特征向量.

10. 若 $\boldsymbol{A}$ 是正交矩阵，且是正定矩阵，则 $\boldsymbol{A}$ 是单位矩阵.

11. $\boldsymbol{A}$ 是 n 阶半正定矩阵，证明存在半正定矩阵 $\boldsymbol{B}$，使 $\boldsymbol{A}=\boldsymbol{B}^2$.

12. 设 $\boldsymbol{A},\boldsymbol{B}$ 为 n 阶正定矩阵.

(1) 若 λ,μ 为正数，证明 $\lambda\boldsymbol{A}+\mu\boldsymbol{B}$ 是正定的；

(2) 证明矩阵 $\boldsymbol{C}=\begin{pmatrix}\boldsymbol{A}&\boldsymbol{O}\\\boldsymbol{O}&\boldsymbol{B}\end{pmatrix}$ 是正定的.

13. 设 $\boldsymbol{A}$ 为 n 阶实对称矩阵且满足 $\boldsymbol{A}^2-3\boldsymbol{A}+2\boldsymbol{I}=\boldsymbol{O}$，证明 $\boldsymbol{A}$ 是正定矩阵.

14. 设 $\boldsymbol{A}$ 为 m 阶实对称矩阵且正定，$\boldsymbol{B}$ 为 $m\times n$ 实矩阵，$\boldsymbol{B}^{\mathrm{T}}$ 为 $\boldsymbol{B}$ 的转置，试证 $\boldsymbol{B}^{\mathrm{T}}\boldsymbol{AB}$ 为正定矩阵的充分必要条件是 $\boldsymbol{B}$ 的秩 $\mathrm{r}(\boldsymbol{B})=n$.

15. 设 n 阶实对称矩阵 $\boldsymbol{A}$ 的特征值全大于 a，n 阶实对称矩阵 $\boldsymbol{B}$ 的特征值全大于 b，证明 $\boldsymbol{A}+\boldsymbol{B}$ 的特征值全大于 $a+b$.

答案与提示

1. 填空题

(1) $\mathrm{r}(\boldsymbol{A})=3$，故 f 的秩为 3. 用配方法，则

$$f(x)=x_1^2+2x_1x_2+2x_2x_3=(x_1+x_2)^2-(x_2-x_3)^2+x_3^2,$$

故正惯性指数为 2(由配方可知 f 的秩为 3).

(2) $\begin{cases}|\boldsymbol{A}_2|=4-t^2>0,\\|\boldsymbol{A}|=2(2-t^2)>0,\end{cases}$ 得 $-\sqrt{2}<t<\sqrt{2}$，$\boldsymbol{A}$ 正定.

(3) $\boldsymbol{A}=\begin{pmatrix}1&2&0\\2&5&t\\0&t&4\end{pmatrix}$，因 $\begin{cases}|\boldsymbol{A}_2|=\begin{vmatrix}1&2\\2&5\end{vmatrix}>0,\\|\boldsymbol{A}|=-t^2+4>0,\end{cases}$ $-2<t<2$.

(4) $\boldsymbol{X}=\boldsymbol{A}^{-1}\boldsymbol{Y}$，因 $f=\boldsymbol{X}^{\mathrm{T}}\boldsymbol{A}\boldsymbol{X}=(\boldsymbol{A}^{-1}\boldsymbol{Y})^{\mathrm{T}}\boldsymbol{A}\boldsymbol{A}^{-1}\boldsymbol{Y}=\boldsymbol{Y}^{\mathrm{T}}(\boldsymbol{A}^{-1})^{\mathrm{T}}\boldsymbol{Y}=\boldsymbol{Y}^{\mathrm{T}}(\boldsymbol{A}^{\mathrm{T}})^{-1}\boldsymbol{Y}=\boldsymbol{Y}^{\mathrm{T}}\boldsymbol{A}^{-1}\boldsymbol{Y}$.

(5) $a_{ii}<0$.

(6) $t>\lambda_1$. 设 $\boldsymbol{A}$ 的特征值为 λ_i，则 $t\boldsymbol{I}-\boldsymbol{A}$ 的特征值为 $t-\lambda_i$，要 $t\boldsymbol{I}-\boldsymbol{A}$ 正定 $\Leftrightarrow t-\lambda_i>0$，故 $t>\lambda_1$.

2. (1) $\boldsymbol{X}=\begin{pmatrix}1&1&3\\0&1&1\\0&0&1\end{pmatrix}\boldsymbol{Y}$，使 $f=y_1^2+2y_2^2$.

(2) $\boldsymbol{X}=\begin{pmatrix}1&1&\frac{1}{2}\\1&-1&-\frac{1}{2}\\0&0&1\end{pmatrix}\boldsymbol{Z}$，使 $f=2z_1^2-2z_2^2+\frac{1}{2}z_3^2$.

3. (1) $\boldsymbol{X}=\begin{pmatrix}\frac{1}{\sqrt{3}}&\frac{1}{\sqrt{2}}&-\frac{1}{\sqrt{6}}\\\frac{1}{\sqrt{3}}&\frac{-1}{\sqrt{2}}&-\frac{1}{\sqrt{6}}\\\frac{1}{\sqrt{3}}&0&\frac{2}{\sqrt{6}}\end{pmatrix}\boldsymbol{Y}$，使 $f=3y_1^2$.

(2) $\boldsymbol{X}=\begin{pmatrix}\frac{1}{\sqrt{2}}&\frac{1}{\sqrt{6}}&\frac{-1}{\sqrt{3}}\\\frac{1}{\sqrt{2}}&\frac{-1}{\sqrt{6}}&\frac{1}{\sqrt{3}}\\0&\frac{2}{\sqrt{6}}&\frac{1}{\sqrt{3}}\end{pmatrix}\boldsymbol{Y}$，使 $\boldsymbol{P}^{-1}\boldsymbol{A}\boldsymbol{P}=\begin{pmatrix}1&&\\&1&\\&&-5\end{pmatrix}$，$f=y_1^2+y_2^2-5y_3^2$.

4. $\boldsymbol{\alpha}_2=(-1,1,0)^{\mathrm{T}}$，$\boldsymbol{\alpha}_3=(-1,0,1)^{\mathrm{T}}$，$\boldsymbol{P}=(\boldsymbol{\alpha}_1,\boldsymbol{\alpha}_2,\boldsymbol{\alpha}_3)^{\mathrm{T}}$，

$$\boldsymbol{A}=\boldsymbol{P}\begin{pmatrix}6&&\\&3&\\&&3\end{pmatrix}\boldsymbol{P}^{-1}=\begin{pmatrix}4&1&1\\1&4&1\\1&1&4\end{pmatrix}.$$

5. $k\neq-2$ 且 $k\neq0$，$(k\boldsymbol{I}+\boldsymbol{A})^2$ 正定.

方法一：$|\lambda\boldsymbol{I}-\boldsymbol{A}|=\lambda(\lambda-2)^2$，$\lambda_1=\lambda_2=2$，$\lambda_3=0$，$(k\boldsymbol{I}+\boldsymbol{A})^2$ 的特征值为 $(k+2)^2$，$(k+2)^2$，k^2，故 $k\neq-2$ 且 $k\neq0$，$(k\boldsymbol{I}+\boldsymbol{A})^2$ 的特征值为正，$(k\boldsymbol{I}+\boldsymbol{A})^2$ 正定.

方法二：由 $|\lambda\boldsymbol{I}-\boldsymbol{A}|=\lambda(\lambda-2)^2$，知 $\boldsymbol{A}$ 为对称矩阵，存在可逆矩阵 $\boldsymbol{P}$，使

$$P^{-1}AP=\begin{pmatrix}2&&\\&2&\\&&0\end{pmatrix}=D,\quad 即\quad A=PDP^{-1},$$

$$(kI+A)^2=(kI+PDP^{-1})^2=P(kI+D)^2P^{-1}=P\begin{pmatrix}(k+2)^2&&\\&(k+2)^2&\\&&k^2\end{pmatrix}P^{-1},$$

故 $k\neq-2$ 且 $k\neq0$，$(kI+A)^2$ 的特征值为正，$(kI+A)^2$ 正定.

6. $A=\begin{pmatrix}1&a&1\\a&1&b\\1&b&1\end{pmatrix}$ 与 $B=\begin{pmatrix}0&&\\&1&\\&&2\end{pmatrix}$ 相似，由 $|\lambda I-A|=|\lambda I-B|$ 得 $a=b=0$. $\lambda_1=0$，$\lambda_2=1$，$\lambda_3=2$ 对应的特征向量为

$$\boldsymbol{\alpha}_1=(1,0,-1)^{\mathrm{T}},\ \boldsymbol{\alpha}_2=(0,1,0)^{\mathrm{T}},\ \boldsymbol{\alpha}_3=(1,0,1)^{\mathrm{T}},$$

则正交变换矩阵

$$C=\begin{pmatrix}\frac{1}{\sqrt2}&0&\frac{1}{\sqrt2}\\0&1&0\\\frac{-1}{\sqrt2}&0&\frac{1}{\sqrt2}\end{pmatrix}.$$

7. (1) $\boldsymbol{\varepsilon}_1=\left(\frac{1}{\sqrt2},\frac{1}{\sqrt2},0\right)^{\mathrm{T}}$，$\boldsymbol{\varepsilon}_2=\left(\frac{1}{\sqrt6},\frac{-1}{\sqrt6},\frac{2}{\sqrt6}\right)^{\mathrm{T}}$，$\boldsymbol{\varepsilon}_3=\left(\frac{-1}{\sqrt3},\frac{1}{\sqrt3},\frac{1}{\sqrt3}\right)^{\mathrm{T}}$；

(2) $\boldsymbol{\varepsilon}_1=\left(\frac{-2}{\sqrt5},\frac{1}{\sqrt5},0\right)^{\mathrm{T}}$，$\boldsymbol{\varepsilon}_2=\left(\frac{2}{3\sqrt5},\frac{4}{3\sqrt5},\frac{5}{3\sqrt5}\right)^{\mathrm{T}}$，$\boldsymbol{\varepsilon}_3=\left(\frac{-1}{3},\frac{-2}{3},\frac{2}{3}\right)^{\mathrm{T}}$.

8. $(X,Y)=X^{\mathrm{T}}Y=X^{\mathrm{T}}AX$，又 $A^{\mathrm{T}}=-A$，可证 $X^{\mathrm{T}}AX=0$，证得 X,Y 是正交的.

9. (1) 因 $A^{\mathrm{T}}=A$，且 $\boldsymbol{\alpha}^{\mathrm{T}}\boldsymbol{\alpha}=1$，$A^{\mathrm{T}}A=A^2=(I-2\boldsymbol{\alpha}\boldsymbol{\alpha}^{\mathrm{T}})(I-2\boldsymbol{\alpha}\boldsymbol{\alpha}^{\mathrm{T}})=I-4\boldsymbol{\alpha}\boldsymbol{\alpha}^{\mathrm{T}}+4\boldsymbol{\alpha}(\boldsymbol{\alpha}^{\mathrm{T}}\boldsymbol{\alpha})\boldsymbol{\alpha}^{\mathrm{T}}=I-4\boldsymbol{\alpha}\boldsymbol{\alpha}^{\mathrm{T}}+4\boldsymbol{\alpha}\boldsymbol{\alpha}^{\mathrm{T}}=I$，故 A 是对称正交矩阵.

(2) $A\boldsymbol{\alpha}=(I-2\boldsymbol{\alpha}\boldsymbol{\alpha}^{\mathrm{T}})\boldsymbol{\alpha}=\boldsymbol{\alpha}-2\boldsymbol{\alpha}\boldsymbol{\alpha}^{\mathrm{T}}\boldsymbol{\alpha}=\boldsymbol{\alpha}-2\boldsymbol{\alpha}=-\boldsymbol{\alpha}$，故 -1 是 A 的一个特征值.

10. A 为正定，则存在正交矩阵 C，使

$$C^{-1}AC=\begin{pmatrix}\lambda_1&&&\\&\lambda_2&&\\&&\ddots&\\&&&\lambda_n\end{pmatrix},\lambda_i>0,A=C\begin{pmatrix}\lambda_1&&&\\&\lambda_2&&\\&&\ddots&\\&&&\lambda_n\end{pmatrix}C^{-1},$$

又 $A^{\mathrm{T}}A=I$，则

$$A^{\mathrm{T}}A=C\begin{pmatrix}\lambda_1&&&\\&\lambda_2&&\\&&\ddots&\\&&&\lambda_n\end{pmatrix}C^{-1}C\begin{pmatrix}\lambda_1&&&\\&\lambda_2&&\\&&\ddots&\\&&&\lambda_n\end{pmatrix}C^{-1}$$

$$=C\begin{pmatrix}\lambda_1^2&&&\\&\lambda_2^2&&\\&&\ddots&\\&&&\lambda_n^2\end{pmatrix}C^{-1}=\begin{pmatrix}1&&&\\&1&&\\&&\ddots&\\&&&1\end{pmatrix},$$

故有 $\lambda_1^2=1,\lambda_2^2=1,\cdots,\lambda_n^2=1$，又 $\lambda_i>0$，故 $\lambda_1=\lambda_2=\cdots=\lambda_n=1$，证得

$$\boldsymbol{A}=\boldsymbol{C}=\begin{pmatrix}1&&&\\&1&&\\&&\ddots&\\&&&1\end{pmatrix}\boldsymbol{C}^{-1}=\boldsymbol{I}.$$

11. $\boldsymbol{A}$ 半正定，设 $\mathrm{r}(\boldsymbol{A})=r$，存在正交矩阵 $\boldsymbol{C}$，使

$$\boldsymbol{C}^{-1}\boldsymbol{A}\boldsymbol{C}=\begin{pmatrix}\lambda_1&&&&&\\&\ddots&&&&\\&&\lambda_r&&&\\&&&0&&\\&&&&\ddots&\\&&&&&0\end{pmatrix}\quad(\lambda_i>0;i=1,2,\cdots,r).$$

于是

$$\boldsymbol{A}=\boldsymbol{C}\begin{pmatrix}\sqrt{\lambda_1}&&&&&\\&\ddots&&&&\\&&\sqrt{\lambda_r}&&&\\&&&0&&\\&&&&\ddots&\\&&&&&0\end{pmatrix}\boldsymbol{C}^{-1}\boldsymbol{C}\begin{pmatrix}\sqrt{\lambda_1}&&&&&\\&\ddots&&&&\\&&\sqrt{\lambda_r}&&&\\&&&0&&\\&&&&\ddots&\\&&&&&0\end{pmatrix}\boldsymbol{C}^{-1}=\boldsymbol{B}\cdot\boldsymbol{B}=\boldsymbol{B}^2,$$

其中，

$$\boldsymbol{B}=\boldsymbol{C}\begin{pmatrix}\sqrt{\lambda_1}&&&&&\\&\ddots&&&&\\&&\sqrt{\lambda_r}&&&\\&&&0&&\\&&&&\ddots&\\&&&&&0\end{pmatrix}\boldsymbol{C}^{-1}.$$

12. (1) $f(\boldsymbol{X})=\boldsymbol{X}^{\mathrm{T}}(\lambda\boldsymbol{A}+\mu\boldsymbol{B})\boldsymbol{X}=\lambda\boldsymbol{X}^{\mathrm{T}}\boldsymbol{A}\boldsymbol{X}+\mu\boldsymbol{X}^{\mathrm{T}}\boldsymbol{B}\boldsymbol{X}>0$.

(2) $\boldsymbol{A}$ 正定，$\forall\boldsymbol{X}_{n\times1}\neq\boldsymbol{0}$，$\boldsymbol{X}^{\mathrm{T}}\boldsymbol{A}\boldsymbol{X}>0$，$\boldsymbol{B}$ 正定，$\forall\boldsymbol{Y}_{n\times1}\neq\boldsymbol{0}$，$\boldsymbol{Y}^{\mathrm{T}}\boldsymbol{B}\boldsymbol{Y}>0$，取 $\boldsymbol{Z}=\begin{pmatrix}\boldsymbol{X}\\\boldsymbol{Y}\end{pmatrix}$，则

$$\boldsymbol{Z}^{\mathrm{T}}=\begin{pmatrix}\boldsymbol{A}&\boldsymbol{O}\\\boldsymbol{O}&\boldsymbol{B}\end{pmatrix}\boldsymbol{Z}=(\boldsymbol{X}^{\mathrm{T}},\boldsymbol{Y}^{\mathrm{T}})\begin{pmatrix}\boldsymbol{A}&\boldsymbol{O}\\\boldsymbol{O}&\boldsymbol{B}\end{pmatrix}\begin{pmatrix}\boldsymbol{X}\\\boldsymbol{Y}\end{pmatrix}=(\boldsymbol{X}^{\mathrm{T}},\boldsymbol{Y}^{\mathrm{T}})\begin{pmatrix}\boldsymbol{A}\boldsymbol{X}\\\boldsymbol{B}\boldsymbol{Y}\end{pmatrix}$$
$$=\boldsymbol{X}^{\mathrm{T}}\boldsymbol{A}\boldsymbol{X}+\boldsymbol{Y}^{\mathrm{T}}\boldsymbol{B}\boldsymbol{Y}>0.$$

13. $\boldsymbol{A}^2-3\boldsymbol{A}+2\boldsymbol{I}=\boldsymbol{O}$，则 $\boldsymbol{A}$ 的特征值为 1 或 2，故 $\boldsymbol{A}$ 是正定矩阵.

14. 必要性：$\boldsymbol{B}^{\mathrm{T}}\boldsymbol{A}\boldsymbol{B}$ 正定，$\forall\boldsymbol{X}\neq\boldsymbol{0}$，$\boldsymbol{X}^{\mathrm{T}}\boldsymbol{B}^{\mathrm{T}}\boldsymbol{A}\boldsymbol{B}\boldsymbol{X}>0$，即 $(\boldsymbol{B}\boldsymbol{X})^{\mathrm{T}}\boldsymbol{A}\boldsymbol{B}\boldsymbol{X}>0$，于是 $\boldsymbol{B}\boldsymbol{X}\neq\boldsymbol{0}$，因此，$\boldsymbol{B}\boldsymbol{X}=\boldsymbol{0}$ 仅有零解，$\mathrm{r}(\boldsymbol{B})=n$.

充分性：$\boldsymbol{B}^{\mathrm{T}}\boldsymbol{A}\boldsymbol{B}$ 对称，若 $\mathrm{r}(\boldsymbol{B})=n$，则 $\boldsymbol{B}\boldsymbol{X}=\boldsymbol{0}$ 仅有零解，从而 $\forall\boldsymbol{X}\neq\boldsymbol{0}$，必有 $\boldsymbol{B}\boldsymbol{X}\neq$

$\mathbf{0}$,又因 $\boldsymbol{A}$ 正定,对 $\forall \boldsymbol{BX}\neq\mathbf{0}$,$(\boldsymbol{BX})^{\mathrm{T}}\boldsymbol{A}(\boldsymbol{BX})>0$. 于是对 $\forall \boldsymbol{X}\neq\mathbf{0}$,$\boldsymbol{X}^{\mathrm{T}}\boldsymbol{B}^{\mathrm{T}}\boldsymbol{ABX}>0$,$\boldsymbol{B}^{\mathrm{T}}\boldsymbol{AB}$ 为正定矩阵.

15. 设 $\boldsymbol{A}$ 的特征值 λ_i,由题设知 $\lambda_i>a(i=1,2,\cdots,n)$,即 $\lambda_i-a>0$,则 $\boldsymbol{A}-a\boldsymbol{I}$ 的特征值 λ_i-a 为正数,$\boldsymbol{A}-a\boldsymbol{I}$ 为正定矩阵. 同样,可得 $\boldsymbol{B}-b\boldsymbol{I}$ 是正定的. 所以 $\boldsymbol{A}+\boldsymbol{B}-(a+b)\boldsymbol{I}=(\boldsymbol{A}-a\boldsymbol{I})+(\boldsymbol{B}-a\boldsymbol{I})$ 是正定矩阵,由 $(\boldsymbol{A}+\boldsymbol{B})-(a+b)\boldsymbol{I}$ 正定知,$\boldsymbol{A}+\boldsymbol{B}$ 的特征值大于 $a+b$.